Power Transmission and Transformation Equipment Supervision Technology

输变电工程
设备监造技术与实务

安徽电力工程监理有限公司 编

中国科学技术大学出版社

内 容 简 介

本书从设备制造阶段的监造服务视角切入，深入分析和研究了国内输变电主设备供应商的制造特点，通过查阅大量国家标准、行业标准和行业书籍、期刊等，结合现有设备监理规程规范，针对变压器、电抗器、互感器、避雷器、组合电器、断路器、隔离开关、电力电缆、导(地)线、铁塔等设备，在简要描述其结构原理、制造工艺的基础上，对关键质量控制点和监造要点等监造工作流程进行了详细阐述，并精选了部分实际发生的质量案例作为补充，力求理论基础与工作实务相结合。

本书适合监造人员进行学习和查阅，也可供建设、施工、监理单位相关专业技术人员和有志于向监造行业发展的人员参考使用。

图书在版编目(CIP)数据

输变电工程设备监造技术与实务/安徽电力工程监理有限公司编；韩建伟，郑立中，叶飞主编. —合肥：中国科学技术大学出版社，2022.10

ISBN 978-7-312-02682-9

Ⅰ.输…　Ⅱ.①安…　②韩…　③郑…　④叶…　Ⅲ.①输电—电气设备　②变电所—电气设备　Ⅳ.①TM72　②TM63

中国版本图书馆 CIP 数据核字(2022)第 153836 号

输变电工程设备监造技术与实务

SHU-BIANDIAN GONGCHENG SHEBEI JIANZAO JISHU YU SHIWU

出版　中国科学技术大学出版社
安徽省合肥市金寨路 96 号，230026
http://press.ustc.edu.cn
https://zgkxjsdxcbs.tmall.com

印刷　合肥华苑印刷包装有限公司

发行　中国科学技术大学出版社

开本　787 mm×1092 mm　1/16

印张　35.5

字数　864 千

版次　2022 年 10 月第 1 版

印次　2022 年 10 月第 1 次印刷

定价　298.00 元

组织委员会

编辑委员会

前　言

质量强国战略，即国家强，则质量必须强。经济社会又好又快发展，必须好字当头，质量第一。全国上下都要坚持质量第一，持续推动质量变革，增强质量优势，努力建设质量强国，实现高质量发展，全面满足人民对美好生活的需求。电力行业关系到国计民生和国家能源安全，优化电网格局、建设高质量电网、提高电能供给质量是电力企业浇筑"能源安全新战略、以高质量发展服务国计民生战略"的坚实基础。

输变电设备的质量好坏直接影响到电网的安全稳定运行与国计民生，更直接影响到人民对美好生活的体验。设备监理作为业主授权代表，在制造现场履行设备制造质量的见证与管控职责，是设备质量监督的重要一环。驻厂监造人员的技能水平直接影响其履责成效，履责不到位将给设备质量带来不确定的风险与隐患。通过本书，输变电设备监造人员能掌握输变电设备监造业务的工作流程和质量管控要点，提高自身的业务素质与履责能力。

本书编委会由从事多年设备监造、设备管理和设备制造的业界资深人士组成，从设备制造阶段的监造服务视角切入，深入分析和研究了国内输变电主设备供应商的制造特点，通过查阅大量国家标准、行业标准和行业书籍、期刊等，并结合现有设备监理规程规范，针对变压器、电抗器、互感器、避雷器、组合电器、断路器、隔离开关、电力电缆、导(地)线、铁塔等设备，在简要描述其结构原理、制造工艺的基础上，对关键质量控制点和监造技术要点等监造工作流程进行了详细阐述，并精选了部分实际发生的质量案例作为补充，力求理论基础与工作实务相结合。

本书结构严谨、条理清晰、内容具体，利用流程图与工作表的方式对主要制造环节与见证节点按工艺顺序进行了说明，并明确了与制造环节相对应的监造管控要点，非常方便监造人员进行学习和查阅；本书还便于相关业务管理人员掌握现场监造人员的工作职责，以加强对监造组的过程管理；也可供建设、施工、监理单位相关专业技术人员和有志于向监造行业发展的人员使用和参考。

本书经过多轮评审并最终完善成册。在编写过程中，得到了国网安徽省电力有限公司物资部和物资公司的大力支持与帮助，谨此对参与本书编写和给予指导的各位专家、学者致以最衷心的感谢！本书编写时虽力求严谨完善，但由于编写人员水平有限，疏漏不足之处在所难免，恳请广大读者批评指正。

韩建伟

2021年12月16日

目　　录

第 1 章　输变电设备监造的背景和发展

1.1　电力物资质量监督管理背景

电力物资是电网公司的核心资源之一，是保障电网安全、稳定、经济运行的物质基础。开展电力物资质量监督管理工作是提高电力物资质量水平、保障电网安全稳定运行和提升供电服务质量的必然要求，是国家、社会和企业共同的需要。

1.1.1　行业外部环境

1．经济社会发展的需要

随着经济社会的快速发展和人民生活水平的日益提高，社会对用电需求和供电服务质量提出了更高的要求。同时，我国电力设备制造企业多、竞争激烈，基于部分企业诚信体系不健全、质量意识不高、生产技术水平差别大、产品质量存在风险的现实，要求电力企业必须加强物资质量管理，确保电网安全、可靠供电。

2．法规、政策层面的需要

国务院印发《质量发展纲要(2011—2020 年)》，提出了通过强化企业质量主体作用，加强质量监督管理，创新质量发展机制，优化质量发展环境，夯实质量发展基础，树立质量强国的发展目标。

国家质检总局、工业和信息化部制定了《关于生产企业全面落实产品质量安全主体责任的指导意见》，促进生产企业全面落实产品质量安全主体责任，改善产品质量安全形势，保障产品质量安全。国家对质量的重视，要求企业应监督供应商依法生产，引导供应商以品牌、标准、服务和效益为重点，健全质量管理体系，提升产品质量，促进国内电工装备制造业的健康发展。

3．与供应商合作共赢的需要

随着集中招标采购范围的进一步扩大，集中采购成为供应商和社会各界关注的焦点，供应商面临的竞争更加激烈，个别供应商出现不诚信履约行为。在此形势下，亟须加强对电网物资质量管理的宣传，引导供应商有序竞争、理性投标、重视质量、诚信履约，从而实现供需双方共赢。

1.1.2 行业内部环境

1. 电网安全稳定运行的需要

随着特高压、跨区域电网的建设，需要科学合理调配能源，逐步实现能源的远距离输送。由于电压等级的升高、电网规模的扩大和输送容量的增大，对电网的安全稳定运行的要求也在逐步提高。应用于电网的设备由于质量问题一旦出现故障，将直接影响电能的传输。加强电网物资管理、提升电气产品的质量是电网安全稳定运行、提高供电可靠性的需要。

2. 物力集约化的需要

近年来，电网企业加快了智能电网的建设步伐，物资供应任务十分繁重，对物资质量的要求也越来越高。为适应新形势，行业内不断深入推进物力集约化，加强电力物资质量管理，通过开展主设备监造与设备材料抽检等方式，保证采购物资的质量，把好电网物资入网质量关。

3. 节能减排和环境保护的需要

建设资源节约型、环境友好型电网，提高能源利用效率、保护环境，需要加强电网物资质量管理。以变压器为例，随着社会整体制造水平的发展和环保意识的增强，配电变压器也从S9型发展到S15型，对损耗值、噪声值等指标考核日趋严格。通过物资质量管理，对发现的一些损耗、噪声超标的问题及时处理解决，并与采购联动，以保证设备性能符合设计要求，达到节能减排和环境保护的目的。

1.2 设备监造

电力企业针对输变电主设备质量监督管理的主要方式为设备监造。设备工程监理是工程咨询体系的一个分支，是工程咨询在设备工程行业的体现。作为工程咨询服务的一个组成部分，设备工程监理活动已在世界范围内得到广泛的开展，我国实行的设备工程监理制度将在设备工程管理和设备工程咨询方面实现与国际惯例的接轨。

设备工程涉及工程项目前期工作、设备设计工作、设备采购工作、设备制造工作、设备安装和调试工作，设备工程监理是针对设备工程全过程所开展的监理活动，设备监造是针对设备制造过程中开展的监理活动。本书将以国家电网公司为例对输变电工程设备监造过程进行阐述。

1.2.1 电力企业设备监造工作的发展历程

电力企业从设备监造管理到集中规模招标主要设备监造，主要分为以下三个阶段：

第一阶段，2004年，国家电网公司下发了《关于加强电力设备监造工作的通知》，要求建设单位规范质量管理行为，对变压器、电抗器、断路器实行第三方监造，明确了监造组织、责任划分和工作要求，是公司在当时环境下关于物资质量管理的第一份重要文件。

第二阶段，2007年—2009年，国家电网公司的主设备质量管理主要采取集中监造的方式进行。为了发挥规模优势，整合监造资源，提高监造效率，自2007年开始，对集中规模招标采购的220 kV及以上电压等级的变压器、电抗器、断路器、组合电器等4类主要设备，以及直流工程的换流变压器、平波电抗器、换流阀、控制保护等主要供应商，采用竞争性谈判的采购模式选择驻厂监造单位，由国家电网公司进行集中管理。同年，印发了《国家电网公司集中规模招标主要设备监造管理办法(试行)》，明确了集中监造的范围、组织管理体系及工作内容与工作程序。2008年，又印发了《国家电网公司集中规模招标主要设备监造管理办法》，集中监造工作步入新的历程。

第三阶段，2009年后，随着物资集约化管理的进一步深入，提出了对招标采购产品的质量监督，物资质量管理工作逐步由国家电网公司向省级电力公司转移，工作方式也由"监造为主、抽检为辅"向两者并行方式发展。新模式下进一步强化主设备的监造，充分发挥业主单位的作用，由业主单位选择监造单位，坚持信息沟通、工作互动、闭环管控，确保物资质量管理工作有效开展，厂家质量保证作用充分发挥，质量信息反馈机制高效运行，提高采购物资质量水平。

1.2.2 设备监造在国家电网公司物资质量管理制度体系的地位

目前，国家电网公司物资质量管理制度体系较为完善，包括监造大纲、作业规范、导则的技术标准体系，以及重点物资管控措施与重点监控目录的管控措施，形成了一套完整的标准体系。

1. 技术标准

随着物资质量管理工作的不断深入，国家电网公司先后编制了8类交流设备、7类直流设备和6类线路材料的监造作业规范。已建立的标准体系为规范高效开展监造工作提供了标准依据。

2. 管控措施

在管理标准方面，编制了通用制度、重点管控措施和物资质量管理操作手册，包括《国家电网公司物资质量管理办法》《电网设备材料监造管理办法》，以及监造标准合同文本等；下发了《关于进一步加强物资质量监督能力建设的通知》《关于进一步加强物资质量监督实施指导意见》等文件，进一步明确了物资质量管理有关设备监造的职责分工与工作流程。

在总结分析电网物资全寿命周期质量信息的基础上，印发了《22类交流设备材料质量管控重点措施》和《17类直流设备材料质量管控重点措施》，明确了质量问题的分类标准、处理流程和重点监控环节等。

第 2 章　输变电设备监造的基础知识

2.1　输变电设备监造的含义及性质

2.1.1　输变电设备监造的含义

设备监造是指依法设立的设备监造(企业法人)单位,受项目法人或建设单位(以下称委托人)委托,并根据供货合同而签订的监造合同的约定,按照国家有关法规、规章、技术标准,对重要设备制造过程的质量和进度等指标实施监督。

输变电设备监造的目的是保证重要输变电设备的顺利生产,加强对重要输变电设备制造过程的监督和管理,保证重要输变电设备监造活动的规范有序。重要输变电设备指的是电力企业大中型基本建设项目、限额以上技术改造项目等所需的主要设备。

2.1.2　输变电设备监造的性质

输变电设备监造工作的性质可概括为服务性、规范性、专业性、独立性和公正性。

1. 服务性

在输变电设备生产过程中,设备监造人员利用自己的知识、技能和经验,以及必要的试验、检测手段,为委托人提供管理和技术服务。监造单位既不能直接进行设备设计,也不能直接进行设备制造;既不向委托人承包设备造价,也不参与供应商的利润分成。

监造单位的服务对象是委托人,但不能完全取代委托人的管理活动。监造单位不具有设备生产重大问题的决策权,只能在委托人授权范围内采用规划、控制、协调等方法,对设备生产质量和进度进行管控,并履行设备生产安全管理的监造职责,协助委托人在计划目标内完成设备生产任务。

2. 规范性

设备监造工作是按照设备工程合同的要求,依据国家、行业和企业的技术规范、质量标准、合同条款、有关政策和法规等对设备制造阶段的管理,这些规范性的标准、条款、法规、合同等要求设备监造过程应不折不扣地按照规定执行,为保证执行效果,还应建立规范性的制度,约束实际过程和结果不出现或少出现偏离。

3. 专业性

设备监造工作是一种专业性的监督活动,其专业性有多种含义:① 设备监造的对象带有较强的专业性。设备监造的对象是输变电供应商的设备制造环节,这些工作的完成需要多个专业的、掌握设备制造技术专业知识的技术人员和管理人员。② 设备监造工作本身也是一种专业性的工作。因为要完成设备监造的任务就需要一些专门的知识,这些知识包括设备生产工艺和流程等专业知识,以及与设备生产相关的管理学知识。因此,设备监造工作必须由掌握所需专业知识的人员完成。按我国现行规定,设备监造人员必须在专业性的监造单位才能开展工作。

4. 独立性

独立性是监造单位公平地实施监造的基本前提,是独立于设备工程合同签约双方的第三方,在行政上、经济上不依附于某一方。按照独立性要求,在设备工程监造工作过程中,必须建立项目监造机构,按照自己的工作计划和程序,根据自己的判断,采用科学的方法和手段独立地开展工作。

5. 公正性

公正性是设备监造行业能够长期生存和发展的基本职业道德准则。特别是当委托人与供应商发生利益冲突或者矛盾时,监造单位应以事实为依据,以法律法规和有关合同为准绳,在维护委托人合法权益的同时,不能损害供应商的合法权益。按照公正性的要求,监造单位应做到以下几点:① 在提供职业咨询评审或决策时不偏不倚;② 接受对社会的职业责任;③ 通知委托人在行使其委托权时可能引起的任何潜在的利益冲突;④ 在任何时候,维护职业的尊严、名誉和荣誉;⑤ 不接受可能导致判断不公的报酬。

2.1.3 输变电设备监造的方式与范围

电网故障对社会的波及面广,为确保输配电安全,电力企业对集中规模招标采购的主要设备在制造全过程的质量、进度等实施统一的监督管理。它按输变电设备制造的难易程度与电压等级,对监造方式实施分级监造,并采用线上、线下两种监控方式对监造服务工作实施监控。

1. 输变电设备驻厂的监造范围

输变电设备驻厂的监造范围主要是:

(1) 110 kV 及以上变压器,110 kV 及以上组合电器(简称 GIS,属开关类)。

(2) 220 kV 及以上电抗器(属线圈类)、断路器(属开关类)。

(3) 500 kV 及以上隔离(接地)开关。

(4) 500 kV 及以上、跨海工程的线路材料,如导线、地线、海底电缆、光缆、金具、铁塔。

(5) 项目单位指定的其他设备类型。

2. 设备监造的方式

设备监造的方式主要分为驻厂监造和关键点见证。委托人可根据实际工作的需要,选择监造模式。本书重点介绍驻厂监造方式,关键点见证参照驻厂监造。

驻厂监造是指监造单位按设备监造服务合同约定,在供应商厂内成立监造机构(监造组)，派驻监造人员，跟踪供应商制造全过程，对设备的制造质量与进度进行监督见证。

关键点见证是指监造单位对产品制造过程中的关键节点进行文件见证、现场见证，或停工待检的产品质量监督活动见证。

2.2 输变电监造单位的定义及人员职责

2.2.1 设备监造的相关单位

1. 委托人

委托人是指委托监造单位对中标设备实施监造的物资管理部门、项目管理部门/单位。委托人在监造中的主要工作及职责有：

(1) 与监造单位签订监造服务合同，下达监造任务。

(2) 向监造单位提供监造项目合同(技术协议)、采购合同等文件。通知监造单位参加设计联络会或将会议纪要转给监造单位，并及时对监造单位进行技术交底(含设计变更)。

(3) 审核并批复监造单位提交的监造实施细则，及时答复监造单位送达的见证通知、质量问题处理意见等请示函件。

(4) 检查、监督监造单位的监造工作。监造工作完成后，按照监造服务合同的约定，支付监造单位监造费，如监造单位未按合同履行监造职责或给委托人造成损失的，委托人有权要求监造单位更换相关人员(包括总监造工程师)，并追究监造单位相应的监造责任。

委托人即负责组织设备出厂验收工作的业主方。项目单位应配合物资管理部门处理有关产品质量问题，对于监造组报送的即时报应及时给予反馈意见，并对制造厂的整改情况进行验收。项目单位与制造厂就设备其他问题的协商意见也应及时告知物资管理部门和监造单位。

2. 监造单位

监造单位是指承担设备监造工作的单位受项目法人或建设单位的委托，按照设备供货合同的要求，坚持客观公正、诚信科学的原则，对工程项目所需设备在制造和生产过程中的工艺流程、制造质量及设备制造单位的质量体系进行监督，同时按照监造服务合同的要求对委托人负责的、服务的公司或组织。

监造单位是监造业务的实施主体，对被监造设备的制造质量承担监造责任，具体责任在监造服务合同中予以明确，且为独立的社会中介服务机构，与行政机关无行政隶属关系或者其他经济利益关系。

(1) 监造单位的资质要求(国家电网公司)：

① 实施 750 kV 及以上设备监造的监造单位(变电工程设备)，需具备国家甲级设备监造资质，并具有三年及以上同类设备监造业绩。

② 实施 220～500 kV 设备监造的监造单位(变电工程设备)，需具备国家乙级或以上设

备监造资质，并有三年及以上同类设备监造业绩。

③ 实施220 kV及以上线路材料监造的监造单位，需具备国家乙级或以上设备监造资质，并有一年及以上线路材料监造业绩。

(2) 监造单位的选择：

按照国家电网公司服务采购招标管理规定，主要采取公开招标、邀请招标或竞争性谈判等方式进行选择。

监造委托方严格按照程序进行资质、业绩评审，公开、公平、公正地选择信誉好、监造力量强的监造单位，并签订监造服务合同，明确合同双方的权利和义务，保证监造工作的规范化与标准化。

3. 供应商

供应商即设备制造厂，他们与委托人签订供货合同，向委托人提供设备产品，对其制造设备的质量全面负责。设备监造并不减轻制造厂的质量责任，不代替委托人对设备的最终质量验收。

供应商在监造过程中的主要工作及职责有：

(1) 提供监造设备的生产进度计划及计划变更情况。

(2) 在每道工序前，向监造组提交相关证明文件，包括主要原材料、组部件(包括外协加工件、委托加工材料)的制造厂清单、质量证明文件、试验/检验报告，以及进厂检验报告。

(3) 及时向监造组提供所需查阅的图纸、资料、试验方案和试验检验等记录。

(4) 解决监造组提出的问题，对于提出的书面意见，以书面形式回复。

(5) 及时通知监造组参加各项见证。

2.2.2　监造组

监造组是指监造单位针对具体监造对象，派驻现场对设备生产制造质量关键点与进度进行监督见证的工作组。监造单位根据项目需要配备人员组成监造组，并上报委托人。委托人需核实监造组成员的相应资质及人员配备情况能否满足监造物资质量和进度上的要求。

监造组在监造过程中的主要工作及职责有：

(1) 监造组负责收集监造设备的采购合同、图纸等文件资料(含补充、修改文件)，并参加设计联络会、产品技术交底和产品质量分析会；编制监造实施细则并报审。

(2) 在制造厂开工前，监造组需履行开工条件审查程序，并对制造厂进行有关监造事项的交底。

(3) 设备开始生产后，监造组监督产品制造质量和进度，并通过即时报、周报等及时向委托人及监造单位报送监造情况。

(4) 监造组对于产品制造过程中发现的问题、制造厂的不良行为及不符合合同约定的状况，应按照规定处理。

(5) 审核制造厂产品的试验方案，将生产关键工序、出厂试验等时间节点信息及时转达给委托人；配合项目建设管理部门(单位)，参与出厂试验见证及出厂验收。

(6) 按规定完成监造报告并提交。

2.2.3 监造人员

1. 总监造工程师

总监造工程师在设备监造单位授权的职责范围内履行其职责，在履行监造合同过程中代表监造单位，主持项目监造机构的日常工作，主要包括组织、计划、协调、控制，具体的工作内容有：

(1) 根据监造合同及项目进展的需要调配设备监造人员，确定项目监造机构内的人员岗位、职责、任务分工。

(2) 主持制订质量计划，组织制订监造细则，组织编写并签发监造阶段报告、专题报告和监造工作总结，主持整理项目的监造资料等。

(3) 审核文件见证点、现场见证点和停止见证点等监造控制点的设置。

(4) 主持监造工作会议和有关专题会议；协调监造单位与委托人、承包人。

(5) 参与监督重大质量问题的分析处理，以及质量事故、安全事故的调查。

(6) 组织审核被监造单位提交的设计文件、技术方案、进度计划等报审文件。

(7) 审核签认关键环节的质量检验资料，协助委托人处理工程变更、费用索赔、工程延期等事项。

(8) 组织审核签署被监造单位提交的支付申请和完工结算，组织审核被监造单位的完工资料。

(9) 签发项目监造机构的文件和指令，包括签发监造工程师通知、暂停令、开工/复工指令、支付证书等文件。

总监造工程师作为驻厂监造组的核心人员，在驻厂监造过程中不得随意更换，如必须更换，须经委托人同意。总监造工程师必须是富有生产制造、运行维护经验的技术专家。国家电网公司规定，实施750 kV及以上设备监造的总监造工程师，需具有高级职称及8年以上(含8年)专业工作经历；实施220～500 kV设备监造的总监造工程师，需具有高级职称及5年以上(含5年)专业工作经历。

2. 专业监造工程师

专业监造工程师的主要工作内容有：

(1) 参与编制质量计划，负责编制本专业的监造细则，提出文件见证点、现场见证点和停工见证点的建议，向总监工程师报告本专业的监造工作，负责编写分配任务范围内的监造报告和监造工作总结。

(2) 审查被监造单位的合同履行行为，检查各类材料、零配件、设备、仪表等的原始凭证、检测报告等质量证明文件及其质量情况，监督检查生产过程中的重要过程、关键工序，对监造控制点进行见证，适时进行日常巡视检查。

(3) 针对找出的偏差或发现的问题及时提出处理意见，并对其处置结果进行验证。

(4) 发现与技术协议不相符的应及时向总监造工程师报告，并报告委托人。

(5) 适时向总监造工程师提出签发暂停令的建议；起草监造工程师通知单，经总监造工程师授权，可签发监造工程师通知单。

(6) 负责本专业监造资料的收集、整理、汇总及归档等资料管理。

国家电网公司规定，监造工程师需具有中级职称(工程师、技师或等同)及3年以上(含3年)专业工作经历。

3. 监造员

监造员的主要工作内容有：

(1) 检查材料、零配件、设备、仪表等的原始凭证、检测报告等质量证明文件及其质量情况。

(2) 检查生产过程中的重要过程、关键工序，对监造控制点进行见证，适时进行日常巡视检查，签署报验单等原始凭证。

(3) 复核或从现场直接获取监测等有关数据。

(4) 发现问题及时向专业监造工程师或总监造工程师报告。

(5) 协助总监造工程师和专业监造工程师做好信息的收集、整理、汇总及归档等资料管理工作。

国家电网公司规定，监造员应具有大专及以上学历或专业技师资格，并具备相关专业知识。

2.3 监造实施

监造工作的实施应依照监造合同约定和委托人制定的监造计划。在监造准备工作安排妥当后，对设备制造的工序按照既定流程完成监造。在监造过程中，需要做好过程记录，并到岗到位做好关键点见证。监造完成后，监造组应及时完成设备监造报告的编写工作。

2.3.1 成立设备监造机构

监造单位应依据与委托人签订的委托监造合同，成立由总监造工程师、专业监造工程师和监造员组成的项目监造机构，并明确监造员的分工及岗位职责。由委托人向监造单位提供监造设备的供货合同及技术协议等有关资料。总监造工程师组织监造员熟悉和掌握有关资料的各项要求、技术说明和有关标准，并据此核对监造项目内容，提出意见或建议。

2.3.2 监造实施

1. 参加设计联络会

监造工作开展前，监造委托人组织设计、制造、监造等相关单位召开设计联络会，确定设备补充技术要求，向监造单位提供监造项目合同（技术协议）等文件，进行技术交底（含设计变更）。设计联络会必须有与会各方签署的书面纪要。

监造方如未能参加设计联络会，应后续收取设计联络会纪要等相关文件，必要时采用例会、座谈会等形式与制造厂进行直接联络。

2. 策划监造实施方案

监造组收集采购合同及相关监造的依据性文件，掌握所监造设备的技术要求，依据（设备监造大纲）设备监造服务合同、技术协议的内容，规定监造工作要点、方法的项目作业方案，编写《监造实施细则》，经监造单位技术负责人审签后，报委托人批准，制造厂备案。

3. 开展监造见证

常见的见证方式有以下几种：

(1) 文件见证（R 点，Record Point）。由监造工程师对设备工程的有关文件、记录和报告等进行见证而预先设定的监造控制点。

(2) 现场见证（W 点，Witness Point）。由监造工程师对设备生产的过程、工序、节点或结果进行现场见证（或巡查）而预先设定的监造控制点。

(3) 停工待检（H 点，Hold Point）。监造工程师见证并签认后才可转入下一个过程、工序或节点而预先设定的监造控制点。

制造厂需提前通知监造组参加各类见证。其中，W 点提前不少于 3 天，H 点提前不少于 5 天。如制造厂未按规定提前通知监造组，致使监造组不能如期参加现场见证，监造组有权要求重新见证。

监造见证的主要工作内容有：

(1) 监造组入驻。监造组成立并进厂后，应先做好制造厂的资质审查，主要为文件见证（R 点），包括以下几个方面：

① 审查制造厂的质量管理体系。

② 监督见证主要生产设备、操作规程、检测设备及检测方法、人员上岗资格。

③ 审查设备制造和装配场所的环境。

(2) 设备开工前的监造工作。设备开工之前，监造组根据委托人提供的项目合同（技术协议）及交底内容，对制造厂的开工条件进行审查，主要为文件见证（R 点），包括以下几个方面：

① 制造厂需提前向监造组提供对应设备的排产计划。监造组根据合同交货期，核实制造厂设备排产计划是否满足进度要求。

② 监督见证外购的主要原材料、组部件、外协加工件、委托加工材料等，确认其与合同中约定的信息是否一致。

③ 检查制造厂对外购的主要原材料、组部件、外协加工件、委托加工材料等入厂检测（检查）情况。

(3) 设备开工后的监造工作。设备开工后，监造组针对设备生产过程进行监造，见证方式主要为现场见证（W 点），重点关注质量与进度问题：

① 制造厂需向监造组提供必要的图纸、资料，以便监造组开展工作。

② 监督见证制造厂关键组部件的生产加工过程（如有）。

③ 掌握设备生产、加工、装配和试验的实际进展情况，督促制造厂按合同要求如期履约。当出现进度偏差或预见可能出现的延误时，上报监造委托人。

④ 监督见证在技术协议中约定的产品制造过程中拟采用的新技术、新材料、新工艺的鉴定资料和试验报告。

⑤ 监督见证设备本体生产制造的关键工序，以及各制造阶段的检验或测试。

⑥ 监造组对产品制造过程中发现的问题、制造厂的不良行为，以及不符合合同约定的状况，应及时向制造厂指出或制止。出现重大质量问题时，征得委托人同意，签发停工令。如发生紧急情况未能事先请示委托人，监造组应先执行必要的现场程序，并在24小时内向委托人做出书面报告。

⑦ 及时做好监造信息的统计、记录、分析与报送工作。收集监造过程对应文件，作为监造报告的支撑。

(4) 出厂验收。出厂验收一般由委托人组织专业技术人员、物资管理人员，与监造组和制造厂一起，依据采购合同对出厂试验和合同约定的见证点进行现场验收。在对设备质量进行确认的同时，对监造过程文件进行检查，检查或抽查设备包装、储存、发运等。监造组应积极参与配合出厂验收工作，并做好相应过程的记录。

出厂验收工作流程如下：

① 制造厂需提前向监造组提供试验方案，监造组将试验方案审核完毕后报送委托人。

② 监造单位根据设备生产进度提前(一般不少于10个工作日)向监造委托人、项目建设管理部门(单位)报送设备出厂试验日期。

③ 参加建设管理部门(单位)组织的设备出厂验收。出厂试验完成后，制造厂需向监造组提供试验检验等记录。

④ 检查设备包装质量、存放管理和装车发运准备情况，包括审查设备包装、仓储、防腐保养、吊装、运输方式、运输定位设计、发运顺序等，大型设备解体运输方案，超限设备的运输方案等。

⑤ 按时完成监造报告。

⑥ 配合委托人、建管单位开展的其他相关工作。

4. 监造实施时间

监造实施时间为监造人员接到监造任务后，从制造厂备料至设备包装出厂或进入存储状态的时间(如仓储期超过15天，视为监造过程在第15日结束)。

5. 监造过程记录

设备监造的相关文件主要包括监造细则、监造日志、监造周报、监造工作联系单和即时报、见证情况表、监造报告/总结及专题报告等。

1) 监造细则

监造细则是指监造工作实施的主要依据文件，应具有针对性和可操作性。监造实施细则一般在每项设备的设计联络会之后的一周内或设备排产一周前完成编制，包括通用部分和专用部分，其内容结合被监造单位的实际条件和监造设备的特点，并根据范本要求进行编制。

2）监造日志

监造日志是指监造人员将每天现场的监造情况、重要的见证项目、发生的问题及处理结果用文字形式认真记录。监造日志不仅是监造工作记录，更是编制监造报告的基础。监造日志的记录时间一般是自监造组进驻后设备生产投料前，需每天记录监造日志，直至设备出厂试验通过、包装完毕或待运输为止。原则上，每个项目配有一本监造日志，记录与监造设备的生产进度、工艺质量、技术水平等有关的事件；记录当天开始或正在进行或完成的工作；记录见证操作是否符合工艺要求、被监造单位质检是否到位；记录与生产进度相关的事件等。

监造日志中记录的问题应在后续监造日志中反映，闭环处理。这对保证产品质量、保证工期非常重要。记录时，需注意不能用自己的理解和想法强行制约厂方，技术问题以已审定的设计文件和被监造单位的工艺文件为基准。

3）监造周报

监造周报主要提交给委托人，供其了解情况、沟通信息及招标监造联动使用。各监造组的监造周报应先由总监造工程师审查、定稿。监造组周报主要是对被监造单位频发的设备生产与管理问题进行分析，对被监造单位提供的具体设备项目进行描述，客观反映制造厂存在的问题，以及监造工作的运转情况和相关建议等。周报中的建议既可针对一个问题，也可针对某个监造过程或整体监造中出现的问题，通过合理建议进一步完善监造工作，充分体现监造主动履约、积极进取的工作能力与作风。

监造周报的内容通常包括监造项目整体进展情况、本周在制项目情况与问题、事件跟踪或处理结果情况、需上级协助解决的问题与建议、监造工作情况等。

4）监造工作联系单和即时报

监造工作联系单是指监造单位与制造厂和委托人沟通的往来文件，应保证内容的严谨性和及时性。主要内容有：① 与制造厂的监造工作联系单要包括产品的质量问题、进度问题、资料提供、相关配合协调事宜等。与制造厂的沟通联系单需制造厂签收并回复。② 与项目单位的沟通联系单包括出厂试验通知、一般质量进度问题和其他情况、重大质量问题（专题汇报）三类。

监造即时报是指监造组向委托人汇报重大问题的主要形式。当设备在生产过程中出现重大质量问题、进度问题，或其他严重影响设备安全、质量、性能、寿命或交付期的问题时，监造组应以即时报的形式向委托人汇报。委托人应就即时报所反映的问题将处理意见或与制造厂的协商结果书面反馈至监造单位或监造组。必要时，该反馈内容应由物资管理部门和项目单位签署确认。

5）见证情况表

见证情况表是指监造人员见证监造工作的记录形式，主要包括文件见证资料和现场见证资料。内容主要有工程项目名称、设备名称、项目单位、设备型号、生产工号、制造厂、监造组、见证时间、见证依据、见证内容及结果、参加见证人员信息等。一般需按顺序在见证情况表后附相应的文件，文件必须保证清晰完整，见证情况表后所附的资料要求为单面。

6）监造报告/总结

监造报告也称监造总结，是设备出厂时的必备材料之一。监造报告包含设备主要技术信息、生产概况、关键点见证情况、重大问题处理等设备生产关键信息。

设备监造工作结束后，负责该设备的监造工程师应及时汇总、整理监造工作的有关资料、记录等文件，并编写设备监造报告。报告由总监初审后报监造单位技术部门审核，技术负责人审批；审批完成后提交给委托人。监造报告是对设备监造全过程的回顾、检查和总结，并从中找出规律性的认识。完成的总结由监造公司和委托人存档备查，列入设备档案。

监造报告的特点是论述性、过程性、实践性。监造报告的格式一般参照监造报告编写模板，编写与印制必须认真、真实、规范、完整。一份高质量的监造报告必须以认真、专业的实际监造工作为基础。监造报告的内容主要包括监造对象、监造依据、监造方式、监造人员；产品的主要技术参数，产品结构及工艺的主要特点；制作过程，产品在形成过程中出现过的主要问题及其处理；出厂检验，对本产品的评价（技术档次、工艺质量、检验结果、综合评价）；对运输、安装、调试、启运、运行维护的建议。

7）专题报告

专题报告是指在监造过程中发现设备制造出现问题时，立即向上级汇报，并跟踪见证，及时在周报、月报里通报进展情况。事件处理结束或告一段落时，应尽快向上级和项目单位做出专题报告。

专题报告的主要内容包括异常发现的经过或事件发生的过程和现象，以及事件原因（含原因不明）、处理措施（包括方法和使用的材料）和处理结果的评估或评价。

2.4 监造过程的问题处理

2.4.1 问题类型

监造工作中发现的问题类型主要有质量、进度及其他违约行为。按照类型和处理方式可分为一般质量问题、重大质量问题、进度问题和其他问题。

2.4.2 问题处理方式

1. 一般质量问题

一般质量问题主要是在设备生产制造过程中，出现不符合设备订货合同规定和已经确认的技术标准/文件要求的情况，通过简单修复可及时纠正的问题。

对于一般质量问题，监造单位应及时跟踪问题进展，查明情况，要求制造厂分析原因并提出处理方案。监造单位审核处理方案后，监督制造厂实施直至整改符合要求。整个处理过程相关情况需通过工作联系单和即时报送监造委托人。

2. 重大质量问题

重大质量问题包括但不限于下列情况：

(1) 制造厂擅自改变制造厂或规格型号,或采用劣质的主要原材料、组部件、外协件。

(2) 在设备生产制造过程中,制造厂的管理或生产环境失控,明显劣化。

(3) 设备出厂试验不合格,影响交货进度。

(4) 需要较长时间才能修复,影响交货进度。

对于重大质量问题,监造单位向制造厂发出监造工作联系单,要求制造厂及时进行问题原因分析,并将问题信息在24小时内以即时报的形式报送监造委托人,委托人以书面方式回复。监造单位收到委托人的回复后,按其意见决定是否停工处理,审核制造厂的整改方案并报监造委托人确认,依据确认后的方案监督、跟踪处理结果,直至符合要求。

3. 进度问题

进度问题包括设备生产、试验的实际进展情况与制造厂的生产计划不符,出现进度偏差;交货期不能满足合同规定或设计联络会纪要规定;预见的可能出现的延误等。

对于进度问题,监造单位应即时向制造厂发出工作联系单进行进度预警,同时上报监造委托人。监造单位按照委托人、项目单位的有关处理意见进行下一步的监造。

其中,对于制造厂因不能保证交货期而提出再次变更交货期要求时,监造组应履行如下手续:设计联络会上,项目单位、施工单位、制造厂确认设备合同交货期。设计联络会之后(包含设备生产过程中),如再次发生需调整交货期情况,制造厂应主动与监造组沟通,并通过监造单位将信息反馈至委托人。委托人应就交货期问题给予书面回复意见,由监造组将该意见通知制造厂并监督其执行。如制造厂擅自变更交货期或其生产进度已明显无法满足交货期时,监造组应报送即时报。

4. 其他问题

其他问题主要包括擅自转包、分包合同物资;制造厂产品质量管理存在漏洞,不能保证产品质量或交货期;制造厂不配合监造工作,对监造过程中发现的问题整改不积极等。对于其他违约行为的处理,依照合同约定执行。

2.5 监造信息管理

2.5.1 监造信息的概念

1. 监造信息管理的含义

信息管理是对项目的信息进行收集、整理、储存、传递和应用的总称,不同的项目具有不同的信息管理要求。监造项目的实现离不开信息的支持和对信息的管理。

2. 监造信息的基本特征

监造信息主要具备以下几种基本特征:

(1) 真实性。信息应真实反映客观实际情况。因为信息是为决策和管理服务的,不真实的信息可能会产生误导,导致决策和管理失误。

（2）可靠性。信息的可靠性取决于可靠的数据来源和适当的数据处理方法。

（3）系统性。在项目管理中会产生大量的信息。

3．监造对信息的基本要求

监造服务的实现需要获得和提供很多监造过程中的信息，除了供监造本身做出判断和沟通协调之用外，还为委托方和被监造方进行及时决策和有效管理提供依据。其基本要求如下：

（1）充分识别并确定监造服务的实现所需要的信息及其来源，主要包括监造单位、委托方和被监造方与监造有关的信息。这些信息的种类及其来源应在沟通策划过程中基本识别清楚，在监造过程中进行动态调整。

（2）应确保信息真实可靠。为了使监造所需信息真实可靠，要求信息的来源和依据必须是可靠的。

获得信息的渠道主要有：

① 通过正式沟通渠道获得。正式沟通就是通过组织过程，按照一定的程序所进行的沟通，最常用的方式是召开会议和发放文件。其结果信息一般体现在各种文件和记录中，如监造合同、项目合同、业主的要求和指示（往往体现在设计文件和会议纪要中），以及承包方向监造方提供的文件、报告和原始记录等。

② 通过监造方的监视和测量获得。其结果信息一般体现在监造文件、记录和报告中，如监造审查审核记录、见证记录、巡视记录、抽查记录和监造日志中。

③ 外界输入。一般指法律法规、政府的政策规定、技术标准或规范等。

（3）应确保信息反映了实际情况。

为了使决策和管理者有效使用信息，信息必须反映实际情况。有时信息表面上是真实的，但经过发送者有意过滤后，与实际情况有一定偏差，如在收集整理信息时加入了个人的观点，或迎合决策和管理者的信息。

在监造实践中，应防止过滤信息的现象发生，如被监造方提供的文件和记录经过了有意操纵或掺入了虚假成分，监造人员应眼见为实并留下记录（包括照片）。

（4）应正确记录或表达信息的内容。

针对不同对象和不同的沟通目的，应采取不同的记录形式和表达方式正确记录和表达信息，以提高信息交换的有效性和效率。

例如，向委托方提供的监造阶段报告应包括以下内容信息（见设备工程监造规范）：本阶段项目进展概况，工作完成量与计划工作量的比较，质量状况分析、不符合的处理及跟踪，存在的主要问题及相应措施的效果分析，款项支付情况；合同其他事项的处理情况，如工程变更、延期、索赔等；本阶段项目进展的综合评价，本阶段监造工作总结，下阶段监造工作要点；有关本项目的意见和建议等。

再如，监造工作总结报告应包含以下内容信息（见设备工程监造规范）：项目进展概况，监造组织机构、监造人员和投入的监造设施，合同履行情况，监造工作成效，监造过程中出现的问题及其处理情况和建议，工程和（或）设备照片。

2.5.2 设备监造资料管理

1. 基本概念

设备监造资料包括以文字、图形、照片等为主要内容的纸质形式的资料，以及电子文件形式的资料，是监造单位在实施监造服务过程中以规定的标识、贮存、保护、检索、保存期限和处置形成的各类文件和记录。主要包括监造计划、监造日志、监造周报、监造发现问题记录(工作联系单、即时报)、监造总结、监造照片等相关电子或书面资料。

2. 监造过程资料的管理

监造单位应建立健全设备监造台账，加强监造台账过程资料的管理。监造过程中发现或协调处理的质量问题应在周报中报送，重大问题应采取即时报方式报送。监造单位各部门应加强信息管理，做好相关统计、分析及报送工作，做到全面、准确、规范、及时。根据监造项目的特点、监造的范围和内容，应对监造资料进行如下控制：

(1) 监造资料应包括监造服务过程中形成的文件和原始记录。

(2) 应明确监造资料管理的职责。

(3) 监造资料应真实完整、分类有序。

(4) 监造资料应及时整理归档。

(5) 监造资料的编制、分类、归档、保留、处置、提供应符合有关规定和监造合同约定。

3. 监造归档资料的管理

监造归档资料的管理是指项目监造机构按照有关规范和本单位的要求或委托人的具体要求，对监造过程中形成的文件和记录进行收集、加工、整理、立卷归档和检索利用等一系列的工作。对监造过程中收集和形成的应归档的资料，应按照本单位规定的分类规则和编码要求加工整理后分类存放。

设备监造资料归档的目的是为了事后追溯，具有保存价值的文件、重要活动记录、原始记录均应收集齐全，整理立卷后归档，其中与项目质量有关的监造文件和记录可能需要委托方和监造方长期保存。这些资料至少包括下列内容：

(1) 委托服务合同类文件。

(2) 采购合同类文件。

(3) 监造规划、监造细则。

(4) 总监造工程师授权委托书。

(5) 见证记录、监造日志、监造工程师通知单、工作联系单等。

(6) 会议纪要、往来文件、传真、邮件等。

(7) 监造报告/总结等。

设备监造项目资料通常根据监造合同的约定/委托方的具体要求进行归档保存，或根据《设备工程监理规范》中推荐的六大类监造资料进行分类整理和归档。

第3章　线圈类设备监造要点

输变电系统是由一系列电气设备组成的，发电站发出的强大电能只有通过输变电系统才能输送给电力用户。变电站的主要设备除了图3.1所示的变压器、导线、绝缘子、互感器、避雷器、隔离开关和断路器等电气设备外，还有电容器、套管、阻波器、电缆、电抗器和继电保护装置等，这些都是输变电系统中必不可少的设备。

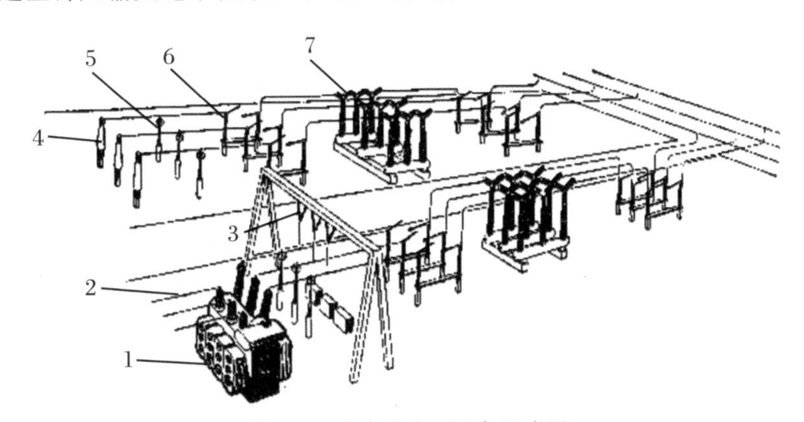

图3.1　变电站主要设备示意图

1—变压器；2—导线；3—绝缘子；4—互感器；5—避雷器；6—隔离开关；7—断路器。

下面对输变电系统的主要电气设备及其功能进行简单介绍。

1. 输变电系统的基本电气设备

输变电系统的基本电气设备主要有导线、变压器、开关设备、高压绝缘子等。

导线的主要功能就是引导电能实现定向传输。导线按其结构可以分为两大类：一类是结构比较简单、不外包绝缘的，称为电线；另一类是外包特殊绝缘层和铠甲的，称为电缆。电线中最简单的是裸导线，裸导线结构简单、使用量最大，在所有输变电设备中，它消耗的有色金属最多。电缆的用量比裸导线少得多，但是它具有占有空间小、受外界干扰少、比较可靠等优点，因此也占有特殊地位。电缆不仅可埋在地下，也可浸在水底，因此在一些跨江过海的地方都离不开电缆。电缆的制造比裸导线复杂得多，这主要是因为要保证它的外皮和导线间的可靠绝缘，输变电系统中采用的电缆称为电力电缆。此外，还有供通信用的通信电缆。

变压器是利用电磁感应原理对变压器两侧交流电压进行变换的电气设备。为了大幅度地降低电能远距离传输时在输电线路上的电能损耗，发电机发出的电能需要升高电压后再进行远距离传输，而在输电线路的负荷端，输电线路上的高电压只有降低等级后才能便于电力用户使用。电力系统中的电压每改变一次都需要使用变压器。根据升压和降压的不同作用,变压器又分为升压变压器和降压变压器。例如,要把发电站发出的电能送入输变电系统,就需要在发电站安装变压器,该变压器输入端(又称一次侧)的电压和发电机的电压相同,变压器输出端(又称二次侧)的电压和该输变电系统的电压相同。这种输出电压比输入电压高的变压器即为升压变压器。当电能送到电力用户后,还需要很多变压器把输变电系统的高电压逐级降到电力用户用的 220 V(相电压)或 380 V(线电压)。这种输出端电压比输入端电压低的变压器即为降压变压器。除了升压变压器和降压变压器,还有联络变压器、隔离变压器和调压变压器等。例如,几个邻近的电网尽管平时没有多少电能交换,但有时还是希望它们之间能够建立起一定的联系,以便在特定的情况下互送电能,相互支援。这种起联络作用的变压器称为联络变压器。此外,两个电压相同的电网也常通过变压器再连接,以减少一个电网的事故对另一个电网的影响,这种变压器称为隔离变压器。

开关设备的主要作用是连接或隔离两个电气系统。高压开关是一种电气机械,其功能就是完成电路的接通和切断,达到电路的转换、控制和保护的目的。高压开关比常用低压开关重要得多,复杂得多。常见的日用开关才几两重,而高压开关有的重达几十吨,高达几层楼。这是因为它们之间承受的电压和电流大小很悬殊。按照接通及切断电路的能力划分,最简单的高压开关就是隔离开关,它只能当线路中基本没有电流时,接通或切断电路。但它有明显的断口间隙,一看就知道线路是否断开,因此凡是要将设备从线路断开进行检修的地方,都需要安装隔离开关以保证安全。断路器也是一种开关,它是开关中较为复杂的一种,既能在正常情况下接通或切断电路,又能在事故下切断和接通电路。除了隔离开关和断路器,还有载电流小于或接近正常时切断或接通电路的负荷开关。电流超过一定值时切断电路的熔断器,以及为了确保高压电气设备检修时安全接地的接地开关等,都属于高压开关。

高压绝缘子是用于支撑或悬挂高电压导体,起到对地隔离作用的一种特殊绝缘件。电瓷绝缘子的绝缘性能比较稳定,不怕风吹、日晒、雨淋,因此各种高压输变电设备(尤其是户外使用的)广泛采用高压电瓷作为绝缘件。比如:架空导线必须通过绝缘子挂在电线杆上才能保证绝缘,一条长 500 km 的 330 kV 输电线路大约需要 14 万个绝缘子串。高压绝缘子的另一大类是高压套管,当高压导线穿过墙壁或从变压器油箱中引出时,都需要高压套管作为绝缘件。除了高压电瓷作为绝缘子,基于硅橡胶材料的合成绝缘子也获得了广泛应用。

2. 输变电的保护设备

输变电的保护设备主要有互感器、继电保护装置、避雷器等。

互感器的主要功能是将变电站高电压导线对地电压或流过高电压导线的电流,按照一定的比例转换为低电压和小电流,从而实现对变电站高电压导线对地电压和流过高电压导线的电流的有效测量。对于大电流、高电压系统,不能直接将电流和电压测量仪器或表计接入系统,这就需要将大电流、高电压按照一定比例变换为小电流、低电压。通常利用互感器完成这种变换。

互感器分为电流互感器和电压互感器,分别用于电流和电压变换。由于它们的变换原理和变压器相似,因此也称为测量变压器。互感器的主要作用:一是互感器可将测量或保护用仪器仪表与系统一次回路隔离,避免短路电流流经仪器仪表,从而保证设备和人身的安全;二是由于互感器一次侧和二次侧只有磁联系,而无电的直接联系,因而降低了二次仪表对绝缘水平的要求；三是互感器可以将一次回路的高压统一变为100 V或100/3 V的低电压，将一次回路中的大电流统一变为5 A的小电流。这样，互感器二次侧的测量或保护用仪器仪表的制造就可做到标准化。

继电保护装置是电力系统重要的安全保护装置。它根据互感器和其他一些测量设备反映的情况，决定需要将电力系统的哪些部分切除和哪些部分投入。虽然继电保护装置很小，只能在低电压下工作，但是它在整个电力系统的安全运行中发挥重要作用。

避雷器主要用于保护变电站电气设备免遭雷击损害。变电站主要采用避雷针及避雷器两种防雷措施。避雷针的作用是不使雷直接击打在电气设备上。避雷器主要安装在变电站输电线路的进出端，当来自输电线路的雷电波的电压超过一定幅值时，它就首先动作，把部分雷电流经其及接地网泄放到大地中，从而起到保护电气设备的作用。

除了上述设备外，变电站一般还安装有电力电容器和电力电抗器。

电力电容器的主要作用是为电力系统提供无功功率，达到节约电能的目的。主要用来给电力系统提供无功功率的电容器，一般称为相电容器；而安装在变电站输电线路上以补偿输电线路本身无功功率的电容器，称为串联电容器。串联电容器可以减少输电线路上的电压损失和功率损耗，而且就地提供无功功率，因此可以提高电力系统运行的稳定性。在远距离输电中，利用电容器可明显提高输送容量。

电力电抗器与电力电容器的作用正好相反，它主要是吸收无功功率。对于比较长的高压输电线路，由于输电线路对地电容比较大，输电线路本身具有很大的无功功率，而这种无功功率往往正是引起变电站电压升高的根源。在这种情况下，安装电力电抗器来吸收无功功率，不仅可限制电压升高，而且可提高输电能力。电力电抗器还有一个很重要的特性，那就是能够抵抗电流的变化，因此它也被用来限制电力系统的短路电流。

3.1 变 压 器

3.1.1 概述

现代化的工业企业广泛地采用电力作为能源，变压器是转移电能而不改变其交流电源频率的静止的电能转换器。将一个电力系统的交流电压和电流值变为另一个电力系统的不同的电压和电流值，借以输送电能的变压器称为电力变压器。电力变压器和电抗器广泛应用于国民经济生产的各个部门，是输配电网的主要设备。

变电站的变压器设备如图3.2所示。

图 3.2　变电站的变压器设备

3.1.2　分类及表示方法

3.1.2.1　分类

按容量分类，10～630 kVA 一般称为Ⅰ、Ⅱ类产品；800～6300 kVA 称为Ⅲ类产品；8000～63000 kVA 称为Ⅳ类产品；63000 kVA 以上称为Ⅴ类产品。各类变压器可按各个电压等级组成各种规格的电压组合。

按用途分类，还可分为升压变压器、降压变压器、配电变压器、联络变压器和厂用变压器。

按结构形式，可分为单相变压器和三相变压器。

按冷却介质分类，可分为干式变压器、油浸式变压器、充气变压器等。

按冷却方式分类，可分为自冷式变压器、风冷式变压器、水冷式变压器、强迫油循环风冷式变压器、强迫油循环水冷式变压器、水内冷式变压器等。

按绕组分类，可分为自耦变压器、双绕组变压器、三绕组变压器等。

按调压方式，可分为无调压变压器、无励磁调压变压器和有载调压变压器。

按中性点绝缘水平，可分为全绝缘变压器（中性点绝缘水平与起头绝缘水平相同）和半绝缘变压器（中性点绝缘水平比起头绝缘水平低）。

按铁芯形式，可分为芯式变压器、壳式变压器等。

3.1.2.2　变压器型号的表示方式

变压器型号的表示方式如图 3.3 所示。

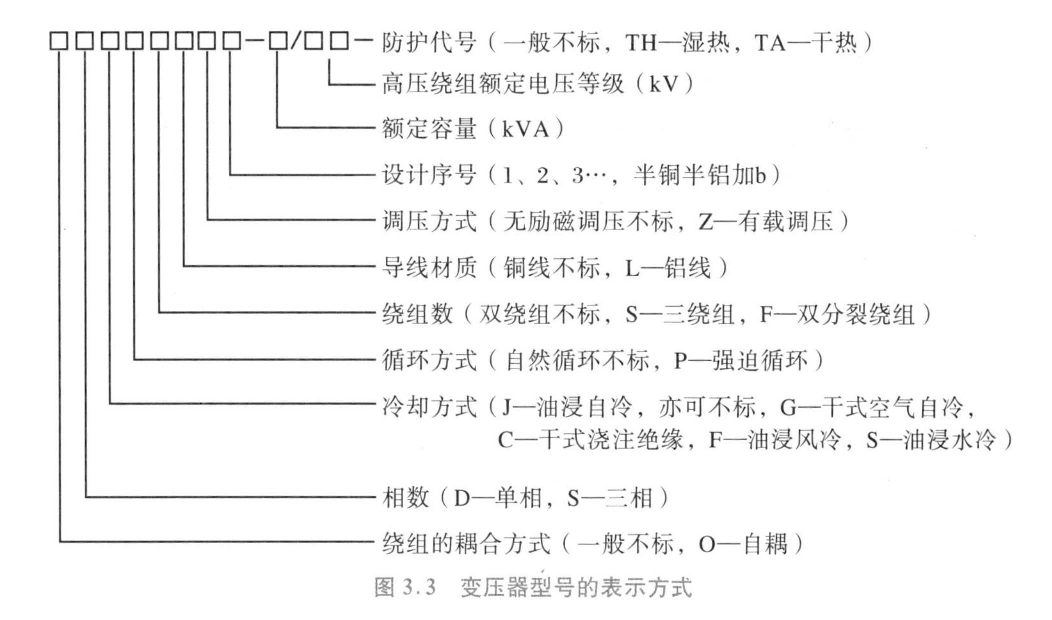

图 3.3　变压器型号的表示方式

例如：

(1) SFL-2000/110 表示三相、油浸风冷、双绕组铝导线、额定容量 2000 kVA、高压侧额定电压 110 kV 级、无励磁调压电力变压器，一般地区使用。

(2) SFSZ-180000/220TH 表示三相、油浸风冷、三绕组铜导线、额定容量 180000 kVA、高压侧额定电压 220 kV 级、有载调压电力变压器，湿热带地区使用。

(3) ODFS-334000/500TA 表示单相、油浸风冷、三绕组铜导线、额定容量 334000 kVA、高压侧额定电压 500 kV 级、无励磁调压自耦电力变压器，干热带地区使用。

(4) SFPF-31500/220 表示三相、油浸强迫油循环风冷、双分裂绕组铜导线、额定容量 31500 kVA、高压侧额定电压 220 kV 级、无励磁调压电力变压器，一般地区使用。

3.1.3　工作原理

变压器是根据电磁感应原理工作的。它的结构是两个(或两个以上)互相绝缘的绕组套在一根相同的铁芯上，它们之间通过磁路的耦合相互联系，以磁场为媒介传递功率。两个绕组中的一个接到交流电源上，称为一次绕组；另一个接到负载上，称为二次绕组。当一次绕组接通交流电源时，在外加电压作用下，一次绕组中有交流电流通过，并在铁芯中产生交变磁通，其频率和外加电压的功率一样。这个交变磁通同时交链一次、二次绕组，根据电磁感应定律，二次绕组内感应出电动势，便能向负载供电，进而实现能量传递。变压器空载和负载运行原理图如图 3.4 所示。

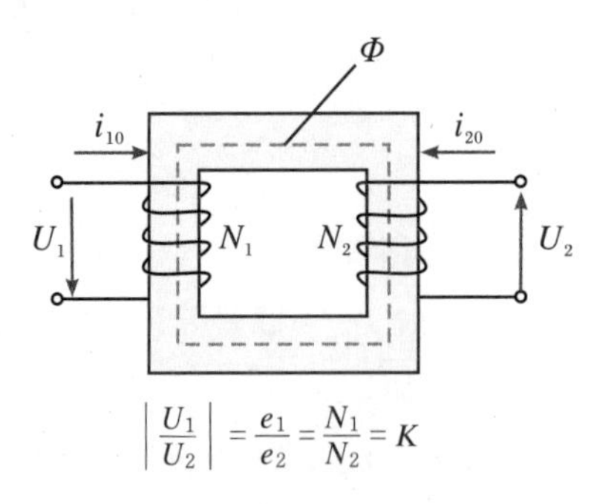

$$\left|\frac{U_1}{U_2}\right| = \frac{e_1}{e_2} = \frac{N_1}{N_2} = K$$

变压器一次绕组接电源，二次绕组开路，负载电流 I_2 为零，这种情况即为变压器的空载运行。N_1 和 N_2 为一次、二次绕组的匝数，绕组线圈分别绕在两个铁芯柱上。

(a) 变压器空载运行原理图

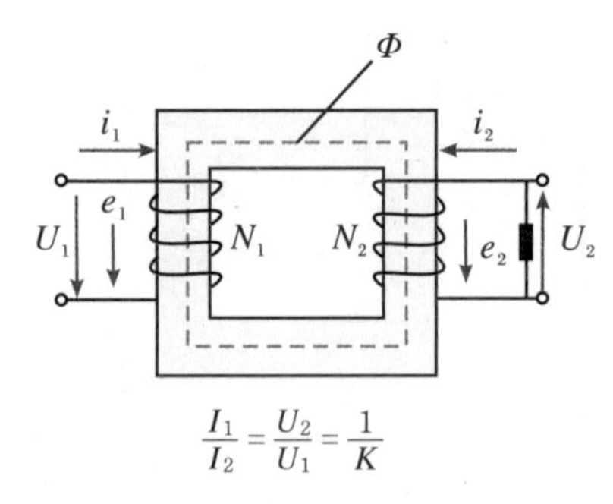

$$\frac{I_1}{I_2} = \frac{U_2}{U_1} = \frac{1}{K}$$

一次侧接交流电源，二次侧接负载，二次侧有负载电流通过，这种情况称为负载运行。

(b) 变压器负载运行原理图

图 3.4　变压器运行原理图

3.1.4　设备结构

变压器的设备结构如图 3.5 所示。

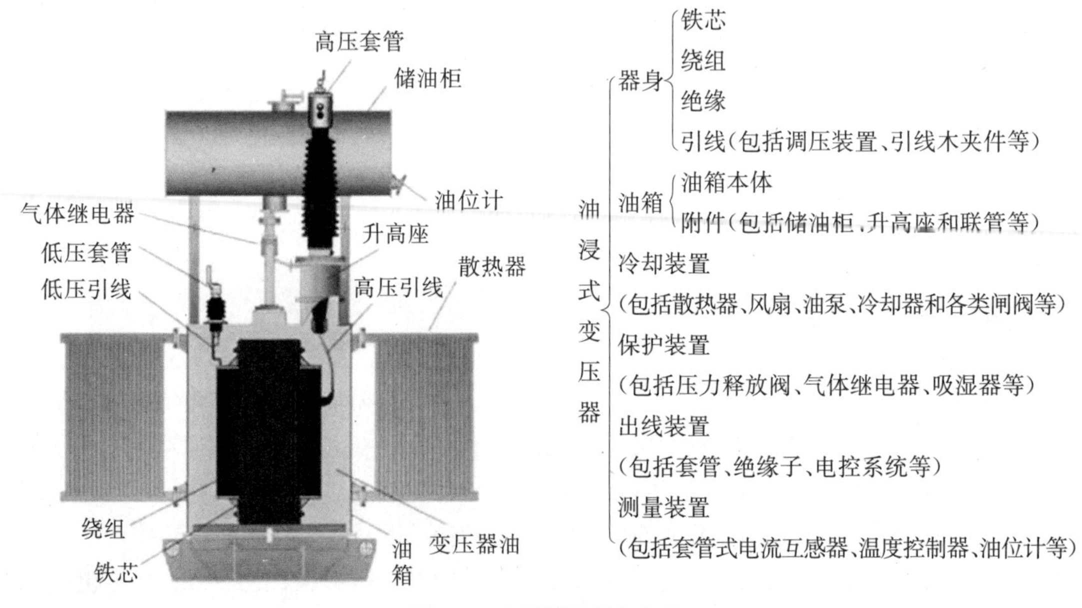

图 3.5　变压器的设备结构

1. 变压器铁芯

变压器铁芯是变压器的磁路和安装骨架，通常分为壳式和芯式两种。壳式铁芯呈水平放置状态，由于与其匹配的矩形线圈制造困难，短路时绕组容易变形，故一般电力变压器不采用此种形式。芯式铁芯呈垂直放置状态，截面为分级圆柱形，绕组包围芯柱，与其匹配的圆筒形绕组制造方便，短路时稳定性能好，我国生产的电力变压器大多采用这种铁芯结构。

大容量的芯式变压器由于运输高度受限，压缩了上、下铁轭的高度，以增加旁轭的办法做磁路，将铁芯做成单相三柱旁轭式、单相双框式、三相三柱式、三相五柱式，如图3.6所示。

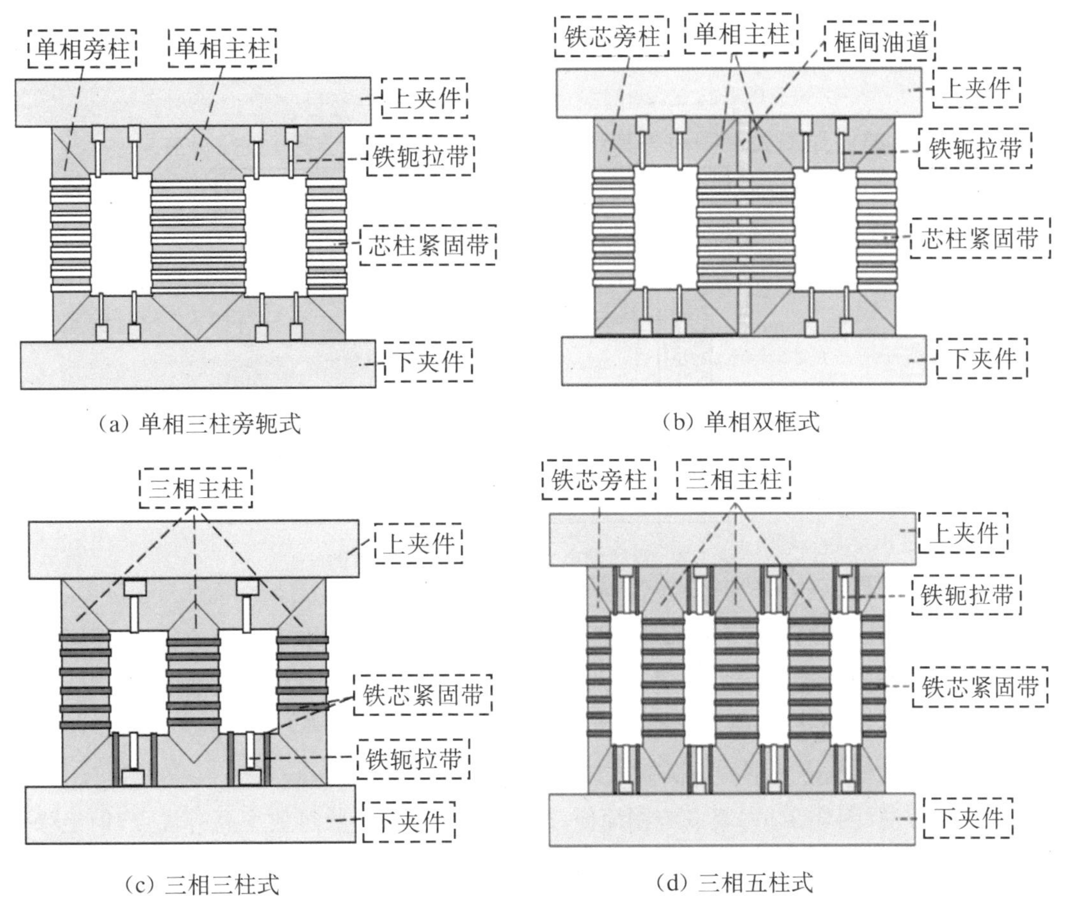

(a) 单相三柱旁轭式

(b) 单相双框式

(c) 三相三柱式

(d) 三相五柱式

图3.6 变压器铁芯的结构示意图

芯式铁芯是由片状电工钢片逐步叠积而成的。目前变压器一般采用冷轧取向磁性钢片，铁芯主要由硅钢片、夹件、垫脚、拉带、拉板和撑板等组成，如图3.7所示。

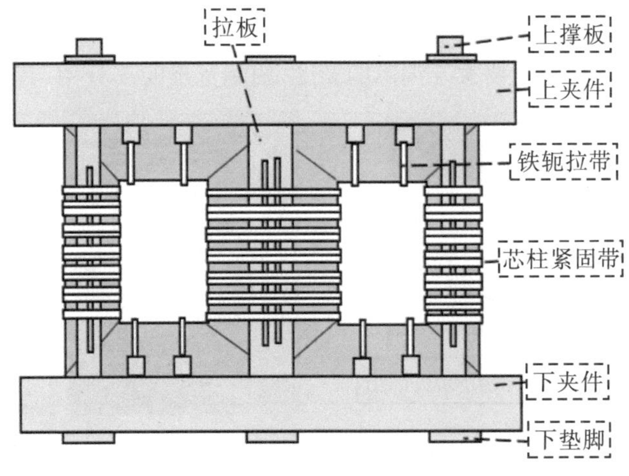

图3.7 铁芯各部件的位置图

2. 变压器的线圈

线圈是变压器输入和输出电能的电气回路，套在铁芯柱上。以简单的双线圈电力变压器为例，套包顺序从铁芯柱向外依次为低压线圈和高压线圈。双线圈电力变压器的结构示意图如图 3.8 所示。

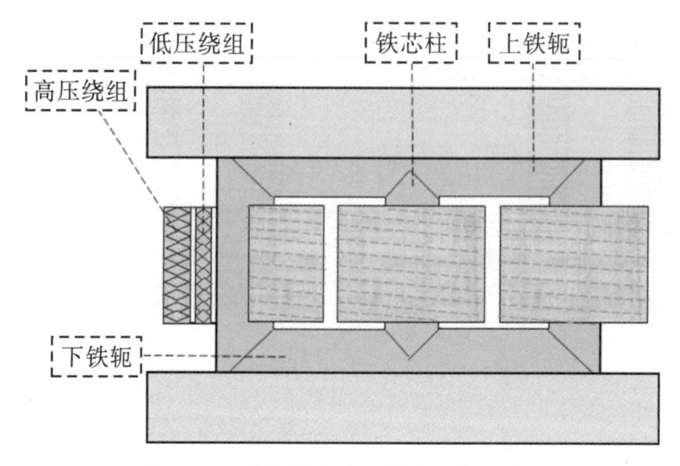

图 3.8 双线圈电力变压器的结构示意图

变压器绕组的结构形式主要根据绕组的电压等级与容量大小来选择，同时也要考虑各种形式绕组的特点，如散热面的大小、电气强度（主要指冲击性能）和机械强度的好坏，以及制造工艺性等，一般可分为层式绕组结构和饼式绕组结构。

层式绕组结构的主要形式有圆筒式线圈和箔式线圈。

圆筒式线圈（图 3.9(a)）具有绕制简便，冲击电压分布好，散热效率高等优点，但绝缘件较复杂，端部支撑稳定性较差，多用于中小型变压器的低压绕组。圆筒式线圈一般是用圆线和扁线绕制成的，将导线沿轴向一匝紧挨一匝地由一端绕到另一端，层与层之间用绝缘纸（板）或瓦楞纸板作为绝缘和冷却油道。圆筒式线圈根据变压器的容量不同可分为多种形式，一般有单层圆筒式、双层圆筒式、多层圆筒式和分段多层圆筒式。

箔式线圈（图 3.9(b)）的线不是用圆铜线或扁铜线，而是用铜箔或铝箔绕制而成的，每绕一层为一匝，每层铜箔之间用绝缘材料隔开，绕制时在专用绕线机上将铜箔和绝缘纸叠放在一起绕制，绝缘纸的宽度要大于铜箔的宽度，两侧宽出的部分用与铜箔宽出部分的绝缘

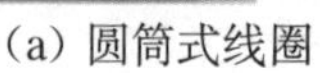

(a) 圆筒式线圈

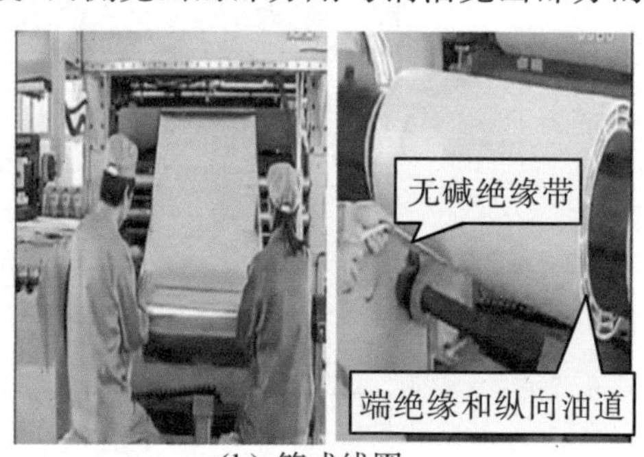

(b) 箔式线圈

图 3.9 层式绕组外形图

条覆盖，并同时卷入形成端绝缘，每2～3层之间放上撑条用来通风散热，铜箔和绝缘纸按规定的层数绕完后，将绝缘纸再绕几层，最后在绝缘纸上缠绕无碱绝缘带。箔式线圈一般用于干式变压器的低压线圈。

饼式绕组结构的主要形式有螺旋式线圈、连续式线圈、纠结式线圈、内屏蔽连接式线圈。饼式绕组结构适用于大中型变压器。

螺旋式线圈（图3.10）绕制简便，但在绕制匝数较多时，往往受轴向高度的限制而不能采用，故在应用上有局限性，一般适用于电压较低和电流较大的绕组，低压和调压线圈多采用此结构。螺旋式线圈一般由一根或多根扁导线并在一起、一匝一匝地沿轴向成螺旋状绕制，种类较多，主要有单螺旋、双螺旋、三螺旋、多螺旋和双层螺旋。

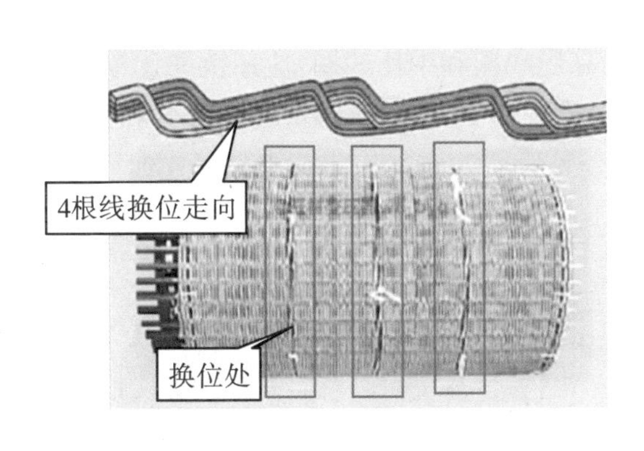

(a) 4×2双螺旋中一列的换位演示图

分组换位　标准换位　分组换位

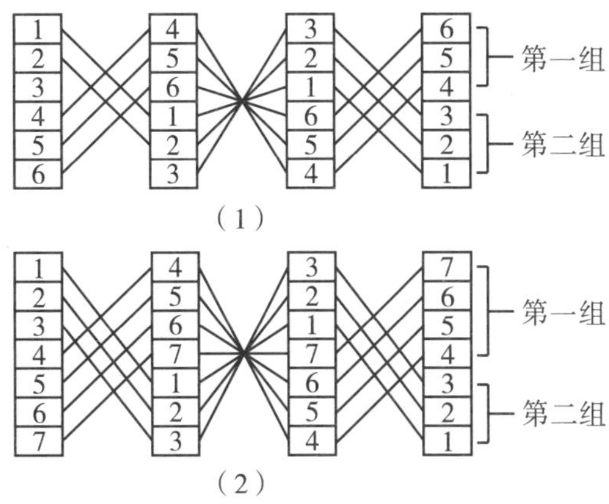

(b) 单螺旋式线圈换位示意图

(1) 并联导线为偶数根；(2) 并联导线为奇数根。

图3.10　螺旋式线圈换位示意图

连续式线圈（图3.11）能够在很大范围内适应各种电压和不同容量的要求，高压、中压、低压线圈均可采用，其机械强度高，工艺性好，但冲击电压分布不好。连续式线圈是由单根或多根并联扁导线分成若干线饼连续绕制的，从一个线饼到另一个线饼的连线不用焊接，而是连续绕成。绕制时先用绝缘内撑条做骨架，撑条上按图纸要求穿配垫块，撑条的厚度构成线圈的纵向油道，垫块的厚度构成线圈的横向油道和线饼间的绝缘距离。

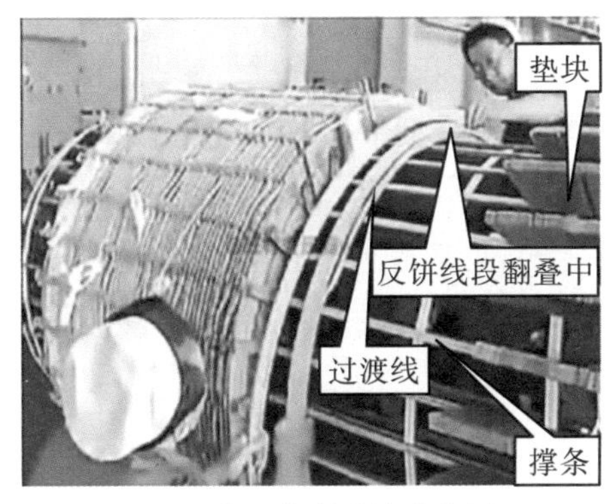

(a) 卧绕机绕制连续式线圈

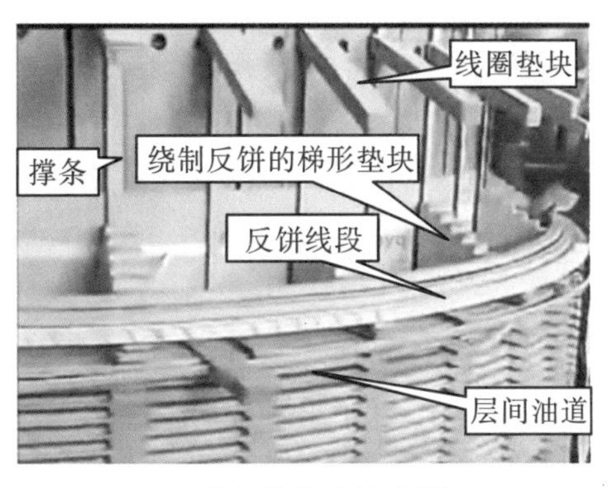

(b) 立绕机绕制连续式线圈

图3.11　连续式线圈的绕制过程示意图

纠结式线圈主要用在 220 kV 及以上电压等级的变压器中，优点是冲击电压分布好，机械强度高；缺点是导线焊头较多，绕制比较麻烦。绕制方法像连续式线圈有正饼和反饼，不同的是两线饼的线匝要交叉串联。图 3.12 是“双-双”纠结式线圈的绕制过程。

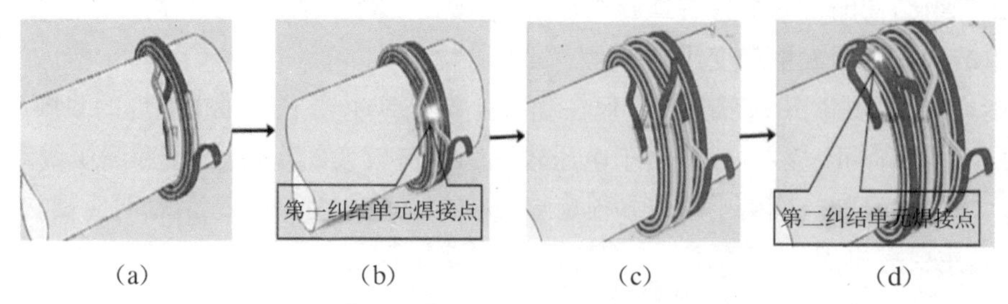

图 3.12 “双-双”纠结式线圈的绕制过程示意图

内屏蔽连续式线圈适用于超高压、大容量的高压线圈和中压线圈，应用范围比较广泛，具有机械强度高、工艺性好的特点，冲击电压分布比连续式稍好，其导线截面形状和并绕根数对工艺性影响较大。内屏蔽连续式线圈与连续式线圈的绕组线匝分布的对比如图 3.13 所示。

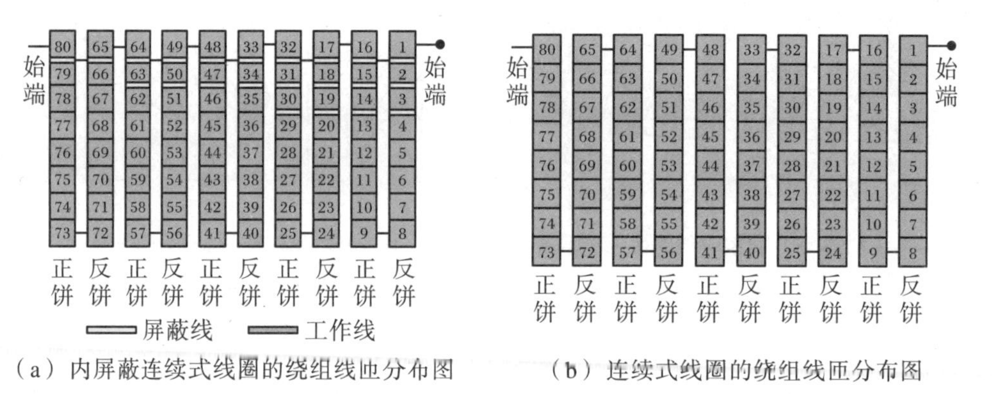

（a）内屏蔽连续式线圈的绕组线匝分布图　（b）连续式线圈的绕组线匝分布图

图 3.13 内屏蔽连续式线圈与连续式线圈的绕组线匝分布的对比

3. 油箱

用于盛装变压器器身和变压器油的容器，称为变压器油箱。一般小型变压器采用筒式油箱和波纹式油箱；壳式变压器、电炉变压器和整流变压器多采用壳式油箱。我国目前生产使用的主要是芯式变压器和芯式电抗器，采用的油箱结构多为钟罩式油箱。钟罩式油箱分为上、下两节，下节油箱高度一般在 250～450 mm，上节油箱做成钟罩形，如图 3.14 所示。由于该油箱箱沿设在油箱下部，所以给现场的器身检查维修带来了方便。钟罩式油箱又可分为拱顶钟罩式油箱、平顶钟罩式油箱和梯形顶钟罩式油箱三种。拱顶钟罩式油箱和平顶钟罩式油箱一般用于电压等级在 110 kV 以下产品中，梯形顶钟罩式油箱国内外基本都用于电压等级在 220 kV 及以上产品中。变压器结构件除油箱主体外还有许多附属部件，例如储油柜、升高座、联管和铁芯夹件等。

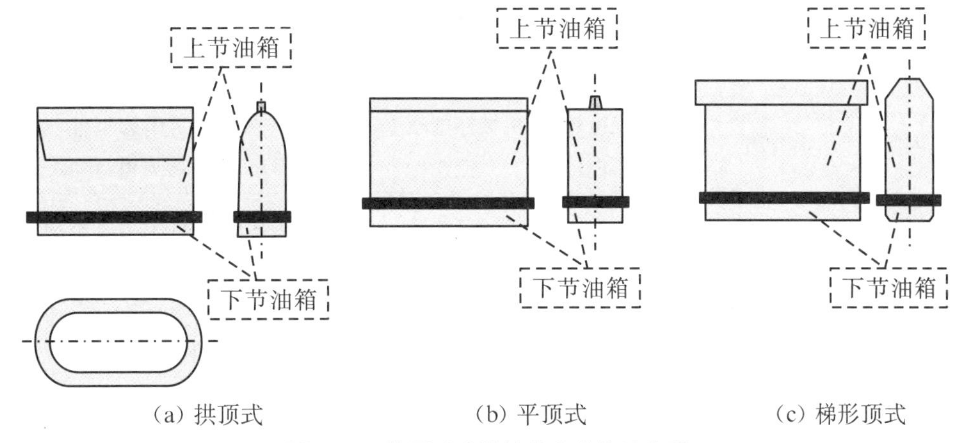

(a) 拱顶式　　(b) 平顶式　　(c) 梯形顶式

图 3.14　钟罩式油箱的基本结构示意图

4. 绝缘材料

在变压器中,需要大量的绝缘材料,但在某些特殊作用的绝缘件中,也使用一些半导体材料和导电材料。变压器运行的可靠性和使用寿命很大程度上取决于使用的绝缘材料。绝缘材料愈来愈为变压器从业人员所重视。近年来,变压器绝缘材料方面的新产品、新技术、新理论不断涌现和发展,从而使变压器绝缘材料及其应用形成了一门很重要的学科。

绝缘材料可用于隔离带电或不同电位的导体,使电流按一定方向流通。在变压器产品中,绝缘材料还起着散热、冷却、支撑、固定、灭弧、改善电位梯度、防潮、防霉和保护导体等作用。

(1) 绝缘材料的定义:体积电阻率(在空气中)为 $10^9 \sim 10^{22}$ Ω·cm 的物质所构成的材料在电工技术上称为绝缘材料,又称为电介质。绝缘材料的电阻率越大,其绝缘性能就越好。

介于绝缘材料和导电材料之间的材料,称为半导体材料。它的体积电阻率为 $10^{-3} \sim 10^8$ Ω·cm。这里指的半导体材料并不是用于制造半导体晶体管的材料。

在电压作用下,电流能很好地通过的材料叫导电材料。它的体积电阻率为 $10^{-6} \sim 10^{-3}$ Ω·cm,如电解铜是 0.0172 μΩ·m,电解铝是 0.029 μΩ·m。

(2) 绝缘材料的分类和用途:

① 气体绝缘材料包含干燥空气、高纯氮气、六氟化硫等,目前使用六氟化硫绝缘的气体变压器应用很广泛。

② 液体绝缘材料包含变压器油、开关油、电容器油等,此外还有绝缘胶。

③ 固体绝缘材料包含绝缘纸板、绝缘纸、木材、电工层压木、酚醛纸板、酚醛布板、玻璃布板、绑扎带、紧缩带、电工薄膜和电工塑料等。

其中,(电工)绝缘纸板是以100%的纯硫酸盐木浆为原料制成的,可以彻底干燥、去气和浸油,具有良好的电气性能和机械性能。根据密度不同,可以将纸板分为低密度纸板、中密度纸板和高密度纸板,它们性能之间的对比见表 3.1。

表 3.1 不同密度纸板性能的对比

名称	密度(g/cm^3)	特点	用途
低密度纸板	0.75～0.9	强度较低,机械性能较差,但成型性好	主要用于制作成型件,如角环、槽垫、磁屏蔽垫板、异形件等
中密度纸板	0.95～1.15	硬度较好,电气强度较高	主要用于制作绝缘纸筒、撑条、垫块等一般绝缘件及层压制品
高密度纸板	1.15～1.3	电气性能和机械性能均很高	主要用于压板、垫板、油隙垫块等不需要弯折的零件

电工层压木是由采用色木、桦木、山毛榉及水曲柳等优质木材经蒸煮、旋切干燥而制成单板,涂以绝缘胶,再经高温、高压而制成的,主要用于加工压板、托板、导线夹等绝缘零部件。

上胶纸为一种纸面上带胶的绝缘纸,通常由电缆纸或未漂浸渍纸等涂刷酚醛树脂胶而得,主要用于压制层压纸板。使用时,在两张纸板间铺一张双面上胶纸代替酚醛树脂胶,不仅操作简便,而且节省刷胶时的晾制时间,提高了效率;另一个用途是用于卷制酚醛纸管。

这里所指的绝缘纸是由纯硫酸盐木浆制成的电缆纸,其牌号为 DLZ、GDL、BZZ 等,具有较高的机械强度和电气强度。其他绝缘纸包括合成纤维纸(如 Nomex 纸)、加腈绝缘纸(如丹尼森纸)等,主要用于变压器绕组导线的匝绝缘、层间绝缘,以及引线、分接线、静电环的绝缘等。

电工皱纹纸由电工用绝缘纸经起皱加工而制成,沿其横向有皱纹,使用时将皱纹拉开。常用于油浸式变压器的绕包绝缘,如绕组出头、引线、静电环的绝缘包扎。

铝箔皱纹纸由铝箔和电缆纸经黏合剂粘合后起皱而成,主要用于静电环导体层的包扎以及引线接头的屏蔽。厚度为 0.41～0.55 mm。

酚醛层压纸板是指由酚醛树脂和纤维素纸制成的层压板,主要用于制作导线夹等;酚醛层压布板是指由棉布浸以酚醛树脂,经烘烤、热压而制成的层压板,具有较高机械性、耐热性和耐潮性,适用于制作绝缘结构零部件(如引线护筒、分接开关护筒、酚醛类紧固件等),颜色以咖啡色、褐色居多。

环氧玻璃布板的材质是玻璃纤维布,所用黏合剂为环氧酚醛树脂,经加温、加压制作而成,具有较高机械性、耐热性和耐潮性,适用于制作绝缘结构零部件(如干式变压器绕组支撑筒、开关护筒、大型变压器的框间油道等),颜色为黄色。

酚醛树脂俗称电木胶,由甲醛和苯酚在介质中缩合而成,变压器中常用的为热固性酚醛树脂,为红棕色的有刺激性气味的液体,可采用酒精进行稀释,主要用于压制层压纸板。

聚乙烯醇(PVA)由聚乙烯醇粉末和蒸馏水按一定比例混合后加热熬制而成,为无色透明的液体,有少量悬浮固体,主要用于端圈、夹件绝缘等的冷粘接。

变压器绝缘材料种类繁多,下面对一些常用的内绝缘材料进行展示,如图 3.15 所示。

(3) 绝缘材料的基本性能:

① 电气性能——绝缘材料的电气性能是变压器最关键的性能,是决定绝缘材料取舍的

绝缘纸板

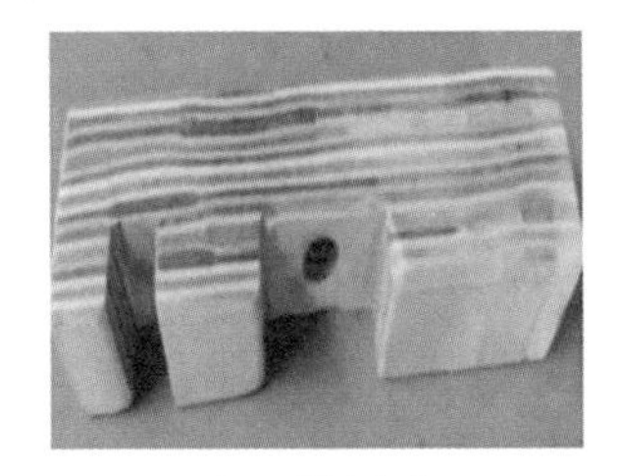
电工层压木

菱格上胶纸

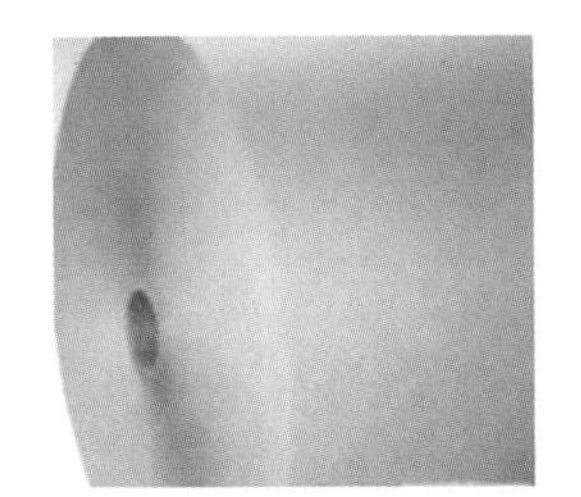
绝缘纸

皱纹纸

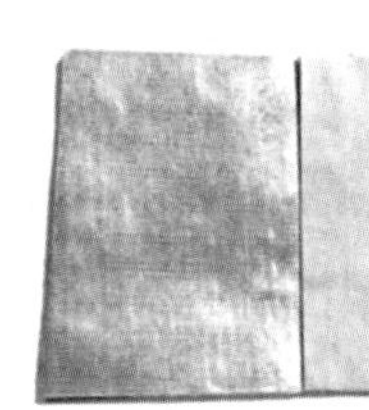

铝箔皱纹纸

环氧板

酚醛板

皱纹纸管

半导电皱纹纸

DMD绝缘纸

热收缩带

稀纬带

网格布

聚酰亚胺薄膜

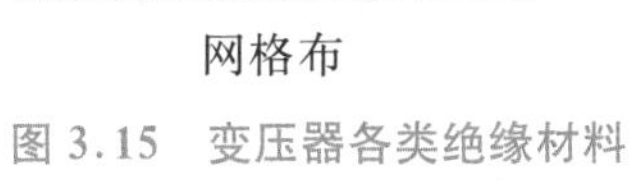

图 3.15 变压器各类绝缘材料

重要因素。电气性能主要包含绝缘电阻、电气强度、介质损耗、介电常数。

② 耐热性能——变压器在投入使用后，其中的绝缘介质就处于较高温度的环境中，同时在电场的作用下，绝缘材料本身也产生热量。如果绝缘材料受热和散热不能平衡，温度就会继续升高，绝缘材料就迅速失去绝缘性能而被击穿，这种绝缘介质的破坏称为热击穿。反映绝缘材料耐热性能的指标有耐热性、热稳定性、最高允许工作温度、耐热等级。

③ 力学性能——变压器上所用的绝缘件，除起绝缘作用外，运行中都要承受压力、拉力等各种力的作用，这就要求绝缘材料在允许工作温度下具有良好的力学性能。

④ 理化性能——绝缘件长期浸泡在变压器油中，变压器油对绝缘材料不能有腐蚀和溶解等现象，绝缘材料对变压器油的性能不能有不良影响。对于户外用的绝缘材料，则要求在长期使用中，能耐受紫外线和一级雨水等因素的侵蚀。对于气体绝缘材料，理化性能指标主要包括熔点、升华点、酸度等；对于液体绝缘材料，理化性能指标主要包括闪点、凝点、黏度、酸值、界面张力、固体含量等；对于固体绝缘材料，理化性能指标主要包括灰分、酸值、吸湿性及变压器油的相容性等。

(4) 绝缘材料的基本特性：电介质在外电场作用下会发生电导、极化、损耗、击穿、老化等过程，我们把电介质的这些现象称为电介质的基本特性。

① 电介质的电导——绝缘材料并不是绝对不导电的材料，当对绝缘材料施加一定的直流电压后，绝缘材料中会流过极其微弱的电流，这种现象称为电介质的电导。流过电介质的电流随时间的增加逐渐减少并达到一个恒定值，此电流分为三部分：瞬间充电电流、吸收电流和泄漏电流。影响电介质电阻率的主要因素有温度、湿度、杂质和电场强度。

② 电介质的极化——电介质在外电场作用下，其两端出现了等量的异性电荷，呈现了电的极性，这种现象称为电介质的极化。介电常数是表征在交变电场下介质极化程度的一个参数，影响它的因素有电场频率、温度和湿度。由于在整个绝缘系统中电场是按相对介电常数反比分布的，介电常数小的绝缘材料承受的电场强度高，反之亦然。如果绝缘处理得不好，留有气泡，气泡中的电场强度高，气泡先行游离，将引起局部放电，从而导致绝缘材料老化，所以绝缘系统中绝对不允许有气泡存在。

③ 电介质的损耗——在交变电场下，绝缘材料从交变电场中吸收电能以热的形式耗散的功率称为介损，包括电导和极化引起的损耗。影响介损的因素有频率、温度、湿度和电压。在变压器中，介质损耗大是电介质发生热击穿的根源。

④ 电介质的击穿——当施加于电介质上的电场强度高于临界值时，通过电介质的电流剧增，使电介质发生破裂或分解，从而完全失去绝缘性能，这种现象称为电介质的击穿。

⑤ 电介质的老化——电气设备中的绝缘材料在运行过程中，由于各种因素的长期作用而发生的一系列不可恢复的物理、化学变化，而导致绝缘材料电气性能和力学性能的劣化，这种现象称为绝缘材料的老化。影响绝缘材料老化的因素有热、电、光、氧、机械作用、高能辐射及微生物等。

(5) 绝缘系统的分类：油浸式变压器的绕组、引线、分接开关，以及它们之间的连接导线都装在充满油的油箱里，套管分为气中和油中两个部分。因此，油浸式变压器的绝缘系统可以分为内绝缘（油箱中、油中）和外绝缘（空气中），其中内绝缘又可分为主绝缘和纵绝缘两种，见表 3.2。

表 3.2 变压器绝缘系统的分类表

<table>
<tr><td rowspan="11">内绝缘
(油箱中、油中)</td><td rowspan="4">绕组绝缘</td><td rowspan="3">主绝缘</td><td>绕组对地间绝缘</td></tr>
<tr><td>绕组对油箱、夹件、拉杆的绝缘</td></tr>
<tr><td>绕组与带电体之间的绝缘</td></tr>
<tr><td>纵绝缘</td><td>同一绕组中，本身的内部绝缘</td></tr>
<tr><td rowspan="3">引线绝缘</td><td rowspan="2">主绝缘</td><td>引线与接地件之间的绝缘</td></tr>
<tr><td>引线与带电体之间的绝缘</td></tr>
<tr><td>纵绝缘</td><td>同一绕组中，各引线的绝缘</td></tr>
<tr><td rowspan="4">开关绝缘</td><td rowspan="3">主绝缘</td><td>分接开关与地之间的绝缘</td></tr>
<tr><td>分接开关与带电体之间的绝缘</td></tr>
<tr><td>异相触头之间的绝缘</td></tr>
<tr><td>纵绝缘</td><td>同相触头之间的绝缘</td></tr>
<tr><td rowspan="2">外绝缘
(空气中)</td><td colspan="3">不同绕组套管之间以及到接地部位的绝缘</td></tr>
<tr><td colspan="3">同一绕组(不同相)套管间的绝缘</td></tr>
</table>

3.1.5 组部件及主要原材料

变压器各类组件主要安装在油箱外部，按在变压器中所起的作用，主要包括五大部分：冷却装置、保护装置、调压装置、出线装置和测量装置。制造变压器所使用的关键原材料包含六大主材：钢材、硅钢片、绕组线、绝缘油、纸板和密封件。

3.1.5.1 变压器的组部件

1. 冷却装置

变压器的冷却装置包括冷却器、风扇、油泵、片散、蝶阀等。

冷却器是强迫油循环变压器(油浸式电抗器)用的一种热交换装置，分为风冷却器和水冷却器。

风冷却器是强迫油和空气流动的热交换器。按额定冷却容量，分为 63 kW、80 kW、100 kW、125 kW、160 kW、200 kW、250 kW、315 kW、400 kW。风冷却器由油泵、风机、油流继电器、控制箱、蝶阀、温度计等各组件组成。

变压器的冷却系统如图 3.16 所示。

风冷却器产品型号的基本字母排列顺序及含义见表 3.3。

(a) 油浸自冷(J 或不标)

(b) 油浸风冷(F)

(c) 强迫油循环风冷(FP)

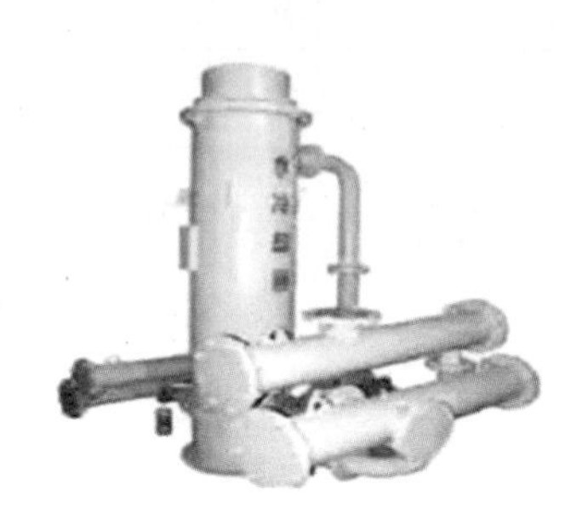

(d) 强迫油循环水冷(SP)

图 3.16 变压器的冷却系统

表 3.3 风冷却器产品型号的基本字母排列顺序及含义

<table>
<tr><th>序号</th><th>分类</th><th colspan="2">含义</th><th>代表符号</th></tr>
<tr><td>1</td><td>被冷却介质循环方式</td><td colspan="2">强迫油循环</td><td>Y</td></tr>
<tr><td>2</td><td>冷却介质循环方式</td><td colspan="2">强迫通风</td><td>F</td></tr>
<tr><td rowspan="5">3</td><td rowspan="5">结构形式</td><td rowspan="3">翅片</td><td>绕片式</td><td>—</td></tr>
<tr><td>轧片式</td><td>Z</td></tr>
<tr><td>板片式</td><td>P</td></tr>
<tr><td>管式</td><td>椭圆管式或滴管式</td><td>D</td></tr>
<tr><td colspan="2">板翅式</td><td>C</td></tr>
<tr><td rowspan="4">4</td><td rowspan="4">冷却元件材质</td><td colspan="2">钢铝材</td><td>GL</td></tr>
<tr><td colspan="2">铜铝材</td><td>TL</td></tr>
<tr><td colspan="2">钢材</td><td>T</td></tr>
<tr><td colspan="2">铝材</td><td>L</td></tr>
</table>

风冷却器产品型号的组成形式如图 3.17 所示。

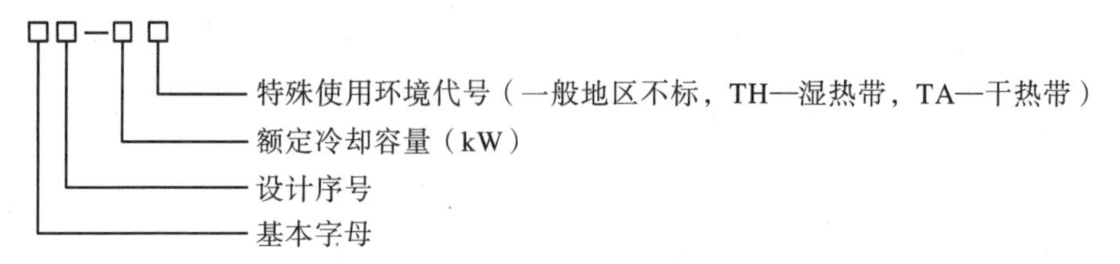

图 3.17 风冷却器产品型号的组成形式

例如，YFPGL2-200 表示额定冷却容量为 200 kW、采用钢铝材、板片式结构、第二次设计、一般地区用的强迫油循环风冷却器。

风冷却器的技术要求见表 3.4。

表 3.4 风冷却器的技术要求

结构要求	检验规则
1. 应具有专用的连接支撑装置。 2. 应有风扇转向标志。 3. 冷却元件应有可靠的卡紧装置，保证运行时无明显震动。 4. 与油接触的内表面应进行防锈处理，但不允许污染油；与空气接触的表面应按防腐类型处理；有镀膜的冷却元件，镀膜厚度≥80 μm。 5. 进油管处最高位置应有放气塞，最下部应设有放油塞。 6. 当内部设有扰流装置时，不允许其与管子产生摩擦，且材质不能污染油。 7. 整体结构应能承受住真空度为 65 Pa、持续时间为 10 min 的真空强度试验，不得有变形和损伤。 8. 所有密封元件应能长期耐受 105 ℃变压器油。	1. 例行试验：外观检查、密封（正压力强度）试验、电气强度试验、热油清洗、运行试验。 2. 型式试验： （1）除包括例行试验外，还应进行真空强度试验、声级测量、冷却容量试验、油路压降测试。 （2）冷却器有下列情况之一时，应进行型式试验：新产品试制时；当结构、工艺、材料的变更足以引起某些参数变化时；终止生产一年以上再次生产时；正常生产的产品，应每 5 年进行一次；国家质量监督部门提出检验要求时。
使用条件	**控制箱的要求**
1. 环境温度为 −30～40 ℃。 2. 海拔不超过 1000 m。 3. 基本没有导电灰尘、腐蚀性气体、严重风沙或盐雾地区。 注：当使用条件与上述规定不符时，由用户与制造单位协商确定。	1. 根据用户要求可设置自动或手动控制。 2. 箱内应有照明灯。 3. 箱内线路应正确牢固、排列整齐，表面不得有损伤。
电气要求	**其他要求**
1. 主电源回路须装设油泵、风扇的过载、短路、断相保护装置。 2. 所有组件外壳均须可靠接地。 3. 控制系统电气元件应能承受 2 kV、持续 1 min 的耐压试验（工频耐压低于 2 kV 的应按相应标准规定）。	1. 冷却容量应至少具有 5%的储备裕度，辅机损耗率应≤3%，且冷却容量实测值应达到额定冷却容量的 95%。 2. 冷却设计工况点下的油流速：额定冷却容量 125 kW 及以下≤2.5 m/s；160 kW 及以下≤2 m/s。 3. 整体须能承受 500 kPa 的油压试验：初始油温 70 ℃，历时 6 h，应无渗漏、损伤和永久变形。

水冷却器是强迫油和水流动的热交换器。按额定冷却容量，分为 50 kW、63 kW、80 kW、100 kW、125 kW、160 kW、200 kW、250 kW、315 kW、400 kW、500 kW。水冷却器由油泵、油流继电器、控制箱、密封元件及电气元件等组成。

水冷却器产品型号的基本字母排列顺序及含义见表 3.5。

表 3.5　水冷却器产品型号的基本字母排列顺序及含义

序号	分类	含义	代表符号
1	被冷却介质循环方式	强迫油循环	Y
2	冷却介质循环方式	强水循环	S
3	结构形式	单管、单管板式 单管、双管板式 两重管式	— S F

水冷却器产品型号的组成形式如图 3.18 所示。

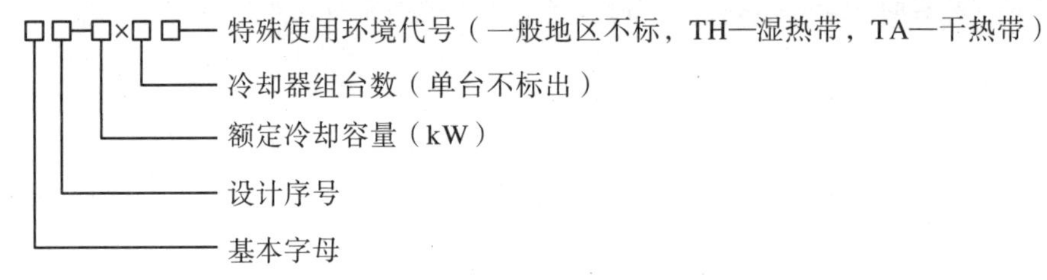

图 3.18　水冷却器产品型号的组成形式

例如，YSF2-200TH 表示额定冷却容量为 200 kW、采用两重管式结构、第二次设计、用于湿热带地区的单台强迫油循环水冷却器。

水冷却器的技术要求见表 3.6。

表 3.6　水冷却器的技术要求

结构要求	检验规则
1. 由冷却器本体、油泵、油流继电器、电气控制等部分组成。 2. 冷却管与两端的管板连接处应能承受 500 kPa 压力，历时 1 h 无渗漏。 3. 应备有油泵、蝶阀、放气阀、放油塞等。 4. 单管冷却器应配备差压报警装置；两重管冷却器应配备渗漏报警装置。 5. 整体结构应能承受住真空度为 65 Pa、持续时间为 10 min的真空强度试验，不得有变形和损伤。 6. 油室内侧应清洁、干燥，不得有锈迹、金属屑、焊渣等异物；上、下水室内侧应做防锈处理。 7. 所有密封元件应能长期耐受 105 ℃变压器油。	1. 例行试验：外观检查、密封（正压力强度）试验、电气强度试验、热油冲洗、运行试验。 2. 型式试验： (1) 除包括例行试验外，还应进行真空强度试验、冷却容量试验。 (2) 冷却器有下列情况之一时，应进行型式试验：新产品试制时；当结构、工艺、材料的变更足以引起某些参数变化时；终止生产一年以上再次生产时；正常生产的产品，应每 5 年进行一次；国家质量监督部门提出检验要求时。

续表

电气要求	控制箱要求
1. 主电源回路须装设油泵、风扇的过载、短路、断相保护装置。 2. 所有组件外壳均须可靠接地。 3. 控制系统电气元件应能承受 2 kV、持续 1 min 的耐压试验(工频耐压低于 2 kV 的应按相应标准规定)。	1. 根据用户要求可设置自动或手动控制。 2. 箱内应有照明灯。 3. 箱内线路应正确牢固、排列整齐,表面不得有损伤。
使用条件	**其他要求**
1. 环境温度在 0 ℃以上。 2. 海拔不超过 1000 m。 3. 冷却水中没有腐蚀介质、泥沙、水草及其他杂物。 4. 基本没有导电灰尘、腐蚀性气体、严重风沙或盐雾地区。 注:当使用条件与上述规定不符时,有用户与制造单位协商确定。	1. 冷却容量应至少具有 25%的储备裕度,辅机损耗率应≤3%。 2. 冷却器水路系统须在承受 500 kPa 压力、初始油温 70 ℃、历时 2 h 的密封(正压力)试验后,无渗漏、损伤和永久变形。 3. 冷却器油路系统须在承受 500 kPa 压力、初始油温 70 ℃、历时 6 h 的密封试验后,无渗漏、损伤和永久变形。

风扇是一种专供变压器(油浸式电抗器)冷却系统使用的通风机,采用单极轴流式叶轮和专用电动机构成,为直轴连接的结构。叶片为等厚板形和机翼形,叶轮直径采用 400 mm、500 mm、630 mm、700 mm、800 mm、900 mm、1000 mm、1250 mm。电动机的额定参数是以连续工作制(SI)为基准的,其额定功率等级为 0.18 kW、0.25 kW、0.37 kW、0.55 kW、0.75 kW、1.10 kW、1.50 kW、2.20 kW、3.00 kW。

风扇产品型号的组成形式如图 3.19 所示。

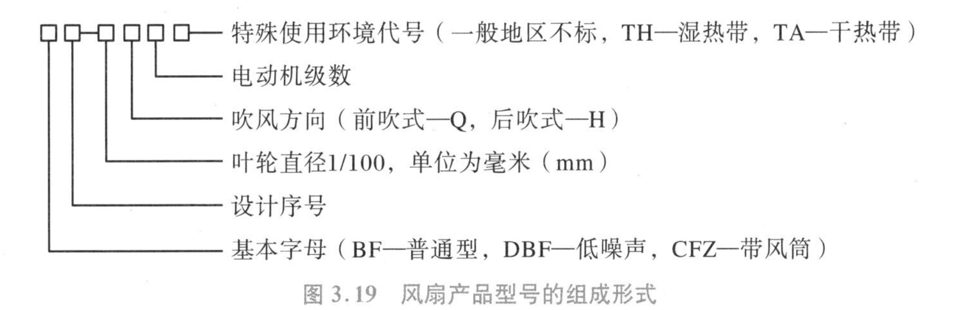

图 3.19　风扇产品型号的组成形式

例如,BF2-8Q10TH 表示前吹式、10 级电动机、第 2 次设计、叶轮直径为 800 mm,适用于湿热带地区的普通型变压器用风扇。

风扇的技术要求见表 3.7。

表 3.7　风扇的技术要求

使用要求

1. 环境温度为 - 40～75 ℃。
2. 海拔不超过 1000 m。
3. 相对湿度不大于 95%（25 ℃）。

注：凡是需要满足以上正常使用条件之外的特殊使用条件，应在询价和订货时说明。

外观和结构的要求

1. 铆焊件的表面应平整，无裂纹、明显的锤痕、划伤、凸台或凹坑等。
2. 风扇外表面漆膜应均匀、有光泽、附着力强，不允许有脱皮、气泡、斑点、流痕等；若用户对防腐有特殊要求，应进行防腐处理。
3. 两铆接件的间隙≤0.1 mm，铆钉头部应光滑整洁。
4. 叶片不应有裂纹及明显划伤，叶片扭曲角度偏差为 ± 1°。
5. 叶轮的两相邻叶片间外缘弦长之差不应超过 6 mm。
6. 叶轮各部分的间隙、表面形状和位置公差不应超过下表（单位：mm）的规定。

叶轮直径	可调叶片与轮毂间隙	型材轮毂径向与轴向跳动	叶轮外缘		叶片安装角度偏差
			径向跳动	轴向跳动	
≤600	1.0	1.0	1.0	2.0	± 1°
601～800	1.5	1.5	1.5	3.0	
801～1250	2.0	2.0	2.0	4.0	

7. 电动机的端子盒内应具有带 U、V、W 标志的三个出线端子和标有接地符号的接地螺钉。

风扇性能要求

1. 当海拔和环境温度符合要求时，电动机绕组的温升限值（电阻法）不应超过 45 K，轴承允许温度（温度计法）不应超过 95 ℃。如果风扇在海拔超过 1000 m 或环境温度高于 75 ℃使用时，应按 GB 755 的规定进行修正。
2. 在规定的测量条件下，风扇的声压级水平不应超过下表的规定。

叶轮直径（mm）	同步转速（r/min）	风量（m^3/h）	全压（Pa）	声压级水平（dB(A)）	叶轮直径（mm）	同步转速（r/min）	风量（m^3/h）	全压（Pa）	声压级水平（dB(A)）
400	1500	4400	103	68	800	1000	16000	216	76
	1000	4500	100	63		750	15000	80	67
500	1000	6500	120	66		600	12500	60	62
	750	6240	100	59		500	14000	60	60
	600	4200	50	53	900	1000	16000	216	78
630	1000	11000	100	67		750	15000	150	70
	750	10000	90	65		600	13000	85	65
	600	8000	65	58		500	16000	75	61
700	1000	13500	98	75	1000	750	27000	210	76
	750	13500	85	66		600	27000	135	70
	600	11000	45	60		500	20000	90	63
	500	11000	55	59		375	15000	80	58

注：其他风量、风压下的声压级水平由制造方与用户协商确定。

续表

风扇性能要求
3. 叶轮应做动平衡检验，平衡精度为2.5级。每台电动机转子均应做动平衡试验，以保证在空载（不带叶轮）时测得的震动速度不应超过1.8 mm/s。
4. 风扇的震动速度不应超过4.5 mm/s。
5. 在实际转速和给定风量的全压值下，风扇空气动力特性偏差不应超过给定值的－3%。
6. 叶轮应做超速试验，超过最大工作转速的10%，超速运转时间不少于2 min，试验后叶轮不应有裂纹、变形和损伤等缺陷产生。
7. 电动机外壳防护等级为IP55。
8. 电动机轴承精度至少为E级，绕组所用的绝缘材料耐热等级应至少为155°（F级）。
9. 风扇应按使用寿命10年和在第一次大修前安全运行时间不少于5年进行设计。

油泵是专供大型油浸式变压器（油浸式电抗器）强迫油循环冷却的动力源，主要由三相异步电动机和单极泵构成，其中电机分为两种：一种为普通式；另一种为盘式。

油泵产品型号的组成形式如图3.20所示。

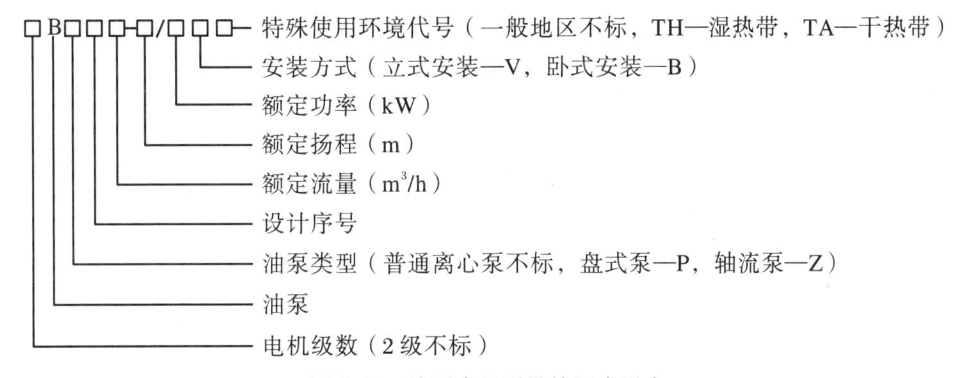

图3.20 油泵产品型号的组成形式

例如，6BP1·80-5/2.2 V表示6极电机、第一次设计、流量为80 m^3/h、扬程为5 m、电机功率为2.2 kW、立式安装的盘式变压器油泵。

油泵的技术要求见表3.8。

表3.8 油泵的技术要求

使用条件	材料要求
1. 环境温度为－25～＋40 ℃。 2. 输送液体为变压器油。 3. 入口油温最高95 ℃，最低高于变压器油凝固点5 ℃以上。 4. 空气相对湿度不大于90%。 5. 外壳防护等级为IP55。 6. 除上述正常使用条件外，其他使用条件须经制造厂与用户协商确定。	1. 叶轮应采用耐磨材料制造。 2. 密封件应符合JB/T 8448.1的规定。 3. 绕组应采用高强度耐变压器油的漆包线（如缩醛漆包线）制造。 4. 接线柱与接线板间应采用密封性能好、绝缘性能高、能耐105 ℃变压器油的材料，并在工艺上予以严格保证。 5. 轴承在正常使用情况下，寿命至少为5年。

续表

表面处理要求
1. 油泵泵壳、接线盒盖、电机底板等外露表面涂漆前应进行表面处理，焊接处应清除焊渣、焊瘤等缺陷；加工表面应去毛刺，清洗油污，未加工表面应进行处理；油封零件须经试漏试验，试漏合格后涂底漆。 2. 外表面的漆膜厚度应不小于 80 μm。 3. 不涂漆的零部件外露表面应采取其他防护措施。
防污染变压器油的要求
1. 油泵装配前，与变压器油接触的零部件表面须进行防护处理，且应清洗干净，严禁粉尘、水分、金属颗粒等残留在油泵内部。 2. 油泵装配完成后，先用手拨动叶轮，观察转动情况；然后，短时间通电试验(时间不超过 3 s)，观察转动是否平稳、轻快，转动声音应均匀和谐，叶轮应无摩擦或阻滞现象。 3. 常温下，油泵皆在设有 150 目的过滤网的管路上，用合格变压器清洗，至无异物为止。
检验项目
1. 例行试验：外观及清洁度检查、电机绝缘电阻测定、电机直流电阻的测定、电机匝间冲击耐压试验、绝缘耐压试验、油泵渗漏试验、叶轮平衡试验。 2. 型式试验：电机最大转矩测定、整机效率功率因数测定、温升试验、油泵性能试验、油泵振动测量、油泵声级测量、最小起动转矩测量、短路特性试验、空载特性试验、堵转转矩试验、堵转电流试验。 3. 有下列情况之一时，应进行型式试验：正常生产的产品 5 年进行一次型式试验；试制的新产品；产品在设计、工艺或材料发生重大改变以致影响到产品性能时；当检查试验结果与标准规定发生不可允许的偏差时。
使用要求
1. 油泵性能的保证值容差应符合下列要求： (1) 额定流量下的扬程：-5% ～+5%。 (2) 额定流量下的整机效率：-3%。 2. 如订货合同规定，应提供如下油泵性能曲线(试验用的液体为室温的变压器油)： (1) 扬程；(2) 输入功率；(3) 输入电流；(4) 整机效率。 3. 叶轮应进行平衡试验，应达到 GB/T 5657 中规定的 G6.3 级平衡。 4. 油泵进出口法兰尺寸、节径，以及螺纹孔、分布尺寸、孔数应符合 GB/T 9112 中 PN10 的规定。 5. 在泵体明显位置应用箭头标志油泵叶轮的旋转方向，检讨标志应固定可靠。 6. 强迫油循环变压器的潜油泵应选用转速不大于 1000 r/min 的低速潜油泵。

片散，即片式散热器，是油浸式变压器(油浸式电抗器)采用的一种热交换装置，外形结构为金属板片式；按照结构分为普通型和鹅颈型。它可作成自冷式(ONAN)、风冷式(ONAF)和强油风冷式(OFAF)，表面防腐一般采用涂漆、热浸镀锌和热浸镀锌涂漆。

片式散热器产品型号及含义如图 3.21 所示。

例如：

(1) PC2500-26/520TH 表示中心距为 2500 mm、片数为 26、片宽为 520 mm、湿热带地区使用的普通型可拆式片式散热器。

(2) PC3000(2400)-32(2)/520TA 表示长片中心距为 3000 mm、片数为 32、短片中心距

为2400 mm、片数为2、片宽为520 mm、干热带地区使用的鹅颈型可拆式片式散热器。

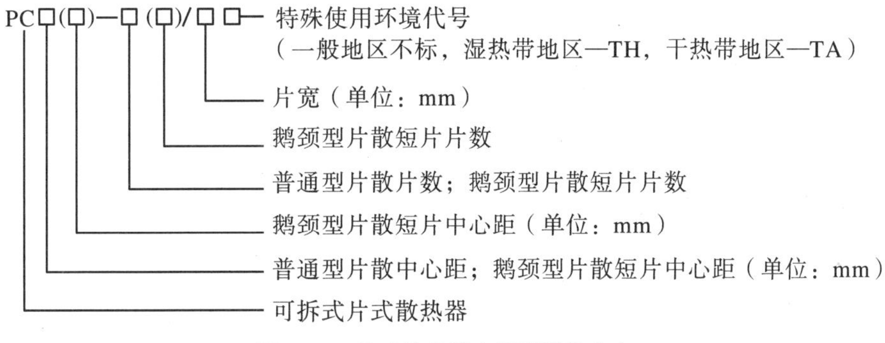

图3.21 片式散热器产品型号及含义

散热器的技术要求见表3.9。

表3.9 散热器的技术要求

技术要求
1. 散热器的油道厚度不应小于9 mm，自冷式的片间距离不应小于45 mm。
2. 散热器的上、下联管接头的法兰密封面应在同一平面上，其平面度允许偏差不应大于2.0 mm；放热器上、下管接头的法兰密封面与集油管应保持垂直，其垂直度允许偏差不应大于集油管长度的3‰。
3. 散热器中心距极限偏差不应超过±2.0 mm。
4. 散热器的散热片板面应保持平直，整体不能有明显的歪扭现象。散热器六面体上每个面（重点是两侧面）的两对角线长度之差不应超过其对角线长的3%，中心距为1 m以下的对角线长度之差应小于3.0 mm。
5. 散热器两片缝合处不应有张口现象。
6. 散热器的片间距离极限偏差不应超过±1.5 mm，首片与末片累计偏差不应超过±5 mm，末片与法兰密封面距离的极限偏差不应超过±2 mm。
7. 散热器的内部应保证清洁，无焊渣、氧化皮、药皮、磷化残液和其他异物。散热器内部经清洁后应涂耐变压器油及耐温度不低于120 ℃的内壁，漆的厚度为20～30 μm。
8. 散热器的外表面涂漆及电镀件，应满足用户对使用环境的要求。凡须涂漆的表面，应清除铁锈、油渍等，漆膜应无脱皮、气泡、流痕、堆积等缺陷且光泽均匀。热浸锌片式散热器锌表面应光滑、无锌瘤、无变形等。
9. 采用涂漆、热浸镀锌或热浸锌涂漆等外表防腐处理的片式散热器，涂漆厚度不应小于80 μm，锌厚度不应小于45 μm，热浸镀锌涂漆总厚度不应小于100 μm。
10. 散热器应能耐受150 kPa的油压、气压，持续时间为20 min，应无渗漏和永久性变形。
11. 散热器应在不充油状态下进行真空试验。试验时，真空度不应大于13 Pa，持续时间为48 h，散热器应无永久性变形。
12. 散热器应进行散热性能试验，并提供有效散热面积、几何散热面积和平均油温升系数。该试验应在有试验资质的单位进行。中心距为2500 mm以下的自冷式油平均温升系数不应大于0.35。
13. 中心距为1500 mm及以上或片数为14及以上的各种规格散热器，应进行强油风冷式、风冷式、自冷式三种散热性能试验及强油风冷式的油阻力试验，散热器性能数据、油阻力试验数据及曲线应达到设计规定的散热效果。

续表

试验项目
1. 例行试验:外观检查;内部冲洗;密封性能试验。 2. 型式试验:真空强度试验;散热性能试验;强油风冷式油阻力试验;容积与压力变化的关系曲线试验;寿命试验。 3. 有下列情况之一时,应进行型式试验:散热器正常生产时应每5年进行一次;新产品或常规产品转厂生产的试制定型鉴定;常规产品的材料、工艺有较大改变,且可能影响产品性能;例行试验结果与首次型式试验结果有较大差异;停产期超过6个月又恢复生产;上级质量监管部门提出异议时。

蝶阀(图3.22)是一种结构简单的调节阀,变压器(油浸式电抗器)油箱通过蝶阀与外部组部件连接,是根据旋转阀杆同时带动阀板转动来做开启和关闭的一种蝶阀。因多数与片散连接,故将其放入本节讲述。蝶阀按结构分为板式和真空式,所用的材料有钢(铁)型和铝合金型。

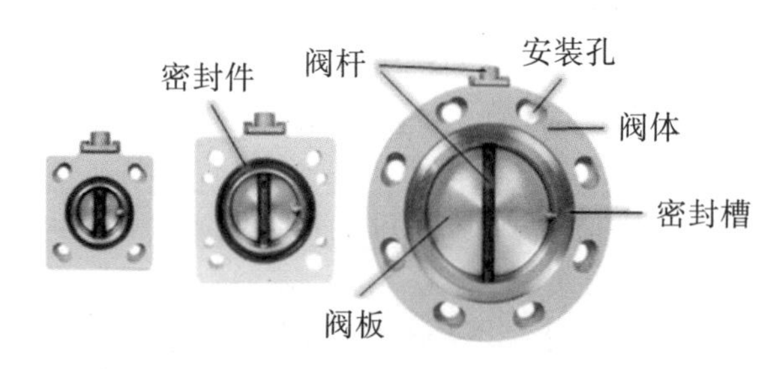

图3.22　变压器的蝶阀结构图

蝶阀产品型号的组成形式如图3.23所示。

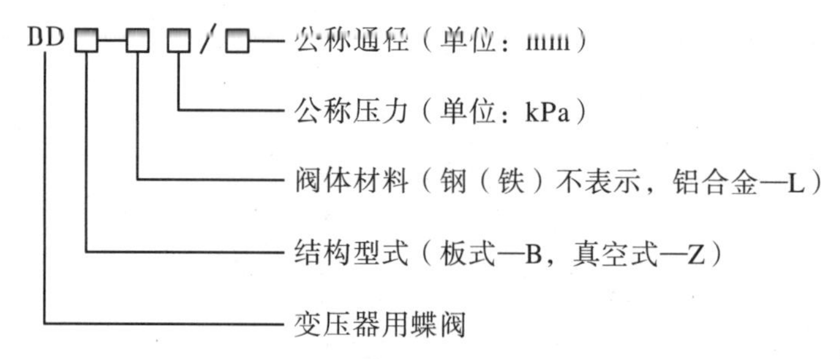

图3.23　蝶阀产品型号的组成形式

例如:

(1) BDB-150/80表示钢(铁)材料、公称压力为150 kPa、公称通径为80 mm的变压器用板式蝶阀。

(2) BDZ-L150/125表示铝合金材料、公称压力为150 kPa、公称通径为125 mm的变压器用真空式蝶阀。

蝶阀的技术要求见表3.10。

表 3.10　蝶阀的技术要求

<table>
<tr><th>技术条件</th></tr>
<tr><td>1. 使用条件:环境温度为 -25～+40 ℃;工作温度为 -25～+105 ℃。注:当使用条件与上述不符时,用户应与制造方协商确定。
2. 阀体与密封圈接触面应光滑平整,不允许有裂纹、气孔、疏松和浇注不足等缺陷。
3. 蝶阀的密封面形状和尺寸应符合 GB/T 9063.3 的规定。
4. 蝶阀的进、出口两密封端面应互相平行,其平行度公差等级按 GB/T 1184 中附录一的 12 级。两端连接法兰相当螺栓孔的同轴度不超过螺栓与螺孔间隙的 1/2;连接法兰螺栓位置度不超过螺栓与螺栓孔间隙的 1/4。
5. 阀杆与阀体之间的密封性能可靠,阀体转动灵活、无卡滞现象;最大转动力矩应符合以下规定:
<table><tr><td>公称通径(mm)</td><td>40</td><td>50</td><td>80</td><td>100</td><td>125</td><td>150</td><td>200</td><td>250</td></tr><tr><td>最大转动力矩(N·m)</td><td>20</td><td>25</td><td>40</td><td>50</td><td>90</td><td>130</td><td>150</td><td>170</td></tr></table>6. 蝶阀应有限位措施来保证关闭严密;阀板在开启和关闭位置时,应有锁定措施。
7. 真空蝶阀应能承受 0.5 MPa 的气压,持续时间 1 min 内应无渗漏;板式蝶阀在 0.5 Mpa 的油压下,以热变压器油(80 ℃),5 min 内渗漏的油量应不得超过 10 g。
8. 真空蝶阀应能承受真空度为 133 Pa 的真空试验,持续 10 min 内漏气率应小于 1.33 Pa·(L/s)。
9. 蝶阀整体应承受 120 ℃变压器油、168 h 高温的老化试验,试验后仍满足密封性能的要求。
10. 蝶阀应承受 1000 次的机械转动试验,其后仍能满足密封性能的要求。</td></tr>
<tr><th>试验项目</th></tr>
<tr><td>1. 例行试验:开闭试验;密封试验。
2. 型式试验:转动力矩试验;真空试验(适用于真空蝶阀);高温老化试验;接线转动寿命试验;全部例行试验。
3. 有下列情况之一时,应进行型式试验:新产品试制时;结构、工艺、材料有重大改变;不经常生产或停产一年以上;连续生产 3 年以上。</td></tr>
</table>

2. 保护装置

变压器的保护装置包括储油柜、吸湿器、气体继电器、压力释放阀和速动油压继电器等。

储油柜为适应油箱内变压器(油浸式电抗器)油体积变化而设置的一个与变压器(油浸式电抗器)油箱相通的容器。从结构上,储油柜可分成敞开式储油柜和密封式。

敞开式和密封胶囊(隔膜)式储油柜产品型号的组成形式如图 3.24 所示。

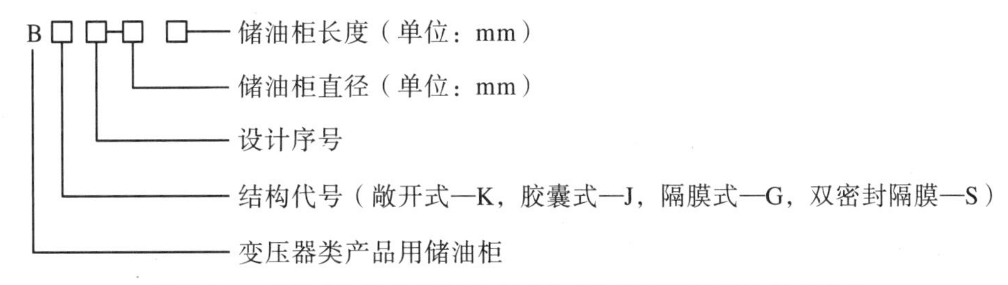

图 3.24　敞开式和胶囊(隔膜)密封式储油柜产品型号的组成形式

例如：

(1) BK1-Φ250×600 表示设计序号为 1、直径为 250 mm、长度为 600 mm 变压器用敞开式储油柜。

(2) BJ1-Φ440×800 表示设计序号为 1、直径为 440 mm、长度为 800 mm 变压器用胶囊密封式储油柜。

(3) BG1-Φ440×800 表示设计序号为 1、直径为 440 mm、长度为 800 mm 变压器用隔膜密封式储油柜。

(4) BS1-Φ440×800 表示设计序号为 1、直径为 440 mm、长度为 800 mm 变压器用双密封隔膜式储油柜。

金属波纹储油柜产品型号的组成形式如图 3.25 所示。

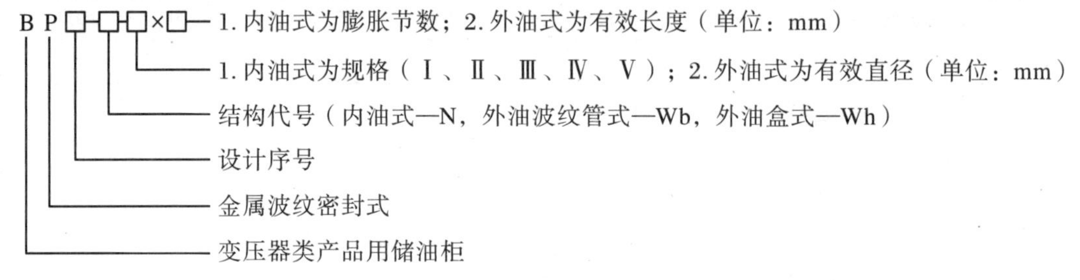

图 3.25　金属波纹储油柜产品型号的组成形式

例如：

(1) BP1-N-Ⅲ×18 表示设计序号为 1、内油式、规格为Ⅲ型、膨胀节数为 18 的变压器用金属波纹密封式储油柜。

(2) BP1-Wb-1000×3550 表示设计序号为 1、外油波纹管式、有效直径为 1000 mm、有效长度为 3550 mm 的变压器用金属波纹密封式储油柜。

(3) BP1-Wh-1000×3550 表示设计序号为 1、外油盒式、有效直径为 1000 mm、有效长度为 3550 mm 的变压器用金属波纹密封式储油柜。

对于敞开式储油柜，变压器油通过吸湿器与大气相通，主要有柜体、注放油管、油位计、吸湿器和油面标志组成。它能满足变压器油随温度变化而引起的体积膨胀和收缩，通过吸湿器将储油柜中空气水分吸收，起到保护油的作用，其结构示意图如图 3.26 所示。

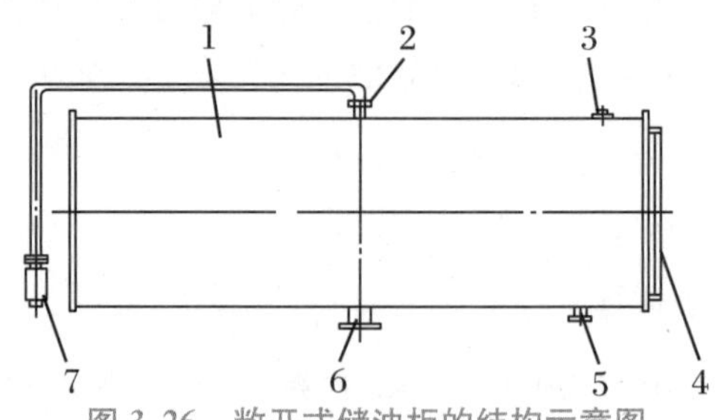

图 3.26　敞开式储油柜的结构示意图

1—柜体；2—管接头；3—放气塞；4—油位计；5—注放油管；6—管接头；7—吸湿器。

密封式储油柜分为耐油橡胶密封式储油柜和金属波纹密封式储油柜。

对于耐油橡胶密封式储油柜，变压器油与空气用耐油橡胶材料隔离，主要由柜体、胶囊（或隔膜）、注放油管、油位计、集污盒和吸湿器等组成。其中，胶囊（或隔膜）将油与空气隔离，防止空气中的氧和水分浸入，可以延长变压器油的使用寿命，具有良好的防油老化作用。有胶囊密封式储油柜、隔膜密封式储油柜、双密封隔膜式储油柜三种，其结构示意图分别如图3.27～图3.29所示。

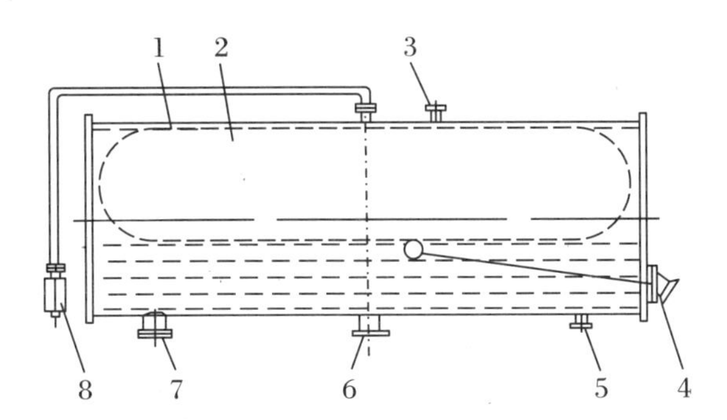

图3.27　胶囊密封式储油柜的结构示意图

1—柜体；2—胶囊；3—放气管；4—油位计；5—注放油管；6—气体继电器联管；7—集污盒；8—吸湿器。

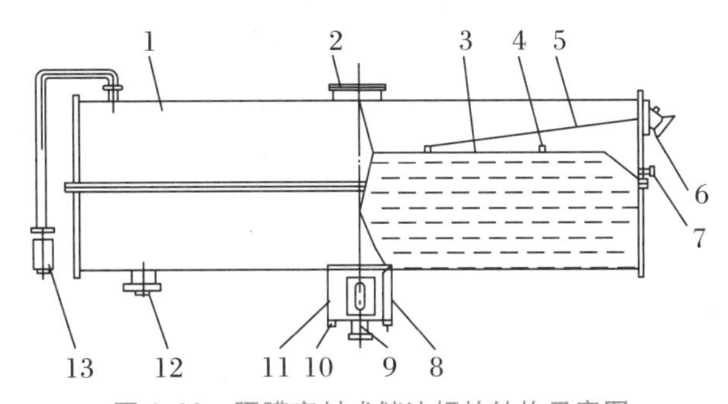

图3.28　隔膜密封式储油柜的结构示意图

1—柜体；2—视察窗；3—隔膜；4—放气塞；5—连杆；6—油位计；7—防水塞；8—放气管；9—气体继电器联管；10—注放油管；11—集气盒；12—集污盒；13—吸湿器。

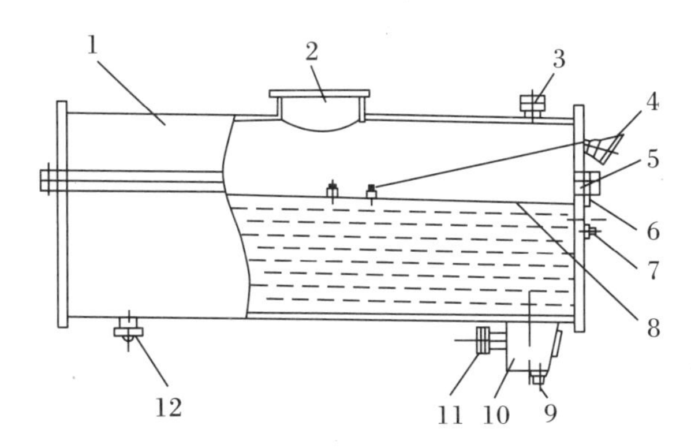

图3.29　双密封隔膜式储油柜的结构示意图

1—柜体；2—视察窗；3—吸湿器管接头；4—油位表；5—密封胶垫；6—防水塞；7—排气塞；8—隔膜；9—注放油管接头；10—集气盒；11—气体继电器联管；12—集污盒。

金属波纹密封式储油柜，是指由可伸缩的金属波纹芯体构成的容积可变的容器，它能使变压器油与空气完全隔绝，从而防止变压器油受潮氧化，延缓老化过程。它主要由金属波纹芯体、防护罩（或柜体）、油温指示、排气管、注油管等组成，分为内油式和外油式，结构示意图分别如图 3.30～图 3.32 所示。

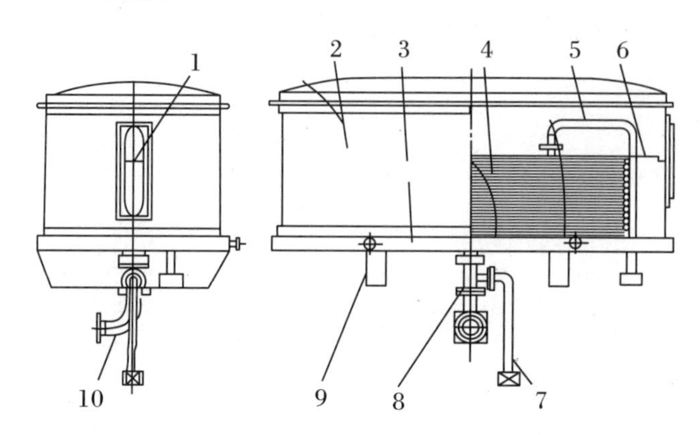

图 3.30　金属波纹（内油）密封式储油柜的结构示意图

1—油温视察窗；2—防护罩；3—柜座；4—金属波纹芯体；5—排气软管；6—油温指针；7—注油管；8—三通；9—柜脚；10—气体继电器联管。

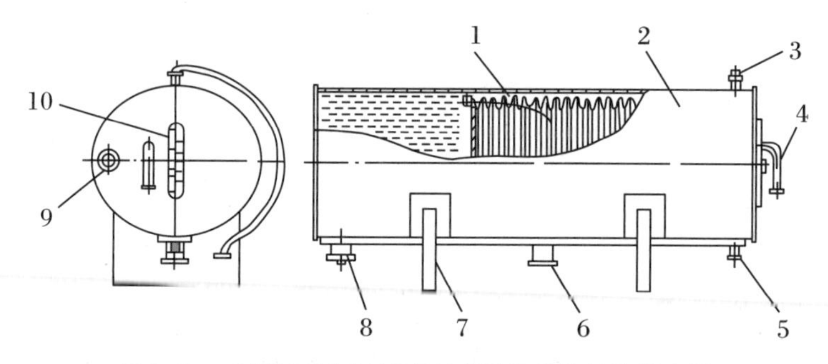

图 3.31　金属波纹（外油）密封式储油柜的结构示意图

1—金属波纹芯体；2—柜体；3—排气管接头；4—呼吸管接头；5—注放油管接头；6—气体继电器联管；7—柜脚；8—集污盒；9—油位报警接线端子；10—油量指示。

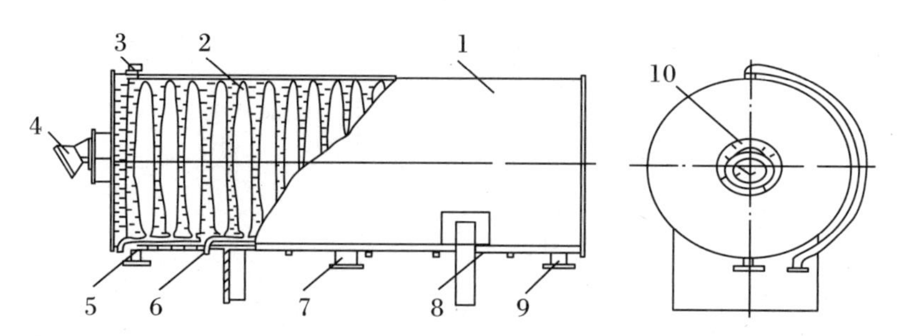

图 3.32　金属波纹（外油盒式）密封式储油柜的结构示意图

1—柜体；2—金属波纹芯体；3—排气管接头；4—油位计；5—注放油管接头；6—呼吸嘴；7—气体继电器联管；8—柜脚；9—集污盒；10—油位报警接线端子。

储油柜的技术要求见表3.11。

表3.11 储油柜的技术要求

通用基本技术要求
1. 储油柜的容积应满足变压器在允许温度范围内变压器油最大膨胀量的需要，以保证和变压器匹配选用后，在最小油位(量)时油面(量)线可见，在最大油位(量)时储油柜内的油不能溢出。 2. 储油柜油位(量)应有清晰指示(红色浮子或指针)，并有醒目的、能反映储油柜实际油位(量)的标志或示值刻度；在正常使用条件下，储油柜应至少标有反映最低、最高与使用相对应的注油温度的油位(量)线的标志；在特殊使用条件下，油位(量)线标志应由制造单位与用户协商确定。 3. 储油柜油位(量)指示的垂直中心线与柜(罩)端面垂线应对正，允许偏差不大于3 mm。 4. 储油柜柜体(防护置)在焊前，柜(罩)壁、柜(罩)盖联管、支架等零件要清除内外表面的铁锈、油污、泥污等。 5. 储油柜联管采用硬连接时，与柜体焊装，其联管水平中心线与柜体水平中心线的尺寸偏差不大于2 mm，法兰面与铅垂面倾斜不大于2 mm，联管水平中心线与柜体垂直中心线的角度为90°，其偏差不大于2°。 6. 储油柜联管伸入柜壁长度一般为15～40 mm。 7. 储油柜柜体焊后，内部表面及外部焊线应光滑平整，手感无尖角、毛刺；外表面不得有凹坑、打伤痕迹，焊线不允许有气孔咬边、夹渣等焊接缺陷。 8. 储油柜的集气盒、吊环、塞子的位置应焊装端正，其偏差不大于3 mm。 9. 储油柜内应无焊渣、沙尘等杂物，内、外表面的涂漆颜色、品种和技术要求应与所配用变压器油箱相同；其与变压器油接触的表面应进行脱氢处理，以防止运行时使氢催化成自由气体。 10. 储油柜所用密封垫应具有耐油及耐老化性能。 11. 储油柜采用磁针式油位计应保证连杆动作灵活、指示准确、极限位置无误。 12. 储油柜出厂前要进行整机动作试验(也可随变压器一同进行)；并检查胶囊(或隔膜)或芯体是否渗漏，油位指示是否正确。 13. 储油柜所用外购件须经检验合格后方可组装使用，胶囊(或隔膜)或芯体、吸湿器、油位(量)计、蝶阀、气体继电器等均应符合有关标准规定。
试验项目
1. 例行试验：对于敞开式和耐油橡胶式储油柜，要进行柜体密封试验、胶囊密封试验、隔膜密封试验、动作试验；对于金属波纹密封式储油柜，要进行外观检查、酸碱度、压力密封试验、真空密封试验、整机动作试验。 2. 型式试验：对于金属波纹密封式储油柜，要进行尺寸偏差、膨胀压力、机械寿命试验。 3. 有下列情况之一时，应进行型式试验：新产品试制时；产品定型后，如本体结构、工艺、材料有重大变动可能影响产品性能时；长期停产后将恢复生产时；产品生产已达3年时；质量监督部门提出要求时。
金属波纹密封式储油柜
除应符合基本技术要求外，还应符合如下要求： 1. 储油柜芯体外观表面及焊缝应平整光滑，无划伤、压痕、咬边和对口错边。 2. 储油柜芯体内腔(或外腔)与变压器油接触面应保证酸碱度呈中性。

续表

金属波纹密封式储油柜
3. 储油柜限位装置应能保证芯体膨胀时伸展灵活、动作准确、无卡滞现象；油温变化时，芯体各膨胀单元应同步运行。 4. 储油柜芯体应在自由高度下，两端限位充气加压 50 kPa，持续 15 min 不得有渗漏；压力解除后，不应有永久变形。 5. 储油柜芯体应能承受内部真空度不大于 50 kPa、持续 30 min 的密封试验，不得有渗漏和发生永久变形。 6. 整机动作检查储油柜及油位(量)指示机构(指针、报警)等部件应动作正常、指示准确。 7. 储油柜芯体内部充气后应能达到额定高度，所以气压应越小越好；其最大稳定气压值：内油式一般应在 6～20 kPa，外油式一般应不大于 8 kPa。 8. 储油柜芯体额定高度的轴向和辐向偏差均应不大于其值的 2%。 9. 储油柜芯体额定高度时，波距应均匀，其偏差不大于波距的 ±8%。 10. 储油柜芯体的机械寿命应不低于 10000 次。
敞开式储油柜和耐油橡胶式储油柜
除应符合基本技术要求外，还应符合如下要求： 1. 储油柜柜体应能承受 50 kPa 的压力试验，持续 30 min 应无渗漏；解除压力后，应无永久性变形。 2. 耐油橡胶密封式储油柜应采用耐油、抗气透、防油扩散、抗拉强度高及耐老化性能良好的橡胶胶囊或隔膜；且应能承受 20 kPa、持续时间 30 min 的压力试验而无渗漏。 3. 隔膜密封式储油柜和双密封隔膜式储油柜如需真空注油时，应在隔膜内、外侧同时抽真空。

吸湿器是变压器(油浸式电抗器)所用的一种空气过滤装置，内装有吸湿剂，以吸去进入其内的空气中的水分，避免变压器油受到湿气侵蚀而使耐压强度降低，确保变压器(油浸式电抗器)的正常运行。吸湿器由一根与变压器(油浸式电抗器)内部油路连接的呼吸管和玻璃容器组成，里面填充吸湿剂，在变压器油膨胀或收缩时，储油柜上面的空气都是经过吸湿器进行呼吸的，所以又称为呼吸器。按硅胶，可分为白色硅胶吸湿器和变色硅胶吸湿器；按功能，可分为普通(或单吸)吸湿器和双呼吸吸湿器；按照连接法兰，可分为三孔(圆形)吸湿器和四孔(方形)吸湿器；常用的型号有 0.1 kg、0.2 kg、0.5 kg、1 kg、2 kg、3 kg、5 kg、10 kg。变压器本体吸湿器实物图如图 3.33 所示。

气体继电器(图 3.34)是油浸式变压器(油浸式电抗器)的一种保护装置，安装在变压器(油浸式电抗器)油箱与储油柜之间的联管上。由于变压器(油浸式电抗器)内部出现故障，而使油分解产生气体流经气体继电器。若气体量较少，则气体在继电器内聚积，浮子下降，使气体继电器的常开接点(俗称信号接点)闭合，轻瓦斯保护发出警告信号；若气体量大时，油气通过继电器快速冲出，推动继电器内的挡板动作，使另一组常开接点(俗称动作接点)闭合，重瓦斯则直接启动继电器保护跳闸，断开断路器，切除故障变压器。

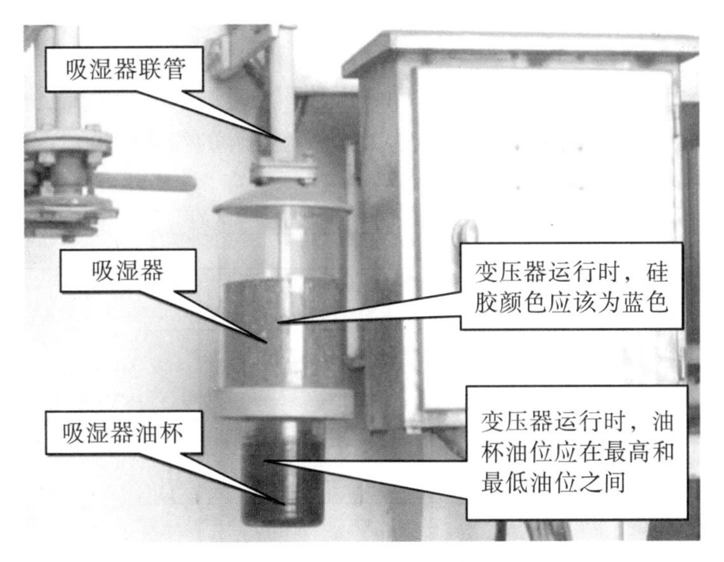

图 3.33 变压器本体吸湿器实物图

(a) 双浮球结构气体继电器实物图

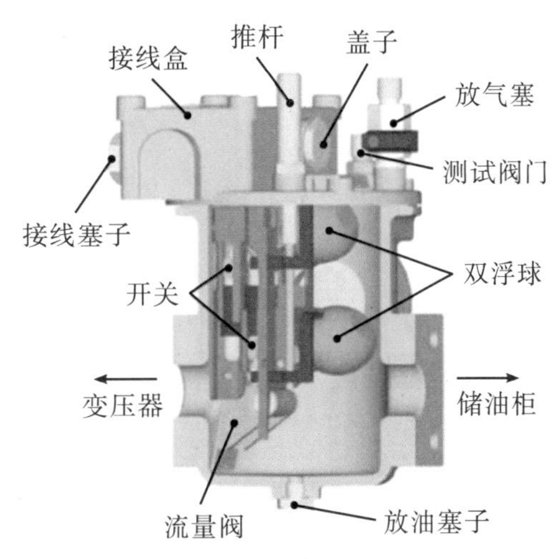

(b) 双浮球结构气体继电器结构示意图

图 3.34 气体继电器实物图

气体继电器产品型号的组成形式如图 3.35 所示。

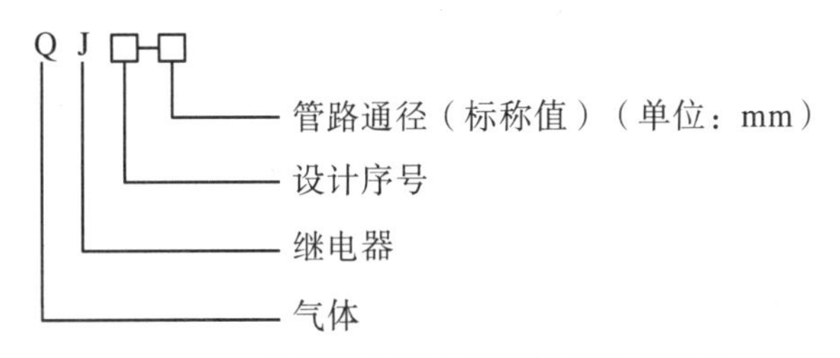

图 3.35 气体继电器产品型号的组成形式

例如：

(1) QJ4-80 表示管路通径为 80 mm、第 4 次改型设计的气体继电器。

(2) QJ4-50 表示管路通径为 50 mm、第 4 次改型设计的气体继电器。

(3) QJ2-25 表示管路通径为 25 mm、第 2 次改型设计的气体继电器。

气体继电器的技术要求见表 3.12。

表 3.12　气体继电器的技术要求

使用条件
1. 允许工作温度：-30～+95 ℃。 2. 安装方式：继电器管路轴线应与变压器箱盖平行，允许通往储油柜的一段稍高，但其周线与水平面的倾斜度不应超过 4%。 3. 工作电压：220 V、110 V。 4. 管路通径：25 mm、50 mm、80 mm。
基本技术要求
1. 继电器的接点在规定的工作条件下，应能承受不小于 1000 次的开断与闭合试验，且试验后接点应无烧损。 2. 当 25 型气体继电器内积聚气体在 250 mL 以下时，信号接点应接通，容积刻度偏差为 ±10%。若不需要信号接点，订货时与制造厂协商。 3. 当 50 型、80 型气体继电器内积聚气体数量达到 250～300 mL 时，信号接点应接通，容积刻度偏差为 ±10%。 4. 当气体继电器油流急剧流向储油柜，且油速分别达到油速整定范围规定值（25 型为 1.0 m/s，50 型为 0.6～1.2 m/s，80 型为 0.7～1.5 m/s）时，跳闸接点必须接通，油速刻度偏差为 ±0.1 m/s。 5. 气体继电器接点的触点间(开断状态)、信号接点和跳闸接点的两组接点间、接点对地间的部位施加工频电压 2000 V，持续 1 min，应无辉光、闪络现象，其他绝缘器材亦应无击穿、闪络现象。 6. 气体继电器应具有气塞、视察窗、探针、接线盒和油速标尺等。 7. 装成的继电器在充满变压器油时，应能承受 200 kPa 压力试验，例行试验时室温持续 20 min，型式试验时 85～95 ℃持续 48 h，无渗漏。 8. 以继电器油流速的反方向冲击 3 次，内部零部件不得生产变形、位移和损伤。 9. 抗震能力：在振动频率为 4～20 Hz(正弦波)、加速度为 40 m/s^2 时，跳闸接点不应接通。 10. 继电器防喷水的密封性能，在无特别指明时一般防护等级为 IPX5。 11. 220 kV 及以上变压器本体应采用双浮球并带挡板结构的气体继电器。
试验项目
1. 例行试验：动作特性试验、绝缘耐压试验、密封试验。 2. 型式试验：接点容量试验、气体容积刻度偏差试验、反向油流试验、抗震能力试验(仅新产品作此项试验)、防喷水试验。 3. 定期的型式试验每 3 年进行一次，按产品批量抽取样件进行试验。若结构、工艺、材料变化而影响性能时，需做有关项目的型式试验。

压力释放阀是一种释放变压器(油浸式电抗器)油箱内部故障时产生过大压力的保护装置。当压力超过预定的整定值时,释放装置打开并及时将大量气体和油排出油箱,从而降低油箱内部压力。压力释放阀的主要结构为外弹簧式,分为带或不带定向喷射装置两种型式,由阀体、电气信号装置、机械信号装置等部件组成;按喷油有效口径,分为 Φ25 mm、Φ50 mm、Φ80 mm、Φ130 mm;按开启压力分为 15 kPa、25 kPa、35 kPa、55 kPa、70 kPa、85 kPa。压力释放阀的结构示意图如图 3.36 所示。

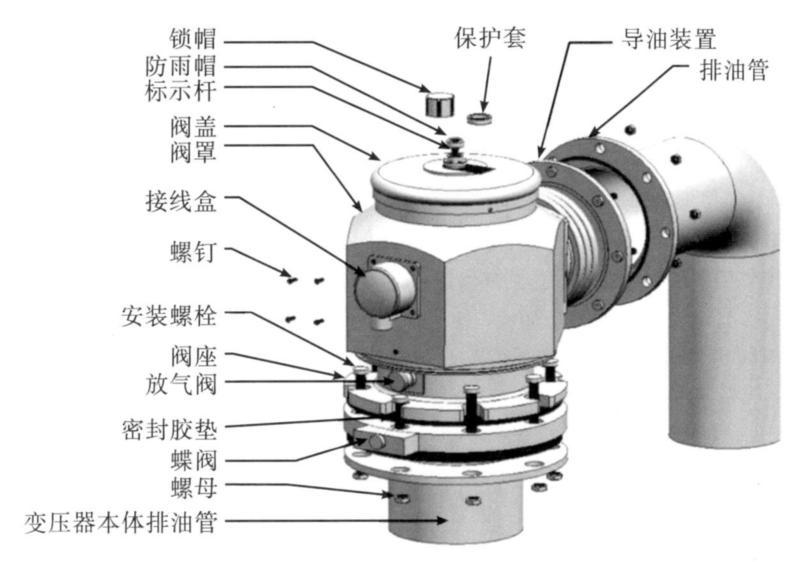

图 3.36　压力释放阀的结构示意图

压力释放阀的产品型号及含义如图 3.37 所示。

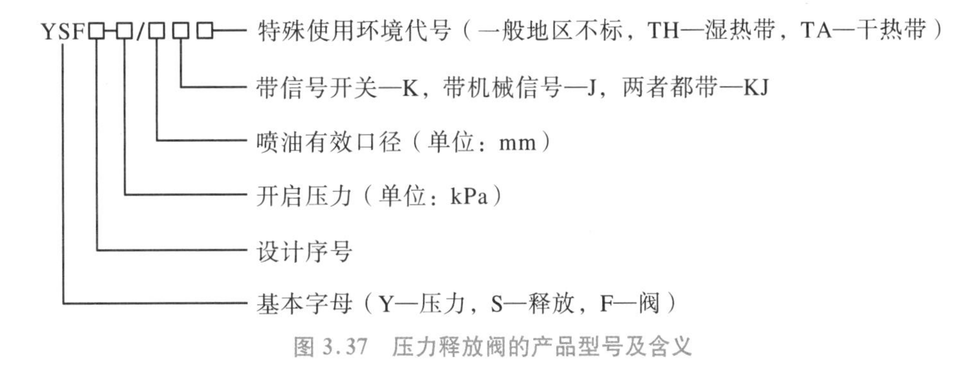

图 3.37　压力释放阀的产品型号及含义

例如:YSF5－55/130TH 表示该压力释放阀设计序号为 5,开启压力为 55 kPa,有效口径为 130 mm。

压力释放阀的技术要求见表 3.13。

表 3.13　压力释放阀的技术要求

使用条件	外观要求
1. 环境温度：－30～＋95 ℃。 2. 安装位置：释放阀可安装在油箱盖上、升高座上或油箱上部侧壁上。	释放阀装配完成后，外罩及阀座应平直，中心线应对准，不允许有歪扭现象。释放阀外表面涂层应耐腐蚀、均匀、光亮，不允许有脱皮、气泡、堆积等缺陷。标志杆应着色，颜色醒目。

动作特性

1. 开启压力：带有机械信号标志的释放阀，当释放阀开启后，标志杆应明显动作。释放阀关闭时，标志杆仍应滞留在开启后的位置上，然后手动复位。装有信号开关的释放阀，当释放阀开启后，信号接点应可靠地切换并自锁，然后由手动复位。
2. 压力释放阀的关闭压力应符合下表“性能参数表”中的规定。
3. 开启时间：当作用在膜盘上的压力达到开启压力时，释放阀应快速开启，且开启时间应不大于 2 ms。
4. 装配好的释放阀，至少静放 24 h 后的第一次开启压力应符合下表“性能参数表”中的规定。

密封性能

1. 真空密封性能：释放阀应能承受真空度不大于 133 Pa、持续 10 min 的真空试验，渗漏率应不超过 133 Pa·(L/s)。
2. 密封压力值的密封性能：释放阀关闭时，向释放阀施加“性能参数表”规定的压力值的静压，应历时 2 h 不渗漏。
3. 压力释放阀性能参数表(单位：kPa)：

开启压力	开启压力偏差	关闭压力(不小于)	密封压力(不小于)
15	±5%	8	9
25		13.5	15
35		19	21
55		29.5	33
75		37.5	42
85		45.5	51

其他性能

1. 排量性能：在常温及 100 ℃下，达到开启压力时，流体的排放量应符合设计和产品技术条件的规定值。
2. 释放阀动作 500 次后，测量的第一次开启压力、关闭压力应符合上表“性能参数表”中的规定。
3. 信号开关的绝缘性能：信号开关接点间及导电部分对地间施加短时工频耐压 2 kV，历时 1 min，不应出现闪络、击穿现象。
4. 释放阀外壳防护等级应符合 IPX5 的要求。
5. 应满足相应变压器类产品的防潮、防盐雾的要求。
6. 在振动频率为 4～20 Hz、加速度为 $2g$～$4g$ 时，开关接点不应接通。

续表

试验项目
1. 例行试验：外观质量检查、开启压力试验、关闭压力试验、开启时间试验、信号开关绝缘性能试验、时效开启性能试验、密封压力值的密封性能试验。 2. 型式试验：例行试验全部项目、高温开启性能试验、低温开启性能试验、密封圈耐油老化性能试验、真空密封性能试验、500 次动作可靠性试验、排量性能试验、防护性能试验、抗震动能力试验。 3. 特殊试验：防潮、防盐雾性能试验（适用于变压器有此项要求时）。 4. 有下列情况之一者，应进行型式试验：新产品试制生产时；定型的产品，在材料、结构或工艺有变更且可能影响到性能时；长期停产再生产时；正常生产的产品应至少每 5 年进行一次型式试验。

速动油压继电器是一种新型的变压器（油浸式电抗器）油箱压力继电保护装置，是为防止变压器（油浸式电抗器）油箱在故障中爆裂而研制的。运行中的变压器（油浸式电抗器）发生故障，油箱内的变压器油在单位时间内的压力升高速度达到整定限值时，继电器迅速动作，以使控制回路及时发出信号，自动使变压器退出运行状态的一种继电器。与气体继电器不同的是，速动油压继电器是利用油箱内因事故造成的动态压力（气体继电器是慢速增长的静态压力）增速来动作的。油压增长速度越快，动作越迅速；由于油压波在变压器油中的传播速度极快，所以速动油压继电器反应灵敏，动作精确，能迅速发出信号并切断电源。

速动油压继电器产品型号的组成形式如图 3.38 所示。

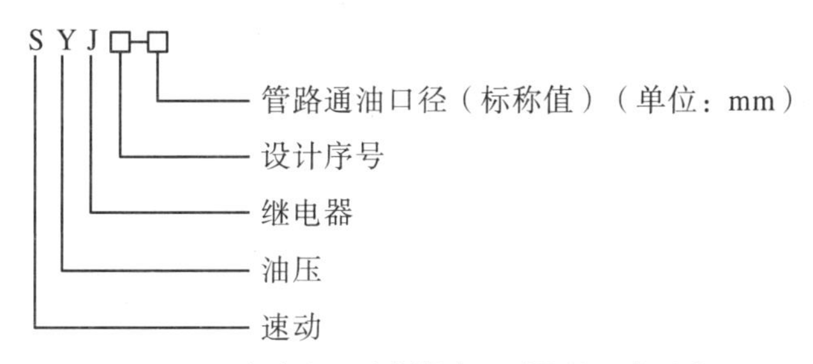

图 3.38　速动油压继电器产品型号的组成形式

例如：SYJ9-50-25(S)表示第 9 次设计的管路通径为 Φ50 mm、灵敏度为 25 kPa 的双路电信号速动油压继电器。

速动油压继电器的技术要求见表 3.14。

表 3.14　速动油压继电器的技术要求

使用条件	基本性能要求
1. 环境温度：－45～＋50 ℃。 2. 允许工作温度：－45～＋105 ℃。 3. 相对湿度：20 ℃时，不大于 95%。 4. 工作电压（交、直流）：220 V、110 V。	1. 例行试验时，继电器整体应能承受 100 kPa 正压力的油压试验，历时 60 min 无渗漏现象。 2. 型式试验时，继电器充满煤油，在常温下加压到 100 kPa，历时 24 h 无渗漏现象。

续表

使用条件	基本性能要求
5. 当变压器装有循环油泵时，继电器不应装在靠近出油管的区域，以免在启动和停止油泵时，继电器出现误动作。 6. 必须垂直安装，放气塞在上端。	3. 真空强度要求：继电器整体结构应能承受小于13.3 Pa的真空度，持续10 min，结构件不得有永久变形和损伤。 4. 电气强度要求：接线端子间及对地应能承受2 kV的工频耐压试验，持续1 min，不允许有击穿、闪络现象。
试验项目	**其他性能要求**
1. 例行试验：外观检查；密封试验；动作特性试验；电气强度试验。 2. 型式试验：例行试验全部项目；接点容量及寿命试验；密封试验；油压冲击试验；真空强度试验；抗震动能力试验；外壳防护等级试验。 3. 有下列情况之一时，应进行型式试验：新产品试制生产时；在材料、结构或工艺有变更足以引起产品性能变化时；长期停产再生产时；正常生产的产品应至少每5年进行一次型式试验。	1. 接点容量及寿命要求：继电器的接点在规定的条件下，应能承受不少于1000次的断开与闭合试验，其接点不得有烧损。 2. 油压冲击试验要求：继电器应能承受0.2 MPa的油压冲击试验，无磁而零部件无机械变形和损伤，且冲击前、后动作特性应符合下表"动作特性表"中的要求。 3. 在振动频率为4～20 Hz、加速度为$2g$～$4g$时，开关接点不应接通。 4. 外壳防护等级：外壳防护等级为IP55。

基本要求

变压器(油浸式电抗器)运行中出线的短路等故障会造成油箱内部压力上升，当油箱内部压力上升速度大于2 kPa/s时，继电器对应不同的压力上升速度应有不同的保护动作时间。继电器动作特性应符合下表规定：

油箱内部压力上升速度(kPa/s)	动作时间(s)	油箱内部压力上升速度(kPa/s)	动作时间(s)
2	17.2～∞	50	0.4～0.6
4	6.3～13	100	0.2～0.3
5	4.9～8	200	0.1～0.15
10	2～3.3	500	0.044～0.06
20	1～1.6	—	—

3. 调压装置

变压器的调压装置包括有载分接开关和无励磁分接开关等，实物安装图如图3.39所示。

电压是电力系统中的重要质量指标，由于供电网络的负荷波动性较大，往往会引起电压的变化。为了确保电能质量，对变压器适时进行调压，而有载分接开关能在不中断负载电流的情况下，实现变压器绕组中分接头之间的切换，从而改变绕组的匝数即变压器的电压比，实现调压的目的，因此在电力变压器中得到了广泛的应用。有载分接开关作为变压器中唯一经常动作的部件，它的可靠性直接决定变压器能否安全可靠地运行。通常，有载分接开关由一个带过渡阻抗的切换开关和一个能带或不带转换选择器的分接选择器组成，整个开关是通过驱动机构来操作的。

(a) 无励磁调压变压器开关的安装图

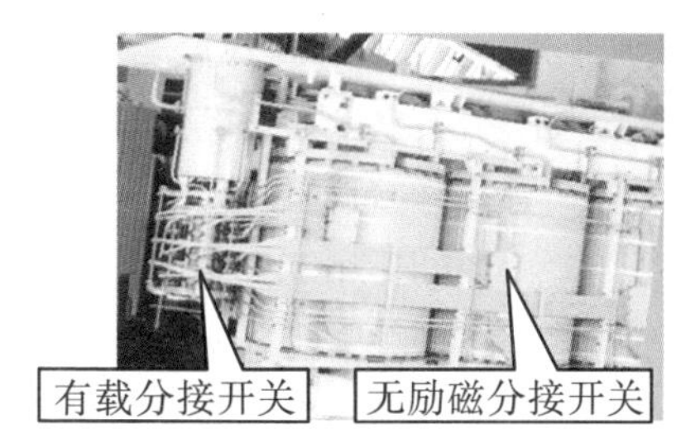

(b) 有载调压变压器开关的安装图

图 3.39 变压器开关的安装

按灭弧方式分类，有载分接开关有油中灭弧和真空灭弧两种。它们的性能见表 3.15。

油中灭弧有载分接开关，其油室内的油既是开关的绝缘介质，又是电弧触头的灭弧介质，同时还兼作过渡电阻的冷却介质及机械零部件的润滑介质。油的碳化不可避免，随着油中碳化物的增多，油的绝缘性能严重下降。

真空灭弧有载开关将电弧触头用真空管代替，将电弧与油室隔绝，可以始终保持油的绝缘性能，极大延长分接开关的检修周期，因而得到广泛应用。

表 3.15 油中灭弧和真空灭弧有载分接开关的性能表

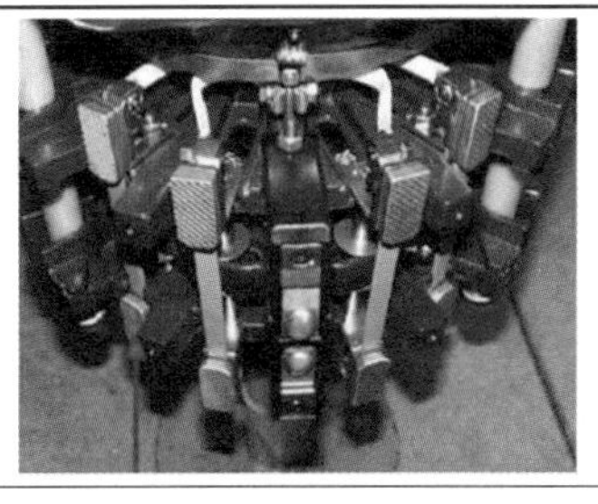	
油中灭弧有载分接开关：铜钨合金主通断触头和主过渡触头	真空灭弧有载分接开关：主通断触头(MSV)和过渡触头(TTV)的真空开关管
切换时在油中机械熄弧的有载分接开关	以真空开关管代替灭弧触头的有载分接开关
矿物油用来绝缘、润滑、冷却及熄弧	矿物油用来绝缘、润滑及冷却
 油中熄弧，形成碳颗粒，导致开关油老化	 电弧不产生于油中，没有油的碳化
开关油老化是常见现象，维护时需清洁和更换开关油，维护工作量可观，必须与变压器主油箱的油隔离开	维护时无需清洁和更换开关油，维护工作大大减少，有载开关的油与变压器主油箱的油仍需分离，但只是基于主油箱的油中气体分析之需要
需配备在线滤油装置	无需配备在线滤油装置
油浸式有载分接开关通常配置油流继电器，不需配置轻瓦斯保护(油中熄弧产生的气体是正常现象)	真空式有载分接开关可配置轻瓦斯保护(正常时不产生气体)

按结构形式分类，有载分接开关主要分为两种(图 3.40)：组合式(M 型系列开关)和复合式(V 型系列开关)。M 型系列开关属于选择开关与切换开关分开的组合式有载开关，适用于大容量高电压、多分接位置的电力变压器。V 型系列开关属于选择开关与切换开关组合成一体的复合式有载分接开关，其结构相对简单，分接挡数也少一些，主要适用于容量在 63000 kVA 以下、额定电压为 35～110 kV 的电力变压器。

油中灭弧有载分接开关 M 型、V 型的开关头和油室直径，与真空灭弧有载分接开关 VV 型、VR 型是一致的，在特定应用上的总尺寸几乎没有差异。

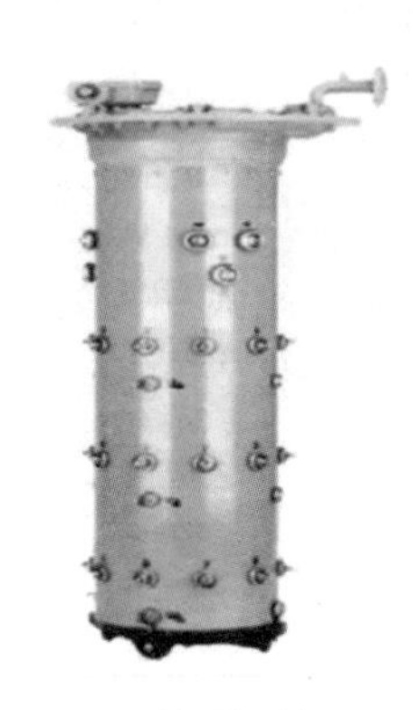
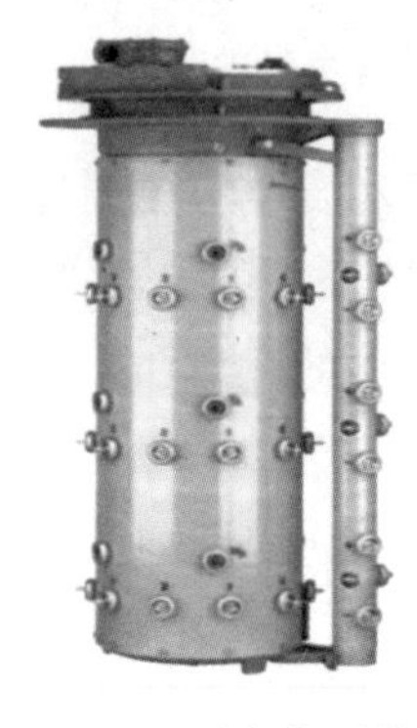

(a) V 型有载开关　(b) VV 型有载开关　(c) M 型有载开关　(d) VR 型有载开关

图 3.40　油中灭弧与真空灭弧有载分接开关的实物图

有载分接开关产品型号的组成形式如图 3.41 所示。

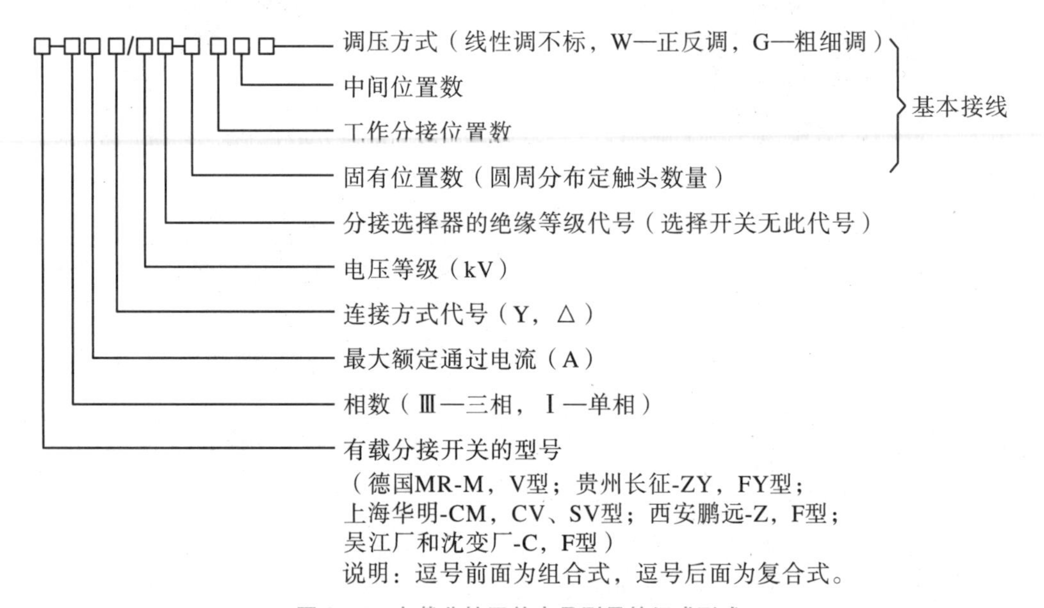

图 3.41　有载分接开关产品型号的组成形式

例如：CM-Ⅲ600Y/60C-10 19 3W 表示 CM 型三相有载开关，Y 形连接方式，最大额定电流为 600 A，电压等级为 60 kV，分接选择器绝缘等级为 C 级，定触头数为 10，工作分接位置数为 9，中间位置数为 3，调压方式为正反调。

有载分接开关的结构示意图如图3.42所示。

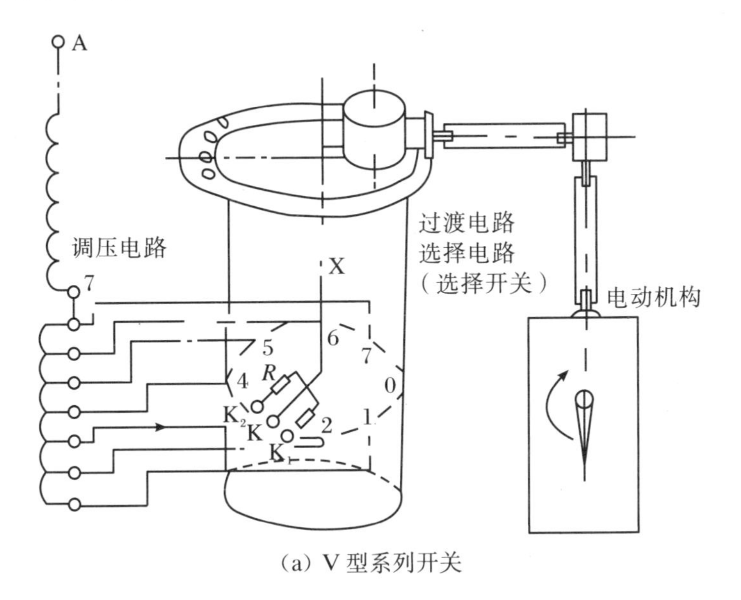

(a) V型系列开关

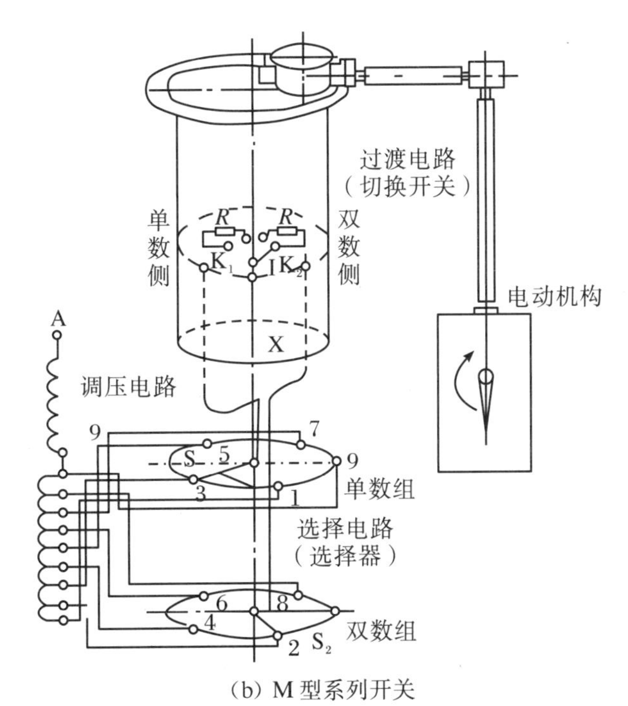

(b) M型系列开关

图3.42 有载分接开关的结构示意图

有载分接开关在负载状态下调节变压器绕组分接位置，这就要求有载分接开关在变换分接位置过程中，既要保证负载电流的连续、不能开路，又要保证分接间不能短路。因此，在分接开关切换过程中，必然在某一瞬间同时桥接两个分接头，以保证负载电流的连续性。而桥接的两个分接间必须串接电阻以限制循环电流，保证不发生分接间短路，实现这一功能的电路为过渡电路，按照串接电阻的数量又可分为单电阻、双电阻和四电阻的开关类型。

有载分接开关的工作原图见表3.16。

表 3.16 有载分接开关的工作原理图表

电气原理图		机械原理图	
主绕组 输出端子 极性选择器 切换开关 分接选择器 分接绕组	主绕组 输出端子 极性选择器 切换开关 分接选择器 分接绕组	上分接选择器触头层 下分接选择器触头层 分接选择器触头代号 切换位置代号	上分接选择器触头层 下分接选择器触头层 分接选择器触头代号 切换位置代号
主绕组 输出端子 极性选择器 切换开关 分接选择器 分接绕组	主绕组 输出端子 极性选择器 切换开关 分接选择器 分接绕组	上分接选择器触头层 下分接选择器触头层 分接选择器触头代号 切换位置代号	上分接选择器触头层 下分接选择器触头层 分接选择器触头代号 切换位置代号
主绕组 输出端子 极性选择器 切换开关 分接选择器 分接绕组	主绕组 输出端了 极性选择器 切换开关 分接选择器 分接绕组	上分接选择器触头层 下分接选择器触头层 分接选择器触头代号 切换位置代号	上分接选择器触头层 下分接选择器触头层 分接选择器触头代号 切换位置代号
主绕组 输出端子 极性选择器 切换开关 分接选择器 分接绕组	主绕组 输出端子 极性选择器 切换开关 分接选择器 分接绕组	上分接选择器触头层 下分接选择器触头层 分接选择器触头代号 切换位置代号	上分接选择器触头层 下分接选择器触头层 分接选择器触头代号 切换位置代号

续表

电气原理图	机械原理图

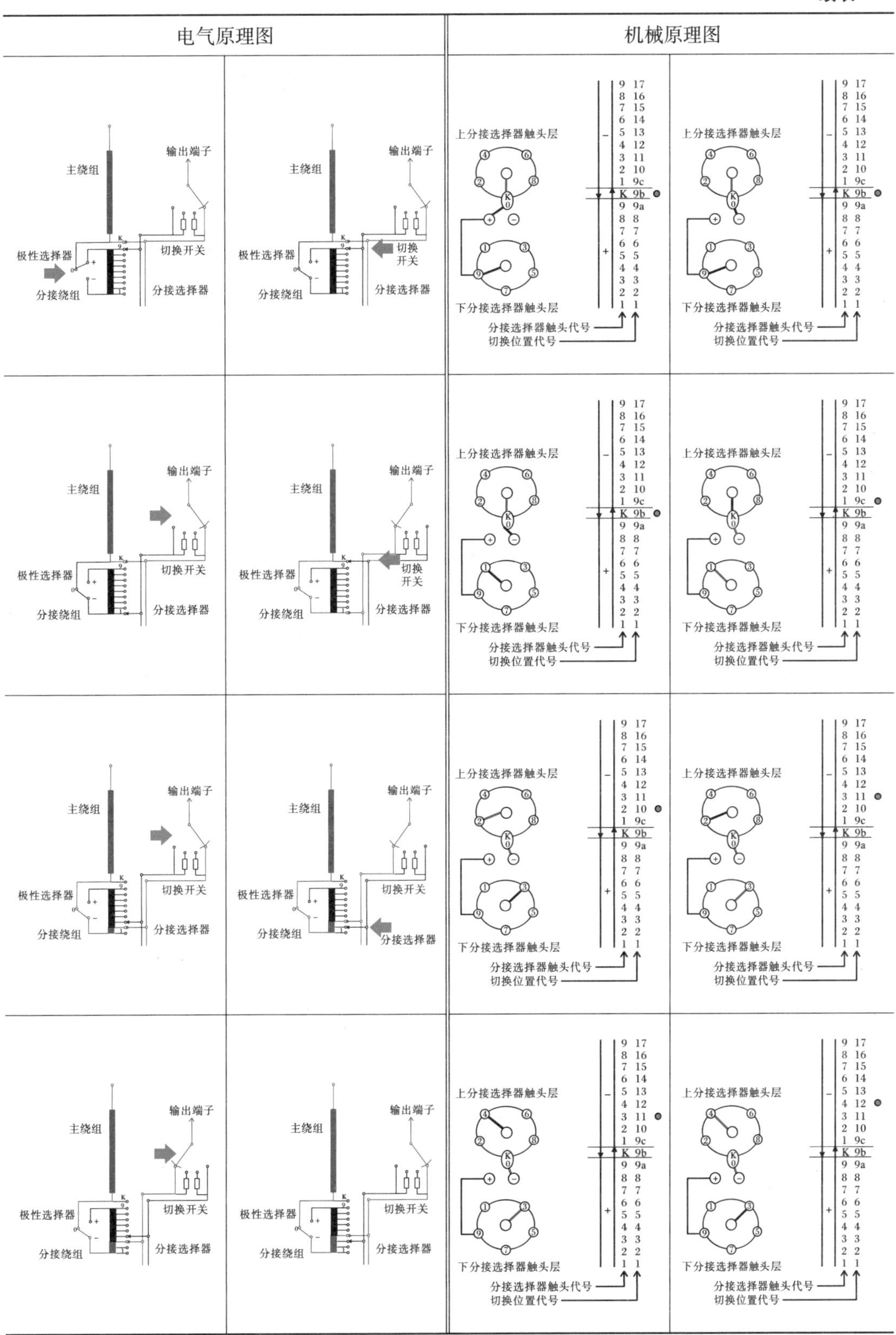

有载分接开关的技术要求见表3.17。

表3.17 有载分接开关的技术要求

使用环境
1. 环境温度:空气中为 -25～40 ℃;油中为 -25～100 ℃。 2. 电动机构环境温度:-25～40 ℃。 3.更严酷的使用环境应由用户和制造厂协商确定。
验收要求
1. 开关本体及其附件外观完好无损,清洁无异物,无磕碰损伤。 2. 金属件表面无尖角、毛刺、开裂损伤等缺陷,金属件镀层或涂漆均匀一致,全覆盖,无脱落锈蚀,涂层无气泡分层等缺陷,镀层不得有针孔、颜色污灰和有条纹、表面粗糙等缺陷。 3. 焊接部位牢固、无异物;驱动机构无损伤、无毛刺、砂眼或异物,定位正常,指示标识正确、清晰。 4. 各部件安装牢固,安装位置符合订单示意图。 5. 铭牌应光亮、字迹清晰、信息正确齐全。 6. 所有开关附件,如继电器、压力释放阀、屏蔽罩、传动轴、齿轮盒、控制电缆、专用工具和特殊配件等,数量应与订货合同、装箱单相符,无错漏。 7. 油灭弧有载分接开关应选用油流速动继电器,不应采用具有气体报警(轻瓦斯)功能的气体继电器;真空灭弧有载分接开关应选用具有油流速动、气体报警(轻瓦斯)功能的气体继电器。新安装的真空灭弧有载分接开关宜选用具有集气盒的气体继电器。 8. 有载分接开关的选择开关应有机械限位功能,束缚电阻应采用常接方式。
试验项目
1. 例行试验:机械试验;顺序试验;辅助线路绝缘试验;压力及真空试验。 2. 型式试验:触头温升试验;切换试验;短路电流试验;过渡阻抗试验;机械试验,绝缘试验。 3. 特殊试验:绝缘放电试验。
安装注意事项
1. 有载分接开关安装前,详细阅读使用说明书。 2. 经干燥处理后未注油的分接开关,绝对不能操作,如果干燥后需要操作分接开关,切换开关油室必须注满变压器油,分接选择器必须用油润滑。 3. 分接选择器与切换开关连接时,在导线连接面有对应的切换开关连接端子号。连接时必须拧紧两端的固定螺栓,并按要求加装均匀环。 4. 接到分接选择器端子上的连线应从绝缘筒外部通过,决不允许穿过分接选择器绝缘筒内部。 5. 分接开关拆卸过程中,所有紧固件、密封垫、指示盘、锁片等放在专用塑料盒内,妥善保管。 6. 切换开关芯子放入油室前,确认切换开关油室内是清洁的,没有其他东西(如工具)遗留在油室中。 7. 安装保护继电器时,注意检查保护继电器上的出厂序号必须和有载分接开关的序号相同。保护继电器必须水平安装,安装状态下保护继电器的方向箭头必须指向储油柜。 8. 分接开关顶盖上装有超压保护压力释放膜,有载分接开关安装和检修时,千万要当心,不要用脚踩或重物冲击压力释放膜。

续表

安装注意事项
9. 为保证分接开关工作的可靠性,只要水平或垂直传动轴脱开后,重新连接都必须进行连接校验,特别是产品在吊检后,切记要对分接开关的连接再次进行校验,且有载开关每次连接校验后,须将开关挡位调至额定挡位。 10. 电动机构、开关顶部指示盘和分接开关三者挡位必须一致。 11. 调整完的伞形齿轮盒必须再次用螺栓紧固压圈。 12. 安装屏蔽环后的有载开关不能直接利用屏蔽环支撑开关。 13. 有载调压变压器抽真空注油时,应接通变压器本体与开关油室旁通管,保持开关油室与变压器本体压力相同。真空注油后应及时拆除旁通管或关闭旁通管阀门,保证正常运行时变压器本体与开关油室不导通。 14. 注油结束后必须对有载开关放气塞进行放气。

无励磁分接开关是只能在变压器无励磁下改变变压器绕组分接连接位置的一种装置。按相数,分为单相或三相;按安装方式,分为卧式和立式;按结构形式,分为鼓形、笼形、条形和盘形;按调压部位,分为中性点调压、中部调压和线端调压。一般无励磁调压分接开关的额定电流在1600 A以下,额定电压在220 kV及以下。对于不同型号的无励磁分接开关,制造厂会提供额定电压、额定电流、尺寸等技术数据。

无励磁分接开关产品型号的组成形式如图3.43所示。

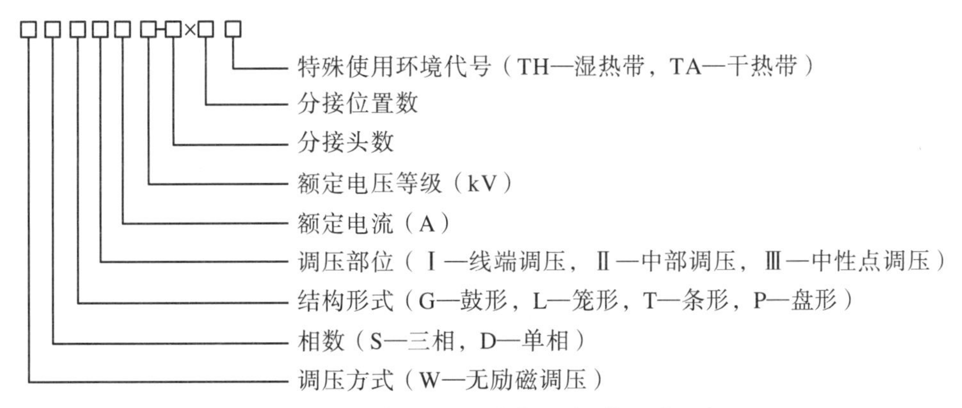

图3.43 无励磁分接开关产品型号的组成形式

例如:

(1) WDGI300/110-6×5表示无励磁调压、单相鼓形结构、线端调压、额定电流为300 A、额定电压为110 V、分接头数为6、分接位置数为5、一般地区使用的分接开关。

(2) WSTⅡ63/35-6×5表示无励磁调压、单相条形结构、中部调压、额定通过电流为63 A、额定电压为35 V、分接头数为6、分接位置数为5、一般地区使用的分接开关。

无励磁分接开关主要分为以下3种:

(1) 三相中性点调压无励磁分接开关,这种无励磁分接开关为9触头盘形、立式放置,直接固定在变压器的箱盖上,型号为WPSⅡ,由接触系统、绝缘系统和操动机构等三部分组成，适用于35 kV电压等级及以下的变压器。

(2) 三相中部调压无励磁分接开关，这种开关的典型结构为半笼形水平放置夹片式，型号为WSLⅡ。动、定触头分相沿水平方向间隙分布，而每相触头处于同一垂直面上，多用于63 kV电压等级及以下的变压器。

(3) 单相中部调压无励磁分接开关，这种开关分为WDTⅡ型和WD型两种，它们的结构特点是操作机构与分接开关本体分离。三相变压器用三个单相开关组合，用于35 kV电压等级及以上的变压器。WDTⅡ型分接开关的操动机构和安装示意图如图3.44所示。

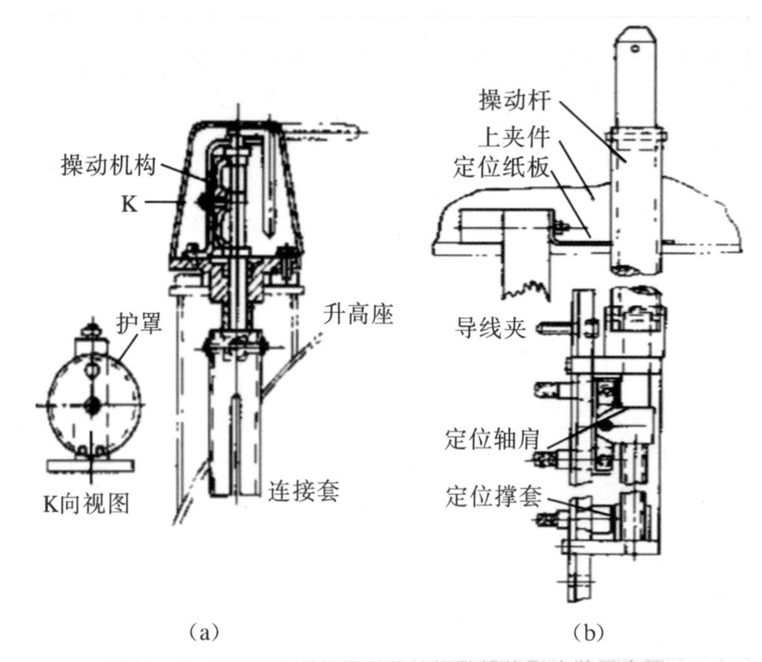

图3.44 WDTⅡ型分接开关的操动机构和安装示意图

无励磁分接开关的技术要求见表3.18。

表3.18 无励磁分接开关的技术要求

验收要求
1. 开关本体及其附件外观完好无损，清洁无异物，无磕碰损伤。
2. 金属件表面无尖角、毛刺、开裂损伤等缺陷，金属件镀层或涂漆均匀一致，全覆盖，无脱落锈蚀，涂层无气泡分层等缺陷，镀层不得有针孔、颜色污灰和有条纹、表面粗糙等缺陷。
3. 焊接部位牢固、无异物；驱动机构无损伤、无毛刺、砂眼或异物，定位正常，指示标识正确、清晰。
4. 各部件安装牢固，安装位置符合订单示意图。
5. 铭牌应光亮、字迹清晰、信息正确齐全。
6. 所有开关附件，如继电器、压力释放阀、屏蔽罩、传动轴、齿轮盒、控制电缆、专用工具和特殊配件等，数量应与订货合同、装箱单相符，无错漏。
7. 所配零部件，如扳手、防护绝缘罩、屏蔽罩等，应符合图纸、数量与清单一致。

续表

试验项目
1. 例行试验:机械试验;压力及真空试验。
2. 型式试验:触头温升试验;短路电流试验;机械试验;绝缘试验。
3. 其他要求:无励磁分接开关在改变分接位置后,应测量使用分接的直流电阻和变比。

4. 出线装置

出线装置包括各类套管、端子箱等。

套管是供一个或几个导体穿过诸如墙壁或箱体等隔断,起绝缘和支撑作用的器件。对于变压器,是将变压器绕组的引线分别引到油箱外面的绝缘装置,它既是引线对油箱的绝缘器件,又是引线的固定装置。因此,套管是变压器最为重要的组件之一。变压器运行时,套管长期通过负载电流,当外部短路时通过短路电流,因此变压器套管必须具有规定的电气强度和足够的机械强度,必须具有良好的热稳定性,并能承受短路时的瞬间过热,同时具有外形小、重量轻、密封性能好、通用性强和便于维修等特点。

变压器套管按绝缘材料和绝缘结构可分为三种:单一绝缘套管(纯瓷和树脂套管两种)、复合绝缘套管(充油、充胶和充气套管三种)和电容式套管(油纸电容式和胶纸电容式两种)。油纸电容式变压器套管按载流结构分类,一般可分为穿缆式和导管载流式,其中导管载流式按油中接线端子与套管的连接方式又可分为直接式和穿杆式。

电容式套管产品型号的组成形式如图3.45所示。

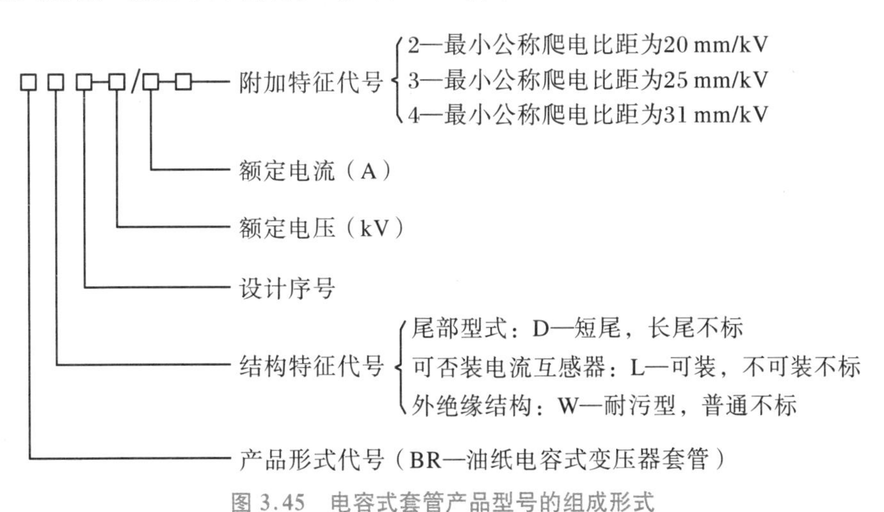

图3.45 电容式套管产品型号的组成形式

例如:BRDLW2-110/630-2表示额定电压为110 kV、额定电流为630 A的短尾油纸电容套管,外绝缘爬电比距为20 mm/kV,可装设电流互感器,第二次设计。

油纸电容式套管的基本结构和各部件作用见表3.19。

表 3.19　油纸电容式套管的结构图和各部件作用

1. 外部接线端子：连接架空线、母线或避雷器。

2. 油枕：用来调节因温度变化而引起的油体积变化，使套管内部免受大的压力。其上设有油表，供运行时监视油面。为全密封结构，将内室与大气完全隔绝。

3. 弹簧：通过强力弹簧作用，使套管的主密封更加可靠。

4. 上瓷套：作为外绝缘及变压器油的容器，其下部还辅以胶装结构以增加该部分的连接、密封和抗弯性能。

5. 电容芯子：套管的主绝缘，它是套管的中心导管外包绕铝箔为极板、油浸电缆纸作为极间介质组成的串联同轴圆柱电容器。电容器的一端与中心导管相连，另一端由连接法兰的测量端子引出。在串联电容器的作用下，使套管的径向和轴向电场分布均匀。

6. 测量端子：在套管安装法兰处并与安装法兰绝缘，可供套管介损和局放测量之用。运行时通过在测量端子上旋紧一保护螺盖，可与安装法兰连接并接地。

7. 安装法兰：其材料是不易腐蚀的铸铝合金。精细的加工和合理的结构使套管的本体密封和与变压器之间的密封更加可靠。

8. 电流互感器套筒：与安装法兰短接，电流互感器安装应不超过该部位。

9. 下瓷套：作为套管的下绝缘及变压器油的容器。

10. 均压球：改善套管尾部电场分布。

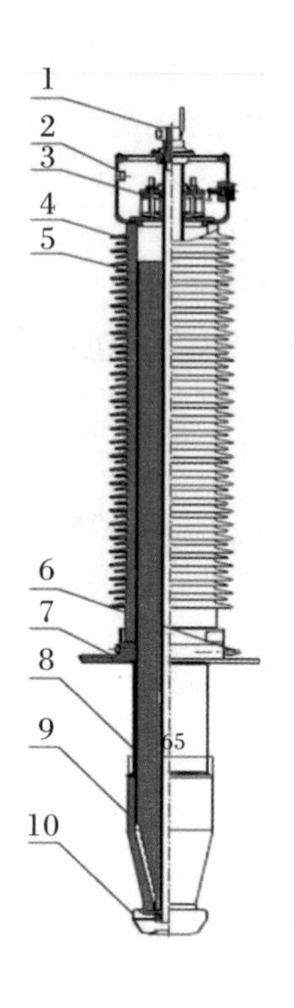

套管的技术要求见表 3.20。

表 3.20　套管的技术要求

外观要求
1. 外露金属件应无毛刺、尖角、开裂；表面光滑、无锈蚀；涂漆表面漆膜应完好。 2. 接线端子、油枕、法兰、测量端子、放气塞及均压球应清洁，无锈蚀，无损伤，无污物。 3. 瓷釉面应光滑，无碰伤，无明显色调不均现象。 4. 瓷件不应有生烧、过火和氧化起泡现象。 5. 瓷件不应有《高压绝缘子瓷件　技术条件》(GB/T 772—2005)规定的缺陷。 6. 套管自带密封件、油位表等应完好、无损坏；油位指示应符合要求。
试验项目
1. 逐个试验：环境温度下介质损耗因数和电容量测量试验；雷电冲击干耐受电压试验；工频干耐受电压试验；局部放电量测量试验；抽头绝缘试验；充气、气体绝缘以及气体浸渍套管的密封试验；法兰或其他紧固器件上的密封试验；外观检查和尺寸检验。 2. 型式试验：工频干或湿耐受电压试验；长时间工频耐受电压试验；雷电冲击干耐受电压试验；热稳定试验；电磁兼容试验；温升试验；热短时电流耐受试验；悬臂负荷耐受试验；充液体、混合物以及液体绝缘套管的密封试验；充气、气体绝缘以及气体浸渍套管的内压力试验；部分或完全气体浸入式套管的外部压力试验。 3. 特殊试验：地震试验；瓷绝缘子的人工污秽试验；材料耐电痕化和蚀损的试验。 注：特殊试验仅在供需双方有合同协议的情况下进行。

续表

国网十八项反措中防止变压器套管损坏事故的重点要求
1. 新安装的220 kV及以上电压等级变压器，应核算引流线（含金具）对套管接线柱的作用力，确保不大于套管及接线端子弯曲负荷耐受值。
2. 110(66) kV及以上电压等级变压器，套管接线端子（抱箍线夹）应采用T2纯铜材质热挤压成型。禁止采用黄铜材质或铸造成型的抱箍线夹。
3. 套管均压环应采用单独的紧固螺栓，禁止紧固螺栓与密封螺栓共用，禁止密封螺栓上、下两道密封共用。
4. 油纸电容套管在最低环境温度下不应出现负压。生产厂家应明确套管最大取油量，避免因取油样而造成负压。

端子箱把变压器所属组部件的电气接点全部引入一个箱体内，便于接线。箱体材料采用优质冷轧钢板和优质不锈钢板。箱体采用户外防水设计，防护等级按用户的不同要求分为IP54和IP55，可用于不同类型的气候条件和运行环境。

端子箱的验收要求：箱体内应装有温湿度控制器，用于阻止凝露和预调温度；内部还应装有单相三孔220 V、16 A电源插座和照明灯；按图纸装配足量的电流型端子和电压型端子；箱体表面涂漆应均匀一致，不得有气泡、流痕现象，外观应无焊接缺陷；不锈钢壳体表面不允许涂漆。端子箱的内部结构图如图3.46所示。

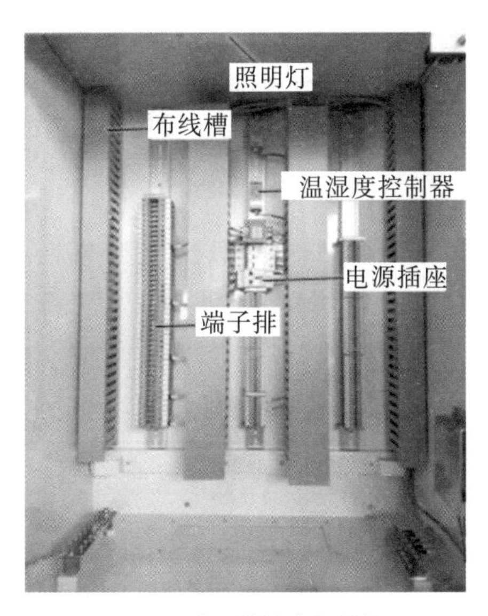

图3.46 端子箱的内部结构图

5. 测量装置

变压器的测量装置包括套管型电流互感器、油位计、油面温度器、绕组温度器等。

套管电流互感器（CT，图3.47）主要提供差动保护、主变测量和计量使用，依据变压器的原理制成，主要由油闭合的铁芯和绕组组成。它的一次侧匝数很少，串接在需要测量电流的线路中，因此它经常有线路的全部电流流过。二次侧绕组匝数比较多，串接在测量仪表和保护回路中，电流互感器在工作时，二次侧回路始终是闭合的。电流互感器（图3.48）是把一次侧的大电流转换成二次侧的小电流来测量的，二次侧不可开路。

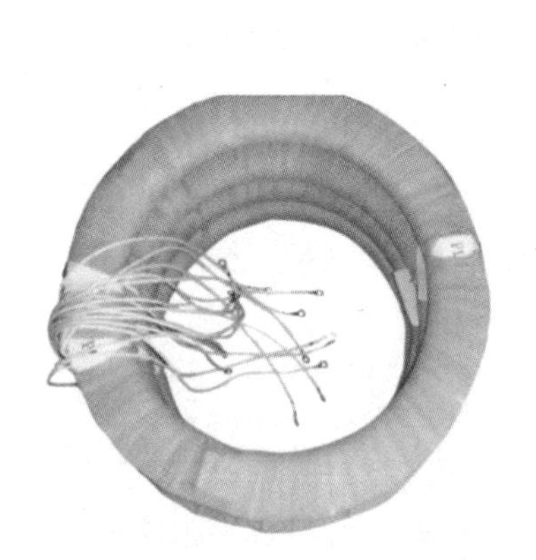

图 3.47　套管型电流互感器的实物图

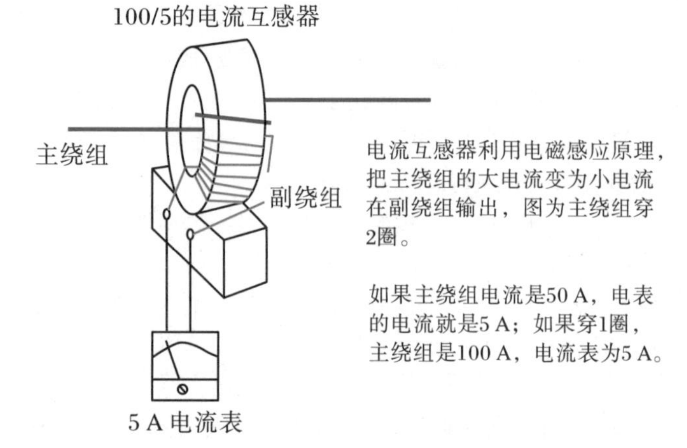

图 3.48　电流互感器的工作原理图

套管型电流互感器产品型号的组成形式如图 3.49 所示。

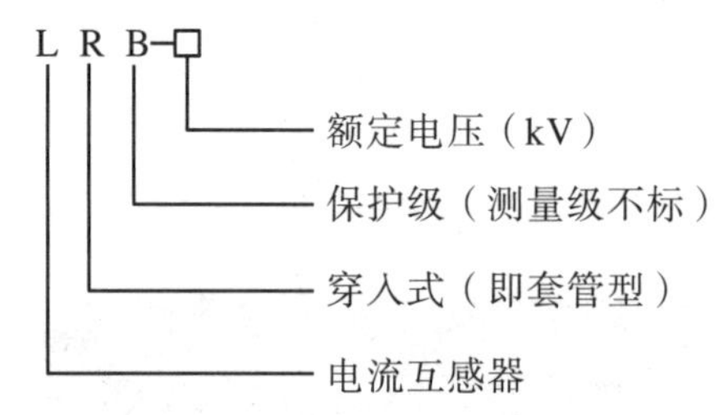

图 3.49　套管型电流互感器产品型号的组成形式

例如：

(1) LRB-60 表示额定电压为 60 kV、保护级、套管型电流互感器。

(2) LR-110 表示额定电压为 110 kV、测量级、套管型电流互感器。

套管型电流互感器的技术要求见表 3.21。

表 3.21　套管型电流互感器的技术要求

一般要求
1. 电流互感器应有可靠的接地连接处，且接地连接处应有平整的金属表面，这些零件均应有可靠的防锈镀层，或采用不锈钢材料制成。 2. 电流互感器端子标志应明确标示：① 一次绕组和二次绕组；② 绕组段(如果有)；③ 绕组和绕组段的极性关系；④ 中间抽头(如果有)；⑤ 端子标志应清晰、牢固，并标在端子表面或其近旁处。注：对于装入式电流互感器(例如：套管式电流互感器)，其铭牌标志内容可简化。 3. 标有 P1、S1 和 C1 的所有端子在同一瞬间应具有同一极性。 4. 电流互感器铭牌标志应明确标示：① 额定一次电流和额定二次电流；② 额定短时热电流 I_{th}(方均根值)和额定动稳定电流 I_{dyn}(峰值)，若一次绕组为多段式，则应按各种连接方式(串联、并联)分别标出，但如果串联、并联的数值相同时，可只标出一组值；③ 互感器有多个二次绕组时，各绕组的性能参数及其

续表

一般要求
相应的准确值；④ 额定连续热电流；⑤ 电流互感器满足多个输出和准确级组合的要求，可将其全部标出；⑥ 二次绕组的排列示意图。 5. 测量用电流互感器的铭牌专用标志：准确级和仪表保安系数（如果有）应标在相应的额定输出之后。 6. P级和PR级保护用电流互感器的铭牌专用标志：额定准确限值系数应标在相应的额定输出和准确级之后。 7. PX级和PXR级保护用电流互感器的铭牌专用标志：准确级表示应标出额定匝数比、额定拐点电势、在额定拐点电势和/或其指定百分数下的励磁电流、二次绕组电阻；如有规定下列参数也应标出：设计系数、额定电阻性负荷。
试验项目
1. 例行试验：一次端工频耐压试验；局部放电测量试验；电容量和介质损耗因数测量试验；段间工频耐压试验；二次端工频耐压试验；准确度试验；标志的检验；环境温度下密封性能试验；二次绕组电阻测定试验；二次回路时间常数测定试验；额定拐点电势和额定拐点电势下励磁电流试验；匝间过电压试验；绝缘油性能试验。 2. 型式试验：温升试验；一次端冲击耐压试验；户外型互感器的湿试验；电磁兼容试验；准确度试验；外壳防护等级的检验试验；短时电流试验。 3. 特殊试验：一次端截断雷电冲击耐压试验；一次端对此截断冲击耐压试验；传递过电压试验；机械强度试验；内部电弧故障试验；腐蚀试验；着火危险试验；绝缘热稳定试验。 4. 抽样试验：剩磁系数测定试验；测量用电流互感器的仪表保安系数测定试验。

油位计是一种用来显示油浸式变压器（电抗器）类产品油位的装置。变压器（油浸式电抗器）油位的变化造成油位计浮球上下变化，从而带动机械轴转动，机械轴扭动一个磁铁，引起油位计外表盘内指针的变化，油位多少一目了然。它还具有电气报警等功能。目前，变压器（油浸式电抗器）所使用的油位计可分为指针式油位计、磁翻板式油位计和管式油位计。油位计实物图如图3.50所示。

图3.50　油位计实物图

油位计产品型号的组成形式如图 3.51 所示。

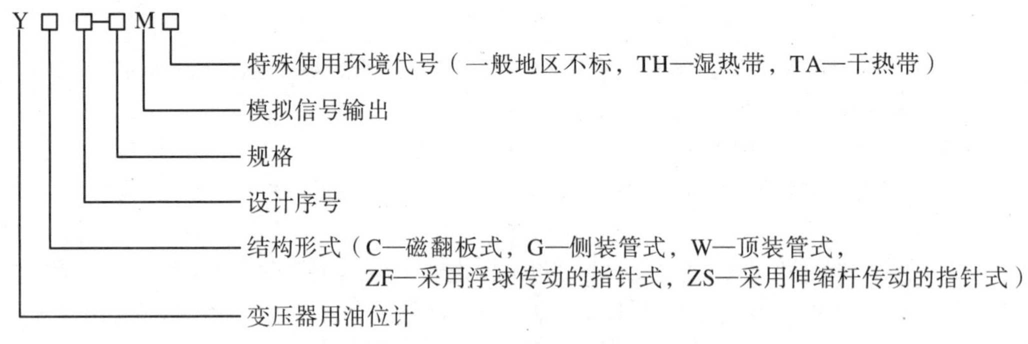

图 3.51　油位计产品型号的组成形式

例如：

(1) YZF2-200M 表示变压器用浮球传动的指针式油位计，第二次设计修改，其表盘标称直径 200 mm，带有模拟信号输出功能。

(2) YC-160 表示变压器用磁翻板式油位计，初始设计，其标尺标称测量范围为 160 mm。

(3) YW2-80TH 表示变压器用顶装管式油位计，第二次设计修改，其显示窗高度为 80 mm，用于湿热带地区。

(4) YG1-250 表示变压器用侧装管式油位计，第一次设计修改，其玻璃管长度为 250 mm。

变压器用油位计的技术要求见表 3.22。

表 3.22　变压器用油位计的技术要求

使用条件	外观质量
1. 正常环境温度为 -40～50 ℃。 2. 工作温度为 -40～105 ℃。 3. 相对湿度不大于 95%(20 ℃时)。 4. 地震加速度为水平方向低于 3 m/s,垂直方向为 1.5 m/s。	1. 油位计的外表应保持清洁，且涂覆完好。 2. 油位计应能直观、清晰地显示运行中变压器的油位变化。
试验项目	
1. 例行试验：外观质量检查；密封性能试验；电气强度试验；动作特性试验。 2. 型式试验：全部例行试验；密封性能试验；真空强度试验；动作可靠性试验；外壳防护性能试验。 3. 遇下列情况须做型式试验：正常生产时，每 3 年进行一次；新产品或常规产品转厂生产的试制定型试验；常规产品材料、工艺有较大改变，且可能影响产品性能时；停产期超过 6 个月有恢复生产的；例行试验与型式试验有较大差异时；上级质量监管部门提出要求时。	
性能要求	
1. 除管式以外的油位计应能承受 0.2 MPa 的气压试验，历时 20 min，无渗漏；(侧装)管式油位计不需要进行气压密封试验。 2. 除管式以外的油位计应能承受 0.2 MPa 的油压试验(介质为变压器油，温度为 65～75 ℃)，历时 6 h，	

续表

性能要求
无渗漏及变形。顶装管式油位计应能承受0.1 MPa的油压试验，历时6 h，无渗漏及变形。侧装(玻璃)管式油位计在常压下，历时6 h，无渗漏。 3. 除侧装(玻璃)管式以外的油位计应能承受不大于65 Pa的真空度，持续10 min，不得渗漏和发生永久性变形。 4. 油位计的防护等级应为IP55。 5. 油位计的电气接点容量为AC220V/0.3A。 6. 对于具有超限报警功能的油位计，其电气接点之间及与接地端子之间应能承受50 Hz、2 kV的正弦交流电压，历时1 min。 7. 指针式油位计的传动和转动部位应灵活，无卡滞现象，指示位置正确，指针在度盘上指示的位置与储油柜内的实际油位相符，其重复指示误差不应超过度盘刻度全量程的±2.5%；在油位升高到最高油位或降低到最低油位时，应能可靠地发出报警信号。 8. 磁翻板式油位计指示器应翻转正确，灵敏，且重复指示偏差范围不得超过±2.5 mm。当变压器中油面高于或低于技术条件规定值时，油位计上的信号接点应准确可靠地动作，并输出一对开关量信号。 9. 管式油位计的浮标应灵活，无卡滞现象，浮标指示位置与储油柜(或变压器油箱)内的实际油位相符，其重复指示误差不应超过标尺刻度全量程的±2.5%；在油位升高到最高油位或降低到最低油位时，如果带有报警指示装置，应能可靠地发出报警信号。 10. 油位计应能承受10000次动作可靠性寿命试验。

油面温控器是一种利用感温介质热胀冷缩来显示变压器(油浸式电抗器)内顶层油温的仪表。它可带有电气接点和远传信号装置，用来输出温度开关控制信号和温度变送信号。油面温控器实物图如图3.52所示。

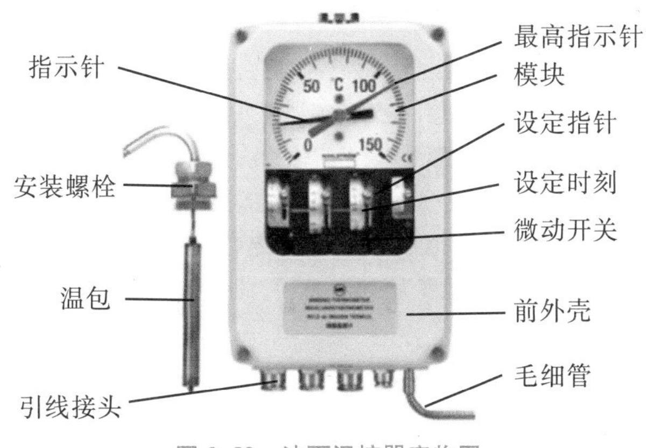

图3.52　油面温控器实物图

油面温控器产品型号的组成形式如图3.53所示。

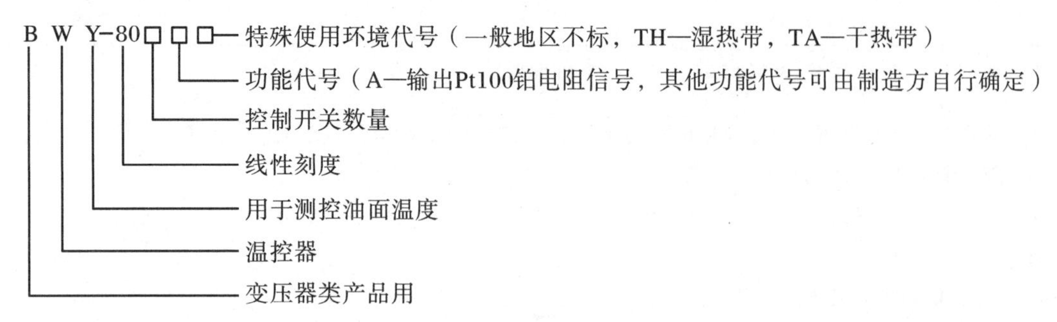

图 3.53　油面温控器产品型号的组成形式

例如：BWY-804ALTH 表示变压器用油面温控器为线性刻度，有 4 个温度控制开关、输出一路 Pt100 铂电阻信号和一路 4～20 mA 电流信号（两线制），用于湿热带环境。

油面温控器的技术要求见表 3.23。

表 3.23　油面温控器的技术要求

使用条件
1. 正常环境温度为 −40～55 ℃。 注：特殊工种环境温度可由制造方与用户协商确定。 2. 正常工作环境相对湿度≤95%（25 ℃时）。
基本要求
1. 温控器的测量范围为 0～100 ℃、0～120 ℃、0～150 ℃。注：经制造方与用户协商，也可采用其他测量范围。 2. 温控器测量精度等级为 1.5 级。 3. 温控器温包的额定耐受压力值为 1.6 MPa，1 min。 4. 温控器表面玻璃或其他透明材料应保存光洁透明，不得有妨碍正确读数的缺陷。 5. 温控器各零部件的保护层应牢固、均匀和清洁，不得有锈蚀和脱落现象。
性能要求
1. 温控器应能在户外条件下正常工作，其外壳防护等级为 IP55，温包和毛细管应具有保护层被覆。 2. 在正常使用条件及测量范围内，温控器示值误差限值为测量精度与测量范围之积。 3. 温控器在测量范围内，器示值回差应不大于示值基本误差限值的绝对值。 4. 温控器的示值重复性误差应不大于示值基本误差限值绝对值的 1/2。 5. 当温控器从 20 ℃ ± 2 ℃变化到环境温度为 −40～55 ℃的任意值时，温控器的示值变化不应大于测量范围的 0.05%/ ℃。 6. 温控器应能承受历时 15 min 的过范围试验。 7. 温控器在工作条件下连续工作 1000 h 后，其示值基本误差、示值回差和环境温度影响仍应符合上述（2、3、5 条）要求。 8. 开关接点动作设定的标准点应由制造方与用户协商确定，但至少应包括 55 ℃和 75 ℃两点。温控器控制开关的接点动作误差限值为 ± 2 ℃。示值的测试点不得与开关接点动作设定的标准点重叠，其间距不应小于 5 ℃。 9. 温控器控制开关的接点切换差为 6 ℃ ± 2 ℃，如采用其他的接点切换差，可由制造方与用户协商确定。

续表

性能要求
10. 在环境温度为15～35 ℃、相对湿度不大于75%时，温控器开关的接点与接地端子之间的绝缘电阻不应小于20 MΩ。 11. 在环境温度为15～35 ℃、相对湿度不大于75%时，温控器开关的接点与接地端子之间应能承受50 Hz、2 kV的正弦交流电压，历时1 min。 12. 温控器在频率为100 Hz、振幅为0.2 mm的三维方向振动条件下正常工作时，其指针摆动幅值不应大于2 ℃。 13. 温控器的时间常数应不大于30 s。
试验项目
1. 例行试验：外观质量检查、示值基本误差测定、示值回差测定、示值重复性测定、环境温度影响试验、接点动作误差试验、绝缘电阻试验、绝缘强度试验。 2. 型式试验：过范围试验、时间常数试验、稳定性试验、外壳防护性能试验、高温\低温和连续冲击试验、耐振性试验、湿热试验。 3. 如遇下列情况之一时需进行型式试验：正常生产时，每三年进行一次；新产品或常规产品转厂生产的试制定型鉴定；常规产品的材料、工艺有较大改变，且可能影响产品性能时；例行试验结果与前次型式试验结果有较大差异时；上级质量监督部门提出要求时。
其他要求
1. 温控器温包尺寸为Φ14 mm×150 mm。 2. 温控器温包的安装螺纹为M27×2。 3. 温控器温包的插入深度不应小于150 mm。 4. 温控器的毛细管常规长度(温包到仪表头的距离)为6 m，其他长度作为特殊规格可由制造方与用户协商确定。 5. 控制开关设定值可在测量范围内调整，其中20 ℃到比测量温度上限低10 ℃的范围作为考核范围。 6. 接点容量为AC220V/3A或AC220V/5A(阻性)，动作寿命不小于10万次。

绕组温控器是专门用于测控变压器(油浸式电抗器)绕组温度的一种仪表。它由油面温控器、热模拟装置和远方温度显示器三部分组成，可输出与绕组温度成正比的标准电流值、电压信号，或Pt100铂电阻信号和报警接点信号及冷却装置的控制信号。

绕组温控器产品型号的组成形式如图3.54所示。

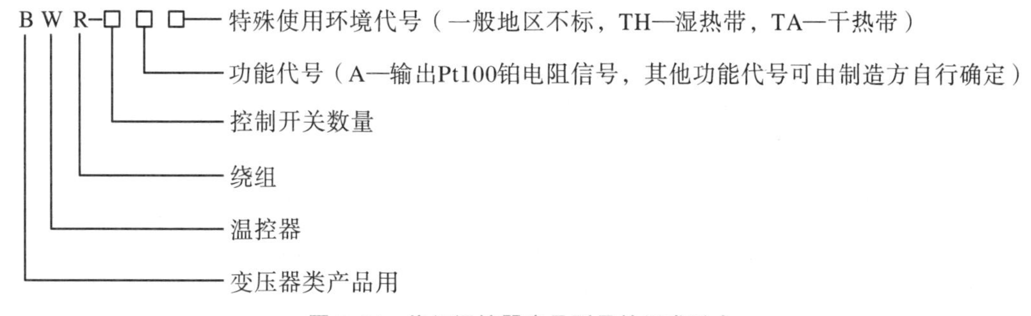

图3.54 绕组温控器产品型号的组成形式

例如:BWR-06ALTA 表示变压器绕组用温控器有 6 个温度控制开关,输出一路 Pt100 铂电阻信号和一路 4～20 mA 电流信号(两线制),用于干热带环境。

绕组温控器的技术要求见表 3.24。

表 3.24 绕组温控器的技术要求

使用条件
1. 正常环境温度为 -40～55 ℃。注:特殊工种环境温度可由制造方与用户协商确定。 2. 正常工作环境相对湿度≤95%(25 ℃时)。
基本要求
1. 绕组温控器由以下三部分组成:① 油面温控器;② 热模拟装置(包括变流器及 4～20 mA、0～5 V 和 Pt100 输出信号);③ 远方温度显示器。 2. 温控器的测量范围为 0～150 ℃。注:经制造方与用户协商,也可采用其他测量范围。 3. 温控器测量精度等级为 1.5 级、2.5 级。 4. 温控器温包的额定耐受压力值为 1.6 MPa,1 min。 5. 温控器表面玻璃或其他透明材料应保存光洁透明,不得有妨碍正确读数的缺陷。 6. 温控器各零部件的保护层应牢固、均匀和清洁,不得有锈蚀和脱落现象。
试验项目
1. 例行试验:外观质量检查试验、示值基本误差测定试验、示值回差测定试验、示值重复性测定试验、环境温度影响试验、接点动作误差试验、绝缘电阻试验、绝缘强度试验、热模拟特性和热模拟时间常数测定试验。 2. 型式试验:过范围试验、稳定性试验、外壳防护性能试验、高温/低温和连续冲击试验、耐振性试验、湿热试验。 3. 如遇下列情况之一时,需进行型式试验:正常生产时,每 3 年进行一次;新产品或常规产品转厂生产的试制定型鉴定;常规产品的材料、工艺有较大改变,且可能影响产品性能时;停产期超过 6 个月又恢复生产时;例行试验结果与前次型式试验结果有较大差异时;上级质量监督部门提出要求时。
性能要求
1. 温控器应能在户外条件下正常工作,其外壳防护等级为 IP55,温包和毛细管应具有保护层被覆。 2. 在正常使用条件及 0～150 ℃测量范围内,温控器示值误差限值为测量精度与测量范围之积。 3. 温控器在测量范围内,其示值回差应不大于示值基本误差限值的绝对值。 4. 温控器的示值重复性误差应不大于示值基本误差限值绝对值的 1/2。 5. 当温控器从 20 ℃ ± 2 ℃变化到环境温度 -40～55 ℃的任意值时,温控器的示值变化不应大于测量范围的 0.05%/ ℃。 6. 温控器应能承受历时 15 min 的过范围试验。 7. 温控器在工作条件下连续工作 1000 h 后,其示值基本误差、示值回差和环境温度影响仍应符合上述(2、3、5 条)要求。 8. 开关接点动作设定的标准点应由制造方与用户协商确定,但至少应包括 55 ℃和 75 ℃两点。温控器控制开关的接点动作误差限值为 ± 2 ℃。示值的测试点不得与开关接点动作设定的标准点重叠,其间距不应小于 5 ℃。

续表

性能要求
9. 温控器控制开关的接点切换差为6 ℃±2 ℃，如采用其他的接点切换差，可由制造方与用户协商确定。
10. 在环境温度为15～35 ℃、相对湿度不大于75%时，温控器开关的接点与接地端子之间的绝缘电阻不应小于20 MΩ。
11. 在环境温度为15～35 ℃、相对湿度不大于75%时，温控器开关的接点与接地端子之间应能承受50 Hz、2 kV的正弦交流电压，历时1 min。
12. 温控器的热模拟时间常数应不大于9 min。
13. 温控器在频率为100 Hz、振幅为0.2 mm的三维方向振动条件下正常工作时，其指针摆动幅值不应大于2 ℃。
其他要求
1. 温控器温包尺寸为Φ14 mm×150 mm或Φ23 mm×150 mm。
2. 温控器温包的安装螺纹为M27×2或M33×2。
3. 温控器温包的插入深度不应小于150 mm。
4. 温控器的毛细管常规长度（温包到仪表头的距离）为6 m，其他长度作为特殊规格可由制造方与用户协商确定。
5. 接点设定值为0～150 ℃量程内可调，其中20～140 ℃为考核范围。
6. 接点容量为AC220V/3A或AC220V/5A（阻性），动作寿命不小于10万次。

3.1.5.2 变压器的主要原材料

1. 钢材

钢材主要用于制作变压器（油浸式电抗器）的油箱及其附件，铁芯夹件及其附件，以及储油柜等。电力变压器（油浸式电抗器）主要使用的钢板材料牌号为Q235、Q355、20Mn23AIV等。

材料牌号Q235B是屈服强度为235 MPa的B级碳素结构钢，其化学成分含量为：碳0.12%～0.20%；锰0.30%～0.70%；硅≤0.30%；硫≤0.045%；磷≤0.045%。由于含碳适中，综合性能较好，强度、塑性和焊接等性能得到较好配合，用途最为广泛。

技术要求如下：

(1) 钢板表面不得有气泡、裂纹、结疤、拉裂、折叠、夹杂和压入的氧化皮等深的尖锐的缺陷，这些缺陷是有害于产品使用的，不考虑其深度和数量，均需修理。钢板表面在公差范围内允许有一般的轻微麻点、局部的深麻点、划痕、凹坑和轧辊压痕等缺陷。因缺陷修磨过的钢板厚度应保证最小允许厚度。

(2) 钢板的质量证明书应包含标准编号、供方名称、需方名称、合同号、批号；品种名称、尺寸和级别；钢号、炉罐号；交货状态，重量（毛重、净重）和件数；标准中所规定的各项试验结果（化学成分、拉伸试验、弯曲试验、冲击试验、厚度方向的性能试验）；发货日期；技术监督部门印记。

材料牌号Q355B是屈服强度为355 MPa的B级低合金高强度结构钢，其化学成分含量为：碳≤0.24%；锰≤1.60%；硅≤0.55%；硫≤0.035%；磷≤0.035%。该钢用来制作变压器产品中机械性能要求较高的部件，如拉板、油箱加强铁、夹件等。

Q355B的技术要求如下：

(1) 钢板表面不得有气泡、裂纹、结疤、夹杂和分层。上述缺陷允许清除，但应保证最小允许厚度。钢板表面在公差范围内允许有一般的轻微麻点，局部的深麻点、划痕、凹坑和轧辊压痕等缺陷。厚度大于20 mm钢板的表面允许有不大于厚度公差之半的裂纹、结疤、折叠和夹杂，钢板不得有分层。个别超深缺陷允许存在，但应标出并扣重，且其累加不应超过5处或面积不得超过该钢板表面的1%。扣重数量在尺码单中注明。钢板头尾距离最外端200 mm和距边部50 mm之内的各种缺陷允许存在，不计缺陷面积。

(2) 钢板的质量证明书应包含标准编号；供方名称；需方名称、合同号、批号；品种名称、尺寸和级别；钢号、炉罐号；交货状态，重量(毛重、净重)和件数；标准中所规定的各项试验结果(化学成分、拉伸试验、弯曲试验、冲击试验、厚度方向的性能试验)；发货日期；技术监督部门印记。

材料牌号20Mn23AIV是高锰无磁钢板，磁导率不大于1.319×10^{-6} H/m，密度为7.85 g/cm^3。其化学成分含量为：碳0.24%～0.20%；锰21.5%～25.0%；铝1.5%～2.5%；钒0.14%～0.10%；硅≤0.50%；硫≤0.03%；磷≤0.03%。高锰无磁钢板不仅具有良好的力学性能，而且还有良好的隔磁性能和易于加工的性能。该钢的锰含量高，钢板表面质量不稳定，技术要求较高；主要用来制作变压器的无磁零部件(如油箱内磁屏蔽、铁芯拉板、夹件磁屏蔽、螺栓等漏磁场的结构件)。

20Mn23AIV的技术要求如下：

(1) 厚度不大于20 mm的钢板，其表面不得有气泡、结疤、夹杂。上述缺陷允许清除，但应保证最小允许厚度。钢板表面允许存在公差范围内的缺陷：一般的轻微麻点，局部的深麻点、划痕、凹坑和轧辊压痕。厚度不小于20 mm的钢板，其表面允许有不大于厚度公差一半的裂痕、结疤和夹杂。个别超深缺陷允许存在，但应标出并扣重，且其累加不应超过5处或面积不得超过该钢板表面的1%。当不具备专用磁性测量装置时，以切边后无磁性(磁钢检查)为合格。

(2) 钢板的质量证明书应包含供方名称；需方名称、合同号、品种名称、标准号、规格、级别(如有必要)、牌号及能够追踪从钢材到冶金的识别号；交货状态(如有必要)；重量、件数；规定的各项试验结果(化学成分、抗拉强度、屈服强度、伸长率、力学性能、冷弯、磁导率)；供方有关部门的印记或有关部门签字；发货日期或生产日期；相关标准规定的认证标记(如有必要)。

2. 硅钢片

硅钢片是制作变压器(油浸式电抗器)铁芯的磁性原材料，全称为冷轧取向电工钢片，俗称矽钢片。其生产工艺和化学成分由制造方决定。变压器的空载损耗主要取决于硅钢片的单位损耗、工艺系数和芯柱的截面积。电工钢按晶粒取向分为无取向电工钢和取向电工钢。电力变压器主要选择取向电工钢，取向电工钢牌号分为普通级(用字母“Q”表示)、高磁导率级(用字母“QG”表示)和磁畴细化(用字母“QH”表示)。标准公称厚度为0.23 mm、

0.27 mm、0.30 mm、0.35 mm。其牌号是按照每千克多少瓦特(W/kg)表示的比总损耗的最大值和材料的公称厚度分类的。

国产硅钢片产品型号的组成形式如图3.55所示。

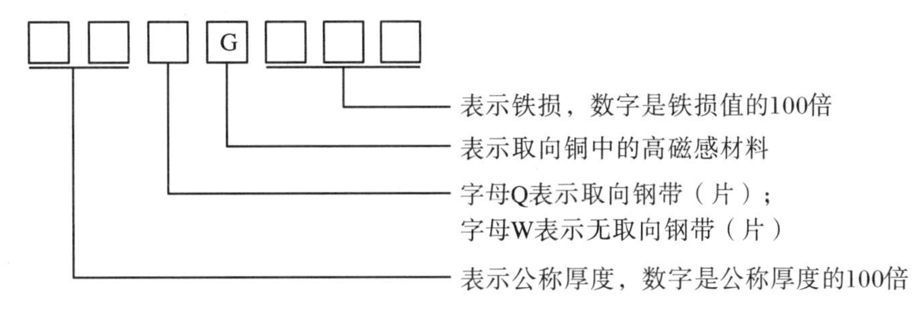

图3.55 国产硅钢片产品型号的组成形式

例如：

(1) 30Q120表示公称厚度为0.30 mm、比总损耗$P_{1.7/50}$为1.2 W/kg的普通级取向电工钢。

(2) 27QG110表示公称厚度为0.27 mm、比总损耗$P_{1.7/50}$为1.1 W/kg的高磁导率级取向电工钢。

硅钢片的技术要求见表3.25。

表3.25 硅钢片的技术要求

供货形式
1. 钢带以卷供货,钢片以箱供货。 2. 卷、箱的重量应符合订货要求。 3. 推荐钢卷内径为510 mm。 4. 取向电工钢卷重一般为2～3 t。 5. 组成每箱的片、侧面必须平直堆叠,近似垂直于上表面。 6. 钢卷应由同一宽度的钢带卷卷成,卷的侧面应尽量平直。 7. 钢卷应非常紧地卷绕,以使它们在自重下不塌卷。 8. 钢带可能因去除缺陷而产生接带,接带处应做出标记。 9. 钢带焊缝和接带前、后部分应为同一牌号。 10. 焊缝处应平整,不影响材料后续加工。
几何特性及偏差
1. 同一验收批内除0.23 mm厚度的钢带的厚度偏差不超过±0.025 mm外,其他厚度规格钢带的厚度偏差不超过±0.030 mm。 2. 构成宽度一般不大于1000 mm。 3. 取向电工钢的镰刀弯2 m内不应超过1.0 mm。 4. 波浪度不应超过1.5%。

续表

性能要求

1. 变压器常用的普通级取向电工钢带(片)磁特性和工艺特性,应符合下表要求:

牌号	公称厚度(mm)	最大比总损耗(W/kg) $P_{1.7}$		最小磁极化强 TH=800 A/m	最小叠装系数
		50 Hz	60 Hz	50 Hz	
23Q110	0.23	1.10	1.45	1.78	0.95
23Q120	0.23	1.20	1.57	1.78	0.95
23Q130	0.23	1.30	1.65	1.75	0.95
27Q110	0.27	1.10	1.45	1.78	0.95
27Q120	0.27	1.20	1.58	1.78	0.95
27Q130	0.27	1.30	1.68	1.78	0.95
30Q120	0.30	1.20	1.58	1.78	0.96
30Q130	0.30	1.30	1.71	1.78	0.96
30Q140	0.30	1.40	1.83	1.78	0.96

注:由硅钢片试样的质量、密度、长和宽的值计算的理论厚度,与在一定压力下所测得的叠装厚度之比的百分量,称为叠装系数。

2. 变压器常用的高磁导率级取向电工钢带(片)磁特性和工艺特性,应符合下表要求:

牌号	公称厚度(mm)	最大比总损耗(W/kg) $P_{1.7}$		最小磁极化强 TH=800 A/m	最小叠装系数
		50 Hz	60 Hz	50 Hz	
23QG085	0.23	0.85	1.12	1.85	0.95
23QG090	0.23	0.90	1.19	1.85	0.95
23QG095	0.23	0.95	1.25	1.85	0.95
23QG100	0.23	1.00	1.32	1.85	0.95
27QG090	0.27	0.90	1.19	1.85	0.95
27QG095	0.27	0.95	1.25	1.85	0.95
27QG100	0.27	1.00	1.32	1.88	0.95
27QG105	0.27	1.05	1.36	1.88	0.95
27QG110	0.27	1.10	1.47	1.88	0.95
30QG105	0.30	1.05	1.38	1.88	0.96
30QG110	0.30	1.10	1.45	1.88	0.96
30QG120	0.30	1.20	1.58	1.85	0.96

3. 绕组线

大型电力变压器(油浸式电抗器)的线圈几乎全用铜制成,确切地说,是用高电导率铜制造的。铜除了具有极好的力学性能外,在工业金属材料中电导率最高。在变压器(油浸式电抗器)中铜具有重要的价值。变压器(油浸式电抗器)用绕组线由导体和绝缘层组成,导线规格选择于国家标准,避免因导线规格繁多造成生产和管理不利及材料浪费,导线尺寸及偏差是影响变压器负载损耗的因素之一。目前，常用的导体系列品种有纸包扁铜线、纸绝缘组合导线和换位导线等，如图 3.56 所示。

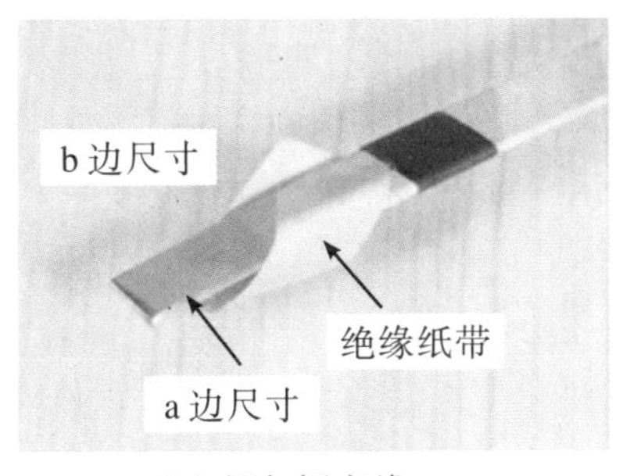

(a) 纸包铜扁线

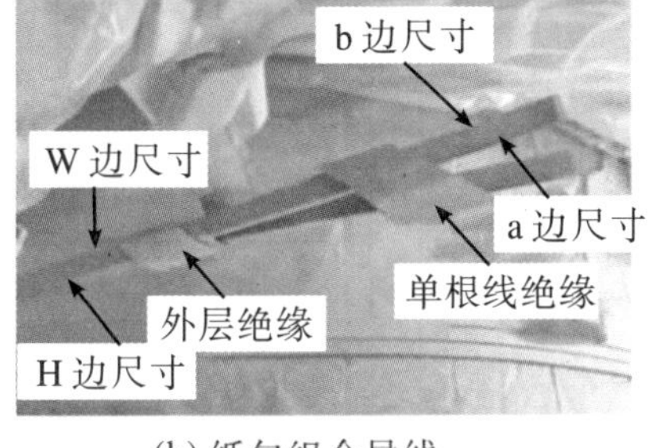

(b) 纸包组合导线

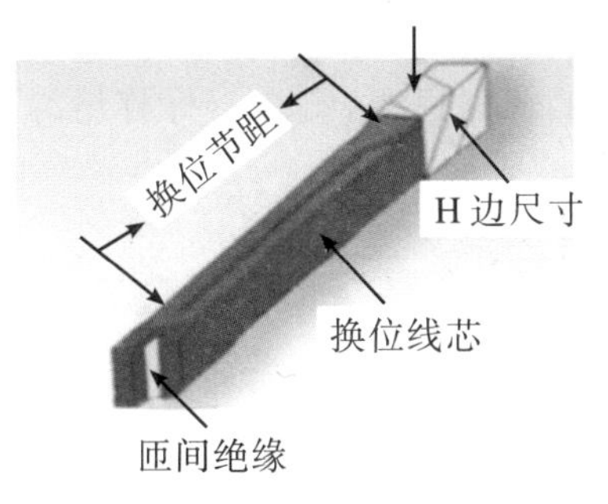

(c) 纸包换位导线

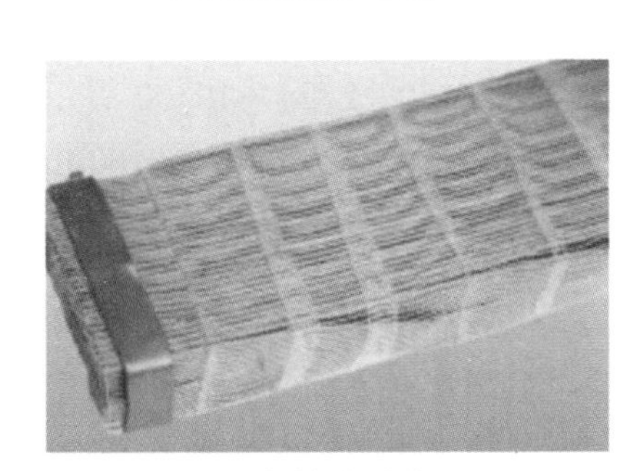

(d) 网包换位导线

图 3.56 变压器绕组电磁线实物图

绕组线的代号及含义见表 3.26。

表 3.26 绕组线的代号及含义

<table>
<tr><th colspan="2">导体系列品种</th><th>代号</th><th>绝缘纸带名称</th><th>代号</th><th>导体状态</th><th>代号</th></tr>
<tr><td colspan="2">纸包扁线</td><td>ZB</td><td>各种电缆纸</td><td>Z(省略)</td><td>软铜导体</td><td>T</td></tr>
<tr><td colspan="2">纸绝缘组合导线</td><td>ZZ</td><td>高伸率纤维纸或皱纹纸</td><td>D</td><td rowspan="3">半硬铜导体</td><td>C_1</td></tr>
<tr><td colspan="2">换位导线</td><td>H</td><td>芳香族聚酰胺纸</td><td>X</td><td>C_2</td></tr>
<tr><td rowspan="6">换位线芯材料</td><td>120 级缩醛漆包铜扁线</td><td>Q(省略)</td><td>各种匝间绝缘高密度纸</td><td>M</td><td>C_3</td></tr>
<tr><td>155 级聚酯漆包铜扁线</td><td>Z</td><td>聚酯纤维非织布</td><td>F</td><td>—</td><td>—</td></tr>
<tr><td>180 级聚酯亚胺漆包扁线</td><td>ZY</td><td>网格捆绑带</td><td>B</td><td>—</td><td>—</td></tr>
<tr><td>200 级聚酯或聚酯亚胺复合漆包铜扁线</td><td>ZY</td><td>聚酯纤维网状捆绑绳</td><td>K</td><td>—</td><td>—</td></tr>
<tr><td>200 级聚酰亚胺复合漆包铜扁线</td><td>XY</td><td>其他耐热型绝缘纸（如三聚氰胺处理高密度纸）</td><td>R</td><td>—</td><td>—</td></tr>
<tr><td>240 级芳族聚酰亚胺薄膜绕包铜扁线</td><td>YF</td><td>聚酯纤维网带</td><td>W</td><td>—</td><td>—</td></tr>
</table>

注：1. 结构性配纸，如最内或最外层配高伸率纤维纸或有色纸带等均不列入代号，由供需双方协商决定。

2. 各种自粘性漆包扁线在代号后加 N1 或 N2。

纸包扁线产品型号的组成形式如图3.57所示。

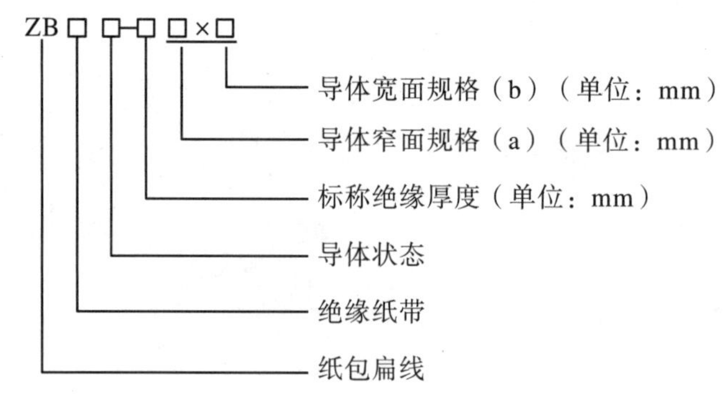

图3.57 纸包扁线产品型号的组成形式

例如：ZBC_2-0.60 2.24×10.00表示电缆纸包半硬铜扁线（C_2级），标称绝缘厚度为0.60 mm，导体规格为2.24 mm×10.00 mm。

纸包组合导线产品型号的组成形式如图3.58所示。

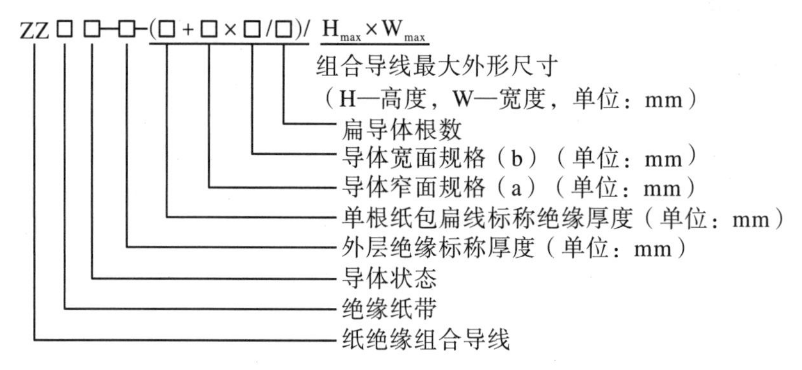

图3.58 纸包组合导线产品型号的组成形式

例如：ZZD C_2-0.60-(0.20+1.31×7.45/3)/5.00×8.15表示高伸率纤维纸绝缘组合半硬铜导线（C_2级），外层绝缘厚度为0.60 mm，3根标称绝缘厚度为0.20 mm，导体规格为1.31 mm×7.45 mm的纸包铜扁线，组合导线最大外形尺寸为5.00 mm×8.15 mm。

换位导线产品型号的组成形式如图3.59所示。

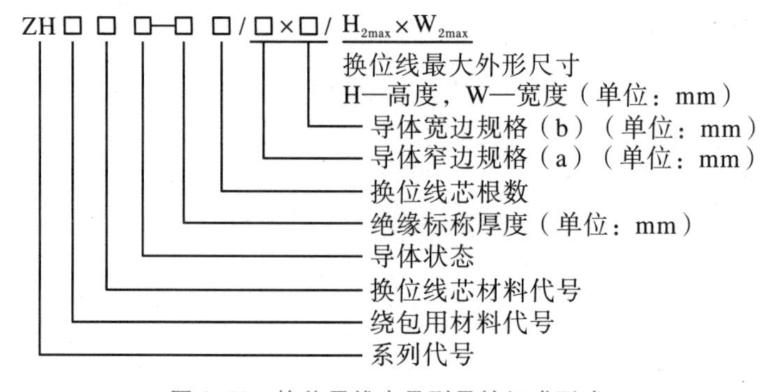

图3.59 换位导线产品型号的组成形式

例如：HMN1C1-0.56　33/1.38×3.46/25.67×7.18 表示 120 级缩醛漆包铜扁线，33 根换位线芯，高密度绝缘纸绝缘，标称绝缘厚度为 0.56 mm 的纸绝缘 N1 型自粘缩醛漆包换位半硬导线（C_1 级）。

绕组线的技术要求见表 3.27。

表 3.27　绕组线的技术要求

一般要求
1. 导体表面应无金属粉末及其杂质。绝缘纸带应连续、紧密适度、均匀、平整地绕包在线芯上，纸带应不缺层、断层，绕包过程中不应有起皱和开裂等缺陷，纸绝缘应由二层及以上纸带绕包而成。各层纸带应不存在金属末、油污、粉末及其他异物。 2. 3 层及以下绝缘纸采用同反向重叠绕包，纸带重叠宽度应不小于 2 mm，绕包重叠处应均匀错开，也可根据用户要求采用反方向绕包。 3. 超过 3 层绝缘纸，根据用户要求，中间可用部分或全部间隙绕包代替重叠绕包。间隙绕包时的间隙宽度应不大于 2 mm，绕包间隙处应均匀错开，间隙重叠次数：4～6 层不大于 1 次；7～16 层不大于 2 次；17 层以上不大于 3 次。 4. 间隙绕包时，纸层数不超过 8 层时应采用同方向绕包；超过 8 层时应改变绕包方向，此时应注意避免绕包间隙连续重叠。 5. 允许纸带接头或修补，各接头处应错开。 6. 导体尺寸和产品外形尺寸应符合 GB/T 7673.2～7673.5 的相应规定。 7. 包装种类可能影响纸包线的性能，如回弹性、柔韧性和附着性等，因此包装的种类（例如交货线盘类型）应由供需双方协商确定。
性能要求

1. 半硬铜导体的性能指标如下：

型号	规定非比例延伸强度 $R_{P0.2}$（N/mm²）	最小伸长率（%）	20 ℃时最大电阻率（Ω·mm²/m）
C_1	$100<R_{P0.2}\leqslant180$	20	1/58.0
C_2	$180<R_{P0.2}\leqslant200$	20	1/57.5
	$200<R_{P0.2}\leqslant220$	15	1/57.5
C_3	$220<R_{P0.2}\leqslant260$	15	1/57.5

2. 导体伸长率、回弹性、柔韧性和附着性应符合 GB/T 7673.2～7673.5 的相应规定。

3. 换位线的性能要求：

(1) 120 级缩醛漆包铜扁线应符合 GB/T 7095.2 规定；155 级聚酯漆包铜扁线应符合 GB/T 7095.3 规定；180 级聚酯亚胺漆包扁线应符合 GB/T 7095.4 规定；200 级聚酯或聚酯亚胺复合漆包铜扁/聚酰亚胺复合漆包铜扁线应符合 GB/T 7095.6 规定；240 级芳族聚酰亚胺薄膜绕包铜扁线应符合 GB/T 23310 规定，或由供需双方协商确定。

(2) 应用万用表测量换位导线的每根扁线，应无断路现象。

(3) 换位导线中相邻扁线之间应经受直流 500 V 电压试验，试验时应不击穿。

4. 绝缘油

绝缘油即变压器油，是天然石油经过蒸馏、精炼而获得的一种矿物油，是石油中的润滑油馏分经酸碱精致处理得到的纯净稳定、黏度小、绝缘性好、冷却性好的液体天然碳氢化合物的混合物，俗称方棚油；浅黄色透明液体，相对密度为0.895，凝固点小于-45 ℃，比热容约为0.5 cal/(g·℃)，主要由三种烃类组成，主要成分为环烷族饱和烃(约占80%)，其他的为芳香烃和烷烃。油根据抗氧化添加剂含量的不同，变压器分为三个品种：U表示不含抗氧化添加剂油；T表示含微量抗氧化添加剂油；I表示含抗氧化添加剂油。

在我国，变压器油有石蜡基油、环烷基油。石蜡基油产于大庆，环烷基油产于新疆克拉玛依。国际上有Nynas油、超变油、壳牌油等 。良好的变压器油是清洁而透明的液体，不得有沉淀物、机械杂质悬浮物及棉絮状物质。如果其受污染和氧化并产生树脂和沉淀物，油质就容易劣化，颜色会逐渐变为浅红色，直至变为深褐色的液体。当变压器有故障时，也会使油的颜色发生改变，一般情况下，变压器油呈浅褐色时就不宜再用了。另外，变压器油可表现为浑浊乳状、油色发黑、发暗。变压器油浑浊乳状，表明油中含有水分；油色发暗，表明变压器油绝缘老化；油色发黑甚至有焦臭味，表明变压器(油浸式电抗器)内部有故障。变压器油在变压器中主要起绝缘、散热和消弧的作用。

(1) 绝缘作用：变压器油具有比空气高得多的绝缘强度。绝缘材料浸在油中，不仅可提高绝缘强度，而且还可免受潮气的侵蚀。

(2) 散热作用：变压器油的比热大，常用作冷却剂。变压器(油浸式电抗器)运行时产生的热量使靠近铁芯和绕组的油受热膨胀上升，通过油的上下对流，热量通过散热器散出，保证了变压器的正常运行。

(3) 消弧作用：在变压器的有载开关上，触头切换时会产生电弧。由于变压器油导热性能好，且在电弧的高温作用下能分解大量气体，产生较大压力，从而提高了介质的灭弧性能，使电弧很快熄灭。

变压器油的型号标记及含义如图3.60所示。

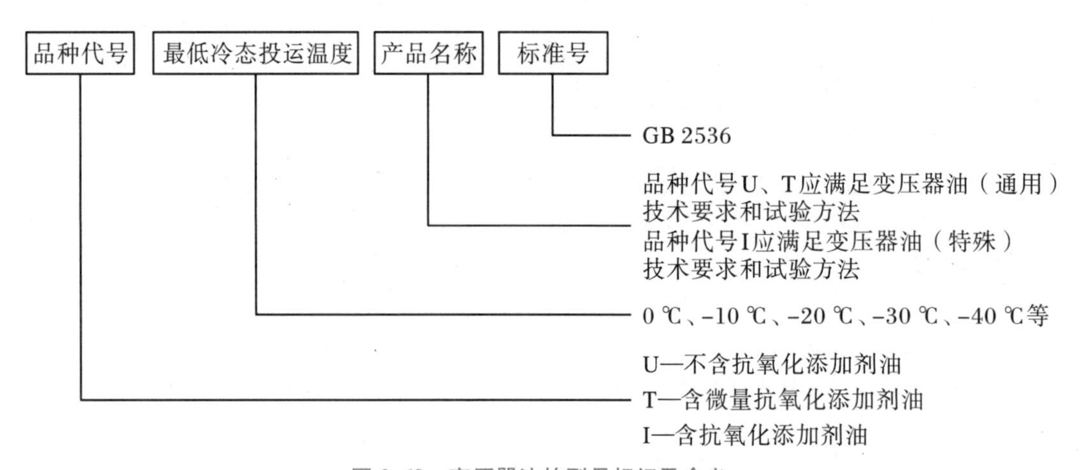

图3.60　变压器油的型号标记及含义

例如：I-40 ℃表示含抗氧化添加剂油，最低冷态投运温度为-40 ℃，应满足变压器油(特殊)技术要求和试验方法的变压器油，执行标准为GB 2536。

注：最低冷态投运温度（LCSET）是区分绝缘油类别的重要标志之一。应根据电气设备使用环境温度的不同，选择不同的最低冷态投运温度，以免影响油泵、有载开关的启动。变压器油的标准最低冷态投运温度为 -30 ℃，比 GB 1094.1 中规定的户外式变压器最低使用温度低 5 ℃。其他最低冷态投运温度可依据每个地区气候条件的不同，由供需双方协商确定。

变压器油的（通用）技术要求和试验方法见表 3.28。

表 3.28　变压器的（通用）技术要求和试验方法

	项目	质量指标					试验方法
	最低冷态投运温度（LCSET）	0 ℃	-10 ℃	-20 ℃	-30 ℃	-40 ℃	
功能特性	倾点（℃）　≤	-10	-20	-30	-40	-50	GB/T 3535
	运动黏度（mm^2/s）　≤						GB/T 265
	40 ℃	12	12	12	12	12	
	0 ℃	1800	—	—	—	—	
	-10 ℃	—	1800	—	—	—	
	-20 ℃	—	—	1800	—	—	
	-30 ℃	—	—	—	1800	—	
	-40 ℃	—	—	—	—	2500[b]	NB/SH/T 0837
	水含量（mg /kg）　≤	30/40					GB/T 7600
	击穿电压（满足下列要求之一）（kV）　≥						GB/T 507
	未处理油	30					
	经处理油	70					
	密度（20 ℃，kg/m^3 或 g/mL）　≤	895					GB/T 1884 和 GB/T 1885
	介质损耗因素（90 ℃）　≤	0.005					GB/T 5654
精制/稳定特性	外观	清澈透明、无沉淀物和悬浮物					目测
	酸值（以 KOH 计，mg/g）　≤	0.01					NB/SH/T 0836
	水溶性酸或碱	无					GB/T 259
	界面张力（mN/m）　≥	40					GB/T 6541
	总硫含量（质量分数，%）	无通用要求					SH/T 0689
	腐蚀性硫	非腐蚀性					SH/T 0804
	抗氧化添加剂含量（质量分数，%）						SH/T 0802
	不含抗氧化添加剂（U）	检测不出					
	含微量抗氧化添加剂（T）　≤	0.08					
	含抗氧化添加剂（I）	0.08～0.40					
	2-糠醛含量（mg/kg）　≤	0.1					NB/SH/T 0812

续表

<table>
<tr><td colspan="3">项目</td><td colspan="5">质量指标</td><td rowspan="2">试验方法</td></tr>
<tr><td colspan="3">最低冷态投运温度(LCSET)</td><td>0 ℃</td><td>−10 ℃</td><td>−20 ℃</td><td>−30 ℃</td><td>−40 ℃</td></tr>
<tr><td rowspan="5">运行特性</td><td colspan="2">氧化安定性(120 ℃)</td><td colspan="5" rowspan="2">1.2</td><td rowspan="3">NB/SH/T 0811</td></tr>
<tr><td rowspan="3">实验时间:
(U)不含抗氧化添加剂油:164 h
(T)含微量抗氧化添加剂油:332 h
(I)含抗氧化添加剂油:500 h</td><td>总酸值(以KOH计,mg/g) ≤</td></tr>
<tr><td>油泥(质量分数,%) ≤</td><td colspan="5">0.8</td></tr>
<tr><td>介质损耗因数(90 ℃) ≤</td><td colspan="5">0.500</td><td>GB/T 5654</td></tr>
<tr><td colspan="2">析气性(mm^3/ min)</td><td colspan="5">无通用要求</td><td>NB/SH/T 0810</td></tr>
<tr><td rowspan="3">HSE</td><td colspan="2">闪电(闭口,℃) ≥</td><td colspan="5">135</td><td>GB/T 261</td></tr>
<tr><td colspan="2">稠环芳烃(PCA)含量(质量分数,%) ≤</td><td colspan="5">3</td><td>NB/SH/T 0838</td></tr>
<tr><td colspan="2">多氯联苯(PCB)含量(质量分数,mg/kg)</td><td colspan="5">检测不出</td><td>SH/T 0803</td></tr>
</table>

注:1.“无通用要求”指由供需双方协商确定该项目是否检测,且检测限值由供需双方协商确定。

2.凡技术要求中的“无通用要求”和“由供需双方协商确定是否采用该方法进行检测”的项目为非强制性的。

3.HSE代表健康、安全和环保特性。

变压器油的(特殊)技术要求和试验方法见表3.29。

表3.29 变压器油的(特殊)技术要求和试验方法

<table>
<tr><td colspan="2">项目</td><td colspan="5">质量指标</td><td rowspan="2">试验方法</td></tr>
<tr><td colspan="2">最低冷态投运温度(LCSET)</td><td>0 ℃</td><td>−10 ℃</td><td>−20 ℃</td><td>−30 ℃</td><td>−40 ℃</td></tr>
<tr><td rowspan="2">功能特性</td><td>倾点(℃) ≤</td><td>−10</td><td>−20</td><td>−30</td><td>−40</td><td>−50</td><td>GB/T 3535</td></tr>
<tr><td>运动黏度(mm^2/s) ≤
40 ℃
0 ℃
−10 ℃
−20 ℃
−30 ℃
−40 ℃</td><td>
12
1800
—
—
—
—</td><td>
12
—
1800
—
—
—</td><td>
12
—
—
1800
—
—</td><td>
12
—
—
—
1800
—</td><td>
12
—
—
—
—
2500</td><td>GB/T 265

NB/SH/T 0837</td></tr>
</table>

续表

项目		质量指标					试验方法
最低冷态投运温度(LCSET)		0 ℃	−10 ℃	−20 ℃	−30 ℃	−40 ℃	
功能特性	水含量(mg /kg) ≤	30/40					GB/T 7600
功能特性	击穿电压(满足下列要求之一)(kV) ≥ 未处理油 经处理油	30 70					GB/T 507
功能特性	密度(20 ℃,kg/m³) ≤	895					GB/T 1884 和 GB/T 1885
功能特性	苯胺点(℃)	报告					GB/T 262
功能特性	介质损耗因素(90 ℃) ≤	0.005					GB/T 5654
精制/稳定特性	外观	清澈透明、无沉淀物和悬浮物					目测
精制/稳定特性	酸值(以 KOH 计,mg/g) ≤	0.01					NB/SH/T 0836
精制/稳定特性	水溶性酸或碱	无					GB/T 259
精制/稳定特性	界面张力(mN/m) ≥	40					GB/T 6541
精制/稳定特性	总硫含量(质量分数,%)	0.15					SH/T 0689
精制/稳定特性	腐蚀性硫	非腐蚀性					SH/T 0804
精制/稳定特性	抗氧化添加剂含量(质量分数,%) 含抗氧化添加剂(I)	0.08~0.40					SH/T 0802
精制/稳定特性	2-糠醛含量(mg/kg) ≤	0.05					NB/SH/T 0812
运行特性	氧化安定性(120 ℃) 实验时间:(I)含抗氧化添加剂油:500 h 总酸值(以 KOH 计,mg/g) ≤	0.3					NB/SH/T 0811
运行特性	氧化安定性(120 ℃) 实验时间:(I)含抗氧化添加剂油:500 h 油泥(质量分数,%) ≤	0.05					NB/SH/T 0811
运行特性	氧化安定性(120 ℃) 实验时间:(I)含抗氧化添加剂油:500 h 介质损耗因数(90 ℃) ≤	0.050					GB/T 5654
运行特性	析气性(mm³/min)	报告					NB/SH/T 0810
运行特性	带电倾向(ECT,μC/m³)	报告					DL/T 385

续表

项目		质量指标					试验方法
最低冷态投运温度(LCSET)		0 ℃	−10 ℃	−20 ℃	−30 ℃	−40 ℃	
HSE	闪点(闭口)(℃) ≥	135					GB/T 261
	稠环芳烃(PCA)含量(质量分数,%) ≤	3					NB/SH/T 0838
	多氯联苯(PCB)含量(质量分数,mg/kg)	检测不出					SH/T 0803

注:1. 凡技术要求中“由供需双方协商确定是否采用该方法进行检测”和检定结果为“报告”的项目为非强制性的。

2. HSE 代表健康、安全和环保特性。

5. 绝缘纸板

电工绝缘纸板是以100%的纯硫酸盐木浆为原料制成的,可以彻底干燥、去气和浸油,具有良好的电气性能和机械性能。变压器的内绝缘使用的绝缘材料主要是以绝缘纸板为主。在欧洲国家电工绝缘纸板称为压制绝缘纸板;主要制作成变压器绕组的油隙垫块、油隙撑条、隔板、纸筒、瓦楞纸板、铁轭绝缘、夹件绝缘和端绝缘绕组压板等。

绝缘纸板根据密度的不同可以分成低密度纸板、中密度纸板和高密度纸板。

(1) 低密度纸板:密度为0.75~0.9 g/cm^3,强度较低,机械性能较差,但成型性好,主要用于制作成型件。

(2) 中密度纸板(标准板):密度为0.95~1.15 g/cm^3,硬度较好,电气强度较高,主要用于绝缘纸筒、撑条、垫块等一般绝缘件及层压制品。

(3) 高密度纸板:密度为1.15~1.30 g/cm^3,电气性能和机械性能均很高,主要用于压板、垫块、油隙垫块等不折弯的绝缘零部件。

绝缘纸板按产品性能和所用原料可分为多种类型,每种类型由不同字母和数字表示。

(1) B代表厚型绝缘纸板;P代表薄型绝缘纸板。

(2) 数字由两位数组成,第一位表示用途及制造工艺,“0”为极高化学纯的压纸板,“2”为高化学纯的压纸板,“3”为具有高纯度和高机械强度的硬而坚固的压纸板,“4”为高纯度和高吸油性的软压光薄纸板,“6”为通常施胶的低紧硬压光薄纸板。第二位数表示原料成分,“1”为100%硫酸盐木浆,“3”为硫酸盐木浆和棉浆的混合物。

绝缘纸板按紧度不同可分为两种:D代表较高紧度绝缘纸板,G代表高紧度绝缘纸板。

各类绝缘纸板的技术性能参数见表3.30。

表 3.30 B型变压器用绝缘纸板的技术指标

指标名称			单位	规格				
				B型				
				B.0.1		B.2.1		B.3.1
				D	G	D	G	
厚度允许偏差		≤1.6 mm	%	±7.5		±7.5		±7.5
		>1.6 mm		±5.0		±5.0		±5.0
紧度		≤1.6 mm	g/cm^3	1.0~1.2	1.2~1.3	1.0~1.2	1.2~1.3	1.00~1.20
		1.6~3.0 mm						1.10~1.25
		3.0~6.0 mm						1.15~1.30
		6.0~8.0 mm						1.20~1.30
抗张强度 ≥	纵向	≤1.6 mm	N/mm^2	80	110	80	110	100
		1.6~3.0 mm		80	120	80	110	105
		3.0~6.0 mm		80	130	80	110	110
		6.0~8.0 mm		—	—	—	—	110
	横向	≤1.6 mm		55	85	55	80	75
		1.6~3.0 mm		55	90	55	85	80
		3.0~6.0 mm		55	80	50	80	85
		6.0~8.0 mm		—	—	—	—	85
伸长率 ≥		横向		6.0%	7.0%	6.0%	7.0%	3.0%
		纵向		8.0%	9.0%	8.0%	9.0%	4.0%
收缩率 ≤		纵向		0.7%		0.7%		0.5%
		横向		1.0%		1.0%		0.7%
		厚向		5.0%		5.0%		5.0%
吸油率 ≥		≤1.6 mm		15%		15%	10%	11%
		1.6~3.0 mm						9%
		3.0~8.0 mm						7%
灰分 ≤				0.7%		1.0%		1.0%
水抽提液 pH				6.0~9.5		6.0~9.0		6.0~9.0
水抽提液电导率 ≤		≤1.6 mm	mS/m	6.0		8.0		5.0
		1.6~3.0 mm						6.0
		3.0~6.0 mm						8.0
		6.0~8.0 mm						10.0

续表

指标名称			单位	规格				
				B型				
				B.0.1		B.2.1		B.3.1
				D	G	D	G	
电气强度 ⩾	空气中	⩽1.6 mm	kV/mm	14		14		12
		1.6～3.0 mm		13		13		11
		3.0～6.0 mm		12		12		10
		6.0～8.0 mm		—		—		9
	油中	⩽1.6 mm		40		40		40
		1.6～3.0 mm		30		30		35
		3.0～6.0 mm		25		25		30
		6.0～8.0 mm		—		—		30
交货水分 ⩽				8.0%		8.0%		6.0%

6. 密封件

油浸式变压器均采用耐油橡胶密封制品。众所周知，我国变压器长期以来存在着比较严重的渗漏现象，其原因相当一部分是密封件质量不达标，其中大致为使用在箱沿、储油柜、套管上的胶条，随着时间的推延产生老化、龟裂现象，导致渗漏油。由于压缩过分，不加以保护而直接经受风吹日晒，套管上的胶垫、胶珠的龟裂现象尤为突出。目前，国内的油浸式电力变压器以丁腈橡胶和丙烯酸酯的材质居多，此外还有三元乙丙橡胶、氟硅橡胶和软木橡胶。

密封件的技术要求见表 3.31。

表 3.31 变压器(油浸式电抗器)常用密封件的技术要求

项目	单位	丁腈橡胶	丙烯酸酯橡胶	氟硅橡胶
工作温度	℃	－40～＋125	－35～＋180	－50～＋200
工作介质		主要为变压器油，外部介质为空气		
压缩量 ⩽		30%	30%	25%
密度	g/cm^3	1.18～1.25		
邵氏硬度	HSD	70±5	70±5	60±5
拉伸强度 ⩾	MPa	15	12	7.5
撕裂强度 ⩾	kN/m	30	25	12
扯断伸长率 ⩾		250%	200%	300%
脆性温度 ⩽	℃	－45	－30	－60
热空气压缩永久变形(压缩 25%，125 ℃，24 h) ⩽		35%	30%	25%
浸 25 ℃变压器压缩永久变形(压缩 25%，125 ℃，168 h) ⩽		50%	45%	50%

续表

项目		单位	丁腈橡胶	丙烯酸酯橡胶	氟硅橡胶
耐25 ℃变压器油性能(125 ℃,168 h)	体积变化率		-3%~+7%		
	硬度变化值	HSP	-2~+8		
与变压器油相容性(800 mL油,试样厚6 mm,表面积65 cm^2,100 ℃,164 h)	变压器油介质损耗因数 tan δ(90 ℃)变化率 ≤		1%		
	变压器油酸值变化 ≤	mgKOH/g	0.03		
	变压器油界面张力变化值(与空白油比较)	mN/m	0~2		
耐臭氧龟裂静态拉伸(拉伸20%,16 h,40 ℃)臭氧浓度为0.5 μL/L		—	无龟裂		

注:如果密封件制品超出正常使用要求,应由制造单位与用户协商确定。

3.1.6 主要生产工艺及监造要点

3.1.6.1 生产工艺概述

1. 变压器的主要生产工艺流程

变压器的主要生产工艺流程图如图3.61所示。

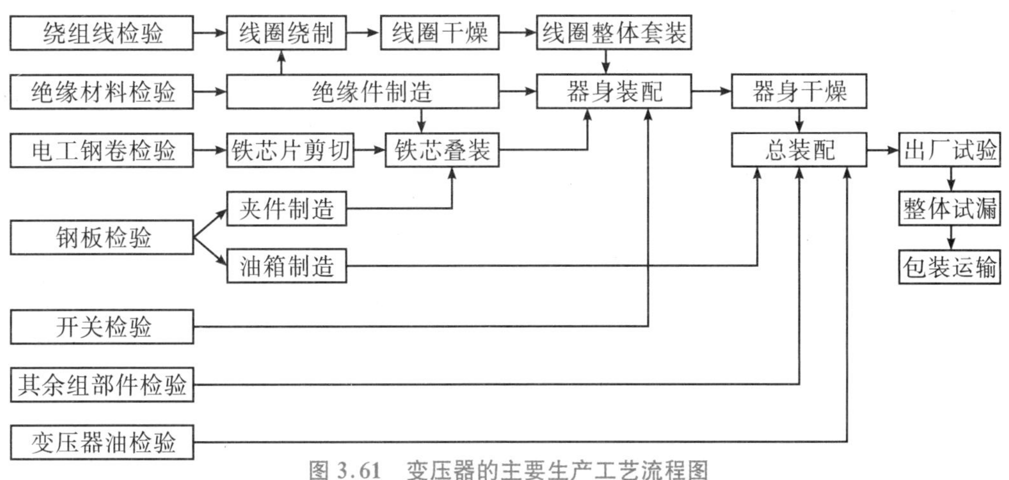

图3.61 变压器的主要生产工艺流程图

2. 工艺流程

变压器生产工艺流程如下:

(1) 绝缘纸板经绝缘车间加工,检验合格后分别交铁芯车间、线圈车间和总装车间,对产品进行装配。

(2) 钢材经钣焊加工成夹件、油箱等,经检验合格后转交铁芯车间、总装车间装配。

(3) 绕组线、绕组绝缘件经线圈车间绕制、压装、入炉干燥,并检验合格后转交总装配车间。

(4) 电工钢卷经铁芯车间纵剪成条料、横剪成片形后,进行铁芯叠积、装配,检验合格后装总装车间。

(5) 总装车间将整套绝缘件、线圈车间转交的合格绕组进行整体套装,入炉干燥。

(6) 总装车间对铁芯拆除上铁轭后,将器身绝缘件、整体套装干燥后的绕组套入铁芯柱,插上铁轭后进行插板试验,试验合格后进行引线装配。

(7) 引线装配结束进行半成品试验,试验合格后,器身转干燥罐干燥处理。

(8) 将干燥处理结束的器身装配进油箱内,外购组部件检验合格、外购变压器油过滤合格,经总装配、真空浸油、产品静放结束后,进行成品试验。

(9) 成品试验合格后进行整体装齐、试漏,对产品进行拆卸包装、吊检,对吊检后产品再次进行试漏,合格后存栈待发运。

3.1.6.2 绝缘件的制造工艺及监造要点

1. 绝缘件的工艺流程

绝缘件的种类繁多,在实际生产中,通常根据绝缘件的加工特点和流程将其划分为多个子工序,其主要工件的工艺流程如图 3.62 所示。

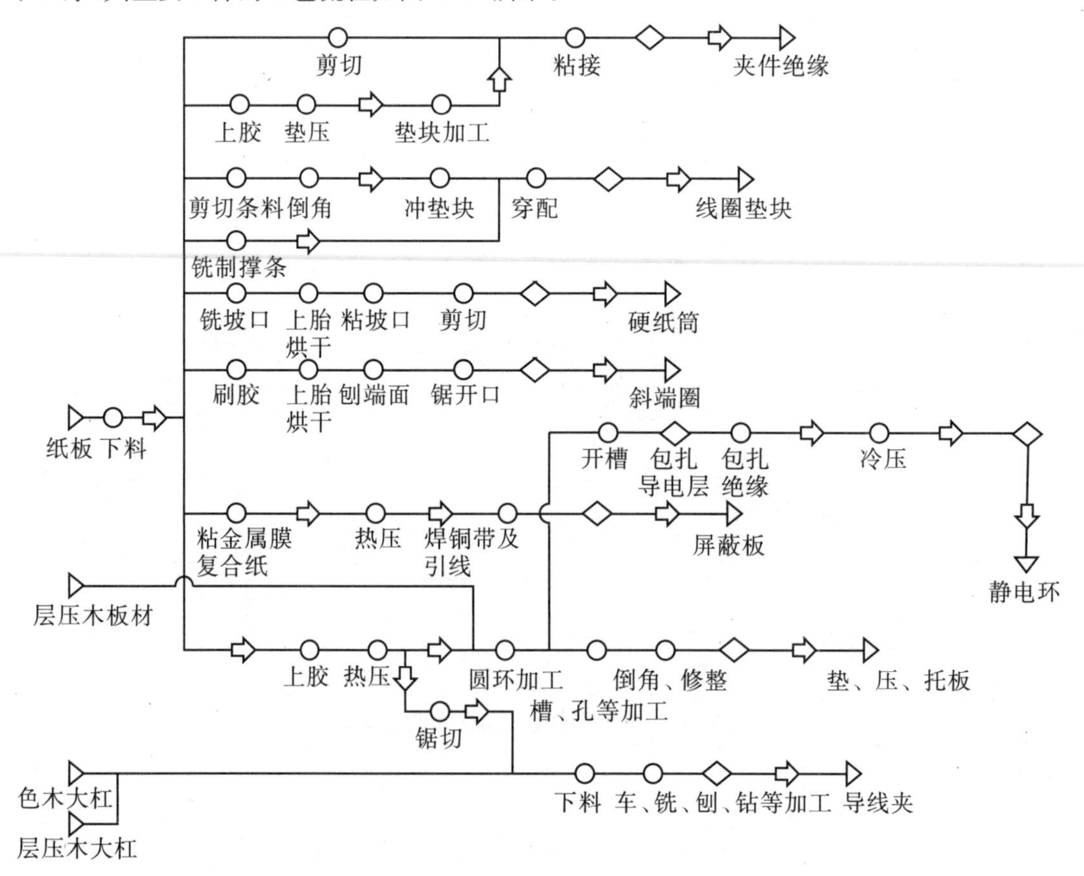

图 3.62 绝缘件主要工件的工艺流程图

(1) 下料工序:主要进行各种纸板、层压木的下料,主要设备为跑锯。

(2) 划圈工序:主要进行各种尺寸纸圈的加工,主要设备为圆剪。

(3) 层压纸板制作工序:主要进行层压纸板的刷胶及热压工序,主要设备为热压机。

(4) 线圈件加工工序:主要加工线圈撑条、垫块、扇形板、小纸片、垫条、小角环等线圈用绝缘件,主要设备为冲床、剪床、角环机等。

(5) 组合件加工工序:主要加工端圈、夹件绝缘、铁芯油道、围屏、软角环,以及小尺寸薄纸板件等。该工序主要为手工件,主要设备为剪床、折弯机。

(6) 纸板筒加工工序:主要加工硬纸筒、组合筒、斜端圈,主要设备为铣斜边机、坡口粘接机、烘干炉。

(7) 静电板加工工序:主要加工静电环和屏蔽板,主要设备为静电环包扎机。

(8) 撑条加工工序:主要加工各种撑条,主要设备为裁板锯、多刀锯和撑条倒角机等。

(9) 带锯工序:主要进行各种层压件的下料,主要设备为带锯、推台锯。

(10) 机加工工序:主要进行各种层压件的加工,主要设备包括加工中心、立车、镗床、钻床、刨床、铣床等。

2. 绝缘件加工过程的工艺控制点及质量要求

1) 上胶

层压纸板的上胶有刷胶和码纸两种方式。

刷胶是指在纸板与纸板之间直接刷酚醛树脂胶,主要适用于制作圆环类件,如压托板、层压端圈、静电环骨架等。刷胶方式操作时间长,且在晾制过程中难免造成灰尘对工件的污染,不利于保证产品质量,同时胶的气味较大,极易造成空间污染,因此要尽量减少使用。

码纸是指在纸板与纸板之间铺菱格双面上胶纸,因双面上胶纸幅面较小,故对于大圆环类绝缘件应避免采用码纸方式,原因是防止上胶纸幅面不够而多次对接时对质量造成影响;对于导线夹、撑条、垫块等,则通常采用码纸方式上胶。铺纸方式操作简单,因在上胶纸的制作过程中已经形成了胶的一次固化,所以避免了晾制工序,但因纸板间增加了一层上胶纸基纸,增加了一个影响层压纸板开裂的因素,因此层压纸板开裂的可能性要稍大于刷胶方式。

2) 压制

粘接层压纸板的酚醛树脂胶需在大于120 ℃的温度,一定的压力和时间下才可实现胶的熔化和二次固化,层压纸板的压制必须通过热压机来实现。在压制过程中造成层压纸板开裂的原因大致有:纸板涂胶量小、胶的浓度不够和胶面不均匀产生的局部开裂;温度低,胶没有固化和聚合反应不剧烈;压力不够;出炉温度过高,层压件内部产生很大的热量,形成蒸汽压力,由于外界压力存在,不易排出;上胶纸基纸质量不好,在压制后造成大面积开裂;层压件本身的结构存在加工问题,如双面有孔、距离边缘很近的部位开槽、开槽很多且距离较近等。

3) 关键部位绝缘件的制作及要求

绝缘端圈是指在线圈的端部绝缘以外与铁轭之间的绝缘,一般由纸圈和垫块组成(图3.63(a))。端圈的等分定位要精准;垫块粘接在纸圈上,涂胶时必须采用点粘或花粘的方式(图3.63(b)),不可形成封闭的环形(图3.63(c)),以免夹藏气泡。

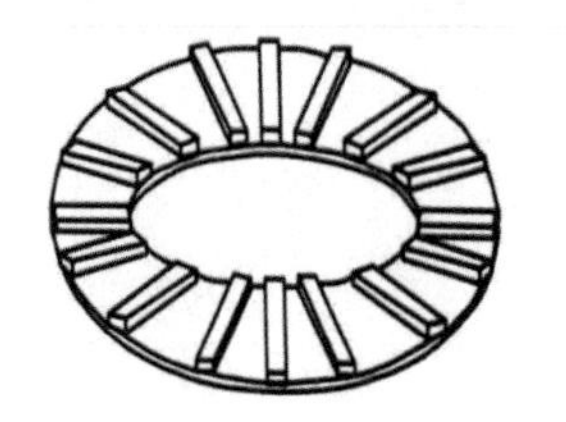

(a) 绝缘端圈示意图

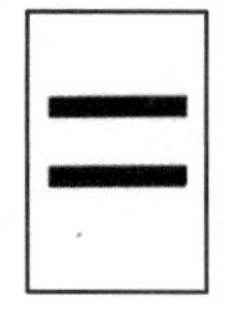

(b) 正确的涂胶法

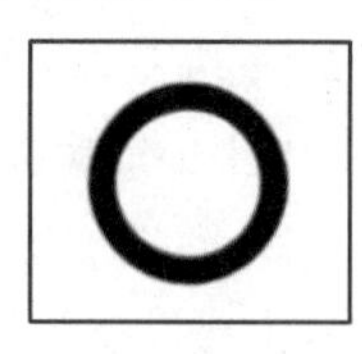

(c) 错误的涂胶法

图 3.63 绝缘端圈的涂胶方法

静电环(图 3.64)是用铜编织线围绕层压纸板骨架一周，留出端头作为引出线，再用铝箔皱纹纸在铜编织线外侧半叠包一层，注意铝箔面与铜编织线接触，接着用丹尼森皱纹纸包扎一层后再用电缆纸包扎至要求的绝缘厚度，最后包扎一层高网络带，用热压机冷压整形。铜编织线及屏蔽层不得形成短路环，铜编织线与铝箔皱纹纸间不得断路，要紧密接触；绝缘层应包扎紧实。

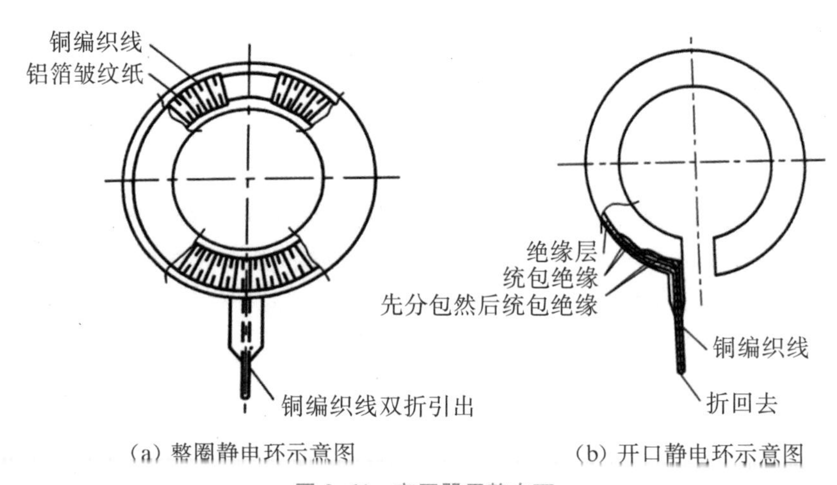

图 3.64 变压器用静电环

屏蔽板(图 3.65)用于芯柱、旁轭、铁轭的外部，对铁芯进行屏蔽，减少漏磁，也称作电屏蔽板。常见的屏蔽板一般由多条金属膜粘接在纸板上，再用铜带连接制作。金属膜与金属膜之间不得短路，金属膜与铜带之间不得断路；金属膜与纸板粘接牢固，不得有断裂、气泡等缺陷；铜带焊接光滑，不得有焊渣、毛刺、锡瘤等现象；外观应清洁无破损，如有局部破损应按要求进行修补；引出线焊接及绑扎必须牢固；用万用表测量引线出头处与半导电纸各部位间的电阻应不小于 30 kΩ。

图 3.65 屏蔽板示意图

硬纸板筒主要用在绕组中，提高绕组的机械强度和抗短路能力。纸板筒采用 3～6 mm 纸板进行围制成型，需要经过下料、铣坡口、成型、干燥定型、粘坡口等工序。下料要注意纸板的纤维方向，一般纸板的纵向为圆周方向，当纸筒用两张及以上纸板制成时，纸板的纤维方向在一个筒上必须一致。纸板筒一般采用斜搭接，所以坡口铣制时要注意角度，并且不要铣制在一个面上。坡口粘接用坡口粘接机制作。在整个纸板筒加工过程中，其直径的控制是加工的难点，在直径要求不太严格时，可以采用先粘坡口后烘干；而在直径要求较严格时，必须先烘干再粘坡口。同一纸板筒的外径用派(π)尺在不同高度上进行测量，尺寸及偏差应符合要求。

压托板是变压器中的重要部件，一般用在绕组的上、下端部的圆环状绝缘件，不仅要设有出线槽等，更需有导油槽和导油孔等，便于干燥和浸油。常采用层压纸板和层压木制作，因层压木为成型板材，故不需刷胶、热压等工序，可直接使用。相比层压纸板，不仅节约成本，而且大大提高效率，所以应优先选用。

铁芯油道是变压器的空载损耗，即铁芯空载损耗产生的热量使铁芯发热，为了防止铁芯产生局部过热，通常要在铁芯内部设置冷却油道，以改善铁芯的散热性能。铁芯油道通常由1.0 mm厚的绝缘纸板粘贴3.0～5.0 mm厚的绝缘撑条，按不同形状拼接而成。在纸板上按图样的位置划好撑条位置线，用PVA胶将撑条粘在纸板上，注意粘接时需划长条胶道，不可使胶成封闭的环形。图3.66(a)为压托板示意图，图3.66(b)为铁芯油道示意图。

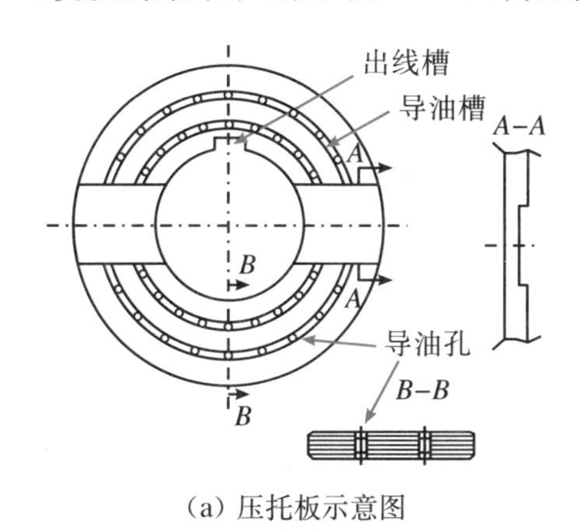

(a) 压托板示意图

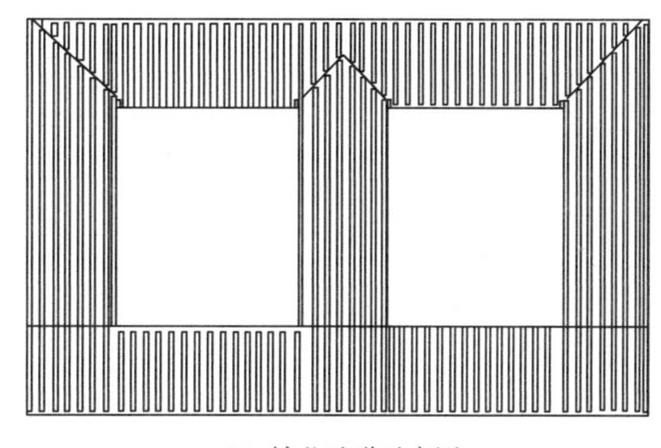

(b) 铁芯油道示意图

图3.66 变压器用绝缘件

3. 绝缘件的监造要点

绝缘件的监造要点见表3.32。

表3.32 绝缘件的监造要点

监造项目	见证内容	见证方法	见证方式	监造要点
原材料(纸板)	纸板规格型号、生产厂家、性能指标	查验原厂出厂文件(质保单、检验报告等) 查看实物	R	要求：纸板的规格、型号和厂家应与技术协议相符
绝缘件加工	生产场地及设备	观察绝缘件加工场地各区域布置和设备	W	说明：禁止绝缘件和金属件混合加工，绝缘专用设备上禁止加工金属件

续表

监造项目	见证内容	见证方法	见证方式	监造要点
外观处理	尖角、毛刺	对照工艺及检验要求观察绝缘件的外观质量	W	要求：所有完工的绝缘件上不应有尖角、毛刺
	清洁度	现场查看	W	要求： (1) 绝缘件的表面应清洁，无灰尘和杂质 (2) 所有加工表面不得有碳化现象，应无金属屑及异物
	存放	成品绝缘件	W	提示： (1) 绝缘件存放过程应避免受潮，引起尺寸变化而变形 (2) 根据不同特点的绝缘件应合理存放，避免局部受力产生变形

3.1.6.3 油箱的制造工艺及监造要点

1. 油箱的制造工艺

变压器产品对油箱的两个基本要求：一是具备足够的强度，除能承受自身重量、附件重量外，还要承受国标规定的强度试验载荷，远距离运输的冲击附加载荷或震颤，真空注油、真空干燥时的外部大气压力等；二是作为变压器油的容器应具有很好的密封性，包括法兰密封面和所有密封焊缝均要有很好的密封效果。目前，国内大型油浸式变压器多数使用钟罩式油箱，钟罩式油箱分上节油箱（图 3.67）、下节油箱（图 3.68）及其所属附件。

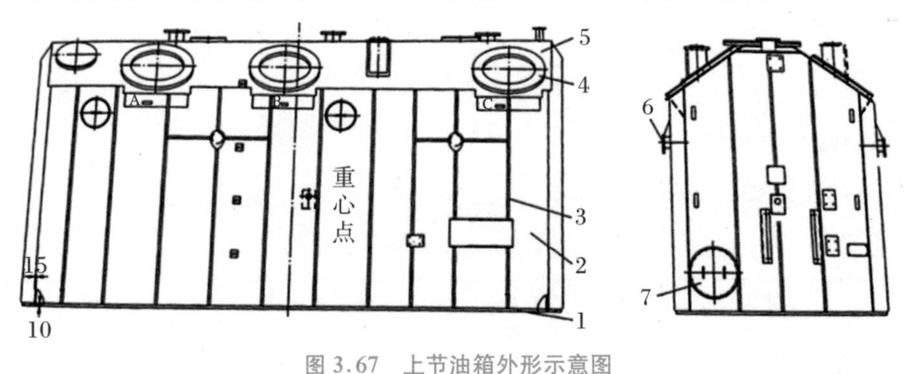

图 3.67 上节油箱外形示意图

1—箱沿；2—高压箱壁；3—扁钢加强铁；4—高压法兰；5—箱盖；6—吊轴；7—人孔。

油箱制造的工艺流程为：下料⟶零部件加工⟶部件焊装成型⟶油箱外部配装⟶油箱试验⟶除锈⟶喷漆。

油箱常用的焊接方法主要有焊条电弧焊、气体保护焊、埋弧焊和螺柱焊。

(1) 焊条电弧焊是一种常见的焊接方法，适用于碳钢、低合金钢、低磁钢、不锈钢等金属

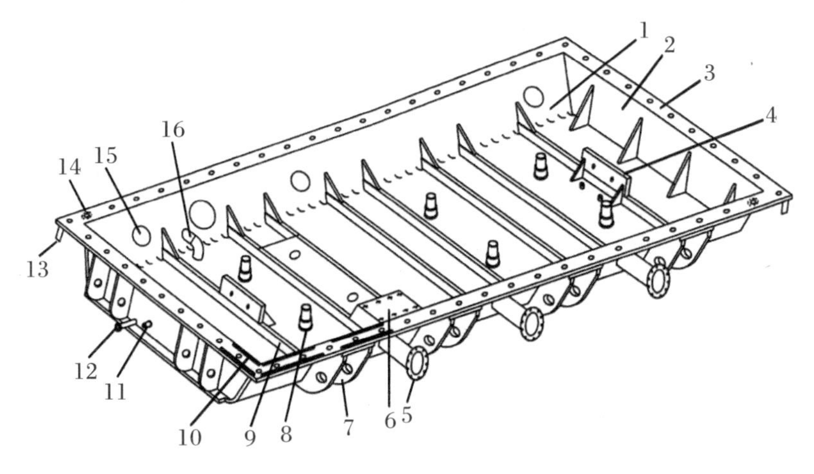

图 3.68 下节油箱外形示意图

1—箱底；2—侧壁；3—箱沿；4—定位板；5—冷却管接头；6—油道；7—千斤顶吊攀；8—定位钉；9—加强铁；10—定位方钢；11—油样活门；12—塞座；13—接地；14—接地垫片；15—管接头；16—排污管。

焊接。焊接设备简单，无需辅助设备，对于狭小的空间可进行施焊，操作方便、灵活，适用性强。焊接设备有交流弧焊机和直流弧焊机；常用的焊条牌号为结构钢焊条（适用于钢材Q235的J422、J426、J427和钢材Q355的J502、J506、J507）、不锈钢焊条（适用于低磁钢的A202、A203）。典型的焊接接头有平对接焊缝和平角接焊缝。图3.69为两种焊缝横截面形式示意图。

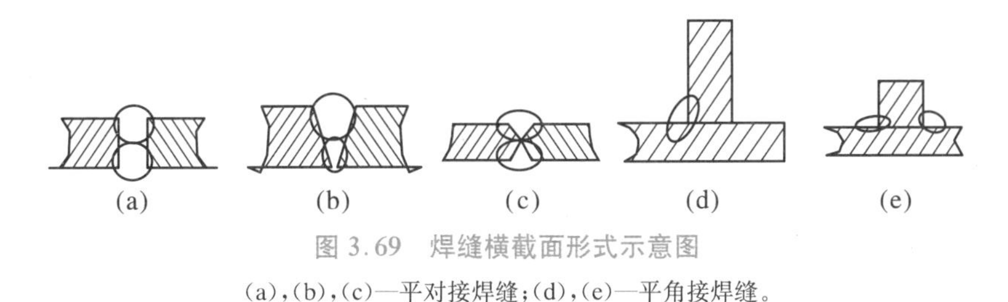

图 3.69 焊缝横截面形式示意图

(a)，(b)，(c)—平对接焊缝；(d)，(e)—平角接焊缝。

（2）气体保护焊是采用CO_2、Ar等作为保护气体，焊接时保护气体通过焊枪的喷嘴喷射出来，在电弧的周围形成气体保护层，机械地将焊接电弧及熔池与空气隔离开来，从而避免有害气体的侵入，保证焊接过程的稳定，以获得优质的焊缝。焊接设备主要包括焊接电源、送丝系统、焊枪、控制系统及供气系统等部分。常用的焊丝有实心焊丝（适用于油箱箱壁加强铁的ER49-1、ER50-6）、药芯焊丝（适用于油箱及零部件的密封焊缝的E501T-1、E309LT1-1、E316LT1-1、PK-YB207）。典型的焊接接头有平焊和平角焊，如图3.70所示。

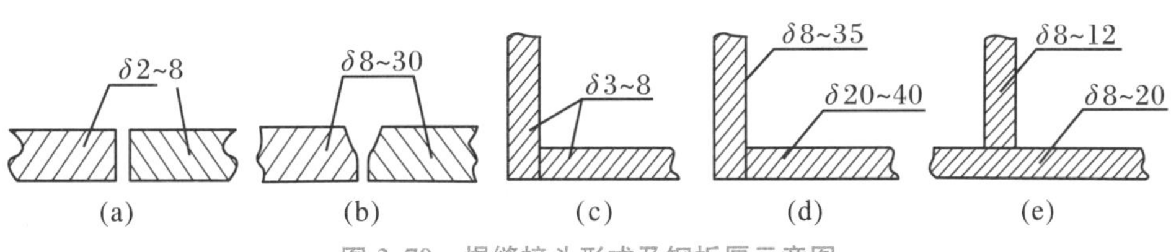

图 3.70 焊缝接头形式及钢板厚示意图

(a)，(b)—平焊；(c)，(d)，(e)—平角焊。

(3) 埋弧焊是电弧在焊剂层下燃烧进行焊接的方法，在变压器行业中，低碳钢及低合金钢平板和筒体的拼接多采用埋弧焊。优点是生产效率高，焊缝质量好，劳动条件好；缺点是不易观察，灵活性差，只适合于焊接中厚板直长缝。焊接设备为埋弧焊机，由焊接电源、送丝系统、行走系统组成。焊接材料包括焊剂和焊丝两大类，焊丝常用规格为H08A、H08MnA、H10Mn2。埋弧焊一般采用对焊双面焊接，坡口形式为Ⅰ形、Ⅴ形、Ⅹ形，如图3.71所示。

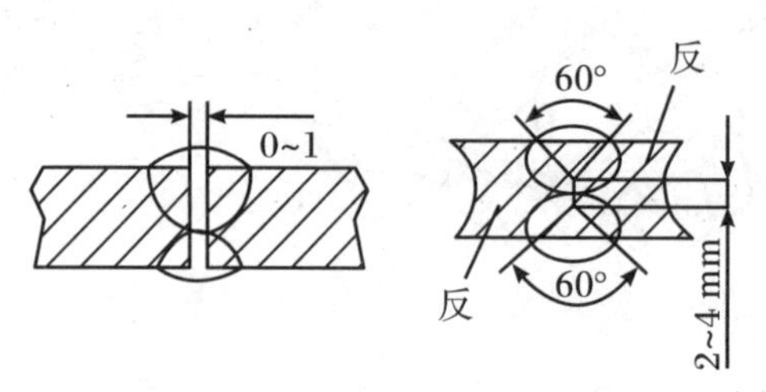

图3.71 坡口形式示意图

(4) 螺柱焊是近年来变压器行业新采用的一种焊接方法，主要用于磁屏蔽、电屏蔽、槽盒、底板、法兰等部位螺柱的焊接。它是将焊接螺柱焊到板材上的一种焊接方法。较传统的手弧焊、气体保护焊，生产效率高，焊接变形小，焊接质量好。焊接的主要设备包括焊接电源、控制系统、焊枪三个部分。螺柱焊的焊接过程如图3.72所示。

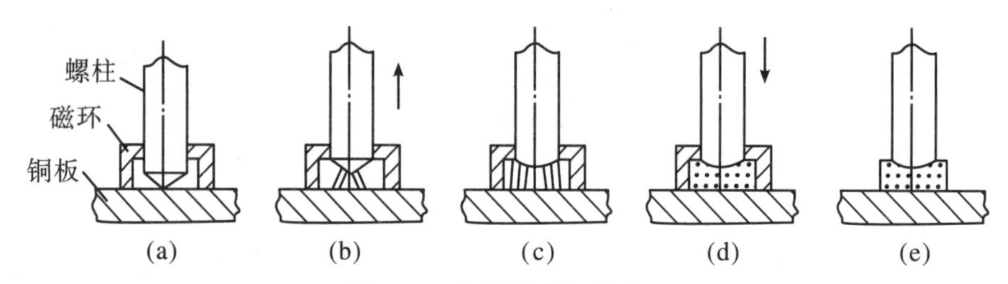

图3.72 螺柱焊的焊接过程

(a)—套上磁环，短路定位；(b)—螺柱提升，电弧引燃；
(c)—电弧扩展，熔池形成；(d)—螺柱落下；(e)—接头形成，焊接结束。

焊缝对变压器油箱的整体强度及刚度、密封性和起吊安全性等各项性能有着直接的影响，因此对焊缝质量要求非常严格。具体如下：

(1) 油箱焊缝的焊装顺序是密封焊缝优先，其次是有强度要求的焊缝(如吊轴等)，最后是一般焊缝。

(2) 应避免十字接头的焊缝。由于受钢板尺寸所限，一台油箱上的钢板拼接是不可避免的，有横向拼接和纵向拼接，这时应避免横向焊缝和纵向焊缝交叉，出现十字焊缝接头，因为十字焊缝接头在交叉处易形成三向应力，造成脆裂，导致漏油。

(3) 受力件的布置应与密封焊缝有一定距离。

(4) 油箱及其附件的内壁实施满焊，应不留缝隙，防止后期除锈喷丸时，夹杂异物不易被发现。

(5) 焊缝的外观检查通过肉眼观察应均匀饱满、无尖角、毛刺、气孔、夹渣、熔渣飞溅物等；借助标准样板、量规、卷尺、放大镜等工具来进行检验，检查焊缝的宽度、余高、直线度和焊脚高度等，各尺寸应符合图样和偏差要求，保证焊缝没有缺陷。

(6) 承重焊缝实施超声波探伤。

油箱的试验有密封试验(整体试漏)和机械强度试验。

(1) 密封试验:大型变压器最为有效的密封试漏是气压试漏法,也是应用最广泛的一种试漏方法。它操作简单,试漏率高,直观性好,成本低。油浸式变压器油箱、储油柜、大型升高座等部件的整体使用压力一般在0.1 MPa以下,是一种常压容器。将油箱密封好,装上压力表后,从压缩空气的入口通入压缩空气,所施加的压力应严格控制在该油箱所能承受的压力以下,以免零件在试漏过程中造成损坏或出现危险。压力达到后关闭进气口,使压力不再升高,一般结构油箱应承受50 kPa的压力,历时24 h应无渗漏和损伤。

(2) 机械强度试验:为验证变压器油箱的强度是否满足使用要求,需要对变压器油箱进行机械强度试验。一般情况下,变压器油箱应该满足GB/T 6451和GB/T 16274规定的真空压力和正压机械强度试验的要求,以保证油箱在变压器真空注油和运行时的机械强度。大型油浸式电力变压器的油箱应能承受真空压力为133 Pa和正压为98 kPa的机械强度试验,不得有损伤且不允许有的永久性变形。

变压器的油箱及附件的涂漆分为外表面和内表面两种。外表面涂漆包括底漆、中间漆、面漆三种,漆膜总厚度一般不低于120 μm,颜色以签订的协议为准。内表面为两道内壁漆,漆膜总厚度一般不大于80 μm,以浅色为宜,内壁漆必须耐变压器油。涂漆表面不允许出现流挂、渗色、发白、起皱、橘皮、咬底、针孔麻坑、褪色、粗糙、起泡、失光、发黏、龟裂裂纹、起皮、发花、缩边缩孔和粉化等不良现象。

2. 油箱的监造要点

油箱的监造要点见表3.33。

表3.33 油箱的监造要点

序号	监造项目	见证内容	见证方法	见证方式	监造要点
1	用料(钢材)	箱体所用钢材的生产厂家牌号、厚度	查验原厂质量保证书 查看供应商的入厂检验记录 查看实物 记录规格、牌号	R	要求:规格、厚度和设计相符,表观质量合格 提示:材料的牌号、规格,要求与设计图纸、入厂检验记录、见证文件和实物同一
		箱体特殊部位所用特殊材料		R	
2	焊接	焊接方法与焊接质量	对照焊接工艺文件 观察实际焊接操作	W	说明:不同焊缝和不同焊接部位可能采用不同的焊接工艺方法 要求: (1) 焊缝饱满,无缝无孔,无焊瘤,无夹渣 (2) 承重部位的焊缝高度符合图纸要求
		不同材质材料间的焊接		W	说明:不同材质材料间的焊接,难度和技术要求都较高

续表

序号	监造项目	见证内容	见证方法	见证方式	监造要点
2	焊接	所用焊条和焊丝	对照工艺文件 记录焊条、焊丝牌号	R	—
		上岗人员资质	查验员工上岗证书或考核记录	R	要求：非合格人员不能上岗
3	外观处理	油箱整体喷砂除锈质量	查看油箱整体喷丸设备状况 查看喷砂后油箱内、外表面的实际质量状况	W	要求： (1) 喷砂处理前，彻底磨平和清理油箱各部位(特别是内部)尖角、毛刺、焊瘤和飞溅物 (2) 喷砂除锈彻底，不留死角 (3) 喷砂处理后油箱内、外表面应沙麻均匀，呈现出金属本色光泽，不得有油污、氧化皮等
		各管路的除锈质量	对照工艺文件 观察防锈操作实况	W	要求： (1) 除锈前要彻底清理焊瘤、毛刺和尖角 (2) 除锈钝化后要及时喷淋防锈漆
		油漆质量	对照技术协议 对照喷漆工艺文件 查看喷漆用料和色泽	W	说明：油箱外表面喷漆的颜色委托人往往有明确要求 提示：确认喷漆次数和厚度
4	油箱整体质量特征要求	油箱整体尺寸(长×宽×高)	对照设计图纸 查看质检员的检验记录 必要时，要求复核	W	要求：施工人员应认真核对图纸，注意定位和配合的尺寸，严格控制公差，要特别注意核对油箱内腔宽度尺寸 提示：记录上、下节油箱箱沿之间或油箱和上盖之间自由状态下的最大间隙
		下节油箱器身定位钉位置		W	要求：应认真检查钉间距和到箱壁的尺寸，两对角线尺寸之差不大于5 mm
		油箱本体上各类出口法兰位置、方向		W	要求：对于有改动和修正部位的补焊，要充分、饱满并磨平(不留痕迹)
		油箱密封面	对照工艺文件要求 查看油箱密封面质量 核对质检员检验记录	W	提示：注意密封面平整度及凸凹点的工艺标准，特别是非机械加工密封平面，不得有锤痕

续表

序号	监造项目	见证内容	见证方法	见证方式	监造要点
4	油箱整体质量特征要求	油箱内部清洁度	现场查看、观察	W	要求： (1) 彻底磨平油箱内壁可能的尖角、毛刺、焊瘤和飞溅物，确保内壁光洁 (2) 彻底清除各死角可能存在的焊渣等金属和非金属异物，特别是喷丸处理过程中可能存留的钢砂
		整体配装质量检查	对照设计图纸和工艺文件 现场观察配装实况 记录配装中较大误差的修正	W*	要求： (1) 各套管升高座(特别是高压升高座)出口位置和偏斜角度准确 (2) 散热器出口上、下偏斜不得超标 (3) 各种油气管道尺寸和曲向正确，安装时不应有较大的扭力，排列固定规整 (4) 各法兰密封面平整，离缝均匀 (5) 集气管路的坡度符合图纸和工艺要求 (6) 油箱的全部冷作附件应进行预组装
5	油箱试验	油箱整体密封气压试漏	对照订货技术协议和工艺文件 观察试验过程 记录试验压力、持续时间	W*	说明：密封试漏属例行试验，750 kV 及以上产品应进行泄漏率测试 要求：检漏气压通常为 0.05 MPa 提示：跟踪泄漏处理，直至复试合格
		油箱机械强度试验	对照订货技术协议和工艺文件 观察正压、真空残压试验过程 记录试验压力、变形量实测值 查看质检员试验记录	H	说明：油箱机械强度试验应属型式试验 提示： (1) 确认变形量测试点分布的合理性(参见 JB/T 501—2006) (2) 若发现变形量超标或出现异常，应追踪后续处理过程，直至合格
6	油箱屏蔽	屏蔽质量	对照设计图纸 现场查看、观察	W	提示：磁屏蔽注意安装规整，绝缘良好 电屏蔽注意焊接质量

续表

序号	监造项目	见证内容	见证方法	见证方式	监造要点
7	夹件	铁芯夹件质量	对照设计图纸 查看实物及其质量检验卡	W	要求： (1) 所有棱边不应有尖角、毛刺 (2) 喷砂除锈应彻底，喷漆须均匀光亮 提示： (1) 注意夹件材质和尺寸应符合图纸标示 (2) 注意焊缝高度有要求的承重件焊接 (3) 注意不同型号钢材的焊接质量

注：W* 为现场见证点(W 点)中推荐的重点关注点。

3.1.6.4 铁芯的制造工艺及监造要点

1. 铁芯的制造工艺

变压器从发明到现在已有一百多年的历史，变压器的发展历程基本上也是变压器铁芯结构的发展历程。在前文变压器的结构中已经介绍叠积式铁芯的基本结构，其叠片片形是根据铁芯的叠积形式和接缝结构而设计的，目前国内的大型变压器铁芯均采用 45°全斜多级步进搭接式接缝(图 3.73)，这种接缝形式与我国目前所普遍采用的高导磁晶粒取向冷轧硅钢片的特性是完全适应的，此接缝结构的主要特点是铁芯的空载性能好、损耗低，但片形多且复杂。铁芯的主要工艺流程如下：备料⟶纵剪⟶横剪⟶打底⟶叠积⟶装配⟶紧固⟶防锈⟶起立⟶绑扎。

图 3.73　铁芯多级步进搭接式接缝实物图

铁芯叠装的工艺流程如下：

(1) 打底：选取合适的滚转台，根据铁芯尺寸调整滚转台支撑梁和支撑件的位置后固定，摆放一侧夹件及对应拉板，要求下夹件下沿与滚转台垂直臂的距离在 100～200 mm 的范围内。测量上、下夹件摆放后的对角线尺寸，它们要相等。

(2) 叠积：从最小一级铁芯片开始叠积，下轭铁下端面至铁芯下夹件下沿的距离符合图样尺寸，中柱片的中心线与夹件中心线重合，依次逐级叠积保持对称，叠积过程中随时测量叠积厚度，并采用垫块(铜件或尼龙件)轻打以微调叠片位置、接缝状态和参差不齐度，各叠片接缝处均不允许有搭头。当铁芯叠积达到一定厚度时，应采取支撑垫块将铁芯台阶处进行支撑，防止叠片翻覆，支撑后的叠积面应保持水平，不得出现斜面。

(3) 紧固：为提高自身产品的抗短路能力和铁芯的绑扎质量，在叠积后的铁芯柱级台间增放支撑圆撑条，材质可以是木质件、层压木件或成型模压件等。铁轭紧固件的安装应在铁轭充分夹紧的情况下进行，紧固的顺序从中间向两侧进行，同时紧固上侧拉板及夹件间的连接螺栓。

大型变压器叠积完成后，要求对铁芯的切口部位刷涂防锈漆液或树脂，刷涂前根据要求选取防锈漆液或树脂，按照比例进行调配。刷涂效果要求从外观上看，各处着漆应均匀，不允许存在整块的光亮铁面(说明该处未刷上防锈漆)，在亮光处不应有光亮的漆膜(说明该处漆膜较厚)，颜色不应有明显的深浅不一。

叠积完的铁芯起立前，首先要选用合适的紧固带绕过铁芯上轭铁并将其紧固在滚转台的横梁上；确认所有紧固件及必要的工装卡具全部紧固完成；移走周围所有料板、升降架等；完全清除叠积滚转台及铁芯上所有的摆放件，以保证铁芯的安全起立。起立后的铁芯放置于专门的平台上。

在变压器铁芯的制造过程中，铁芯柱的绑扎是一道十分重要的工序。铁芯柱的绑扎方式、绑扎材料，以及绑扎质量的好坏直接影响变压器铁芯的机械强度、损耗和噪声指标。特别对绑扎材料的要求较为严格，要有较高的拉力、较小的弹性、较好的热稳定性(能长期耐受120 ℃以上的温度而不变软、变脆等)、较低的介损值、较好的绝缘性、与变压器油有较好的不相溶性，以及较为方便的操作性和低廉的价格等。下面介绍几种常用的绑扎材料及绑扎方式。

(1) 玻璃纤维绑扎带是常用的一种铁芯绑扎材料，带基为玻璃纤维编制而成的带子，带宽一般均为50 mm，表面浸渍环氧树脂或不饱和聚酯树脂。树脂中都含有固化剂，有些可通过树脂本身的化学反应在常温下使带子固化，有些需通过加热来促进固化。根据带子的编制方式不同，一般分为无纬带、稀纬带和网状无纬带等，这类树脂绑扎带的保存期都较短，一般存放于冰柜中，使用前取出。一般直接缠绕在铁柱上，可采用机械绑扎或手工绑扎，铁芯绑扎后可经自然干燥、入炉烘干或随同装配后的变压器器身一同入干燥罐干燥固化，以达到紧固铁芯的目的。

(2) 钢带一般只应用于大型五柱式铁芯的旁柱绑扎，钢带绑扎应特别注意钢带不要形成短路环，一般采用绝缘环将钢带进行隔断，同时应保证钢带与铁芯叠片间绝缘良好。

(3) 高强度PET聚酯绑扎带，绝缘等级为B级，可在310 ℃的高温下长期使用，绑扎效率高，无需再加热固化。目前，国内很多变压器厂在铁芯绑扎时已经开始使用这一材料。但是此种PET聚酯绑扎带在120 ℃左右的高温下，其伸缩性在一定程度上加大，因此对于较大直径的变压器铁芯柱，不宜采用这一绑扎方式。

铁芯的整理操作就是对绑扎后的铁芯做进一步处理和检测，为下一道工序的接收做好准备。主要工作包括铁芯附件安装、铁芯检查和铁芯清理等。

铁芯附件安装：包括安装部分铁芯金属紧固件的接地引线；安装铁芯接地片，要求其位置符合图纸，插入叠片深度不小于100 mm。对于某些大型变压器产品，为有效降低铁芯励磁状态下夹件内的损耗，一般会安装夹件磁屏蔽，但应保证磁屏蔽与铁芯夹件间具有良好的电气接触。

铁芯检查主要包括铁芯外观、叠积总厚、芯柱直径、铁芯垂直度、高低压下夹件支板水平度、金属件与叠片间的沿面距离和油隙距离、铁芯对地电阻和层间绝缘电阻，避免铁芯产生多点接地。

最后，简单分析铁芯出现故障的原因，主要有两点：铁芯的点接地和铁芯局部共热。

变压器铁芯为什么要一点接地？变压器正常运行时，铁芯和夹件等金属结构件均处于强电场中，由于静电感应作用在铁芯或其他金属结构件上产生悬浮电位，造成对地放电而损坏固体绝缘件，从而导致事故发生。为了避免这种情况，国家标准规定，电力变压器铁芯、夹件等金属结构件均应通过油箱可靠接地。如果铁芯有两点或两点以上接地时，在接地点间就会形成闭合回路，当变压器运行时，主磁通穿过此闭合回路时，就会产生环流，引起铁芯局部过热，导致油分解并产生可燃性气体，还可能使接地片熔断或烧坏铁芯，导致铁芯电位悬浮，产生放电。这就是在变压器铁芯设计和制造过程中，必须采用一点接地，而避免由于各种质量问题造成铁芯两点或多点接地的原因。造成铁芯多点接地的原因主要有：

(1) 铁芯夹件支板距铁芯片太近，硅钢片翘起触及夹件。

(2) 铁芯装配时，落入金属异物。

(3) 铁芯片较大毛刺或“发丝”在绝缘两侧搭接。

(4) 铁芯夹件绝缘件、垫脚绝缘件等受潮或损坏，或箱底沉积油泥及水分，使绝缘电阻下降，引起多点接地。

(5) 迫油循环冷却的变压器，潜油泵轴承磨损产生的金属粉末或制造过程中的金属焊渣及其他金属异物进入油箱并堆积在油箱底部，在电磁力或其他外力作用下形成桥路，使下铁轭的下表面与垫脚或箱底短路，造成多点接地。

(6) 在变压器运输中，由于冲撞、震动使部分铁芯叠片窜出或产生位移，导致与邻近结构件相碰而多点接地。

变压器铁芯局部过热是一种常见故障，通常是由设计及制造上的质量问题和其他外界因素引起的铁芯多点接地或局部短路而产生的。造成铁芯局部过热的原因主要有：

(1) 铁芯发生多点接地，形成环流引起局部过热。

(2) 大型变压器铁芯的最外一级片形没有开槽、开槽长度不够、开槽数量少，由于辐向漏磁场在末级铁芯片感应的涡流大，使对应的绕组上、下端的末级铁芯片产生局部过热。

(3) 铁芯叠片边缘有尖角、毛刺、翘曲或不整齐和相邻的夹件、垫脚安装疏忽，使铁芯与相邻金属结构件之间短路，形成环流引起局部过热。

(4) 铁芯部分硅钢片碰伤、翘曲或加工毛刺大，使铁芯叠片局部短路，产生的涡流导致铁芯局部过热。

(5) 铁芯接缝气隙大，在铁芯结合部位产生旋转磁通或谐波磁通而引起的局部磁通畸变和铁芯局部过饱和，造成局部损耗增大和引起铁芯局部过热。

2. 铁芯的监造要点

铁芯的监造要点见表 3.34。

表3.34　铁芯的监造要点

监造项目	见证内容	见证方法	见证方式	监造要点
原材料：硅钢片	材料的型号、生产厂家、性能指标	查验原厂出厂文件(质保单、检验报告等) 查看实物	R	要求：型号和原厂家应与技术协议书相符 提示：若实物、文件不同一，则按本表序号1的第三项处置 其他异常则按本表序号1的第四项～第六项进行；必要时，抽检单耗、平整度等性能指标
	进厂材料是纵剪后的定宽料	查验原厂出厂文件、加工厂的标示文件和供应商的验收文件 核对硅钢片型号、单位损耗值	R	
	实物或文件与技术协议要求不同一时	及时汇报委托人，征询处置意见	R	提示：对问题的联系、处置和决定应用书面文件(监造工程师可提出自己的见解或建议)
	包装标示不清，无法和原出厂质保单核对	记录实况 供应商沟通协商 及时汇报委托人	R	说明：不同牌号的硅钢片原则上(有设计依据的除外)不能混用 提示：要求供应商进行硅钢片性能检测，索取实测报告
	包装混杂不一，无法辨识型号、批号			
	其他异常	记录实况，及时沟通		
硅钢片剪裁	所用硅钢片的见证确认	查验开包硅钢片的内部标示	W	提示：确认所用硅钢片为上述见证后的硅钢片
	纵剪设备	观察设备实际运行情况	W	说明：这是供应商生产能力的体现
	纵剪质量	对照工艺及检验要求 观察质检员的检测 查看检测记录	W	要求： (1) 片宽一般为负公差(−0.3～−0.1 mm) (2) 毛刺不大于0.02 mm (3) 条料边沿波浪度不大于1.5%(波高/波长)
	横剪设备	观察设备实际运行情况	W	说明：这是供应商生产能力的体现
	横剪质量	对照工艺及检验要求 观察剪成的铁芯片长度和角度误差的检测	W	要求：毛刺不大于0.02 mm 提示：确认检测方法有效，准确

续表

监造项目	见证内容	见证方法	见证方式	监造要点
铁芯叠片	叠片方式	对照设计和工艺要求 观察、记录	W	提示：作以下记录：叠不叠上铁轭，每叠片数，几级接缝
	铁芯紧固方式及紧固材料	对照设计和工艺要求 观察、记录	W	提示：记录紧固方法和材料；若使用环氧无纬玻璃丝带，应在使用有效期内
	夹件和铁芯拉板材料	对照设计和工艺要求 核对材料品名、质检合格证	R	提示：实物、设计要求、合格证同一
	夹件和拉板加工、打磨、涂漆质量	对照设计和工艺要求 观察并记录质检员的检测 查看检测记录	W	提示：核查并记录拉板的材料、尺寸和拉板槽的条数及尺寸
	叠装翻身台的设备状况	观察叠片翻转台实际操作情况	W	提示：须能确保承重能力及铁芯叠装后的平稳翻身
	上下夹件及拉板的准确定位	记录实测值 核对工艺要求	W	提示：注意上、下夹件及拉板相互间的对角线长度偏差
	叠装质量	对照工艺及检验要求 观察并记录质检员的检测	W	提示： 观察、记录要素有： (1) 铁芯直径偏差、铁芯总叠厚和主级叠厚的偏差、铁芯端面(轭、柱)波浪度、接缝搭头 (2) 芯柱倾斜度 (3) 下夹件上支板的平面度(测量高低压下夹件上支板的高度差)
铁芯装配	铁芯轭柱的紧固 铁芯紧固方式 轭柱松紧度	对照工艺及检验要求 观察并记录铁轭紧固的实际压力、塞尺插入深度	W	
	铁芯对地绝缘	对照工艺及检验要求 记录现场实测值	W	要求：用 500 V 或 1000 V 绝缘电阻表，电阻大于 0.5 MΩ
	铁芯对夹件绝缘			
	油道间及叠片组间绝缘			要求：不通路

续表

监造项目	见证内容	见证方法	见证方式	监造要点
铁芯装配	铁芯屏蔽	对照设计和工艺及检验要求 观察、记录	W	提示：若有，简要记述类型和结构，确认其接地可靠
	铁芯清洁度	对照质量标准，现场检查	W	要求：洁净，无油污，无杂物，无损伤

3.1.6.5 线圈的制造工艺及监造要点

1. 线圈的制造工艺

线圈的制造工艺流程图如图3.74所示。

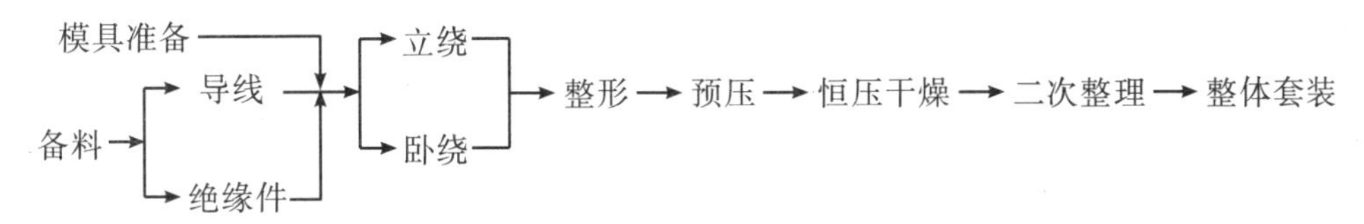

图3.74 线圈的制造工艺流程图

1）变压器线圈的总体要求

在变压器运行过程中，会遇到电压、高温、过电流等恶劣情况，为了使变压器能够长期安全可靠地运行，线圈必须满足电、力、热的基本要求。具体如下：

（1）线圈电气强度的要求：电力系统要长期承受雷电冲击电压（也叫大气过电压）、操作冲击电压和长期工作电压，为了保证变压器绕组有以上足够的电气强度，除采用合适的绕组绝缘结构，设计的数据充分可靠外，线圈的工艺过程、使用的材质好坏和生产环境对绕组绝缘的电气强度也有决定性的影响。因此，在绕制过程中必须注意以下几点：

① 线圈线的规格及匝间绝缘必须符合标准要求，导体本身不得有毛刺、尖角、裂纹、起皮；匝绝缘无破损、缺层；导体焊接质量绝对可靠。

② 线圈所有绝缘件应符合要求，在制造过程中严格执行各部件的公差标准，保持清洁，不得有金属和非金属异物落入，线圈存放在干燥处，并覆盖防尘。

③ 线圈换位处，保护换位用的梭形垫片和换位包扎等应符合要求，确保线圈在压紧和运行中不致损坏匝绝缘。

（2）线圈机械强度的要求：线圈中存在磁场和电动力，正常运行和突发短路的电动力作用致使绕组损坏。要提高变压器的抗短路能力，除了保证设计结构外，线圈制造也特别重要，必须注意以下几点：

① 线段辐向必须紧实，绕组线排列整齐，没有歪斜。

② 线圈垫块整齐垂直，高低压撑条对正，换位和出头包扎可靠。

③ 线圈恒压干燥处理,装配时轴向压紧力足够。

④ 严格控制线圈间的高度差,以减小绕组的轴向力。

(3) 耐热强度的要求:在长期运行时的热作用下,绕组绝缘的使用寿命不少于20年;变压器运行条件下,在任意线端发生突然短路,绕组绝缘应能承受此短路电流所产生的热作用而无损伤。为了保证绕组的使用寿命,在变压器的设计上要有足够的外部冷却条件,因此,绕组内部应有良好的冷却条件,即满足散热需要的纵向油道和横向油道(或气道)。在制造过程中,必须保证内部油道畅通无阻,绕组线不得因瓢曲不平而堵塞油道;绝缘纸包扎紧实,不允许有毛边;布带包扎紧实,其端头用胶粘牢;纸板条的端头不要进入油道;内导向和外导向隔板要放置正确。

2) 线圈绕制基本操作过程的工艺控制点

在线圈绕制过程中,有些操作重复频率很高,而且对于不同结构的线圈几乎都有应用,这些基本操作过程主要包括导线摵弯、导线焊接和补包绝缘。

导线摵弯包括线圈出头的90°弯和导线换位处的S弯。

(1) 线圈出头的90°弯,分为轴向出头和辐向出头。轴向出头一般较难,需要借助工具。辐向出头一般容易制作,普通扁线用手摵制即可,组合导线和换位导线需要借助工具。

(2) S弯换位按位置分为内部换位和外部换位,从结构上分为跨撑条和不跨撑条两种,如图3.75所示。原则上换位不跨撑条,但有时单撑条间隔不能满足导线摵弯的需要,这时就要选用跨撑条换位,两种结构操作相同,不同点在于换位后的防护上。组合导线或换位导线厚度尺寸较大时,紧靠内部的换位由于刚度较大,与撑条之间有一定的间隙。为了减轻剪刀口,必须垫入适形垫块;另外,还要放置梭形垫块保护换位处。换位处是线圈最重要的部位,不能有丝毫马虎。

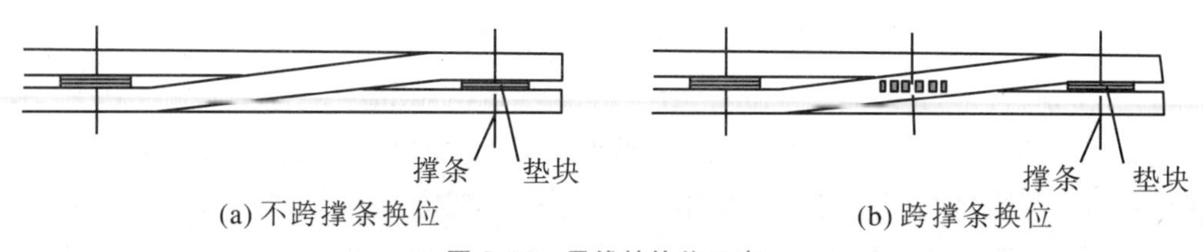

(a) 不跨撑条换位　(b) 跨撑条换位

图3.75　导线的换位S弯

扁铜线的焊接主要有两种形式:一种是搭接焊(搭头焊和斜搭焊);另一种是对接焊。当导线较薄时使用搭头焊,当导线较厚时使用斜搭焊。搭接焊易于操作,被广泛使用,但是搭接焊的焊头打磨量大,劳动强度大,易污染绕组。对接焊可以用于各种线规,要求技术高,不易操作,但焊头打磨量很小,这一优点在高电压产品的制作中尤其突出。导线焊接的操作要点如下:

(1) 焊接时,导线与碳精块接触要良好,避免因只有个别点接触而烧坏导线。

(2) 逐渐将导线加热到赤红,焊料熔化后要充满整个焊缝;切断电源后不得立即松开焊夹,要等焊料完全凝固后再松开。

(3) 焊接点要去尖角、毛刺,用砂纸砂光。

补包绝缘是指导线绝缘破损处的绝缘恢复、换位处的绝缘加包、出头弯的绝缘加包,以及根据需要在导线原绝缘处增补绝缘厚度。

(1) 对于导线绝缘破损处的补包绝缘，采用半叠包或搭边包，补包的绝缘材料和厚度均不低于原绝缘，同时绕包层数不得超过2层。

(2) 对于导线换位处的补包绝缘，采用半叠包，绝缘纸采用丹尼森皱纹纸或性能不低于该型号的绝缘纸，绕包层数不超过2层。当产品的额定电压在500 kV及以上和用换位线、组合导线绕制的线圈的导线换位时，采用半叠包，丹尼森皱纹纸折边3层。

(3) 对于导线出头弯的补包绝缘，采用半叠包，补包前去除损伤的绝缘，然后用普通皱纹纸按图样要求的厚度进行包扎。

3) 线圈的干燥与压装

(1) 线圈的压紧工艺：运行中的绕组要受到电动力的作用，尤其在发生短路时，绕组内所通过的电流将达到额定电流的8～25倍，由短路电流产生的辐向力和轴向力都很大，会使绕组失稳甚至变形损坏。为了使绕组在发生短路时能够抵抗电动力的破坏，在制作过程中需采取必要的措施，保证线圈具有足够的机械强度。除结构上采用自粘换位导线和半硬线外，工艺上使线圈辐向充分紧实，同时线圈在干燥过程中采用压紧工艺，一般有3种形式，分别是：① 油压机，干燥好的绕组用油压机短时压紧；② 恒压设备，边干燥边用恒压设备压紧；③ 弹簧压钉，边干燥边用弹簧压钉变压压紧绕组。

(2) 线圈的压装：线圈的压装一般有4种工艺，分别是手工上紧、油压机短时加压、恒压和带压。

① 手工上紧：对于小容量、低电压的变压器，线圈装上压板，在干燥前后，人工用板子拧紧螺母即可。

② 油压机短时加压：对于容量大于或等于8000 VA、电压等级在35～110 kV的变压器线圈，要采用油压机短时加压工艺。在线圈干燥前、后均用油压机加压1次，压到要求压力后即可泄压。

③ 恒压：对于容量大于或等于31500 kVA、电压等级大于或等于110 kV的变压器绕组，由于机械强度要求高，一般采用恒压干燥，就是在线圈的干燥过程中给线圈一个恒定的压力，使绝缘垫块充分收缩，线圈高度趋于稳定，增强变压器的抗短路能力。工艺过程是：线圈入炉后，先按绕组要求压力的70%对其进行恒压；5 h后提高压力到100%，直到线圈出炉。

④ 带压：由于恒压设备的限制，对于一些压力非常小的线圈不能采用恒压，但线圈对机械性要求还很高，这时可以用带压法，也就是用弹簧压钉对绕组加压。工艺过程是：入炉前，压紧弹簧使得弹簧的最初压力为线圈要求压力的120%；线圈出炉后再用油压机压到要求的压力。

(3) 线圈干燥：线圈干燥罐一般为卧式，主要有热风循环罐、真空（变压）干燥罐和汽相干燥罐3种，分别对应3种不同的工艺。使用最广泛的是真空（变压）干燥罐，加热源为蒸汽。干燥的目的是使线圈绝缘垫块充分收缩，以便测量确定线圈的最终高度是否符合设计要求。

① 热风循环罐：一般对于容量小于8000 kVA、电压等级小于35 kV的变压器线圈，采用热风循环干燥。工艺过程是：线圈入炉后，升温4～5 h，升温速度为15～20 ℃/h；温度升到100～110 ℃后烘干12 h。开始4 h，后每隔1 h通风一次，每次通风15 min；以后每隔2 h

通风一次，用以排除水分；烘干 12 h 后开始降温，降温速度为 15～20 ℃/h，当炉内温度降到 60 ℃左右时就可以出炉。

② 真空(变压)干燥罐：一般对于容量≥800 VA、电压等级≥35 kV 的变压器线圈进行抽真空干燥。工艺过程为：升温 4～5 h，升温速度为 15～20 ℃/h；温度升为 100～110 ℃，先预热 46 h；然后逐步抽真空到 133 Pa，连续 10 h 无冷凝水为止。对于 500 kV 及以上的线圈，因为绝缘件较厚，为了防止绝缘件开裂，一般采用逐级抽真空的方法，即达到某一真空度后，真空泵停车维持 1 h，解除真空维持 1 h；再抽到一个更高的真空度后，真空泵停车，维持 1 h，解除真空维持 1 h；最后抽到 133 Pa，连续 10 h 无冷凝水为止。干燥完成后解除真空降温(速度为 15～20 ℃/h)，当炉内温度降到 60 ℃左右时就可以出炉。

③ 汽相干燥罐：目前对于电压等级在 500 kV 及以上的变压器线圈，一些厂家已经采用真空汽相干燥工艺，该方法加热速度快，加热温度高(一般为 130 ℃)，干燥彻底。但运行成本和设备成本都很高。工艺过程是：升温预热到约 80 ℃，抽真空到约 1000 Pa，真空保压；通过煤油汽相发生器产生煤油蒸气，喷到干燥罐内，使罐内温度升到约 130 ℃，维持罐内压力小于或等于 200 Pa；干燥 14 h 后停止喷煤油蒸气，降温，解除真空，出炉。

线圈干燥后，其中的绝缘材料在放置时会吸收水分，使线圈增高，空气的湿度越大，线圈增高越多。线圈如果太高，套装后上铁轭无法插到位置。为了避免此类现象出现，要采取一些措施尽量缓解线圈重新受潮。比如：线圈干燥后立即浸(或喷)变压器油，因为绝缘材料浸(或喷)油后，吸湿速度降低；用塑料袋保护线圈，一方面可以缓解线圈重新受潮，另一方面可以保持线圈清洁；减少存储时间或在专门的干燥室内存储，等等。

4) 线圈修整

线圈的修整可分干燥前修整和干燥后修整。

(1) 干燥前修整：调整并打齐垫块；角环的搭接口应放在垫块的位置；逐个检查导线换位处有无剪刀口，并确认梭形垫块放置正确；压块不得压住出头、撑条和纸筒。

(2) 干燥后修整：此时的主要工作是调节油道垫块，出炉后，若线圈高度超高，则要按照要求分区拔出调节垫块；若线圈高度不够，则需要加入调节垫块。目的是为了保证线圈高度，并注意安匝平衡。

2. 线圈制作的监造要点

变压器线圈制作的要点主要有：

(1) 了解该线圈的基本结构形式。

(2) 了解该线圈设计中采取了哪些新技术与新工艺。

(3) 了解该线圈(或它的某些局部位置)结构设计时提出了哪些特别的技术要求和措施。

(4) 了解为提高变压器抗短路能力，在该线圈设计和制作中是否采取了针对性措施。

线圈制作的监造要点见表 3.35。

表 3.35 线圈制作的监造要点

监造项目	见证内容	见证方法	见证方式	监造要点
导线及绝缘材料	变压器线圈导线 生产厂家 导线型号及线规	对照设计图纸的要求 查验生产厂质量保证书 查看供应商入厂检验文件 查看实物 必要时查验订货合同	R	提示： (1) 生产厂质保书线规标示、设计图纸要求、供应商入厂检验文件和实物标示四同一 (2) 对有硬度等要求的导线，要核查产品出厂质保书实测值 (3) 如果生产厂家与技术协议书要求的不一致，则要书面通知委托人，并附上有关见证文件和监造的见解 (4) 实物应包装完好，无扭曲变形、绝缘纸无破损 (5) 导线电阻率、绝缘厚度和层数与导线外形尺寸应符合相关标准
	硬纸筒	对照设计图纸和工艺文件 现场查看纸板、观察制作	W	要求： (1) 通常要用高密度硬纸板，黏结长度为 20～30 倍纸板厚度 (2) 外观光洁平整 提示：注意纸板厚度、纸筒外径和垂直度偏差
	线圈垫块	对照设计图纸和工艺文件 查看表观质量	W	要求：应经密化处理，无尖角、毛刺 提示：如由本厂绝缘车间生产，可现场观察；如系外购应查验出厂质保书
	线圈撑条	对照设计图纸和工艺文件 查看表观质量	W	要求：应经密化处理，无尖角、毛刺。在纸筒上黏结均匀，牢固 提示：比较各撑条间距
	层间绝缘纸	对照设计图纸，现场查看表观质量、供货商出厂检验文件	W	提示：注意纸板的牌号、厚度、使用层数
	静电屏	对照设计图纸和工艺文件 现场观察制作	W	提示： (1) 静电屏的材质、形状、尺寸 (2) 静电屏引出线的引出位置、焊接、固定 (3) 绝缘纸的材质、缠绕层数，翻边的规整

续表

监造项目	见证内容	见证方法	见证方式	监造要点
线圈绕制	工作环境	现场观察 查看车间温度、湿度、降尘量实测记录	W	说明:高压变压器线圈生产对环境要求较高,通常均应在净化密封车间进行作业
	线圈基本要素:绕向、段数、匝数、线圈形式	对照设计图纸 查看质检记录 现场观察	W	提示:仔细阅读图纸
	辐向尺寸及紧密度	对照设计图纸和工艺文件 现场查看 查看质检记录	W	说明:绕线机要有能保证将线辐向收紧的功能,辐向裕度越小,说明该供应商工艺保证能力越强 提示:注意线圈辐向尺寸的最大偏差
	导线换位处理	对照工艺要求 观察现场专用工器具的配置和使用情况	W	要求: (1) S弯换位平整,导线无损伤,无剪刀差 (2) 导线换位部分的绝缘处理良好,规范 提示:换位处的绝缘处理应特加注意
	导线的焊接	对照相关工艺文件 现场观察实际的焊接设备及操作,必要时查验焊工的考核情况	W	说明:设计规定要焊接换位导线时,供应商应有相应的工艺要求 要求:焊接牢固;表面处理光滑,无尖角、毛刺;焊后绝缘处置规范;全过程防屑措施严密
	特殊工艺点	对照工艺文件	W*	提示:对图纸规定线圈关键部位绝缘件的放置等特殊工艺,完成见证后应有一个交代性的说明
	线圈出头位置及绝缘包扎	对照设计图纸和工艺文件 现场观察、查看	W	提示:注意线圈出头位置和绝缘包扎的偏差
	并联导线	现场观察并记录质检员的检验	W	要求: (1) 单根导线无断路 (2) 并绕导线间无短路 (3) 组合导线和换位导线股间无短路

续表

监造项目	见证内容	见证方法	见证方式	监造要点
线圈绕制	线圈工艺检查	对照检验要求和质检卡 查看实物	W	要求： (1) 过渡垫块、导线换位防护纸板、导油遮板等放置位置正确、规整，油道畅通 (2) 线圈表面清洁，无异物(特别是金属异物) 提示：注意记录直流电阻实测值，并与设计值作比较
线圈干燥整形	线圈干燥	对照工艺要求 现场观察	W	说明：通常要进行两次带压(或恒压)真空干燥。 提示：注意线圈干燥所用的工装设备应和供应商的工艺要求配套，流程应与工艺规定符合
	加压方式 压力控制	对照工艺要求 现场观察	W*	说明： (1) 线圈加压最好采用线圈整形压力机 (2) 末次加压，压力要和设计相符，这个压力依据轴向短路力的大小而定 提示：记录实际操作压力；确认加压方式和工艺文件要求相配套；有异议时，应要求核算；采用螺杆加压的，记录螺杆的配置和数量
	线圈高度调整	对照工艺要求 现场观察	W*	要求：线圈整形要遵循“控制压力，调整高度”的理念，不可简单地以保证线圈高度为目的 提示：记录实际垫块调整的数量和位置，核对线圈安匝分区高度
线圈的转运及保管	对整形检验后线圈的转运和保管	对照工艺要求 记录搁置时间、保管环境，以及对线圈的防护	W	要求：转运和保管过程需有有效措施控制回弹，不允许长时间搁置 提示：注意工序衔接，记录搁置时间、环境状况及对线圈的防护措施

3.1.6.6 变压器的装配工艺及监造要点

1. 变压器的装配工艺流程

变压器的装配工艺流程为：组部件验收⟶绝缘装配⟶器身装配⟶半成品试验⟶器身干燥⟶总装配⟶真空注油⟶拆封吊检。

2. 绝缘装配工艺及监造要点

线圈整体套装是指提前将线圈及绝缘组装在一起,按规定压力进行轴向压紧,并入炉干燥后再套到相应的铁芯柱上。线圈整体套装与线圈单独套装相比具有以下优点:

(1) 线圈整体套装后要进行轴向压紧和干燥,保证了各线圈轴向高度一致,同时为顺利插铁打下了基础。

(2) 整体套装要求天车吊装吨位较低,所以对装配厂房及天车等设备承重要求降低,可不占用器身装配厂房,节约了器身装配场地。整体套装后进行器身装配,器身装配时间明显缩短,整体上缩短了变压器制造周期。

(3) 铁芯和整体套装线圈可同时装配,避免了原来是有了铁芯才能套装的不利因素。

绝缘装配的监造要点见表3.36。

表3.36 绝缘装配的监造要点

序号	监造项目	见证内容	见证方法	见证方式	监造要点
1	装配准备	工作环境	观察现场的防尘、密封、清洁度 记录车间里降尘量的实测值、温度、湿度	W	说明:高压变压器线圈装配工序对生产环境要求很高,都在封闭的净化工作间作业
		绝缘材料及绝缘成型件	查看实物,确认所用绝缘材料和绝缘成型件 设计和工艺要求	W	说明:绝缘件质量优劣对变压器的重要性是不言而喻的,对于有缺陷或局部损伤的绝缘件要摒弃不用
		待套装线圈	现场查看	W	提示:要有上道工序检验合格证,确认转运中无磕碰损伤
2	线圈套装	各线圈出头绝缘处理	对照设计图纸和工艺文件 观察实际操作	W	说明: (1) 绝缘装配的绝大部分工作均为操作人员手工完成,所以对其技能和责任心有较高要求,监造工程师的及时到位是良好质量的一个促成因素 (2) 对有屏蔽要求的出头,要由熟练工人操作
		线圈套装的松紧度	对照设计和工艺要求 现场观察	W*	说明: (1) 所谓套装线圈松紧适度,是指不能过紧(施加外力也无法将线圈压下去),也不能太松(套装时几乎无摩擦自然就位);一般靠自重能套入1/3左右,然后施加一定的外力套到位就可算松紧适度 (2) 图纸中标示的围屏厚度为最小绝缘要求 (3) 由于绝缘制作的分散性,在套装线圈过紧的情况下,可以减小油隙撑条的厚度,过松时要增加,但应在供应商工艺文件规定的允许范围内 提示:必要时,应再次确认各层绝缘的厚度;确认各层绝缘处置是否得当;此时,监造人员应记录油隙和围屏的实际数据和调整量

续表

序号	监造项目	见证内容	见证方法	见证方式	监造要点
2	线圈套装	套装后的处理和保管	对照工艺要求观察	W	提示:通常套装后的各相线圈还要压紧和干燥一次,具体要按各供应商的工艺规定执行

注:W* 为现场见证点(W点)中推荐的重点关注点。

3. 器身装配工艺及监造要点

大型变压器器身装配是变压器装配中的重要工序之一,也是变压器器身的成形工序。它不仅要将绕组套进铁芯柱,而且还要完成绝大部分主绝缘件的装配。因此,一台变压器的主绝缘性能好坏与器身装配有着直接关系。对于大容量超高压变压器,提高产品的清洁度是非常重要的,由于器身装配工序周期长,操作时操作者与器身各部件直接接触,甚至有时需要站在器身上进行操作。因此,做好清洁防护工作,保持周围工作场地的清洁,保持零部件的清洁,严防杂质、异物,以及由于操作而使异物落入绕组内或主绝缘间隙内等,都是十分重要的。

1) 器身装配

器身装配的要求如下:

(1) 套装大型变压器前,必须熟悉图样,掌握绕组排列、绝缘结构等基本情况。

(2) 当铁芯在套装场地就位后,应做好接收检验。

(3) 装配过程:拆除上夹件⟶安装下托板⟶包内纸筒⟶套绕组⟶安装上铁轭绝缘。

2) 插上铁轭及插板试验

插上铁轭:插铁前,用白布将铁芯柱和压板之间的缝隙填充进行保护,用包装纸将压板和线圈遮盖严,防止插铁过程中硅钢片毛刺及其他异物落入器身,由主级中部向两侧插。

插板试验:目的是检查每个线圈及其所有分接头的匝数是否与图纸相符,以确保在线圈套装过程中没有出现异常现象。插板试验的主要内容有:测量相电压比;检查每个绕组及其所有分接头的匝数要与图纸相符,同时检定被测一对线圈的极性(即绕向)是否符合图纸。对于多股并绕的绕组,应进行股间并联试验。凡中部出线上下并联、单相变压器二柱并联的线圈,在测量电压比之前必须先分段,对对应段作等电势测量。测量铁芯对地以及拉带、上下拉带对地的绝缘电阻。

3) 引线装配及焊线试验

引线装配主要包括以下内容:

(1) 引线准备包括铜排下料、折弯;铜带接线片冲孔、搪锡;铜排、铜棒打扁预先焊接;电缆下料、绝缘包扎等。凡是能提前做的工作都要提前做,做好一次装到器身上的准备。

(2) 引线焊接包括锡焊、磷铜焊、冷压焊。它是指线圈出头与引线之间的焊接或引线之间的焊接,焊接质量对产品质量有较大的影响,在变压器制造过程中属于特殊过程,因为它的焊接质量只能靠焊完后的试验来确定。

(3) 焊口处理:对有包铝箔要求的引线焊接,铝箔皱纹纸包扎长度应视焊口的长度而定,屏蔽范围以屏蔽住焊口为准。铝箔皱纹纸与引线进行可靠连接,应使得铝箔两端与引线可靠连接;铝箔两端不能同时连接的,必须保证一端可靠连接。

(4) 绝缘包扎:引线新包绝缘与原有绝缘搭接,引线绝缘搭接锥度部分的长度应不小于引线绝缘厚度的7倍。

变压器器身上所有引线都连接完成后,要将器身吊入油箱内进行试装配。所谓试装配,是指器身装配结束后干燥前放到油箱内进行预装配,检查测量主要绝缘距离是否满足要求,并提前发现其他质量问题,提前解决,为顺利进行总装配打下基础。

焊线试验的主要内容有:

(1) 测量线电压比。根据被试产品联结组标号,选定匝比仪联结组选择开关相应位置,同时检定联结组标号;对高压绕组—中压绕组、中压绕组—低压绕组两个组合进行电压比及联结组标号测定;带有分接的无载或有载调压变压器应测定每个分接上的电压比(检查引线的配置及联结是否有误)。

(2) 测量线圈电阻。检查线圈导线、线圈出头与引线、引线与引线、引线与套管接头等焊点的焊接质量;引线与引线间、引线与分接开关间、引线与套管间紧固连接是否可靠,以及分接开关接触是否良好。

(3) 测量低电压空载。采用降低电压的空载电流和空载损耗测量,与铁芯半成品试验结果比较(由于现在产品不叠上铁轭,铁芯半成品试验已取消);低电压空载可作为绕组是否有短路现象的辅助判断手段;并同成品试验时低电压空载数值比较。

器身装配的监造要点见表3.37。

表3.37 器身装配的监造要点

序号	监造项目	见证内容	见证方法	见证方式	监造要点
1	铁芯检查及就位	铁芯在装配台就位	对照工艺要求 现场观察	W	要求:铁芯就位后,要保证芯柱与装配平台垂直
		铁芯合格无磕碰损伤	查看铁芯质检卡 现场观察 查看并记录铁芯对夹件及铁芯油道间的绝缘电阻	W	要求: (1) 铁芯各端面如有损伤,一定要修复,记录修复方法和效果 (2) 此时铁芯对夹件的绝缘电阻要不小于0.5 MΩ,铁芯油道间不通路 提示:如果出现铁芯对夹件通路或铁芯油道间通路,一定要找出原因并排除,非此不能进入下道工序;记录处理过程和最后结果
2	待用绝缘件和部件	铁轭绝缘,纸板、端圈等绝缘件	对照设计文件 查看实物 查看质检员检验卡	W	要求:表观质量良好,层压件无开裂起层现象
		芯柱、轭及旁轭用地屏等部件	对照设计文件 查看实物 查看质检员检验卡	W	要求:地屏清洁、完好,出头位置符合图纸标示

续表

序号	监造项目	见证内容	见证方法	见证方式	监造要点
2	待用绝缘件和部件	静电板(屏、环)	对照设计和工艺要求 查看实物 查看质检员质检卡	W	要求: (1) 铜带包扎密实、平整、规范 (2) 引出线焊接牢靠,出头绝缘处理规范 (3) 装配前已进行了单独的平面压紧干燥
3	绕组套装	相绕组整体套装	对照设计和工艺要求 现场观察	W*	要求: (1) 相绕组套入屏蔽后的芯柱要松紧适度 (2) 下铁轭垫块及下铁轭绝缘平整、稳固,与夹件支板接触紧密 (3) 相绕组各出头位置符合图纸标示
4	上铁轭装配	插上铁轭片	对照工艺要求 现场观察 查看工序质量检验卡	W	说明:本工序最能反映供应商对铁芯质量的控制能力 提示:注意铁芯片不能有搭接,端面应平整
		上铁轭装配	对照工艺要求 现场观察 记录上铁轭实际压紧力 记录上铁轭装配完成后铁芯对夹件的绝缘电阻值	W	说明:在上铁轭装配中,要将绕组和上轭绝缘做周密的遮盖防护,以防异物进入 要求: (1) 上铁轭松紧度,以检验插板刀插入深度为准,通常小于 80 mm (2) 上铁轭装配后铁芯对夹件及铁芯油道间的绝缘电阻值应和装配前基本一致
5	分接开关检查	分接开关表观检查	查看进厂检验记录 开箱后确认分接开关包装完好,转运过程中无损伤,也无其他异常情况	W	提示: (1) 确认开关的供应商和开关型号规格,实物与技术协议书、设计图纸、见证文件四同一 (2) 发生或发现任何异常,要追踪问题的分析和处理
		无励磁分接开关特性测试	观察检测过程 查看检测结果	W*	说明:通常需做如下检测: (1) 开关动作检查:手动、电动(含 85% 电压)应操作灵活、准确 (2) 测定开关触头接触电阻

续表

序号	监造项目	见证内容	见证方法	见证方式	监造要点
5	分接开关检查	有载分接开关特性测试		W*	说明：通常需做如下检测： (1) 开关动作检查：手动、电动(含85%电压)操作的灵活、准确和对称 (2) 拍摄开关动作程序 (3) 测定开关触头接触电阻 (4) 测定开关过渡电阻 (5) 验证开关限位保护的可靠性
6	引线制作和装配	引线支架及绝缘件配置	对照设计图纸 查看实物	W	要求：经检验合格，且实物无损伤、开裂和变形
		引线连接(焊接)	对照工艺要求 现场观察实际操作	W	要求：焊接要有一定的搭界面积(依工艺文件)；焊面饱满，表面处理后无氧化皮、尖角、毛刺
		引线连接(冷压接)	对照工艺要求 现场观察实际操作	W	要求： (1) 冷压接装置配套完整，所用压接套筒规格和规范要求一致 (2) 冷压时套管内填充充实 提示：必要时查看供应商最新所做冷压接头的理化试验报告
		引线的屏蔽和绝缘	对照设计图纸和工艺文件 现场观察实际操作	W	要求： (1) 屏蔽紧贴导线，包扎紧实，表面圆滑 (2) 屏蔽后引线的外径：220 kV时不小于20 mm；330 kV时不小于30 mm；500 kV时不小于40 mm (3) 屏蔽管的等电位线固定良好，连接牢靠，不受牵力 (4) 绝缘包扎要紧实，包后符合图纸要求
		引线的夹持与排列	对照设计图纸和工艺文件 现场观察、查看	W	要求： (1) 引线排列和图纸相符，排列整齐，均匀美观 (2) 所有夹持有效，引线无松动 (3) 分接开关位置正确，不受引线的牵拉力 (4) 引线距离符合相互间的最小要求

续表

序号	监造项目	见证内容	见证方法	见证方式	监造要点
7	工序、检查和试验	器身清洁度	现场观察	W	提示：确认器身清洁(要拆除事先所加的所有临时保洁层)，无金属和非金属异物残留
		铁芯及地屏接地	对照工艺要求 现场观察并记录实测值(用 500 V 或 1000 V绝缘电阻表)	W*	要求： (1) 铁芯对夹件绝缘电阻不小于 0.5 MΩ (2) 铁芯油道间不通路 (3) 各芯柱、轭柱地屏接地可靠，地屏出头连接后其绝缘距离须符合工艺文件要求
		各线圈直流电阻测量	对照设计文件 现场观察	W	说明：验证各线圈载流回路无重大异常；留取原始数据，以便后续试验时分析、比较
		变比测量(在每个分接进行)	对照设计文件 现场观察	W	说明：意在验证器身接线正确和分接开关连接正确、良好，分接开关动作正常
		箱内电流互感器校验	对照设计文件 现场观察	W	说明：意在确认电流互感器安装正确，极性和变比符合要求
		低电压空载试验	现场观察	W	说明：用单相法三相互比，意在确认变压器磁路无缺陷，线圈匝间无短路
8	预装配	器身和油箱的预装配	现场观察 记录发生的问题及处理过程	W*	提示： (1) 对初次设计或第一次制造的产品，此工序是必要的 (2) 确认器身在油箱中定位准确，引线对线圈、引线对引线、引线对箱壁的距离符合要求

注：W* 为现场见证点(W 点)中推荐的重点关注点。

4. 器身干燥工艺及其监造要点

器身干燥工艺有变压法干燥和气相干燥两种。

变压法干燥是指在器身预热阶段，对罐内进行周期性充气排气，通过增加传热介质提高器身干燥速度，并在干燥结束时通过测量罐内单位时间压力下降来考核干燥是否合格。整个过程分 5 个阶段：预热、过渡、主干、终干和终点判断。

气相干燥：煤油汽相干燥设备是目前变压器行业应用于变压器器身或线圈干燥的一种高效专用干燥设备。该产品将液态煤油加热为气态煤油，气态煤油在被干燥器身上冷凝而放出冷凝热，使器身得以加热，从而达到干燥的目的，同时煤油具有清洁作用，可以清洁器身。与传统的干燥工艺和设备相比,气相干燥具有加热效率高、干燥效果优良等特点。

器身装配的监造要点见表3.38。

表3.38 器身装配的监造要点

序号	监造项目	见证内容	见证方法	见证方式	监造要点
1	干燥前准备	器身装罐测温探头设置	对照工艺文件 现场观察	W	提示:确认测温热敏探头的设置位置
		装罐物件	现场观察	W	提示: (1) 凡是变压器油箱内带绝缘的部件,在总装配中可能要添加用到的绝缘件,在总装配时要用到的套管出线成型件等都要随器身一起进行真空干燥 (2) 封罐前要到位查看
2	干燥过程	干燥过程控制的参数	对照工艺文件 观察干燥过程不同阶段的温度、真空度及其持续时间、出水量等参数	W	提示: (1) 了解干燥过程中,准备、加热、减压、真空四个阶段的基本要求 (2) 记录干燥过程中温度、真空度、持续时间、出水量的变化 (3) 如发现任何异常,均要联系技术部门释疑,并使问题最终解决
3	干燥完成的终点判断	终点判断的各项参数	对照工艺文件 记录干燥终结时各工艺参数的实际值	W	说明: (1) 依据供应商判断干燥是否完成的工艺规定,并由其出具书面结论(含干燥曲线) (2) 通常铁芯温度在120 ℃左右;线圈温度在115 ℃左右,真空度小于50 Pa,出水率不大于10 mL/(h·t),对于750 kV的产品,出水率控制在不大于5 mL/(h·t) 提示:确认真空干燥罐在线参数测定装置完好,运行稳定

5. 总装配工艺及监造要点

总装配工艺的具体内容如下:

(1) 线圈轴向压紧。变压器制造质量的可靠性在很大程度上取决于线圈的轴向紧固。它可以抵御短路轴向电磁力的作用,防止线圈的松动;可分为弹簧压钉压紧结构、绝缘垫块压紧结构和普通压钉压紧结构。但随着变压器容量增加及电压等级的提高,轴向压紧采用的金属结构件不仅在高电场情况下无法布置,而且随着大容量变压器轴向压紧力的不断增大,金属压钉已经远远不能满足要求。

(2) 器身的清理和紧固。在器身装配过程中，关键部位的零部件特别是绝缘件都要进行清理，通常采用的方法是用吸尘器清理和洁净白布擦拭。在带油的情况下，用和好的面粘是最简单有效的，清理的结果要求无金属异物。器身在经过浸油处理后，由于绝缘件收缩，紧固件松动，因此必须进行整理和紧固。

(3) 油箱屏蔽的安装。为了防止漏磁通在油箱中引起的损耗和局部过热，大型变压器中往往在变压器上节油箱上安装磁屏蔽。磁屏蔽安装好后，要用 500 V 绝缘电阻表测量屏蔽板对油箱(地)绝缘良好，然后将磁屏蔽与油箱接地螺栓连接在一起，用万用表测量的电阻应为零。

(4) 器身下箱安装各部零部件。例如互感器升高座、通气联管、压力释放器、储油柜、气体继电器、开关、冷却装置等。

总装配的监造要点见表 3.39。

表 3.39　总装配的监造要点

<table>
<tr><th>序号</th><th>监造项目</th><th>见证内容</th><th>见证方法</th><th>见证方式</th><th>监造要点</th></tr>
<tr><td rowspan="4">1</td><td rowspan="4">组件准备</td><td>套管</td><td>对照技术协议书、设计文件
查验原厂质量保证书和出厂试验报告
查看供应商的入厂检验记录
现场核对实物
查看实物的表观质量
必要时查看供应商的采购合同</td><td>R</td><td>要求：
(1) 套管的型号规格、生产商及其出厂文件与技术协议、设计文件、入厂检验相符
(2) 实物表观完好无损
提示：
(1) 注意套管实际的爬距和干弧距离
(2) 对油纸电容套管，要注意套管自身的介质损耗值 tan δ 和电容量，tan δ 值与试验电压的关系(以没有变化为佳)，以及测试时的环境温度(或油温)
(3) 若有异常，跟踪见证，直至释疑或解决</td></tr>
<tr><td>片式散热器</td><td rowspan="3">对照技术协议书、设计文件
查验原厂质量保证书和出厂试验报告
查看供应商的入厂检验记录
现场核对实物
查看实物的表观质量
必要时查看供应商的采购合同</td><td rowspan="3">R</td><td rowspan="3">要求：
(1) 散热器(或冷却器)的型号规格、生产商及其出厂文件与技术协议、设计文件、入厂检验相符
(2) 实物表观完好无损
提示：
(1) 原厂出厂报告中应有密封试验、热油(或煤油)冲洗和散热性能(或冷却容量)及声级测定等内容
(2) 请特别关注内部清洁</td></tr>
<tr><td>强油循环风冷却器</td></tr>
<tr><td>强油循环水冷却器</td></tr>
</table>

续表

序号	监造项目	见证内容	见证方法	见证方式	监造要点
1	组件准备	电流互感器	对照技术协议书、设计文件 查验原厂质量保证书和出厂试验报告 查看供应商的入厂检验记录 现场核对实物 查看实物的质量 必要时查看供应商的采购合同	R	要求： (1) 电流互感器的组数、规格、精度、性能与合同技术协议的配置图相符 (2) 装入升高座后，确认极性和变比正确
		储油柜		R	提示： (1) 储油柜的型号规格、生产商及其出厂文件与技术协议、设计文件、入厂检验相符 (2) 波纹管储油柜应检查波纹管伸缩灵活，密封完好；胶囊式储油柜应检查胶囊完好 (3) 油位计安装正确，指针动作灵敏、正确
		变压器其他装配附件	现场对比文字见证文件和实物 观察实物的表观质量 对照总装配图的附件明细表	R	说明：有些装配附件不仅要有出厂合格证，还须有含主要功能特性出厂试验整定值的出厂文件。 这部分内容主要有气体继电器、压力释放阀、油流继电器、带远讯或控制的温度计、油位计、胶囊(隔膜)，以及各类控制箱(操作和控制风机、油泵、电动阀等)
2	油箱准备	油箱屏蔽	对照设计图纸和工艺文件 现场查看	W	要求：油箱屏蔽安装规整、牢固，绝缘可靠
		油箱清洁	现场查看	W*	要求：彻底清理油箱内部，应无任何异物，无浮尘，无漆膜脱落，光亮，清洁 提示：下箱前应再次到位查看
3	真空干燥后的器身整理	器身检查	现场观察	W*	要求： (1) 器身应洁净，无污秽和杂物，铁芯无锈 (2) 各绝缘垫块、端圈、引线夹持件无开裂、起层、变形和不正常的色变 提示：对任何异常均要见证供应商的分析和处理
		器身紧固	对照设计文件 现场观察，记录实际压紧力	W*	要求： (1) 各相的轴向压紧力应达到设计要求 (2) 压紧后在上铁轭下端面的填充垫块要坚实充分，各相设定的压紧装置要稳定、锁牢 (3) 器身上所有紧固螺栓(包括绝缘螺栓)按要求拧紧，并锁定 (4) 器身清理紧固后再次确认铁芯绝缘 提示：此工序是变压器质量保证的一个重要质量控制点，监造见证记录要尽可能仔细、量化

续表

序号	监造项目	见证内容	见证方法	见证方式	监造要点
3	真空干燥后的器身整理	器身在空气中暴露的时间	对照工艺文件 现场观察 记录出炉到结束的全过程 查看质检员的检验记录	W	要求：根据器身暴露的环境（温度、湿度）条件和时间，针对不同产品，按供应商的工艺规定，必要时再入炉进行表面干燥，或延长真空维持和热油循环的时间
4	器身下箱	器身就位	对照工艺文件 现场观察	W*	要求： (1) 器身起吊、移动、落下，平稳无冲撞 (2) 器身下的定位装置规整、有效，到位准确 (3) 就位后再次确认或调整引线间和对其他物件的距离；开关不应受力扭斜
		油箱大罩（或筒、盖）就位		W*	要求：吊装时不得与器身碰撞，即使轻微，也应检查或处理
		油箱密封		W	提示：记录器身下箱后铁芯对油箱、夹件对油箱的绝缘电阻
5	变压器附件装配	变压器各组附件装配	对照设计文件 现场观察 记录可能出现的各种问题及其处理	W	要求： (1) 除非另有约定，否则应将变压器各种组、附件、所有管路、升高座在厂内做一次全组装 (2) 各套管安装时要使引线绝缘锥体刚好进入均压球内；各套管安装完成后要确认套管外绝缘距离

6. 真空注油和整体试漏工艺及监造要点

1) 真空注油

变压器真空注油是指将干燥彻底的器身浸入油中，使绝缘件纤维孔内浸满变压器油。绝缘件在高真空浸油后，其介电强度增加。

变压器抽真空的主要目的如下：

(1) 变压器在总装配过程中，器身会吸收装配环境中的大量水分，所以要将变压器内部的绕组、绝缘支架、铁芯等部件进行真空脱气处理。把附着在铁芯、绕组、附件表面的空气，以及有机固体绝缘材料孔隙中的空气和受潮的水分抽掉。

(2) 在真空注油过程中，少部分空气会随着油进入油箱内，也可通过真空将进入的空气抽走。

(3) 油箱内部没有空气，可以提高绝缘试验的通过概率。

变压器抽真空的注意事项如下：

(1) 根据电压等级控制变压器的真空度(小于 133 Pa)及维持时间,见表 3.40。

表 3.40　各电压等级变压器的真空维持时间

电压等级(kV)	≤220	330	500
维持时间(h)	≥6	≥16	≥24

(2) 变压器抽真空前,器身允许暴露的时间按表 3.41 执行,超过此时间,则延长抽真空时间,延长时间为超过时间的 2 倍,但一次最长暴露时间不得超过 30 h。

表 3.41　变压器器身暴露时间

环境相对湿度	允许暴露时间(h)	环境相对湿度	允许暴露时间(h)
60%及以上	20	80%～90%	16
60%～80%	18	90%及以上	14

(3) 注油过程中的真空度要求:220 kV 及以下产品,真空度(残压)不大于 300 Pa;330 kV 及以上产品,真空度(残压)不大于 200 Pa。当真空度超过此规定时,要减缓注油速度或暂停注油,以保证真空度。

(4) 从油箱上部给储油柜补油至标准油面时,观察注油前箱顶装的真空压力表,补油时其正压值不大于 50 kPa,以免压力释放阀误动作。

2) 热油循环

热油循环时应注意以下事项:

(1) 热油循环前,应对油管抽真空。

(2) 冷却器内的油应与油箱主体的油同时进行油循环。

(3) 在循环过程中,滤油机加热脱水缸中的温度,应控制在(65±5) ℃;油箱内温度不应低于 40 ℃;当环境温度全天平均低于 15 ℃时,应对油箱采取保温措施。

(4) 热油循环持续时间不应少于 48 h。

(5) 热油循环后的变压器油应满足绝缘油含气量的验收标准。

3) 整体试漏

为保证变压器现场顺利安装,变压器出厂前一般在厂内进行装全零部件,提前发现问题并及时处理,把一个完整的质量精良的变压器交付用户,用户能快速顺利安装,投入使用。同时为确保变压器所有零部件尤其与油箱连接的部件不渗漏,需对变压器装全零部件进行整体试漏。试漏方法有油压试漏(吊罐试漏)和充氮加压试漏法。

(1) 试漏时间见表 3.42。

表 3.42　变压器的试漏时间

电压等级	110 kV 以下	110 kV	220 kV 及以上
维持时间(h)	24	36	72

(2) 试漏压力的具体要求如下:

① 油箱顶部为(50±1) kPa。

② 油箱底部不得超过油箱强度的正压试验值。

③ 如果以上两条发生冲突时,以较小压力值为限。

④ 压力释放阀的释放压力标称值一般有(55±5) kPa 和(75±5) kPa 两种。为稳妥起见,避免压力释放阀误动作,要在压力释放阀上安装限制工装。

⑤ 试漏时,有载开关中的变压器油不与油箱的油相通,这样可以同时对切换开关进行试漏。在试漏过程中,要注意观察有载开关储油柜的油面,如发现油面上升,说明切换开关油室与油箱之间有渗漏点。试漏时,有载开关至有载开关储油柜之间的阀门要开启。

4) 静放

变压器注油结束需要一段时间静放,以便消除变压器内残留的气泡,不同电压等级的产品静放时间也不同:110 kV 及以下产品,静放时间约 24 h 以上;220～500 kV 产品,静放时间约48 h 以上。静放后才能进行试验。

真空注油和整体试漏的监造要点见表 3.43。

表 3.43 真空注油和整体试漏的监造要点

监造项目	见证内容	见证方法	见证方式	监造要点
真空注油	真空注油	对照工艺文件 现场观察 记录实际过程和参数	W	提示: (1) 记录真空残压值及维持的时间 (2) 记录注油速度和实际油温
热油循环	热油循环的实际参数	现场观察 记录油温、循环时间和循环时油箱内的残压	W	要求: (1) 热油循环时要维持一定的真空度 (2) 油箱底部出油,箱顶进油 (3) 滤油机出口温度宜为 60～80 ℃,时间大于 48 h 提示:对于采用热淋油方式的工艺过程,做好油温、流量、残压和循环时间的记录
整体密封试验	油箱无渗漏	对照工艺要求 现场观察,记录	W	提示: (1) 记录试验压力、密封试验持续的时间 (2) 记录渗漏点及其处理
	强油冷却系统的负压测试	现场观察	W	说明:按 GB/T 6451—2008 中的第 9.3.9 条、第 10.3.11 条和第 11.3.11 条的要求进行
变压器的静放	静放	记录变压器静放时间	W	说明:从热油循环结束到进行绝缘强度试验之间的时间称为静放时间;各厂规定的静放时间与绝缘材质及工艺相关,有的供应商带压静放,因此不可一刀切;通常 220 kV 产品不小于 48 h;330 kV 及以上产品不小于 72 h;750 kV 及以上产品不小于120 h

3.1.7 出厂试验及监造要点

3.1.7.1 变压器技术参数的术语与定义

(1) 额定容量:标注在绕组上的视在功率的指定值,与该绕组的额定电压一起决定其额定电流。

(2) 额定电压:在单相或者三相变压器线路端子之间,指定施加的电压或空载时感应出的电压。

(3) 额定电压比:一个绕组的额定电压对另一个绕组的额定电压之比,后一绕组的额定电压可以较低也可以相等。

(4) 额定频率:变压器类产品设计所依据的交流电源频率。

(5) 额定电流:流过绕组线路端子的电流,它等于绕组额定容量除以绕组额定电压和相应的相系数(单相时相系数为 1;三相时相系数为$\sqrt{3}$)。

(6) 额定分接:与额定参数相对应的分接。

(7) 联结组标号:用一组字母及钟时序数来表示变压器高压、中压(如果有)和低压绕组的联结方式,以及中压、低压绕组相对高压绕组相位移的通用标号。

(8) 中性点:在对称电压系统中,通常是处于零电位的一点。

(9) 负载损耗:对于双绕组变压器(对于主分接),是指在带分接的绕组接处于其主分接位置下,当额定电流流过一个绕组的线路端子且另一个绕组短路时,变压器在额定频率下所吸取的有功功率;对于多绕组变压器(指一对绕组的,且对于主分接),是指在带分接的绕组接处于其主分接位置下,当该对绕组中的一个额定容量较小的绕组的线路端子上流过额定电流时,另一个绕组短路且其余绕组开路时,变压器所吸取的有功功率。

(10) 空载损耗:当以额定频率的额定电压(分接电压)施加于一个绕组的端子上,其余绕组开路时,变压器所吸取的有功功率。

(11) 空载电流:当以额定频率的额定电压施加于一个绕组的端子上,其余绕组开路时,流过线路端子的电流。

(12) 阻抗电压(对于主分接):对于双绕组变压器,是指当一个绕组短路,以额定频率的电压施加于三相变压器另一个绕组的线路端子上,或施加于单相变压器另一个绕组的端子上,并使其中流过额定电流时的施加电压值;对于多绕组变压器(指某一对绕组的),是指当某一对绕组中的一个绕组短路,以额定频率的电压施加于三相变压器该对绕组中的另一个绕组的线路端子上,或施加于单相变压器该对绕组中的另一个绕组的端子上,其余绕组开路并使其中流过与该对绕组中额定容量较小的绕组相对应的额定电流时的施加电压值。

(13) 短路阻抗(一对绕组的):一对绕组中,在额定频率及参考温度下某一绕组端子间的等值串联阻抗 $Z=R+jX$(单位:Ω)。此时,该对绕组中另一绕组的端子短路,其余绕组(如果有)开路。对于三相变压器,此阻抗是指每相的(等值星形联结)。对于带有分接绕组的变压器,短路阻抗是指某一分接位置上的。如无另外规定,则指的是主分接上的。

(14) 零序阻抗：在三相星形或曲折形联结绕组中，连接在一起的各线路端子与中性点端子之间的以每相欧姆数表示的额定频率下的阻抗值。

(15) 温升：变压器类产品中某一部分的温度与冷却介质温度之差。

(16) 额定绝缘水平：变压器类电气设备的绝缘，设计成能承受规定条件下的一组试验电压值。

(17) 吸收比：绝缘结构件在 60 s 时测出的绝缘电阻值与 15 s 时测出的绝缘电阻值之比。

(18) 介质损耗因数($\tan\delta$)：受正弦电压作用的绝缘结构或绝缘材料所吸收的有功功率值与无功功率绝对值之比。

(19) 局部放电：发生在电极之间，但并未贯通的放电。这种放电可以在导体附件发生，也可以不在导体附件发生。

(20) 声功率级(L_W)：给出的声功率与基准声功率($W_0 = 1\times10^{-12}$ W)之比的以 10 为底的对数乘以 10，单位为分贝(dB)。

(21) 油中溶解气体分析：在油浸式变压器类产品中，抽取一定量的油样并用气相色谱分析法测出油中溶解气体的成分和含量。

3.1.7.2 见证出厂试验的一般性程序和要求

(1) 审核出厂试验方案：

① 对照订货技术协议书，审核试验项目是否齐全，试验顺序和合格范围等是否正确和准确。

② 对照有关国标和行标，审核试验接线、试验装备(含仪器、仪表)、试验电压或电流的量值、频率、波形。

③ 核算感应试验(IVW、IVPD)、负载试验、温升试验的有关参数。

(2) 出厂试验方案应在试验前 15 日确定，驻厂监造组将出厂试验方案连同审核过程及意见上报委托人。

(3) 试验前的见证：

① 对照试验方案，现场确认项目，查看接线(含接地)及所用的试验装备，核实仪器仪表受检的有效期和互感器或分压器的变比。

② 进行高电压试验前，应做到变压器的油位清晰可见、静放到时、放气彻底。监造人员至少应现场见证最后一次放气。

(4) 试验过程的见证：经济技术指标测试和绝缘特性试验的原始数据、一切异常的现象和参数，应一一记录。绝缘耐受试验时，施加给试品的电压允许偏差为峰值≤3%。

(5) 试验结果的见证：在观察试验全过程的基础上，听取试验负责人对试验结果的判定，若有异议，应及时向试验负责人提出；对考核性指标测试结果的异议，可在对照原始数据、设计参数和供应商报告的基础上提出，必要时采用书面方式。

(6) 国家电网公司发布的《交流电力变压器监造作业规范》中表 9～表 11 的监造项目不是每台变压器的必做试验项目。具体到某台变压器的出厂试验项目时，以其订货技术协议书上的规定为准。

3.1.7.3 试验项目概述

国家标准《电力变压器 第1部分：总则》(GB 1094.1—2003)中，规定了变压器要进行的3种试验：例行试验、型式试验和特殊试验。

1. 例行试验

每台变压器都要承受的试验叫例行试验。例行试验项目包括：绕组电阻测量；电压比测量和联结组标号检定；短路阻抗和负载损耗测量；空载损耗和空载电流测量；绕组对地及绕组间直流电阻测量；绝缘例行试验；有载分接开关试验；油浸式电力变压器压力密封试验；充气式变压器油压力密封试验；内装电流互感器变比和极性试验；油浸式变压器铁芯和夹件绝缘检查；变压器油试验。

对于设备最高电压 U_m>72.5 kV 的变压器，其附加的例行试验项目包括：绕组对地和绕组间的电容测量；绝缘系统电容的介质损耗因数测量；除分接开关油室外，每个独立油室的绝缘油中溶解气体的测量；90%和110%额定电压下的空载损耗和空载电流测量。

2. 型式试验

在一台有代表性的产品上所进行的试验，以证明被代表的产品也符合规定的要求(但例行试验除外)，叫型式试验。型式试验项目包括：温升试验；绝缘型式试验；对每种冷却方式的声级测定；风扇和油泵电机功率测量；90%和110%额定电压下的空载损耗和空载电流测量。

3. 特殊试验

除型式试验和例行试验外，按制造方与用户协议所进行的试验叫特殊试验。特殊试验项目包括：绝缘特殊试验；绕组热点温升测量；绕组对地和绕组间电容测量；绝缘系统电容的介质损耗因数测量；暂态电压传输特性测定；三相变压器零序阻抗测量；短路承受能力试验；油浸式变压器真空变形试验；油浸式变压器压力变形试验；油浸式变压器现场真空密封试验；频率响应测量；外部涂层检查；绝缘液中溶解气体测量；油箱运输适应性机械强度试验；运输质量的测定。

3.1.7.4 变压器的出厂试验及监造要点

变压器应按如下规定进行试验：除温升试验外，试验应在5～40 ℃的环境温度下进行；除非制造方与用户另有协议，试验应在制造方工厂进行；试验时，有可能影响变压器性能的外部组部件和装置，均应安装在规定的位置上。

1. 绕组电阻测量及监造要点

1) 试验目的

变压器绕组在制造过程中，由于每根导线长度有限，加上工艺上的要求(例如纠结式绕组)，常常需要进行焊接，容量越大，焊点就越多。纠结式绕组一相可达几十处，甚至更多。在引线装配过程中，分接引线、相同的连线和各相引线的焊点，分接引线与开关之间的紧固连接，开关动、定触头之间的接触等环节的质量都必须进行有效监督。而测量绕组电阻是一种既简单又有效的手段。此外，变压器绕组的温升也是由绕组的冷态和热态直流电阻确定的，所以在温升试验时也需要测量直流电阻。

2）试验方法及要求

试验方法：在所有引出端子之间、所有分接位置上进行测量。一般常采用电流电压表法和电桥法，此外，欧姆表也可用于电阻测量，但因为其准确度低，所以只能用于检查绕组电阻的大约数值。电流电压表法也称伏安表法，是指根据欧姆定律由电流表和电压表的读数计算出绕组直流电阻，使用数字直流电阻测试仪测试。电桥法是根据比较原理，将被测直流电阻和标准直流电阻相比较，得到被测直流电阻值的测量方法。

试验要求如下：

(1) 根据产品技术数据中绕组电阻的计算值，合理选择直流电阻测试仪或专用电桥(精度应不低于0.2级)。

(2) 变压器各绕组的电阻应分别在各绕组的线端上测量；三相变压器绕组为Y联结，无中性点引出时，应测量其线电阻，有中性点引出时，应测量其相电阻；绕组为D联结时，首、末端均引出的应测量其相电阻，封闭三角形的试品应测量其线电阻。

(3) 带有分接的绕组应在所有分接下测量其绕组电阻。有载调压变压器如有正、反励磁开关(极性选择器)时，应在一个方向上测量所有分接的绕组电阻，在另一个方向上可只测量1～2个分接。测量绕组电阻时，无励磁分接开关应使定位装置进入指定位置，有载分接开关应采用电动操作。

(4) 绕组电阻测量是必须准确记录绕组温度，变压器引线装配完工后测量绕组电阻时，器身不应停放在空气流动较快和周围空气温度变化较大的场所，此时记录环境温度。总装配完工后，在油温度已经稳定后向被试变压器温度计座内注入至少2/3深度以上的变压器油，并插入温度计，取油平均温度作为绕组温度。

(5) 各绕组引出端子必须全部处于开路状态；如有开口三角形联结的绕组，应将其开路，不得连接。

(6) 测量带有分接的变压器绕组电阻时，有载调压变压器不需切断测量电路，只需重新启动仪器。

(7) 在变换分接位置时，对于无励磁调压变压器，必须切断带电源；对于D/D联结的变压器，可以逐相变换分接而不切断带能源。

(8) 当被试品为容量较大的五柱变压器且低压为D联结时，直流电阻测量采用助磁法，以缩短测量时间；试验后注意消磁。

(9) 测量时，一定要等待绕组自感应影响降至最低程度时再读取数据，否则将会造成较大的误差。

(10) 每次测量完毕，必须对测量回路彻底放电并加以确认后，才可进行下一步操作。

(11) 三相变压器的直流电阻不平衡率应符合：相电阻$<2\%$；电压等级110～330 kV变压器的线电阻$<1\%$；电压等级500 kV变压器的线电阻$<2\%$。

绕组电阻测量线路图如图3.76所示。

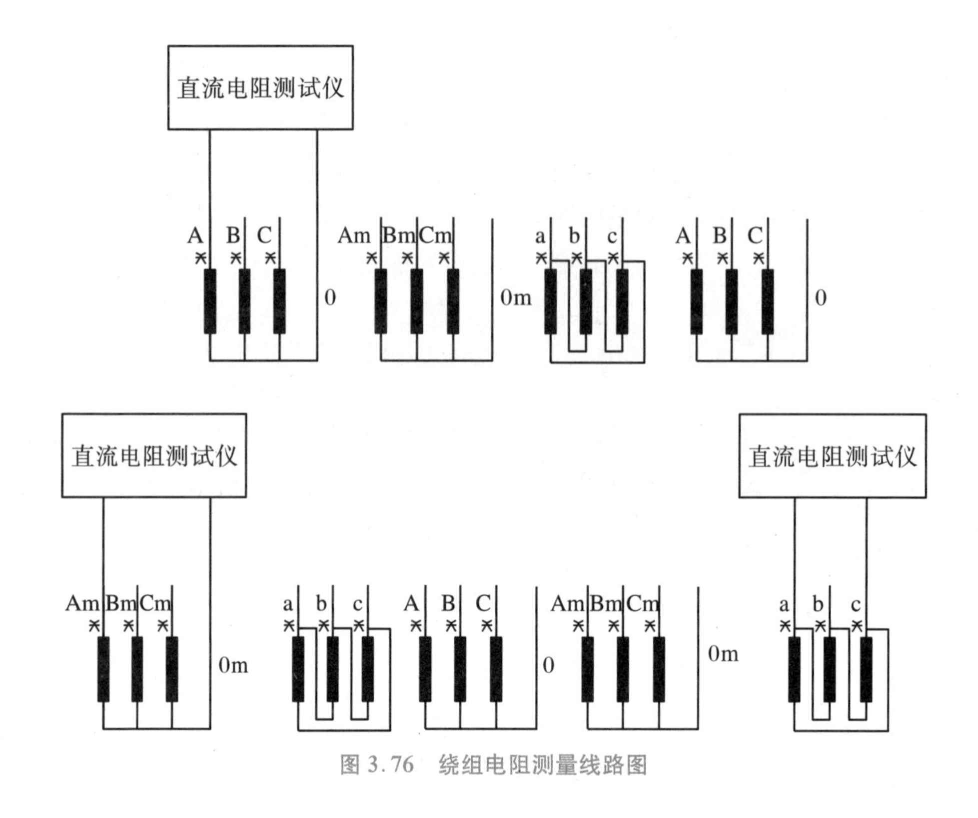

图 3.76　绕组电阻测量线路图

绕组直流电阻测量的监造要点见表 3.44。

表 3.44　绕组直流电阻测量的监造要点

序号	见证内容和方法	见证方式	见证依据	监造要点
1	查看仪器仪表	W	订货技术协议书 设计文件 出厂试验方案 GB 1094.1 GB 6451 JB/T 501	要求：具精确度不应低于 0.2 级
2	观察试品状态	W		提示：主要查看油位、温度
3	观测电阻值	W		说明：带有分接的绕组，应在所有分接下测量其绕组电阻 要求：测量时，要等待绕组自感效应的影响降到最低程度再读取数据
4	核算电阻不平衡率	W*		要求：电阻不平衡率异常时应确定原因，对照设计，量化核算；确认无潜在隐患

2. 电压比测量和联结组标号检定及监造要点

1）电压比测量

（1）试验目的。

电压比测量是验证变压器能否达到预期的电压变换效果。绝缘装配后的电压比试验可检验绕组的匝数与绕向是否正确；引线装配后的电压比试验可检查分接开关与绕组的联结标号是否正确；总装后的电压比试验可检查变压器分接开关内部所处位置与外部指示位置是否一致，以及线端标志是否正确。

(2) 试验方法和要求。

试验方法：当变压器绕组具有并联支路时(如中部出线)，在绝缘装配完工之后，要做并联支路间的差电压试验。这是因为如果并联回路之间存在差电压时，会在绕组中产生环流，因此必须验证无误后才能进行电压比试验。

选用精度和灵敏度均不低于0.2%的变比测试仪，试验要求如下：

① 每个分接都应进行电压比测量。有正、反励磁的有载调压变压器，转换选择器正向连接时，如在所有分接选择器位置进行了电压比测量，反向连接时，允许只抽试1～2个分接。

② 三绕组变压器至少在包括第一对绕组在内的两对绕组上分别进行电压比测量。

③ 对于绝缘装配后的半成品电压比测量，三相应分别进行相的电压比测量；同时应检查绕组的电压矢量关系(绕组与标志)是否正确。

④ 对于引线装配后或总装配后的电压比测量，应分别对各分接进行电压比测量。

⑤ 电压比测量中计算的比值应按各分接的铭牌电压计算，当电压百分数或对应匝数与铭牌电压无差异时，可按电压百分数或匝数计算的比值。

电压比测量试验接线图如图3.77所示。

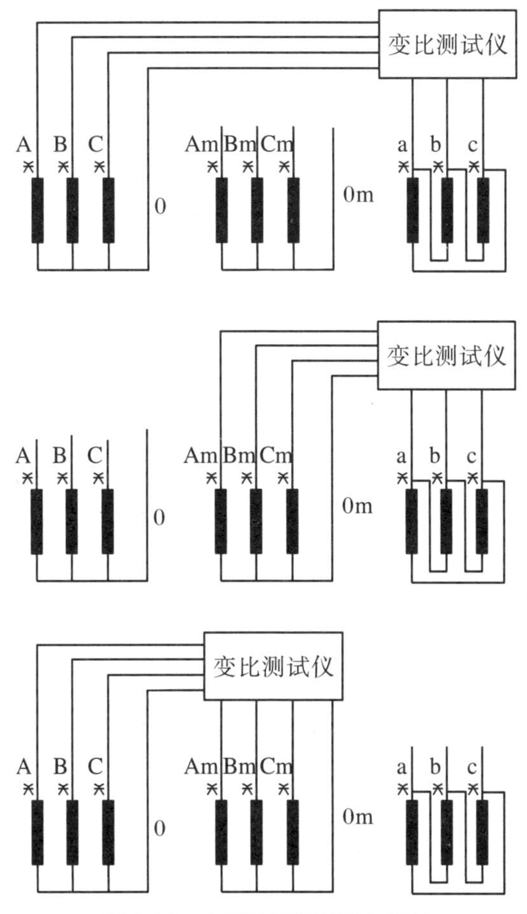

图3.77 电压比测量试验接线图

2）联结组标号检定

联结组标号检定又称为电压矢量关系校定，可检验绕组的绕向、绕组的联结组及线端的标志是否正确。联结组标号是变压器并联运行的条件之一。验证联结组标号、检查绕组间电压矢量关系有多种方法，目前常用的有电压比电桥法和测试仪法。

电压比电桥法是目前较常用且简便的方法，其电桥本身有常见的联结组标号的接收回路，在进行电压比测量的同时，也验证了联结组标号，检查了绕组电压的矢量关系；对于电压比电桥没有联结组标号的成品，只要适当地改变成品与电桥的连接方式，就可以用电桥上的联结组标号进行各种联结组标号产品的试验。具体方法见表 3.45。

表 3.45　电压比电桥法联结组标号试验

产品联结组标号	产品与电桥的连接	电桥组别开关位置	产品联结组标号	产品与电桥的连接	电桥组别开关位置
Yd1 Dy1	$A—C_Q$　$a—c_q$ $B—B_Q$　$b—b_q$ $C—A_Q$　$c—a_q$	11	Yd7 Dy7	$A—C_Q$　$a—c_q$ $B—B_Q$　$b—b_q$ $C—A_Q$　$c—a_q$	5
Yy2 Dd2	$A—A_Q$　$a—c_q$ $B—B_Q$　$b—a_q$ $C—C_Q$　$c—b_q$	6	Yy8 Dd8	$A—A_Q$　$a—c_q$ $B—B_Q$　$b—a_q$ $C—C_Q$　$c—b_q$	0
Yd3 Dy3	$A—A_Q$　$a—b_q$ $B—B_Q$　$b—c_q$ $C—C_Q$　$c—a_q$	11	Yd9 Dy9	$A—A_Q$　$a—b_q$ $B—B_Q$　$b—c_q$ $C—C_Q$　$c—a_q$	5
Yy4 Dd4	$A—A_Q$　$a—b_q$ $B—B_Q$　$b—c_q$ $C—C_Q$　$c—a_q$	0	Yy10 Dd10	$A—A_Q$　$a—b_q$ $B—B_Q$　$b—c_q$ $C—C_Q$　$c—a_q$	6
Yd5 Dy5	$A—A_Q$　$a—a_q$ $B—B_Q$　$b—b_q$ $C—C_Q$　$c—c_q$	5	Yd11 Dy11	$A—A_Q$　$a—a_q$ $B—B_Q$　$b—b_q$ $C—C_Q$　$c—c_q$	11
Dd6 Yy6	$A—A_Q$　$a—a_q$ $B—B_Q$　$b—b_q$ $C—C_Q$　$c—c_q$	6	Yy0 Dd0	$A—A_Q$　$a—a_q$ $B—B_Q$　$b—b_q$ $C—C_Q$　$c—c_q$	0

注：A、B、C 分别表示产品高压侧的三相线端，a、b、c 分别表示产品低压侧的三相线端；A_Q、B_Q、C_Q分别表示电桥高压侧的端子，a_q、b_q、c_q分别表示电桥低压侧的端子。

测试仪法是目前常用的一种自动化程度高、测量准确、功能齐全的方法。测试仪以微处理器为核心对整机进行控制，可实现自动加压、测试、计算和显示等功能；可自动对产品进行绕组电压矢量关系，以及联结组标号的识别检定，并能进行电压比测量。

电压比测量和联结组标号检定的监造要点见表 3.46。

表3.46 电压比测量和联结组标号检定的监造要点

序号	监造项目	见证内容和方法	见证方式	见证依据	监造要点
1	电压比测量	查看仪器仪表	W	订货技术协议书 设计文件 出厂试验方案 GB 1094.1 GB 6451 JB/T 501	要求:变比电桥或电压比测量仪准确度不应低于0.1级
		查看并联支路间的等匝试验记录	W		提示:电压比测量前,应先查看并联支路间的等匝试验记录
		观察测试	W		说明:电压比测量应分别在各分接上进行
		查看电压比偏差	W		提示:电压比偏差超标应跟踪到处理完毕
2	联结组标号检定	查看仪器仪表	W		提示:联结组应符合产品订货要求
		观察测试	W		

3. 空载损耗和空载电流测量及监造要点

(1) 试验目的。

空载损耗及空载电流是变压器运行的重要参数,通过测量验证这两项指标是否在国家标准或产品技术协议允许的范围内,以检查和发现变压器磁路中的局部缺陷和整体缺陷。在绝缘装配完成后要进行半成品空载试验,在感应试验前要进行成品空载试验。

(2) 试验方法及要求。

试验方法:标准《电力变压器试验导则》(JB/T 501)给出了单相变压器和三相变压器空载试验的电路。试验测量系统包括:可调电源;精度不低于0.2级的电压和电流互感器;精度不低于0.5级的电流表、电压表和平均值电压表;小于0.2的低功率因数瓦特表;转换开关。

试验要求如下:

① 空载损耗与空载电流应在同一绕组同时测量。对于三相变压器,空载电流应用各相空载电流的算术平均值占额定电流的百分数计算。对于容量不等的多绕组变压器,空载电流的基数应取较大容量的额定电流。

② 空载损耗及空载电流的测量,应是变压器各绕组的一侧(一般为低压绕组)线端供给额定频率的额定电压(应尽可能为对称的正弦波电压),其余绕组开路;如果施加电压的绕组是带有分接的,则应使分接开关处于主分接的位置;如果变压器绕组中有开口三角形联结绕组,应使其闭合。运行中的地电位处(分级绝缘变压器其中性点、铁芯、拉带等)和油箱或外壳应可靠接地。

③ 测量时,变压器的温度应接近试验时的环境温度。选择试验电源和线路的连接尽可能使3个铁芯柱上的电压对称,电源波形为正弦。当试验电压三相不对称度小于2%时,可以用3个线电压的算术平均值或a-c的线电压为准施加电压;如果三相电压不对称度大于

2%但不超过5%,可分别以a-b、b-c、c-a为准施加电压,试验数据取3次试验的算术平均值。

④ 三相和单相变压器空载试验时,需要测量电压的方均根值、平均值和频率,施加电压以平均值(方均根值刻度)为准。

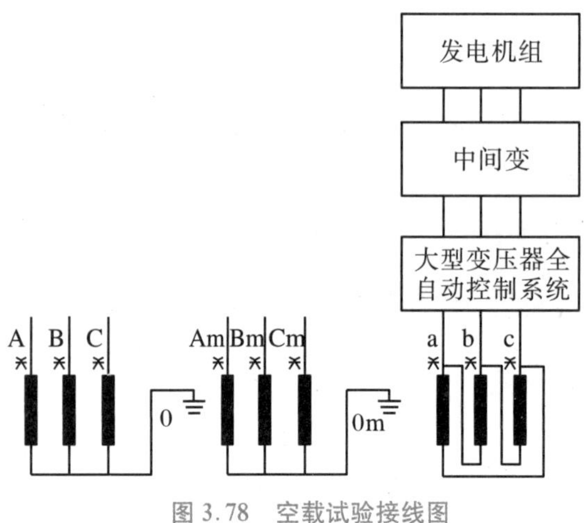

图3.78 空载试验接线图

⑤ 测量时,仪表损耗和试验电缆损耗大到不容忽略时,应从测量损耗中扣除。振动式频率表的读数应在接近额定电压时读取,读取功率时应切断振动式频率表的接线。

⑥ 试验时,要注意电压互感器、电流互感器的极性,以及瓦特表电压端子和电流端子的极性。三相功率应是两瓦特表或三瓦特表的代数和。

⑦ 空载电流和空载损耗应在90%和110%额定电压下测量。

空载试验接线图如图3.78所示。

空载损耗和空载电流测量的监造要点见表3.47。

表3.47 空载损耗和空载电流测量的监造要点

见证内容和方法	见证方式	见证依据	监造要点
查看互感器、仪器	W	订货技术协议书 设计文件 出厂试验方案 GB 1094.1 GB 6451 JB/T 501	要求:电流互感器和电压互感器的精度不应低于0.05级,且量程合适;应用高精度的功率分析仪
观察测量空载电流和空载损耗	H		提示: (1) 当有效值电压表与平均值电压表读数之差大于3%时,应商议确定试验的有效性 (2) 怀疑有剩磁影响测量数据时,应要求退磁后复试 (3) 读取1.0倍和1.1倍额定电压下的空载电流和空载损耗值
观察测量伏安特性	W		说明:通常在绝缘强度试验前进行,施加的测试电压范围一般不应小于100%~115%的额定电压
观察长时空载试验	W		说明:通常在绝缘强度试验后进行,施加1.1倍额定电压,持续12 h,读取长时空载试验前、后1.0倍和1.1倍额定电压下的空载电流和空载损耗值
试验数据对比	W*		要求:绝缘强度试验前、后和长时空载试验前、后的空载损耗和空载电流的实测值之间均不应有大的差别
观测电压电流的谐波	W*		要求:额定电压、额定频率下或技术协议值下测量

4. 短路阻抗和负载损耗测量及监造要点

(1) 试验目的。

负载损耗是变压器的一个重要参数,它对于变压器的经济运行与变压器本身的使用寿命,都有着极其重要的意义;而短路阻抗决定了变压器在电力系统运行时对电网电压波动的影响,以及变压器发生出口短路事故时电动力的大小,同时短路阻抗还是决定变压器能否并联运行的一个必要条件。通过短路阻抗和负载损耗的测量,可以验证这两项指标是否在国家标准及用户要求范围内,同时还可以通过试验发现绕组设计与制造及载流回路和结构的缺陷。测试设备包含:可调电源;精度不低于 0.2 级的电压和电流互感器;精度不低于 0.5 级的电流表、电压表;小于 0.2 的低功率因数瓦特表。

(2) 试验方法与要求。

① 短路阻抗和负载损耗的测量,应当在变压器的一个绕组的线段施加额定频率,且近似正弦的电流,另一个绕组短路,各相处于同一个分接位置。测量应在 50%~100%额定电流下进行;为避免绕组发热对试验结果产生明显误差,试验测量应迅速进行;同时准确记录试验时的绕组温度。

② 短路阻抗和负载损耗的测量与空载试验的测量线路和方法相同,只是测量中无须进行电压波形校正。

③ 短路阻抗是额定频率和参考温度下,一对绕组中某一绕组端子之间的等效串联阻抗;其百分数等于短路电压与额定电压之比,测量时应以三相电流的算术平均值为准。

④ 变压器的短路阻抗和负载损耗应在主分接测量,对于调压范围超过 ±5%的变压器,还应测量两个极限分接的数据;对于三绕组和多绕组变压器,其短路阻抗及负载损耗应在成对的绕组间进行测量,如:在绕组 1 与绕组 2 之间,在绕组 1 与绕组 3 之间,在绕组 2 与绕组 3 之间。试验时,非被试绕组开路。

⑤ 不同容量的绕组间测量时,施加电流应以较小容量的额定电流为准,试验结果中负载损耗应注明容量;短路阻抗应折算到大容量一侧。

短路阻抗和负载损耗试验接线图如图 3.79 所示。

短路阻抗和负载损耗测量试验的监造要点见表 3.48。

5. 绝缘特性试验及监造要点

(1) 试验目的。

在变压器制造过程中,绝缘特性测量用来确定绝缘的质量状态,发现生产中可能出现的局部或整体缺陷,并作为产品是否可以进行绝缘强度试验的一个辅助判断手段;同时向用户提供出厂前的绝缘特性试验数据,用户由此可以对比和判断运输、安装、运行中由于吸潮、老化及其他原因引起的绝缘劣化程度。试验项目包括绝缘电阻、吸收比、极化指数和介质损耗因数测量。随着变压器器身干燥工艺的不断发展,目前器身的干燥比多年前彻底,吸收、极化现象已经非常微弱。因此,吸收比、极化指数只作为绝缘电阻值的辅助判断。

绝缘电阻是指在绝缘结构的两个电极之间施加的直流电压值与流经该对电极的泄漏电流值之比,单位为 MΩ。绝缘电阻阻值越大,代表流经电流越小,绝缘程度越高。

吸收比是指同一试验中 1 min 时的绝缘电阻与 15 s 时的绝缘电阻之比,吸收比用 K 表示。

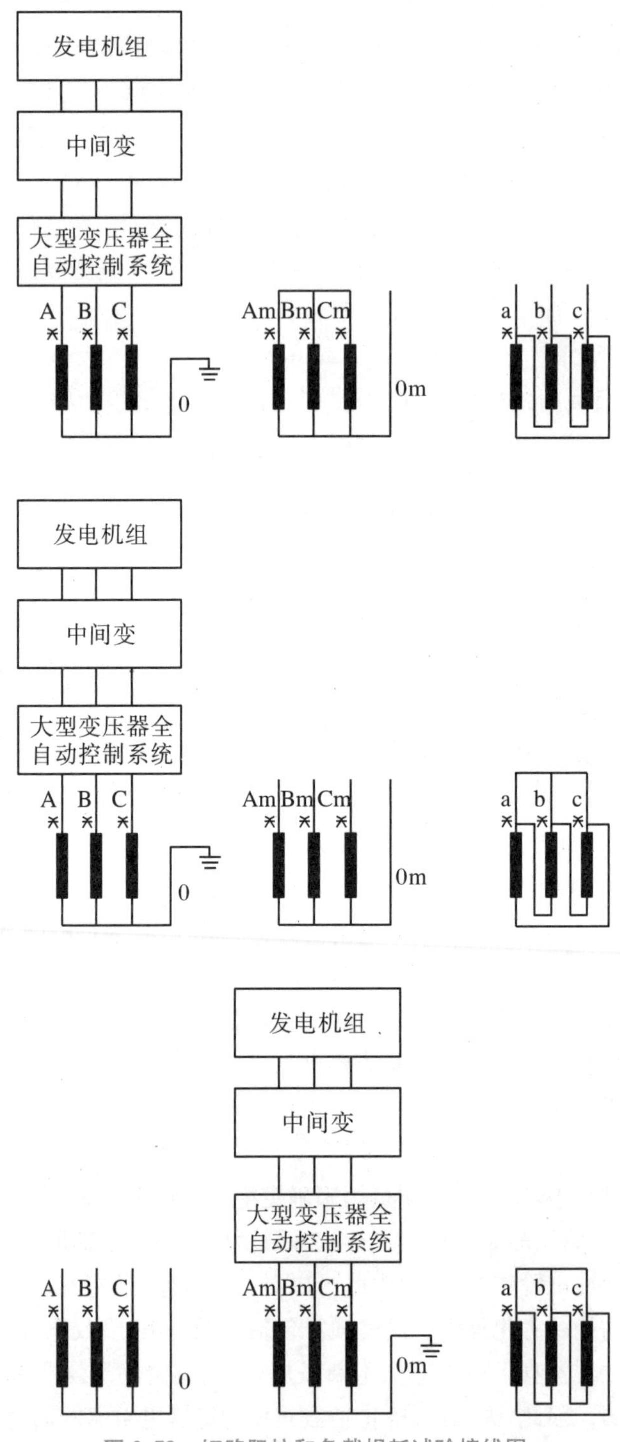

图 3.79　短路阻抗和负载损耗试验接线图

表 3.48 短路阻抗和负载损耗测量试验的监造要点

序号	见证内容和方法	见证方式	见证依据	监造要点
1	查看互感器、仪器	W	订货技术协议书 设计文件 出厂试验方案 GB 1094.1 GB 6451 JB/T 501	要求：电流互感器和电压互感器的准确度不应低于 0.05 级，应用高精度的功率分析仪
2	观察试品状态	W		提示：主要指油位、温度
3	观察最大容量绕组对间主分接的短路阻抗和负载损耗测量	H		要求： (1) 应施加 50%～100%的额定电流，三相变压器应以三相电流的算术平均值为基准 (2) 试验测量应迅速进行，避免绕组发热影响试验结果
4	观察其他绕组对间及其他分接的短路阻抗和负载损耗测量	W*		说明：容量不等的绕组对间施加电流以较小容量为准，短路阻抗则应换算到最大的额定容量
5	观察低电压小电流法测短路阻抗	W*		说明： (1) 在额定分接用不大于 400 V 的电压作三相测试，并与铭牌值比较 (2) 在最高分接和最低分接用不大于 250 V 的电压作单相测试，三相互比

极化指数是指在同一次试验中 10 min 时的绝缘电阻值与 1 min 时的绝缘电阻值之比，用 P 表示。

介质损耗因数是衡量绝缘结构介质损耗程度的参数。

(2) 试验方法及要求。

绝缘电阻、吸收比及极化指数的测定：

① 电压等级 330 kV 以下的变压器，应提供绝缘电阻值(R_{60})和吸收比(R_{60}/R_{15})；电压等级 330 kV 及以上的变压器，应提供绝缘电阻值、吸收比和极化指数($R_{10\ \mathrm{min}}/R_{1\ \mathrm{min}}$)。测量时，使用 5000 V、指示量限不低于 100000 MΩ 的绝缘电阻表，精度不应低于 1.5%。测量部位按表 3.49 逐项进行测量。

表 3.49 绝缘电阻、吸收比及极化指数的测量顺序

顺序号	双绕组变压器		三绕组变压器	
	被试绕组	接地部位	被试绕组	接地部位
1	低压	外壳及高压	低压	外壳、高压及中压
2	高压	外壳及低压	中压	外壳、高压及低压
3	—	—	高压	外壳、中压及低压

续表

顺序号	双绕组变压器		三绕组变压器	
	被试绕组	接地部位	被试绕组	接地部位
4	高压及低压	外壳	高压及中压	外壳及低压
5	—	—	高压、中压及低压	外壳

注:顺序号 4 和 5 的项目,只对 16000 kVA 及以上的变压器进行。

② 高压测试连接线尽量保持悬空,必须需要支撑时,要确认支撑物的绝缘状态和距离,以保证测量结果的可靠性。

③ 测量绝缘电阻时,首先将绝缘电阻表调整水平,在不连接试品的情况下使绝缘电阻表的电源接通,器表指示应调整到"∞",测试连接电缆接入时,绝缘电阻指示应无明显差异。

④ 正确使用绝缘电阻表的 3 个端子,必须使 E 端接地,L 端接火线,G 端屏蔽;测量时,待绝缘电阻表处于额定电压后再接通线路,与此同时开始计时,手动绝缘电阻表的手柄转速要均匀,维持在 120 r/min 左右。

⑤ 在空气环境温度计相对湿度较高、外绝缘表面泄漏电流严重的情况下,应使用绝缘电阻表的屏蔽端子使外绝缘表面屏蔽;试验时应记录环境温度。

⑥ 测量绝缘电阻应同时准确测量被试品温度,当油箱上、下部油温相差很小时,可将顶层油温的温度作为试品温度,否则取油平均温度为试品温度。

⑦ 变压器高压、中压及低压绕组应连同其中性点分别连接在一起进行测试,当绕组线段连同其中性点未连接在一起时,通过绕组的电流会影响绝缘电阻值。

介质损耗因数的测量:

① 试验电源的频率应为额定频率,其偏差不大于 ±5%;电压波形应为正弦波,测量时,应注意非正弦的高次谐波分量对介质损耗因数及电容测量值的影响。

② 根据试品的电压等级施加响应电压,并按表 3.49 的测量部位逐项进行测量。

③ 测量套管的介质损耗因数及电容值时,选择测试仪器的"正接法";测量变压器器身介质损耗因数及电容值时,选择测试仪器的"反接法"。

④ 同绝缘电阻测量一样,要十分注意高压连线的支撑物及产品外绝缘件污秽、受潮等因素对测量结果带来的较大误差。

⑤ 当对试品绝缘性能产生怀疑时,可在不同电压下测量其介质损耗因数;对于良好绝缘的试品,当电压升高时,介质损耗因数不变或略有升高。

⑥ 在 10～40 ℃时,介质损耗因数的测试结果:110～220 kV 级的绕组,20 ℃时应不大于 0.8%;330 kV 级及以上绕组,20 ℃时应不大于 0.5%。

绝缘特性试验接线图如图 3.80 所示。

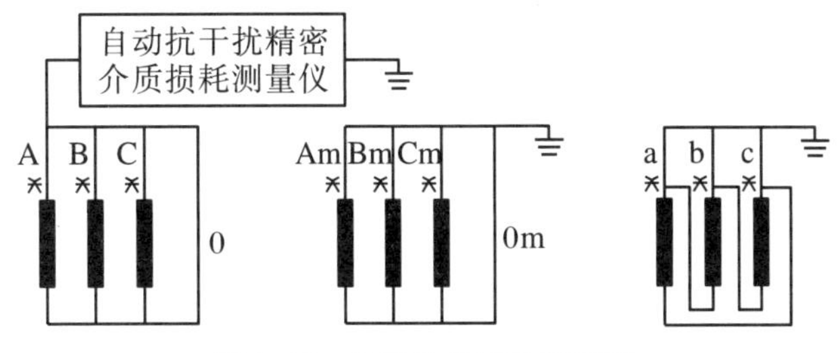

图 3.80 绝缘特性试验接线图

绝缘特性试验的监造要点见表 3.50。

表 3.50 绝缘特性试验的监造要点

序号	监造项目	见证内容和方法	见证方式	见证依据	监造要点
1	绕组绝缘电阻测试	查看仪器仪表	W	订货技术协议书 设计文件 出厂试验方案 GB 1094.1 GB 6451 JB/T 501 GB/T 4109	要求：测量绕组的绝缘电阻应使用电压不低于 5000 V、指示量限不小于 100 GW 的绝缘电阻表或自动绝缘测试仪
		观察试品状态	W*		提示：主要查看油位、温度
		观察测量绕组绝缘电阻	W*		要求： (1) 测量每一绕组对地及其余绕组间 15 s、60 s 及 10 min的绝缘电阻值，并将测试温度下的绝缘电阻换算到 20 ℃ (2) 测量铁芯对夹件与地，以及夹件对地的绝缘电阻值(用 2500 V 绝缘电阻表) 说明：为减少公式换算产生的偏差，该项目的试验应尽可能在本体温度接近 20 ℃时测试，最好供应商能提供本类变压器绝缘电阻(60 s 时)与温度的实测曲线
		核算吸收比和极化指数	W*		提示：当极化指数或吸收比达不到规定值而绝缘电阻绝对值相对比较高(例如 20 ℃下大于 10000 MΩ)时，应综合判断
2	介质损耗因数、电容测量	查看仪器仪表	W		要求： (1) 测量每一绕组连同套管对地及其余绕组间的介损、电容值，并将测试温度下的介损值换算到 20 ℃ (2) 单独测量套管的介损和电容值，并对套管末屏进行 1 min、2 kV 的交流耐压 说明：为减少用公式换算产生的偏差，该项目的试验应尽可能在本体温度接近 20 ℃时测试，最好供应商能提供本类变压器介损值与温度的实测曲线
		观察测量	W		

6. 绝缘例行试验、型式试验、特殊试验及监造要点

1) 绝缘试验的术语与定义

(1) 变压器绕组的全绝缘是指与变压器绕组端子相连接的所有出线端都具有相同规定的绝缘水平。

(2) 变压器绕组的分级绝缘是指变压器绕组的中性点端子直接或间接接地时，其中性点端设计的绝缘水平低于线端所规定的绝缘水平。

(3) 绝缘试验字母缩写的具体含义是：

U_m——设备最高电压。三相系统中相间最高电压的方均根值，变压器绕组绝缘是按此设计的。

SI——具有最高 U_m值的绕组线路端子上的额定操作冲击耐受电压。

LI——每个独立绕组端子的额定雷电冲击耐受电压。

LIC——进行截波雷电冲击试验时的每个独立绕组线路端子的额定雷电冲击耐受电压。

AC——每个绕组端子对地最高额定交流耐受电压。

HV——高压；MV—中压；LV—低压；N—中性点。

绝缘试验项目的要求见表 3.51。

表 3.51　不同类别的变压器绝缘试验项目要求

设备最高电压范围	$U_m \leqslant 72.5$ kV	72.5 kV$<U_m\leqslant$170 kV		$U_m>170$ kV
绝缘类型	全绝缘	全绝缘	分级绝缘	全绝缘和分级绝缘
线端雷电全波冲击试验(LI)	型式 (包括在 LIC 中)	例行	例行	例行
线端雷电截波冲击试验(LIC)	型式	型式	型式	型式
中性点端子雷电全波冲击试验(LIN)	型式[a]	型式	型式	型式
线端操作冲击试验(SI)	不适用	特殊	特殊	例行
外施耐压试验(AV)	例行	例行	例行	例行
感应耐压试验(IVW)	例行	例行	例行	不适用
带有局放测量的感应电压试验(IVPD)	特殊[b]	例行[b]	例行[b]	例行
线端交流耐压试验(LTAC)	不适用	特殊	例行[c]	特殊
辅助接线的绝缘试验(AuxW)	例行	例行	例行	例行

注：如果用户另有要求，需要在订货合同中注明。

a：对全绝缘的三相变压器，当中性点不引出时，中性点端子雷电全波冲击试验(LIN)为特殊试验。

b：IVW 的试验要求包括在 IVPD 试验中，因此只需要一个试验。此外，U_m = 72.5 kV 且额定容量为 10000 kVA 及以上变压器的 IVPD 试验为例行试验。

c：经用户与制造方协商一致，该类型变压器的 LTAC 试验可由 SI 试验代替。

2) 绝缘试验电压水平

由绕组的设备最高电压 U_m确定的标准试验电压水平见表 3.52。表中不同标准试验电压水平的选取，与系统中预期过电压条件的严重性及特定装置的重要程度有关，相关规则见GB/T 311.1。所有试验电压均为项电压。如无另行规定，绝缘试验水平应取表3.53中给出的 U_m所对应的最低值。一般情况下，表中每行给定的值是配合使用的。如果只规定雷电冲击电压水平，那么与该雷电冲击电压水平位于同一行的其他试验电压值将被采用。对于每种试验，用户可以规定高于 U_m所对应的最低值的任何值，应优先选用标准值以便绝缘配合，但不必选择表中同一行的数值。如果规定更高的电压水平，则应在询价和订货时说明。

表3.52　绕组的试验电压水平(单位:kV)

系统标称电压（方均根值）	设备最高电压 U_m（方均根值）	雷电全波冲击（LI）（峰值）	雷电截波冲击（LIC）（峰值）	操作冲击（SI）（峰值、相对地）	外施耐压或线端记录耐压[（AV）或（LTAC）（方均根值）]
—	≤1.1	—	—	—	5
3	3.6	40	45	—	18
6	7.2	60	65	—	25
10	12	75	85	—	35
15	18	105	115	—	45
20	24	125	140	—	55
35	40.5	200	220	—	85
66	72.5	325	360	—	140
110	126	480	530	395	200
220	252	850	950	650	360
		950	1050	750	395
330	363	1050	1175	850	460
		1175	1300	950	510
500	550	1425	1550	1050	630
		1550	1675	1175	680
750	800	1950	2100	1550	900
1000	1100	2250	2400	1800	1100

表3.53　分级绝缘变压器中性点端的试验电压水平(单位:kV)

系统标称电压（方均根值）	中性点端的设备最高电压 U_m（方均根值）	中性点接地方式	雷电全波冲击（LI）（峰值）	外施耐压（AV）（方均根值）
110	52	不直接接地	250	95
	72.5		325	140
220	40.5	直接接地	185	85
	126	不直接接地	400	200

续表

系统标称电压(方均根值)	中性点端的设备最高电压 U_m(方均根值)	中性点接地方式	雷电全波冲击(LI)(峰值)	外施耐压(AV)(方均根值)
330	40.5	直接接地	185	85
	145	不直接接地	550	230
500	40.5	直接接地	185	85
	72.5	经小电抗接地	325	140
750	40.5	直接接地	185	85
1000	40.5	直接接地	185	85
	72.5		325	140

3) 变压器绝缘试验项目及监造要点如下

(1) 线端雷电全波冲击试验(LI)

本试验用来验证设备在运行过程中耐受瞬态快速上升的典型的雷电冲击电压的能力,用来验证被试变压器的雷电冲击耐受强度,冲击波施加于线端。该试验包含高频电压分量,与交流电压试验不同,在绕组中产生的冲击分布是不均匀的。试验冲击波应是标准雷电冲击全波:1.2 μs ± 30%/50 μs ± 20%。试验顺序:一次 50%～70%全电压的参考冲击;随后三次 100%全电压的冲击。如果在降低电压下所记录的电压和电流瞬变波形图,与在全电压下所记录的相应的瞬变波形图无明显差异,则试验合格。如果电压发生降落或偏离,在制造方与用户协商一致的情况下,可以不立即判断试验失败,按试验顺序完成试验,然后参考原来降低的冲击电压波形重复全试验顺序,如果发生进一步的电压降落或偏离,则判定试验不合格。试验期间额外的现象(如异常噪声等)可用于对记录的解释,但它们本身不构成依据。

雷电冲击试验线路图如图 3.81 所示。

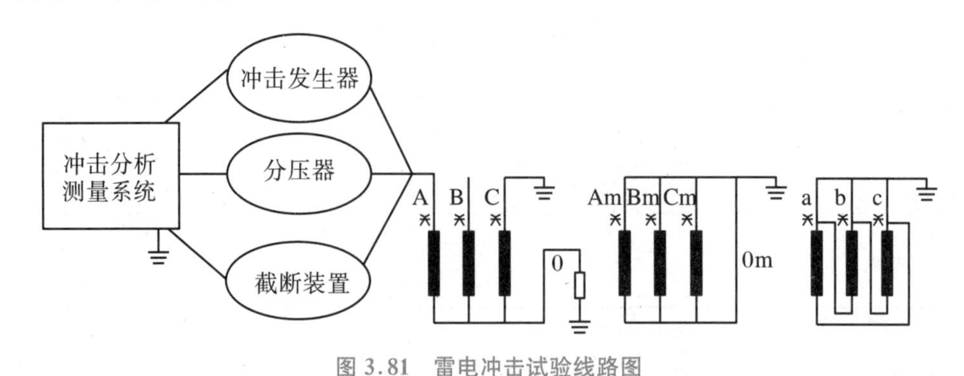

图 3.81 雷电冲击试验线路图

线端雷电全波冲击试验的监造要点见表 3.54。

表 3.54　线端雷电全波冲击试验的监造要点

序号	见证内容和方法	见证方式	见证依据	监造要点
1	查看试验装置、仪器及其接线，分压比	H	订货技术协议书 出厂试验方案 GB 1094.1 GB 1094.3 GB/T 1094.4	说明：如果分接范围不大于±5%，变压器置于主分接试验；如果分接范围大于±5%，试验应在两个极限分接和主分接进行，在每一相使用其中的一个分接进行试验 提示：对照试验方案，做好现场记录
2	观察冲击电压波形及峰值	H		说明：波前时间一般为1.2(1±30%) μs，半峰时间为50(1±20%) μs，电压峰值允许偏差为±3%
3	观察冲击过程及次、序	H		说明：包括电压为50%～75%全试验电压的一次冲击及其后的三次全电压冲击。必要时，全电压冲击后加做50%～75%试验电压下的冲击，以便比较
4	试验结果初步判定	H		提示：变压器无异常声响，电压、电流无突变，在降低试验电压与全试验电压下冲击的示波图上电压和电流的波形无明显差异，且试验负责人认为无异常，则本试验通过

(2) 线端雷电截波冲击试验(LIC)

与LI试验目的相同，本试验用来验证设备运行过程中耐受某些高频冲击的能力。该试验包括全波冲击和产生电压急剧变化的波尾截断冲击。截波冲击试验与全波冲击试验相比，其电压峰值更高，频率也更高。雷电冲击截波的截断时间为3～6 μs，从截断瞬间到电压首次为零的时间应尽可能短。试验应在截波电路没有预加额外阻抗的条件下进行，如果在降低电压下观察到电压过冲超过截波冲击峰值的30%，则在截波电路里增加最小阻抗，以使电压过冲维持在30%以下。截断前已达到雷电冲击峰值时，经协商一致，截断时间可以为2～3 μs。试验顺序：一次50%～70%全电压的参考冲击；一次100%全电压的冲击；两次截波雷电冲击试验电压的截波冲击；两次100%全电压的全波冲击。试验中所采用的测量通道及示波图记录与全波冲击试验相同。如果在降低电压下所记录的电压和电流瞬变波形图，与在全电压下所记录的相应的瞬变波形图(包括直到截断时刻的部分)无明显差异，则试验合格。如果截断时刻后的波形有差别，则可能是由截断球隙微小的时延变化引起的。如果电压发生降落或偏离，在制造方与用户协商一致的情况下可以不立即判断试验失败，按试验顺序完成试验，然后参考原来降低的冲击电压波形重复全试验顺序，如果发生进一步的电压降落或偏离，则判定试验不合格。试验期间额外的现象(如异常噪声等)可用于对记录的解释，但它们本身不构成依据。

线端雷电截波冲击试验的监造要点见表3.55。

表 3.55　线端雷电截波冲击试验的监造要点

序号	见证内容和方法	见证方式	见证依据	监造要点
1	查看试验装置、仪器及其接线，分压比	H	订货技术协议书 出厂试验方案 GB 1094.1 GB 1094.3 GB/T 1094.4	说明： (1) 如果分接范围不大于±5%，置于主分接试验 (2) 如果分接范围大于±5%，试验应在两个极限分接和主分接进行，在每一相使用其中的一个分接 提示：对照试验方案，做好现场记录
2	观察冲击电压波形及峰值	H		说明：波前时间一般为 1.2(1±30%) μs，截断时间应在 2～6 μs 间，跌落时间一般不应大于 0.7 μs，波的反极性峰值不应大于截波冲击峰值的 30%
3	观察冲击过程及次、序	H		说明：截波冲击试验应插入雷电全波冲击试验的过程中进行，顺序如下： 一次降低电压的全波冲击 一次全电压的全波冲击 一次或多次降低电压的截波冲击 两次全电压的截波冲击 两次全电压的全波冲击
4	初步分析	H		提示：如变压器无异常声响，示波图中电压、示伤电流波形在降低试验电压下和全试验电压下无明显差异，后续的全波冲击作为截波冲击的补充判断，且试验负责人认为无异常，则本试验通过

(3) 中性点端子雷电冲击试验(LIN)

本试验用来验证中性点端子和它所连接的绕组对地与对其他绕组，以及被试绕组纵绝缘的雷电冲击耐受强度。所有其他端子接地，在中性点端子直接施加规定的雷电冲击全波电压。除波前时间允许最大达到 13 μs 外，中性点端子的全波冲击波形与雷电全波冲击试验相同。试验顺序和试验判断均按照雷电全波冲击试验。

中性点雷电全波冲击试验的监造要点见表 3.56。

(4) 线端操作冲击试验(SI)

本试验用来验证设备在运行过程中耐受与开关操作相关的典型的上升时间缓慢瞬态电压的能力。本试验也可用来验证线端和它所连接的绕组对地，以及对其他绕组的操作冲击耐受强度，同时还能验证相间和被试绕组纵绝缘的操作冲击耐受强度。此试验为单相试验，感应电压分布在变压器所有绕组上，在被试相线端施加电压，其他线端开路，被试相线端电压近似按匝比确定。被试相绕组电压分布与该绕组施加感应电压试验相似。试验应包括一次 50%～70%全电压下的冲击和三次连续的全电压下的冲击。在每次全电压冲击前，应进行足够的反极性磁冲击，以确保铁芯的磁化状态是相似的，从而尽可能使从视在原点到第一个过零点的全部时间保持一致。如果示波图记录仪中没有指示出电压的突然下降或电压、电流的中断，则试验合格。

线端操作冲击试验的接线图如图 3.82 所示。

表 3.56 中性点雷电全波冲击试验的监造要点

序号	见证内容和方法	见证方式	见证依据	监造要点
1	查看试验装置、仪器及其接线，分压比	H	订货技术协议书 出厂试验方案 GB 1094.1 GB 1094.3 GB/T 1094.4	要求：对于绕组带分接的变压器，当分接位于绕组中性点端子附近时，应选择具有最大匝数比的分接进行
2	观察冲击电压波形及峰值	H		说明：波前时间为 1.2～13 ms，半峰时间为 50(1±20%) ms
3	观察冲击过程及次、序	H		说明：实验顺序是 50%～75%全试验电压下的一次冲击及其后的三次全电压冲击
4	初步分析	H		提示：变压器无异常声响，在降低试验电压下冲击与全试验电压下冲击的示波图上电压和电流的波形无明显差异，且试验负责人认为无异常，则本试验通过

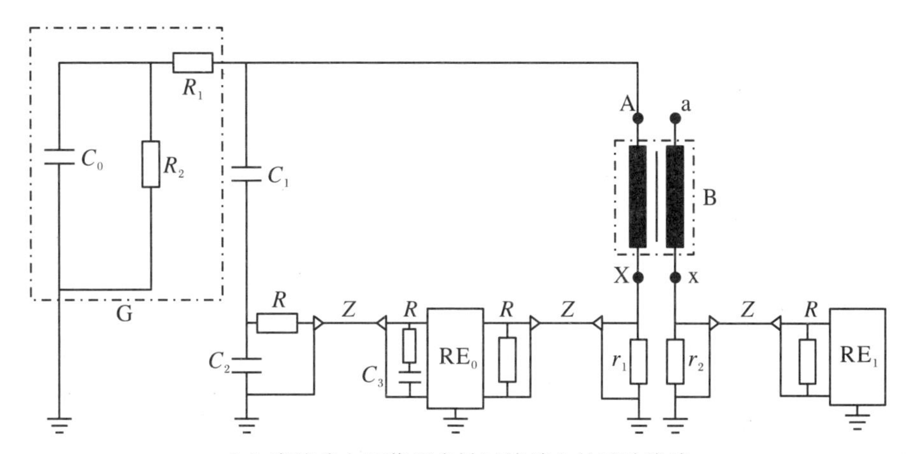

(a) 直接将电压作用在被试线端上的试验线路

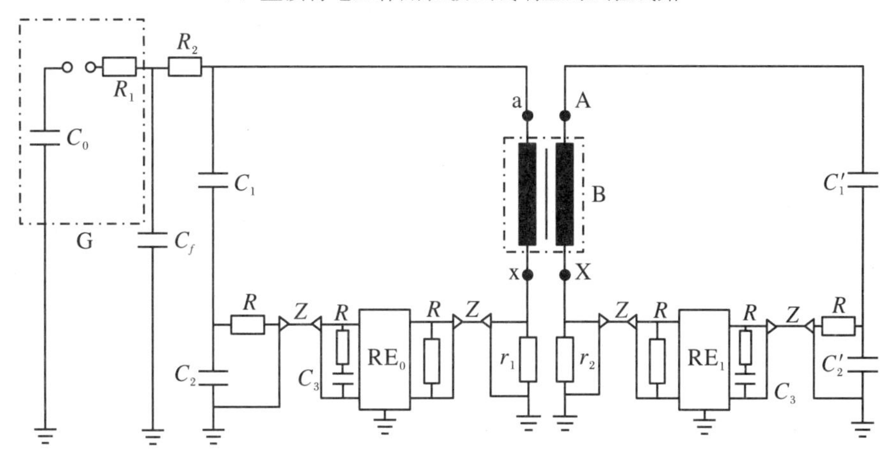

(b) 变压器低压励磁产生操作波的试验线路

图 3.82 线端操作冲击试验接线图

线端操作冲击试验的监造要点见表 3.57。

表 3.57 线端操作冲击试验的监造要点

序号	见证内容和方法	见证方式	见证依据	监造要点
1	查看试验装置、仪器及其接线，分压比	H	订货技术协议书 出厂试验方案 GB 1094.1 GB 1094.3 GB/T 1094.4	说明：耐受电压按具有最高 U_m 值的绕组确定；其他绕组上的试验电压值尽可能接近其耐受值；相间电压不应超过相耐压值的 1.5 倍 提示：对照试验方案，做好现场记录
2	观察冲击电压波形及峰值	H		说明：波前时间一般应不小于 100 μs，超过 90% 规定峰值时间至少为 200 μs，从视在原点到第一个过零点时间应为 500～1000 μs
3	观察冲击过程及次、序	H		说明：试验顺序为一次降低试验电压水平 50%～75%的负极性冲击，三次额定冲击电压的负极性冲击，每次冲击前应先施加幅值约 50%的正极性冲击以产生反极性剩磁
4	试验结果初步判定	H		提示：变压器无异常声响、示波图中电压没有突降、电流也无中断或突变、电压波形过零时间与中性点电流最大值时间基本对应，且试验负责人认为无异常，则本试验通过

(5) 外施耐压试验(AV)

本试验用来验证线端和中性点端子，以及和它所连接的绕组对地与对其他绕组的交流电压耐受强度，试验电压施加在绕组所有的端子上，包括中性点端子，因此不存在匝间电压。试验应依次在变压器的每个独立绕组接线。全电压试验值应施加于被试绕组的所有连接在一起的端子与地之间，加压时间为 60 s。试验时，其余绕组的所有端子、铁芯、夹件、油箱等连在一起接地。外施交流耐受电压试验应采用不低于 80%的额定频率，波形尽可能接近正弦波的单相交流电压接线。应测量电压峰值，试验电压值应是测量的电压峰值除以$\sqrt{2}$。试验应从不大于规定试验值的 1/3 的电压值开始，并与测量相配合尽快地增加到试验值。试验结束后，应将电压迅速降低到试验值的 1/3 以下，然后切断电源。如果试验电压不出现突然下降，则试验合格。

外施耐压试验接线图如图 3.83 所示。

外施耐压试验的监造要点见表 3.58。

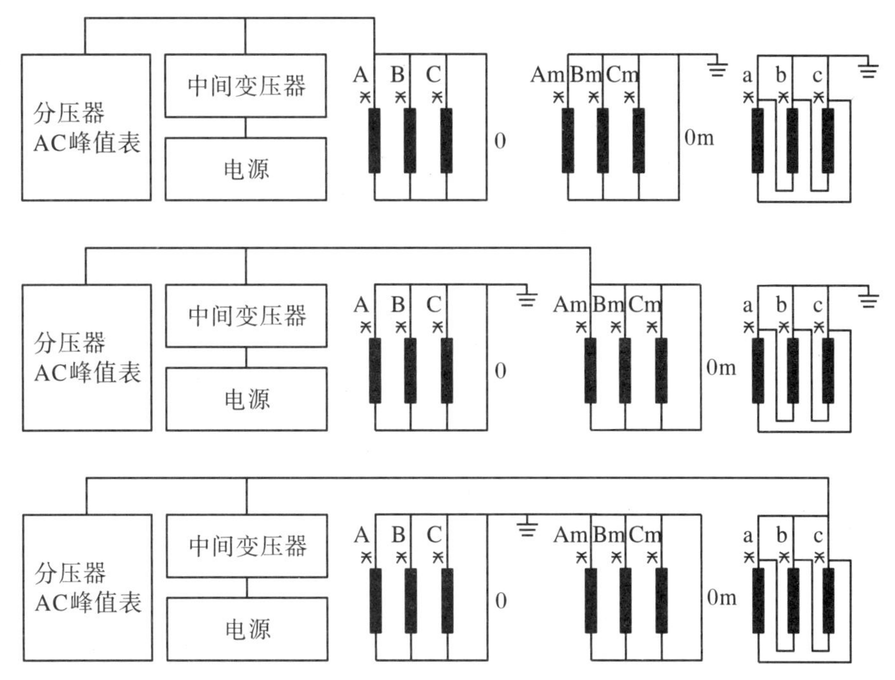

图 3.83　外施耐压试验接线图

表 3.58　外施耐压试验的监造要点

序号	见证内容和方法	见证方式	见证依据	监造要点
1	查看试验装置、仪器及其接线，分压比	H	订货技术协议书 出厂试验方案 GB 1094.1 GB 1094.3 GB/T 1094.4	提示：对照试验方案，做好现场记录
2	观察加压全过程	H		
3	试验结果初步判定	H		提示：变压器无异常声响，电压无突降，电流无突变，且试验负责人认为无异常，则本试验通过

(6) 线端交流耐压试验(LTAC)

本试验用来验证每个线端对地的交流电压耐受强度，试验时电压施加在一个或多个绕组线端，本试验允许分级绝缘变压器线端施加适合该线端的电压。试验时，应使线端与地之间出现规定的试验电压。被试绕组各相端子依次接线试验，试验时间、试验频率和加压方式按感应耐压试验给出。如果试验电压不出现突然下降，则试验合格。

线端交流耐压试验接线图如图 3.84 所示。

线端交流耐压试验的监造要点见表 3.59。

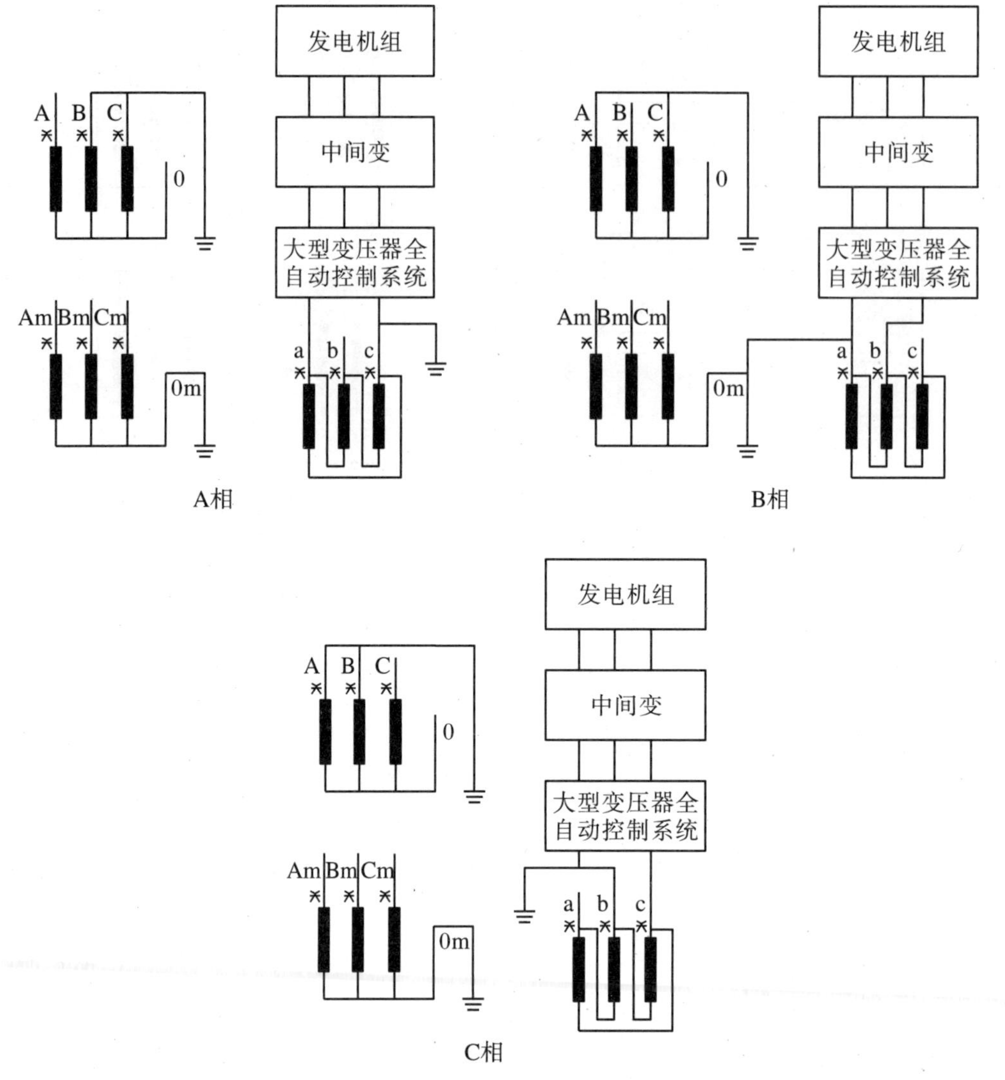

图 3.84 线端交流耐压试验接线图

表 3.59 线端交流耐压试验的监造要点

序号	见证内容和方法	见证方式	见证依据	监造要点
1	查看试验装置、仪器及其接线，分压比	H	订货技术协议书 出厂试验方案 GB 1094.1 GB 1094.3 GB/T 1094.4	提示：对照试验方案，做好现场记录
2	观察加压全过程	H		
3	试验结果初步判定	H		提示：变压器无异常声响，电压无突降，电流无突变，且试验负责人认为无异常，则本试验通过

(7) 感应耐压试验(IVW)

本试验用来验证线端和它所连接的绕组对地,以及对其他绕组的交流耐受强度,同时也验证相间和被试绕组绝缘的交流电压时受强度。试验接线按照变压器运行工况进行,试验中对称电压出现在线端和匝间,中性点没有电压。三相变压器采用三相电压进行试验。除非另有规定,当试验电压频率等于或小于额定频率2倍时,其全电压下的试验时间应为60 s。当试验频率超过额定频率2倍时,试验时间应为

$$120\times\frac{额定频率}{试验频率}(\mathrm{s}),\quad 但不少于15\ \mathrm{s}$$

试验应在不大于规定电压的1/3下接通电源,并应与测量配合尽快升至试验电压值。施加电压达到规定电压的时间后,应将电压迅速降至试验电压的1/3以下,然后切断电源。如果试验电压不出现突然下降,则试验合格。

感应耐压试验的监造要点见表3.60。

表3.60 感应耐压试验的监造要点

序号	见证内容和方法	见证方式	见证依据	监造要点
1	查看试验装置、仪器及其接线和互感器变比	H	订货技术协议书 出厂试验方案 GB 1094.1 GB 1094.3 JB/T 501	提示:对照试验方案,做好现场记录(但分接位置的选择应由试验条件决定)
2	观察并记录背景噪声	H		提示:对照试验方案,做好现场记录(但分接位置的选择应由试验条件决定)
3	观察方波校准	H		要求:每个测量端子都应校准 提示:注意记录传递系数
4	观察电压频率及峰值	H		
5	观察感应耐压全过程	H		要求:按GB 1094.3—2003中的12.2.2规定的时间顺序施加试验电压 提示:注意记录耐受电压及持续时间
6	观察局部放电测量	H		提示:注意观察在两个U_2下的局放量及其变化,并记录起始电压和熄灭电压
7	初步分析	H		提示:试验电压无突降现象,试验负责人认为无异常,则本试验通过

(8) 带有局部放电测量的感应电压试验(IVPD)

本试验用来考核变压器内部是否存在绝缘的某些薄弱部位,验证变压器在正常运行条件下不会发生有害的局部放电。以与运行同样的方式在变压器上施加试验电压。试验中对称电压出现在线端和匝间,中性点没有电压。三相变压器采用三相电压进行试验。除非另有规定,当试验电压频率等于或小于额定频率2倍时,对于$U_m\leqslant 800$ kV的变压器,其增强电压下的试验时间应为60 s,对于$U_m>800$ kV的变压器,其增强电压下的试验时间应为30 s;当试验频率超过额定频率2倍时,试验时间应为

$$120\times\frac{额定频率}{试验频率}(s),\quad 但不少于 15\ s(U_m\leqslant 800\ kV)$$

或

$$120\times\frac{额定频率}{试验频率}(s),\quad 但不少于 75\ s(U_m>800\ kV)$$

除了增强电压水平下的试验持续时间外,其他试验时间与频率无关。

变压器局部放电测量试验程序图和接线图如图 3.85 所示。

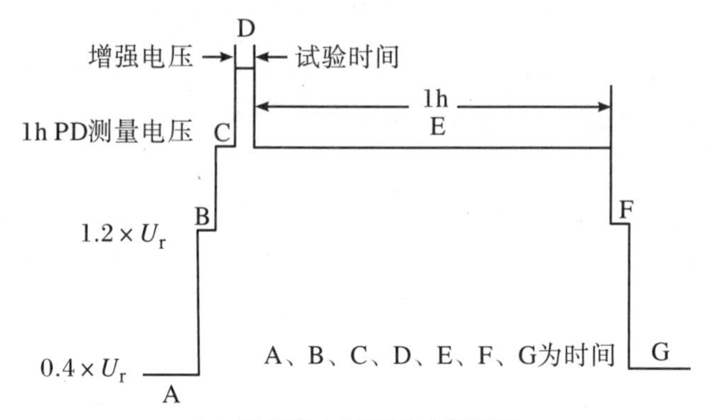

(a) 局部放电测量试验程序图

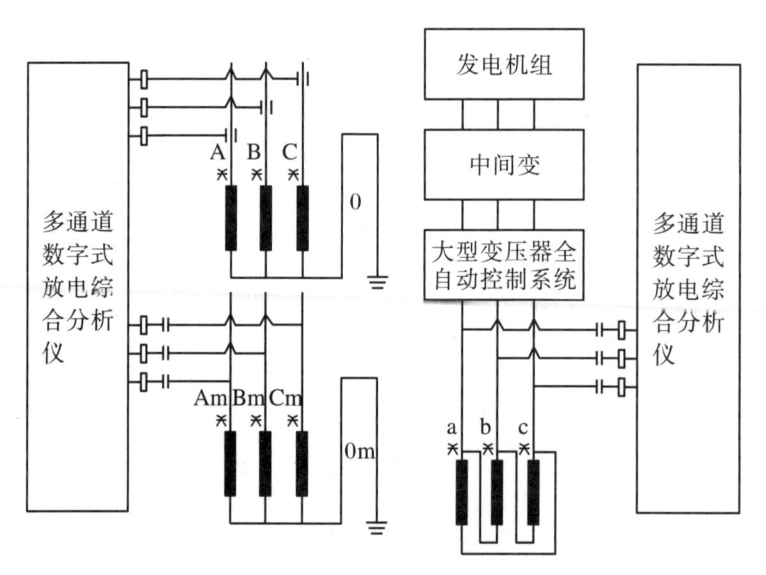

(b) 局部放电测量试验接线图

图 3.85　变压器局部放电测量

如果试验开始和结束时测得的背景 PD 水平均没有超过 50 pC,则试验有效。如果满足下列判据,则试验合格:

① 试验电压不产生突然下降。

② 在 1 h 局部放电试验期间,没有超过 250 pC 的局部放电量记录。

③ 在 1 h 局部放电试验期间,局部放电水平无上升的趋势;在最后 20 min,局部放电水平无突然持续增加。

④ 在1 h局部放电试验期间，局部放电水平的增加量不超过50 pC。

⑤ 在1 h局部放电测量后电压降至$1.2U_r/\sqrt{3}$时，测量的局部放电水平不超过100 pC。

如果③项或④项判据不满足，则可以延长1 h周期测量时间，如果在后续的连续1 h周期内满足了上述条件，则可认为试验合格。

只要不产生击穿并且不出现长时间的特别高的局部放电，则试验是非破坏性的。

带有局部放电测量的感应电压试验的监造要点见表3.61。

表3.61 带有局部放电测量的感应电压试验的监造要点

序号	见证内容和方法	见证方式	见证依据	监造要点
1	查看试验装置、仪器及接线，变比	H	订货技术协议书 出厂试验方案 GB 1094.1 GB 1094.3 GB/T 1094.4	要求：高压引线侧应无晕化 提示：对照试验方案，做好现场记录
2	观察并记录背景噪声	H		要求：背景噪声应小于视在放电规定限值的一半
3	观察方波校准	H		要求：每个测量端子都应校准 提示：注意记录传递系数
4	观察感应电压频率及峰值	H		要求： (1) 合理选择相匹配的分压器和峰值表 (2) 电压偏差在±3%以内 (3) 频率应接近选择的额定值
5	观察感应电压全过程	H		要求：按试验方案或GB 1094.3中的12.4规定的时间顺序施加试验电压
6	观察局部放电测量	H		提示：注意观察在U_2下的长时试验期间的局部放电量及其变化，并记录起始放电电压和放电熄灭电压 说明：若放电量随时间递增，则应延长U_2的持续时间以观后效，半小时内不增长可视为平稳
7	初步分析	H		提示：变压器无异常声响，试验电压无突降现象，视在放电量趋势平稳且在限值内，试验负责人认为无异常，即可初步认为试验通过

7. 有载分接开关试验及监造要点

有载分接开关是变压器完成有载调压的核心部件，也是变压器中唯一频繁动作的部件。有载分接开关的性能状况直接关系到有载调压变压器的安全运行。因此，开展有载分接开关的检测，对于减少有载分接开关故障，保证变压器的安全运行具有重要的意义。

在变压器完成装配后，有载分接开关应承受如下顺序的操作试验，且不发生故障：

(1) 变压器不励磁，完成8个操作循环(一个操作循环是从分接范围的一端到另一端，并返回到原始位置)。

(2) 变压器不励磁，且操作电压降到额定值的85%时，完成一个操作循环。

(3) 变压器在额定频率、额定电压下空载励磁时,完成一个操作循环。

(4) 将变压器的一个绕组短路,并尽可能使分接绕组中的电流达到额定值,在粗调选择器或极性选择器操作位置处或中间分接每一侧的两个分接范围内,完成 10 次分接交换操作。

有载分接开关试验接线图如图 3.86 所示。

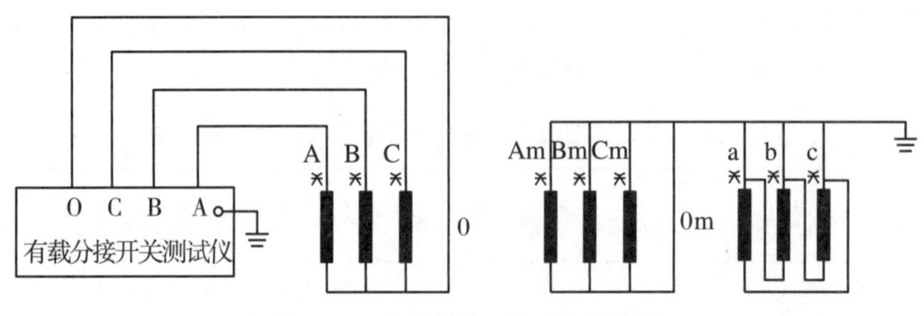

图 3.86　有载分接开关试验接线图

辅助线路绝缘试验是在变压器装配完成后,除另有规定外辅助电源和控制线路的接线应承受 2 kV(方均根值)、1 min 对地交流外施耐压试验。如果试验电压不出现突然下降或没有击穿特征,则表明通过了试验。辅助设备用的电机和其他电器的绝缘要求应符合有关标准的规定。

有载分接开关试验的监造要点见表 3.62。

表 3.62　有载分接开关试验的监造要点

序号	见证内容和方法	见证方式	见证依据	监造要点
1	观察开关安装检查	W	订货技术协议书; 出厂试验方案 GB 1094.1 JB/T 501 GB 10230.1 GB 10230.2	要求: (1) 切换机构、选择器和电动机构联结后,手摇操作若干个循环(从初始分接到分接范围的一端,再到另一端,然后返回到初始分接为一个循环),校验其正、反调时的对称性和调到极限位置后的机械限位 (2) 分接开关本体上的挡位指示和电动机构箱上的挡位指示一致
2	观察电动操作试验	W*		要求: (1) 变压器不励磁,用额定操作电压电动操作 8 个循环,然后将操作电压降到其额定值的 85%,操作一个循环 (2) 在变压器空载电压下,电动操作一个循环 (3) 在变压器额定电流下,主分接两侧的各两个分接内操作 10 次分接变换
3	观测辅助线路绝缘	W		要求:辅助线路应承受 2 kV、1 min 对地外施耐压试验
4	观察切换开关油室密封	W		要求:切换开关油室应能经受 0.05 MPa 压力的油压试验,历时 24 h 无渗漏

8. 变压器油试验及监造要点

变压器油的例行试验包括击穿电压测量、介质损耗因数测量、含水量、含气量及溶解气体气相色谱分析。

(1) 击穿电压测量:击穿电压是衡量变压器油被水和悬浮杂质污染程度的重要指标。击穿电压越低,变压器的整体绝缘性能越差,直接影响安全运行,因此必须严格测试,并将变压器油击穿电压控制在不同的范围内:110～220 kV 级变压器油耐压≥40 kV;330 kV 级变压器油耐压≥50 kV;500 kV 级变压器油耐压≥60 kV。当合同有特殊规定时,需按合同规定。

(2) 介质损耗因数测量:变压器油介质损耗因数是衡量变压器油本身绝缘性能和被杂质污染程度的重要参数。油介质损耗因数越大,变压器的整体介质损耗因数也就越大,绝缘电阻相应增大,油纸绝缘的寿命也会缩短,因此必须严格测试,以便将油介质损耗因数控制在较低的范围内:330 kV 级及以下产品应<0.010;500 kV 级产品应<0.007。

(3) 含水量:水分影响油纸绝缘性能、加快油纸绝缘老化速度,为了将变压器油中含水量控制到较低范围,必须在产品注油前、后对油中含水量进行测定:110 kV 级产品含水量≤20 μL/L;220 kV 级产品含水量≤15 μL/L;330 kV 级以上产品含水量≤10 μL/L。

(4) 含气量:变压器油溶解空气的能力很强,当空气含量过高时,在注油和运行中易在油中形成气泡,导致局部放电;即使溶解的空气不产生气泡,其中的氧气也会加速油纸绝缘老化;因此变压器油中的含气量应控制在较低的范围内,一般 330 kV 级以上的产品进行此项试验。含气量应≤1%。

(5) 溶解气体气相色谱分析:变压器油中溶解的和气体继电器中收集的一氧化碳、二氧化碳、氢气、甲烷、乙烷、乙炔等气体含量,间接地反映了充油设备(变压器、互感器、电抗器、套管等)的实际情况,通过对这些组分的变化情况进行监测,就可以判断设备在试验或运行过程中的状态变化情况,并为判断和排除故障提供依据。一般 220 kV 级及以上产品进行此项试验,并且在产品绝缘耐受电压试验、局放试验、温升试验及空载运行试验前、后进行测试对比,各组分不能有明显升高。部分组分含量值见表 3.63。

表 3.63 变压器油色谱含量值

组分	变压器(μL/L)	套管(μL/L)
氢气(H_2)	<30	<150
乙炔(C_2H_2)	0	0
总烃	<20	<10

结果的重复性和再现性:同一试样至少进行两次平行试验,取两次结果的算术平均值为试验结果;当油中溶解的气体浓度>10 μL/L 时,两次测定结果值之差应小于平均值的10%;当油中溶解的气体浓度≤10 μL/L 时,两次测定结果值之差应小于平均值的 15%。

变压器油试验的监造要点见表 3.64。

表 3.64　变压器油试验的监造要点

见证项目	见证内容和方法	见证方式	见证依据	监造要点
绝缘油试验	理化试验和工频耐压	R	订货技术协议书 出厂试验方案 JB/T 501 GB 2536	说明:绝缘油多是从炼油厂直发工地的
油中溶解气体分析	观察采样	W	订货技术协议书 出厂试验方案 GB/T 7252	要求:至少应在如下各时点采样分析,如试验开始前,绝缘强度试验后,长时间空载试验后,温升试验或长时过电流试验开始前、中(每隔 4 h)、后,出厂试验全部完成后,发运放油前 提示:留存有异常的分析结果,记录取样部位
	查看色谱分析报告	w		要求:油中氢气含量小于 15 μL/L,乙炔为 0,总烃小于 7.5 μL/L;特别要注意有无增长

9. 温升试验见证内容及监造要点

温升试验是变压器的型式试验,是变压器型式试验和例行试验项目中需要电源容量最大、占用时间最长的一项试验,验证试品在额定工作状态下,主体所产生的总损耗(空载损耗与负载损耗)与散热装置热平衡的温度是否符合有关标准的规定,并验证产品结构的合理性,发现油箱和结构件上的局部过热的程度。

1) 温升限值

(1) 额定容量下的温升限值:油浸电力变压器的温升限值是根据不同的负载情况而定的,对于铁芯、裸露的电气连接线、电磁屏蔽及油箱上的结构件,均不规定温升限值,但仍要求其温升不能过高,以免与其相邻的部件受到热损坏或使变压器油过度老化。连续额定容量下的温升限值见表 3.65。

表 3.65　额定容量下的温升限值

要求	温升限值(K)
顶层油温升	60
绕组平均(用电阻法测量): ON 及 OF 冷却方式 OD 冷却方式	 65 70
绕组热点	78

(2) 特殊冷却条件下的修正值:如果变压器实际使用场所的运行条件不符合正常冷却条件,则变压器温升限值应按表 3.66 给出的规则修正。

表 3.66 特殊冷却条件下的温升限值修正值

环境温度(℃)			温升限值修正值 K[a]
年平均	月平均	最高	
15	25	35	+5
20	30	40	0
25	35	45	-5
30	40	50	-10
35	45	55	-15

注：K[a]是相对于上表的修正值。

(3) 水冷却方式变压器：如果安装现场的冷却水的最高温度和/或年平均温度超过表3.66中的"温升限值修正值"，则所有规定的温升限值均应按超出的数值予以降低，并应修约到最接近温度的整数值(K)。

2) 温升试验方法及监造要点

测量稳态温升的标准方法是采用短路接线的等效试验法。在特殊情况下，也可以按协议对适当的负载施加额定电压和额定电流。这主要适用于额定容量较小的变压器。也可以按协议采用"相互负载法"，这种方法是选用两台变压器并联，其中一台是被试变压器，对被试变压器施加额定电压励磁。通过两台变压器不同的电压比，或采用另外输入电压的方法使被试变压器绕组内流过额定电流。

(1) 短路法：利用变压器短路产生损耗来进行温升试验。试验设备包括：电源、辅助变压器、补偿电容器、电压互感器、电流互感器、电流表、瓦特表、电阻测试仪和红外测温仪。用短路法进行温升试验时，将试品的一侧绕组短路，另一侧供电，使其输入功率等于最大总损耗；当温升稳定后，将得到相当于额定状态的油顶层温升及油平均温升；油的温升稳定后降低输入功率，使绕组中的电流等于额定容量的最大电流；然后持续 1 h，测量绕组对油的温升；将额定容量的最大电流时绕组对油的温升加上最大总损耗时油的平均温升，就等于试品在额定容量运行时绕组对冷却介质的最高温升。

(2) 变压器油的色谱分析：在变压器温升试验中，常规方法只能测量绕组的平均温升和油顶层温升。这种测量不能测出变压器内部铁芯或结构件有无局部过热，因为标准规定的测量项目都是测量被测量的总体变化。在大型变压器内部，漏磁通密度较高或结构局部缺陷引起的局部过热是不能用上述方法检测出来的，因此，需在温升试验前和温升试验后分析变压器油中的溶解气体，来确定变压器内部有无局部过热。这可以使用变压器油色谱分析法，通过色谱数据前、后的对比来判断变压器内部有无局部过热现象。

温升试验的监造要点见表 3.67。

表 3.67　温升试验的监造要点

序号	见证内容	见证方式	见证依据	监造要点
1	观测环境温度	W	订货技术协议书 设计文件 出厂试验方案 GB 1094.1 GB 6451 JB/T 501 GB 1094.2	提示:记录测温计的布置
2	观测油温	W		提示:注意测温计的校验纪录和测点布置
3	观察通流升温过程	W		要求: (1) 选在最大电流分接上进行,施加的总损耗应是空载损耗与最大负载损耗之和 (2) 当顶层油温升的变化率小于每小时 1 K,并维持 3 h 时,取最后一个小时内的平均值为顶层油温 (3) 配以红外热像检测油箱温度 (4) 对于多种组合冷却方式的变压器,在进行各种冷却方式下的温升试验 提示:监视电流表的读数,应与最大总损耗对应
4	观测绕组电阻	H		要求:顶层油温升测定后,应立即将试验电流降低到该分接对应的额定电流,继续试验 1 h,达到 1 h 时,应迅速切断电源和打开短路线,测量两侧绕组中间相的电阻(最好是三相同时测)。 提示:监视热电阻的测量并记录相关数据
5	查看绕组温度推算	W		说明: (1) 采用外推法或其他方法求出断电瞬间绕组的电阻值,根据该值计算绕组的温度 (2) 绕组的温度值应加上油温的降低值,并减去施加总损耗末了时的冷却介质温度,即得到绕组平均温升 提示:比较各绕组的温升曲线和温升值

10. 声级测定及监造要点

1) 变压器噪声的来源

变压器噪声与其电气性能和机械性能一样,都是变压器极为重要的技术参数,属于变压器的型式试验。变压器的噪声声源主要来自铁芯硅钢片的磁致伸缩、绕组中的电磁力、油箱磁屏蔽和油箱的振动(包括共振)、风扇运转、油泵带动油流可能会引起的振动等。如果设计不合理,横向漏磁大,因磁屏蔽中磁密过高而引起的磁致伸缩产生的振动和噪声,以及伴随而生的共振声能达到较高的水平。

2) 噪声强度的表示方法

变压器的噪声测量主要考虑响度,是指测量其声压级、声功率级和声强级。

(1) 声压级是待测量的声压和基准声压之比,用 dB 表示。噪声是用声级计进行测量的,声级计由传声器、放大器、衰减器、计权网络、检波、仪表指示等结构组成,其中计权网络

(分 A、B、C、D 4 种)模拟人耳的纯音响应,所有测定的声压级是计权声压级。A 计权的声压级最接近人耳对噪声的感觉。变压器的噪声采用 A 计权的声压级表示,单位为 dB(A)。变压器噪声水平是采用分布在变压器四周不同点上及不同高度上的声压来衡量的。

(2) 声功率级是用能量来表示的变压器的噪声水平。声功率是指单位时间内垂直通过指定面积的声能量,单位为瓦(W)。因此还需要测定和计算表面面积 A。声功率级也是待测声功率和基准声功率的比值,取常用对数后再乘以 10,以 dB 表示。

(3) 声强级:声强是指某点在单位时间内垂直通过单位面积的声能量,其单位为 W/m^2。声强级是指待测声强和基准声强的比值,取常用对数之后再乘以 10,以 dB 表示,也用 A 计权。

3) 试验方法

通常变压器的声级是用声压级测定的。试验报告中或冷却器里试品某一规定距离下的平均声压级,或列出由其所确定的声功率级,需要有大量的测量结果等基本数据,以便有助于用来评估新产品对其拟安装地点环境的影响。因此,声压法常常作为优先选用的测量方法。然而,声压法测量需要对背景噪声和声反射的影响进行修正。另一种可采用的测定声功率的方法是声强测量法,它可避免使用上述修正系数,只需要试验环境符合有关准则。

变压器主体部分应按照 GB/T 1094.10 的规定,用声压法确定其声功率级。主体部分应在额定电压和空载电流及分接开关位于主分接的条件下进行测定。冷却设备应按 GB/T 1094.10的规定,用声压法确定其声功率级。冷却设备应与主体部分分开试验。

变压器声级测量是在空载条件下绕组只流过很小的励磁电流时进行的。这种试验方法是可以接受的,因为铁芯的磁致伸缩变形是变压器产生噪声的主要声源。但是,空载声级较低的变压器,例如,低磁密变压器已将铁芯产生的声级降低到可能使由绕组产生的负载电流声级变得更重要些。在正式签订合同之前,有必要协商是否要在负载条件下进行声级测量。

4) 声级测定的监造要点

声级测定的监造要点见表 3.68。

表 3.68 声级测定的监造要点

序号	见证内容	见证方式	见证依据	监造要点
1	查看测试仪器	W	订货技术协议书 出厂试验方案 GB/T 1094.10 JB/T 10088	提示:对照试验方案,做好现场记录
2	观察测试过程	W		提示:注意测试传感器的高度,以及与箱壳的距离

11. 风扇、油泵电机汲取功率测量及监造要点

风扇、油泵电机汲取功率测量是变压器的特殊试验,因此在变压器出厂时需要根据用户要求进行试验。

风扇电动机的功率测量,目的是检查电动机及扇叶是否符合技术条件和标准要求。通常使用 50 Hz、380 V 电源,风扇转动功率由风扇的风量和风压决定。当风扇叶或制造偏差过大时,均会使电机的输入功率发生变化。当功率变小时,风扇的风量和风压变小,冷却器的冷却容量降低;反之,当功率变大时,风扇的风量和风压变大,虽然冷却器的冷却加强,但电动机可能过载,电动机可能因过热而损坏。这些都是风扇电动机试验时要控制的因素。

油泵电动机的功率测量与风扇电路相同,在油泵电动机功率测量时,要注意实际测量的隔离与运行时的功率是不同的。油泵功率测量时,变压器没有负载,油温近似为环境温度,因而变压器油的黏度与额定运行时相差很大。因此,在不同温度下测量得到的油泵功率是不同的,试验单位应有油泵在不同温度下的隔离典型曲线,以便在环境温度下测量时方便校正。

风扇、油泵电机汲取功率测量的监造要点见表 3.69。

表 3.69　风扇、油泵电机汲取功率测量的监造要点

序号	见证内容	见证方式	见证依据	监造要点
1	查看测试仪器及接线	W	订货技术协议书 出厂试验方案 JB/T 501	提示:对照试验方案,做好现场记录

12. 三相变压器的零序阻抗测量及监造要点

电力系统中为了对不同性质的系统故障采用相应有效的继电保护措施,需要确定系统中各电器设备的相关参数。三相变压器的零序阻抗便是其中之一。零序阻抗测量为变压器的特殊试验,仅对三相变压器而言,单相变压器无需测量。

对于运行中有零序回路的绕组(YN 联结),均需测量零序阻抗(Z_0,单位:Ω/相)。试验时一般从三相线端对中性点供电,以试验电流(I,单位:A)为准,测量试验电压(U,单位:V),计算公式为 $Z_0=3U/I$。

有平衡安匝的零序阻抗测量:对于联结组标号为 YNyn0d11、YNd11yn0、Dyn11yn11 的三绕组变压器和 YNd11 的双绕组变压器,有一个封闭的三角形联结的绕组均属于有平衡安匝试品。有平衡安匝试品的零序阻抗是线性的,一般只测量 1 个点;试验电流应尽量等于额定电流,受设备能力限制时,应不低于额定电流的 25%。如无特殊要求,零序阻抗的测量应按以下测量组合进行:

(1) 对于 YNd11 试品,只测量高压绕组,试验时 ABC-0 供电,低压开路。

(2) 对于 YNyn0d11 试品,低压开路时的测量组合见表 3.70。

表 3.70　YNyn0d11 试品的零序阻抗测量组合表

序号	供电端子	开路端子	短路端子
1	ABC-0	$A_mB_mC_m$-0_m	—
2	ABC-0	—	$A_mB_mC_m$-0_m
3	$A_mB_mC_m$-0_m	ABC-0	—
4	$A_mB_mC_m$-0_m	—	ABC-0

对于其他有平衡安匝的绕组联结组合,可参照以上两种联结组合的部位进行测量。在

以上测量中,由于电流沿三角接线自行构成回路,所测的零序阻抗都是"短路零序阻抗",而没有空载零序阻抗。

无平衡安匝的零序阻抗:对于联结组标号为 YNyn0yn0 的三绕组变压器和 Yyn0 的双绕组变压器,以及所有联结组合中无闭合三角形的试品,均属于无平衡安匝试品。无平衡安匝试品的零序阻抗是非线性的,每个测试组合均需测量 4~5 点的零序阻抗;试验电流应尽量等于额定电流,如果零序阻抗太大,应控制其试验电压不超过额定的相电压;以该试验电流等差递减分别测量各点的零序阻抗。如无特殊要求,零序阻抗的测量组合按下列规定进行:

(1) 对于 Yyn0 试品,只测量低压绕组。试验时,abc-0 供电,高压绕组开路。这种试品只有空载零序阻抗,没有短路零序阻抗。

(2) 对于 YNyn0yn0 试品,测量组合见表 3.71。

表 3.71 YNyn0yn0 试品的零序阻抗测量组合表

序号	供电端子	开路端子	短路端子
1	ABC-0	$A_mB_mC_m$-0_m abc-0	—
2	ABC-0	abc-0	$A_mB_mC_m$-0_m
3	ABC-0	$A_mB_mC_m$-0_m	abc-0
4	ABC-0	—	$A_mB_mC_m$-0_m abc-0
5	$A_mB_mC_m$-0_m	ABC-0	abc-0
6	$A_mB_mC_m$-0_m	ABC-0 abc-0	—
7	$A_mB_mC_m$-0_m	abc-0	ABC-0
8	$A_mB_mC_m$-0_m	—	ABC-0 abc-0
9	abc-0	$A_mB_mC_m$-0_m	ABC-0
10	abc-0	ABC-0 $A_mB_mC_m$-0_m	—
11	abc-0	—	ABC-0 $A_mB_mC_m$-0_m
12	abc-0	ABC-0	$A_mB_mC_m$-0_m

以上测试组合中序号 1、6、10 是空载零序阻抗,其他均为短路零序阻抗。低于空载零序阻抗测量时,应指派专人监视试品油箱各部位,避免由于零序磁通集中而引起箱壁内局部过热,大型产品尤应注意。对于其他无平衡安匝试品,可参照以上测量组合进行测量。

零序阻抗试验接线图如图 3.87 所示。

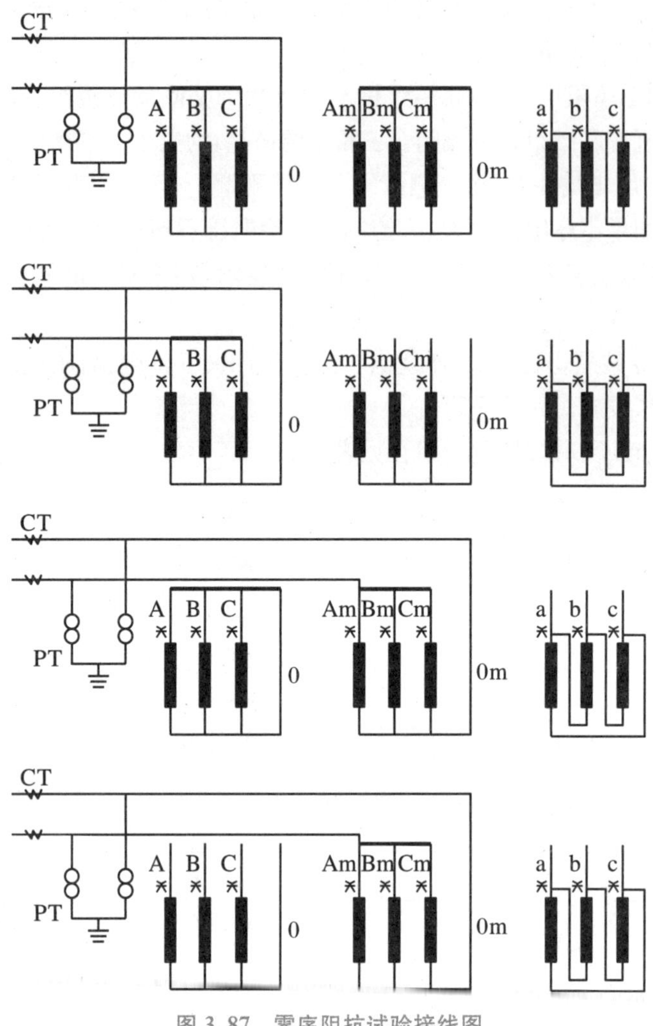

图 3.87 零序阻抗试验接线图

零序阻抗测量的监造要点见表 3.72。

表 3.72 零序阻抗测量的监造要点

序号	见证内容	见证方式	见证依据	监造要点
1	查看测试仪器及接线	W	订货技术协议书 出厂试验方案 GB 1094.1 JB/T 501	提示：对照试验方案，做好现场记录
2	观察测试过程	W		

13. 电流互感器的变比、极性试验及监造要点

套管式电流互感器试验应为装在升高座内的成品试验。用变比电桥分别测量各组出线端子之间的电流比、误差和极性。验证测量所得的数据与技术协议和供应商提供的试验报告及产品铭牌数据是否相符。

(1) 变比：额定一次电流与额定二次电流之比。

(2) 极性试验：标有 P1、S1 和 C1 的所有端子，在同一瞬间具有同一极性。

(3) 辅助线路绝缘试验：电流互感器二次绕组接线应进行 2.5 kV、1 min 对地交流外施耐压试验。试验应在制造单位进行，如果互感器的拐点电压超过交流 2 kV，试验应在交流 4 kV 下进行。如果试验不出现或没有击穿特征，表明试验通过。

套管电流互感器试验的监造要点见表 3.73。

表 3.73 套管电流互感器试验的监造要点

序号	见证内容和方法	见证方式	见证依据	监造要点
1	观察测试，查看记录	R	订货技术协议书 出厂试验方案 GB 1028	说明：如供应商提供的检验报告已完全满足订货技术协议书的要求，变压器出厂试验对套管电流互感器可只进行变比、极性、直阻和绝缘试验四项测试 要求：在互感器装入升高座并接好引出线后进行试验 提示：注意核查原出厂试验报告

14. 长时过电流试验及监造要点

长时过电流试验的目的是检验变压器在额定容量运行的情况下能否承受额定负载。

(1) 对于不进行温升试验的变压器，各绕组进行 1.1 倍额定电流下，持续运行 4 h 的试验，试验前、后色谱分析无异常变化。

(2) 对于进行温升试验的变压器，低压绕组可补充进行 1.1 倍额定电流下，持续运行4 h 的试验，试验前、后色谱分析无异常变化。

(3) 试验后取样进行油中气体分析，变压器油试验前、后无异常变化。

(4) 采用高压侧送电、低压侧短路和高压侧送电、中压侧短路的方法试验。

(5) 过流试验在最小分接处进行。

长时过电流试验接线图如图 3.88 所示。

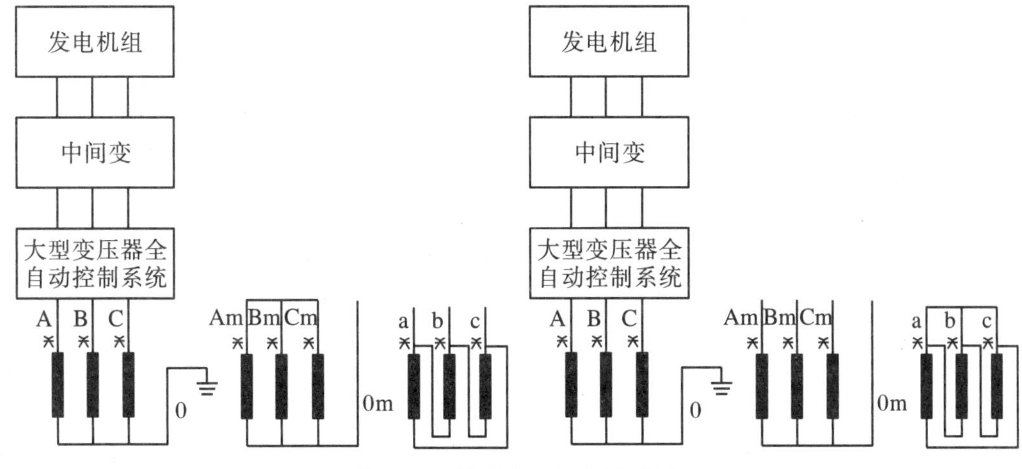

图 3.88 长时过电流试验接线图

长时过电流试验的监造要点见表3.74。

表3.74 长时过电流试验的监造要点

见证内容	见证方式	见证依据	监造要点
观测环境温度	W	订货技术协议书 出厂试验方案 GB/T 6451	提示：记录测温计的布置
观测油温	W		提示：注意测温计的校验记录和测点布置
观察通流升温过程	W		说明：在1.1倍额定电流下，持续运行4 h。 提示：注意色谱分析结果。有可能时，请供应商配以红外热像检测

15. 其他特殊试验的监造要点

其他特殊试验的监造要点见表3.75。

表3.75 其他特殊试验的监造要点

监造项目	见证内容	见证方式	见证依据	监造要点
绕组频响特性测量	查看测试仪器	W	订货技术协议书 出厂试验方案 DL/T 911	提示：对照试验方案，做好现场记录
	比较频率响应特性曲线	W		要求：同一电压等级三相绕组的频率响应特性曲线应能基本吻合 提示：保存每个绕组的波形图
无励磁分接开关试验（适用于电动操动机构）	无励磁分接开关操作试验	W	订货技术协议书 出厂试验方案 GB 10230.1 GB 10230.2	要求：变压器不励磁，在额定操作电压下电动8个循环；在操作电压降到85%额定值时再电动一个循环
	辅助线路绝缘试验	W		要求：辅助线路应承受2 kV、1 min对地外施耐压试验
油流带电试验	查看测试仪器	W	订货技术协议书 出厂试验方案 GB/T 6451	提示：对照试验方案，做好记录
	观察泄漏电流和局放	W		说明：非强油循环冷却的变压器不必做此测试 要求：启动全部冷却器运转4 h，泄漏电流稳定后读值，并在不停泵情况下做局放试验，在$1.5U_m/\sqrt{3}$电压下，持续60 min，局部放电量平稳（不稳则延长持续时间），而且不大于规定的视在放电量限值
无线电干扰测量	查看测试仪器	W	订货技术协议书出厂试验方案 GB 11604	提示：对照试验方案，做好现场记录
	观察测试过程	W		要求：高压线端电压达到$1.1U_m/\sqrt{3}$ kV

3.1.8 出厂前器身检查和存栈、发运的监造要点

变压器出厂前器身检查的监造要点见表3.76。

表 3.76 变压器出厂前器身检查的监造要点

序号	监造项目	见证内容	见证方法	见证方式	监造要点
1	放油	充气置换	现场观察、记录	W	提示:注意空气质量
2	油箱内壁及器身	内壁洁净器身洁净、完好	现场观察、记录	W*	要求: (1) 油箱内及器身本体清洁,无杂物 (2) 器身无任何损伤;绝缘无破损、开裂 (3) 要严格控制器身露空时间,从放油开始到拆装完毕,通常要小于 8 h (4) 无任何过热、放电、松动、位移等迹象 提示:发现异常应认真分析,不得留下隐患或疑点
3	紧固	螺栓状况	现场观察、记录	W*	要求:所有紧固的螺栓要紧牢、锁定,不能松动 提示:行业检查中要求螺栓(螺母)用 3 个手指拧不动
		垫块状况	现场观察、记录	W*	要求:垫块齐整,不能松动 提示:行业检查中要求垫块用 3 个手指摇不动
		上铁轭下端楔垫及器身压钉	现场观察、记录	W*	要求:压钉位置正确无偏斜,紧固锁定牢靠,垫块无松动
4	分接开关	开关状况	现场观察、记录	W*	要求:分接开关位置正确,不因引线联结而受牵引力,触头无烧蚀
5	引线	引线夹持	现场观察、记录	W*	要求:引线夹持及绑扎牢靠,整齐 提示:行业检查中要求,用两个手指拉,引线不串动
		引线支持件、夹持件	现场观察、记录	W*	要求:不得有开裂、起层、弯曲变形
6	铁芯绝缘	铁芯及夹件的绝缘电阻	现场观察、记录	W*	要求:此时铁芯对夹件、铁芯对油箱、夹件对油箱的绝缘电阻要不小于 500 MΩ,用 500 V 或 1000 V 绝缘电阻表
7	密封	密封状态	现场观察;查看工艺文件	W	要求:严格控制器身露空时间,从放油开始到开始恢复,通常要小于 8 h 提示:依工艺文件要求的试验方法,验证变压器的密封状况良好,无泄漏

注:W* 为现场见证点(W 点)中推荐的重点关注点。

变压器存栈和发运的监造要点见表3.77。

表3.77 变压器存栈和发运的监造要点

监造项目	见证内容	见证方法	见证方式	监造要点
包装	包装文件	查看文件内容	R	提示： (1) 应有一份产品拆卸一览表 (2) 要有一份产品装箱单，每箱(件)一单，实物及其数量和装箱单相符 要求：包装及其标示应符合技术协议书和相关标准要求
	变压器本体	对照工艺文件 查看实物	W	说明： (1) 条件允许时应优先考虑带油运输方案，大型变压器为减轻运输重量，一般多采用不带油运输 (2) 变压器本体一般都不进行外包装 要求： (1) 变压器外壳整洁，无外挂游离物 (2) 油箱所有法兰均应密封良好，无渗漏 (3) 通常油箱内充以干燥的空气(露点低于－40 ℃)或氮气 (4) 充油状态的变压器发运前充气应用置换方式进行(用干燥气体置换变压器油) (5) 如采用氮气，应在出厂文件中作出安全警示
	储油柜	查看实物	W	提示：应按该产品的安装使用说明书及工艺文件的要求做好密封和内部固定
	散热器	查看实物	W	要求： (1) 一般应有防护性隔离措施或采用包装箱 (2) 所有接口法兰应用钢板良好封堵、密封 (3) 放气塞和放油塞要密封紧固
	冷却器	查看实物	W	要求：尽量用原包装，但不得有破、损、缺
	套管	查看实物	W	要求：如无特殊要求，仍用产品原包装
	内部置有电流互感器或绝缘件的升高座	查看实物	W	要求： (1) 每相(侧)装配成形，单独成件 (2) 接口法兰均以钢板密封良好，无渗漏 (3) 内腔抽真空后充以变压器油或压力10～20 kPa的干燥空气或氮气 说明：内腔充以合格的变压器油更安全、省事

续表

监造项目	见证内容	见证方法	见证方式	监造要点
包装	变压器油	查看试验报告 查看实物	R	要求： (1) 出厂变压器油应有合格的试验报告 (2) 为转运方便，油容器要有足够的强度 提示：油总量按技术协议要求
	其他零部件	核对装箱单 查看实物	W	要求： (1) 此部分物件应按要求妥善装箱 (2) 所有大小油管路的接口均要做牢靠封堵
储存	储存方式	对照制造商的工艺文件 现场观察 查看记录	W	说明：变压器储存，特别是本体储存是保证变压器绝缘品质的一个重要环节，所以各供应商均有自己的一套较成熟的工艺要求 提示：监造人员要了解工厂的工艺要求，并掌握其过程控制中的要素；如订货合同或协议中有要求的，则按要求进行 要求：若供应商工艺文件规定或因某种原因只能采取充气储存，那么在开始充气储存时应测量干燥空气的露点，并在第3个月、第6个月的时候进行测试，均要合格。若发生压力减小，则要及时补充压力，补充气体也应测试露点。注入干燥空气的露点应保证低于－40℃；若在储存期有过压力很低的情况(或压力消失)，则建议在出厂发运前要对变压器再进行一次绝缘特性试验，确认合格
	变压器本体(储存三个月以内)	现场观察 查看记录	W	要求：变压器油箱密封良好，按要求充干燥空气(或氮气)20～30 kPa，第一周每天对气体压力进行检测，做好记录；接下来每周进行一次，如有必要，可补充气体
	变压器本体(储存超过三个月)		W	要求：应采用油箱充油储存，油位在箱顶下150～200 mm；每月进行一次巡视，仔细观察有无渗漏现象；在发运前用干燥空气置换变压器油
	变压器本体(储存超过六个月)		W	要求：应将变压器储油柜安装到位，将油位加到标定温度位置储存；在发运前用干燥空气置换变压器油
	其他包装箱(件)	查看实物	W	说明： (1) 如有条件，最好在防雨设施内储存 (2) 凡充气运输的部件要定期检测气体压力

续表

监造项目	见证内容	见证方法	见证方式	监造要点
准备启运	变压器本体的充气压力	现场观察 查看记录	W*	要求： (1) 变压器油箱密封良好，无渗漏 (2) 充气压力在 20～30 kPa (3) 在明显位置有压力监视仪表，随变压器本体有补气装置和备用气瓶（足量）
	冲撞记录仪	查看实物 记录原始状况	W*	要求： (1) 冲撞记录仪安装在油箱顶部，安装规整、牢固，运到目的地、安装到基础之前不允许拆除或取出记录纸 (2) 确认冲撞记录仪电源充足，记录指示处于初始状态 (3) 变压器启运时开启电源，并确认记录纸的运行速度

3.1.9　典型案例

3.1.9.1　低压端头对地的击穿故障

1．问题描述

××工程变压器，型号为 SFP-240000/220，电压组合为 236±2×2.5%/15，联结组标号为 YNd11。成品试验进行低压雷电冲击 a 相时，50%全波电压下正常，100%全波电压下波形出现变化，冲击波形如图 3.89 所示，低压 b、c 两相未再进行雷电冲击试验。

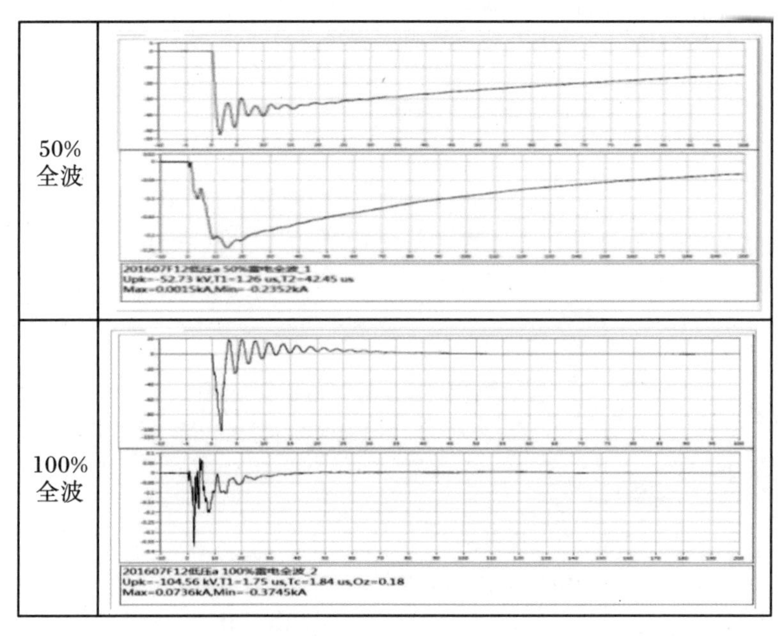

图 3.89　低压 a 相雷电冲击波形图

低压 a 相 100%冲击试验时，现场监护人员听到变压器内部有响声，但声音来源位置不易判断。取本体油进行色谱分析，结果见表 3.78。

表 3.78　变压器油色谱分析结果

取样部位	试验状态	气体组分及含量(μL/L)						
		CH_4	C_2H_4	C_2H_6	C_2H_2	H_2	CO	CO_2
器身下部	试验前	0.3	0	0	0	1	5	45
器身下部	冲击后	0.3	0.1	0	0.29	1	6	72

2. 原因分析

(1) 从冲击电压波形来看，入波电压在刚到峰值就快速跌到零标线，持续时间不到 2 μs，应该是低压端头对地故障。

(2) 从中性点电流波形来看，中性点电流对应电压波形同样快速跌落，且峰值没有达到 50%波形电流的 2 倍(50%：0.24 kA；100%：0.37 kA)或更高，可排除绕组匝间击穿。

(3) 从现场听到的声音比较清脆，可证明不是绕组内部，应在低压端部附近。

(4) 结合本体绝缘油分析，在一个小时内取样，进行测试有 0.29 μL/L 乙炔(扩散较快)，辅助判断器身外部。

(5) 低压套管 CT 的二次线过长，低压 a 相套管下接线同套管 CT 二次引出线搭接，而 CT 二次线在过渡法兰盘引到器身外面的接线端子已经短路接地，在 50%冲击电压下变压器内绝缘油及 CT 二次线的绝缘管起到了绝缘作用(耐受住 53 kV 冲击电压)，但在全电压 105 kV下无法承受，从而发生低压端头对地的击穿故障。

3. 处理措施

(1) 变压器放少量的油到低压升高座以下，拆卸低压 a 相升高座手孔盖板，发现 a 相套管式电流互感器二次线与套管下部接线端子搭接，且接触位置有明显击穿痕迹，如图 3.90 和图 3.91 所示。

(2) 按实际空间进行适配，确保绝缘距离后恢复装配，重新试验合格。

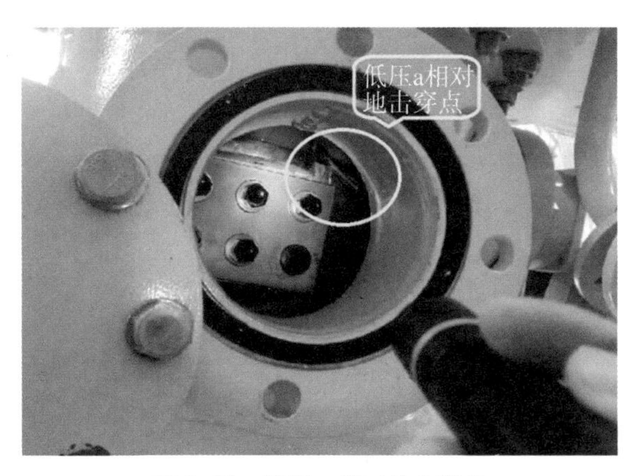

图 3.90　低压 a 相对地击穿点

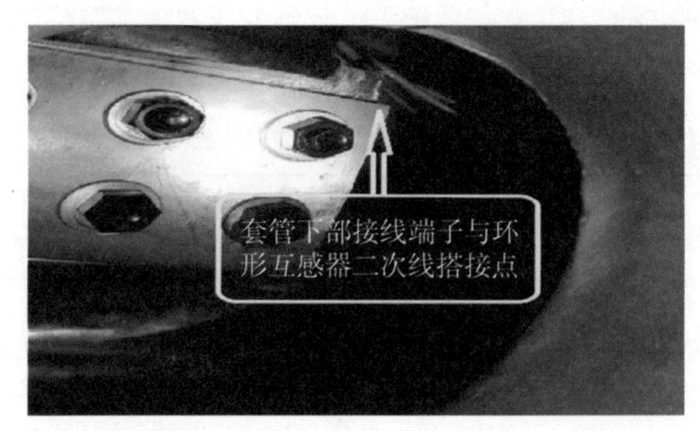

图 3.91　低压 a 相套管下部接线端子与套管式电流互感器二次引线搭接

3.1.9.2　变压器温升试验过热

1．问题描述

××工程变压器，产品型号为 SFSZ11-240000/220；额定电压为 220±8×1.25%/115/10.5 kV；额定容量为 240000/240000/80000 kVA；联结组标号为 YNyn0d11；冷却方式为 ONAN/ONAF。产品进行温升试验（短路法），高压加电，中压短路，测量高压和中压的绕组温升；高压加电，低压短路，测量低压绕组温升。分别选取高压 B、中压 Bm、低压 ab 作为测量对象。测试数据见表 3.79。

表 3.79　××工程变压器温升试验值

绕组	高压	中压	低压	顶层油温升
温升	68.2 K	54.0 K	45.8 K	43.8 K
线油温差	41.1 K	26.9 K	18.7 K	—
设计值(绕组)	43.7 K	56.2 K	52.2 K	43.7 K
限值(合同)	65 K	65 K	65 K	55 K

测试数据中高压绕组温升超过了标准和合同限制要求，检查测试回路测量线是否损伤；接线夹子是否过热损坏和线头开焊；套管端头紧固是否牢靠；测试仪器、冷却风机方向、片散和回流管蝶阀等均无异常。再次加电进行测试高压绕组 B 相，温升 68.5 K。为进一步确认产品高压绕组温升状况，对高压另两相分别进行测试比较，数据如下：

高压绕组 A 相线油温差 28.1 K，高压绕组 A 相温升 55.2 K；

高压绕组 C 相线油温差 29.9 K，高压绕组 C 相温升 57.0 K。

变压器油中溶解气体组分含量分析结果见表 3.80。

表 3.80 变压器油中溶解气体组分含量分析结果

取样日期	试验日期	试样状态	气体组分及含量(μL/L)						
			CH_4	C_2H_4	C_2H_6	C_2H_2	H_2	CO	CO_2
2016.10.13	2016.10.13	进站	0.2	0	0	0	0	4	128
2016.10.13	2016.10.13	绝缘后	0.2	0	0	0	0	5	116
2016.10.15	2016.10.15	温升后	0.2	0	0	0	0	8	143

2. 原因分析

产品在进行温升试验时分两个阶段:第一个阶段施加总损耗测量顶层油温升;第二阶段施加额定电流测量绕组温升。从测试结果来看,顶层油温升同设计值相吻合且远低于标准要求,可判定合格无问题;第二阶段绕组温升测试中压和低压数据也无异常;只有高压B相测试数据异常,而复测高压A、C相也得到排除,从而锁定是高压B相出现问题。

从测试数据比较来看,高压B相绕组的线油温差明显大于其他两相,推测绕组油道不通畅造成不能正常散热。

产品结构如图3.92所示。通过图纸对变压器油路分析,如高压绕组上部端圈序号16放反,将彻底封死B相顶部出油口。

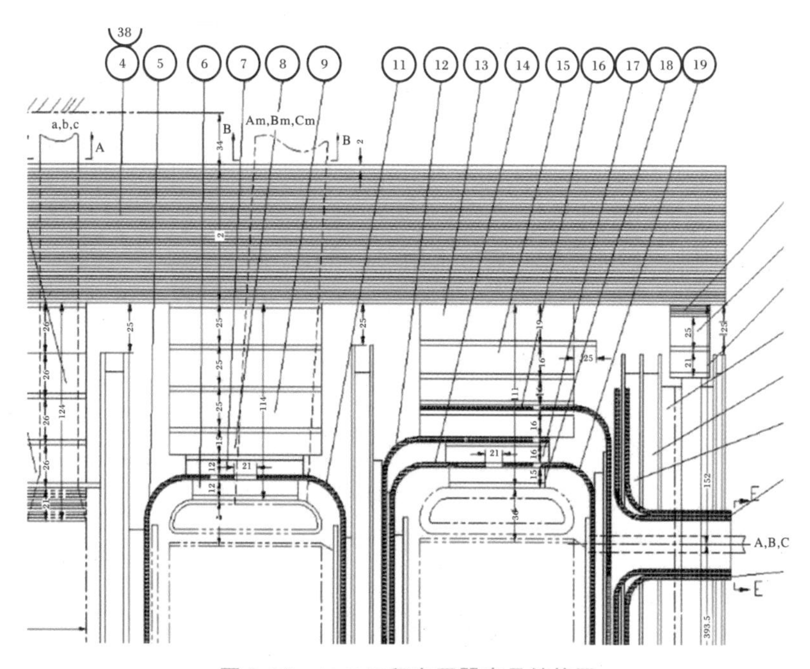

图 3.92 ××工程变压器产品结构图

原因分析:高压B相绕组上部端圈序号16(图3.92)放置错误,方向放反(正常为垫块一侧向下),堵死主油路,导致线圈无法正常散热,造成高压绕组温升不合格。

3. 处理措施

检查产品吊芯,打开上夹件并拆除上铁轭,吊起上压板,发现B相高压绕组上部端圈序号16放置错误,方向放反(正常为垫块一侧向下)。

修复后产品温升的测试数据见表3.81,吊检问题图如图3.93～图3.95所示。

表3.81 修复后产品温升的测试数据

绕组	线油温差(℃)	绕组温升(K)	顶层油温升(K)	油平均温升(K)
A	26.0	53.0	41.4	26.1
B	24.9	51.8	—	—
C	26.3	53.2	—	—
Am	25.1	52.0	—	—
Bm	24.3	51.7	—	—
Cm	25.5	52.2	—	—
ab	17.0	43.5	—	—

图3.93 线圈上部未放置端圈时的状态

图3.94 线圈上部端圈错误放置

图3.95 线圈上部端圈正确放置

3.1.9.3 变压器绕组出头位置错误

1. 问题描述

××工程变压器，型号为SZ11-50000/110，线圈压装工序出炉时，检查发现高压C相上端部出头位置错误，要求出头位置在撑条23－24档间隔，实际出头位置在撑条24－01档间隔，现场返修处理(图3.96)。

2. 原因分析

操作工未按图纸操作，导致出头位置错误。

3. 处理措施

操作工返工修理后合格。

(a) 线圈出头上部实物图

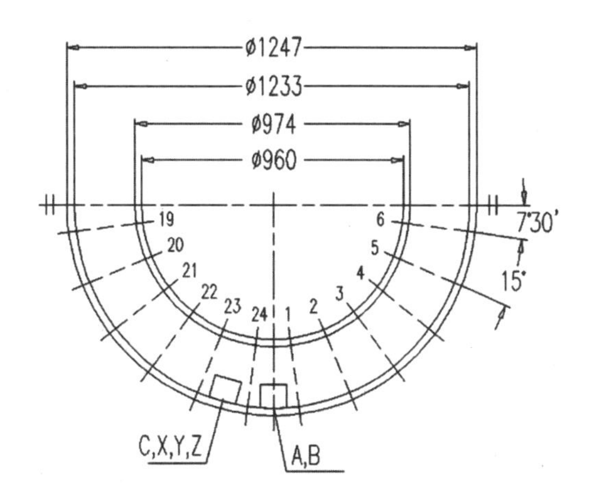

(b) 线圈出头上部示意图

图3.96 ××工程变压器高压线圈上部出头位置

3.1.9.4 套管击穿

1. 问题概述

××工程变压器，规格型号为SFFZ-63000/220；套管厂家为××进口套管，型号为PNO.245.1050.800HN。产品出厂试验时，成品小项目、空负载试验、雷电冲击试验、工频试验都未见异常。短时感应电压试验(ACSD)时，C相在$1.1U_m/\sqrt{3}$～$1.5U_m/\sqrt{3}$电压下无可视放电，施加395 kV电压15 s对地闪络并伴有清脆放电声，套管末屏处、端头处出现火花，套管油位视察窗可见大量气泡。

复测C相套管，介损0.92%，电容为526.4 pF，成品试验时C相套管介损0.31%，电容为521.6pF；电容量变化不明显，介损大幅增加。

取变压器本体油样无异常，套管油样色谱分析结果见表3.82。

表 3.82 ××工程变压器套管油色谱

试样状态	气体组分及含量(μL/L)						
	CH_4	C_2H_4	C_2H_6	C_2H_2	H_2	CO	CO_2
故障前C相套管	0.35	0.3	0	0	0	3	146
故障后C相套管	470.5	1840.1	357.7	1878.2	36	542	351

同厂家、同型号套管连续更换两根，都在短时感应395 kV时出现击穿，出现故障时击穿现象、电容及介损变化、油色谱结果基本与上述描述一致。

2. 原因分析

通过试验过程中清脆的放电声音，套管末屏处、端头处出现火花，故障后复试套管介损变大，以及套管油中有大量的乙炔，变压器本体中无乙炔，确定套管内部绝缘缺陷产生对地击穿；排除变压器本体故障。

依据国家标准《交流电压高于1000 V的绝缘套管》(GB/T4109—2008)中要求设备最高电压 $U_m=252$ kV，套管的工频最高耐受电压为505 kV。××进口套管公司出厂报告中工频耐压为460 kV；没有严格按照标准要求电压对套管进行考核，套管自身质量存在缺陷，导致其ACSD时395 kV下击穿。

3. 处理措施

套管连续3只出现故障后经与代理协商确认，由代理商选定第三方实验室对新由××进口套管公司海运来的套管(未开封)进行耐压试验，执行原出厂标准460 kV，变压器制造厂进行现场见证。

现场见证试验(图3.97)情况如下：

(1) 首批4只中有3只在460 kV下1 min内出现突发性放电量急剧增长(量值为上千pC)，且降到测量电压245 kV时仍保持较大量值(不熄灭)。合格1只。

(2) 第二批共4只，情况同上只，合格1只。

(3) 第三批共6只，前4只460 kV出现故障，后2只未再进行试验。

图 3.97 ××进口套管现场试验

(4) 制造厂随产品试验发生故障的3只套管,在第三方检测公司进行处理,处理后进行工频耐压试验及局部放电量测量,试验电压460 kV/60 s通过,局放放电量为:试验电压245 kV时放电量为6 pC,套管试验合格。

(5) 此套管厂家是用户指定的,套管的出厂试验应该按国家标准进行验收,严把质量关。

3.1.10 智能化电力变压器

随着我国电网智能化工程的推进,城乡各地建设智能化电网的序幕已经拉开,因此对于智能化的配电、控制等设备,尤其是为变压器的制造提供了广阔的发展空间。智能化变压器在向高电压、大容量发展的同时,也在向高功率传输密度、智能化方向发展。未来变压器技术的发展方向是高功率传输密度、低功耗、智能化。下面对智能化电力变压器做简单介绍。

智能化电力变压器由油浸式电力变压器本体、内置或外置于变压器本体的传感器和智能组件等组成,如图3.98所示。智能组件通过电缆或光纤等与传感器或(和)执行器相连接,实现变压器或其组(部)件的智能化运行、状态监测和控制等功能,如图3.99所示。

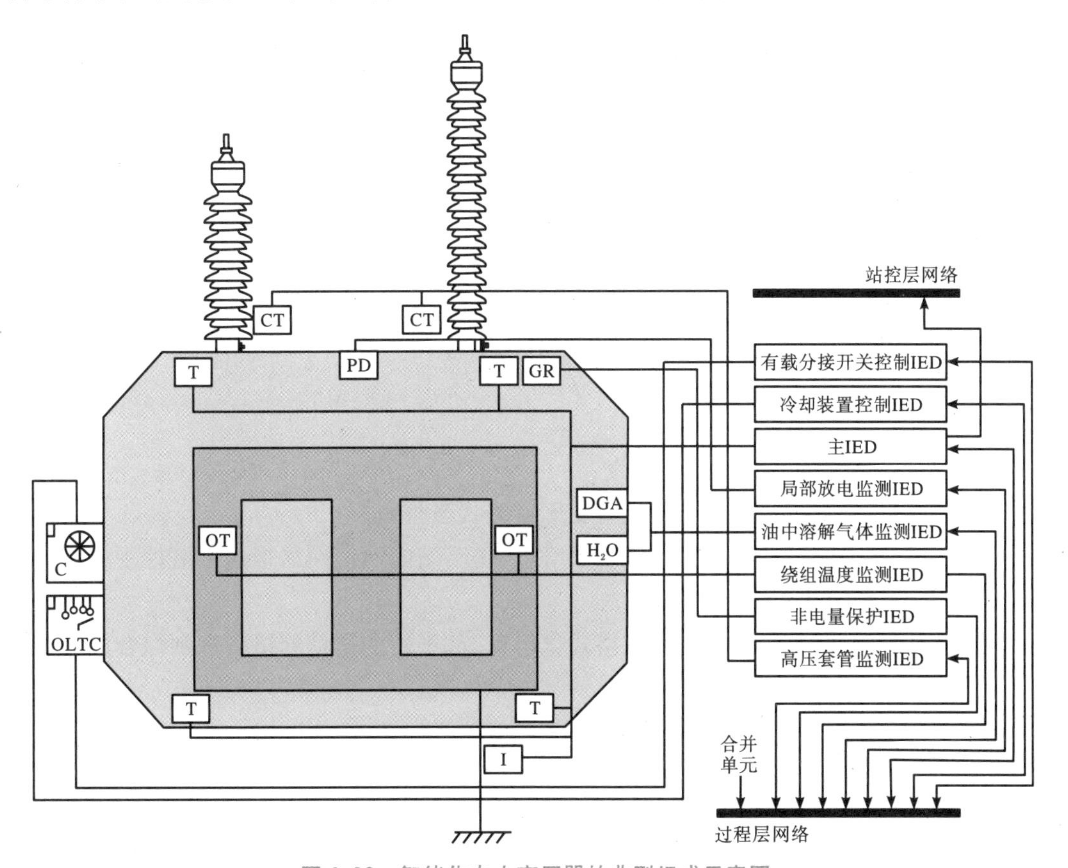

图3.98 智能化电力变压器的典型组成示意图

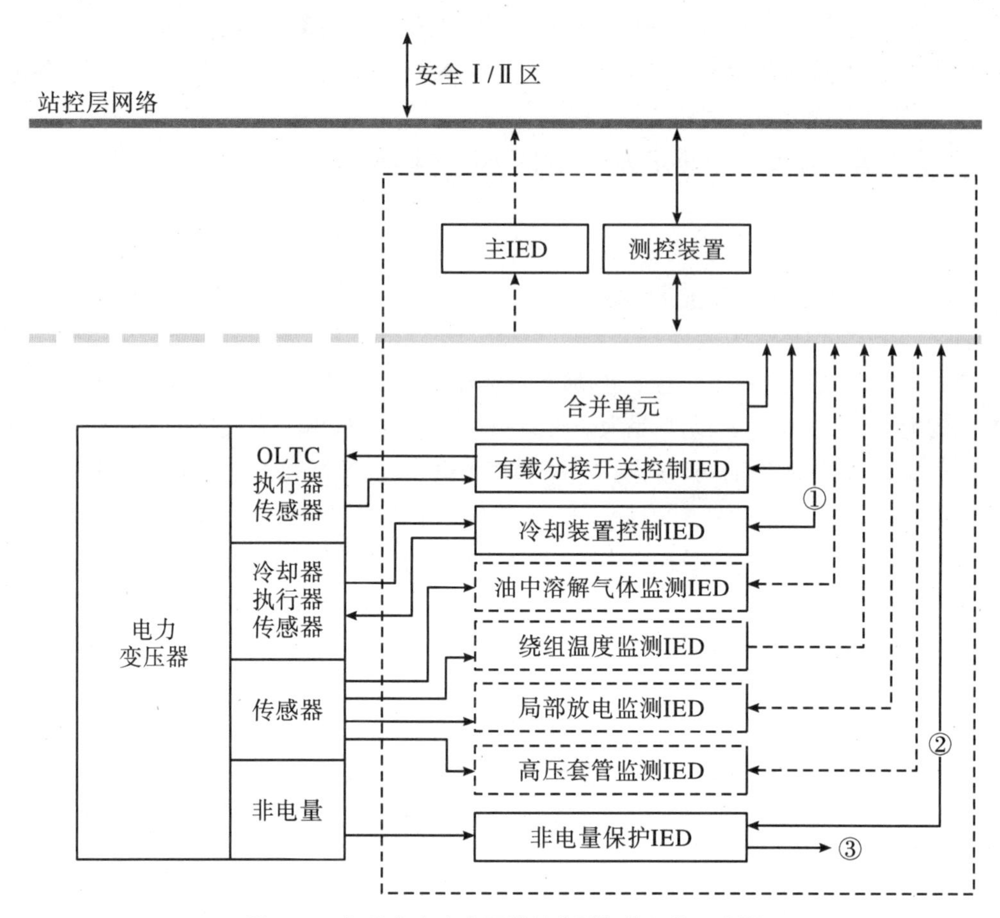

图 3.99 智能化电力变压器的典型智能组件示意图

1—继电保护装置跳闸指令；2—至相关机电保护装置；3—至各侧开关设备控制器跳闸指令。

3.1.10.1 智能化的基本功能

智能化的基本功能主要有以下几点：

(1) 通过传感器及智能组件，实现对变压器的状态监测。

(2) 通过对监测数据的评估，形成结果信息，基于站内通信网络报送至监控主机级调度(调控)中心，支撑电网的安全运行。

(3) 通过对监测信息的处理，形成格式化信息，基于站内通信网络报送到综合应用服务器及生产管理信息系统，支撑状态检修。

(4) 实现受控组部件的智能化控制。

3.1.10.2 智能化电力变压器的主要特征

智能化电力变压器的主要特征如下：

(1) 测量数字化。变压器的基本状态信息，如开关位置及各种预警/报警信号等，实现就地数字化测量。

(2) 控制网络化。变压器或其组(部)件实现基于远方通信网络的控制，包括接收控制指令、响应控制指令和反馈控制状态等。

(3) 功能一体化。传感器安装应纳入变压器本体或其组部件的设计;智能组件及其各智能电子装置(简称 IED)信息流应统一设计。一体化设计应满足传感器安装要求,同时确保变压器的安全运行要求。

(4) 信息互动化。智能组件内各 IED 之间、智能组件与其他设备之间应能按需进行信息交互,以支持实现智能化的基本功能;按照 GB/T 30155 的规定,结构信息和格式化信息由主 IED 向站控层设备报送。如有支持实时控制的信息,则宜接入安全Ⅰ区,否则接入安全Ⅱ区。未设主 IED 的监测 IED,其格式化信息可直接报送到综合应用服务器。

(5) 状态信息共享。设备状态以结果信息的形式向调度(调控)及检修中心展示。

3.1.10.3 智能化的基本要求

新制造的智能化电力变压器,其电力变压器本体的型式试验及相关特殊试验应在传感器和智能组件安装后进行,同时应开展智能化功能的联合调试。调试过程中所有的传感器和智能组件应处于与实际工作一致的状态,智能控制柜与电力变压器本体的距离不应远于现场实际布置的情况,包含在基准发射面内,应采用单独的电源和接地,试验期间智能组件应处于正常运行状态,试验应遵循所有电力变压器的相关标准规定。

联合调试试验宜与智能化电力变压器的型式试验同时进行,亦可由用户与铸造方协商确定。试验目的是考核智能组件在电力变压器本体例行试验、型式试验及相关特殊试验环境下,其功能的可靠性与正确性。整体联合调试中使用的测量设备均应经过校准,且在有效期内。整体联合调试中涉及智能化功能及可靠性的试验项目包括:① 短路阻抗和负载损耗;② 有载分接开关试验;③ 长时空载试验;④ 声级测定;⑤ 带有局部放电测量的感应电压试验;⑥ 绝缘油中溶解气体分析;⑦ 操作冲击试验;⑧ 温升试验;⑨ 密封试验;⑩ 套管电容和介质损耗因数测量;⑪ 通信功能试验。

3.2 电 抗 器

3.2.1 概述

电抗器指的是以其电感而被电力系统作为限制短路电流、稳定电压、无功补偿和移相等使用的高压电器。电力系统中最常用的电抗器有限流电抗器、串联阻尼电抗器和并联电抗器。限流电抗器主要用来限制母线短路电流,亦可用于限制大容量电动机的启动电流。串联阻尼电抗器主要用于限制涌流和操作过电压,抑制高次谐波。并联电抗器接到电力系统中相与地之间、相与中性点之间或相间,主要用于补偿电容效应,调节无功功率和电压。其中,超高压并联电抗器用于补偿线路的电容性充电电流,限制系统电压升高。它可以降低系统的工频过电压和操作过电压，在高压输变电系统中充当很重要的角色。

当线路中传输很大的功率时，即使不装电抗器，也不会出现电压容升现象，此时若投入大量的电抗器反而使电网无功负荷过重，有功损耗增大，这是不经济的，因此，并联电抗器的容量、数目及安装位置一般是按照在空载、轻载以及接通空载线路等运行方式下保证设备电压在允许范围内，并考虑与输电线路相连的无功功率的平衡条件来确定的。变电站的高压油浸式并联电抗器如图 3.100 所示。

图 3.100　变电站的高压油浸式并联电抗器

3.2.2　分类及表示方法

1. 分类

(1) 按电压等级分为高压电抗器、低压电抗器。

(2) 按相别分为单相电抗器、三相电抗器。

(3) 按绝缘介质分为油浸式电抗器、干式电抗器。

(4) 按结构分为空心电抗器、铁芯电抗器(铁芯电抗器又分为带气隙和不带气隙两种)。

(5) 按用途分为并联电抗器、串联电抗器、限流电抗器、中性点接地电抗器(也称消弧线圈)、滤波电抗器、阻尼电抗器等。

(6) 按接入方式分为并联电抗器、串联电抗器。

(7) 按安装环境分为户内式电抗器、户外式电抗器。

各类电抗器的实物图及用途见表 3.83。

表 3.83　各类电抗器及用途

限流电抗器：串联在电力电路中，用来限制短路电流的数值	电炉电抗器：和电炉变压器串联，用来限值变压器的短路电流	启动电抗器：与电动机串联，用来限制电动机的启动电流

并联电抗器（三相）：一般接在超高压输电线的末端和地之间，用来防止输电线由于距离很长而引起的工频电压过分升高，作无功补偿用	通信电抗器：又称阻波器，串联在兼作通信线路用的输电线路中，用来阻挡载波信号，使之进入接收设备，以完成通信的作用	

消弧电抗器：又称消弧线圈，接在三相变压器的中性点和地之间，用以在三相电网的一相接地时供给电感性电流，来补偿流过接地点的电容性电流，使电弧不易持续起燃，从而消除由于电弧多次重燃引起的过电压	滤波电抗器：用于两个方面，一是减小整流电路中直流电流上纹波的幅值；二是和电容器构成对某种频率能发生共振的电路，用以消除电力电路某次谐波的电压或电流	

2. 电抗器产品型号的表示方法

电抗器产品型号的表示方法如图 3.101 所示。

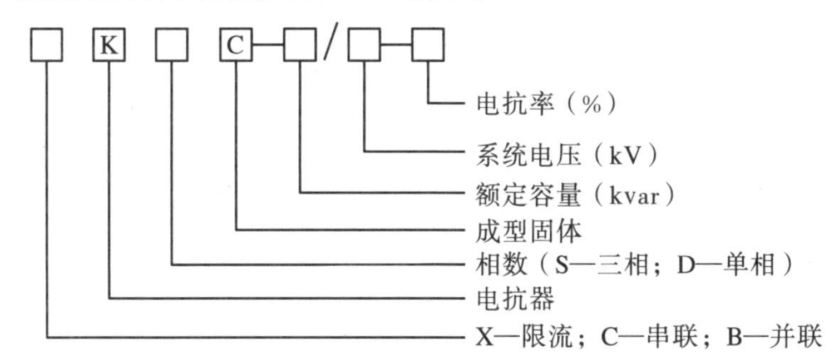

图 3.101　电抗器产品型号的表示方法

例如：

(1) XKK-10-1000-6 表示限流电抗器、空芯、额定电压为 10 kV、额定电流为 1000 A、电抗率 6%。

(2) CKSQ-300/10.5 表示串联电抗器、三相、加强型、额定容量为 300 kvar、额定电压 10.5 kV。

(3) BKDF-P-50000/500 表示并联电抗器、单相、风冷、迫油循环、额定容量为 50000 kvar、额定电压为 500 kV。

3.2.3 工作原理

电抗器是一个大的电感线圈，根据电磁感应原理，感应电流的磁场总是阻碍原来的磁通变化，如果原来磁通减少，感应电流的磁场与原来的磁场方向一致；如果原来的磁通增加，感应电流的磁场与原来的磁场方向相反。根据这一原理，如果突然发生短路故障，电流突然增大，那么在这个大的电感线圈中，要产生一个阻碍磁通变化的方向电势 $E_{反}$，在这个反向电势作用下，必然要产生一个反向电流，限制电流突然增大作用，起到限制短路电流的作用，从而维持母线电压水平。

电抗器的原理图如图 3.102 所示。并联电抗器的接入方式见表 3.84。

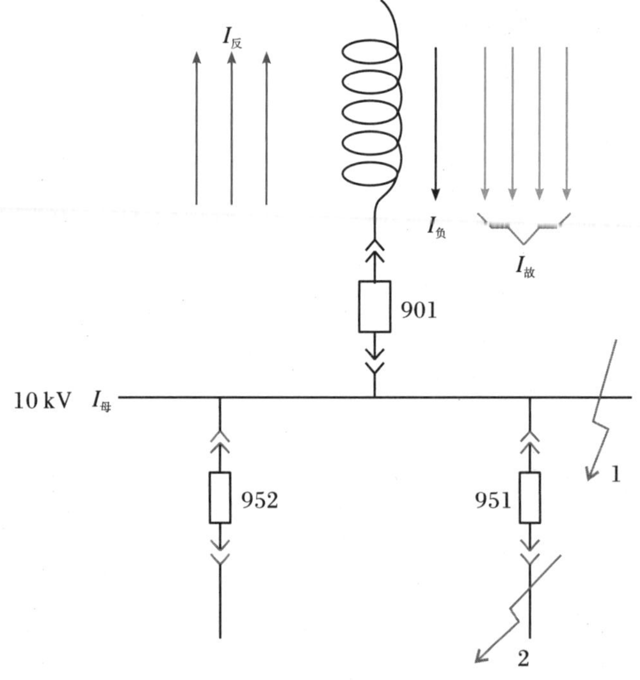

$$I_{负}+4I_{故}=5I_{负}-3I_{反}=2I_{负}$$

图 3.102　电抗器的原理图

表 3.84 并联电抗器的接入方式

(1) 通过断路器、隔离开关将电抗器接入线路。这种接入方式投资大,但运行较灵活,在线路重载时,能方便地切除部分电抗器。需要切除的并联电抗器通常采用这种接入方式	
(2) 通过隔离开关或直接将电抗器接入线路。采用这种接入方式,线路传输功率很大,需要将适量电抗器退出运行时,只有将线路暂时停电,方能将电抗器退出,而且当电抗器故障或保护误动时,会使线路随之停电。不需要切除的并联电抗器通常采用这种接入方式,此时应注意,在分、合隔离开关前要保证线路确无电压	
(3) 将电抗器通过放电间隙接入线路。放电间隙应能耐受一定的工频电压,它被一个开关 S 所并接,如右图所示。在正常情况下,开关 S 断开,电抗器退出运行。当该处电压达到间隙放电电压时,开关 S 闭合,电抗器自动投入,工频电压随即降低	S

3.2.4 设备结构

按有无铁芯,电抗器可分为空芯式电抗器和铁芯式电抗器。空芯式电抗器线圈中无铁芯,其磁通全部经空气闭合;铁芯式电抗器的磁通全部或大部分经铁芯闭合。按绝缘结构,电抗器可分为干式电抗器和油浸式电抗器。干式电抗器的线圈敞露在空气中,以纸板、木材、层压绝缘板、水泥等固体绝缘材料作为对地绝缘和匝间绝缘;油浸式电抗器的线圈浸在油箱中,以纸、纸板和变压器油作为对地绝缘和匝间绝缘。本书主要阐述的是超高压油浸并联电抗器,以下简称油浸式电抗器。

油浸式电抗器的结构与变压器基本相同,主要由铁芯、绕组及其绝缘、油箱、套管、冷却装置和保护装置等组成。其外部结构示意图如图 3.103 所示。变压器与电抗器的不同点在内部结构,变压器是多绕组结构,有高压绕组、低压绕组甚至更多绕组,铁芯磁路中没有气隙;而电抗器只是一个磁路带气隙的电感线圈,为单绕组,只有高压绕组。由于系统运行需要,要求电抗器的电抗值在一定范围内恒定,即电压与电流的关系是线性的,所以并联电抗器的铁芯磁路必须带有气隙。

油浸式电抗器的铁芯结构有壳式和芯式两种。

壳式电抗器(空芯式电抗器)线圈中的主磁通道是空芯的,不放置导磁介质,在线圈外部装有用硅钢片叠成的框架以引导主磁通。壳式电抗器由于没有主铁芯,电磁力小,相应的噪声和振动比较小,而且加工方便,冷却条件好,缺点是材料消耗多,体积偏大。

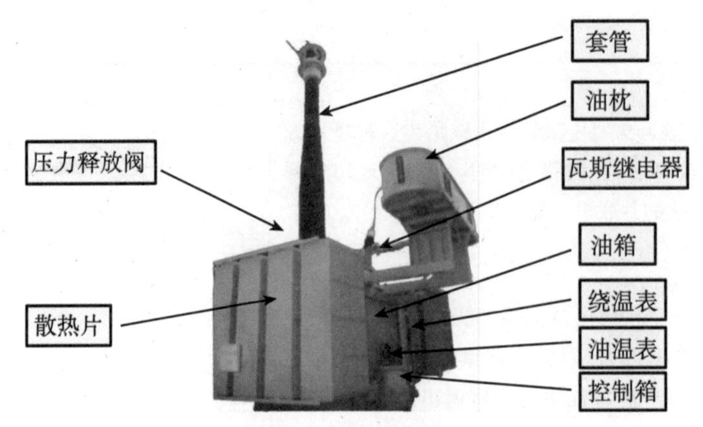

图 3.103　油浸式电抗器外部结构示意图

芯式电抗器具有多个气隙的铁芯，外套线圈。气隙一般由不导磁的砚石等组成。其铁芯密度高，因此材料消耗少，结构紧凑，自振频率高，存在低频共振的可能性小。主要缺点是加工复杂，技术要求高，振动和噪声较大。目前，我国制造的高电压大容量并联电抗器只采用芯式结构。

3.2.5　组部件及主要原材料

油浸式电抗器所使用的组部件及原材料基本与变压器相同，主要组部件包括 5 大部分：冷却装置、保护装置、调压装置、出线装置和测量装置。关键原材料包含 6 大主材：钢材、硅钢片、绕组线、绝缘油、纸板、密封件。具体参照 3.1 节“变压器”中的组部件及主要原材料的介绍。

3.2.6　主要生产工艺及监造要点

电抗器的主要生产工艺如图 3.104 所示。

3.2.6.1　油箱的制造工艺及监造要点

油浸式电抗器的油箱基本与变压器相同，按结构可分为钟罩式和平顶式两种。钟罩式的外壳与底部螺栓连接，现场检修时只需松掉底部螺栓，吊起钟罩即可。平顶式的外壳多半焊接成整体结构，密封性良好，但现场检修时必须割开焊缝，施工较困难。电抗器油箱的制造工艺与变压器油箱的相同，具体工艺参见变压器的相应内容。油箱制作的监造要点见表 3.85。

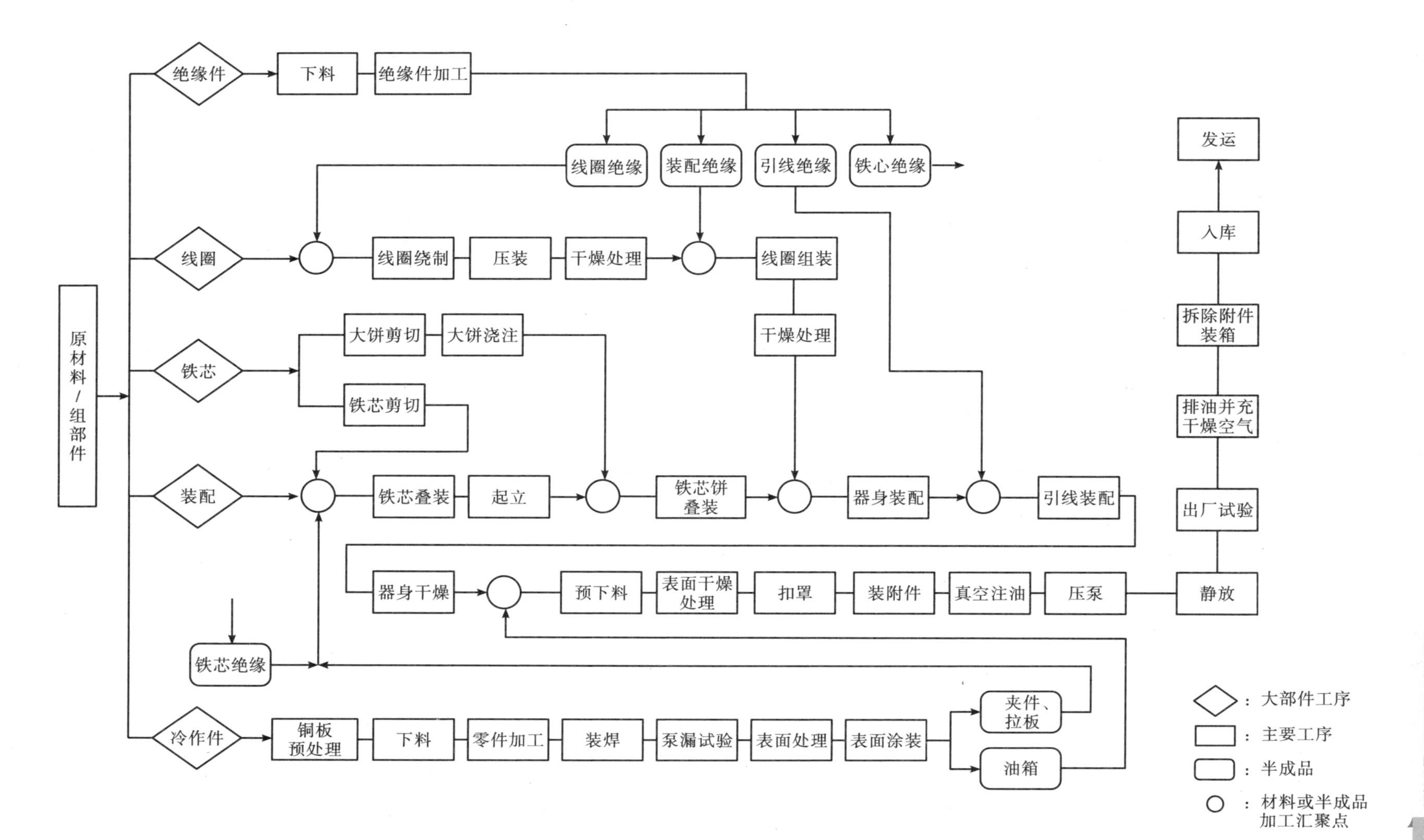

图3.104　电抗器的主要工艺流程

表 3.85　油箱制作的监造要点

序号	监造项目	见证内容	见证方法	见证方式	监造要点
1	用料（钢材）	箱体所用钢材的生产厂家牌号、厚度	查验原厂质量保证书 查看供应商的入厂检验记录 查看实物 记录规格、牌号	R	要求：规格、厚度和设计相符，表观质量合格 提示：材料的牌号、规格，要求与设计图纸、入厂检验记录、见证文件和实物同一
		箱体特殊部位所用特殊材料		R	
2	焊接	焊接方法 焊接质量	对照焊接工艺文件 观察实际焊接操作	W	说明：不同焊缝和不同的焊接部位可能采用不同的焊接工艺方法 要求： (1) 焊缝饱满，无缝无孔，无焊瘤，无夹渣 (2) 承重部位的焊缝高度符合图纸要求
		不同材质材料间的焊接		W	说明：不同材质材料间的焊接，难度和技术要求都较高
		所用焊条和焊丝	对照工艺文件； 记录焊条、焊丝牌号	R	—
		上岗人员资质	查验员工上岗证书或考核记录	R	要求：非合格人员不能上岗
3	外观处理	油箱整体喷砂除锈质量	查看油箱整体喷丸设备状况 查看喷砂后油箱内、外表面的实际质量状况	W	要求： (1) 喷砂处理前，彻底磨平和清理油箱各部位(特别是内部)的尖角、毛刺、焊瘤和飞溅物 (2) 喷砂除锈彻底，不留死角 (3) 喷砂处理后油箱内、外表面应沙麻均匀，呈现出金属本色光泽，不得有油污、氧化皮等
		各管路的除锈质量	对照工艺文件； 观察防锈操作实况	W	要求： (1) 除锈前要彻底清理焊瘤、毛刺和尖角； (2) 除锈钝化后要及时喷淋防锈漆
		油漆质量	对照技术协议； 对照喷漆工艺文件； 查看喷漆用料和色泽	W	说明：委托人一般对油箱外表面喷漆的颜色往往有明确要求 提示：确认喷漆次数和厚度

续表

序号	监造项目	见证内容	见证方法	见证方式	监造要点
4	油箱整体质量特征要求	油箱整体尺寸(长×宽×高)	对照设计图纸 查看质检员的检验记录 必要时,要求复核	W	要求:应认真核对图纸,注意定位和配合的尺寸,严格控制公差,要特别注意核对油箱内腔宽度尺寸 提示:记录上、下节油箱箱沿之间或油箱和上盖之间自由状态下的最大间隙
		下节油箱器身定位钉位置		W	要求:应认真检查钉间距和到箱壁的尺寸,两对角线尺寸之差≤5 mm
		油箱本体上各类出口法兰位置、方向		W	要求:对于有改动和修正部位的补焊要充分、饱满并磨平(不留痕迹)
		油箱密封面	对照工艺文件要求 查看油箱密封面质量 核对质检员检验记录	W	提示:注意密封面平整度及凸凹点的工艺标准,特别是非机械加工密封平面,不得有锤痕
		油箱内部清洁度	现场查看、观察 对照设计图纸和工艺文件 现场观察配装实况 记录配装中较大误差的修正	W	要求: (1) 彻底磨平油箱内壁可能的尖角、毛刺、焊瘤和飞溅物,确保内壁光洁 (2) 彻底清除各死角可能存在的焊渣等金属和非金属异物,特别是喷丸处理过程中可能存留的钢砂
		整体配装质量检查	对照设计图纸和工艺文件 现场观察配装实况 记录配装中较大误差的修正	W*	要求: (1) 各套管升高座(特别是高压升高座)出口位置和偏斜角度准确 (2) 散热器出口上、下偏斜不得超标 (3) 各种油气管道尺寸和曲向正确,安装时不应有较大的扭力,排列固定规整 (4) 各法兰密封面平整,离缝均匀 (5) 集气管路的坡度符合图纸和工艺要求 (6) 油箱的全部冷作附件应进行预组装

续表

序号	监造项目	见证内容	见证方法	见证方式	监造要点
5	油箱试验	油箱整体密封气压试漏	对照订货技术协议和工艺文件 观察试验过程 记录试验压力、持续时间	W*	说明：密封试漏属例行试验，750 kV 及以上产品应进行泄漏率测试 要求：检漏气压通常为 0.05 MPa 提示：跟踪泄漏处理，直至复试合格
		油箱机械强度试验	对照订货技术协议和工艺文件 观察正压、真空残压试验过程 记录试验压力、变形量实测值 查看试验记录	H	说明：油箱机械强度试验应属型式试验 提示： (1) 确认变形量测试点分布的合理性(参见 JB/T 501) (2) 若发现变形量超标或出现异常，应追踪后续处理过程，直至合格
6	油箱屏蔽	屏蔽质量	对照设计图纸 现场查看、观察	W	提示：磁屏蔽注意安装规整，绝缘良好；电屏蔽注意焊接质量
7	夹件	铁芯夹件质量	对照设计图纸 查看实物及其质量检验卡	W	要求： (1) 所有棱边不应有尖角、毛刺 (2) 喷砂除锈应彻底，喷漆须均匀光亮 提示： (1) 注意夹件材质和尺寸应符合图纸标示 (2) 注意焊缝高度有要求的承重件的焊接 (3) 注意不同型号钢材的焊接质量

注：W* 为现场见证点(W 点)中推荐的重点关注点。

3.2.6.2 铁芯的制造工艺及监造要点

1. 铁芯的制造工艺

铁芯是电抗器的基本组成部件，从电抗器的原理可知，电抗器为了使电抗具有良好的线性，在铁芯中都留有气隙，以增大磁阻，防止铁芯过度饱和，因此电抗器铁芯结构与变压器完全不同。电抗器铁芯由磁导体和夹紧装置组成，它有两个作用：铁芯的磁导体是电抗器的磁路，在铁芯磁化过程中产生铁芯损耗，分为磁滞损耗和涡流损耗两部分；铁芯的夹紧装置具有机械方面的功能，它使磁导体成为一个完整的结构，同时套装线圈，固定器身，支持引线。

铁芯结构方面，变压器的铁芯由高导磁硅钢片叠成，而油浸式电抗器铁芯是由导磁的铁芯和非导磁的间隙交替叠成。单相电抗器铁芯结构为单芯柱两旁柱结构，三相电抗器铁芯结构为品字形芯柱、卷铁轭结构。对于 500 kV 及以上电压等级的油浸式并联电抗器，由于相间绝缘问题，大多数采用单相结构。在交变磁场中，电磁力使铁芯饼间产生振动和噪声，所以铁芯式电抗器的压紧装置非常重要。铁饼与铁轭均应接地，铁轭与旁柱用环氧玻璃丝粘带绑扎。工艺流程如下：

铁饼片剪切 ⟶ 排片整理成塔型 ⟶ 绑扎 ⟶ 铁芯饼浇注 ⟶ 铁芯柱装配 ↘ 铁芯装配

铁轭片剪切 ⟶ 铁芯叠积 ⟶ 铁轭装配 ⟶ 紧固 ⟶ 起立 ⟶ 绑扎 ↗

1) 铁芯饼的制作

油浸式电抗器的芯柱由铁芯饼和气隙垫块组成。铁芯饼是油浸式电抗器的重要部件，它的结构形式、制造工艺直接关系到整台产品的质量和生产能力。铁芯饼采用优质冷轧硅钢片叠装而成，呈径向辐射状叠片，与气隙沿芯柱轴向交错排列，使磁通向硅钢片侧进入，并选择硅钢片纵向择优磁化方向与芯柱的轴心平行，以减少磁感线在离开和进入铁芯饼时因边缘效应而产生的涡流损失，如图 3.105 所示。许多铁芯饼间用磨平的圆瓷柱或大理石圆垫块作间隙，铁芯饼与间隙交替叠装，辐射式的铁芯饼与大理石采用树脂浇注固化而成。铁芯夹紧的方式为芯柱由穿过铁芯饼中的多根圆钢拉杆来实现压紧。采用穿芯螺杆将铁轭及夹件固定为一体。

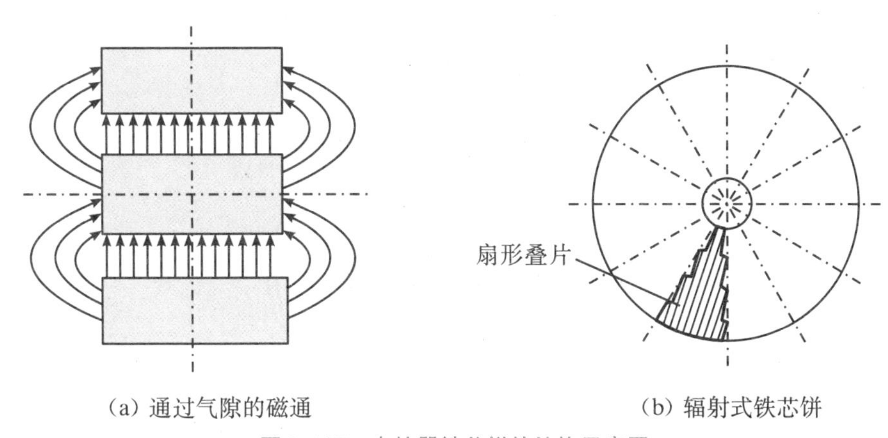

(a) 通过气隙的磁通　　(b) 辐射式铁芯饼

图 3.105　电抗器铁芯饼的结构示意图

在铁芯饼直径内不可能完全充满硅钢片，直径小于 1000 mm 的铁芯饼一般为 32 扇、60 扇、104 扇，不等长片级差依次为 1.6 mm、2.9 mm、5.0 mm，叠积成的辐射式铁芯饼，填充系数为 0.95、0.96、0.97，叠片系数取决于硅钢片及漆膜的厚度、硅钢片的平整度和夹紧力，其数值为 0.94～0.98。生产实践证明，扇形数在 60 及以上，可使铁芯饼有效截面增加，增强导磁性能，并且单扇厚度减薄、重量轻，便于下料包装及手工操作，可以做到一扇一叠，降低劳动强度。因此，产品可按照不同容量大小及铁芯饼尺寸，合理确定铁芯饼的扇形数，提高铁芯饼的设计质量和制造质量。

铁芯饼的结构基本有三种(图 3.106)：一种为横磁矩形片结构；顺磁有两种结构，一种为沿外圆侧中部冲槽结构的铁芯饼;另一种为外圆侧冲槽、上下端部倒角结构的铁芯饼。横磁硅钢片碾压方向与磁通方向成 90°,造成电抗器的总损耗增加 30%以上。顺磁冲槽结构的铁芯饼,槽内缠上半干型环氧树脂浸渍玻璃丝粘带,经真空浇注为一体,可以提高铁芯饼的机械强度。铁芯饼倒角后,通过气隙边缘的绕行磁通在进入铁芯饼端部时自然平滑过渡,以减少铁芯饼端部尖角磁通过度集中、过热及噪声大的问题。

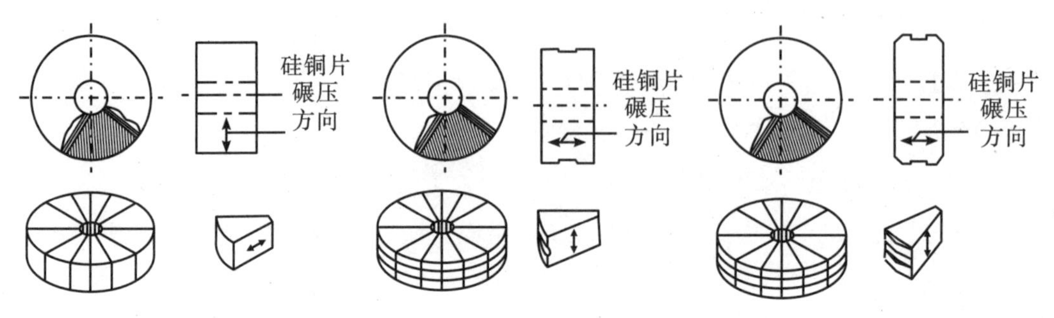

(a) 横磁矩形片结构铁芯饼　(b) 顺磁冲槽结构铁芯饼　(c) 顺磁倒角、冲槽结构的铁芯饼

图 3.106　电抗器铁芯饼的各类结构示意图

2) 铁芯饼的浇注

铁芯饼的浇注原理图如图 3.107 所示。

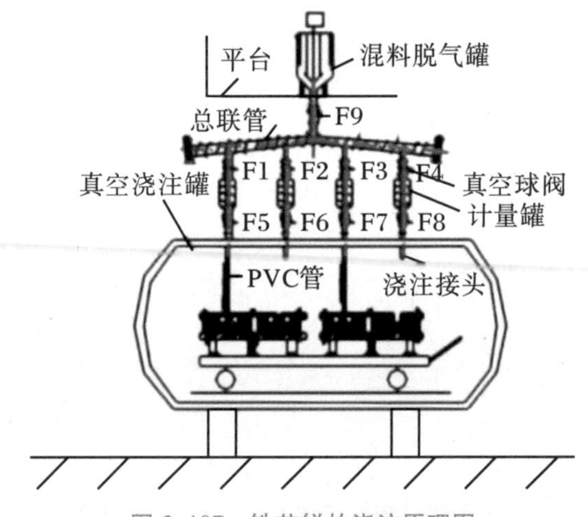

图 3.107　铁芯饼的浇注原理图

由于电抗器产品长期运行在高频率振动下,保证铁芯饼片间浇注黏结牢固的树脂材料至关重要。铁芯饼浇注树脂很多,主要采用的是环氧/酸酐浇注树脂和环氧/胺类浇注树脂。环氧树脂一般采用双酚 A 环氧树脂或调和树脂,调和树脂主要提高树脂的综合性能。酸酐固化剂一般采用增韧改性的四氢邻苯二甲酸酐,胺类固化剂一般采用芳香胺或混合胺,环氧/酸酐浇注树脂与环氧/胺类浇注树脂相比,固化物的耐热性、电气性能、机械强度和抗开裂性能要好得多,但需要高温固化。常温固化浇注树脂系统解决了高温固化处理生产效率低的问题,因此目前铁芯饼浇注一般采用环氧/改性酸酐树脂系统。

铁芯饼的浇注工艺方法分真空浇注和真空压力浇注两种。真空浇注是将放入真空浇注罐的铁芯饼抽真空至100～300 Pa，然后浇注树脂，靠真空将树脂渗透到铁芯饼硅钢片间。真空压力浇注在浇注时有加正压过程，以增加树脂渗透能力，所加压力一般为0.3～0.4 MPa。经实际制造验证，真空浇注和真空压力浇注的铁芯饼质量均良好，可以满足产品技术要求，但真空压力浇注生产周期较长。目前，这两种浇注方法国内厂家都在普遍采用。

3）铁轭的制作

油浸式电抗器的铁轭框与变压器的铁芯不同，变压器采用的是45°全斜接缝形式，而电抗器铁轭采用的是二级45°斜接缝搭接形式，用插小片的方式使铁轭形成紧密的一体。减小硅钢片厚度可降低涡流损耗，反之，硅钢片越厚，涡流损耗越大。但若硅钢片厚度太小，在相同铁芯直径情况下，铁芯叠片系数就会减小，有效截面积相应降低，空载损耗增大，导致铁芯制造时片数增多，剪切和叠片成本提高，经济效果差，反而不利于生产。根据实践经验，电抗器的硅钢片厚度在0.27～0.35 mm比较合适。

4）铁芯的装配

铁芯叠好之后，磁导体已经形成，下一步的工作是使磁导体成为一整体，应满足如下要求：框架结构应由夹紧结构承受夹紧力和起吊器身的重力，以确保硅钢片的电磁性能；夹紧结构应能可靠地压紧线圈、支撑引线、布置器身绝缘，并具有器身定位装置；夹紧力要均匀，铁芯片边缘不得翘曲，接缝严合，在铁芯励磁时噪声小；为了减少漏磁通在结构件中产生的涡流损耗和防止铁芯多点接地，结构件应用绝缘件与铁芯本体隔开，并尽可能远离漏磁区；绝缘件应尽可能增设油道，便于散热。

铁芯及其金属结构件在线圈的电场作用下，具有不同的电位，与油箱电位又不同，它们之间的电位差虽然不大，但也将通过很小的绝缘距离而继续放电，放电一方面使油分解，无法确认电抗器在试验和运行中的状态是否正常。因此，铁芯及金属结构件必须经过油箱一点有效接地，且要确保电气接通。油浸式电抗器的铁芯装配现场图如图3.108所示。

（a）铁芯柱

（b）铁芯框

（c）铁芯装配

图3.108 油浸式电抗器的铁芯装配现场图

2. 油浸式电抗器的监造要点

油浸式电抗器的监造要点见表3.86。

表 3.86　油浸式电抗器的监造要点

序号	监造项目	见证内容	见证方法	见证方式	监造要点
1	原材料：硅钢片	材料的型号、生产厂家、性能指标	查验原厂出厂文件(质保单、检验报告等) 查看实物	R	要求：型号和原厂家应与技术协议书相符 提示： (1) 若实物、文件不同一，则按本表序号 1 的第 3 项处置 (2) 其他异常则按本表序号 1 的第 4～6 项进行 (3) 必要时，抽检单耗、平整度等性能指标
		进厂材料是纵剪后的定宽料	查验原厂出厂文件、加工厂的标示文件和供应商的验收文件 核对硅钢片型号、单位损耗值	R	
		实物或文件与技术协议要求不同一	及时汇报委托人，征询处置意见	R	提示：对问题的联系、处置和决定应用书面文件(监造工程师可提出自己的见解或建议)
		包装标示不清，无法和原出厂质保单核对	记录实况 与供应商沟通协商 及时汇报委托人	R	说明：不同牌号的硅钢片原则上(有设计依据的除外)不能混用 提示：要求供应商进行硅钢片性能检测，索取实测报告
		包装混杂不一，无法辨识型号、批号			
		其他异常	记录实况，及时沟通		
2	硅钢片剪裁	所用硅钢片的见证确认	查验开包硅钢片的内部标示	W	提示：确认所用硅钢片为上述见证后的硅钢片
		纵剪设备	观察设备实际运行情况	W	说明：这是供应商生产能力的体现
		纵剪质量	对照工艺及检验要求 观察质检员的检测 查看检测记录	W	要求： (1) 片宽一般为负公差(−0.1～−0.3 mm) (2) 毛刺不大于 0.02 mm (3) 条料边沿波浪度不大于 1.5%(波高/波长)

续表

序号	监造项目	见证内容	见证方法	见证方式	监造要点
2	硅钢片剪裁	横剪设备	观察设备实际运行情况	W	说明:这是供应商生产能力的体现
		横剪质量	对照工艺及检验要求观察剪成的铁芯片长度和角度误差的检测	W	要求:毛刺不大于0.02 mm 提示:确认检测方法有效,准确
3	铁芯叠片	叠片方式	对照设计和工艺要求观察、记录	W	提示:对叠不叠上铁轭,每叠片数,几级接缝做记录
		铁芯紧固方式及紧固材料	对照设计和工艺要求观察、记录	W	提示:记录紧固方法和材料;若使用环氧无纬玻璃丝带,应在使用有效期内
		夹件和铁芯拉板材料	对照设计和工艺要求核对材料品名、质检合格证	R	提示:实物、设计要求、合格证同一
		夹件和拉板加工、打磨、涂漆质量	对照设计和工艺要求观察并记录质检员的检测 查看检测记录	W	提示:核查并记录拉板的材料、尺寸,以及拉板槽的条数和尺寸
		叠装翻身台的设备状况	观察叠片翻转台实际操作情况	W	提示:须能确保承重能力及铁芯叠装后的平稳翻身
		上、下夹件及拉板的准确定位	记录实测值 核对工艺要求	W	提示:注意上、下夹件及拉板相互间的对角线长度偏差
		叠装质量	对照工艺及检验要求观察并记录质检员的检测	W	提示:观察、记录要素有: (1) 铁芯直径偏差、铁芯总叠厚和主级叠厚的偏差、铁芯端面(轭、柱)波浪度、接缝搭头 (2) 芯柱倾斜度 (3) 下夹件上支板的平面度(测量高、低压下夹件上支板的高度差)

续表

序号	监造项目	见证内容	见证方法	见证方式	监造要点
4	铁芯饼制作及芯柱装配	铁芯饼（硅钢片）及气隙垫款材料检查	对照工艺文件及检验要求，观察并记录检验的实测值		提示： (1) 硅钢片的检验与轭片相同 (2) 检查气隙垫块(大理石、青石或高强瓷等)供货商出厂质量证书和制造商入厂检验文件
		铁芯片冲剪、排片及绑扎			提示： (1) 采用专用步进剪切机进行冲剪，尺寸偏差、毛刺符合工艺文件的要求 (2) 排片及绑扎严格按工艺文件的要求
		铁芯饼的浇注及加工			提示： (1) 铁芯饼高真空、正压渗透浇注工艺应符合工艺文件要求 (2) 铁芯饼环氧树脂渗透均匀，固化良好，无气泡、龟裂，表面光滑，洁净无污染 (3) 铁芯饼气隙垫块处应经专用磨床加工，铁芯饼高度、直径、两侧端面平行度偏差应符合工艺文件要求
		铁芯饼叠装	对照图纸、工艺文件、质量标准，现场观察		提示： (1) 铁芯饼中心拉紧螺杆的材质、数量、尺寸应符合图纸要求 (2) 通过中心拉杆及夹具叠装铁芯饼，并用专用机具压紧芯柱，固定在下铁轭上 (3) 铁芯饼叠装时，不同厚度铁芯饼上下排列的顺序、数量应符合图纸要求，每个铁芯饼上下对齐、不错位，用水平仪测量，应保持水平、垂直，且无磕碰损伤 (4) 铁芯饼叠装时，轭部中心与铁芯饼中心必须同心，铁芯饼外圆到两侧旁柱距离相等，其偏差应符合质量标准要求 (5) 铁芯饼叠装时，所有气隙垫块用绝缘垫片配垫，并涂以环氧胶，确保气隙垫块均匀受力，粘接牢固 (6) 铁芯饼柱垂直度、对齐等偏差应符合质量标准要求 (7) 拉紧螺杆的压紧力应符合图纸及工艺文件要求

续表

序号	监造项目	见证内容	见证方法	见证方式	监造要点
5	铁芯装配	铁芯轭柱的紧固 铁芯紧固方式 轭柱松紧度	对照工艺及检验要求 观察并记录铁轭紧固的实际压力、塞尺插入深度	W	—
		铁芯对地绝缘	对照工艺及检验要求 记录现场实测值	W	要求：用500 V或1000 V绝缘电阻表，电阻大于0.5 MΩ
		铁芯对夹件绝缘			
		油道间及叠片组间绝缘			要求：不通路
		铁芯屏蔽	对照设计和工艺及检验要求 观察、记录	W	提示：若有，简要记述类型和结构，确认其接地可靠
		铁芯清洁度	对照质量标准，现场检查	W	要求：洁净，无油污，无杂物，无损伤

3.2.6.3 线圈的制造工艺及监造要点

1. 线圈的制造工艺

尽管电抗器与变压器在结构上都有铁芯和线圈，但是大型电抗器只有一个初级线圈，而普通变压器有初级线圈和次级线圈。电抗器主要考虑的是如何得到需要的电感，很多电抗器只有一个线圈，或者即使有两个线圈，也是串联使用，根本没有二次输出。变压器与电抗器的结构对比如图3.109所示。

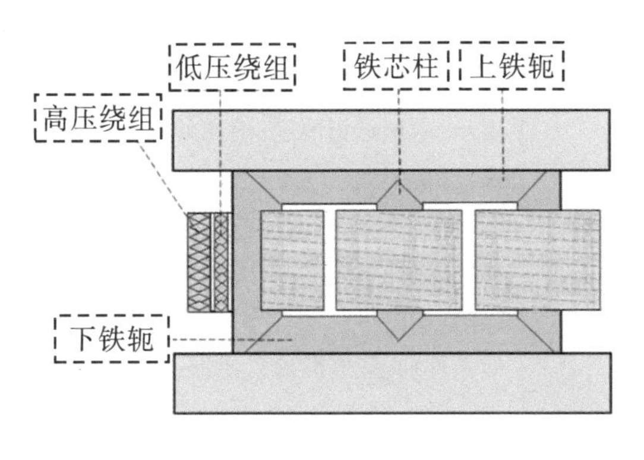

(a) 双线圈电力变压器的结构示意图

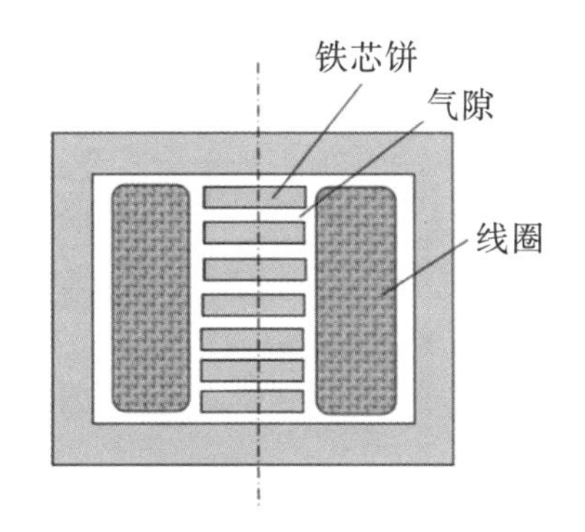

(b) 单相芯式电抗器的结构示意图

图3.109 变压器与电抗器的结构对比

电抗器线圈的绕组的结构、制造工艺与变压器相同，具体可参见3.1节“变压器”的线圈制造工艺。

2. 线圈的监造要点

油浸式电抗器线圈的监造要点有(表3.87)：

(1) 了解该线圈的基本结构形式。

(2) 了解该线圈设计中采取了哪些新技术、新工艺。

(3) 了解该线圈(或它的某些局部位置)结构设计时提出了哪些特别的技术要求和措施。

表3.87 油浸式电抗器线圈的监造要点

序号	监造项目	见证内容	见证方法	见证方式	监造要点
1	导线及绝缘材料	变压器线圈导线 生产厂家 导线型号及线规	对照设计图纸的要求 查验生产厂质量保证书 查看供应商入厂检验文件 查看实物 必要时查验订货合同	R	提示： (1) 生产厂质保书线规标示、设计图纸要求、供应商入厂检验文件和实物标示四同一 (2) 对有硬度等要求的导线，要查核产品出厂质保书实测值 (3) 如果生产厂家与技术协议书要求的不一致，则要书面通知委托人，并附上有关见证文件和监造的见解 (4) 实物应包装完好，无扭曲变形，绝缘纸无破损 (5) 导线电阻率、绝缘厚度和层数，以及导线外形尺寸应符合相关标准
		硬纸筒	对照设计图纸和工艺文件 现场查看纸板、观察制作	W	要求： (1) 通常要用高密度硬纸板，黏结长度为20～30倍纸板厚度 (2) 外观光洁平整 提示：注意纸板厚度、纸筒外径和垂直度偏差
		线圈垫块	对照设计图纸和工艺文件 查看表观质量	W	要求：应经密化处理，无尖角、毛刺 提示：如由本厂绝缘车间生产，可现场观察；如系外购，应查验出厂质保书
		线圈撑条	对照设计图纸和工艺文件 查看表观质量	W	要求：应经密化处理，无尖角、毛刺；在纸筒上黏结均匀，牢固 提示：比较各撑条间距

续表

序号	监造项目	见证内容	见证方法	见证方式	监造要点
1	导线及绝缘材料	层间绝缘纸	对照设计图纸 现场查看表观质量、供货商出厂检验文件	W	提示:注意纸板的牌号、厚度、使用层数
		静电屏	对照设计图纸和工艺文件 现场观察制作	W	提示: (1) 静电屏的材质、形状、尺寸 (2) 静电屏引出线的引出位置、焊接、固定 (3) 绝缘纸的材质、缠绕层数,翻边的规整
2	线圈绕制	工作环境	现场观察 查看车间温度、湿度、降尘量的实测记录	W	说明:线圈生产对环境要求较高,通常均应在净化密封车间进行作业
		线圈基本要素:绕向、段数、匝数、线圈形式	对照设计图纸 查看质检记录 现场观察	W	提示:仔细阅读图纸
		辐向尺寸及紧密度	对照设计图纸和工艺文件 现场查看 查看质检记录	W	说明:绕线机要有能保证将线辐向收紧的功能,辐向裕度越小,说明该供应商工艺保证能力越强 提示:注意线圈辐向尺寸的最大偏差
		导线换位处理	对照工艺要求 观察现场专用工器具的配置和使用情况	W	要求: (1) S弯换位平整、导线无损伤,无剪刀差 (2) 导线换位部分的绝缘处理良好,规范 提示:换位处的绝缘处理应特加注意
		导线的焊接	对照相关工艺文件 现场观察实际的焊接设备及操作,必要时查验焊工的考核情况	W	说明:设计规定要焊接换位导线时,供应商应有相应的工艺要求 要求:焊接牢固,表面处理光滑,无尖角、毛刺;焊后绝缘处置规范,全过程防屑措施严密
		特殊工艺点	对照工艺文件	W*	提示:对特殊工艺完成见证后应有说明

续表

序号	监造项目	见证内容	见证方法	见证方式	监造要点
2	线圈绕制	线圈出头位置及绝缘包扎	对照设计图纸和工艺文件 现场观察、查看	W	提示：注意线圈出头位置和绝缘包扎的偏差
		并联导线	现场观察并记录质检员的检验	W	要求： (1) 单根导线无断路 (2) 并绕导线间无短路 (3) 组合导线和换位导线股间无短路
		线圈工艺检查	对照检验要求和质检卡 查看实物	W	要求： (1) 过渡垫块、导线换位防护纸板、导油遮板等放置位置正确、规整，油道畅通 (2) 线圈表面清洁，无异物(特别是无金属异物) 提示：注意记录直流电阻实测值，并与设计值作比较
3	线圈干燥整形	线圈干燥	对照工艺要求 现场观察	W	要求：线圈干燥须按工艺文件执行
		加压方式 压力控制	对照工艺要求 现场观察	W*	说明： (1) 线圈加压最好采用线圈整形压力机 (2) 末次加压，压力要和设计相符 提示：记录实际操作压力；确认加压方式和工艺文件要求相配套；有异议时，应要求核算；采用螺杆加压的，记录螺杆的配置和数量
		线圈高度调整	对照工艺要求 现场观察	W*	要求：线圈整形要遵循“控制压力，调整高度”的理念，不可简单以保证线圈高度为目的 提示：记录实际垫块调整的数量和位置
4	线圈的转运及保管	对整形检验后线圈的转运和保管	对照工艺要求 记录搁置时间，保管环境，及对线圈的防护	W	要求：转运和保管过程需有有效措施可以控制回弹，不允许长时间搁置 提示：注意工序衔接，记录搁置时间、环境状况及对线圈的防护措施

注：W* 为现场见证点(W点)中推荐的重点关注点。

3.2.6.4 器身及引线的装配工艺及监造要点

由于电抗器只有一个线圈，没有与变压器一样的线圈组装工序，而是直接将线圈套包在铁芯柱上的器身装配工序。器身的装配(图3.110)工艺应符合制造厂设计图纸和工艺规范要求。

(a) 铁芯柱包裹围屏

(b) 电抗器线圈套装

(c) 电抗器器身装配

(d) 电抗器引线装配

图3.110 油浸式电抗器器身的装配现场图

1. 饼式绕组和首端、中部出线结构装配的监造要点

饼式绕组和首端、中部出线结构装配的监造要点见表3.88。

表3.88 饼式绕组和首端、中部出线结构装配的监造要点

序号	监造项目	见证内容	见证方法	见证方式	监造要点
1	装配准备	工作环境	观察施工场合的防尘、密封、清洁度，以及制造厂对施工现场的管理情况 记录环境降尘量的实测值	W	说明：高压电抗器的生产对环境清洁度要求比较高，特别是装配工序对清洁度要求最高，通常都采用隔离的工作间

续表

序号	监造项目	见证内容	见证方法	见证方式	监造要点
1	装配准备	绝缘材料及绝缘成型件	实物查看：确认所有绝缘材料和绝缘成型件 符合设计和工艺要求	W	提示：确认尺寸、规格正确，完好无损伤
		待套装线圈	现场查看	W	提示：要有上道工序检验合格证，确认转运中无磕碰损伤
2	待用绝缘件和部件	铁轭绝缘，纸板、端圈等绝缘件	实物观察	W	要求：表观质量良好，层压件无开裂起层现象
		芯柱、轭及旁轭用地屏等部件	实物查看 查看质检员质检卡	W	要求：地屏清洁、完好，出头位置符合图纸要求
		静电板(屏、环)	实物查看 查看质检员质检卡	W	要求： (1) 铜带包扎符合工艺要求 (2) 引出线焊接牢靠，出头绝缘规范，接地可靠 (3) 器身装配前已进行了单独的平面压紧干燥
3	铁芯检查及就位	铁芯在装配台就位	对照工艺要求现场观察	W	要求：铁芯就位后，要保证芯柱与装配平台垂直
		铁芯合格无磕碰损伤	查看铁芯质检卡 现场观察 查看并记录铁芯对夹件绝缘电阻	W	要求： (1) 铁芯各端面如有损伤，一定要修复、记录修复方法和效果 (2) 此时铁芯对夹件绝缘电阻要不小于 0.5 MΩ，铁芯油道间不通路 提示：如果出现铁芯对夹件通路或铁芯油道间通路，一定要找出原因并排除；监造工程师要记录处理过程和最后结果

续表

序号	监造项目	见证内容	见证方法	见证方式	监造要点
4	线圈套装	线圈套装	对照设计图纸，确认各层绝缘的厚度要求 对照工艺文件，确认各层绝缘处置恰当 记录油隙和围屏的实际调整数据	W*	要求： (1) 线圈套装到芯柱要松紧适度 (2) 下铁轭垫块及下铁轭绝缘平整、稳固，与夹件支板接触紧密 (3) 绕组各出头位置和图纸相符 (4) 线圈套装过程中对撑条等绝缘件尺寸调整要按工艺执行
		线圈出头绝缘处理	查看工艺文件 对照工艺和图纸 观察实际操作	W	说明：对有屏蔽要求的触头，要严格按照工艺要求执行
5	上、下导磁板	导磁板装配	查看工艺文件 现场观察	W	说明：下导磁板是在线圈套装前进行 要求： (1) 上、下导磁板安装应符合设计文件及图纸要求 (2) 上、下导磁板应与铁芯柱固定牢固，不得松动
6	上铁轭装配	插上铁轭片	现场观察 查看工序质量检验卡	W	说明：本工序最能反映供应商对铁芯质量的控制能力 提示：注意铁芯片不能有搭接，端面应平整，铁轭端面波浪度符合工艺文件要求
		上铁轭装配	对照工艺要求 现场观察 记录上铁轭实际压紧力 记录上铁轭装配完成后铁芯对夹件的绝缘电阻值	W	说明：在上铁轭装配中，要将绕组和上轭绝缘做周密的遮盖防护，以防异物进入 要求： (1) 上铁轭装配后铁芯对夹件的绝缘电阻值应和装配前基本一致 (2) 重新压紧中心拉杆，其压紧力应符合图纸要求
7	引线制作和装配	引线支架及绝缘件配置	查看实物 对照设计图纸	W	要求：有检验合格标志；实物无损伤、开裂和变形

续表

序号	监造项目	见证内容	见证方法	见证方式	监造要点
7	引线制作和装配	引线连接（焊接）	现场观察 查看工艺文件要求	W	要求：焊接要有一定的搭接面积（依工艺文件）；焊面饱满，表面处理后无氧化皮、尖角、毛刺
		引线连接（冷压接）	现场观察实际操作 查看工艺文件要求	W	要求： (1) 冷压接装置配套完整，运行稳定 (2) 所用压接套筒规格和规范要求一致 (3) 冷压时套管内填充密实 提示：必要时，查看供应商最新所做冷压接头的拉力试验报告
		引线的屏蔽和绝缘	现场观察实际操作 查看工艺文件要求	W	要求： (1) 屏蔽紧贴导线，包扎紧实，表面圆滑 (2) 屏蔽后引线的外径应符合设计工艺文件要求 (3) 绝缘包扎要紧实，包扎厚度符合图纸要求
		引线的夹持与排列	对照图纸查验 查看工艺文件要求	W	要求： (1) 引线排列和图纸相符，排列整齐，均匀美观 (2) 所有夹持有效，引线无松动 (3) 引线距离符合设计要求
8	工序、检查和试验	器身清洁度	现场观察	W	提示：确认器身清洁（要拆除事先所加的所有临时保洁层），无金属和非金属异物残留
		铁芯及地屏接地	对照工艺要求 现场观察并记录实测值	W*	要求： (1) 铁芯对夹件绝缘电阻应符合工艺文件要求 (2) 芯柱、轭柱地屏一点接地可靠；地屏出头连接后，其绝缘距离须符合工艺文件要求，并详细记录和试验记录
		线圈直流电阻测量	现场观察	R、W	说明：取得原始数据以便出厂试验时分析、比较 要求：验证线圈导线及焊接质量完好

续表

序号	监造项目	见证内容	见证方法	见证方式	监造要点
9	预装配	器身和油箱的预装配	现场观察 记录发生的问题及处理过程	W*	提示： (1) 对初次设计或第一次制造的产品，此工序是必要的 (2) 确认器身在油箱中定位准确，引线对线圈、引线对引线、引线对箱壁的距离应符合要求

注：W* 为现场见证点（W点）中推荐的重点关注点。

2. 层式绕组和端部出线结构装配的监造要点

层式绕组和端部出线结构装配的监造要点见表3.89。

表3.89 层式绕组和端部出线结构装配的监造要点

序号	监造项目	见证内容	见证方法	见证方式	监造要点
1	线圈端部绝缘翻边	上、下端部层间绝缘翻边	对照图纸、工艺文件，现场查看操作 查看质检员的检验情况	W	说明： (1) 线圈上、下两端层间绝缘翻边，应先翻下端，后翻上端，分两次烘压，两次翻边 (2) 线圈上、下端层间绝缘纸翻边厚度、宽度、搭接缝错开位置，均应符合图纸和工艺文件规定 (3) 翻边纸带（即形成的软角环）应平服，无损伤 (4) 线圈上、下端绝缘纸圈、垫块和成型绝缘角环安装应符合图纸要求 提示： (1) 特别注意，翻边过程要确保不阻塞线圈轴向和辐向油道 (2) 因线圈重，当线圈进行180°翻身过程（翻边需要）时，应确保平稳，不受冲击和损伤；吊运过程亦应注意安全
2	线圈套装前准备	下铁轭、旁柱绝缘和各处接地屏的安装	对照图纸、工艺文件，现场查看操作 查看质检员的检验情况	W	说明： (1) 下铁轭托板和接地屏安装应符合图纸和工艺文件要求 (2) 铁芯旁柱绝缘和地屏安装应符合图纸和工艺文件要求 (3) 铁芯柱接地屏的套装应松紧适度，符合图纸和工艺文件要求 提示：各接地屏的接地必须牢固，防止产生悬浮电位

续表

序号	监造项目	见证内容	见证方法	见证方式	监造要点
3	线圈套装	线圈套装	对照设计图纸，确认各层绝缘的厚度要求 对照工艺文件，确认各层绝缘处置恰当 记录油隙和围屏的实际调整数据	W*	要求： (1) 线圈套入铁芯柱，应松紧适度，出头位置符合图纸和工艺文件要求 (2) 上铁轭压板安装应符合图纸和工艺文件要求 (3) 绕组各出头位置和图纸相符 (4) 线圈套装过程中对撑条等绝缘件尺寸调整要按工艺执行
4	引线装配	引线支架及绝缘件	查看实物 对照设计图纸	W	要求：有检验合格标志；实物无损伤、开裂和变形
		引线连接（焊接）	现场观察 查看工艺文件要求	W	要求：焊接要有一定的搭接面积（依工艺文件）；焊面饱满，表面处理后无氧化皮、尖角、毛刺
		引线连接（冷压接）	现场观察实际操作 查看工艺文件要求	W	要求： (1) 冷压接装置配套完整，运行稳定 (2) 所用压接套筒规格和规范要求一致 (3) 冷压时套管内填充密实 提示：必要时，查看供应商近期制作的冷压接头的拉力试验报告
		引线连接、固定及对地距离的检查	对照图纸、工艺文件 现场查看操作 查看质检员的检验情况	W	要求： (1) 引线支架安装应符合图纸和质量标准要求 (2) 引线冷压挤压接头应压实，接头表面光滑，无尖角、毛刺，符合图纸和质量标准要求 (3) 引线绝缘包扎紧实，绝缘厚度、搭接锥度应符合图纸和质量标准要求 (4) 引线夹持牢固，引线对地距离应符合图纸和质量标准要求
5	工序、检查和试验	对器身整体质量检查	对照工艺文件、质量标准 查看质检员的检验情况	W	提示： (1) 测量线圈加引线直流电阻应符合图纸要求 (2) 整个器身清洁，无金属杂物、尘土和损伤

续表

序号	监造项目	见证内容	见证方法	见证方式	监造要点
5	工序、检查和试验	铁芯及地屏接地	按工艺文件要求，现场观察并记录实测值	W*	要求： (1) 铁芯对夹件绝缘电阻符合工艺文件要求 (2) 各地屏接地可靠，地屏出头连接后其绝缘距离须符合工艺文件要求 (3) 各拉架对地导通良好(要求每个拉架均用万用表测量)
		绝缘件安装质量	现场检查	W	提示：压板、绝缘隔板等全部绝缘件安装到位，固定牢靠，表面干净，无任何损伤
		线圈直流电阻测量	现场观察	R、W	说明：取得原始数据以便出厂试验时分析、比较 要求：验证线圈导线及导线焊接质量完好

注：W* 为现场见证点(W点)中推荐的重点关注点。

3.2.6.5 器身干燥的监造要点

器身干燥的监造要点见表3.90。

表3.90 器身干燥的监造要点

序号	监造项目	见证内容	见证方法	见证方式	监造要点
1	干燥前准备	器身装罐测温探头设置	对照工艺文件现场观察	W	提示：确认测点的设置应符合工艺文件要求，能准确反映汽相干燥炉内的运行工况和本设备的干燥特征参数
		装罐物件	现场观察	W	提示： (1) 凡是电抗器油箱内带绝缘的部件，在总装配中可能要添加用到的绝缘件，在总装配时要用到的套管出线成型件等都要随器身一起进行真空干燥 (2) 封罐前要到位查看
2	干燥过程	干燥过程控制的参数	对照工艺文件观察干燥过程不同阶段的温度、真空度及其持续时间、出水量等参数	W	提示： (1) 了解干燥过程中，准备、加热、减压、真空四个阶段的基本要求 (2) 记录干燥过程中温度、真空度、持续时间、出水量的变化

续表

序号	监造项目	见证内容	见证方法	见证方式	监造要点
3	干燥完成的终点判断	终点判断的各项参数	对照工艺文件记录干燥终结时各工艺参数的实际值	W	要求:主要依据制造商工艺文件判断干燥是否完成,并由其出具书面结论(含干燥曲线) 提示:可以根据工艺文件,要求器身各部位的温度、真空罐的真空度、持续时间和出水率等达到相应值

3.2.6.6 总装配的监造要点

总装配的监造要点见表 3.91。

表 3.91 总装配的监造要点

序号	监造项目	见证内容	见证方法	见证方式	监造要点
1	组件准备	套管	对照技术协议书、设计文件 查验原厂质量保证书和出厂试验报告 查看供应商的入厂检验记录 现场核对实物 查看实物的表观质量 必要时查看供应商的采购合同	R	要求: (1) 套管的型号规格、生产商及其出厂文件与技术协议、设计文件、入厂检验相符 (2) 实物表观完好无损 提示: (1) 注意套管实际的爬距和干弧距离 (2) 对油纸电容套管,要注意套管自身的介质损耗值 tan δ 和电容量,tan δ 值与试验电压的关系(以没有变化为佳),以及测试时的环境温度(或油温) (3) 若有异常,跟踪见证,直至释疑或解决
		片式散热器	对照合同技术协议,查验供货厂出厂检验文件(含质保书、检验报告等)和供应商入厂检验记录,并核对实物	R	要求: (1) 散热器(或冷却器)的型号规格、生产商,以及其出厂文件与技术协议、设计文件、入厂检验相符 (2) 实物表观完好无损 提示: (1) 原厂出厂报告中应有密封试验、热油(或煤油)冲洗、散热性能(或冷却容量)及声级测定等内容 (2) 须特别关注内部清洁

续表

序号	监造项目	见证内容	见证方法	见证方式	监造要点
1	组件准备	电流互感器	对照合同技术协议，查验供货厂出厂检验文件（含质保书、检验报告等），并核对实物	R、W	要求： (1) 电流互感器的组数、规格、精度、性能与合同技术协议的配置图相符 (2) 确认电流互感器安装正确，极性和变比符合要求
		储油柜	对照合同技术协议，查验供货厂出厂检验文件（含质保书、检验报告等），并核对实物	R、W	提示： (1) 储油柜的型号规格、生产商及其出厂文件与技术协议、设计文件、入厂检验相符 (2) 波纹管储油柜应检查波纹管伸缩灵活，密封完好；胶囊式储油柜应检查胶囊完好 (3) 油位计安装正确，指针动作灵敏、正确
		其他配套组件	对照合同技术协议，查验供货厂出厂检验文件（含质保书、检验报告等），并核对实物	R、W	要求：部分配套组件不仅应有合格证，而且必须有主要特性的出厂试验整定值 说明：配套组件还有油流继电器、压力释放阀、各类温度计、气体继电器、油位计、胶囊（隔膜）、蝶阀、球阀、吸湿器、油样活门等
2	油箱准备	油箱屏蔽	对照设计图纸和工艺文件 现场查看	W*	要求：油箱屏蔽安装规整，牢固，绝缘良好，一点接地可靠
		油箱清洁	现场查看	W*	要求：彻底清理油箱内部，尤其是磁屏蔽与油箱壁之间应无任何金属及非金属异物，无灰尘，无油污，清洁、光亮，无漆膜脱落
3	真空干燥后的器身整理	器身检查	对照工艺文件，现场观察，并查看质检员的检验情况	W*	要求： (1) 器身应洁净，无污秽和杂物，铁芯无锈 (2) 各绝缘垫块、端圈、引线夹持件无开裂、起层、变形和不正常的色变 提示：对任何异常均要见证供应商的分析和处理

续表

序号	监造项目	见证内容	见证方法	见证方式	监造要点
3	真空干燥后的器身整理	器身紧固	对照图纸，现场观察，并查看质检员的检验情况	W*	提示： (1) 器身上所有紧固件应全部拧紧无松动，并有放松措施 (2) 蝶形弹簧的固定应该到位，符合图纸要求 要求： (1) 压紧装置轴向压紧力及尺寸应符合设计文件要求，否则调整尺寸 (2) 检查紧固线圈压钉是否到位 (3) 绝缘隔板、围屏两侧的绝缘楔块应锁牢 (4) 紧固全部螺栓 (5) 检查全部拉架是否可靠接地，每个拉架均用万用表测量 (6) 测铁芯、夹件、各屏蔽对地绝缘电阻值应符合工艺文件要求(注意：与器身温度有关) 提示：此工序是电抗器质量保证的一个重要质量控制点，监造见证记录要尽可能仔细、量化
		监督器身在空气中暴露的时间	对照工艺文件，现场观察 记录出炉到结束的全过程 查看质检员的检验记录	W	要求：根据器身暴露的环境(温度、湿度)条件和时间，针对不同产品，按工艺文件要求，或入炉进行表面干燥，或延长后绝缘处理时抽真空的时间
4	表面干燥	表面干燥	对照工艺文件，查看表面干燥过程运行记录和实时状态	W	提示：对 500 kV 及以上电压的合同设备，均应按工艺文件要求进行表面干燥处理
5	器身下箱	器身就位	对照工艺文件，现场观察	W*	要求： (1) 器身起吊确保安全，下箱后固定牢靠；各向定位顶紧装置牢固、有效 (2) 确认铁芯、夹件对油箱和相互间的绝缘电阻符合质量标准 (3) 扣盖(罩)后，复查引线对油箱壁和对地的绝缘距离，应符合图纸要求

续表

序号	监造项目	见证内容	见证方法	见证方式	监造要点
6	附件装配	电抗器各组附件装配	对照图纸，现场观察记录可能出现的各种问题及其处理	W	要求： (1) 升高座、套管和电流互感器均应安装到位，符合图纸要求 (2) 油枕、联管、阀门等附件均安装到位，符合图纸要求 (3) 散热器安装到位，符合图纸要求 (4) 对接地引出进行安装和检查 (5) 所有密封面相关的紧固件应均匀拧紧，符合工艺要求 (6) 各套管安装时要使引线绝缘锥体刚好进入均压球内；各套管安装完成后要确认套管外绝缘距离 (7) 对500 kV及以上电压的合同设备，附件装配期间，油箱内宜充以干燥空气，保持微正压，减少器身表面受潮
7	真空注油	真空注油	对照工艺文件，现场观察，记录实际过程和参数，并与制造商提供的记录核对	W、R	提示： (1) 记录真空残压值及维持的时间 (2) 记录注油速度和实际油温
8	热油循环	热油循环的实际参数	对照工艺文件，现场观察，记录实际过程和参数，并与制造商提供的记录核对	W、R	提示： (1) 热油循环时要维持一定的真空度 (2) 油箱底部出油，箱顶进油 (3) 滤油机出口温度宜在60～80 ℃，时间大于48 h 提示：对于采用热淋油方式的工艺过程，做好油温、流量、残压和循环时间的记录
9	静放	静放	对照工艺文件，记录实际时间，并与制造商提供的记录核对	W、R	提示：静放时间以工艺文件规定为准

注：W* 为现场见证点（W点）中推荐的重点关注点。

3.2.7 出厂试验及监造要点

1. 电抗器技术参数术语与定义

(1) 额定电压 U_r：在三相电抗器的一个绕组的端子之间或在单相电抗器的一个绕组的端子之间指定施加的电压。额定电压 U_r 作为设计、制造的保证和试验的基础，一般就是系统的运行电压。

(2) 最高运行电压 U_{max}：电抗器能够连续运行而不超过规定温升的最高电压。

(3) 额定容量 S_r：在额定电压下运行时的无功功率。

(4) 额定电流 I_r：由额定容量和额定电压得出的电抗器线电流。

(5) 额定电抗 X_r：额定电压时的电抗(额定频率下的每相欧姆值)。

(6) 零序电抗 X_0(三相电抗器)：三相星形绕组各线端并在一起与中性点之间测得的电抗乘以相数所得的值(额定频率下的每相欧姆值)。

(7) 互电抗 X_m(三相单抗器)：开路相的感应电压和励磁相的电流间的比值(额定频率下的每相欧姆值)，互电抗用额定电抗的标幺值表示。

(8) 磁化特性：电抗器绕组的磁链与电流之间的关系，即磁通峰值和电流峰值的关系曲线，或者电压平均值和电流峰值的关系曲线。它可以是线性特性、非线性特性或饱和特性。

(9) 涌流水平：电抗器励磁时最大峰值电流与$\sqrt{2}I_r$ 的比值。

2. 见证出厂试验的一般性程序和要求

(1) 审核出厂试验方案：

① 对照订货技术协议书审核试验项目是否齐全，试验顺序和合格范围等是否正确和准确。

② 对照有关国标和行标审核试验接线、试验装备(含仪器、仪表)、试验电压或电流的量值、频率、波形。

③ 核算感应试验(IVW、IVPD)、温升试验的有关参数。

(2) 出厂试验方案应在试验前 15 日确定，驻厂监造组将出厂试验方案连同审核过程及意见上报委托人。

(3) 试验前的见证：

① 对照试验方案，现场确认项目，查看接线(含接地)及所用的试验装备，核实仪器仪表受检的有效期和互感器或分压器的变比。

② 进行高电压试验前，应做到电抗器的油位清晰可见、静放时间满足要求、放气彻底。监造人员至少应现场见证最后一次放气。

(4) 试验过程的见证：应详细记录经济技术指标测试和绝缘特性试验的原始数据、异常现象和参数。在做绝缘耐受试验时，施加给试品的电压允许偏差≤3%(峰值)。

(5) 试验结果的见证：在观察试验全过程的基础上，听取试验负责人对试验结果的判定,若有异议,应及时向试验负责人提出。对考核性指标测试结果的异议,可在对照原始数据、设计参数和供应商报告的基础上提出,必要时采用书面方式。

(6) 国网公司发布的《交流电力电抗器监造作业规范》中表9~表11的监造项目不是每台变压器的必做试验项目。具体到某台电抗器的出厂试验项目以其订货技术协议书上的规定为准。

3. 试验项目

例行试验包括绕组电阻测量、电抗测量、损耗测量、绝缘例行试验、间隙铁芯或磁屏蔽空心电抗器绕组对地的绝缘电阻测量(作为参考值,用于与以后的现场测量值进行比较,此处不给出限值)、油浸式电抗器电容器及介质损耗因数测量(作为参考值,用于与以后的现场测量值进行比较,此处不给出限值)。

型式试验包括温升试验、振动测量、声级测量、绝缘型式试验、风扇和油泵所需功率测量(带有风扇和泵时)。

特殊试验包括三相电抗器的零序电抗测量、三相电抗器的互电抗器测量、电流的谐波测量、磁化特性测量、绝缘特殊试验、间隙铁芯线性度测量。

4. 电抗器出厂试验及监造技术要点

(1) 电抗器的概述

电抗器属于变压器类产品,其试验标准与变压器标准非常类似。电抗器的主要标准为《电力变压器 第6部分:电抗器》(GB/T 1094.6),在电抗器标准中引用了变压器试验标准,也就是说,电抗器的许多试验要求与变压器的试验要求非常类似。

对变压器试验来说,高电压和大电流不同时出现,故中等电压的试验变压器已足够。对电抗器来说,高电压和大电流多数情况下同时出现,所以需要高电压试验变压器。关于并联电抗器的相数,400 kV及以下的基本为三相结构,三相电抗器必然要采用三相试变;500 kV及以上的基本是单相结构,单相电抗器既可以采用三相试变,也可以采用单相试变。从实际情况来看,单相电抗器一般为500 kV及以上的超高压、特高压等级,因此一般也采用专用的单相试变。

(2) 电抗器的出厂试验

损耗测量:总损耗包括电阻损耗、铁损和附加损耗。对于间隙铁芯,损耗应在额定电压和额定频率下测量。电压用平均值电压表测量(读数为方均根值)。如果在额定电压下,测得的电流不是额定电流,那么测得的损耗应通过乘以额定电流与实测电流之比的平方,将其校正到额定电流下。损耗测量可以作为例行试验在工厂环境温度下进行,然后校正到参考温度。当损耗测量作为特殊试验时,要求测量温度接近参考温度,损耗测量可以与温升试验同时进行。但还应在环境温度下做同一试品的损耗例行试验,以便得到总损耗的温度系数。

电抗测量:电抗测量在额定频率、施加近似正弦波电压下进行;电抗由施加的电压和实测电流(方均根值)得到,并假定阻抗中的电阻成分可以忽略;三相电抗器的电抗应在对称三相电压施加在电抗器线端上时测量。对于某些情况，如电抗器具有超大额定容量和超高电压时，在额定电压下测量可能是很困难的。对线性的间隙铁芯来说，试验电压可以是试验可得到的最高电压，但至少为 $0.9U_r$。如果制造方不能在 U_r 下测量，则需要在投标时说明能够达到的试验水平。其中电抗值为

$$\frac{线间所施加电压}{实测线电流平均值\times\sqrt{3}}$$

电抗线性度的测量：按电抗测量的方法，在不超过 $0.7U_r$、$0.9U_r$、U_r 和 U_{max} 或其他不高于最高运行电压，或在供需双方商定的略高于这些电压的电压下测量。如果试验设备不能满足对试验电压的要求，或希望确定高于 U_{max} 时的线性度，这时试验就要在降低频率时进行（相应的电压也降低）。电抗器的线性度也可按磁化特性的测量方法及电抗计算来表示。

谐波测量：所有三相中的谐波电流是在额定电压，或按要求的最高运行电压下用谐波分析仪测量得到的。各次谐波幅值用基波的百分数表示。如果汇演电压达不到要求，额定电压或要求运行的最高电压下的谐波电流可以从测得的磁化特性或通过计算得到。

三相电抗器零序电抗测量：本测量应在使中性点不超过额定相电流的电压下进行。应限制中性点电流和施加的时间，以免金属结构件过热。

三相电抗器互电抗测量：如无另行规定，间隙铁芯或磁屏蔽空心电抗器的测量应按图 3.111所示的电路在额定电压下进行。其他电抗器测量可在任何方便的试验电压下进行。

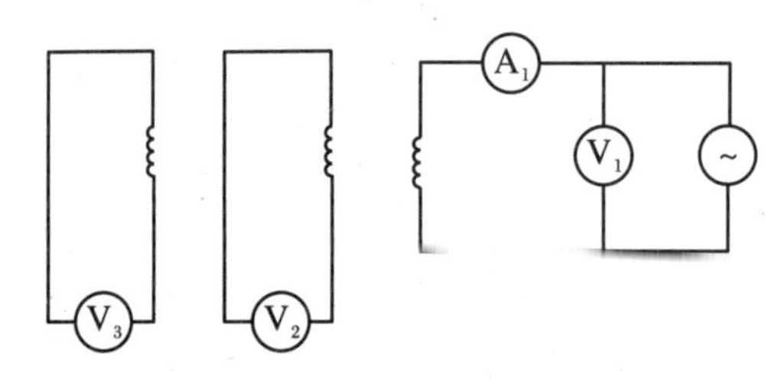

图 3.111　三相电抗器互电抗测量

V_1、V_2、V_3：电压表读数。

A_1：电流表读数。

互电抗 X_m：分别为 V_2/A_1 或 V_3/A_1。

绝缘试验：并联电抗器的绝缘试验参照变压器试验的相关规定。

声级测量：在额定电压和额定频率下进行。试验程序参照变压器的相关规定。

振动试验：被试电抗器应按照运行完全装配好，包括冷却设备、仪表、附件都应安装并连接好。电抗器的振动由传感器、光学探头或类似的测量装置测量。位移的峰-峰值由直接测量得到，或由测得的加速度或速度计算得到。两倍额定频率下的测量准确度应不超过 10 μm。测量应在油箱四壁上进行，测量点数应足够，以保证测得振动的最大值。油浸式电抗器箱壁的最大振幅不应大于 200 μm（峰－峰值）。制造方应证明试验时测量或观察到的振动，对安装在油箱、夹件上的设备的可靠性和性能没有长期的影响。

温升试验:试验一般按照 GB 1094.2 进行。试验应在最高运行电压 U_{max}和额定频率下进行。在某些情况下,如超大容量和超高电压,试验条件难以达到。在这种情况下,试验可以在降低电压下进行,但不低于 $0.9U_r$,试验水平由制造方在标书中说明,并应在订货时供需双方达成共识。

磁化特性测量:当电抗器的磁化特性为非线性或饱和时,可以对磁化特性进行测量。由于电抗器绕组的磁链不能直接测量,因而测量磁化特性应采用间接方法。测量方法包括额定频率下电压和电流的瞬时值测量、降低频率下电压和电流的瞬时值测量或直流放电试验方法,也可以采用具有同等准确度的其他测量方法。曲线图如图 3.112 所示。

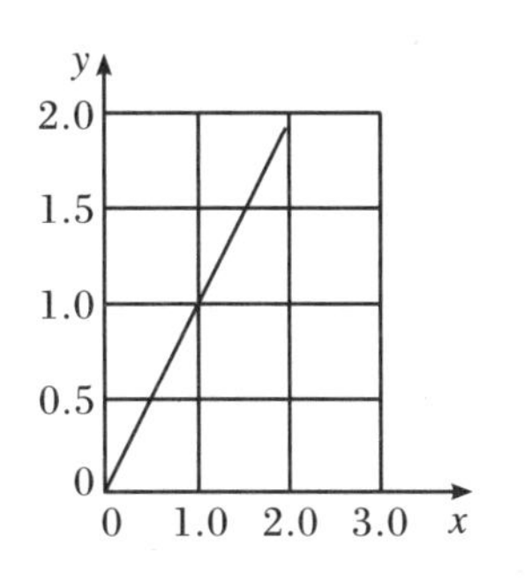

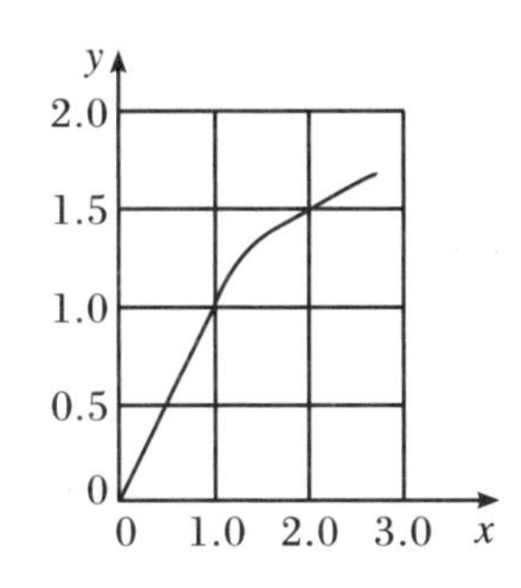

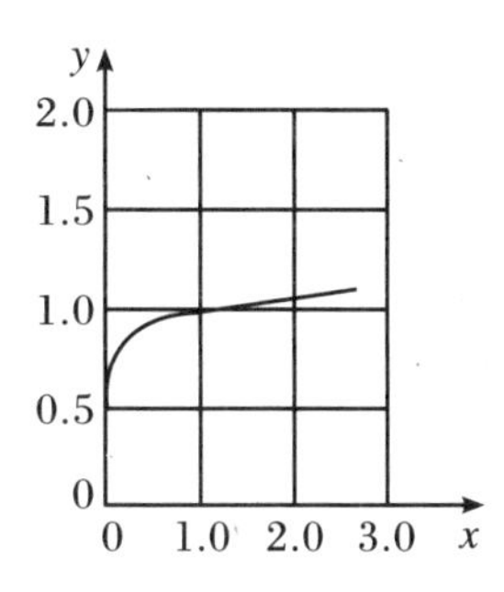

图 3.112 电抗器磁化特性类型曲线图

x 轴:以额定电流为基准值的瞬时电流标幺值。

y 轴:以额定电流下的磁链为基准值的瞬时磁链标幺值。

油浸式电抗器例行试验的监造要点见表 3.92。

表 3.92 油浸式电抗器例行试验的监造要点

序号	监造项目	见证内容	见证方法	见证方式	监造要点
1	绕组直流电阻测量	查看仪器、仪表	合同技术协议 试验方案 GB 10229 JB/T 501	W	要求:伏安法精度不应低于 0.2 级;电桥法精度不应低于 0.1 级
		观察试品状态		W	提示:主要查看油位、温度和有无异常
		观察电阻测量		W	说明:至少查看原始记录
		核算电阻不平衡		W	提示:电阻不平衡率异常时应确定原因,对照设计,量化核算;确认无潜在隐患

续表

序号	监造项目	见证内容	见证方法	见证方式	监造要点
2	绕组绝缘电阻测量	查看仪器、仪表	合同技术协议 试验方案 GB 10229 JB/T 501	W	提示：测量绕组的绝缘电阻应使用电压不低于5000 V、指示量限不小于100 GΩ的绝缘电阻表或自动绝缘测试仪
		观察试品状态		W	提示：主要查看油位、温度和有无其他异常
		测量绕组绝缘电阻		W	要求： (1) 测量绕组对地及其余绕组间15 s、60 s及10 min的绝缘电阻值，并将测试温度下的绝缘电阻换算到20 ℃ (2) 测量铁芯对夹件、夹件对地的绝缘电阻值(用2500 V绝缘电阻表)
		核算吸收比和计划指数		W*	提示：当极化指数或吸收比达不到规定值而绝缘电阻绝对不低于10 GΩ时，一般可以接受
3	介质损耗因数、电容测量	查看仪表、仪器	合同技术协议 试验方案 GB 10229 JB/T 501	R	提示： (1) 介质损耗因数具体要求以合同技术协议为准； (2) 同时测量套管的介质损耗因数和电容，并对套管末屏进行交流耐压
		观察测量			
4	电抗测量	查看仪器，记录原始数据	合同技术协议 试验方案 GB 10229 JB/T 501 GB 311.3	H	提示： (1) 回路功率因数低，应选用电桥法测量 (2) 为保证测量，高压接线必须加屏蔽管 (3) 为防止分流，注意接地点的选择 (4) 一组电抗器，电抗互差不大于2%
5	损耗测量	查看仪器，记录原始数据	合同技术协议 试验方案 GB 10229 JB/T 501 GB 311.3	H	说明：损耗测量结果换算到75 ℃ 提示： (1) 回路功率因数低，应选用电桥法测量 (2) 为保证测量，高压接线必须加屏蔽管 (3) 为防止分流，注意接地点的选择

续表

序号	监造项目	见证内容	见证方法	见证方式	监造要点
6	操作冲击试验(SI)	查看试验装置、仪器及其接线、分压比	合同技术协议 试验方案 GB 10229 GB 1094.3 GB 1094.4 JB/T 501	H	提示:对照试验方案,做好现场记录
		观察冲击波形及电压峰值			说明:波前时间一般应不小于 100 μs,超过 90%规定峰值时间至少为 200 μs,从视在原点到第一个过零点时间应为 500~1000 μs
		观察冲击过程及次序			说明:试验顺序为一次 50%~70%试验电压的负极性冲击,三次额定冲击电压的负极性冲击
		试验结果初步判定			提示:电抗器无异常声响,示波图电压没有突降,电流也无中断或突变,电压波形过零时间与电流最大值时间基本对应
7	线端雷电全波冲击试验(LI)	查看试验装置、仪器及其接线,分压比	合同技术协议 试验方案 GB 10229 GB 1094.3 GB 1094.4 JB/T 501	H	提示:对照试验方案,做好现场记录
		观察冲击波形及电压峰值			说明:冲击电压标准波形参数和偏差以 GB/T 16927.1 规定为准
		观察冲击过程及次序			说明:先加一次 50%~75%试验电压冲击,再加三次全电压冲击。必要时,全电压冲击后加做 50%~75%试验电压下的冲击。应以 GB 1094.3 的规定为准
		试验结果初步判定			提示:电抗器无异常声响,电压、电流无突变,且低电压冲击和全电压冲击波形无明显变化
8	外施工频耐压试验	查看试验装置、仪器及其接线,分压比	合同技术协议 试验方案 GB 10229 GB 1094.3 GB1094.4 JB/T 501	H	提示:对照试验方案,做好现场记录
		观察加压全过程			提示:电抗器无异常声响,电压无突降,电流无突变

续表

序号	监造项目	见证内容	见证方法	见证方式	监造要点
9	长时感应电压连同局部放电测量	查看试验装置、仪器及接线和互感器变比	合同技术协议 试验方案 GB 10229 GB 1094.3 GB 1094.4 JB/T 501	H	提示：对照试验方案，做好试验记录
		观察并记录背景噪声			要求：背景噪声水平应小于视在放电规定限值的一半
		观察电压、方波校准			要求： (1) 合理选择相匹配的分压器和峰值表，电压校核应到额定耐受电压的50%以上 (2) 每个测量端子都应校准；同时记录端子间的传输比
		观察感应电压频率及峰值			要求： (1) 电压偏差在±3%以内 (2) 频率应接近选择的额定值
		观察感应耐压全过程			要求：按GB 1094.3规定的时间顺序施加试验电压
		观察局部放电测量			提示：注意观察在 $1.58U_m$ 下的长时试验期间的局部放电量及其变化，在有异常局部放电情况时，记录起始放电电压和放电熄灭电压 要求：若放电量随时间递增，则应延长 $1.58U_m$ 的持续时间观察
		试验结果初步判定			提示：电抗器无异常声响，试验电压无突降现象，视在放电量趋势平稳且在限值内
10	油中溶解气体分析	观察采样	合同技术协议 试验方案 GB/T 7252	W	要求：至少应在试验开始前，绝缘强度试验后，温升试验开始前、中（每隔4 h）、后，出厂试验全部完成后，发运放油前进行采样分析 提示：留存有异常的分析结果，记录取样部位
		查看色谱分析报告			要求：油色谱分析的判据以GB 7252为准；特别注意有无增长

续表

序号	监造项目	见证内容	见证方法	见证方式	监造要点
11	绝缘油试验	理化试验和工频耐压	合同技术协议 试验方案 GB 1094.1 GB 2536 GB/T 7252 JB/T 501	R	说明:绝缘油多是从炼油厂直发工地的
12	整体密封试验	油箱无渗漏	对照合同技术协议,现场检查本体和附件的渗漏情况,并与质检员的记录核对	W	要求:此项试验应在试验完成后进行,且应装好全部附件;试验方法和施加压力值,按合同技术协议和工艺文件要求,试验时发现渗漏应立即处理,处理好后再进行试验,直至无泄漏为止

注:W* 为现场见证点(W 点)中推荐的重点关注点。

油浸式电抗器型式试验的监造要点见表 3.93。

表 3.93 油浸式电抗器型式试验的监造要点

序号	监造项目	见证内容	见证方法	见证方式	监造要点
1	末端雷电全波冲击	查看试验装置、仪器及其接线、分压比	合同技术协议 试验方案 GB 10229 GB 1094.3 GB 1094.4	H	提示:对照试验方案,做好现场记录
		观察冲击电压波形及峰值			说明:波前时间为 1.2～13 μs,半峰时间为 50×(1±20%)μs
		观察冲击过程及次序			说明:顺序是电压为 50%～75%全试验电压下的一次冲击及其后的三次全电压冲击
		试验结果初步判定			提示:电抗器无异常声响,在降低试验电压冲击与全试验电压冲击的示波图上,电压、电流波形无明显差异

续表

序号	监造项目	见证内容	见证方法	见证方式	监造要点
2	线端雷电截波冲击试验	查看试验装置、仪器及其接线、分压比	合同技术协议 试验方案 GB 10229 GB 1094.3 GB 1094.4	H	提示:对照试验方案,做好现场记录
		观察冲击电压波形及峰值			说明:波前时间一般为 1.2×(1±30%)μs,截断时间 2~6 μs,过零系数 0.25~0.35
		观察冲击过程及次序			说明: 截波冲击试验应插入雷电全波冲击试验的过程中进行,其顺序如下: (1) 一次降低电压的全波冲击 (2) 一次全电压的全波冲击 (3) 一次或多次降低电压的截波冲击 (4) 两次全电压的截波冲击 (5) 两次全电压的全波冲击
		试验结果初步判定			提示:截波冲击试验故障判断主要取决于全电压和降低电压截波冲击示波图的比较。如电抗器无异常声响,示波图中电压、示伤电流波形在降低试验电压和全试验电压下无明显差异,后续的全波冲击作为截波冲击的补充判断,亦无明显差异
3	温升试验[a]	观察环境温度	订货技术协议 出厂试验方案 GB 10229 GB 1094.2 JB/T 501	W	提示:记录测温计的布置
		观测油温			提示:注意测温计的校验记录和测点布置
		观察升温过程			提示: (1) 当顶层油温升的变化率小于每小时 1 K,并维持 3 h 时,即认为已达到热稳定,取最后 1 h 内的平均值为顶层油温; (2) 用红外热成像仪检测油箱壁温、升高座附近温度,应无局部过热
		观测绕组电阻		H	要求:顶层油温升测定后,断电测量绕组电阻;由停电到测得第一个有效热电阻应不长于3 min。然后,7 min 内每 30 s 记录一个电阻值;7 min 后每 1 min 记录一个电阻值,一直记到 20 min
		查看绕组温度推算		W	说明: (1) 采用外推法或其他方法求出断电瞬间绕组的电阻值,根据该值计算绕组的温度 (2) 最终计算结果,油的温升和绕组的温升符合合同要求

注:a 温升试验前后应取电抗器本体油进行色谱分析,检测电抗器内部有无异常情况。

油浸式电抗器特殊试验的监造要点见表3.94。

表3.94 油浸式电抗器特殊试验的监造要点

序号	监造项目	见证内容	见证方法	见证方式	监造要点
1	短时感应耐压电压	查看试验装置、仪器及其接线和互感器变比	合同技术协议 试验方案 GB 10299 GB 1094.3	H	提示:对照试验方案,做好试验记录(单分接位置的选择应由试验条件决定)
		观察并记录背景噪声			要求:背景噪声水平应小于视在放电规定限值的一半
		观察方波校准			要求:每个测量端子都应校准 提示:注意记录端子间传输比
		观察电压频率及峰值			要求: (1) 电压偏差在±3%以内 (2) 频率应接近选择的额定值
		观察感应耐压全过程			要求:按GB 1094.3规定的时间顺序施加试验电压 提示:注意记录耐受电压及持续时间
		观察局部放电测量			提示:注意观察在第二个1.58U_m下的局放值及其变化,并记录起始放电电压和放电熄灭电压
		试验结果初步判定			提示:试验电压无突降现象,试验过程中产品无异常情况出现
2	磁化特性测量	查看试验接线、试验设备、仪器和互感器变比	合同技术协议 试验方案 GB 10299 JB/T 8751 JB/T 10779	W*	提示: (1) 电压应用分压器测量 (2) TA接在电抗器尾端
		观察升压全过程			提示: (1) 注意因过励磁能力限制(电抗器安全),智能瞬间升压至1.4～1.5 U_N且此时应监视电抗器的声音有无异常 (2) 记录试验全过程
3	振动测量	查看试验仪器和测点布置		W	提示:测量在额定工况下进行
		观察测试全过程			

续表

序号	监造项目	见证内容	见证方法	见证方式	监造要点
4	声级测量	查看测试仪器和测点布置	合同技术协议 试验方案 GB 10299 JB/T 8751 JB/T 10779 GB/T 1094.10	W	提示:对照试验方案,做好现场记录
		观察测试过程			提示:注意测试传感器的高度和箱壳的距离
5	电流谐波测量	查看试验接线、测试仪器 观察试验过程	合同技术协议 试验方案 GB 10299 GB 311.3	W	提示:本试验在额定工况下进行
6	无线电干扰测量	查看测试仪器	合同技术协议 试验方案 GB 11604	W	提示:对照试验方案,做好现场记录
		观察测试过程			要求:线端加电压达到$\frac{1.1U_m}{\sqrt{3}}$ kV
7	绕组频率响应特性测量	查看测试仪器 观察测试过程	合同技术协议 试验方案 DL/T 911	W	提示: (1) 对照试验方案,做好现场记录 (2) 保存波形图供以后比较用

注:W* 为现场见证点(W 点)中推荐的重点关注点。

3.2.8 器身检查和存栈、发运的监造要点

试验合格后,器身检查的监造要点见表 3.95。器身检查方式随各制造商的工艺和产品结构而异,应严格按工艺文件的要求控制器身在空气中的暴露时间,以免受潮。

表 3.95 试验合格后器身检查的监造要点

序号	监造项目	见证内容	见证方法	见证方式	监造要点
1	铁芯和绕组	状态检查	仔细检查	W	提示:检查铁芯、夹件、围屏有无过热、放电、松动、位移等情况
2	紧固件	紧固状态	现场观察	W*	提示: (1) 所有紧固的螺栓要紧牢、锁定,不能松动 (2) 器身在箱内的固定要牢固、可靠
		碟形弹簧、绝缘楔块支撑状况	现场观察		要求:碟形弹簧未发送旋转和位移,围屏两侧旁柱间的绝缘楔块应锁牢,无松动
		上铁轭下端楔块及器身压钉	现场观察		要求:压钉位置正确无偏斜,紧固锁定牢靠,垫块无松动

续表

序号	监造项目	见证内容	见证方法	见证方式	监造要点
3	引线	引线夹持	现场观察	W*	要求：引线夹持及绑扎牢靠、整齐；夹持件不得有开裂、起层、弯曲变形
		引线对箱体的距离	现场观察		要求：扣罩时或进箱检查时要确保引线和带电部分对箱体的距离符合图纸要求
4	油箱、器身	清洁度检查	现场观察	W*	要求：器身和箱壁清洁，箱底无污染，无遗漏工具等杂物
5	铁芯绝缘	铁芯及夹件的绝缘电阻	现场观察，用 2500 V 绝缘电阻表测量	W*	要求：此时铁芯对夹件、铁芯对油箱、夹件对油箱的绝缘电阻≥500 MΩ
6	密封	复装后的密封状态检查	对照工艺文件，现场观察	W	提示：依工艺文件要求的试验方法，验证电抗器的密封状况良好，无泄漏

注：W* 为现场见证点（W 点）中推荐的重点关注点。

油浸式电抗器包装发运的监造要点见表 3.96。

表 3.96 油浸式电抗器包装发运的监造要点

序号	监造项目	见证内容	见证方法	见证方式	监造要点
1	包装	文件	对照设计文件、订货合同，核对实物	R	提示：应有产品装箱单，每箱（件）一单，实物应与装箱单相符 要求：包装及其标识
		电抗器本体	对照工艺文件 查验实物	W	说明： (1) 条件允许时，应优先考虑带油运输方案，为减轻运输重量，一般多采用不带油方式 (2) 电抗器本体一般不进行外包装 要求： (1) 电抗器外壳整洁，无外挂游离物 (2) 油箱所有开口法兰均良好密封，无渗漏 (3) 油箱内充以干燥的（露点不高于 −40 ℃）空气或氮气 提示：如采用氮气，应在出厂文件中作出安全警示
		储油柜	查验实物	W	要求：应按该产品的安装使用说明书及工艺文件的要求做好密封和内部固定

续表

序号	监造项目	见证内容	见证方法	见证方式	监造要点
1	包装	散热器	查验实物	W	要求： (1) 一般应有防护性隔离措施或采用包装箱 (2) 所有接口法兰应用钢板良好封堵、密封 (3) 放气塞和放油塞要密封紧固
		套管	查验实物	W	要求：如无特殊要求，仍用产品原包装
		电流互感器及升高座	查验实物	W	要求： (1) 装配成形，单独装箱成件 (2) 内腔充以合格的变压器油 (3) 接口法兰均应用钢板良好密封，无渗漏
		变压器油	查验试验报告和实物	R	要求： (1) 供应商所供变压器必须有合格的试验报告，并以清洁的专用油罐装运 (2) 为转运方便，油容器应有一定的强度要求，单件油容量以 10 t 为宜 提示：油总量按技术协议要求，要有一定的余量
		其他零部件	查看装箱单 查验实物	W	要求： (1) 此部分物件必须按要求妥善装箱 (2) 所有大小油管路的法兰均应封堵、密封 (3) 每根油管应单独包装，以防碰撞损伤
2	发运前的要求	电抗器本体（充气运输）	对照工艺文件 查验实物	W*	要求： (1) 本体置换干燥气体后经密封试验确认油箱密封良好，无渗漏 (2) 本体内充气压力维持在 25～30 kPa (3) 在明显位置有压力监视仪表，随车有足够的备用干燥气体 (4) 按工艺文件的要求，冲撞记录仪已安装在油箱上，并有足够的记录纸 (5) 确认冲撞记录仪电源充足，指针(记录画针)设定在中心线位置 (6) 启运开始立即投入记录仪，并确认记录纸的运行速度

注：W* 为现场见证点(W 点)中推荐的重点关注点。

3.2.9 典型案例

1. 案例1:油路排气不彻底导致的轻瓦斯报警事故

问题描述:某工程500 kV线路并联电抗器发出轻瓦斯报警信号。现场检查该电抗器瓦斯继电器内有无色气体,气体容量约为350 mL,电抗器无异响,呼吸器呼吸正常,油温正常为47 ℃。对本体电抗器进行油色谱分析,对瓦斯继电器取气并进行气体成分分析,分析数据见表3.97。从数据对比来看,油色谱数据较以往无明显增长。进一步查找产气原因,首先对电抗器套管升高座、散热器等部位进行放气,无气体。检查储油柜底部油气分离盒,能够放出气体。

表3.97 故障相电抗器油色谱分析和气体成分分析(单位:μL/L)

故障相电抗器油色谱分析数据								
气体成分	H_2	CH_4	C_2H_6	C_2H_4	C_2H_2	CO	CO_2	总烃
检测值1	27.4	30.6	3.8	8.8	2.9	342.2	2111.9	46.1
检测值2	20.1	22.7	6.1	12.8	3.0	292.3	2143	44.6
故障相电抗器气体成分分析数据								
气体成分	H_2	CH_4	C_2H_6	C_2H_4	C_2H_2	CO	CO_2	总烃
检测值1	379.5	92.8	9.1	7.6	2.3	2870.7	2724.7	111.8
检测值2	23.6	36	20.7	11.1	2.5	352.3	2578.4	70.3

原因分析:故障相电抗器例行检修试验时,发现C_2H_2气体含量异常:C_2H_2气体含量由上次的0.5 μL/L增加到1.9 μL/L。从历史数据来看,该电抗器C相自投运以来长期在0.3~0.5 μL/L,C_2H_2数据比较稳定。发现异常后,对电抗器开展超声局放放电检测和复测。测试过程中,A、B相基本无超声信号,C相储油柜下方工频超声信号最大,储油柜对侧信号最小。就测试结果分析,认为该相电抗器主绝缘不存在放电现象,故决定对该电抗器加强监视,关注油色谱数据变化情况。经现场检查,故障相电抗器储油柜底部设计有油气分离盒,油气分离盒是为了防止气体进入储油柜内部,电抗器安装时,当变压器油进入盒内时,盒的上部会聚集一定量的气体,安装完成后,需要向外排气,该相电抗器的油漆分离盒无观察窗,安装时无法观察内部是否有气体。运维检修过程中由于对电抗器结构了解不全面,因变压器油路排气不彻底导致轻瓦斯报警事件。

处理情况:

(1) 发生此次轻瓦斯报警故障后,立即对该线路A、B相电抗器和该变电站其他电抗器的储油柜进行检查,储油柜下部均无油气分离盒。对于此次事故的防范,应先对运维的变压器及电抗器进行全面排查,对同结构的储油柜建立详细台账。

(2) 对标准化作业指导书进行修编,结合检修对同类型储油柜进行排气,避免投运后因排气不彻底而发生轻瓦斯动作。继续加强对电抗器油色谱跟踪,将跟踪周期缩短为两天一次,出现数据异常增长及时上报。

(3) 新建工程的设备选型和可研初设时，应特别注意储油柜与瓦斯继电器连接结构。建议新建变电站时，变压器(电抗器)选型设计不使用油气分离盒设计，若因厂家设计原因造成储油柜下方有油气分离盒，出厂时必须加装观察窗，同时对观察窗材质的防冻、抗裂指标提出要求。

2. 案例 2:静电环过热导致温升试验不合格

问题描述:2014 年 5 月 23 日，××工程电抗器(电抗器线圈分别为 14000805 和 14000806 一组)送往××电科院做温升试验时，温升试验未通过，试验时星架静电环过热，不符合技术协议要求。

原因分析:静电环处于磁场高度集中位置而引起发热。

处理情况:制造厂已对采用静电环极强隔磁和强抗磁场能力的不锈钢管材料进行替换，换为铝管材料，重新进行温升试验，试验通过。

3. 案例 3:电抗器线圈少匝数

问题描述:2014 年 8 月 28 日，监造人员发现××工程电抗器 14000811 和 14000812 线圈叠装后进行损耗测试试验时，损耗值为 482.846 kW，超过技术协议要求(技术协议要求损耗值为 430 kW)。

原因分析:电抗器线圈匝数少半匝。

处理情况:2014 年 9 月 9 日，制造厂对绕组加了半匝线圈，然后重新做电感、电抗、损耗试验，结果:电感为 89.29 mH，电抗为 28.0527 Ω，损耗为 412.386 kW。符合技术协议要求。

4. 案例 4:内撑条材料缺陷

问题描述:2015 年 11 月 26 日，××750 kV 输变电工程××站 B 台电抗器在进行雷电冲击(全波)试验时，50%、75%全波时均正常，100%时产品内部发生异响，波形出现异常，试验暂停。波形图如图 3.113 所示。

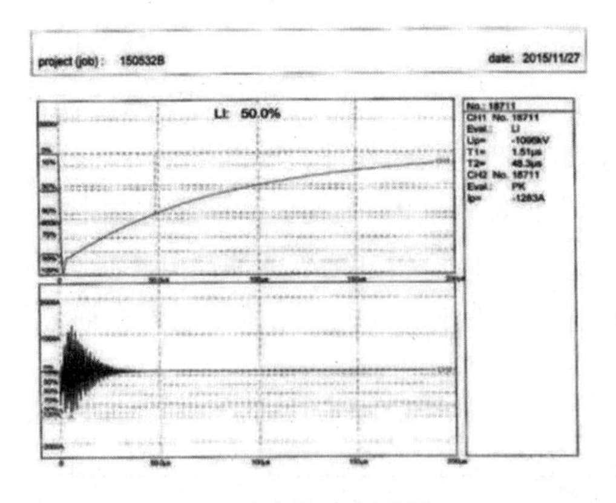

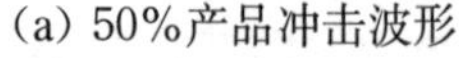
(a) 50%产品冲击波形

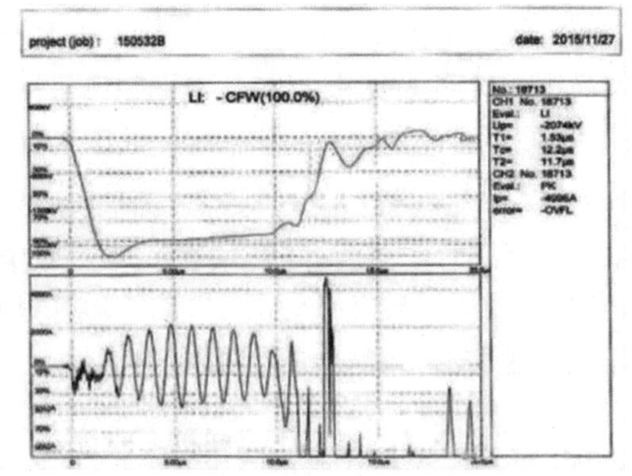

(b) 100%产品冲击波形

图 3.113 ××750 kV 输变电工程××站 B 台电抗器雷电全波冲击波形图

原因分析:对产品进行排油吊芯检查，检查情况如下(图 3.114):检查线圈内侧发现首端出线左侧第 7 根撑条有明显熏黑痕迹;拆除撑条后，发现该撑条处的垫块、导线表面均有不同程度的电腐蚀现象;对该撑条掰开检查,发现内部有明显放电腐蚀痕迹。该放电故障沿撑条内部而非撑条表面,说明该撑条内部存在缺陷。同时检查与撑条发黑对应的线圈位置均有放电点。线圈外侧首端出线左侧第五挡下部外侧的第一、第二段导线之间的匝绝缘出现损伤。

放电机理:因内撑条的材料缺陷,导致线圈第三饼内侧导线对撑条放电,并沿其爬电至第九饼导线,导致两线饼形成等电位,造成后段线饼间电压梯度增大,进而引发线圈下部其他线饼间发生放电。

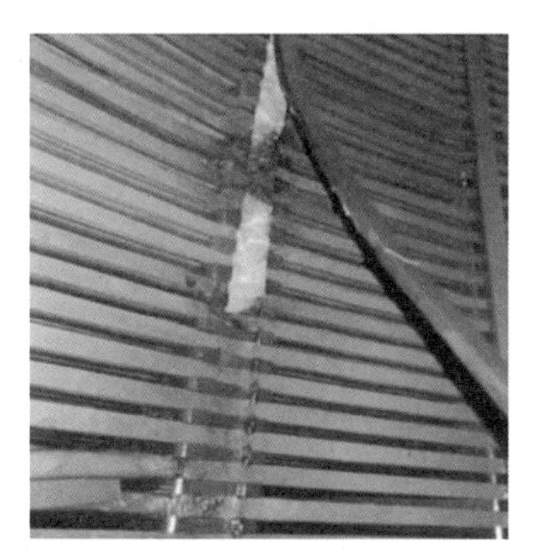

图 3.114 线圈放电痕迹

处理情况:重新制作线圈及器身绝缘件,重新绕制一个线圈后,再与电抗器其余结构件进行复装生产、试验。

3.3 电压互感器

3.3.1 概述

现代化的工业企业广泛地采用了电力作为能源,电压互感器作为一种电压变换装置(transformer)是电力系统中不可或缺的设备,电压互感器和变压器类似,是用来变换电压的仪器。但变压器变换电压的目的是方便输送电能,因此容量很大,一般都是以千伏安或兆伏安为计量单位;而电压互感器变换电压的目的,主要是用来给测量仪表和继电保护装置供电,以此测量线路的电压、功率和电能,或者在线路发生故障时保护线路中的贵重设备、电机和变压器,因此电压互感器的容量很小,一般都只有几伏安、几十伏安,最大也不超过1000 V。现代电力系统中,电压互感器一般可做到四线圈式,这样一台电压互感器可集上述三种用途于一身。对于500 kV电压等级的电压互感器,我国只生产电容分压式(图3.115),本节将着重介绍此种互感器。

图 3.115　变电站的电容式互感器

3.3.2　分类及表示方法

1. 电压互感器的分类

按用途分类，可分为测量用电压互感器和保护用电压互感器。

按绝缘介质，可分为干式电压互感器、浇注绝缘电压互感器、油浸式电压互感器和气体绝缘电压互感器。

按电压变换原理，可分为光电式电压互感器、电磁式电压互感器和电容式电压互感器。

按相数，可分为单相电压互感器和三相电压互感器。

按使用条件，可分为户内型电压互感器和户外型电压互感器。

2. 电压互感器型号的表示方式

电容式电压互感器产品型号的表示方法如图 3.116 所示。

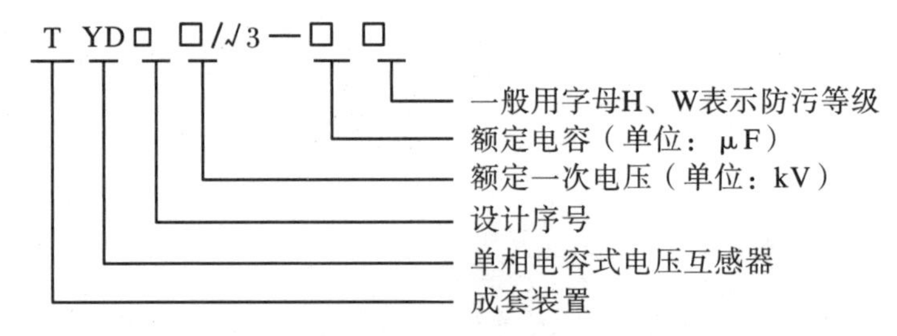

图 3.116　电容式电压互感器产品型号的表示方法

例如：$TYD_4500/\sqrt{3}$-0.005W3 表示单相成套电容互感器、额定一次电压 500 kV、额定电容 0.005 μF、Ⅳ污秽地区使用。

3.3.3　工作原理

电压互感器是一种小型的降压变压器，主要由铁芯、一次绕组、二次绕组、接线端子和绝缘支持物等构成。其运行原理如图 3.117 所示。当在一次绕组上施加 1 个电压 U_1 时，在铁芯中就产生1个磁通 ϕ。根据电磁感应定律，则在二次绕组中就产生1个二次电压 U_2。改变一次或二次绕组的匝数，就可以产生不同的一次电压与二次电压比，这就可组成不同比的电压互感器。它的两个绕组在一个闭合的铁芯上，一次绕组匝数很多，二次绕组匝数很少，一次绕组并接于电力系统一次回路中，一次绕组的额定电压与所接的系统的额定电压相同，其二次绕组并联接入了测量仪表、继电保护装置或自动装置的电压线圈，即负载为多个元件时，负载并联后接入二次绕组。这些负载的阻抗很大，二次侧流过的电流很小，因此，电压互感器的工作状态相当于变压器的空载状态。

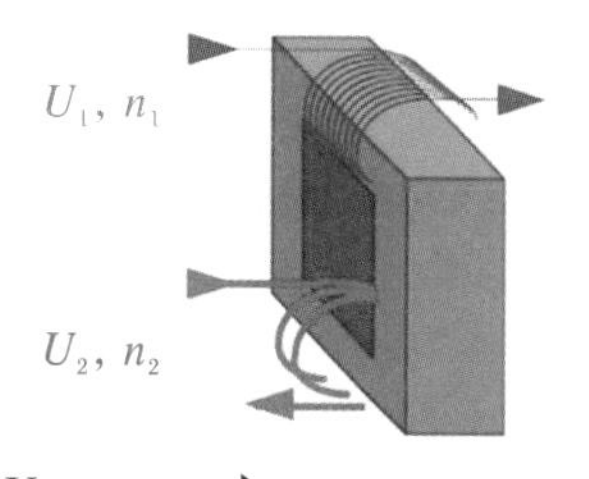

$$\frac{U_1}{U_2}=\frac{n_1}{n_2} \Rightarrow U_2=\frac{n_2}{n_1}\times U_1$$

图 3.117 电压互感器的运行原理图

3.3.4 设备结构

电压互感器的主体结构示意图如图3.118所示。

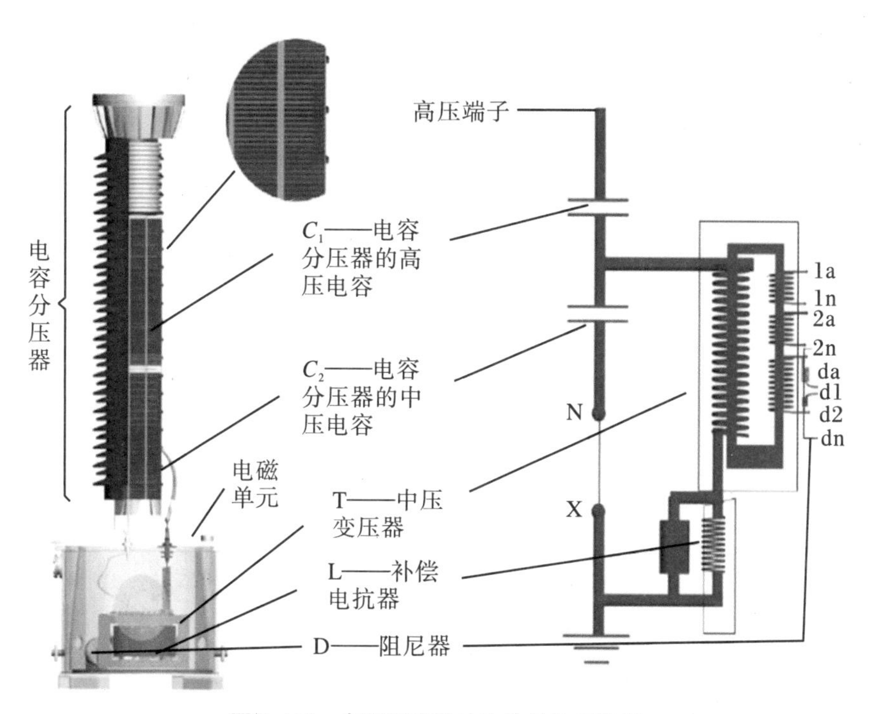

图 3.118 电压互感器的主体结构示意图

1. 电容分压器

电容分压器由单节或多节耦合电容器(因下节需从中压电容处引出抽头形成中压端子，故也称分压电容器)构成，包括瓷套、电容芯子、电容器油和金属膨胀器等部件。电容器芯子由若干个膜纸复合介质与铝箔卷绕的元件串联而成，经真空浸渍处理。瓷套内灌注电容器油，并装有金属膨胀器补偿油体积随温度的变化；如有载波要求，电容分压器低压端还应接有载波附件。

电容分压器由高压电容 C_1 和中压电容 C_2 串联组成，分压比 $K=(C_1+C_2)/C_1$。其结构示意图如图3.119所示。分压电容器不能作为输出端直接与测量仪表等连接，因为二次回路阻抗相对比较小，将影响其准确度，所以要经过一个电磁式降压后再接仪表等二次设备。

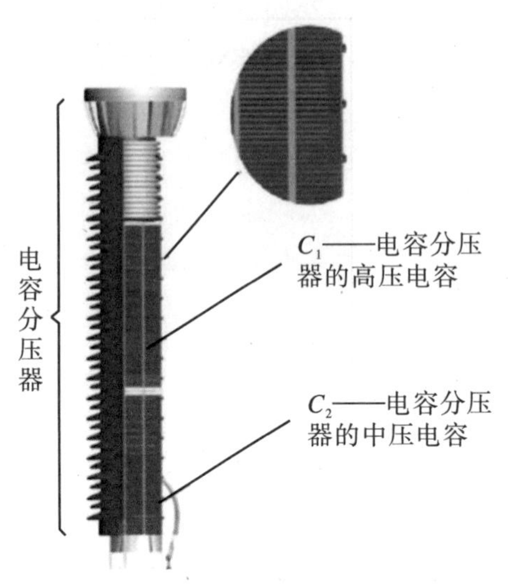

图3.119　电容分压器的结构示意图

2. 电磁单元

电磁单元由油箱、保护装置、端子箱、中间变压器和补偿电抗器等组成，经真空干燥处理，油箱内灌注变压器油。其结构示意图如图3.120所示。

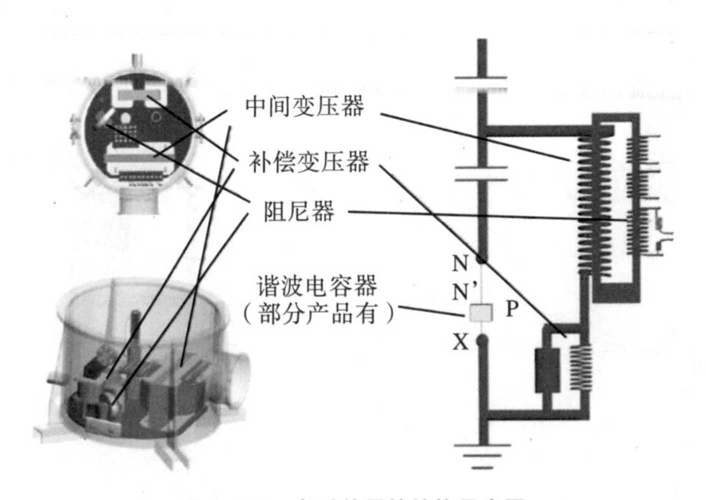

图3.120　电磁单元的结构示意图

中间变压器与补偿电抗器串联，作用是将分压电容器上的电压降低到所需的二次电压值。由于分压电容器上的电压会随负荷变化，所以，在分压回路串入电抗器可以补偿电容器的内阻抗，使二次电压稳定。

保护装置由火花间隙和阻尼电阻组成。火花间隙用来限制补偿电抗器、电磁式电压互感器、分压器的过电压。阻尼电阻用来防止持续的铁磁谐振。阻尼装置由阻尼电阻与饱和电抗器串联组成,跨接在二次绕组上。在正常情况下阻尼装置有很大的阻抗,当发生铁磁谐振引起过电压时,电抗器已经饱和,只剩电阻负载,使谐振能量很快降低。一般在 110～330 kV 电容式电压互感器二次侧装设 400～600 W 的阻尼电阻,但长期投入限制了电压互感器的容量,也降低了准确度,很不经济。因此,在 500～750 kV 电容式电压互感器二次侧采用装设谐振型阻尼器的方法,也有在阻尼回路中装设开关线路,或两种方式联合使用。

3.3.5 组部件及主要原材料

电压互感器各类组件及主要原材料主要包含电容分压器和电磁单元。其中,电容分压器包括电容器纸、聚丙烯膜、铝箔、瓷套、金属膨胀器、电容器油;电磁单元包括硅钢片(铁芯)、电磁线、变压器油、保护元件、阻尼器、密封件。

3.3.5.1 电容分压器

1. 电容器芯子

电容器芯子由若干个电容器纸、聚丙烯膜和铝箔卷绕的元件串联而成,芯体通常是通过 4 根电工绝缘纸板拉杆压紧,近期也有些产品取消绝缘拉杆而直接由瓷套两端法兰压紧。

1) 电容器纸

电容器纸(图 3.121)是专供制作纸质电容器用的一种绝缘纸,为卷筒纸。电容器纸按质量分为优等品、一等品、合格品三个等级,500～750 kV 电容式电压互感器应选用优等品。电容器纸按其紧度分为Ⅰ型和Ⅱ型。卷筒宽度允许偏差:宽度≤200 mm 者,偏差应≤±1.0 mm;宽度>200 mm 者,偏差应≤±2.0 mm。卷筒直径常规为 220～250 mm。纸芯内径为(75～76±1.0) mm;卷筒宽度为 140 mm、280 mm、420 mm、500 mm 或符合合同规定。

图 3.121 电容器纸

电容器纸的化学性能和物理电气性能分别见表 3.98 和表 3.99。

表 3.98　电容器纸的化学性能

指标名称	单位	规定		
		优等品	一等品	合格品
水分		4～6 μm:6.0%～10.0%　7 μm 以上:5.0%～9.0%		
灰分　≤		0.28%		
水抽出物酸度　≤		0.0070%		
水抽出物电导率　≤	mS/m	3.0	4.0	
水抽出物氯含量　≤	Mg/kg	4.0[a] 24[b]		

注:a 按 GB/T 2678.2 中硝酸银电位滴定法测定。

b 按 GB/T 2678.2 中硝酸汞法测定。

表 3.99　电容器纸的物理电气性能

指标名称		单位	优等品			一等品			合格品		
厚度	标称厚度	μm	波动差≤		公差	波动差≤		公差	波动差≤		公差
	4～6		横向	纵向		横向	纵向		横向	纵向	
	7～8		0.3	0.5	±10%	0.4	0.6	±10%	0.4	0.6	±10%
	10～12		0.4	0.6	±7%	0.5	0.7	±8%	0.6	0.8	±8%
	15～17		0.5	0.7	±5%	0.6	0.8	±6%	0.7	0.9	±6%
						0.7	0.9	±6%	0.8	1.0	±6%
	17～22		0.9	1.2	±6%	1.1	1.1	±6%	1.2	1.5	±7%
紧度	4～15	g/cm²	1.20±0.05								
	17～22		1.15±0.05								
抗张指数(纵向)		N·m/g	78.0			66.0					

指标名称	厚度(μm)	单位	优等品最低值	优等品平均值	一等品最低值	一等品平均值	合格品最低值	合格品平均值
工频击穿电压不小于AC	4	V/层	165	265	165	250	155	220
	5		190	300	190	280	180	255
	6		220	330	220	320	190	280
	7		255	370	255	355	210	325
	8		280	405	280	390	230	360
	10		330	460	330	450	270	415
	12		365	510	365	495	290	465
	15		410	535	410	520	310	490
	17		425	545	425	530	320	500
	20		435	555	435	540	330	510
	22		445	565	445	550	340	520

续表

指标名称		单位	优等品	一等品	合格品
介质损耗因数不大于	60 ℃		0.19%	0.20%	
	100 ℃		0.25%	0.26%	0.27%

2) 聚丙烯薄膜

聚丙烯薄膜(图 3.122)的机械强度高,电气性能好,耐电强度高,是油浸纸的 4 倍,介质损耗则降为后者的 1/10;加之合成油的吸气性能好,采用膜纸复合介质后可使电容式分压互感器(TVC)电气性能大大改善,绝缘强度提高,介损下降,局部放电性能改善,电容量增大;同时由于薄膜与油浸纸的电容温度特性互补,合理的膜纸搭配可使电容器的电容温度系数大幅度降低,一般可达到 $\alpha_C < -5\times10^{-5}\ \mathrm{K}^{-1}$,有利于提高电容式分压互感器的准确度,增大额定输出容量,提高运行可靠性。

图 3.122　聚丙烯薄膜

聚丙烯薄膜具有以下几个技术要求:

(1) 薄膜成卷供应,薄膜表面应平整光洁,不应有折皱、撕裂、颗粒、气泡、针孔和外来杂质等缺陷;膜卷的外径由供需双方协商,膜卷应基本为圆柱形。

(2) 薄膜应紧密卷绕在管芯上,以防在运输和以后正常使用时出现脱筒;膜卷应容易开卷,不应有不利于开卷和应用的厚边。除非在产品标准中另有规定,否则膜卷的端面应平整且垂直于管芯;端面上任何处不应超出其主平面 ± 2 mm。

(3) 每卷腰接头数应符合产品标准的要求,接头处应能承受以后应用时受到的机械应力和热应力,接头应不妨碍薄膜开卷,并应有明显的标志。接头耐热性或耐溶剂性等特殊要求由供需双方协商。

(4) 薄膜应卷在圆形管芯上,管芯在卷绕拉伸下应不掉屑、坍场或歪扭,也不应损坏薄膜或使其性能降低。管芯的所有性能和尺寸及其偏差由供需双方协商,管芯的优选内径为 76 mm 和 152 mm,管芯可以伸出膜卷的端部,或者与端部平齐。

(5) 空隙率平均在 7%～10%;平均击穿电压≥330 kV/mm;介质损耗因数 $\tan\delta\leqslant$ 0.03%。

(6) 聚丙烯膜的厚度应在标称值 ± 10%范围内。

(7) 宽度除非产品标准另有规定,其允许偏差应符合表 3.100 的规定。

表 3.100 薄膜宽度(单位:mm)

宽度	偏差
≤50	±0.5
>50~300	±1.0
>300~450	±2.0
≥450	±4.0

3) 铝箔

铝箔(图 3.123)是一种活性很强的金属,长期暴露在自然环境中就易发生氧化。铝箔具有比重小、比表面大、导电率高等独特的性能,因此成为制造薄膜电容器的最佳材料。

图 3.123 铝箔

铝箔具有以下几个技术要求:

(1) 管芯材质可为钢或铝,管芯内外壁应洁净、无污染物,管口边缘应平滑,管芯长度大于或等于箔宽,管芯不得内陷。

(2) 铝箔表面应平整、洁净;不允许有腐蚀、开缝等影响使用的缺陷,不允许有影响使用的波浪、起皱,不允许有肉眼可见的油痕、油污、污染物、杂质等缺陷。

(3) 铝箔表面允许有轻微亮点及未造成表面损伤的色差。

(4) 铝箔卷端面应洁净,不允许有毛刺、碰伤、擦划伤等缺陷。

(5) 同一批材料厚度允许偏差为 ±0.5 mm;宽度允许偏差为 ±0.5 mm,针孔数每 25 mm×25 mm≤10 个。

2. 瓷套

瓷套(图 3.124)用作电器内绝缘的容器,并使内绝缘免遭周围环境因素的影响。瓷套应设计有足够的绝缘强度、机械强度和刚度。高压和中压电容器外绝缘应采用高强度瓷套(对抗震烈度有特殊要求的,经论证后外绝缘可采用硅橡胶复合外套)。

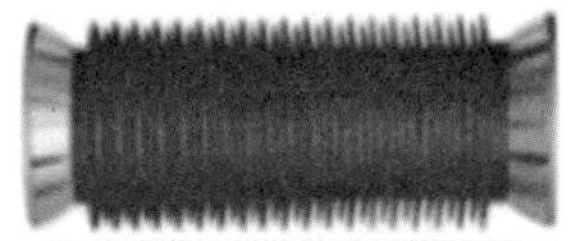
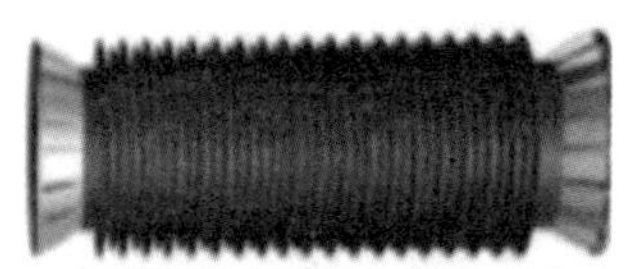

图 3.124　瓷套外形图

瓷套的技术要求见表 3.101。

表 3.101　瓷套的技术要求

外观要求	(1) 外露金属件应无毛刺、尖角、开裂，表面光滑、无锈蚀，涂漆表面漆膜应完好 (2) 瓷釉面应光滑，无碰伤，无明显色调不均现象 (3) 瓷件不应有生烧、过火和氧化起泡现象
试验项目	(1) 逐个试验：外观质量检查；尺寸及形位公差检查；电气试验；温度循环试验；瓷壁耐压试验；四向弯曲试验；内水压试验；超声波探测试验 (2) 抽样试验：尺寸及形位公差检查；温度循环试验；瓷壁耐压试验；弯曲破坏试验；内水压破坏试验；空隙性试验；镀锌层试验

500 kV 电压等级的电容式电压互感器外瓷套伞裙需满足以下要求：

(1) 两裙伸出之差（$P_2 - P_1$）$\geqslant$20 mm；

(2) 相邻裙间高（S）与裙伸出长度（P_2）之比应大于 0.9；

(3) 相邻裙间高（S）$\geqslant$70 mm。

3. 金属膨胀器

金属膨胀器(图 3.125)是一种容积可变的容器，在全密封油浸式互感器中，用以补偿绝缘油因温度变化而发生的体积变化，在互感器运行时，能保持其内部压力基本不变。保证互感器内油不与空气接触，没有空气间隙、密封好，减少绝缘油老化。早期产品是在每节瓷套内部上端充以干燥氮气以作补偿，由于该结构缺点较多，目前产品均已改用金属膨胀器，并保持内部为微正压(约 0.1 MPa)。膨胀器由薄钢板焊接而成，分内置式(外油式)和外置式(内油式)两种。

图 3.125　金属膨胀器外形图

金属膨胀器产品型号的组成形式如图3.126所示。其中，结构形式代号为B(波纹式)、BD(叠形波纹式)、H(盒式)、C(串组式)。

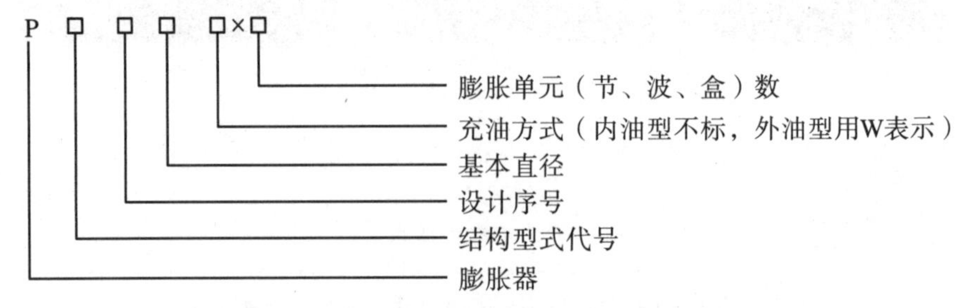

图3.126 金属膨胀器产品型号的组成形式

例如：

(1) PB-400×10表示波纹式膨胀器，基本直径为400 mm，10节，内油式。

(2) PBD-400W×10表示叠形波纹式膨胀器，基本直径为400 mm，10波，外油式。

金属膨胀器的技术要求见表3.102。

表3.102 金属膨胀器的技术要求

技术要求	试验项目
(1) 金属膨胀器应满足平均油温变化范围：户内为－5～80 ℃，户外为－30～80 ℃ (2) 金属膨胀器外观几何尺寸应符合图样要求；内外表面必须清洁干燥，与绝缘油接触面应保证酸碱度呈中性；在额定膨胀高度下，波纹式膨胀器和叠形波纹式膨胀器的辐向位置偏差均应不大于5 mm (3) 金属膨胀器密封性能：波纹式膨胀器和叠形波纹式膨胀器，在自由高度下两端限位充气加压至0.05 MPa，不得渗漏；盒式膨胀器和串组式膨胀器的单盒，在产品图样规定的高度下，两面限位充气加压至0.1 MPa，不得渗漏；膨胀器在内部剩余压力不大于5 Pa的真空状态下，不得渗漏 (4) 金属膨胀器的机械寿命：膨胀单元连续执行"额定行程"动作的次数应不少于10000次，且不得有渗漏或其他机械损伤 (5) 金属膨胀器工艺处理：膨胀单元应进行应力退火处理，使用含氢材料制成的产品和制造过程中使用含氢气的产品应进行除氢处理 (6) 内油型膨胀器应有便于注油和放气的装置，便于在外部观察互感器油位的装置	(1) 例行试验：外观检查；密封性能试验 (2) 型式试验：辐向位置偏差；轴向位置偏差；酸碱度试验；膨胀压力试验；容积-压强关系曲线试验；机械寿命试验

4. 电容器油

电容器油是置于电容器中起绝缘、浸渍和防潮作用的油品。电容器油是由环烷基原油的润滑油馏分经硫酸或溶剂精制，加入适量抗氧组分及抗氧化添加剂制得，适用于提高输变电系统功率因数的高、低压移相电容器、中频电容器、串联电容器和脉冲电容器等电力电容器。

电容器油进厂的技术要求和试验方法见表3.103。

电容器油应符合GB/T 21221的要求，纯净、无杂质，使用前须经抽真空、干燥、过滤处理，击穿电压应≥60 kV，含水量≤15 mg/kg，介质损耗因数≤0.1%。

不同品类的油不得混用，与电容器油相接触的绝缘材料、胶、漆等与油应有良好的相容性。

表 3.103　电容器油进厂的技术要求和试验方法

性能	单位	要求		试验方法
		PXE	PEPE	
物理性能				
外观		透明、无悬浮杂质或沉淀		目测
密度(20 ℃)	kg/m^3	0.950～0.999		GB/T 1884
运动黏度(40 ℃)	mm^2/s	≤7.0	≤4.0	GB/T 265
闪点	℃	≥140	≥136	GB/T 261
倾点	℃	≤－40	≤－60	GB/T 3535
折射率	ND^{25}	1.5600～1.5700	1.5500～1.5700	SH/T 0205
比色散(25 ℃)		≥180		SH/T 0205
化学性能				
中和值	mgKOH/g	≤0.015		GB/T 264
水含量	mg/kg	≤75		GB/T 11133
电气性能				
击穿电压	kV	≥55	≥60	GB/T 507
体积电阻率(90 ℃)	Ω·m	≥1.0×10^{12}		GB/T 5654
介质损耗因数(90 ℃)		≤0.001		GB/T 5654
相对介电常数(25 ℃)		2.40～2.60		GB/T 5654
电场和电离作用下的稳定性(折气性) 吸气	μL/min	≥100		GB/T 11142
吸气	cm^3			GB/T 10065

3.3.5.2　电磁单元

1. 中间变压器

中间变压器(图3.127)是一个小的单相变压器，其功能主要是将高电压或大电流按比例变换成标准低电压(100 V)或标准小电流(5 A或1 A，均指额定值)，以便实现测量仪表、保护设备及自动控制设备的使用。

中间变压器的技术要求：电容式电压互感器的中间变压器高压侧不应装设交流无间隙金属氧化物避雷器；中间变压器的绕组匝电势应小于1.2 V，满足长期使用要求；中间变压器绕组宜选用耐热等级为E级缩醛漆包圆铜线，或耐热等级为B级聚酯漆包圆铜线；一次绕组低压端对地1 min工频耐压为10 kV。

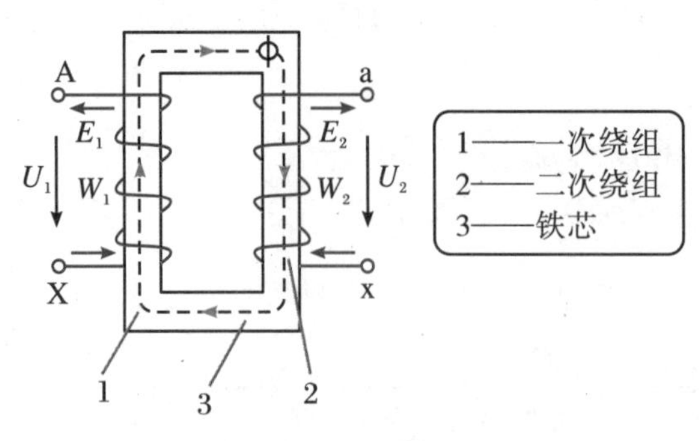

(a) 中间变压器工作原理图

(b) 中间变压器实物图

图 3.127　电压互感器的中间变压器

1) 铁芯和硅钢片

铁芯是变压器的磁路和安装骨架，通常分为壳式和芯式两种：壳式铁芯呈水平放置状态，由于与其匹配的矩形线圈制造困难，短路时绕组容易变形，故中间变压器不采用此种形式。芯式铁芯呈垂直放置状态，截面为分级圆柱形，绕组包围芯柱，与其匹配的圆筒形绕组制造方便，短路时稳定性能好，我国生产的电力变压器大都采用这种铁芯结构。

芯式铁芯是由片状电工钢片逐步叠积而成的，目前中间变压器一般采用冷轧取向磁性钢片，铁芯主要由硅钢片、夹件和夹紧螺杆等组成，如图 3.128 所示。

图 3.128　中间变压器的铁芯

2) 硅钢片

相关知识参见 3.1 书“变压器”中关于硅钢的介绍。

3) 漆包线

漆包线(图 3.129)是绕组线的一个主要品种，由导体和绝缘层两部分组成，裸线经退火软化后，再经过多次涂漆、烘焙而成。各种漆包线的质量特性各不相同，但都具备机械性能、化学性能、电性能和热性能四大性能。铜除了具有极好的力学性能外，在工业金属材料中电导率最高，变压器使用的绕组线由铜导体和绝缘层组成。目前，中间器常用的漆包线系列品种有缩醛漆包圆铜线和聚酯漆包圆铜线。

漆包线的技术要求为：外观应光洁，色泽均匀；无粒子、氧化、发毛、阴阳面、黑斑点、脱漆等影响性能的缺陷；排线应平整紧密地绕在线盘上；不压线，收放自如。

导线入厂时应对材料漆膜进行厚度及绝缘测试。

图 3.129 漆包线外形图

2. 绝缘油

绝缘油即变压器油。关于变压器油的相关知识参见3.1节“变压器”中关于变压器油的介绍。

3.3.5.3 其他组部件、原材料的介绍

1. 密封件

油浸式互感器均采用耐油橡胶密封制品。常用材质和技术要求参见3.1节“变压器”中关于密封件的介绍。

2. 油箱

油箱(图3.130)是用于盛装电磁单元各零部件的容器,一般用钢板或铝合金制成,油箱应具有良好的密封性能,运行中不允许有渗漏现象发生。

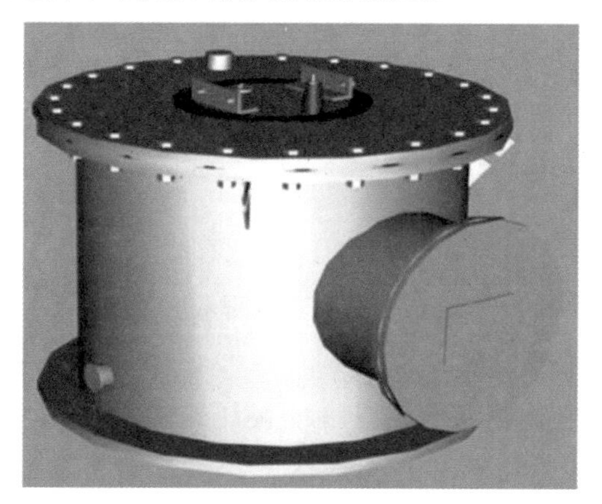

图 3.130 电压互感器的油箱外形图

油箱的制作技术要求主要有以下几点:

(1) 所有法兰密封面、密封槽应经机加工,所有法兰密封面加工面光洁度应达25,密封槽加工面光洁度应达6.3。密封面处理后平整度凸点高/凹点深为0.4/0.7 mm,无划痕

损伤。

(2) 油箱内部金属件尖角棱边应全部加工、打磨为光滑圆角,以改善电场,并磨平油箱内壁可能的尖角、毛刺、焊瘤和飞溅物,确保内壁光洁。

(3) 油箱箱沿密封面平整度保证≤1‰。

(4) 法兰焊后密封面的平整度:当法兰直径<50 mm时,应≤2‰;当法兰直径≥50 mm时,应≤3‰。

(5) 钢板对接焊时,应按照GB/T 985.1的要求打坡口进行焊接。

(6) 焊缝应无气孔、夹渣、裂纹、咬边等焊接缺陷,焊缝不允许有渗漏。

(7) 为保证油箱的密封性能,应至少在以下环节进行试漏,油箱试漏压力应与现场运行时油箱所承受的压力相匹配:① 油箱焊接后进行压力试漏,检漏压力不低于0.2 MPa;② 电磁单元在脱气充氮工艺中进行真空检漏;③ 产品涂漆前热烘试漏及涂漆后的烘干检漏。

3. 补偿电抗器

补偿电抗器的目的是用电感来抵消一部分容抗,从而提高测量的准确度。其技术要求主要有以下两点:

(1) 补偿电抗器宜采用抽头调感式、固定气隙结构。

(2) 补偿电抗器并联保护器件宜采用交流无间隙金属氧化物避雷器。

4. 阻尼器

谐振电抗及谐振电容一起组成了阻尼器,在系统中主要作用为抑制分次谐波铁磁谐振产生过电压,使产品能够达到抑制铁磁谐振的目的。其技术要求主要有以下两点:

(1) 电容式电压互感器应具备用于抑制铁磁谐振的阻尼器,110 kV及以上电压等级应采用速饱和电感型阻尼器,不应选用谐振型和电阻型。

(2) 阻尼器应提供外接端子,方便现场试验。

3.3.6 主要生产工艺及监造要点

3.3.6.1 生产工艺概述

1. 电压互感器的主要生产工艺流程

电压互感器的主要生产工艺流程如图3.131所示。

2. 工艺流程路线

(1) 电容器制作:元件卷制、芯子压装、元件耐压测试、芯子真空浸渍、电容器装配。

(2) 电磁单元制作:线圈绕制、变压器铁芯制作、变压器装配、电磁单元装配。

(3) 产品:总装配、试验、包装、发运。

3.3.6.2 电容器制造工艺及监造要点

1. 电容器的制造工艺流程

电容器的制造工艺流程如图3.132所示。

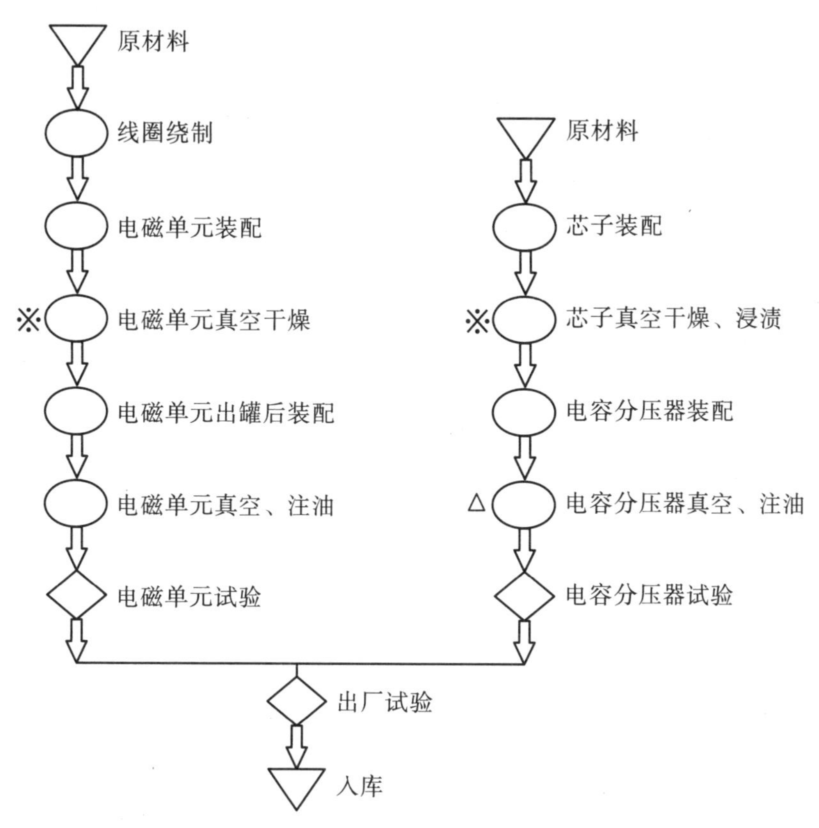

图 3.131 电压互感器的主要生产工艺流程图

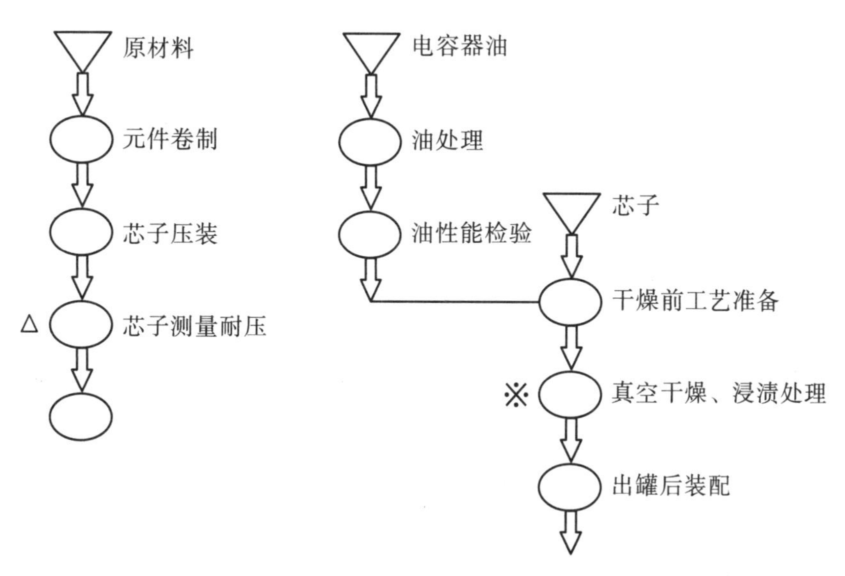

图 3.132 电容器的制造工艺流程图

2. 电容器加工过程的工艺控制点及质量要求

(1) 电容器元件卷制及芯子压装、装配应在净化室内进行，净化车间洁净度优于 6 级，要求每立方米空气中直径大于 0.5 μm 的尘埃数不超过 35 粒。

(2) 薄膜、铝箔、电容器纸至少要在净化间内贮存 24 h 以上方能卷制，以避免因材料温湿度差异造成元件卷制时产生褶皱。

(3) 电容器元件应采用带有张力控制的卷绕机卷制，卷绕机应精心调整，保证元件平整，压制后卷内无波浪形，无死褶。

(4) 电容器元件卷绕机薄膜料轴附件宜加装静电消除器，以消除静电。

(5) 电容器芯子压装应整齐一致，压紧系数控制在设计范围内。

(6) 电容器芯子经真空干燥后注油，真空度<1 Pa 保持 24 h，宜采用单抽单注形式。

(7) 电容器芯子浸渍应在适宜的温度下进行，避免高温浸渍时导致薄膜发生收缩变形，引起元件内部褶皱。

(8) 引线片边缘应进行电场均匀化处理，宜在卷绕过程中卷入引线片，避免二次插入造成的人为损坏。

(9) 装配过程中合理控制密封圈压缩比，并确保密封圈处于限位槽位置，表面无损伤。

3. 电容器的监造要点

电容器的监造要点见表 3.104。

表 3.104　电容分压器制作的见证内容和监造要点

序号	监造项目	见证内容	见证方法	见证方式	监造要点
1	原材料	检查膜、铝箔纸和电容器油检验记录	(1) 查验原厂质量保证书 (2) 查看供应商的入厂检验记录 (3) 查看实物 (4) 记录规格、牌号	R	要求：规格、厚度和设计相符，表观质量合格 提示：材料的牌号、规格，要求与出厂试验报告、入厂检验记录、见证文件和实物同一
2	组部件	检查瓷套和金属膨胀器检验记录	(1) 查验原厂质量保证书 (2) 查看供应商的入厂检验记录 (3) 查看实物 (4) 记录规格、牌号	R	要求：规格、厚度和设计相符，表观质量合格 提示：材料的牌号、规格，要求与出厂试验报告、入厂检验记录、见证文件和实物同一
3	电容器元件卷制	检查净化车间环境以及仪器检定情况	监督检查净化车间的定时净化度的测量、记录状况 测量仪器的周期检定状况、进出制度的执行情况，以及意外处理记录等情况	R	要求：洁净度符合工艺文件要求，温湿度受控
		电容器元件卷制	观察实际卷制操作	W	说明：着重监督卷制工装是否正常 要求：卷制设备运转正常

续表

序号	监造项目	见证内容	见证方法	见证方式	监造要点
4	电容器元件压装	电容器元件压装	观察实际压装操作	W	要求:打包定型规范
5	器身装配	瓷套检查	瓷套表面及清洁	W	要求:外观不得有磕碰掉釉,瓷套直线度符合图纸,内、外表面清洁
		接线检查	检查接线情况	W	要求:接线紧固规范,绝缘无破损
		密封检查	检查密封面	W	要求:密封垫圈装配平整、定位准确
6	真空干燥、浸渍	真空干燥	重点监督审查产品进罐时间、干燥温度、真空度和真空平衡时间,并审查记录	W	要求:对无记录或干燥达不到标准的应要求企业重新处理
		注油前检查	油处理后的数据和记录	W	提示:微水、耐压测量 要求:处理后微水未达到工艺要求,需要重新处理,不得注油
		产品注油	注油时间、注油压力、真空度保持数值和稳定时间	W	要求:应同工艺要求相符合
7	检漏	检漏	检查整体是否试漏,试漏参数和方法	W	要求:当发现试品漏油时,应返工检查

3.3.6.3 电磁单元的制造工艺和监造要点

1. 电磁单元的制造工艺流程

电磁单元的制造工艺流程如图 3.133 所示。

2. 电磁单元加工过程的工艺控制点及质量要求

(1) 加工车间整洁干净,环境温度为 8~32 ℃,湿度≤70%。

(2) 中间变压器硅钢片剪切毛刺控制在 0.02 mm 以下,对接接缝<2 mm,叠装完成后采用环氧玻璃丝带或聚酯带进行绑扎。

(3) 中间变压器线圈绕制采用带导线拉紧装置的绕线机进行,导线接头处强度不低于原导线强度,均应采取电场均匀化处理,导线绝缘包扎紧实、厚度均匀,表面处理光滑、无尖角、毛刺。

(4) 中间变压器真空干燥处理后注油。产品所注的绝缘油在注油前会进行脱水、脱气处理,注入油应满足介质损耗因数≤0.1%,微水≤15 ppm($1\ ppm = 1\times10^{-6}$),耐压≥60 kV,并通过真空方式(40 ℃,30 Pa) 注入产品内部。

(5) 电磁单元与电容分压器中压引线连接线应采取控制措施,保证不与低压部件触碰。

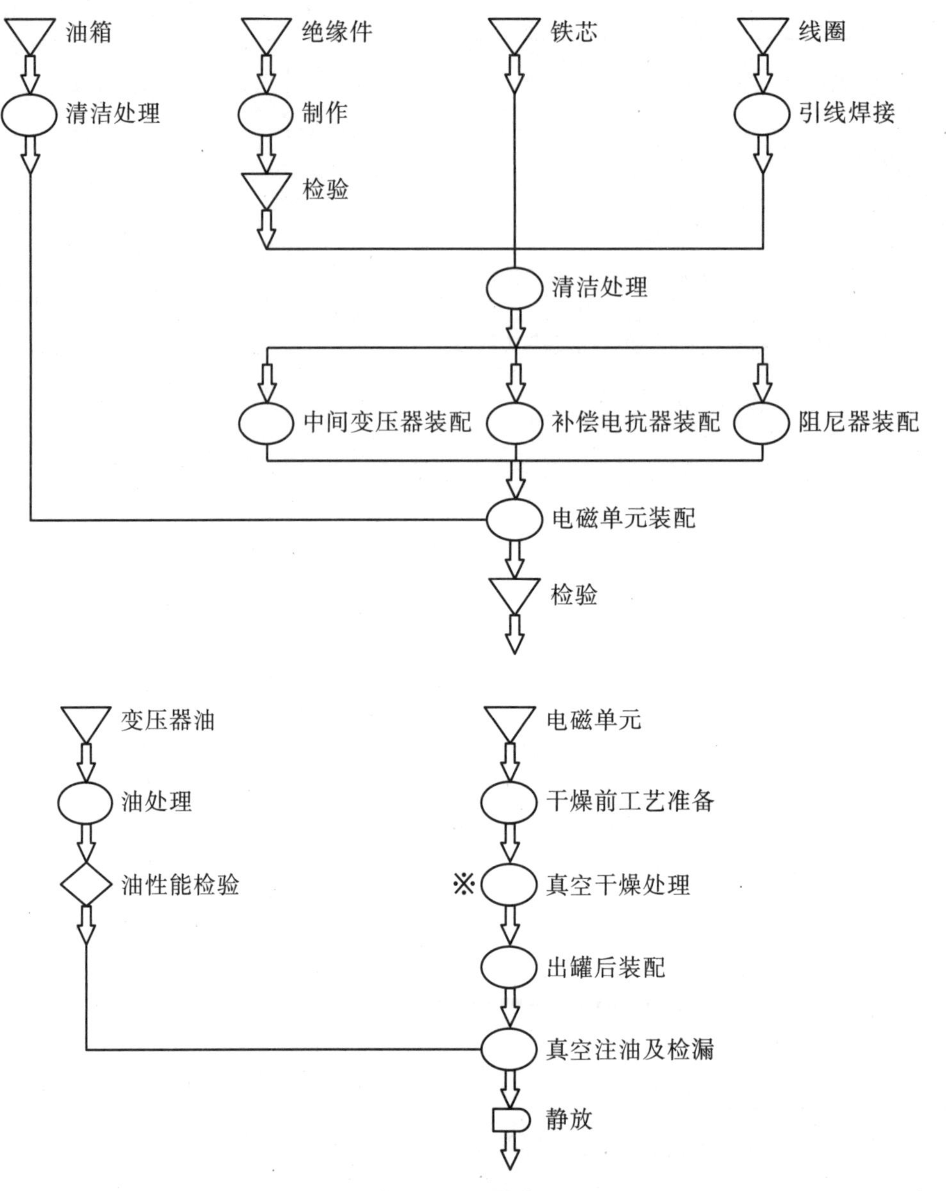

图 3.133　电磁单元的制造工艺流程图

(6) 电磁单元油箱内应充氮,使电磁单元油箱顶层空间内充满氮气,确保绝缘油耐氧化性。

(7) 产品在装配过程中,密封胶圈安装好后严格按照产品密封要求进行力矩紧固,紧固好后对密封螺栓进行标识确认。

(8) 电容式电压互感器的电磁单元油箱排气孔应高出油箱上平面 10 mm 以上,且密封可靠。

3. 电磁单元的监造要点

电磁单元制作的监造要点见表 3.105。

表 3.105 电磁单元制作的监造要点

序号	监造项目	见证内容	见证方法	见证方式	监造要点
1	原材料	检查电磁线、硅钢片和变压器油检验记录	查验原厂质量保证书 查看供应商的入厂检验记录 查看实物 记录规格、牌号	R	要求：规格、厚度和设计相符，表观质量合格 提示：材料的牌号、规格，要求与出厂试验报告、入厂检验记录、见证文件和实物同一
2	组部件	检查铁芯检验记录	查验原厂质量保证书 查看供应商的入厂检验记录 查看实物 记录规格、牌号	R	要求：规格、厚度和设计相符，表观质量合格 提示：材料的牌号、规格，要求与出厂试验报告、入厂检验记录、见证文件和实物同一
3	铁芯	铁芯	检查铁芯外观	W	要求：检查尺寸、外观、洁净程度，无锈蚀、无毛刺，不应有断片
4	绕组卷制	绕组卷制	检查绕组清洁情况 检查出线标识是否正确齐全	W	要求：绕组无脏物，检查圈数记录、出线标识是否符合图纸
5	线圈套装	线圈套装	检查线圈固定 检查变压器铁芯装配情况 检查补偿电抗器铁芯的装配情况	W	要求： (1) 检查线圈固定，无松动；检查引出线绝缘包扎良好、无破损；检查套装时绝缘有无破损现象 (2) 检查变压器铁芯装配是否平整 (3) 检查补偿电抗器铁芯间隙是否垫实，紧固是否牢靠
6	油箱	油箱外观	检查油箱外观	W	要求：检查油箱内、外防腐漆膜的厚度，表面是否光滑平整
		密封面的粗糙度	所有密封处应有限位槽	W	要求：密封面上应无焊渣、划痕，粗糙度符合要求
		焊缝质量	焊缝质量情况	W	要求：检查焊缝是否连续平整
7	器身装配	铁芯压紧螺栓紧固情况	铁芯压紧螺栓紧固情况	W	要求：检查铁芯压紧螺栓是否紧固；紧固螺栓螺母的紧固力要求适当且均匀，弹垫要求压平
		穿芯螺杆绝缘检查	检查穿芯螺杆绝缘电阻或工频耐压情况	W	要求：见证绝缘电阻或工频耐压试验过程，抽查试验记录

续表

序号	监造项目	见证内容	见证方法	见证方式	监造要点
7	器身装配	内部清洁情况	检查器身内部的清洁情况	W	要求:器身内无异物,无损伤
		接线检查	检查内部接线情况	W	要求:导线弯折部分必须平滑,不得有尖锐弯曲,绝缘处理良好规范
8	真空浸渍	真空干燥、浸渍、检漏	查看器身干燥处理过程	W	要求:查看器身干燥处理过程中的干燥时间、温度、真空度记录

3.3.6.4 互感器总装配的制造工艺及监造要点

1. 总装配的制造工艺流程

总装配的制造工艺流程如图 3.134 所示。

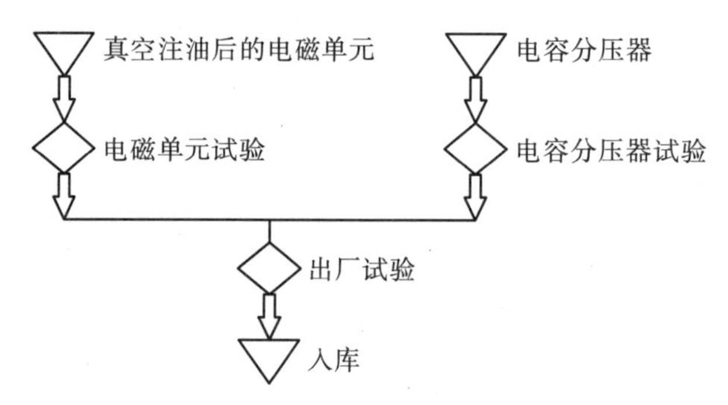

图 3.134 总装配的制造工艺流程图

2. 总装配过程的工艺控制点及质量要求

总装配过程的工艺控制点及质量要求如下:

(1) 紧固时按工艺规定的顺序进行,按要求分次逐步拧紧,紧固力要求适当、均匀,弹垫要求压平,装配部位缝隙均匀。

(2) 外观整洁,无油污。

(3) 器身暴露时间符合工艺要求。

(4) 油位可见,符合工艺要求。

3. 总装配的监造技术要点

总装配的监造技术要点见表 3.106。

表 3.106 总装配的监造要点

序号	监造项目	见证内容	见证方法	见证方式	监造要点
1	紧固情况	油箱沿压紧螺栓的紧固情况	油箱沿压紧螺栓是否紧固	W	要求:紧固时按工艺规定的顺序进行,按要求分次逐步拧紧,紧固力要求适当、均匀,弹垫要求压平,装配部位缝隙均匀

续表

序号	监造项目	见证内容	见证方法	见证方式	监造要点
2	注油前油检验(按技术协议要求)	电磁单元油试验	油耐压试验;tan δ 测量;微水试验;油中溶解气体检测	W	要求:试验结果符合技术规范;如有混油,加做混油试验
3	外观检查	检查产品外观	检查表面处理效果	W	要求:外观整洁
4	电磁单元油位	检查油位位置	目测	W	要求:油位可见,符合工艺要求

3.3.7 出厂试验及监造要点

3.3.7.1 电压互感器技术参数的术语与定义

(1) 电容式电压互感器(CVT):电容式电压互感器由电容分压器和电磁单元组成,其设计和相互连接使电磁单元的二次电压实质上正比于一次电压,且相位差在连接方向正确时接近于零。

(2) 额定频率 f_r:电容式电压互感器设计所依据的频率。

(3) 额定一次电压 U_{pr}:用于电容式电压互感器标识,并作为其性能基准的一次电压值。

(4) 额定二次电压 U_{sr}:用于电容式电压互感器标识,并作为其性能基准的二次电压值。

(5) 二次绕组:向测量仪器、仪表、保护或控制装置的电压回路提供电压的绕组。

(6) 电压互感器的实际电压比:电压互感器实际一次电压与实际二次电压之比。

(7) 电压互感器的额定电压比 K_r:电压互感器的额定一次电压与额定二次电压之比。

(8) 电压误差(比值差)ε_U:电压互感器测量电压时出现的误差,它是由实际电压比不等于额定电压比造成的。

(9) 相位差 φ_U:二次电压相量和一次电压相量的相位之差,$\varphi_U=\varphi_s-\varphi_p$,相量方向以理想互感器的相位差($\varphi_U$)为零来确定。

(注1:当二次电压相量(φ_s)超前于一次电压相量(φ_p)时相位差为正值。它通常用分或厘弧度表示。

注2:此定义仅在电压为正弦波时严格正确。)

(10) 准确级:对电容式电压互感器给定的准确度等级标识,其误差在指定使用条件下应在规定的限值内。

(11) 负荷:二次电路的导纳,用西门子和功率因数(滞后或超前)表示。

(注:负荷通常用在规定功率因数和额定二次电压下的视在功率伏安值表示。)

(12) 输出分为额定输出和热极限输出。

① 额定输出:在额定二次电压下和接有额定负荷时,电容式电压互感器所供给二次电路的视在功率值(在规定功率因数下的伏安值)。

② 热极限输出：在额定一次电压下温升不超过规定限值（且不损坏电容式电压互感器部件）的条件下，二次绕组所能供给的以额定电压为基准的视在功率伏安值。

（注1：在此状态下，误差可能超过限值。

注2：有两个及以上二次绕组时，各二次绕组的热极限输出应分别标出。

注3：除非制造方与用户协商同意，不允许两个及以上二次绕组同时供给热极限输出。）

(13) 设备最高电压 U_m：设备在绝缘方面按其设计并能适用的相间最高电压方均根值。

(14) 额定绝缘水平：一组电压值，表征互感器绝缘耐受电压的能力。

(15)铁磁谐振：电容和非线性磁饱和电感组成电路的持续谐振。

（注：铁磁谐振可以由一次侧或二次侧的开关操作激发。）

(16) 暂态响应（瞬变响应）：在暂态条件下，对比于高压端子的电压波形，所测得的二次电压波形的保真度。

(17) 电容分压器：构成交流分压器的电容器叠柱单元。

(18) 电磁单元：电容式电压互感器的组成部分，接在电容分压器的中压端子与接地端子之间（或当使用载波耦合装置时直接接地），用以提供二次电压。

（注：电磁单元主要由一台变压器和一个补偿电抗器组成。变压器将中间电压降低到二次电压要求值。在额定频率下，补偿电抗器的感抗值近似等于分压器两部分电容并联（C_1+C_2）的容抗值。补偿电感可以全部或部分并入变压器之中。）

(19) 阻尼装置：电磁单元中的一种装置，其用途有：限制可能出现在一个或多个部件上的过电压；抑制持续的铁磁谐振；改善电容式电压互感器暂态响应特性。

(20) 油中溶解气体分析：在油浸式变压器类产品中抽取一定量的油样，并用气相色谱分析法测出油中溶解气体的成分和含量。

3.3.7.2 试验项目概述

在国家标准《电容式电压互感器》(GB/T 4703—2001)中，规定了电容式电压互感器要进行的三种试验：例行试验、型式试验和特殊试验。

1. 例行试验

目的是检验制造中的缺陷和测定互感器的准确度，所以例行试验由制造厂对需出厂的每台互感器进行。项目包括：① 电容分压器的密封性能试验；② 工频电容和 tan δ 测量；③ 工频耐压试验；④ 局部放电测量；⑤ 端子标志检验；⑥ 电磁单元的工频耐压试验；⑦ 电容分压器低压端子的工频耐压试验；⑧ 铁磁谐振检验；⑨ 准确度检验；⑩ 电磁单元的密封性能试验。

误差试验应在耐受电压试验之后进行，其余项目的次序可不作规定。

这里的耐受电压试验包括电容分压器和电磁单元各部件的工频耐压，保证误差试验时电容式电压互感器完好。

2. 型式试验

目的是考核互感器的设计、材料和制造等方面是否满足试验标准，以及技术条件所规定的性能和运行要求。型式试验项目包括：① 准确度检验；② 温升试验；③ 工频电容和tan δ测量；④ 截断雷电冲击试验；⑤ 无线电干扰电压；⑥ 短路承受能力试验；⑦ 额定雷电冲击试验；⑧ 操作冲击湿试验，电压范围为 $U_m \geqslant 300$ kV；⑨ 户外型互感器的交流耐压湿试验，电压范围为 $U_m < 300$ kV；⑩ 暂态响应试验(仅适用于保护用电容式电压互感器)；⑪ 铁磁谐振试验；⑫ 准确度试验。

电容式电压互感器在经受型式试验规定的绝缘型式试验后，还应进行例行试验规定的全部试验。

3. 特殊试验

除型式试验和例行试验外，按制造方与用户协议所进行的试验叫特殊试验。特殊试验试验项目包括：① 传递过电压测量；② 机械强度试验；③ 温度系数测定：④ 电容器单元密封性设计试验。

3.3.7.3 电容式电压互感器的出厂试验及监造要点

电容式电压互感器试验时，有可能影响互感器性能的外部组部件和装置均应安装在规定的位置上。

1. 电容式电压互感器的试验项目

1) 外观检验

试验目的：检验互感器的外观性能；检验互感器的金属件外露表面是否具有良好的防腐蚀性能；产品铭牌及端子标志是否符合图样要求。

试验方法：目测观察。

2) 密封试验

试验目的：检验互感器(包括电容分压器和电磁单元)各密封部位的密封性能。密封性能试验应在液体压力超过工作压力的条件下进行，保持 8 h，试验压力取决于电容器单元所用膨胀装置的类型。

试验方法：电磁单元的密封试验方法一般由制造厂规定，通过给试品充油压或给试品加温进行，具体要求和方法由制造厂提出。

3) 绕组的极性检验

试验目的：检验互感器的极性是否正确，为后面的试验项目做好准备，防止误差试验时仪器故障；标有大写体和小写体的同一字母的端子，在同一瞬间应具有同一极性，即所谓减极性。

试验方法：电磁单元绕组的极性检验一般用直流法，如图 3.135 所示，用 1.5 V 干电池的正极接在一次绕组的 A 端，负极接在一次绕组的 X 端，直流毫安表的正极接在二次绕组的 a 端，负极接在二次绕组的 n 端，瞬间接通开关，电流表按顺时针方向摆动为减极性。

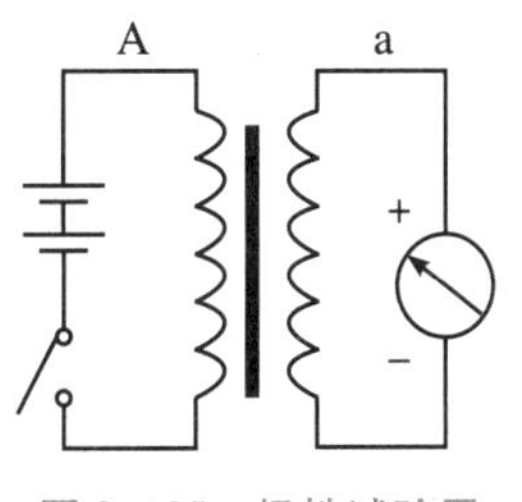

图 3.135 极性试验原理图

4) 耐受电压试验

试验目的：保证试品的绝缘性能，使试品在系统运行时能够承受来自系统的各种过电压的冲击。互感器的高压端子和接地端子之间的绝缘应能承受表 3.107 所列的耐受电压。

表 3.107　绝缘耐受电压(单位:kV)

<table>
<tr><th>范围</th><th>系统标称电压(方均根值)</th><th>设备最高电压 U_m(方均根值)</th><th>额定短时工频耐受电压(方均根值)</th><th>额定雷电冲击耐受电压(峰值)</th><th>额定操作冲击耐受电压(峰值)</th></tr>
<tr><td rowspan="7">Ⅰ</td><td>35</td><td>40.5</td><td>80/95</td><td>185/200</td><td>—</td></tr>
<tr><td rowspan="2">66</td><td rowspan="2">72.5</td><td>140</td><td>325</td><td rowspan="2">—</td></tr>
<tr><td>160</td><td>350</td></tr>
<tr><td rowspan="2">110</td><td rowspan="2">126</td><td rowspan="2">185/200</td><td>450/480</td><td rowspan="2">—</td></tr>
<tr><td>550</td></tr>
<tr><td rowspan="2">220</td><td rowspan="2">252</td><td>360</td><td>850</td><td rowspan="2">—</td></tr>
<tr><td>395</td><td>950</td></tr>
<tr><td rowspan="6">Ⅱ</td><td rowspan="2">330</td><td rowspan="2">363</td><td>460</td><td rowspan="2">1175</td><td>850</td></tr>
<tr><td>510</td><td>950</td></tr>
<tr><td rowspan="3">500</td><td rowspan="3">550</td><td>630</td><td rowspan="2">1550</td><td rowspan="2">1050</td></tr>
<tr><td>680</td></tr>
<tr><td>740</td><td>1675</td><td>1175</td></tr>
<tr><td>750</td><td>800</td><td>975</td><td>2100</td><td>1550</td></tr>
</table>

注:1. 额定短时工频耐受电压中斜线下的数据为外绝缘的干耐受电压。

2. 额定雷电冲击耐受电压中斜线下的数据仅适用于内绝缘。

3. U_m为 800 kV 的设备绝缘水平是我国目前示范工程所采用的数值。

4. 对同一设备最高电压给出两个绝缘水平者,在选用时应考虑电网结构与过电压水平、过电压保护装置的配置及其性能,以及可接受的绝缘故障率等。

试验方法有以下三种:

(1) 短时工频耐受电压试验:如图 3.136 所示,相应的试验电压施加于高压端子与接地端子之间(低压端子与接地端子相连接)。耐受时间为 1 min。试验前、后可用电桥测量电容及介损,以此判断是否有元件击穿等故障发生。

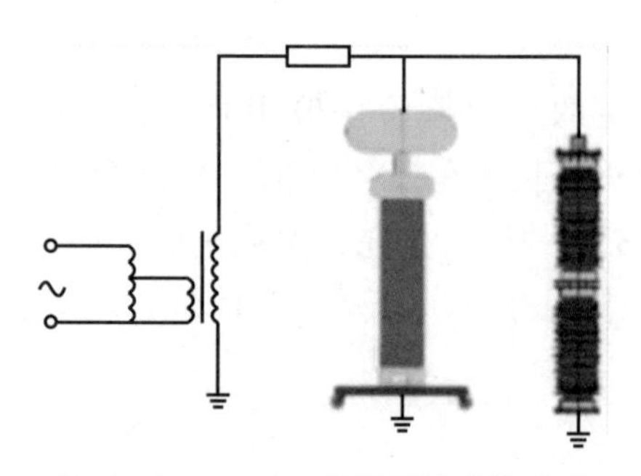

图 3.136　短时工频耐压试验接线图

短时工频耐受电压试验可分为干试与湿试,可分别对电容分压器和电磁单元进行。

对于电容分压器的试验,湿试不允许分节进行,干试可分节进行。对于电磁单元的工频耐受电压试验，试验前把电磁单元与电容分压器分开。当电磁单元的中压端子外露时，型式试验应在淋雨状态下进行。试验分别对电磁单元的变压器、电抗器和铁磁谐振阻尼装置进行，试验时应注意将阻尼装置与变压器的连接线拆开。电磁单元内若接有过电压保护用放电器件，在试验时也应将其连接线拆开。对变压器一次绕组进行试验时，试验电压可以直接用单独电源来供给，也可以由二次侧感应得到。无论用哪种方式得到试验电压，均应在高电压侧测量试验电压。当电压升到试验电压值以后，历时 1 min，然后立即把电压降下来。

在试验过程中应注意：变压器的铁芯、未接电源的二次绕组的一个端子和一次绕组的低电压端子，以及油箱外壳均应接地，而未接电源的绕组处于空载状态。

试验时，为避免铁芯过度饱和，试验电压的频率可以增加到额定值以上。如果频率超过额定值的两倍，试验时间可以减小，但不得短于 15 s。在试验中是否有损坏，可以用在试验前、后测量变压器的空载电流和损耗的方法来检验。

电抗器的耐受电压试验用单独电源来进行，历时 1 min。电抗器绕组的端子之间的绝缘水平及其保护器件的放电电压，应与在二次侧短路和开断等过程中电抗器上可能出现的最大过电压水平相适应。具体数值由制造厂规定。为避免铁芯过度饱和，可以提高试验电压的频率，此时试验时间按上述规定适当缩短。

电磁单元中压回路的接地端子与地之间，二次绕组的端子（含附件）对地及其相互之间的绝缘应能承受工频 3 kV（方均根值）的试验电压，历时 1 min。

电容分压器的低压端子对地绝缘应能承受工频 10 kV（方均根值）的试验电压，历时 1 min，若低压端子不暴露在风雨中，则试验电压为 4 kV（方均根值）。

(2) 雷电冲击耐受电压试验：雷电冲击耐受电压试验在互感器整体上进行，试验电压的波形为(1.2～5)/(40～60)s。也可分别对电容分压器（不允许分节进行）和电磁单元进行，电磁单元试验电压按变比计算得到。

试验时，应施加正极性和负极性冲击各 15 次，如果在连续的 15 次冲击中未发生多于 2 次的闪络且未发生击穿，则认为互感器通过了试验。

(3) 操作冲击耐受电压试验（湿试）：操作冲击耐受电压试验（湿试）在互感器整体上进行，试验电压的波形为 250/2500 s。也可仅对电容分压器进行（不允许分节进行），而电磁单元则用上述短时工频耐受电压试验考核。

操作冲击耐受电压试验时，应施加正极性和负极性冲击各 15 次，如果在连续的 15 次冲击中未发生多于 2 次的闪络且未发生击穿，则认为互感器通过了试验。

操作冲击试验只对 330 kV 以上产品进行，这和系统中过电压存在和保护水平有关。若试品进行了操作冲击湿耐受电压试验，则不需再进行工频湿试验和操作冲击干耐受电压试验。

5) 电容介损测量

试验目的：检验电容器的电容及介损，并作为元件好坏的判据。

试验方法：电容测量应在工频耐受电压试验前，在不高于 15%的电压下进行初测，工频耐受电压试验之后在(0.9～1.1)U_n 电压下进行复测。

在实验室试验时，一般采用正接法（图 3.137(a)）。在现场验收时，用反接法较多（图 3.137(b)）。反接法试验时，由于电桥处于高电位，要注意安全，测试电压一般也达不到要求（较低）。

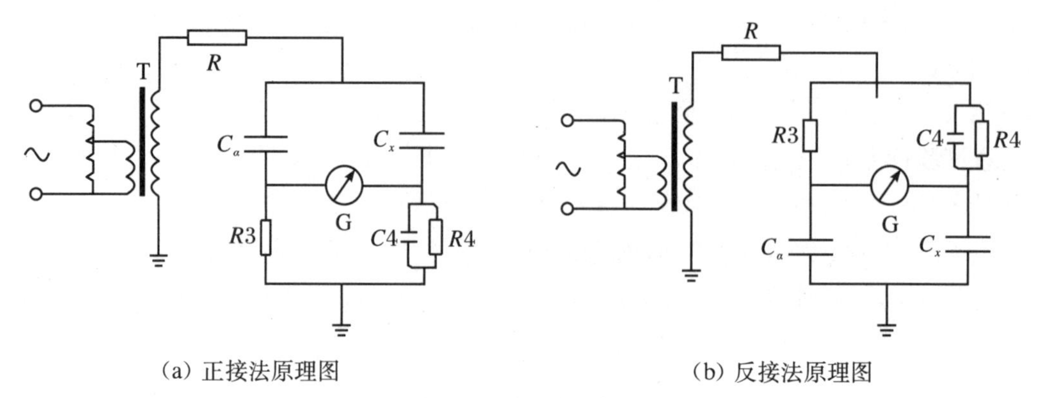

图 3.137　电容介损测量

6）高频电容及等值串联电阻的测量

试验目的：检验电力载波该频通路的阻抗。

试验方法：可在分节电容器上进行，采取相应的屏蔽措施，测量引线应尽量短。特别是试品测量较大时，更应该注意测量回路的屏蔽和引线，否则会导致电容量偏大。在额定温度范围内，30～500 kHz 的高频下，电容器高低压端子之间的电容值相对于额定电容的偏差不得超过 − 20%或 + 50%，且等值串联电阻不得超过 40 Ω。对于较低频率（如 30～100 kHz）和温度类别的下限温度，或电容不超过 2000 pF 的电容叠柱，或 U_m 大于 42 kV 者，其等值串联电阻允许大于 40 Ω。试验一般用电平振荡器和选频器作为高频电源，用导纳电桥测量，所测参数为并联电容和并联电导，需将数值等效为等值串联参数。

7）低压端子对地杂散电容及杂散电导的测量

试验目的：检验互感器的杂散电容及电导，其值有可能引起高频信号的损失或衰减。

试验方法：可在互感器下节（分压器和电磁装置的组装体）上进行试验，试验用电平振荡器和选频器作为高频电源，用导纳电桥测量其电容及电导值。对于电容器，杂散电容不得超过 200 pF，杂散电导不得超过 20 μs；对于电容式电压互感器，杂散电容不得超过（$300 + 0.05C_n$）pF，杂散电导不得超过 50 μs。

8）局部放电试验

试验目的：检验电容器内介质的电器性能，特别是工艺处理过程是否得到严格的控制。

试验方法：在国家标准和 IEC 标准中，没有要求进行电容式电压互感器整体或中间变压器的局部放电检测，只要求对耦合电容器和电容分压器进行局部放电检测，电容器的局部放电可分节进行。电容式电压互感器中间变压器高压侧对地不应装设氧化锌避雷器。

给试品施加工频预加电压，至少保持 10 s 后，迅速降至测量电压。型式试验中测量保持 1 h，每隔 10 min 需测量一次放电量；出厂试验中至少保持 1 min 后再进行测量。测量和预加电压见表 3.108。

表 3.108　局部放电试验电压

系统接地方式	预加电压	测量电压	允许放电视在电荷量
中性点非有效接地系统	$1.3U_m$	$1.1U_m$	100 pC
		$1.1U_m/\sqrt{3}$	10 pC
中性点有效接地系统	$0.8\times1.3U_m$	$1.1U_m/\sqrt{3}$	10 pC

由于试品为耦合电容器，不许用专门的耦合电容器，采用平衡回路既排除了干扰，又提高了工作效率，所以均采用平衡回路(图 3.138)。

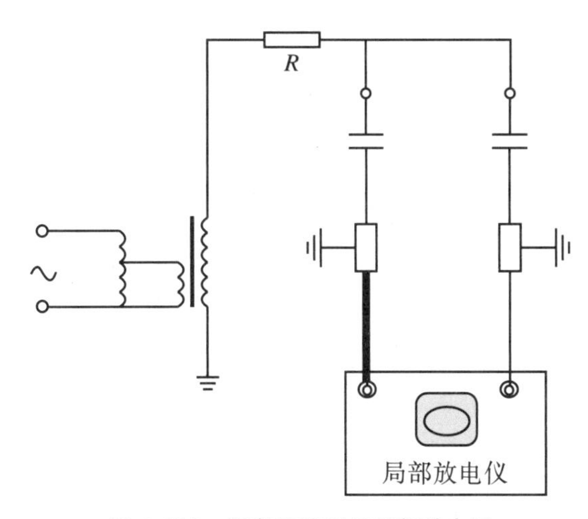

图 3.138　平衡回路测量局部放电图

9）铁磁谐振试验

试验目的：检验在系统非正常情况下造成互感器铁芯饱和后，互感器的自恢复能力。

试验方法：本试验可在正常连接(图 3.139)的互感器上进行，也可以在等效电路(图 3.140)上进行。二次端子短路时间至少 0.1 s。消除短路可以用断路器 K 或串接入的熔断器进行。消除短路后，互感器的负荷只能是记录装置消耗的负荷且不超过 5 VA。试验时的电源电压、二次电压和短路电流均应予以记录。所拍摄的示波图应纳入试验报告中。短路时的电源电压(由 PT 测出)与短路前的电压相差应不超过 10%，并且应保持实际正弦波形(图 3.141)。

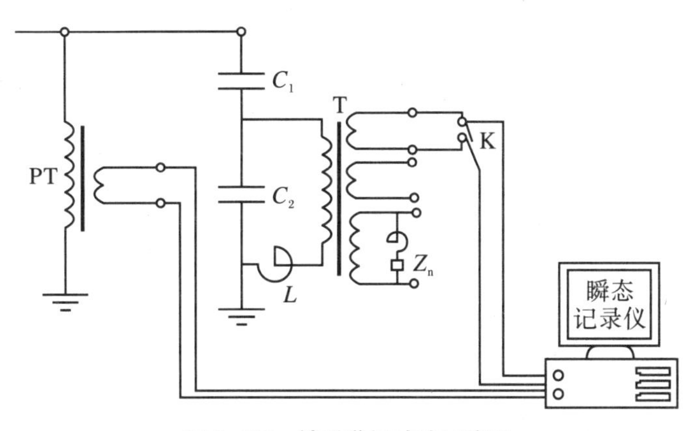

图 3.139　铁磁谐振试验回路图

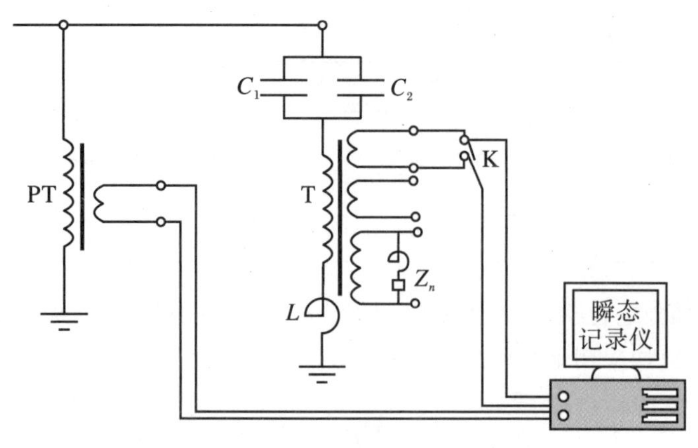

图 3.140　铁磁谐振等效试验回路图

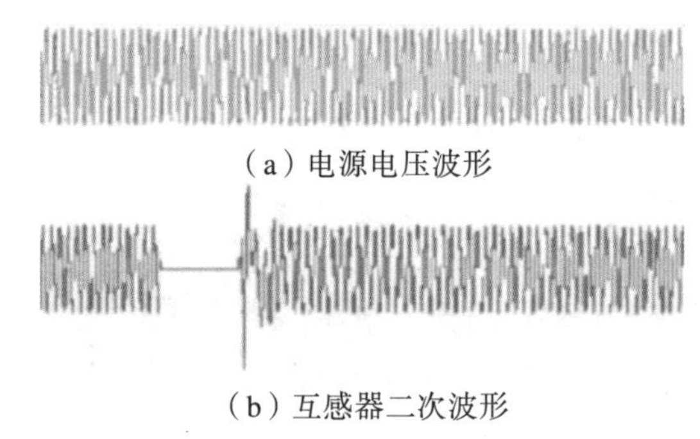

（a）电源电压波形

（b）互感器二次波形

图 3.141　铁磁谐振试验波形

本试验应在一次电压为 $0.8U_{1n}$ 和 $1.2U_{1n}$ 的电压下至少各进行 10 次，在 $1.0U_{1n}$ 电压下至少进行 30 次，而且还应在与额定电压因数相对应的电压下再做 10 次。

性能要求：在电压为 $0.8U_{1n}$、$1.0U_{1n}$ 和 $1.2U_{1n}$ 而负荷实际为零的情况下，互感器的二次端子短路后又突然消除短路，其二次电压峰值应在 0.5 s 内恢复到与正常值相差不大于 10%的电压值。在电压为 $1.5U_{1n}$（用于中性点有效接地系统）或 $1.9U_{1n}$（用于中性点非有效接地系统）而负荷实际上为零的情况下，互感器的二次端子短路后又突然消除短路，其铁磁谐振持续时间应不超过 2 s。

10）准确度试验

试验目的：准确度是互感器最主要的性能指标之一，试验的目的在于检验互感器的准确度是否达到误差限值范围内。

试验方法：误差试验方法如图 3.142 所示，此图为测试 1a1n 绕组时的试验回路。试验时必须注意将负载电缆与测试电缆分开，以免由于负载压降造成不必要的测试误差。试验应对互感器的每个二次绕组分别进行。对同时用于测量和保护的二次绕组，应分别按测量和保护准确级的要求进行试验。

对于测量准确级的试验，应分别在 80%、100%和 120%的额定电压下进行；对于保护准确级的试验，应分别在额定电压乘以 2%、5%、100%和额定电压因数的电压下进行；剩余电压绕组在额定电压乘以额定电压因数的电压下试验时接额定负荷，其他电压下试验时不接负荷;2%额定电压下,保护准确级的误差限值为5%额定电压下误差限值的2倍。

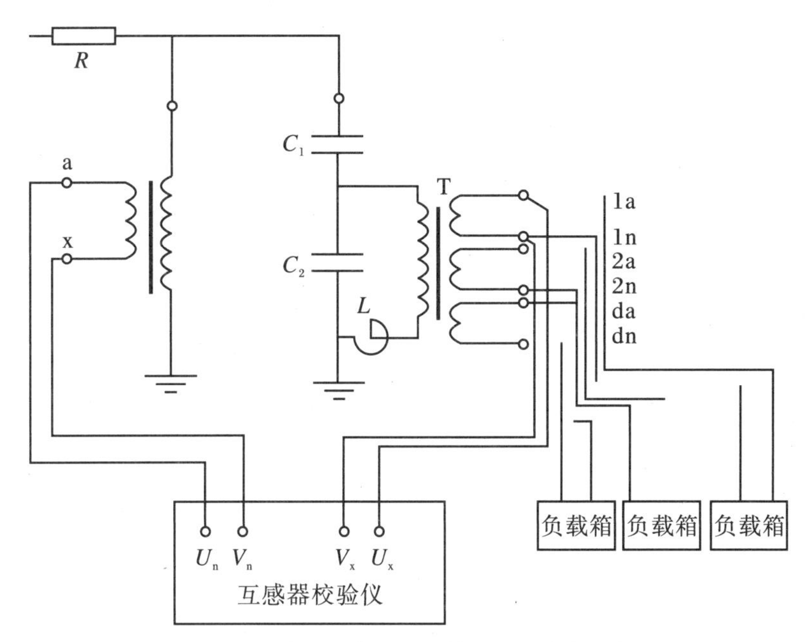

图3.142 电容式电压互感器的误差试验回路图

除在规定的电压和负荷下进行试验外,还应在额定频率、室温和两个极限温度下,以及一定恒定温度和两极限频率下进行。对于准确级为1.0及更低的互感器,上述试验可以在等效电路上进行,对于0.2~0.5级的互感器,是否可以采用等效电路试验,由制造厂确定。如果采用等效电路,必须在相同的电压、负荷、频率和温度等条件下进行两次测量,一次在正常连接的互感器上,一次在等效电路上进行。这两次测量结果的差值应不超过相应准确级限的50%。

2. 电压互感器例行试验的监造要点

电压互感器例行试验的监造要点见表3.109。

表3.109 电压互感器例行试验的监造要点

序号	监造项目	见证内容和方法	见证方式	见证依据
1	电容分压器的密封性能试验	检查试验时的压力、时间等参数	W	GB/T 4703及技术协议
2	工频电容和tan δ 测量	对电容分压器,或电容器叠柱或单独的单元进行	W	
3	工频耐压试验	对电容分压器,或电容器叠柱或单独的单元进行	H	
4	局部放电测量	检查试验电压、加压程序、放电量	H	
5	端子标志检验	检验端子标志	W	

续表

序号	监造项目	见证内容和方法	见证方式	见证依据
6	电磁单元的工频耐压试验	对中间变压器一次绕组施加	W	GB/T 4703 及技术协议
		对补偿电抗器施加	W	
		对二次绕组之间及对地施加	W	
7	电容分压器低压端子的工频耐压试验	检查试验电压	W	
8	铁磁谐振检验	检查试验程序、测量数据	H	
9	准确度检验	对完整的电压互感器进行	H	
10	电磁单元的密封性能试验	检查试验时的压力、时间等参数	W	

3. 其他试验项目

1）承受短路能力试验

试验目的：检验二次系统出现短路故障时，互感器的承受短路电流造成的机械和热的效应的能力。

试验方法：在互感器一次侧施加额定电压的情况下，将二次端子短接。短路试验进行一次，持续时间为 1 s。

被试互感器冷却到环境温度后，若能满足下列要求，则认为通过本试验：

(1) 无可见的损伤；

(2) 其误差与试验前的差异不超过其准确级误差限值的 50%；

(3) 电磁单元中变压器的一次和二次绕组能承受工频耐受电压试验(试验电压降低到规定值的 90%)。

(4) 经检查，电磁单元中变压器的一次绕组和二次绕组表面的绝缘无明显的劣化现象(如碳化)。如果绕组是由铜导线制成的，且相应的电流密度不大于 160 A/mm^2，则可不进行此项检查。电流密度是由实测的二次绕组对称短路电流方均根值(对于一次绕组，则除以额定变压比)计算得到的。

2）放电试验

试验目的：检验电容器内部引线、结构等性能，保证电容器在强电流冲击下不致造成电容器内部故障。

试验方法：试验可在单节电容器上进行。给试品施加直流电压，然后通过靠近试品放置的棒状间隙放电，在 5 min 内充放电 2 次。放电频率应在 0.5～1 MHz 内，试验前、后应用电桥测量电容器的电容值，判断电容器是否有损伤或故障。

3）测量电容温度系数

试验目的：检验电容器随温度变化的规律，其变化在温度范围内会影响互感器的误差性能。

试验方法：因为所选用的材料和所选用的处理工艺相同，所以不需要对每节电容器进行试验，将试品放入恒温箱内，调节不同温度，待试品内部温度和烘箱内温度相同后，用电桥测量电容及介损值。用回归法分析求出电容温度系数 α_C。

在电容器温度的下限温度比上限温度高 15 K 的温度范围内，测得的电容温度系数的绝对值不大于 $5\times10^{-4}\ \mathrm{K}^{-1}$。如温度类别为 −25/A，则试验温度范围为 −25～+55 ℃。实际上，电容温度系数的高低并不代表产品性能的好坏，只和介质搭配有关。电容器纸的特性为正电容温度系数，而电容器用膜为负电容温度系数，这就是互感器用耦合电容为膜纸复合的一个原因。

4）瞬态响应试验

试验目的：检验互感器在系统故障（如单相接地故障）造成系统失压情况下的响应速度，保证继电器正常动作。

试验方法：本试验可在正常连接的互感器上进行，也可以在等效电路上进行（图 3.143）。在互感器一次电压为额定值和分别接有 25%与 100%额定负荷的情况下，将高压端子和低压端子短路，观察二次信号的反应速度。

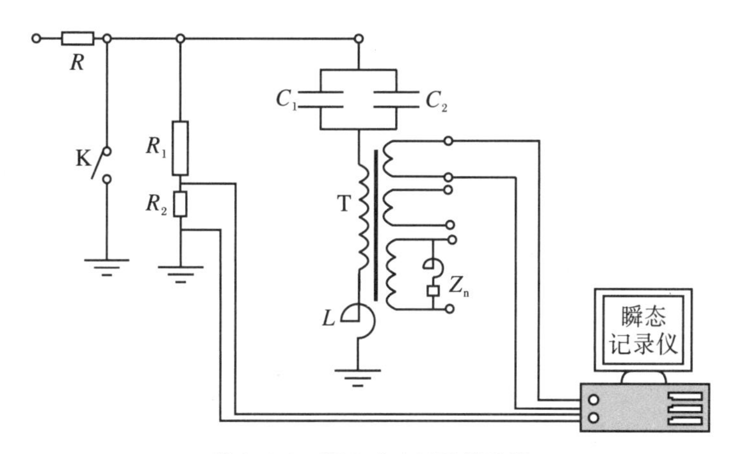

图 3.143 瞬变响应试验线路图

试验所用负荷可为由纯电阻与感抗接成的串联负荷，以及由两个阻抗并联构成的负荷。此两个阻抗中一是纯电阻，另一个是电阻和感抗串联构成的功率因数为 0.5 的阻抗。二次电压降落的过程应用示波器予以记录，其示波图应纳入试验报告中（图 3.144）。

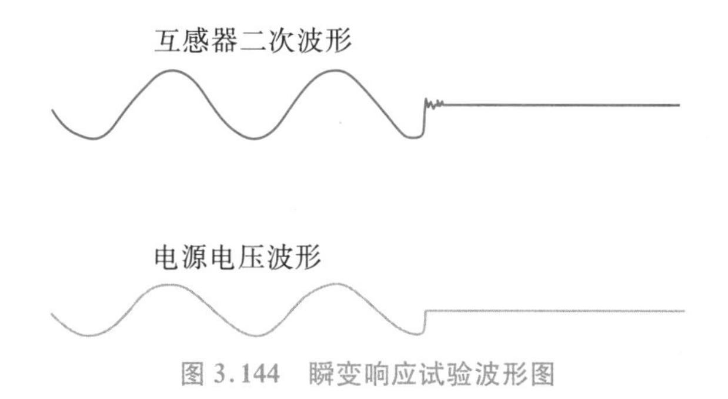

图 3.144 瞬变响应试验波形图

本试验应随机进行 10 次,或者在其峰值电压瞬间和过零值的瞬间各进行 2 次短路试验。在后一种情况下,一次电压的相角偏离峰值和过零点之值不得超过 ±20°。

性能要求:在额定电压下互感器的高压端子对接地端子发生短路后,二次输出电压应在额定频率的一个周期内衰减到短路前电压峰值的 10%以下。

注意:瞬变响应对于电网保护动作的影响是一个很复杂的问题,并且也不可能给出对每种情况都有效的数值。

对于继电器的影响,不仅和过渡过程的幅值有关,而且也和其频率有关,上述给定值可以使普通的机电式保护继电器在一般线路长度和短路电流情况下正确动作。对于快速继电器(如固态继电器),或非常短的线路,或短路电流很小的情况,瞬变响应由用户与保护继电器和互感器的制造厂协商,可以提出更严格的要求(如 5%以下)。

5) 电磁单元的温升试验

试验目的:验证试品在额定工作状态下,主体所产生的总损耗与散热装置热平衡的温度是否符合有关标准规定,并验证产品结构的合理性,发现结构件上的局部过热程度。

电容式电压互感器在规定电压、额定频率和额定负荷(或有多个额定负荷时的最大额定负荷),以及负荷的功率因数为 0.8(滞后时)与 1 之间的任意值时,其温升 ΔT 应不超过表 3.110 所列的相应值。

表 3.110 电磁单元绕组的温升限值

绝缘材料的耐热等级(依据 GB/T 11021)	温升限值 ΔT(K)
浸在油中的所有等级 电磁单元无以下所述的配置时,其容器的油顶层温升 ΔT 应不超过 50 K	60
浸在油中且是全密封的所有等级 电磁单元的油面上充有惰性气体或干燥空气时,其容器的油顶层温升 ΔT 应不超过 55 K	65
充沥青胶的所有等级	50
不浸油也不充沥青胶的各等级:	
Y	45
A	60
E	75
B	85
F	110
H	135
与绝缘材料相接触或邻近的铁芯和其他金属件外表面测得的温升 ΔT,应不超过绝缘材料的相应值	

注:对于某些材料(如树脂),制造方应指明其相当的绝缘等级。

试验方法:试验可在完整的电容式电压互感器或单独的电磁单元上进行。在完整的电容式电压互感器上进行时,其一次电压 U_p 应按照表 3.111 的规定调整。在电磁单元上进行时，中压变压器应调整到其二次电压 U_s 符合表3.111的规定。温升试验应在连接额定负荷或有多个额定负荷时的最大额定负荷下进行。温度须记录。当有多个二次绕组时，除制造方与用户另有协议外，各二次绕组应同时连接各自的额定负荷进行本试验。

试验场地的环境温度应为5～40 ℃。无论其电压因数和额定时间如何，电容式电压互感器或单独的电磁单元均应在1.2倍额定一次电压下进行试验，二次侧电压也必须是相应值。试验连续进行至(电磁单元的)温度达到稳定状态。当温升的变化率每小时不超过1 K时，可认为电磁单元已达到稳定状态。绕组的温升应采用电阻法测定，绕组以外的其他部位的温升可用温度计或热电偶测量。环境温度可用浸在液体绝缘介质中的温度计或热电偶测量，这样的系统具有与电磁单元相近的热时间常数。

表3.111　温升试验的试验电压

负荷	额定负荷						热极限输出[a]	
电压因数和(故障)持续时间	$F_V=1.2$		$F_V=1.5$ 或 1.9		$F_V=1.9$		—	
	连续		30 s		8 h		—	
试验连接	电磁单元	完整的电容式电压互感器	电磁单元	完整的电容式电压互感器	电磁单元	完整的电容式电压互感器	电磁单元	完整的电容式电压互感器
持续到温升变化率小于1 K/h的试验电压	$U_s=\frac{1.2U_{pr}}{K_r}$	$U_p=1.2U_{pr}$	$U_s=\frac{1.2U_{pr}}{K_r}$	$U_p=1.2U_{pr}$	$U_s=\frac{1.2U_{pr}}{K_r}$	$U_p=1.2U_{pr}$	$U_C=\frac{U_{pr}}{K_{CR}}$	$U_p=U_{pr}$
故障持续时间内的试验电压	—	—	$U_s=\frac{F_V\cdot U_{pr}}{K_r}$	$U_p=F_V\cdot U_{pr}$	$U_s=\frac{1.9U_{pr}}{K_r}$	$U_p=1.9U_{pr}$	—	—

注：a 如规定热极限输出时的补充试验。

在温升试验结束并切断电源之后，立即测量绕组的直流电阻，并应在停电后1 min内测出第一个读数。然后在8～10 min内每隔相等的时间(30～60 s)测定一个电阻值，依次记录为 R_1、R_2、R_3、…、R_k。其后再隔5～10 min补充测量一个参考值 R_n。同时记录各个测定时间，分别为 t_1、t_2、t_3、…、t_k，以切断电源瞬间为 $t=0$。在坐标纸上，将$\ln(R_1-R_n)$、$\ln(R_2-R_n)$、$\ln(R_3-R_n)$、…、$\ln(R_k-R_n)$和 t_1、t_2、t_3、…、t_k 的相应各点绘出，用一条直线连接，其与 R 轴的交点即为 $t=0$ 时 R_0-R_n 的值，由此可得切断电源瞬间的绕组电阻 R_0(图3.145)。

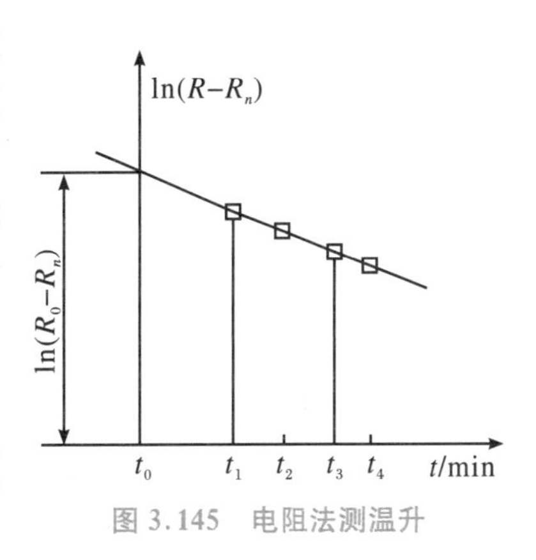

图3.145　电阻法测温升

6）机械强度试验

试验目的：检验电容器耐受风力的能力。

试验方法：试品底部固定，顶部垂直于轴线方向施加拉力，时间为 1 min。试验应在整套产品上进行。试验结束后，不允许出现断裂及渗漏油现象。

7）无线电干扰电压试验

试验目的：检验电容器产生的无线电干扰的大小。

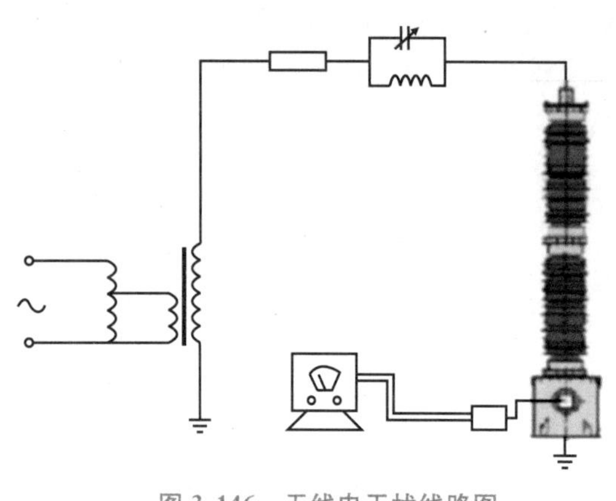

图 3.146　无线电干扰线路图

试验方法：试验在整套产品上进行。按图 3.146 进行连接。试品顶部施加 $1.1\ U_m/\sqrt{3}$ 的测量电压，将取自 N 端子的测量信号通过端子盒（电阻网络衰减）接入无线电干扰测量仪，读取数值，然后加上回路衰减系数和电阻网络衰减系数，即为试品的无线电干扰水平 B（单位为 dB）。若转换为无线电干扰电压值，$U=10B/20$（单位为 μV）。

性能要求：在测试条件下，试品的无线电干扰电压应不超过 2500 μV。

3.3.8　包装、存栈和发运的监造要点

包装、存栈和发运的监造要点见表 3.112。

表 3.112　包装、存栈和发运的监造要点

监造项目	见证内容	见证方法	见证方式	监造要点
包装	装订铭牌	检查铭牌参数完整性	W	要求：参数准确、刻印清晰、安装牢固
	核对装箱文件和附件	核对装箱文件和附件完整性	W	要求：出厂资料齐全，装箱清单与实物相符
	包装	检查包装箱材料及表面标识	W	要求：表面应有清晰的运输、存放警示标识，标识清晰醒目，唛头信息完整
存栈	存放	检查存放方式	W	要求：产品需严格遵守存放方式
发运（运输）	运输单位资质	核查运输单位资质文件	R	提示：核查运输公司的资质证明
	运输方式	核查运输方案	R	要求：直立运输，固定良好

3.3.9　典型案例

1．案例 1

问题描述：2012 年 1 月 11 日，1 台 750 kV 电压互感器均压环有 2 根支撑管（底层）

断裂。

原因分析:对故障均压环进行了金属材质分析,发现其化学成分不满足规程要求,导致其抗拉强度及疲劳极限偏低,在风力作用下疲劳断裂。

处理情况:供应商重新提供合格均压环并进行更换。

防范措施:应督促供应商加强电压互感器部件质量控制,加强均压环的入厂检验,并对均压环的材质和性能进行检测,分析其化学成分,避免使用不满足要求的金属材料。

2. 案例 2

问题描述:2011 年 4 月 21 日,1 台 220 kV 电压互感器高压绕组绝缘损坏,导致母线电压异常,该电压互感器于 2008 年 7 月生产,2009 年 1 月投运。

原因分析:电压互感器油箱上部与电容器间密封圈装配时局部压偏,密封不良进水,导致高压绕组引线端部烧损。

处理情况:返厂大修。

防范措施:应督促供应商加强互感器密封工艺控制,细化装配工艺文件要求,严格按要求进行装配,防止压偏、力度不均导致的密封不良,选用性能良好的密封件,避免密封过早失效。

3. 案例 3

问题描述:2009 年 8 月 15 日,1 台 220 kV 电压互感器电压突增,检查发现电压互感器电磁单元内部有异音,设备型号为 TYD14220/$\sqrt{3}$-0.01H,2007 年 7 月出厂,2009 年 4 月 24 日投运。

原因分析:解体检查,发现互感器电磁单元端部套管的引线断裂,端部有明显放电痕迹,套管对应的下部绝缘板上有少量磁粉。电磁单元端部套管的引线不合理,在运行过程中开断,致使套管电磁悬浮而产生电弧放电。电弧放电导致油中产生大量的乙炔。引线断裂后,套管放电造成电磁单元中有异音。电磁单元引线在电弧放电作用下,重新与套管虚接。此时,该电容式电压互感器恢复正常运行,同时异音消除。

处理情况:返厂更换。

防范措施:应督促供应商加强互感器装配工艺控制,加强对套管连接部位的检查,确保电器连接可靠牢固,避免由于接触不良导致的放电。

3.4 电流互感器

3.4.1 概述

在发电、变电、输电、配电和用电的线路中电流大小相差悬殊,从几安到几万安都有。电流互感器的作用是把数值较大的一次电流通过一定的变比转换为数值较小的二次电流,用来进行保护、测量等。如变比为400/5的电流互感器,可以把实际为400 A的电流转变为5 A的电流。目前,我国生产的电流互感器都是电磁式电流互感器,该类互感器一般有一个铁芯,在铁芯上绕有一次线圈和二次线圈,在两个线圈之间以及线圈和铁芯之间都有绝缘隔离,如图3.147所示。

图3.147　变电站的电流互感器

3.4.2　分类及表示方法

3.4.2.1　电流互感器的分类

1. 按用途分类

按用途,电流互感器可分为以下几类:

(1) 测量型电流互感器,主要用于测量线路中的电能信息;是指示仪表、积分仪表和其他类似电器提供电流的电流互感器;主要准确级有0.2、0.5、1、3、5等。

(2) 计量型电流互感器,一种给电能表和其他类似电器提供电流的电流互感器。计量型低压电流互感器广泛用于对低压配电系统电流的计量,主要准确级有0.2、0.5S、0.2S等。

(3) 保护型电流互感器,当系统中设备发生短路、过电流等故障时,向继电器供电,及时切断故障设备,以保护贵重设备。保护型电流互感器一般用于多根母排穿越的继电保护回路,为保护系统检测短路故障而开发,具有不同准确级和准确限值系数,可扩展为不同穿孔尺寸,广泛应用于低压配电保护系统;也可用于采集低压过载、短路信号,以及与保护继电器配套使用。

2. 按安装地点分类

按安装地点，电流互感器可分为户内型和户外型，如图3.148所示。

(a) 户内型

(b) 户外型

图3.148　户内型和户外型电流互感器

3. 按绝缘介质分类

按绝缘介质，电流互感器可分为以下几类(图3.149)：

(1) 干式电流互感器，由普通绝缘材料经浸漆处理作为绝缘。

(2) 浇注式电流互感器，用环氧树脂或其他树脂混合材料浇注成型的电流互感器。

(3) 油浸式电流互感器，由绝缘纸和绝缘油作为绝缘，一般为户外型。

(4) 气体绝缘电流互感器，主绝缘由 SF_6 构成。

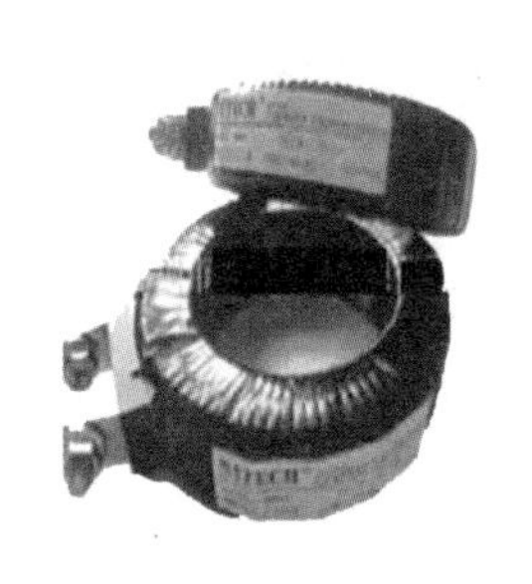

(a) 干式

(b) 浇注式

(c) 油浸式

(d) SF_6 气体式

图3.149　不同绝缘型式的电流互感器

4. 按安装方式分类

按安装方式，电流互感器可分为以下几类(图3.150)：

(1) 贯穿式电流互感器，用来穿过屏板或墙壁的电流互感器。

(2) 支柱式电流互感器，安装在平面或支柱上，兼做一次电路导体支柱用的电流互感器。

(3) 套管式电流互感器，没有一次导体和一次绝缘，直接套装在绝缘套管上的一种电流互感器。

(4) 母线式电流互感器，没有一次导体但有一次绝缘，直接套装在母线上使用的一种电流互感器。

(a) 贯穿式

(b) 支柱式

(c) 套管式

(d) 母线式

图 3.150 不同安装方式的电流互感器

5. 按电流比分类

按电流比，电流互感器可分为以下几类(表 3.113)：

(1) 单变比电流互感器，是指二次绕组没有抽头的单一变比的电流互感器。

(2) 多变比电流互感器，是指二次绕组带抽头，这样设置是考虑今后电站运行的负荷电流会增加，可以直接调换抽头增加电流互感器的测量和保护范围。如果设置单一变比，一旦负荷增加，超过已设置的一次变比，就要更换电流互感器，不经济，也比较麻烦。

表 3.113 不同变比的电流互感器

单变比	多变比

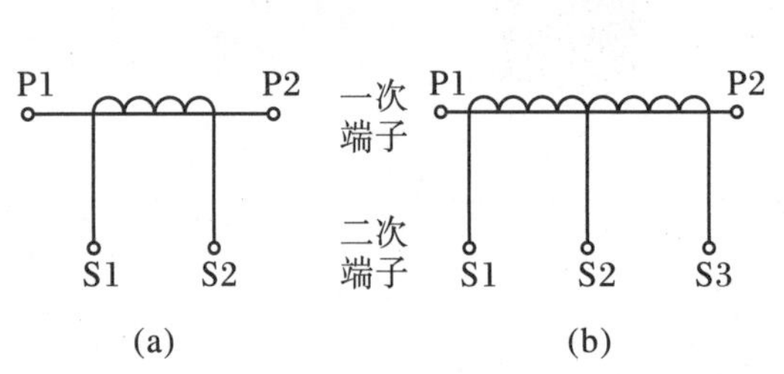

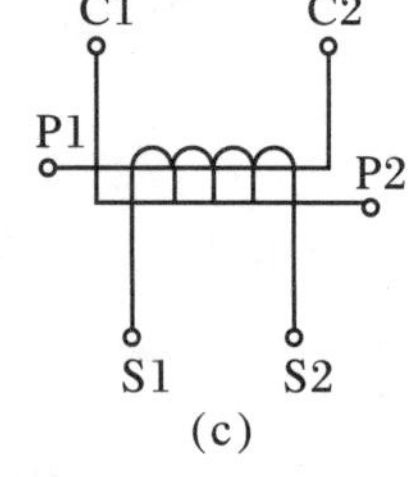

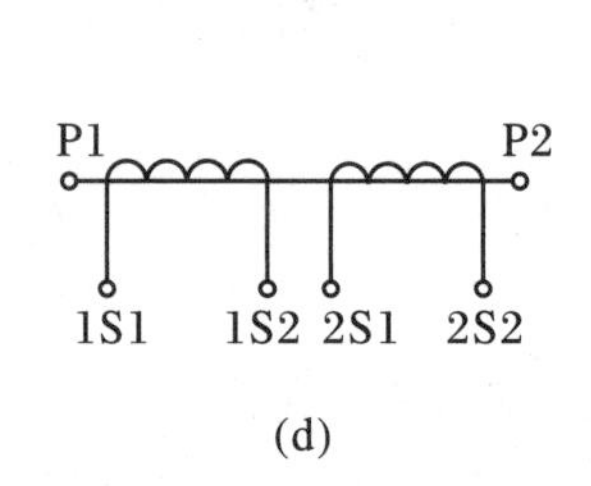

(a) 单电流比互感器；(b) 互感器二次绕组有中间抽头；(c) 互感器一次绕组分两组可串联或并联；(d) 互感器有两个二次绕组，各有其铁芯(二次绕组有两种标志方法)

注：1. 一次端子是 P1、P2(或 L1、L2)。

2. 一次绕组分段端子是 C1、C2。

3. 二次端子是 S1、S2(单电流比)或 S1、S2(中间抽头)、S3(多电流比)，如互感器有两个及以上二次绕组，各有其铁芯，则可表示为 1S1、1S2、2S1、2S2 和 3S1、3S2 等。

4. 以上所有标有 P1、S1 和 C1 的接线端子，在同一瞬间具有同一极性。

6. 其他分类

仪表型电流互感器还分为双级电流互感器、电流比较仪互感器、零磁通电流互感器。

按相数分类，电流互感器还可分为单相式和三相式。

按技术性能，保护型电流互感器可分为稳态特性型和暂态特性型。

组合式互感器是由电压互感器和电流互感器合并组合形成的整体互感器。一般在电网中投运的只有10 kV和35 kV的组合式互感器。

3.4.2.2 电流互感器产品型号的表示方式

电流互感器产品型号的表示方式如图3.151所示。

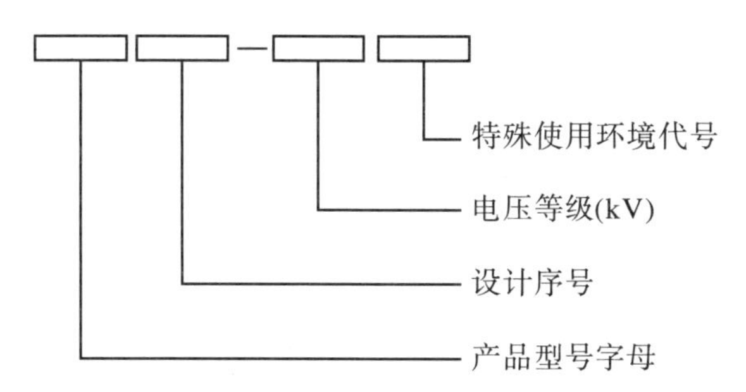

图3.151 电流互感器产品型号的表示方式

电流互感器产品型号字母的具体含义见表3.114。

表3.114 电流互感器产品型号字母的含义

字母排列顺序	代表字母及含义
1—用途	L—电流互感器，HL—仪用电流互感器
2—结构形式	D—单匝贯穿式，F—复匝贯穿式，M—母线贯穿式，R—装入式(套管式)，Q—线圈式，C—瓷箱式，Z—支持式，Y—低压型，K—开合式，V—倒立式，A—链型
3—线圈外绝缘介质	Z—浇注绝缘，C—瓷绝缘，W—户外装置，G—空气(干式)，Q—气体，K—绝缘“壳”
4—结构特征级用途	D—差动保护，B—过流保护，J—接地保护或加大容量，S—速饱和，G改进型，Q—加强型
5—油保护方式	N—不带金属膨胀器

3.4.3 工作原理

电流互感器是根据电磁感应原理工作的，其工作原理图如图3.152所示。电流互感器接被测电流的绕组(匝数为N_1)称为一次绕组(或原边绕组、初级绕组)，接测量仪表的绕组(匝数为N_2)称为二次绕组(或副边绕组、次级绕组)。

当一次绕组有电流 I_1通过时，由一次绕组的磁势 I_1N_1产生的磁通绝大多数通过闭合的铁芯，从而在二次绕组产生感应电动势 E_2。如果二次绕组接有负载，那么二次绕组中有二次电流 I_2流过。

在理想的电流互感器中，如果假定空载电流 $I_0=0$，则总磁动势 $I_0N_0=0$，根据能量守恒定律，一次绕组磁动势等于二次绕组磁动势，即

$$I_1N_1=I_2N_2$$

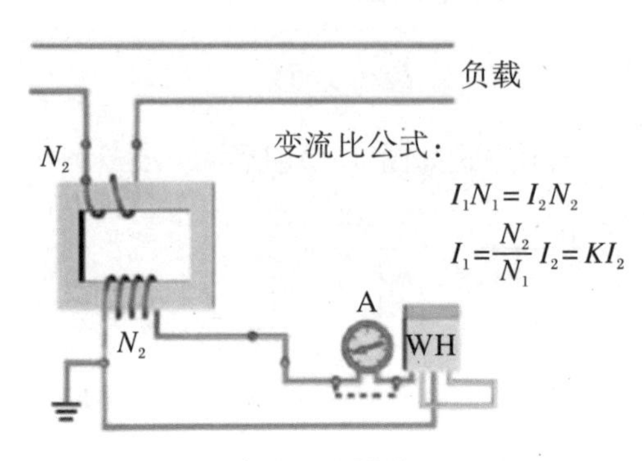

图 3.152　电流互感器的工作原理图

电流互感器的使用原则如下：

(1) 电流互感器的接线应遵守串联原则，即一次绕阻应与被测电路串联，二次绕阻则与所有仪表负载串联。

(2) 按被测电流的大小，选择合适的变比，否则误差增大。同时，二次侧一端必须接地，以防绝缘一旦损坏时，一次侧高压窜入二次低压侧，造成人身和设备事故。

(3) 二次侧绝对不允许开路。一旦开路，一次侧电流 I_1 全部成为磁化电流，引起 ϕ_m 和 E_2 骤增，造成铁芯过度饱和磁化，发热严重乃至烧毁线圈；同时，磁路过度饱和磁化后，使误差增大。电流互感器在正常工作时，二次侧近似于短路，若突然使其开路，则励磁电动势由数值很小的值骤变为很大的值，铁芯中的磁通呈现严重饱和的平顶波，因此，二次侧绕组将在磁通过零时感应出很高的尖顶波，其值可达到数千伏甚至上万伏，危及工作人员的安全及仪表的绝缘性能。

(4) 另外，一次侧开路使二次侧电压达几百伏，一旦触及将造成触电事故。因此，电流互感器二次侧都备有短路开关，防止一次侧开路。在使用过程中，二次侧一旦开路应马上撤掉电路负载，然后再停车处理。一切处理好后，方可再用。

(5) 为了满足测量仪表、继电保护、断路器失灵判断和故障滤波等装置的需要，在发电机、变压器、出线、母线分段断路器、母线断路器、旁路断路器等回路中均设 2～8 个二次绕阻的电流互感器。对于大电流接地系统，一般按三相配置；对于小电流接地系统，依具体要求按二相或三相配置。

(6) 对于保护用电流互感器的装设地点应按尽量消除主保护装置的不保护区来设置。例如：若有两组电流互感器且位置允许时，应设在断路器两侧，使断路器处于交叉保护范围之中。

(7) 为了防止支柱式电流互感器套管闪络造成母线故障，电流互感器通常布置在断路

器的出线或变压器侧。

(8) 为了减轻发电机内部故障时的损伤,用于自动调节励磁装置的电流互感器应布置在发电机定子绕组的出线侧。为了便于分析和在发电机并入系统前发现内部故障,用于测量仪表的电流互感器宜装在发电机中性点侧。

3.4.4 设备结构

电流互感器的类型有很多,前文有电流互感器的详细分类和外形结构图,本书着重介绍的是变电站用油浸式电流互感器。油浸式电流互感器可做成正立式和倒立式,如图3.153所示。

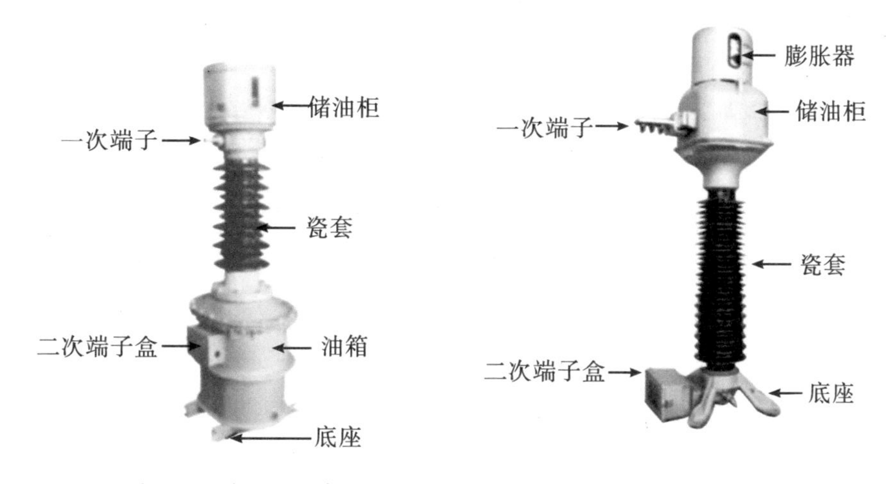

(a) 油浸正立式电流互感器产品　　(b) 油浸倒立式电流互感器产品

图3.153 油浸式电流互感器

油浸正立式电流互感器的一次绕组通常为链形(图3.154(a))或U字形(图3.154(b))。当为链形结构时,一次绕组和二次绕组构成相互垂直的圆环,此时由于其电场不太均匀,一般常用于35～110 kV电压等级。U形绕组常采用电容型绝缘结构,主绝缘包在一次绕组上,这样纸带容易包得均匀,便于实现机械化生产。绝缘内设有电屏,将油纸绝缘分为若干层,最外层电屏接地,最内层电屏接高电压,每对电屏连同中间的绝缘层组成一个电容器,整个结构为圆筒式电容串结构。

油浸倒立式电流互感器的二次绕组常采用电容型绝缘的吊环形结构(图3.154(c)),此时主绝缘全部在二次绕组上,最外层电屏接高电压,最内层电屏接地。由于一次绕组为贯穿式导杆结构,动、热稳定性好,无漏磁通影响,测量精度高。但整个器身位于头部,使头部较重,机械结构较薄弱。在运输中,若受冲力超过允许范围,支撑铁芯的绝缘支架易出现问题,使一次、二次绕组间的绝缘性变差。

电容型绝缘结构常用在110 kV及以上的高压电流互感器中。

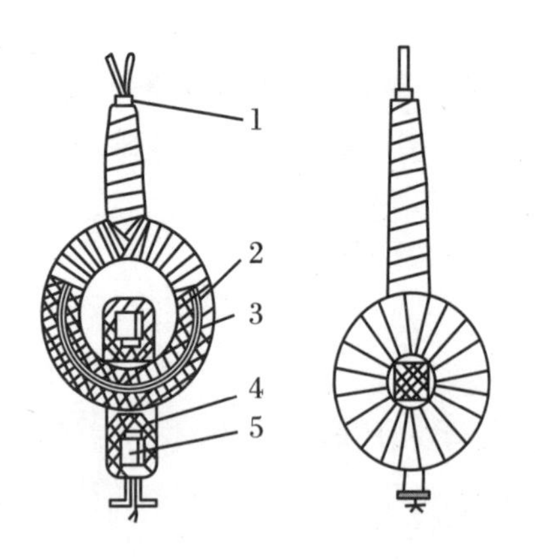

(a) 正立式链形电容绝缘结构

1—一次引线支架；2—主绝缘Ⅰ；3—一次绕组；4—主绝缘Ⅱ；5—二次绕组装配。

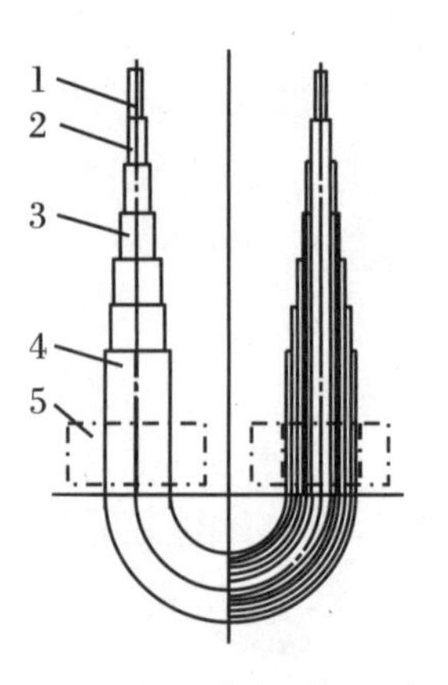

(b) 正立式U形电容绝缘结构

1—一次导体；2—高压电屏；3—中间电屏；4—地电屏；5—二次绕组。

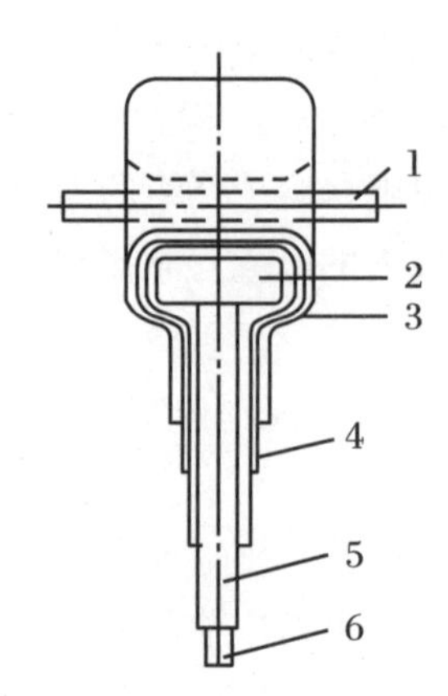

(c) 倒立式吊环形电容绝缘结构

1—一次导体；2—二次绕组；3—中间电屏；4—高压电屏；5—地电屏；6—支架。

图 3.154　油浸式电流互感器的内部结构

3.4.5　组部件及主要原材料

油浸正立式电流互感器的组部件及主要原材料包括油箱、储油柜、绝缘油、电缆纸、瓷套、电缆纸、漆包线、密封垫片。其结构示意图如图 3.155(a)所示。

油浸倒立式电流互感器的组部件及主要原材料包括储油柜、金属膨胀器、瓷套、一次导电杆及端子、底座、硅钢片、电缆纸、漆包线、密封圈、绝缘油。其结构示意图如图 3.155(b)所示。

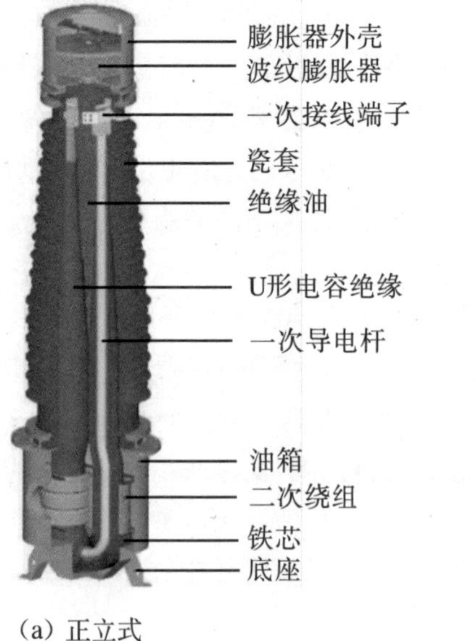

(a) 正立式

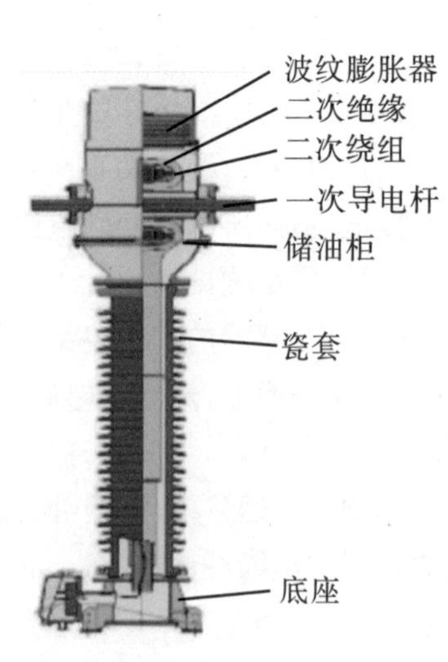

(b) 倒立式

图 3.155　油浸电流互感器的结构示意图

3.4.5.1 油浸式电流互感器的组部件

油浸式电流互感器的组部件主要包含储油柜、金属膨胀器、瓷套、一次电导杆及端子、底座、油箱。

1. 储油柜

由于油浸式电流互感器正立式和倒立式结构上的不同，储油柜的作用也不同。倒立式电流互感器的二次绕组在上部储油柜里，储油柜相当于油箱，二次端子从储油柜中引出，内部充满变压器油，通过装配在该储油柜上部的膨胀器进行呼吸，调节油的热胀冷缩。储油柜的结构形式一般根据一次绕组的结构形式来确定。

正立式电流互感器因二次绕组在下部油箱中，电流互感器通过装配在上部的储油柜（胶囊式储油柜或波纹膨胀器）进行呼吸，从而对油进行热胀冷缩的调节。

倒立式电流互感器的储油柜（图3.156）多为仿主绝缘形状设计，采用铝合金铸造成型，储油柜上 L_1、L_2 出线铜排（一次接线端子）用来外部接线，通过变换储油柜上的铜排连接方式（串联、并联）来得到2个一次电流值。

铸件应符合图样要求；无砂眼、气孔、杂质、冷隔、浇铸凸瘤等浇注缺陷；密封面和机械接触面在加工后不应有气孔、磕碰、划伤及其他缺陷。

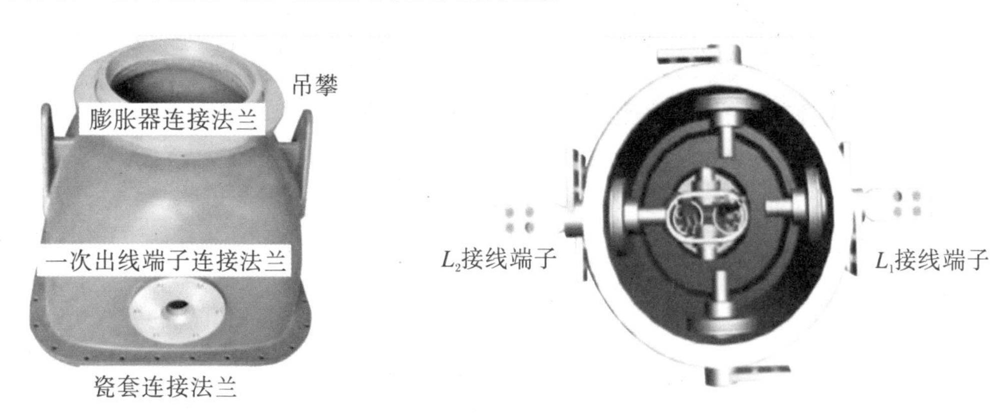

(a) 储油柜外观图　　(b) 储油柜内部结构图

图3.156 倒立式电流互感器的储油柜结构图

正立式电流互感器的胶囊式储油柜是带有胶囊的储油柜，仍采用传统的储油柜带胶囊结构，如图3.157所示。

储油柜一般采用铸铝件作为外壳，以减少因涡流引起的局部过热。外形为圆桶形，对铸铝外壳的要求有：铸件应符合图样要求；无砂眼、气孔、杂质、冷隔、浇铸凸瘤等浇注缺陷；密封面和机械接触面在加工后不应有气孔、磕碰、划伤及其他缺陷。因为胶囊在运行中容易老化开裂，所以这种密封结构不够理想。

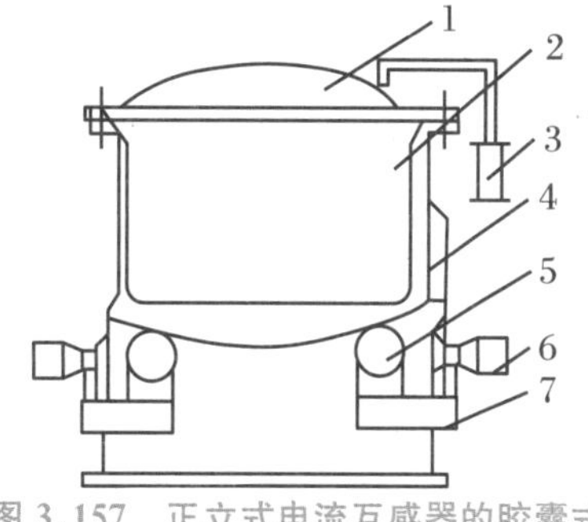

图3.157 正立式电流互感器的胶囊式储油柜示意图

1—储油柜；2—胶囊；3—吸湿器；4—注放油管；5—串并联；6—二次端子；7—连接片。

2. 金属膨胀器

图 3.158　波纹膨胀储油柜外观图

金属膨胀器是一种容积可变的容器，在全密封油浸式互感器中，用以补偿变压器油因温度变化而发生的体积变化，在互感器正常运行时，能保持其内部压力基本不变。波纹膨胀储油柜外观图如图 3.158 所示。

金属膨胀器有波纹式、叠形波纹式、盒式和串组式 4 种。膨胀器的工作原理图如图 3.159 所示。

波纹式膨胀器(B)是一种由一个或多个膨胀节在外径上做环形焊接组成的膨胀器。膨胀节有两张波纹片在内径上做环形焊接而成，其纵断面呈波纹状，是膨胀器容积可变的膨胀单元。

叠形波纹式膨胀器(BD)是一种由无环形焊缝的叠形波纹管制成的膨胀器。叠形波纹管的纵断面呈相邻波的波顶弧相切状，是叠形波纹式膨胀器容积可变的膨胀单元。

(a) 膨胀器压缩状态

(b) 膨胀器膨胀状态

图 3.159　膨胀器工作原理图

盒式膨胀器(H)是一种由一个或多个膨胀盒用金属罐连通组装而成的膨胀器。膨胀盒由两张圆盘形波纹片做环形焊接而成，其纵断面呈盒状，是膨胀器容积可变的膨胀单元。

串组式膨胀器是一种由一个或多个膨胀盒用金属波纹管在中心处串联组装而成的膨胀器。膨胀盒由两片有中心孔的圆盘形波纹片在外径上做环形焊接而成。有中心孔的膨胀盒是串组式膨胀器容积可变的膨胀单元。

金属膨胀器产品型号的表示方法如图 3.160 所示。

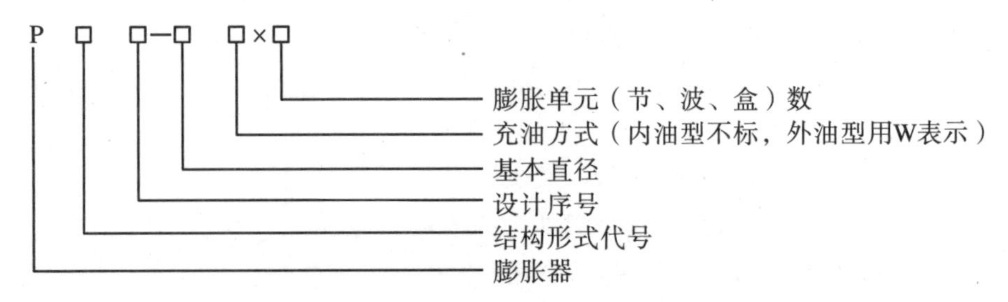

图 3.160　金属膨胀器产品型号的表示方法

例如：

(1) PB-480×10 表示波纹式膨胀器，基本直径为 480 mm，10 节，内油型。

(2) PBD-460×9 表示叠形波纹式膨胀器,基本直径为 460 mm,9 波,内油型。

(3) PH-600×4 表示盒式膨胀器,基本直径为 600 mm,4 盒,内油型。

(4) PC-450×4 表示串组式膨胀器,基本直径为 450 mm,4 盒,内油型。

关于膨胀器的外观,有以下技术要求:

(1) 产品几何尺寸应符合图样要求;膨胀器内、外表面必须清洁干燥,与变压器油接触的面应保证酸碱度呈中性;波纹式膨胀器和叠形波纹式膨胀器在额定高度下,辐向位置偏差和轴向位置偏差均应不大于 5 mm。

(2) 油浸式互感器的膨胀器外罩应标注清晰耐久的最高(MAX)油位线、最低(MIN)油位线,以及 20 ℃的标准油位线;油位观察窗应选用具有耐老化、透明度高的材料进行制造,油位指示器应采用荧光材料。

关于膨胀器的密封性能,有以下技术要求:

(1) 波纹式膨胀器和叠形波纹式膨胀器,在自由高度下两端限位充气加压至 0.05 MPa,不得渗漏。

(2) 盒式膨胀器和串组式膨胀器的单盒,在产品图样规定的高度下,两面限位充气加压至 0.1 MPa,不得渗漏。

(3) 膨胀器在内部剩余压力不大于 5 Pa 的真空状态下,不得渗漏。

关于膨胀器的机械寿命,膨胀单元连续执行"额定行程"动作的次数应不小于 10000 次,且不得有渗漏或其他机械损伤。

其他要求有:

(1) 油浸式互感器应选用带金属膨胀器微正压结构。

(2) 油浸式互感器生产厂家应根据设备运行环境的最高温度和最低温度核算膨胀器的容量,并应留有一定裕度。

3. 瓷套

瓷套(图 3.162)是电流互感器内绝缘的容器,保护内绝缘免遭周围环境因素的影响,应有足够的绝缘强度、机械强度和刚度;其主要部件包括瓷件、上法兰和下法兰。瓷件具有大小伞裙和瓷件本体,其中本体开有穿导线的通孔。瓷套通常为直圆筒形,这种瓷套易于烧成,合格率较高,有利于降低产品成本。由于倒立式电流互感器重心较高,为适应运输和满足一定的抗震强度要求,瓷件的抗弯强度要求较高,通常采用高强瓷制造。

图 3.161　瓷套实物图

瓷套的技术要求见表 3.115。

表 3.115　瓷套的技术要求

外观要求	(1) 外露金属件应无毛刺、尖角、开裂,表面光滑、无锈蚀,涂漆表面漆膜应完好。 (2) 瓷釉面应光滑、无碰伤、无明显色调不均等现象。 (3) 瓷件不应有生烧、过火和氧化起泡现象。

续表

套管要求	套管材质	瓷
	伞裙结构	大小伞
	套管平均直径(mm)	投标人提供
	外绝缘爬电距离(mm)	≥13750Kd (Kd 为直径系数,平均直径≥300,Kd=1.1;平均直径>500,Kd=1.2)
	套管干弧距离(mm)	投标人提供
	爬电距离/干弧距离	≤4.0
试验项目	(1) 逐个试验:外观质量检查;尺寸及形位公差检查;电气试验;温度循环试验;瓷壁耐压试验;四向弯曲试验;内水压试验;超声波探测试验 (2) 抽样试验:尺寸及形位公差检查;温度循环试验;瓷壁耐压试验;弯曲破坏试验;内水压破坏试验;空隙性试验;镀锌层试验	

4. 一次导电杆及端子

电流互感器用一次导电杆的材质常为电工用铜和电工用铝。常见的形状主要有U形结构、发卡形结构、倒立直杆形结构等。其中,倒立直杆形结构(图3.162)用在倒立式电流互感器中,其余结构用在正立式电流互感器中。铜质导电杆使用性能好,但成本高,价格昂贵;而铝质导电杆在使用过程中,特别是在串并联倒排时易出现滑丝和崩丝现象,现场维修极为不便。对于一次导电杆的选择,首先要考虑额定电流密度、短时电流密度和承受短时电动力的强度。当一次电流较大时(2000 A及以上),一次绕组可采用单匝贯穿式,一次导电杆可采用铜管或铜杆;当一次电流在600~2000 A时,一次绕组可采用双匝贯穿式,一次导电杆可采用内铜杆、外铜管或双铜杆并行的形式;当一次电流较小时(600 A以下),由于所需导线截面较小,一次绕组可采用软绞线多匝均匀绕制。

图3.162　倒立直杆形一次导电杆的实物图

一次端子标志为L_1、L_2,用来表示一次电流的流向。材质为电工用铜和电工用铝,表面镀锡。

一次导电杆及端子的技术要求如下:

(1) 一次导电杆及端子的材质应符合相关标准要求。

(2) 一次导电杆及端子的规格、尺寸应符合厂家图纸和工艺技术要求。

(3) 一次导电杆及端子外观应完好,无磕碰及划痕,表面漆膜完好。

(4) 一次端子所受的机械力不应超过制造厂规定的允许值,其电气连接应接触良好,防止产生过热故障及电位悬浮。

一次端子的技术参数特性见表3.116。

表3.116 一次端子的技术参数特性

一次接线端子机械强度(N)	任意方向静态承受试验载荷(典型方向为水平纵向、水平横向、垂直方向分别施加1 min)	6000次
	实际运行总载荷	不超过静态试验载荷的50%
	极端动力载荷	静态试验载荷的1.4倍

5. 底座

底座(图3.163)用来盛放倒立式电流互感器本体及固定本体,由钢板焊接而成,顶部是与瓷套连接的法兰,中间由二次端子盒连接法兰。底座是倒立式电流互感器使用安全的基础,因此底座定位要方便,抗震性能要好,长时间使用后的电流互感器不受震动影响而发生松动和位移现象。

图3.163 倒立式电流互感器的底座实物图

底座的技术要求如下:

(1) 底座材质应符合厂家设计图纸和相关标准与要求。

(2) 表面漆膜应完好,无磕碰损伤。

(3) 法兰面的平整度应符合厂家设计图纸和工艺文件要求。

(4) 法兰孔定位准确,其偏差符合厂家设计图纸和工艺文件要求。

(5) 所有焊缝应符合相关标准要求。

(6) 机械强度和抗震性能应符合相关标准要求。

6. 油箱

油箱是用于盛装油浸正立式电流互感器本体的容器(图3.164),一般用钢板或铝合金制成。油箱应具有良好的密封性能,运行中不允许有渗漏现象发生。油箱上部为瓷套法兰面,中部设有二次端子盒。

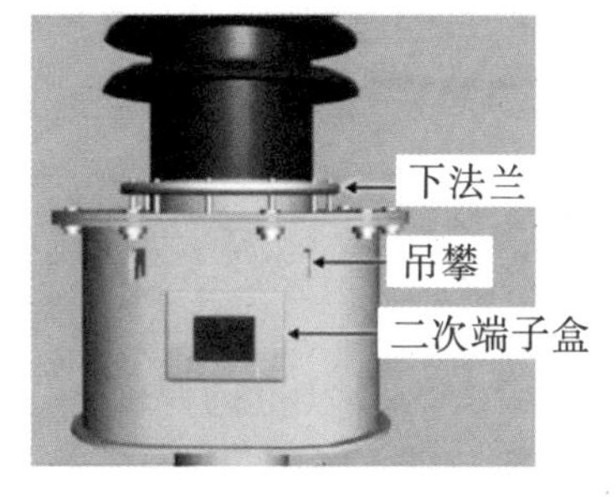

(a) 油箱正面

(b) 油箱背面

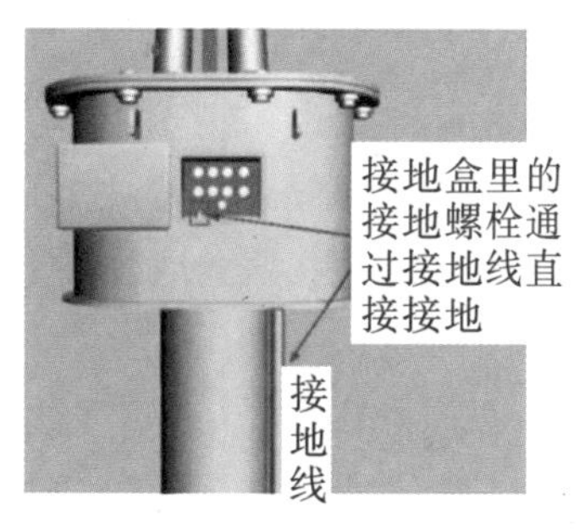

(c) 油箱接地

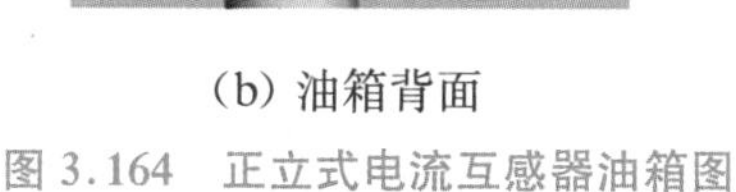

图3.164 正立式电流互感器油箱图

油箱的制作技术要求如下：

(1) 所有法兰密封面、密封槽应清洁、平整光滑，无划痕损伤。

(2) 油箱内部金属件的尖角棱边应全部加工、打磨为光滑圆角，以改善电场，并磨平油箱内壁可能的尖角、毛刺、焊瘤和飞溅物，确保内壁光洁。

(3) 油箱箱沿密封面平整度保证在≤1‰。

(4) 法兰焊后密封面的平整度：当法兰直径<50 mm 时，应≤2‰；当法兰直径≥50 mm 时，应≤3‰。

(5) 钢板对接焊时，应按照 GB/T 985.1 的要求打坡口进行焊接。

(6) 焊缝应无气孔、夹渣、裂纹、咬边等焊接缺陷，焊缝不允许有渗漏。

(7) 为保证油箱的密封性能，应至少在以下环节进行试漏，油箱试漏压力应与现场运行时油箱所承受的压力相匹配。试漏环节如下：① 油箱焊接后进行压力试漏，检漏压力不低于 0.2 MPa；② 产品涂漆前热烘试漏，以及涂漆后的烘干检漏。

3.4.5.2 油浸式电流互感器的主要原材料

电流互感器的原材料主要包括硅钢片、漆包线、绝缘油、密封圈和电缆纸。

1. 硅钢片

冷轧硅钢片是目前制作油浸式电流互感器铁芯的主要原材料。其性能和要求参见 3.1 节“变压器”关于硅钢片的介绍。

2. 漆包线

电流互感器使用的漆包线(图 3.165)有缩醛漆包圆铜线和聚酯漆包圆铜线。铜除了具有极好的力学性能，在工业金属材料中电导率最高。漆包线是裸线经退火软化后，再经过多次涂绝缘漆烘焙而成的，具备机械性能、化学性能、电性能和热性能四大性能。

图 3.165　漆包线实物图

缩醛漆包圆铜线的热级为 105 级和 120 级两种，具有良好的机械强度、附着性、耐变压器油和耐冷媒性能，但该产品有耐潮性能差、热软化击穿温度低、耐用苯-醇混合溶剂性能弱等缺陷。

聚酯漆包圆铜线的热级为 180 级。该产品耐热，优点是冲击性能好，耐软化，击穿温度高，机械强度优良，耐溶剂及耐冷冻剂性能均较好，弱点是在封闭条件下易水解。

漆包线的技术要求如下：

(1) 卷绕在线盘或线轴上的漆包线，用正常目测检查，漆膜应光滑、连续、无斑纹、无气泡和杂质。

(2) 导体直径与标称直径之差，以及漆包线的漆膜厚度应符合 GB/T 6109 的规定。

(3) 对于标称直径为 0.063 及以下的漆包线，20 ℃时的电阻应符合 GB/T 6109 的规定；对于标称直径为 0.063 以上的漆包线，其电阻值不做规定。

(4) 断裂伸长率应不小于表 3.117 中的规定值。

表 3.117　漆包线断裂的伸长率

导体标称直径(mm)	最小伸长率	导体标称直径(mm)	最小伸长率	导体标称直径(mm)	最小伸长率
0.018	5%	0.125	17%	0.900	29%
0.020	6%	0.140	18%	1.000	30%
0.022	6%	0.160	19%	1.120	30%
0.025	7%	0.180	20%	1.250	31%
0.028	7%	0.200	21%	1.400	32%
0.032	8%	0.224	21%	1.600	32%
0.036	8%	0.250	22%	1.800	32%
0.040	9%	0.280	22%	2.000	33%
0.045	9%	0.315	23%	2.240	33%
0.050	10%	0.355	23%	2.500	33%
0.056	10%	0.400	24%	2.800	34%
0.063	12%	0.450	25%	3.150	34%
0.071	13%	0.500	25%	3.550	35%
0.080	14%	0.560	26%	4.000	35%
0.090	15%	0.630	27%	4.500	36%
0.100	16%	0.710	28%	5.000	36%
0.112	17%	0.800	28%	—	—

(5) 漆包线在规定的电压下应不发生击穿现象。击穿电压见表 3.118。

表 3.118　击穿电压

导体标称直径(mm)	室温下最小击穿电压(有效值)(V)			导体标称直径(mm)	最小击穿电压(有效值)(V)					
	1级和1B级	2级和2B级	3级		1级和1B级		2级和2B级		3级	
					室温	高温	室温	高温	室温	高温
0.018	110	225	—	0.112	1300	1000	2700	2000	3900	2900
0.020	120	250	—	0.125	1500	1100	2800	2100	4100	3100
0.022	230	275	—	0.140	1600	1200	3000	2300	4200	3200
0.025	150	300	—	0.160	1700	1300	3200	2400	4400	3300
0.028	170	325	—	0.180	1700	1300	3300	2500	4700	3500
0.032	190	375	—	0.200	1800	1400	3500	2600	5100	3800

续表

导体标称直径(mm)	室温下最小击穿电压(有效值)(V)			导体标称直径(mm)	最小击穿电压(有效值)(V)					
	1级和1B级	2级和2B级	3级		1级和1B级		2级和2B级		3级	
					室温	高温	室温	高温	室温	高温
0.036	225	425	—	0.224	1900	1400	3700	2800	5200	3900
0.040	250	475	—	0.250	2100	1600	3900	2900	5500	4100
0.045	275	550	—	0.280	2200	1700	4000	3000	5800	4400
0.050	300	600	—	0.315	2200	1700	4100	3100	6100	4600
0.056	325	650	—	0.355	2300	1700	4300	3200	6400	4800
0.063	375	700	—	0.400	2300	1700	4400	3300	6600	5000
0.071	425	700	1100	0.450	2300	1700	4400	3300	6800	5100
0.080	425	850	1200	0.500	2400	1800	4600	3500	7000	5300
0.090	500	900	1300	0.560	2500	1900	4600	3500	7100	5300
0.100	500	950	1400	0.630	2600	2000	4800	3600	7100	5300
—	—	—	—	0.710	2600	2000	4800	3600	7200	5400
—	—	—	—	0.800	2600	2000	4900	3700	7400	5600
—	—	—	—	0.900	2700	2000	5000	3800	7600	5700
—	—	—	—	1.0以上及2.5以下	2700	2000	5000	3800	7600	5700
—	—	—	—	2.500以上	1300	1000	2500	1900	3800	2900

3. 绝缘油

电流互感器使用的绝缘油为25$^{\#}$、45$^{\#}$变压器油，在电流互感器中主要起绝缘、散热的作用。

(1) 绝缘作用：绝缘油具有比空气高得多的绝缘强度。绝缘材料浸在油中，不仅可提高绝缘强度，而且还可免受潮气的侵蚀。

(2) 散热作用：绝缘油的比热大，常用作冷却剂。电流互感器运行时产生的热量使靠近铁芯和绕组的油受热膨胀上升，通过油的上下对流，热量通过散热器散出，从而保证电流互感器正常运行。

绝缘油的技术要求见表3.119。

表 3.119　互感器绝缘油的技术要求

互感器内绝缘油	绝缘油牌号	25# 或 45#
	击穿电压(kV)	≥60
	tan δ (90 ℃)	≤0.3%
	含水量(mg/L)	≤10
	含气量	≤1%
	总烃(μL/L)	≤10
	H_2(μL/L)	≤30
	C_2H_2(μL/L)	0

4. 密封圈

目前,国内的油浸式电力电流互感器同变压器一样,以丁腈橡胶和丙烯酸酯的材质居多,此外还有三元乙丙和硅橡胶等。其技术要求参见 3.1 节"变压器"中关于密封件的介绍。

5. 电缆纸

油浸式电流互感器主绝缘使用的材料为电缆纸(图 3.166),由 100%高纯度硫酸盐木浆制造。电缆纸代号为 DLZ(有 DLZ-A、DLZ-B、DLZ-C 三个等级),厚度有三种,分别为 80 mm、130 mm、170 mm;高压电缆纸代号为 GDLZ,厚度有 50 mm、65 mm、75 mm、125 mm、175 mm 五个品种。

图 3.166　电缆卷筒纸

在油浸式电流互感器中,根据绝缘的厚度采用不同的型号规格进行调整,使用前将其分切加工成各种宽度的纸带。

电缆纸的技术要求如下:

(1) 电缆纸应为卷筒纸,卷筒端面应整齐、洁净,不应有裂口。纸卷应紧实,卷筒纸芯应不松动,卷筒弓形应不超过 15 mm,锯齿形应不超过 5 mm。卷筒两边应松紧一致。

(2) 卷筒宽度为(625±5)mm,卷筒直径为 680～730 mm,其他规格也可按供需合同的要求加工。

(3) 纸的纤维组织应均匀,纸面应平整,不应有褶子、皱纹、透明点、气斑、斑点,无光泽和有光泽的条痕,无未离解的纤维束,炭粒、砂粒、各种导电杂质,以及肉眼可见的孔眼。

(4) 性能指标应符合表 3.120。表 3.121 是高压电缆纸的性能指标。

表 3.120　电缆纸的性能指标

指标名称	单位	规格								
		DLZ-A			DLZ-B			DLZ-C		
厚度	μm	80±5	130±7	170±8	80±5	130±7	170±8	80±6	130±8	170±10
紧度	g/cm³	0.85±0.05			0.85±0.07			0.85±0.10		

续表

指标名称		单位	规格								
			DLZ-A			DLZ-B			DLZ-C		
抗张强度 ≥	纵	kN/m (kgf/15 mm)	5.90 (9.00)	10.5 (16.0)	13.0 (20.0)	5.90 (9.00)	10.5 (16.0)	13.0 (20.0)	4.90 (7.50)	9.50 (14.5)	11.8 (18.0)
	横		2.90 (4.50)	4.90 (7.50)	6.50 (10.0)	2.90 (4.50)	4.90 (7.50)	6.50 (10.0)	2.60 (4.00)	4.20 (6.50)	5.90 (9.00)
伸长率 ≥	纵		2.0%	2.2%		2.0%	2.2%		1.9%	2.0%	
	横		6.0%	6.5%		6.0%	6.5%		5.7%	6.0%	
撕裂度横向 ≥		mN (GF)	540 (55.0)	1080 (110)	1470 (150)	540 (55.0)	1080 (110)	1470 (150)	540 (55.0)	1080 (110)	1470 (150)
耐折度(纵横平均不小于)		次	1000	2000		1000	2000		1000	2000	
工频击穿电压 ≥		V/层	600	950	1200	600	950	1200	600	950	1200
干纸介损(tan δ)(100 ℃) ≥			0.70%			—			—		
电导率 ≥		mS/m	10								
水抽提液 pH			6.0～8.0			6.5～8.5			6.5～8.5		
透气度 ≥		μm/(Pa・s) (mL/min)	0.510 (30.0)								
灰分 ≥			1.00%								
交货水分			6.0%～9.0%								

表 3.121　高压电缆纸的性能指标

指标名称		单位	规格				
			GDL-50	GDL-63	GDL-75	GDL-125	GDL-175
厚度		μm	50±3.0	63±4.0	75±5.0	125±7.0	175±10.5
紧度		g/cm^3	0.85±0.05				
抗张强 ≥	纵	kN/m	3.90	4.90	6.40	10.00	12.80
	横		1.90	2.40	2.80	4.80	6.40
伸长率 ≥	纵		1.80%		2.00%		
	横		4.0%	4.5%	5.0%		
撕裂度横向 ≥		mN	220	280	500	1200	1800
工频击穿电压 ≥		kV/mm	9.50	9.00	8.50	8.00	7.40

续表

指标名称	单位	规格				
		GDL-50	GDL-63	GDL-75	GDL-125	GDL-175
透气度 ⩽	μm/(Pa·s)	0.255	0.340	0.340	0.425	0.425
干纸介损(tan δ)(100 ℃) ⩽		0.22%				
电导率 ⩽	mS/m	4.0				
水抽提液 pH		6.0～7.5				
灰分 ⩽		0.28%				
灰分中钠离子含量 ⩽	mg/kg	34.0				
交货水分		6.0%～9.0%				

3.4.5.3 油浸式电流互感器原材料和组部件的监造要点

油浸式电流互感器原材料和组部件的监造要点见表3.122。

表3.122 油浸式电流互感器原材料和组部件的监造要点

监造项目	见证内容	见证方法	见证方式	监造要点
原材料和组部件(倒立式)	检查二次线圈屏蔽罩材质、(结构适用时)底座、储油柜、绝缘油、硅钢片、电缆纸、漆包线、瓷套、密封垫片(圈)、一次导电杆及端子、膨胀器等检验记录	查验原厂质量保证书 查看供应商的入厂检验记录 查看实物 记录规格、牌号 进行相关试验	R、W	要求: (1) 规格、尺寸、材质、密封面和设计相符,表观质量合格 (2) 材料的牌号、规格要求与出厂试验报告、入厂检验记录、见证文件和实物同一 (3) 相关试验满足相关标准 提示:按照工厂规范,进行常规的绝缘试验,一次导电杆、连接板及漆包线的导电率试验,以及截面检查
原材料和组部件(正立式)	油箱、储油柜、漆包线、绝缘油、电缆纸和瓷套、密封垫片(圈)等检验记录			

3.4.6 主要生产工艺及监造要点

3.4.6.1 主要生产工艺

1. 电流互感器的主要生产工艺

工艺流程:铁芯制作⟶器身制作⟶干燥⟶总装配⟶抽真空与注油⟶整体密封⟶出厂试验⟶包装发运。

2. 电流互感器的生产环境

生产环境要求如下：

(1) 全封闭洁净车间内，温度为10～30 ℃，湿度不大于70%，日降尘量小于20 mg/m^2。

(2) 人流、物流分开，人员进出通过风淋门；物料进出经过双门通道，双门设置连锁。

(3) 车间各区域应布局合理。

3.4.6.2 过程制造及监造要点

1. 铁芯制造及监造要点

常用的铁芯有叠片铁芯、开口铁芯、环形铁芯。叠片铁芯主要用于35 kV及以下小电流互感器上。环形铁芯由带状条料卷制而成，主要使用在35 kV以上电压等级的大电流互感器上。开口铁芯也称带气隙铁芯，主要是将卷铁芯经真空浸渍或环氧树脂固化后，再切成两瓣或多瓣，切口处适用非磁性垫片后，再使用不锈钢带扎成一个完整的铁芯。

铁芯制作的技术要求如下：

(1) 所用硅钢片牌号应为见证后的硅钢片原料。

(2) 铁芯应卷制紧实，无纬带绑扎，符合位置要求。

(3) 铁芯尺寸应符合设计图纸和工艺文件要求。

(4) 穿心螺杆与铁芯绝缘电阻应大于50 MΩ。

(5) 铁芯硅钢片收紧无松动；支架固定牢靠，无松动。

铁芯制作的监造要点见表3.123。

表3.123 油浸式电流互感器铁芯制作的监造要点

监造项目	见证内容	见证方法	见证方式	监造要点
铁芯制作	外形尺寸与入厂性能检测	查看检测记录	W	提示：确认所用硅钢片为上述见证后的硅钢片
	铁芯卷制	按照生产工艺要求加工	W	要求：规格、尺寸和设计图纸相符，表观质量合格
	磁性能试验	依据技术图纸或工艺单完成试验	W	要求：监督试验步骤，核对试验结果 提示：控制励磁特性偏差，不低于设计要求

2. 器身制造及监造要点

二次绕组(图3.167)分矩形绕组和环形绕组，矩形绕组绕制在绝缘材料制成的骨架上，主要用于叠片式铁芯；环形绕组用于卷铁芯互感器上，导线直接绕在包有铁芯绝缘的卷铁芯上。绕制时，漆包线沿圆周均匀排列，可绕制一层或多层，层间采用皱纹纸、聚酯薄膜或电缆纸作为绝缘材料，外层包覆多层外绝缘。

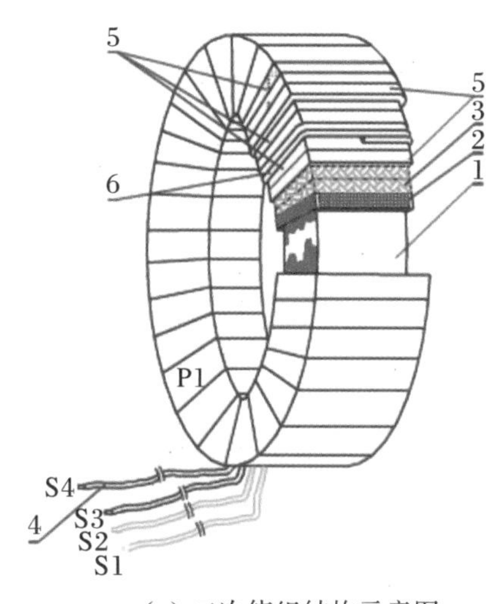

(a) 二次绕组结构示意图

(b) 半成品(二次绕组)实物

图 3.167　电流互感器的二次绕组

二次绕组的组装(图 3.168)：倒立式电流互感器主绝缘包扎联结结构包含引线管、主绝缘、端屏、屏蔽罩和二次绕组，在二次绕组外设置一个屏蔽罩，屏蔽罩与引线管可靠联结。

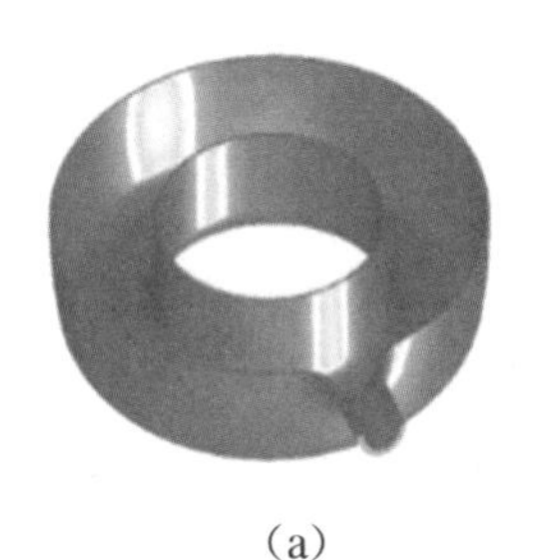

(a)

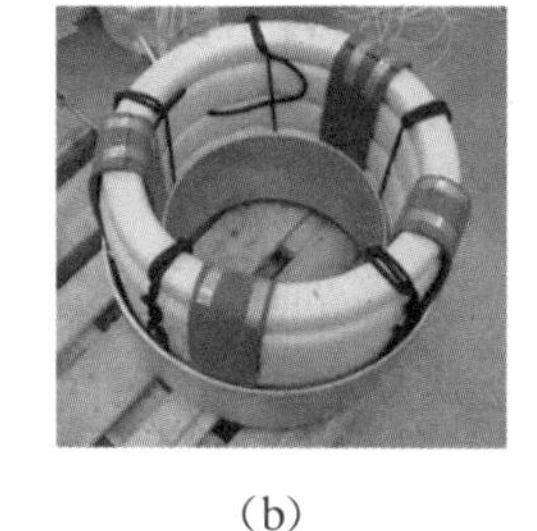

(b)

(c)

图 3.168　将二次绕组装入屏蔽罩的过程

主绝缘包扎(图 3.169)：引线管和环部设置两个主屏，屏蔽罩与引线管构成主屏一，接低电位；引线部分的主绝缘和环部的主绝缘最外部位设置主屏二，接高电位。引线管包扎引线部分主绝缘，包扎后通过螺纹与屏蔽罩联结在一起，再包扎环部主绝缘；引线部分主绝缘上设有多个端屏分压结构，并留出长度相等但厚度不相等的阶梯状梯差，与环部主绝缘进行联结。主绝缘可用整张电缆纸包扎，也可用电缆纸带或皱纹纸半叠包扎。

(a)

(b)

(c)

(d)

图 3.169　主绝缘包扎过程

器身制造的技术要求如下：

(1) 二次线圈放置符合顺序要求，方向正确；收紧带收紧顺序、力度符合要求，不致损伤绝缘。

(2) 二次线圈的屏蔽罩应光滑无棱边、毛刺，全部由 R 面组成。

(3) 二次线圈方向、极性正确。

(4) 主绝缘包扎厚度应符合设计图纸和工艺文件要求，包扎应均匀紧实。

(5) 电流互感器的二次引线端子应有防转动结构，避免因端子转动导致内部引线受损和断裂。

(6) 器身在套装完成后，需进行半成品试验，因铁芯性能存在差异，且结构上无法进行补偿，所以每台产品均需根据半成品数据进行匝数补偿。

器身制造的监造要点见表 3.124。

表 3.124 器身制造的监造要点

监造项目	见证内容	见证方法	见证方式	监造要点
器身制作	作业环境的防尘、净化措施	查看车间温度、湿度、降尘量的实测记录	W	要求：满足作业环境的相关指标要求
	二次绕组尺寸、线规	依据技术图纸或工艺单对外形尺寸进行测量	W	要求：符合相关技术图纸或工艺单
	半成品变比误差、保护级伏安曲线	进行相关测量和试验	W	要求：半成品变比误差留有裕度，满足内控要求、保护级伏安曲线
	主绝缘包扎尺寸、屏位、包扎质量控制	依据技术图纸或工艺单完成抽样观测 查阅完整记录单	W	要求： (1) 符合相关技术图纸或工艺单 (2) 电容屏应端部平整 (3) 表面无褶皱，应按厚度、平整度等工艺文件要求的重要质检点对主绝缘包扎工序进行控制

3. 真空干燥及监造要点

真空干燥工序是油浸式电流互感器的关键工序。由于互感器绝缘材料中含有水分，绝缘材料在高电压下会产生游离放电而逐渐丧失其应有的绝缘特性。当绝缘材料含水量超过某一限值时，会明显地加速材料老化，因此必须对绝缘材料进行干燥处理。干燥过程为：准备⟶加热⟶真空⟶减压四个阶段。真空干燥作为特殊过程，很难以一个标准判定其好坏，因此引入绝缘材料含水量、产品介损、频谱等各种可表征其干燥过程好坏的测量数据，来间接判断其干燥过程的好坏，从而确保产品质量。

真空干燥的技术要求如下：

(1) 真空干燥罐内表面应清洁无异物。

(2) 确认真空罐各系统(密封系统、真空泵系统、加热干燥控制系统)运行无异常。

(3) 产品器身进入罐内要小心，避免磕碰；器身距离罐体内壁不得小于 200 mm，严禁器身与罐壁接触和产品之间互相接触。

(4) 罐体温度控制在(110±5)℃。

(5) 宜采用间断式抽真空法，匀速抽真空，真空度和真空时间应符合厂家的工艺文件要求。

真空干燥的监造要点见表 3.125。

表 3.125 器身干燥的监造要点

监造项目	见证内容	见证方法	见证方式	监造要点
真空干燥	干燥过程控制的参数	对照工艺文件，观察干燥过程不同阶段的温度、真空度及其持续时间等参数	W	提示： (1) 了解干燥过程中准备、加热、减压、真空四个阶段的基本要求 (2) 记录干燥过程中温度、真空度、持续时间的变化 (3) 如发现任何异常，均要联系技术部门释疑，并使问题最终解决
	终点判断的各项参数	对照工艺文件，记录干燥终结时各工艺参数的实际值	W	说明：依据供应商判断干燥是否完成工艺规定，并由其出具书面结论(含干燥曲线) 提示：确认真空干燥罐在线参数测定装置完好，运行稳定

4. 总装配及监造要点

总装配是把全部零件、部件有机地结合在一起，成为一台电流互感器整体的作业过程，是把产品做成质量优、外观美、用户喜欢的一流产品的关键工序，如图 3.170 所示。

图 3.170 器身总装配过程

总装配的技术要求如下：

(1) 根据产品高度、重量，选择合适的吊装器具。

(2) 所有零部件应完好无损伤，清洁无异物。

(3) 绝缘支撑物应牢固,且清洁紧密,无锈蚀。

(4) 装配结实可靠,不能松动。

(5) 装配时要求连接板、二次接线端子接触紧密,保持电路的畅通。

(6) 互感器极性安装方向应符合图纸要求。

(7) 装配总时间控制在厂家工艺文件要求范围内,减少器身暴露、吸潮时间。

(8) 一次绕组末屏引出端子、铁芯引出接地端子应可靠接地。

(9) 互感器的二次引线端子和末屏引出线端子应有防转动措施。

(10) 电流互感器末屏接地引出线应在二次接线盒内就地接地,或引至在线监测装置箱内接地。末屏接地线不应采用编织软铜线,末屏接地线的截面积、强度均应符合相关标准。

油浸式电流互感器总装配的监造要点见表 3.126。

表 3.126　油浸式电流互感器总装配的监造要点

监造项目	见证内容	见证方法	见证方式	监造要点
产品装配	装配清洁、防尘措施	是否按工艺文件实施清洁、防尘措施	W	要求: (1) 器身无异物 (2) 与工艺文件相符
	器身主要装配尺寸、固定情况,器身是否紧固;需焊接部分的焊接质量控制;一次、二次出线是否紧固;力矩是否达到工艺要求	校核装配尺寸、固定位置与装配文件相符	W	要求: (1) 固定位置正确 (2) 与工艺文件相符
	工序检验	按照装配工序卡流程进行监督 对照各工序工艺要求监督每个工序的完整性	W	要求:工序无偏差、工艺符合装配要求 提示: (1) 除锈、焊接、抛光应符合工艺要求 (2) 检查储油柜和膨胀器安装油位指示器、注油嘴和放油阀的连接情况
	装配过程中的返工情况	记录返工原因、工序、处理过程及过程后的结果	W	要求:返工后满足要求

5. 抽真空、真空注油及监造要点

真空注油工序是将总装配好的产品在真空状态下内部注入合格的绝缘油,以保持油纸绝缘层的优良绝缘性能,得到无局放、耐得起高电压的优质产品的关键工序。

抽真空与真空注油的技术要求如下:

(1) 绝缘油应为检验合格的油品。

(2) 注油装置上应有单向阀和压力计,压力计的准确度等级不应低于2.5级。

(3) 预注油真空的残压保持在133 Pa以下。

(4) 在注油过程中,电流互感器的真空度始终要保持在105 Pa。若真空度下降,则要停止注油,待真空度上升后再注油。

(5) 注油速度符合厂家工艺文件要求。

(6) 为使内部气泡完全逸出,注油完毕后,电流互感器尚需在油面上部继续抽真空,并维持105 Pa真空度。

(7) 生产厂家应明确倒立式电流互感器的允许最大取油量。

油浸式电流互感器抽真空与真空注油的监造要点见表3.127。

表3.127　油浸式电流互感器抽真空与真空注油的监造要点

监造项目	见证内容	见证方法	见证方式	监造要点
抽真空与真空注油	抽真空的真空度、温度与保持时间	对照工艺文件,查看抽真空的真空度、温度情况与保持时间	W	要求:真空度应满足工艺要求
	注油前油样测试报告	检测设备是否在有效期内 检查油样试验报告	R	要求:满足工厂内控绝缘油参数要求

6. 整体密封及监造要点

对真空注油后的产品进行密封性检查,核查是否满足密封试验的条件。

整体密封的技术要求如下:

(1) 产品真空注油完毕后的静置时间应符合标准要求,以将绝缘油充分浸透至产品绝缘层中,得到良好绝缘性能的油纸绝缘。产品静放时间见表3.128。

表3.128　产品静放时间

设备最高电压方均根值(kV)	试验前至少静放时间(h)	施加压力(MPa)	维持压力时间(h)	充气加压的最小剩余压力(MPa)	备注
≥40.5	12	0.05	6	0.03	不带膨胀器产品
	12	0.1	6	0.07	膨胀器产品不带膨胀器试验
<40.5	4	0.04	3	0.025	同时适用户外组合互感器

(2) 观察是否有渗漏点。如有渗漏点,应及时查找原因并进行处理;如无渗漏点,则可进行密封试验。

整体密封试漏的监造要点见表3.129。

表 3.129 整体密封试漏的监造要点

监造项目	见证内容	见证方法	见证方式	监造要点
整体密封	密封的工艺方法及条件	核查密封试验条件是否满足工艺文件要求	W	要求:与工艺文件相符 提示:记录试验压力、密封试验持续的时间
	密封渗漏检查	对照工艺要求检查整体是否渗漏	W	要求:与工艺文件相符 提示:记录渗漏点
	对渗漏点的处理情况	对渗漏点位置、状态进行记录	W	要求:当发现试品漏油时,应查找渗漏原因,提出纠正预防措施,重新进行处理

3.4.7 出厂试验及监造要点

3.4.7.1 电流互感器技术参数的术语与定义

(1) 一次绕组:流过被变换电流的绕组。

(2) 二次绕组:给测量仪器、仪表、继电器和其他类似电器提供电流的绕组。

(3) 额定一次电流:作为电流互感器性能基准的一次电流值。

(4) 额定二次电流:作为电流互感器性能基准的二次电流值。

(5) 实际电流比:实际一次电流与实际二次电流之比。

(6) 额定电流比:额定一次电流与额定二次电流之比。

(7) 电流误差(比值差):互感器在测量电流时所产生的误差,它是由于实际电流比与额定电流比不相等造成的。电流误差的百分数用下式表示:

$$\text{电流误差}(\%) = (K_n I_s - I_p) \times 100 / I_p$$

式中,K_n 为额定电流比;I_s 为实际一次电流,单位为安(A);I_s 为在测量条件下,流过的实际二次电流,单位为安(A)。

(8) 相位差:互感器的一次电流与二次电流相量的相位差。相量方向是按理想互感器的相位差为零来决定的。若二次电流相量超前一次电流相量,则相位差为正值。

(注:本定义只在电流为正弦波时正确。)

(9) 准确级:对电流互感器所给定的等级。互感器在规定使用条件下的误差应在规定限值内。

(10) 负荷:二次电路阻抗,用欧姆和功率因数表示。负荷通常以视在功率伏安(VA)值表示,它是在规定功率因数及额定二次电流下所汲取的。

(11) 额定负荷:确定互感器准确级所依据的负荷值。

(12) 额定输出:在额定二次电流及接有额定负荷条件下,互感器所供给二次电路的视在功率值(在规定功率因数下以 VA 表示)。

(13) 设备最高电压 U_m:最高的相间电压方均根值,它是互感器绝缘设计的依据。

(14) 系统最高电压:在正常运行条件下,系统中任意一点在任何时间下的运行电压最高值。

(15) 额定绝缘水平:一组耐受电压值,当额定电压在 330 kV 及以上时,为额定操作冲击耐受电压值和额定雷电冲击耐受电压值;当额定电压为 330 kV 以下时,为额定短时工频耐受电压值和额定雷电冲击耐受电压值。它表示互感器绝缘所能承受的耐压强度。

(16) 额定动稳定电流:在二次绕组短路的情况下,电流互感器能承受其电磁力的作用而无电气或机械损伤的最大一次电流峰值。

(17) 额定连续热电流:在二次绕组接有额定负荷的情况下,一次绕组允许连续流过且温升不超过规定限值的一次电流值。

(18) 励磁电流:一次及其他绕组开路,将额定频率的正弦波电压施加到二次绕组端子上时,通过电流互感器二次绕组的电流方均根值。

(19) 额定电阻负荷:二次所接电阻性负荷的额定值,单位为欧姆(Ω)。

(20) 二次绕组电阻:二次绕组直流电阻,单位为欧姆(Ω),校正到 75 ℃或规定的其他温度。

(21) 二次极限感应电势:仪表保安系数(FS)、额定二次电流及额定负荷与二次绕组阻抗的矢量和三者的乘积。

(注 1:用此方法计算出的二次极限感应电势高于实际值。经制造方与用户协商亦可采用其他方法。

注 2:计算二次极限感应电势时,二次绕组电阻应换算到 75 ℃。)

3.4.7.2 额定值

(1) 额定一次电流标准值(A):10、15、20、30、40、50、60、75,以及它们的十进位倍数或小数。有下标线者为优先值。

(2) 额定二次电流标准值为 1 A 和 5 A。

(注:对用于角接的电流互感器,这些额定值除以$\sqrt{3}$亦是标准值。)

(3) 额定连续热电流:额定连续热电流的标准值为额定一次电流。当规定连续热电流大于额定一次电流时,其优先值为额定一次电流的 120%、150%和 200%。

(4) 额定输出标准值(VA):5、10、15、20、30、40、50、60、80、100。

(5) 额定短时电流值:凡具有一次绕组或导体的电流互感器,应规定额定短时热电流和额定动稳定电流两个额定短时电流值;额定动稳定电流通常为额定短时热电流的 2.5 倍。

(6) 温升限值:当电流互感器流过的一次电流等于额定连续热电流,并带有对应于额定输出的负荷时,其功率因数为 1,此时电流互感器的温升应不超过表 3.130 所列的限值。

当互感器装有储油柜,且油面上的空间充有惰性气体或呈全密封状态时,储油柜或油室的油顶层温升不应超过 55 K。

当电流互感器没有这种配置时,储油柜或油室的油顶层温升不应超过 50 K。

绕组出头或接触连接处的温升不应超过 50 K(油浸式电流互感器的对应值不应超过油

顶层温升)。

表 3.130　绕组温升限值

绝缘耐热等级	温升限制(K)
浸于油中的所有等级	60
浸于油中且全密封的所有等级	65
充填沥青胶的所有等级	50

3.4.7.3　试验项目概述

在国家标准《电力电流互感器 第 1 部分 总则》和《电流互感器监造作业规范》(GB/T 1208—2006)中,规定了电流互感器要进行的 3 种试验:例行试验、型式试验和特殊试验。

1. 例行试验

每台电流互感器都要承受的试验叫例行试验。例行试验项目包括准确度试验、出线端子标志检验、二次绕组工频耐压试验、绕组段间工频耐压试验、二次绕组匝间过电压试验、一次绕组工频耐压试验、局部放电试验、电容量和介质损耗因数测量、绝缘油性能试验、密封试验。

2. 型式试验

在一台有代表性的产品上所进行的试验,以证明被代表的产品也符合规定要求的(但例行试验除外)叫型式试验。型式试验项目包括温升试验、一次端冲击耐压试验、户外型互感器的湿试验、电磁兼容试验、准确度试验、外壳防护等级检验和短时电流试验。除另有规定外,所有绝缘型式试验应在同一台电流互感器上进行。

3. 特殊试验

除型式试验和例行试验,按制造方与用户协议所进行的试验叫特殊试验。特殊试验项目包括一次端截断雷电冲击耐压试验、一次端多次截断冲击试验、传递过电压试验、机械强度试验、腐蚀试验和绝缘热稳定试验。

3.4.7.4　油浸式电流互感器(正立式、倒立式)的出厂试验及监造要点

电流互感器应按如下规定进行试验:除温升试验外,其他试验应在 5～40 ℃的环境温度下进行。除非制造方与用户另有协议,试验应在制造方工厂进行。试验时,有可能影响电流互感器性能的外部组部件和装置,均应安装在规定位置上。

1. 油浸式电流互感器的例行试验

1) 外观检查

检查目的:检查电流互感器外观,包括铭牌、标志、接地螺栓、接地符号等是否符合要求。

油浸式电流互感器的技术要求如下:

(1) 电流互感器应有直径不小于 8 mm 的接地螺栓,或其他供接地连接用的零件,接地处应有平坦的金属表面,并在其旁标有明显的接地符号“⏚”或“地”字样。这些接地零件均应

有防锈镀层，或采用不锈钢材料。

(2) 额定电压在35 kV及以上的油浸电流互感器，应装有油面(油位)指示装置，并应表示出相当于油温为－30 ℃(或－5 ℃)、＋20 ℃和＋40 ℃的三个油面(油位)标志。对于某些互感器(例如其油面或油位不随温度变化等)，则应装有指示油是否充满或足够的装置。

(3) 油箱下部应装有取样油阀，应能放出位置最低处的油。

(4) 铭牌至少应标出的内容有国名、制造厂名、互感器名称、互感器型号、标准代号、额定频率、设备种类(如互感器运行使用在海拔高于1000 m的地区，还应标出允许使用的最高海拔高度)、设备最高电压、额定绝缘水平、额定电流比、额定输出和相应的准确级、绝缘耐热等级、额定短时电流、互感器总重及油重、出厂序号和制造年月等。

2) 出线端子标志检验

检验目的：检查电流互感器一次绕组与二次绕组出线端子字母标志是否正确、清晰。电流互感器一次绕组、二次绕组之间的极性是否为减极性。

出线端子标志的技术要求如下：

(1) 电流互感器的标志用字母L表示一次绕组出线端子，字母K表示二次绕组出线端子。如果一次绕组为分段式，用字母C表示中间出线端子。不同的生产厂家其标号可能不一样。

(2) 出线端子标志应标明的内容有一次绕组和二次绕组、绕组的分段(如有)、绕组或绕组线段的极性关系、中间抽头(如有)。

(3) 出线端子标志应清晰牢固地标注在出线端子表面或近旁处。

3) 二次绕组工频耐压试验

试验目的：考核二次绕组对地和绕组之间的主绝缘强度。

试验方法和要求如下：按照规定的电压施加于二次绕组与地之间，检查绕组是否能在60 s内耐受规定的工频电压。将座架、箱壳、铁芯和所有其他绕组的出线端皆应连在一起接地。二次绕组应在60 s内耐受规定的工频电压值，绕组绝缘应无击穿、无放电、无异响现象。

4) 绕组段间工频耐压试验

试验目的：考核电流互感器绕组段间的主绝缘强度。

试验方法和要求如下：绕组段间工频耐压试验是指当电流互感器一次或二次绝缘绕组分成两段或多段时(做串、并联使用)，向其中一个线段(串、并联的一个线圈)施加电压，将另一个和其他线段接地。段间绝缘的短时工频耐受电压为3 kV(方均根值)，持续时间为60 s。绕组绝缘在承受试验电压下应无击穿、无放电、无异响现象。

5) 二次绕组匝间过电压试验

试验目的：检查电流互感器二次绕组匝间绝缘耐受水平是否满足国标规定的匝间过电压值。

试验方法和要求如下：匝间过电压试验应在满匝二次绕组时按下述任一程序进行。如无其他协议，试验程序的选择由制造方自行确定。

程序A：二次绕组开路(或连接读取峰值电压的高阻抗装置)，对一次绕组施加频率为40～60 Hz的实际正弦波电流，其方均根值等于额定一次电流(或额定扩大一次电流，如果有)，持续时间为60 s。如果在达到其额定一次电流(或额定扩大一次电流)之前，试验电压已经达到 4.5 kV(峰值),则应限制施加的电流。

程序 A 匝间过电压试验接线图如图 3.171 所示。

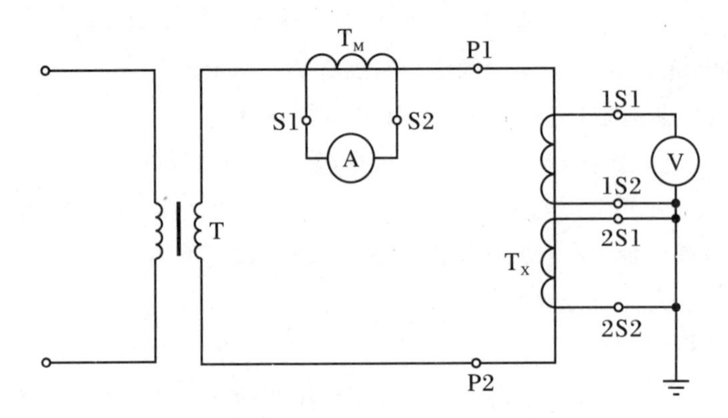

图 3.171　程序 A 匝间过电压试验接线图

T——升压变压器;T_M——测量用电流互感器;

A——电流表;V——峰值电压表;T_x——被试互感器;

P1、P2——一次绕组出线端子;1S1、1S2、2S1、2S2——二次绕组出线端子。

程序 B:一次绕组开路,在各二次绕组端子之间施加规定的试验电压(以某一合适的频率),持续时间为 60 s。二次电流方均根值不应超过额定二次电流(或额定扩大二次电流)。试验频率应不大于 400 Hz。在此频率下,如果在额定二次电流(或额定扩大二次电流)时得到的电压值低于 4.5 kV(峰值),则所达到的电压应被确认为试验电压。如果试验频率超过额定频率的 2 倍,其试验时间可少于 60 s,并按下式计算:

$$试验时间(s) = 两倍额定频率 \times 60/试验频率$$

但最少为 15 s。

程序 B 匝间过电压试验接线图如图 3.172 所示。

注意,匝间过电压试验不是验证电流互感器是否适合二次绕组开路运行的试验。电流互感器不应在二次绕组开路时运行,因为可能出现过电压和过热的危险。

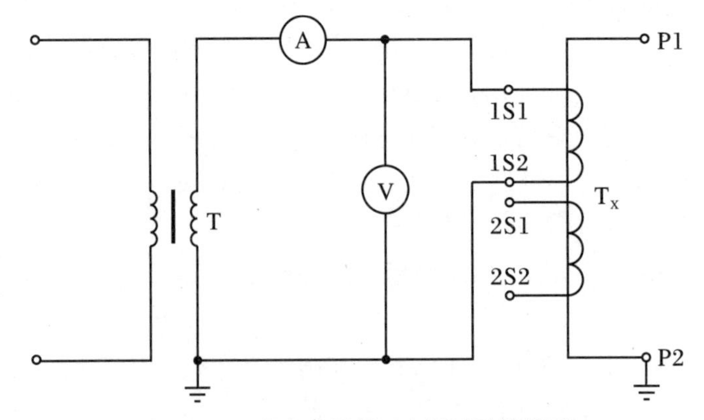

图 3.172　程序 B 匝间过电压试验接线图

T——升压变压器;A——电流表;V——峰值电压表;T_x——被试互感器;

P1、P2——一次绕组出线端子;1S1、1S2、2S1、2S2——二次绕组出线端子。

6）一次端工频耐压试验

试验目的：检查一次绕组对二次绕组及地屏和地、二次绕组间及对地、地屏对地之间耐受绝缘水平是否满足国标规定的电压值。

试验方法和要求如下：

(1) 工频耐压试验应按 GB/T 16927.1 的规定进行。

(2) 试验电压应根据设备最高电压进行，持续时间应为 60 s。

(3) 试验电压应施加在短路的一次绕组与地之间，试验时，短路的二次绕组、座架、箱壳（如果有）和铁芯（如需接地）均应接地。

(4) 系统标称电压为 1000 kV 的电流互感器，试验电压按 GB 311.1 的规定，试验时间为 5 min。

(5) 对于设备最高电压为 $U_m \geqslant 40.5$ kV，且采用电容型绝缘结构的电流互感器，需进行地屏对地工频耐压试验。其试验电压应施加在地屏与地之间，地屏对地应能承受额定工频耐受电压 5 kV（方均根值），持续时间为 60 s。

(6) 一次端的重复工频耐压试验应以规定试验的电压值的 80%进行。

7）局部放电测量

由于电流互感器绝缘体中存在细微的气泡和裂纹，没有形成连通性故障，用交流耐压方式无法检测成功。利用局部放电的方式进行绝缘体局部放电检测，通过获取局部放电量来判断检测部位是否存在放电现象，从而检验绝缘体内部薄弱的环节，加强电流互感器的安全运行。

试验方法及要求如下：

(1) 所用试验线路和试验设备应符合 GB/T 7354 的要求。

(2) 局部放电试验应在电流互感器所有绝缘试验结束以后进行。

(3) 局部放电测量试验接线图如图 3.173 所示。

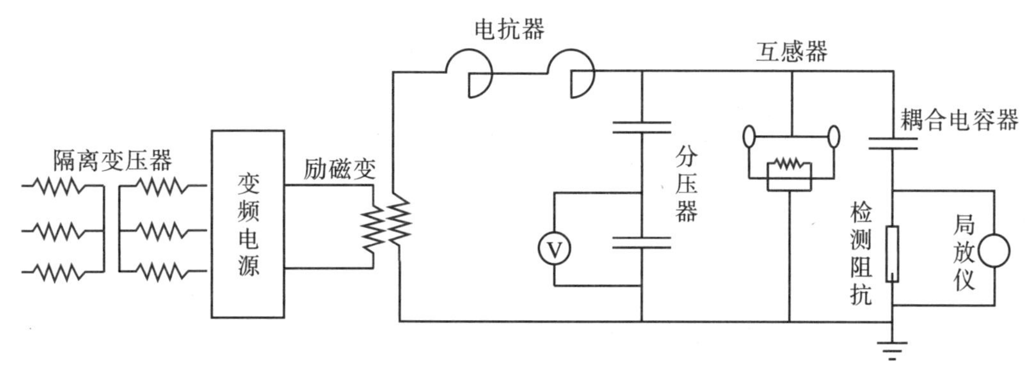

图 3.173　局部放电测量试验接线图

(4) 电压波形应接近正弦波，当波形畸变时，应以峰值除以 2 作为试验电压值。

(5) 试验应在不大于 1/3 测量电压下接通电源，升至预加电压，保持 10 s 以上，然后不间断地降低到规定的局部放电测量电压，保持 60 s 以上，再读取放电量。

(6) 读取的视在放电量值应以重复出现的、稳定的最高脉冲信号计算。偶尔出现的较高脉冲可忽略。

(7) 测量回路的背景噪声水平应低于允许放电水平的50%，当试品的允许放电水平为10 pC或以下时，背景噪声水平可达到允许放电水平的100%。

(8) 在U_m电压下(局部测量时间为5 min)，局部放电量应≤10 pC；在$1.2U_m/\sqrt{3}$电压下(局部测量时间为5 min)，局部放电量应≤5 pC。

(9) 如在施压过程中，电压不产生突降，而且在施加测量电压期间，测得的视在放电量不超过标准所规定的允许值，则判定试品合格。

8) 准确度试验

试验目的：准确度试验包含电流互感器误差和相位差限值。检测误差和相位差数据对照精度要求是否在合格范围以内。

试验方法及要求如下：

(1) 对于0.1、0.2、0.5和1级，在二次负荷为额定负荷的25%～100%的任一值时，其额定频率下的电流误差和相位差应不超过表3.131所列的限值。

(2) 对于0.2S和0.5S级，在二次负荷为额定负荷的25%～100%的任一值时，其额定频率下的电流误差和相位差不应超过表3.132所列的限值。

(3) 对于准确级为0.1、0.2、0.2S，且额定负荷不大于15 VA的电流互感器，可以规定其负荷扩大范围。当二次负荷为1 VA到100%额定负荷之间的任一值时，其电流误差和相位差不应超过表3.131和表3.122所列的限值。

(4) 对于TPX级、TPY级和TPZ级电流互感器的误差限值，不应超过表3.133所列的限值。

表3.131 测量用电流互感器的比值差和相位差限值(0.1级～1.0级)

准确级	在下列额定电流(%)下的电流误差				在下列额定电流(%)下的相位差							
					±(′)				±crad			
	5	20	100	120	5	20	100	120	5	20	100	120
0.1	0.4	0.2	0.1	0.1	15	8	5	5	0.45	0.24	0.15	0.15
0.2	0.75	0.35	0.2	0.2	30	15	10	10	0.9	0.45	0.3	0.3
0.5	1.5	0.75	0.5	0.5	90	45	30	30	2.7	1.35	0.9	0.9
1.0	3.0	1.5	1.0	1.0	180	90	60	60	5.4	2.7	1.8	1.8

表3.132 特殊用途的测量用电流互感器的比值差和相位差限值(0.2S级和0.5S级)

准确级	在下列额定电流(%)下的电流误差					在下列额定电流(%)下的相位差									
						±(′)					±crad				
	1	5	20	100	120	1	5	20	100	120	1	5	20	100	120
0.2S	0.75	0.35	0.2	0.2	0.2	30	15	10	10	10	0.9	0.45	0.3	0.3	0.3
0.5S	1.5	0.75	0.5	0.5	0.5	90	45	30	30	30	2.7	1.35	0.9	0.9	0.9

表 3.133 TPX 级、TPY 级和 TPZ 级电流互感器的误差限值

准确级	在额定一次电流下			在规定的工作循环条件下的暂态误差
	比值差	相位差		
		(′)	± crad	
TPX	±0.5%	±30	±0.9	10%
TPY	±1.0%	±60	±1.8	10%
TPZ	±1.0%	180±18	5.3±0.6	10%

9）电容和介质损耗因数的测量

试验目的：通过测量 tan δ 可以反映互感器绝缘的一系列缺陷，如绝缘受潮，油或浸渍物脏污或劣化变质，绝缘中气隙发生放电绝缘缺陷等。

试验方法及要求如下：

(1) 电容量和介质损耗因数(tan δ)测量应在一次绕组工频耐压试验后进行。

(2) 试验电压应施加在短路的一次绕组端子与地之间，通常短路的二次绕组端子、电屏和绝缘的金属箱壳均应接入测量电桥。如果电流互感器具有一个专供此测量用的装置(端子)，则其他低压端子应短路，并与金属箱壳等一起接地或接到测量电桥的屏蔽上。

(3) 应在环境温度下对电流互感器进行本试验，该温度值应予记录。

(4) 对于 $U_m \geqslant 252$ kV 的油浸式电流互感器，tan $\delta \leqslant 0.001$。

(5) 电容型绝缘结构油浸式电流互感器的介质损耗因数允许值为：$U_m \leqslant 363$ kV，tan $\delta \leqslant 0.005$；$U_m = 550$ kV，tan $\delta \leqslant 0.004$。

(6) 对于正立式电容型绝缘结构油浸式电流互感器的地屏(末屏)，在测量电压为 3 kV 时，tan $\delta \leqslant 0.02$。

10）绝缘油性能试验

试验目的：电流互感器中绝缘油主要起绝缘作用，如油中含有杂质和水分会导致整体的绝缘强度降低。因此，进行绝缘油的耐压试验可以考核其绝缘强度，由于平板电极电场分布均匀，易使油中杂质连成“小桥”，因此绝缘放电电压在较大程度上决定于杂质的多少。

油中溶解气体的色谱分析对诊断电流互感器异常和缺陷有着重要作用，乙炔是反映放电性故障的特征气体，因此要特别注意，驻厂的电流互感器一般不会出现乙炔，若有乙炔，则意味设备异常。氢气和甲烷是低能放电的特征气体，甲烷和氢气的增长往往伴随着乙炔的出现，因此要给予高度重视。

试验方法及要求如下：

(1) 采用色谱仪、耐压仪、介损仪等仪器对电流互感器使用的绝缘油进行击穿电压、介质损耗因数(tan δ)测量。对于 $U_m \geqslant 72.5$ kV 的互感器，其绝缘油还应进行含水量和色谱分析等性能试验。试验应按《电气设备预防性试验规程》(DL/T 596—1996)的要求进行。

(2) 生产厂家应明确倒立式电流互感器的允许最大取油量。

(3) 油中溶解气体组分含量(体积分数)不应超过下列任一值：总烃为 100×10^{-6}；H_2 为

150×10^{-6};C_2H_2为2×10^{-6}(110 kV 及以下互感器),1×10^{-6}(220～500 kV 互感器)。

(4) 击穿电压(kV)≥40(66～220 kV 互感器);≥50(330 kV 互感器);≥60(500 kV 互感器)。

(5) 水分含量(mg/L)≤20(66～110 kV 互感器);≤15(220 kV 互感器);≤10(330～500 kV 互感器)。

(6) tan δ(90 ℃)≤1%(330 kV 及以下互感器);≤0.7%(500 kV 互感器)。

11) 密封性能试验

试验目的:检查互感器整体组装后有无渗漏现象。

试验方法及要求如下:

(1) 密封性能试验必须在清洁的产品上进行,要求试验场地无明显油污。

(2) 应安装充油或注油装置,从单向阀对不带膨胀器的油浸式互感器产品注入一定压力的油,施加压力和时间应符合整体密封的技术要求。

(3) 对于带膨胀器的油浸式互感器,应在未装膨胀器之前,对互感器按上述方法进行密封性能试验,试验合格后装上膨胀器并注满油,然后再静放 12 h。观察产品,应无渗漏油现象。

(4) 带膨胀器产品按规定时间静放后,检查外观是否有渗漏油现象。对带防爆片的产品应采取措施,满足整体密封的技术要求。

12) 保护绕组伏安特性测试

试验目的:只对继电保护有要求的二次绕组进行试验,实测的伏安特性曲线与过去或出厂的伏安特性曲线比较,电压不应有显著变化,若有显著降低,应检查是否存在二次绕组的匝间短路。

试验方法及要求如下:

(1) 采用平均值电压表(1.0 级)、电磁式交流电流表(0.5 级)和自耦变压器(有足够容量)测量。

(2) 试验前,应将电流互感器二次绕组引线和接地线均拆除。试验接线如图 3.174 所示。

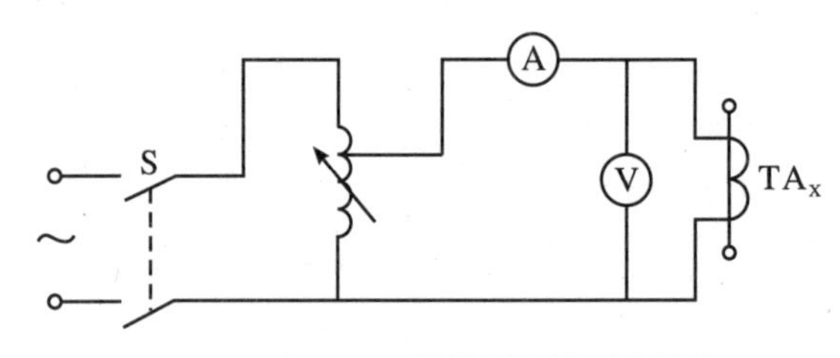

图 3.174 电流互感器伏安特性测试接线图

(3) 试验时,一次侧开路,从二次侧施加电压,读取相应电压值。通入的电流或电压以不超过制造厂技术条件的规定为准。当电流增大而电压变化不大时,说明铁芯已饱和,应停止试验。

(4) 试验后,根据试验数据绘制伏安特性曲线。

2. 油浸式电流互感器(正立式、倒立式)例行试验的监造要点

油浸式电流互感器(正立式、倒立式)例行试验的监造要点见表3.134。

表3.134　油浸式电流互感器(正立式、倒立式)例行试验的监造要点

序号	监造项目	见证内容和方法	见证方式	见证依据
1	外观检验	铭牌、标志、接地栓、接地符号应符合要求；瓷套表面无破损、釉面均匀、干弧距离；接线端子符合一次载流体及其连接件(重点关注串、并联中间端子C1、C2)符合设计要求；油标油阀完好，产品无渗漏油现象	W	订货技术协议 设计文件 出厂试验方案 GB/T 20840.2
2	出线端子标志检验	出线端子应符合设计要求	W	
3	二次绕组工频耐压试验	额定短时工频耐受电压为3 kV(方均根值)	W	
4	绕组段间工频耐压试验	额定短时工频耐受电压为3 kV(方均根值)	H	
5	二次绕组匝间过电压试验	依据GB/T 20840.2的要求，按照程序A或程序B执行	H	
6	一次绕组工频耐压试验	满足技术协议和相关标准要求	H	
7	局部放电试验	检查试验电压、加压程序、放电量(倒立式需整体测量)	H	
8	准确度试验	满足技术协议和相关标准要求	H	
9	电容和介质损耗因数测量	检查试验程序、测量数据(倒立式需整体测量)	H	
10	绝缘油性能试验	检查试验程序、测量数据	W	
11	密封试验	施加规定压力、持续规定时间，残压符合要求，观察产品无渗油现象	W	
12	保护绕组伏安特性测试	检查试验程序，测量数据	H	

3.4.8　包装、存栈和发运的监造要点

包装、存栈和发运的监造要点见表3.135。其中，对产品出厂的检查整理，要达到用户满意的要求。对产品进行包装防护，达到运输要求。

要求：外观、防护、强度、配件、资料、质控点、防护、外观、标识、一致性等要符合相关工艺文件的要求。

220 kV 及以上电压等级的电流互感器必须满足卧倒运输的要求。

表 3.135　包装、存栈和发运的监造要点

监造项目	见证内容	见证方法	见证方式	监造要点
包装	装订铭牌	铭牌参数完整性	W	/
	核对装箱文件和附件	目测、检查	W	要求:与工艺文件相符
	包装箱材料	应满足工艺要求	W	要求:与工艺文件相符
存放	存放	应直立存放	W	要求:对照工艺及检验要求
运输	核查运输单位资质	冲撞记录(220 kV 及以上)	R	装车后,启动振动记录装置(振动子、冲撞记录仪等),记录冲撞仪编号和启动时间并加封;记录装置施加部位合理
	运输方式	缓冲措施(220 kV 及以上)	R	检查缓冲措施能否确保电流互感器的安全

3.4.9　典型案例

1. 案例 1

问题描述:2010 年 7 月 20 日,1 台 220 kV 电流互感器金属膨胀器顶起喷油,对同批次新投产的 6 组电流互感器立即进行隐患排查,发现有 5 台存在严重的氢气和总烃超标。

原因分析:因急于交货,该批 33 台电流互感器在真空干燥环节的工艺时间缩短了 12 h,导致产品内部绝缘纸水分干燥不彻底,运行后水分析出产生气体的局部放电,高压试验发现存在故障气体的电流互感器局放和介损均超标。

处理情况:紧急停电进行检查更换。

防范措施:应加强互感器、套管生产过程的控制和监督,对 110 kV 及以上油浸式互感器、套管,应在技术协议中明确要求制造厂随同出厂试验报告提交真空干燥的具体工艺时间和符合工艺文件要求的承诺;加强新投产设备在一个月内的油色谱分析、红外测温等带电检测,防范新投产设备发生事故。

2. 案例 2

问题描述:2010 年 12 月,在对 220 kV 电流互感器进行首检工作时,发现 15 只互感器有 11 只油中含有乙炔,其中有 2 只超过规程标准。设备型号为 LB6-220W2,2008 年 10 月出厂,2009 年 10 月 13 日安装后进行交接试验。

原因分析:互感器末屏铜扁丝带经线由铜丝和尼龙丝编制,但纬线全由尼龙丝编制,造成经线、纬线无金属连接,未形成整体。在绕制末屏中,层与层压接不紧密,依附在铜扁丝带上的油膜有一定的绝缘作用,使得末屏层未形成一个等电位体。当操作过电压经过电流互感器时,末屏感应的过电压波在经线与纬线之间、铜扁丝带与层之间的某个地方形成较高的

电压，引起放电，导致依附在铜扁丝带上的油膜分解，产生乙炔。

处理情况：对问题产品进行更换。

防范措施：应督促供应商加强设计审核及工艺控制，选用成熟可靠的设计，铜网编织型末屏存在安全隐患的产品尽量少用。

3. 案例3

问题描述：2012年7月31日，1台500 kV电流互感器发生绝缘故障，造成线路跳闸，因线路并列运行，未造成负符损失，设备型号为LVQBT-500W2。

原因分析：解体发现互感器装配不良，导致中间分压与高压屏之间存在偏心，引起局部电场过高，产品运输过程中的振动使偏心情况加重（无碰撞记录），雷电过电压冲击下发生贯穿性击穿。

处理情况：对问题产品进行更换。

防范措施：应督促供应商加强设备装配工艺控制，避免出现偏心，导致局部场强过高等问题，在运输中采取有效措施防止振荡影响产品质量。

3.5 避雷器

3.5.1 概述

避雷器在额定电压下，相当于绝缘体，不会有任何的动作产生。当出现危机或者高电压时，避雷器就会产生作用，将电流导入大地，有效地保护电力设备。《电工术语 避雷器、低压电涌保护器及元件》(GB/T 2900.12—2008)给出的定义是用于保护电气设备免受高瞬态过电压危害，并限制续流时间，也常限制续流幅值的一种电器。避雷器通常连接在电网导线和地线之间，有时也连接在电器绕组旁或导线之间。现在电网中广泛使用的都是金属氧化锌避雷器，因此本书重点介绍的避雷器是金属氧化锌避雷器(MOA)。它与普通阀型避雷器的主要区别在于阀片材料，普通阀型避雷器的阀片材料是碳化硅（金刚砂），而金属氧化物避雷器的阀片材料是由半导体氧化锌和其他金属氧化物（如氧化钴、氧化锰等）在高温（1000 ℃以上）下烧结而成的。

金属氧化锌避雷器（图3.175）是20世纪70年代发展起来的一种新型避雷器，它主要由氧化锌压敏电阻构成。每块压敏电阻从制成时就有一定的开关电压（叫压敏电压），在正常工作电压下（即小于压敏电压）压敏电阻值很大，相当于绝缘状态，但在冲击电压作用下（大于压敏电压），压敏电阻呈低值被击穿，相当于短路状态。然而压敏电阻被击后，是可以恢复绝缘状态的；当高于压敏电压的电压撤销后，它又恢复了高阻状态。因此，如在电力线上安装氧化锌避雷器后，当雷击时，雷电波的高电压使压敏电阻击穿，雷电流通过压敏电阻流入大地，可以将电源线上的电压控制在安全范围内，从而保护了电气设备的安全。

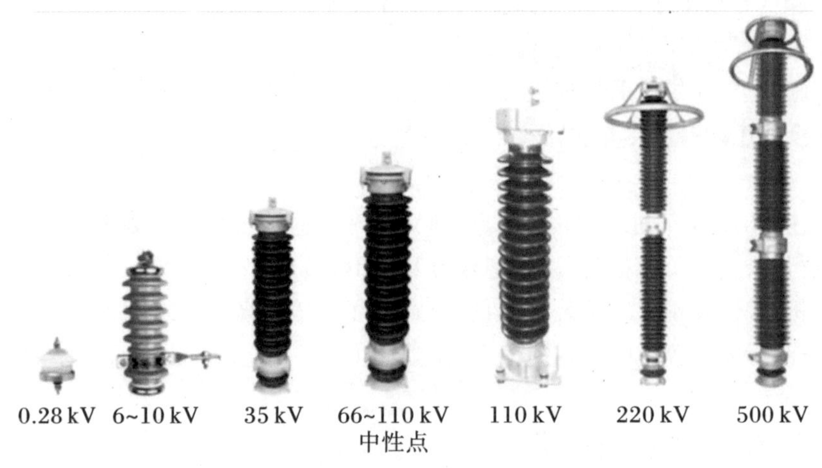

图 3.175　氧化锌避雷器的外形图

3.5.1.1　金属氧化锌避雷器的优点

1. 通流能力强

避雷器容易吸收能量，通流容量大；没有串联间隙的制约，仅与阀片本身的强度有关。同碳化硅阀片相比，氧化锌阀片单位面积的通流能力大 4～4.5 倍。因此，用这样的阀片制成避雷器，不但可以限制大气过电压，而且完全可以用来限制操作过电压，甚至还可以耐受一定持续时间的短时(工频)过电压。

2. 保护特性好

避雷器是用来保护电力系统中各种电器设备免受过电压损坏的电器产品，具有良好的保护性能。因为氧化锌阀片的非线性伏安特性十分优良，所以在正常工作电压下仅有几百微安的电流通过，便于设计成无间隙结构，使其具备保护性能好、重量轻、尺寸小的优点。当过电压侵入时，流过阀片的电流迅速增大，同时限制了过电压的幅值，释放了过电压的能量，此后氧化锌阀片又恢复高阻状态，使电力系统正常工作。

3. 结构简单应用广泛

结构简单，尺寸小，易于大批量生产，造价低；适用于多种特殊需要。金属氧化物避雷器耐污性能好，不会由于污秽或者带电清洗时改变外套表面电位分布而影响避雷器的性能。同时，由于阀片不受大气环境影响，能适应各种绝缘介质，所以也适用于高海拔地区和 SF_6 全封闭组合电器等多种特殊需要。金属氧化物避雷器基本无续流，动作负载轻，耐重复动作能力强；伏安特性是对称的，没有极性问题，可制成直流避雷器。

3.5.1.2　氧化锌避雷器的分类

1. 按电压等级分类

氧化锌避雷器按额定电压值分类可分为以下三类：

(1) 高压类氧化锌避雷器。其指 66 kV 以上等级的氧化锌避雷器系列产品，大致可划分为 1000 kV、750 kV、500 kV、330 kV、220 kV、110 kV、66 kV 七个等级。

(2) 中压类氧化锌避雷器。其指3～66 kV(不包括66 kV系列的产品)范围内的氧化锌避雷器系列产品,大致可划分为3 kV、6 kV、10 kV、35 kV四个电压等级。

(3) 低压类氧化锌避雷器。其指3 kV以下(不包括3 kV系列的产品)的氧化锌避雷器系列产品,大致可划分为1 kV、0.5 kV、0.38 kV、0.22 kV四个电压等级。

2. 按标称放电电流分类

氧化锌避雷器按标称放电电流可划分为20 kA、10 kA、5 kA、2.5 kA、1.5 kA五类。

3. 按用途分类

氧化锌避雷器按用途可划分为系统用线路型、系统用电站型、系统用配电型、并联补偿电容器组保护型、电气化铁路型、电动机及电动机中性点型、变压器中性点型七类。

4. 按结构分类

氧化锌避雷器按结构可划分为瓷外套和复合外套两大类。

(1) 瓷外套氧化锌避雷器是指用瓷做外套封装材料,并带附件和密封系统的避雷器。按耐污秽性能分为四个等级,其中Ⅰ级为普通型,Ⅱ级用于中等污秽地区(爬电比距为20 mm/kV),Ⅲ级用于重污秽地区(爬电比距为25 mm/kV),Ⅳ级用于特重污秽地区(爬电比距为31 mm/kV)。

(2) 复合外套氧化锌避雷器是指用复合硅橡胶材料做外套,并选用高性能的氧化锌电阻片,内部采用特殊结构,用先进工艺方法装配而成的避雷器,具有硅橡胶材料和氧化锌电阻片的双重优点。除具有瓷外套氧化锌避雷器的一切优点外,另具有绝缘性能高、耐污秽性能良好,以及体积小、重量轻、平时不需维护、不易破损、密封可靠、耐老化等优点。

3.5.1.3 型号的表示方式

氧化锌避雷器产品型号的表示方法如图3.176所示。

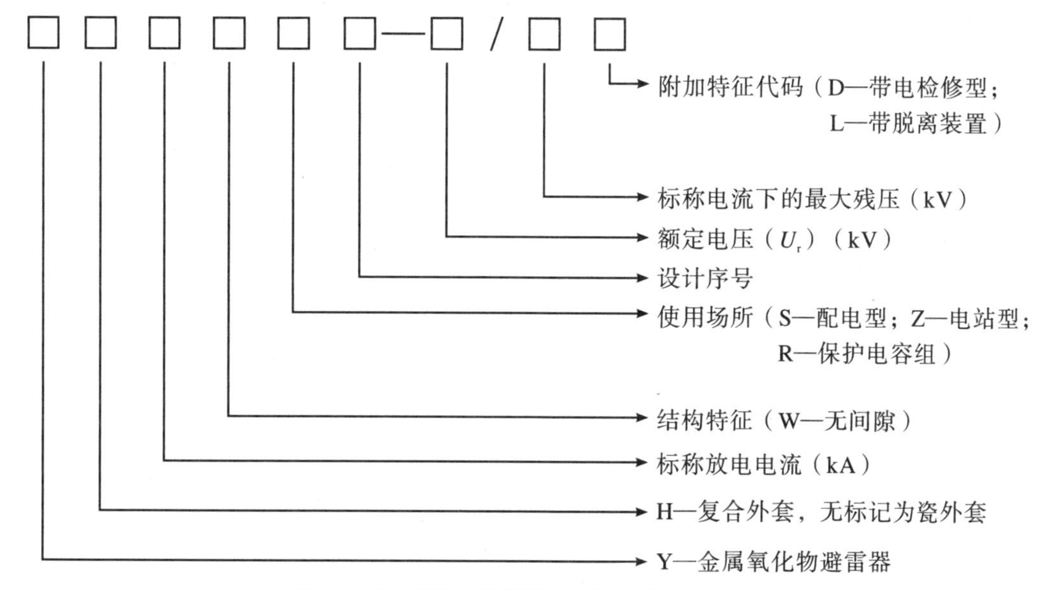

图3.176 氧化锌避雷器产品型号的表示方法

例如：Y20W-420/1046 表示氧化锌避雷器，瓷外套，标称放电电流为 20 kA，无间隙，额定电压为 420 kV，标称放电电流下最大残压为 1046 kV。

3.5.2 工作原理

氧化锌避雷器主要由氧化锌压敏电阻构成。每块压敏电阻都有一定的压敏电压，当加在压敏电阻两端的电压低于该数值时，压敏电阻呈现高阻值状态；如果把它并联在线路上，该模块呈现断路状态；当加在压敏电阻两端的电压高于压敏电压时，压敏电阻被击穿，呈现低阻值，接近短路，而且压敏电阻的被击穿短路是可以恢复的，当高于压敏电压的电压值撤销后，压敏电阻又会恢复高阻抗状态，线路恢复工作。

3.5.3 设备结构

1. 主要单元结构

氧化锌避雷器的单元结构主要由外绝缘套、氧化锌阀片电阻、绝缘杆、防爆膜等元件组成，如图 3.177 所示。为了防止避雷器发生爆炸，各节均设有压力释放装置，当避雷器内部发生故障时，可将内部高压力释放出来。底部装有绝缘基础，用来安装监视和记录仪器。避雷针内部结构实物图如图 3.178 所示。

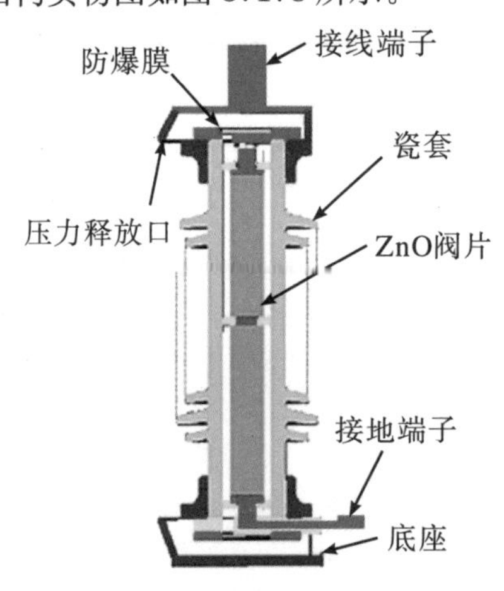

图 3.177　瓷外套氧化锌避雷器的结构示意图

图 3.178　避雷器内部结构实物图

2. 组成部分

氧化锌避雷器根据电压由多节组成，35～110 kV 氧化锌避雷器是单节，220 kV 氧化锌避雷器由两节组成，500 kV 氧化锌避雷器由三节组成，750 kV 氧化锌避雷器由四节组成。氧化锌避雷器主要由避雷元件、绝缘底座组成，在 220 kV 及以上等级的氧化锌避雷器顶部均安装有均压环，用于改善电压分布。

3. 内部结构

避雷元件由氧化锌压敏电阻、绝缘支架、密封垫、压力释放装置等组成，氧化锌压敏电阻是一种多组分、多晶陶瓷半导体，内部有孔。氧化锌压敏电阻是以氧化锌为主，并附加少量的金属添加剂，将它们充分混合后造粒成形，经高温焙烧而成的。氧化锌避雷器的电阻片通常用尼龙或是机械强度高、吸潮能力小的聚酯玻璃纤维引拔棒作为支撑材料固定。外用绝缘筒与瓷套相隔离，为了改善电场分布情况，在 500 kV 及以上氧化锌避雷器上均配有并联电容器，增加氧化锌避雷器电阻片的总电流，以取得更好的均压效果。

4. 外套(套管)结构

瓷外套氧化锌避雷器的外套与阀芯间有空隙，空隙间一般充有一定压力的 SF_6。

复合外套氧化锌避雷器(或称为硅橡胶氧化锌避雷器)是目前应用较多的形式，与瓷外套氧化锌避雷器相比，具有体积小、重量轻、防爆和密封性好、爬距大、耐污秽、制造工艺简单、结构紧凑等一系列优点。

3.5.4 组部件及主要原材料

避雷器主要原材料和组部件包括电阻片、外套(套管)、隔弧筒、绝缘杆、压板、端盖、垫块、密封件、防爆膜、监测器、线路避雷器间隙。

3.5.4.1 电阻片

1. 概述

氧化锌避雷器的核心元件是氧化锌非线性电阻片(以下简称 ZnO 阀片，图 3.179)，ZnO 阀片电性能的优劣直接影响着避雷器的质量。影响氧化锌阀片性能优劣的因素有：

(1) 伏安特性。ZnO 阀片具有优异的非线性伏安特性，在电力系统正常运行电压下呈现高电阻，流过的电流很小，可视为绝缘体；而在过电压下，电阻片呈低电阻，使能量迅速通过避雷器泄放入大地，把过电压限制在与之并联的电气设备绝缘耐受水平以下，从而实现对电气设备的保护。

(2) 静电电容。ZnO 阀片具有与陶瓷电容器相近的电容，这对于改善其在污秽状态下的电位分布是有利的。

(3) 通流容量。ZnO 阀片的短持续时间大电流通流容量及长持续时间通流容量是性能考核的要素。

(4) 运行寿命。ZnO 阀片在长期运行电压作用下，将逐渐老化，表现为其阻性电流分量将随着施加电压的时间增加而逐渐增大，一旦发热超过散热，就会发生热崩溃，使 ZnO 阀片破坏。运行寿命是 ZnO 阀片一项很重要的指标。

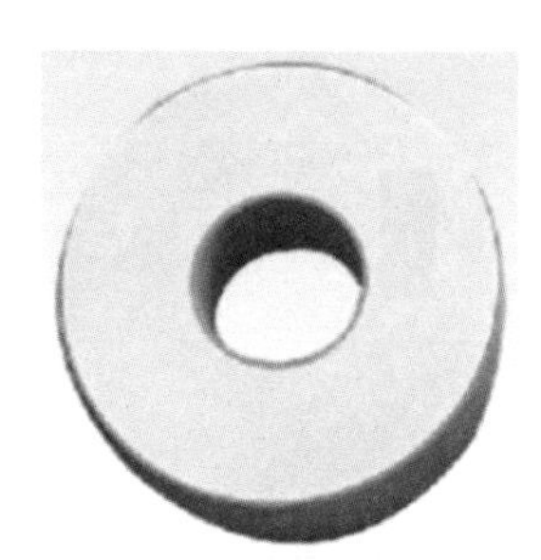

图 3.179 氧化锌电阻片的实物图

2. 制造过程

ZnO 阀片的配方：表 3.136 列出了最普通的五种添加物配方和我国较广泛采用的九元添加物配方。

表 3.136　我国常用的 ZnO 阀片配方

名称	五元（mol%*）	九元（mol%）	九元（mol%）	作用
氧化锌（ZnO）	97	94.5	86	ZnO 阀片的主要成分，占总物质的量的 90%以上，是生成晶粒的主体
三氧化二铋（Bi_2O_3）	0.5	0.7	5	形成包围 ZnO 晶粒的主要成分，在一定范围内增加 Bi_2O_3 的含量，可使 $U_{1\,mA}$ 值及泄漏电流减少，减低压比降低，改善通流容量及吸收过电压能量的能力
三氧化二钴（Co_2O_3）	0.5	1.0	1.0	随着含量的增加可降低 $U_{1\,mA}$，减少泄漏电流，但使压比增加；适量增加可提高通流容量及吸收过电压能量的能力；但过多加入后又会使通流容量及吸收过电压能力降低
二氧化锰（MnO_2）	0.5	0.5	0.5	在烧成过程中可抑制 Bi_2O_3 的挥发，使烧成温度提高，晶界层加厚。此外部分 Mn 进入晶格，可以活化晶格，助长晶粒生长。增加含量可显著降低泄漏电流，并使 $U_{1\,mA}$ 值增加，压比降低，但同时使耐受过电压能量的能力降低
三氧化二锑（Sb_2O_3）	1.0	1.0	6.5	构成尖晶石的重要原料，在烧成过程中抑制 ZnO 的长大。增加含量可显著增加 $U_{1\,mA}$ 值，并使压比降低，但过多加入会使泄漏电流增加，降低其通流容量及吸收过电压能量的能力
三氧化二铬（Cr_2O_3）	0.5	0.5	0.35	含量增加可增加 $U_{1\,mA}$ 值，但会使泄漏电流增加，在一定范围内增加 Sb_2O_3 会使压比增加，进一步增加含量又会使压比降低，对过电压能量吸收能力无明显的影响
硼酸（H_3BO_3）		0.1	0.1	—
二氧化锡（SnO_2）			0.1	—
二氧化铈（CeO_2）			0.2	—

续表

名称	五元（mol%*）	九元（mol%）	九元（mol%）	作用
氧化铅（PbO）			0.25	—
氧化镍（NiO）		1.0		—
二氧化硅（SiO_2）		0.5		—
硝酸铝（$Al(NO_3)_3$）		25ppm		作用是减少气孔，提高热稳定性、抗老化性，但同时增加泄漏电流

*：mol%是指摩尔百分比，即物质的量百分比。

各个制造厂制造ZnO阀片的工艺流程不完全一样，多数厂家采用的工艺流程如下：ZnO原料煅烧⟶混料⟶造粒⟶成型⟶涂敷高阻层⟶烧成⟶研磨⟶喷电极⟶电性能测量。

ZnO阀片喷涂成型示意图如图3.180所示。

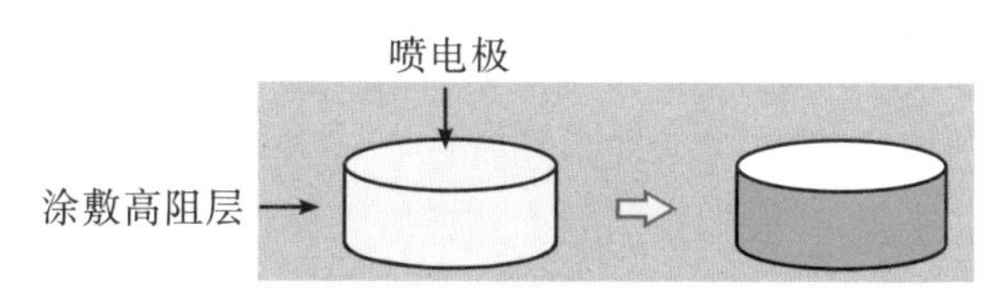

图3.180 ZnO阀片喷涂成型示意图

ZnO原料煅烧主要是减少烧成过程中ZnO的收缩。提高ZnO原料的煅烧温度有利于提高阀片通流容量，但会增加加压比。煅烧温度过高时，原料也不易粉碎。

混料可用塑料滚筒或振磨机进行。增加混料时间，可提高混料的均匀性及细度，但当混料时间达到一定值后，进一步延长磨料时间对细度的影响不大。

造粒有过筛造粒法和喷雾造粒法两种。过筛造粒法是先用较低的压力将混合料压成荒坯，然后再破碎过筛。这种方法造粒，颗粒形状不规则，除粗颗粒外，还含有一些粉料，容量较小，流动性差，成型时水分含量要求较高（6%～9%），成型坯件的体比重较低（一般低于3 g/cm^3）。因而烧成时收缩较大，容易形成烧成开裂等缺陷。

采用喷雾造粒可以获得球状、流动性极好的成型料，料的容量也大（可达1.4～1.5 g/cm^3），可在1%～2%的水分下成型，有助于较少烧成缺陷。为了获得较粗颗粒（100～150 μm）的成型料，可采用并流式压力喷嘴型喷雾干燥器。

成型压力一般在300～600 kg/cm^3。太小时，坯件的干燥强度太低；太大则由于压力传递不均，容易在坯件内形成应力，这是形成烧成缺陷的原因之一。为了避免微粒成型时发成层裂，加压速度不宜太快，中间最好采用排气措施。

涂敷高阻层是阀片最薄弱的环节，这是由于 ZnO 阀片侧面的表面粗糙，易吸潮，在 2 ms 方波、4/10 μs 大电流冲击下，易使电流瞬间击中在其边缘而发生边缘闪络。因此，通常要对其侧面暴露部分进行绝缘处理。选择在 ZnO 坯件成型后涂敷高阻层，可以减少原来因预烧收缩率不一致带来的釉层厚度的波动，工艺上更加稳定。常用的侧面绝缘层釉有环氧釉、玻璃釉和无机高阻层釉三种。

环氧绝缘层釉是由绝缘性能良好的环氧树脂和固化剂作为绝缘基体，加入适量的填料（调节膨胀系数）、稀释剂（调整釉浆稠度）和着色剂等组成，是常见的阀片侧面绝缘材料，但其与阀片坯体的附着性不好，热膨胀系数差别大，使用温度不高，导致水分易吸附在界面上使特性变坏，受热冲击时易产生裂纹，导致侧面绝缘老化，从而限制了氧化锌阀片的使用范围。

玻璃绝缘层釉分为低温（450 ℃以下）玻璃釉和高温（850 ℃以上）玻璃釉两种，它是由硼-硅-铅玻璃粉料和有机黏结剂（乙基纤维素-醇类溶剂）制成浆料，涂覆在氧化锌阀片瓷坯侧面，经高温玻璃溶化而成。其优点是原料方工艺适宜、釉层光亮美观、不易沾染脏物、结合牢固、耐方波、冲击容量高、荷电率高、压比好；缺点是小电流区非线性差，泄漏电流大。

无机侧面高阻绝缘层釉经过高温与阀片坯体结合在一起，在绝缘层与坯体之间形成了均匀致密的中间过渡层，在热性能与机械性能方面与坯体有很多的一致性。可以保证阀片优良的伏安特性，提高放电容量，改善耐湿、耐电弧、耐电晕等性能；使用温度高，扩大了氧化锌阀片的使用范围；适用刷涂、喷涂、覆涂等多种工艺，工艺简单，可提高生产效率。

烧成使材料具有某种显微组织结构，是整个工艺过程中最关键的一环，影响材料的性能和组织结构。ZnO 阀片在 800～900 ℃时，坯件的径向及轴向的收缩均很大，因此，这个温度范围内应该减慢升温速度，一般陶瓷制品都是把最大收缩时的温度定为烧成温度，但对于 ZnO 阀片，则主要考虑产品的性能，应该把获得综合最佳特性的温度定为烧成温度。一般来说，随着温度升高，ZnO 晶粒逐渐发育，包围 ZnO 晶粒的富铋相及富锑尖晶石相逐渐形成，产品特性不断提高，但当温度达到某一最佳温度后，再进一步提高烧成温度，就会出现过分发育的晶粒，同时铋的蒸发加剧，导致制品特性的恶化。许多生产厂家为了改善阀片的稳定性，会在烧成后增加一道热处理工序，将阀片升至某一温度后逐渐冷却下来，或对阀片进行一定的冷热循环。

研磨也称为磨片，是 ZnO 阀片制造工序中一个不可忽视的环节，该工序主要作用是将烧成后的阀片上、下端面磨削平整并达到相应的厚度，端面的表面粗糙度层有利于下一道工序“喷电极”的工艺要求。国内多数厂家都采用双面研磨机作为加工设备，使用时上、下磨盘表面涂抹少量研磨膏，使加工元件能获得较高的平行度和表面粗糙度。

ZnO 阀片在研磨后，以铝丝为原料，用金属喷镀或镀膜的方法，在一定压力下将熔铝喷涂于 ZnO 阀片上、下两端面上，形成电极。

最后，用方波电流发生器和冲击电流发生器对 ZnO 阀片进行性电性能测量。具体试验参数要求见表 3.137。

表 3.137 ZnO 阀片电性能试验的要求

序号	项目	规格参数
1	直流 1 mA 参考电压(kV)	5±0.3
2	0.75 倍直流参考电压下漏电流(μA)	≤10
3	20 kA 下 1/10 μs 陡波残压比	≤1.78
4	20 kA 下 8/20 μs 雷电波残压比	≤1.63
5	500 A 下 30/60 μs 操作波残压比	≤1.35
6	2 ms 方波冲击电流(A)	2000
7	4/10 μs 大电流峰值(kA)	100
8	荷电率	95%

试验判断方法:

(1) 对于 2 ms 方波试验,试验后,阀片不应有击穿、闪络、破碎或损坏的痕迹,且冷却后测得的残压值与试验前的残压值比较,变化不应超过 5%。

(2) 对于 4/10 大电流试验,试验后,阀片不应有击穿、闪络等损坏。

(3) 对于加速老化试验,若 3 只电阻片的试验满足下列判据,则认为通过试验:从测量的最小功率损耗 P_{min}点开始到试验结束期间,测量的升高功率损耗应不超过 $1.3P_{min}$;在老化试验期间,测量的所有功率损耗(包括 P_{end})应不大于 $1.1P_{start}$。

3. 电阻片的监造要点

电阻片的监造要点见表 3.138。

表 3.138 电阻片的监造要点

监造项目	见证内容	见证方式	见证依据	监造要点
电阻片制造	审查进厂资料	R	技术协议 GB 11032 供应商设计图纸	要求:电阻片原材料资料齐全
	制造过程	W		要求:检查一下电阻片配料、造粒、电阻片成型、侧面釉制作、上釉、电阻片预烧、焙烧、研磨、热处理、喷铝等整个生产过程,重点检查制造过程中温度、时间的控制,以及成品的尺寸、保存方式
	检查	R		要求:检查复检项目符合供应商工艺及相关标准要求
	供应商	R		要求:原材料供应商与技术协议一致
电阻片试验	逐只 2 ms 方波筛选试验	W		要求:观察试验过程,注意仪器仪表的读数,记录电流、残压、峰值的视在持续时间;判别是否符合技术协议、供应商标准的要求
	逐只标称电流残压试验			
	逐只直流参考电压试验			

续表

监造项目	见证内容	见证方式	见证依据	监造要点
电阻片抽测	4/10 μs 大电流冲击耐受试验	W	技术协议 GB 11032 供应商设计图纸	要求：指定批次抽 1%，不少于 5 片，其他按照国标和供应商工艺文件要求
	2 ms 方波冲击电流耐受试验			要求：指定批次抽 1%，不少于 5 片，其他按照国标和供应商工艺文件要求
	电阻片加速老化试验			要求：3 片（进行 1000 h 加速老化试验）。若试验条件所限，可提供半年内进行的 1000 h 加速老化的试验报告，并根据供应商工艺文件要求进行加速老化试验验证

3.5.4.2 外套(套管)

外套(套管)是避雷器的外部绝缘部分，提供了必需的爬电距离且保护内部部件不受环境影响，可以由能够提供机械强度并使内部不受环境影响的几个部分组成。套管的伞裙是从外套上凸起的绝缘部分，目的是为了增加爬电距离。氧化锌避雷器的外套有瓷套管(图 3.181)和复合绝缘套管(图 3.182)两种。

图 3.181　避雷器瓷套管

图 3.182　避雷器复合绝缘套管

瓷套管的技术要求如下：

(1) 瓷件表面应均匀上一层瓷釉，釉面应光滑，不应有色调不均的现象，外观状态应符合 GB/T 772 的规定。

(2) 瓷套尺寸和形位偏差应符合图纸要求。

(3) 瓷件内表面不允许有研磨过程中带上的金属或橡皮质的划痕，若出现这种划痕，必须清理干净。

(4) 瓷件剖面应均匀致密，经孔隙性试验后不应有任何渗透现象。孔隙性试验方法按照 GB/T 772 标准执行。

(5) 瓷套瓷件上砂应牢固，均匀，无堆砂和大面积等缺砂现象，缺砂单个面积应小于所在砂面面积的 1%，总面积应小于所在砂面面积的 4%，胶装好的瓷套要求露砂 5～15 mm。

复合绝缘套管的技术要求如下：

(1) 复合外套表面单个缺陷面积(如缺胶、杂质、凸起等)不应超过 25 mm^2，深度不大于

1 mm,凸起表面与合缝应清理平整,凸起高低不得超过 0.8 mm,粘接缝凸起高度不应超过 1.2 mm,总缺陷面积不应超过复合外套总表面的 0.2%。

(2) 复合绝缘外套尺寸和形位偏差应符合图纸要求。

(3) 最小公称爬电比距应符合以下要求:

Ⅰ级轻污秽地区——17 mm/kV;

Ⅱ级中等污秽地区——20 mm/kV;

Ⅲ级重污秽地区——25 mm/kV;

Ⅳ级特重污秽地区——31 mm/kV。

(4) 复合绝缘外套应耐受 1000 h 伞套起痕和耐电蚀损试验。外套材料按 GB/T 6553 要求进行耐漏电起痕和耐电蚀损试验。

套管的监造要点见表 3.139。

表 3.139 套管的监造要点

监造项目	见证内容	见证方式	见证依据	监造要点
外套(套管)	审查进厂资料	R	技术协议 GB 11032 供应商设计图纸	要求:对于瓷外套,包括外形、尺寸、温度循环试验(抽检)、电气例行试验、水压试验、弯曲试验报告,要求资料齐全;对于复合外套,要求按技术条件执行
	外观检查	R、W		要求:查验套管的外观质量是否完好,瓷套釉面有无破损、污渍
	检查复检	R		要求:进厂复检项目符合供应商工艺及相关标准要求
	供应商	R		要求:套管供应商与技术协议一致

3.5.4.3 隔弧筒、绝缘杆

隔弧筒(图 3.183)采用环氧玻璃丝缠绕工艺制作,主要起隔离电弧的作用。绝缘杆(图 3.184)在避雷器套管内,起支撑、固定电阻片的作用。

图 3.183 避雷器使用的隔弧筒

图 3.184 绝缘杆实物图

隔弧筒的技术要求见表3.140。

表3.140 隔弧筒的技术要求

序号	项目	技术要求
1	比重(g/cm^3)	≥1.8
2	吸水率	≤0.15%
3	介电常数	4.2～6.2
4	介质损耗角正切(50～100 MHz)(%)	<2
5	抗弯强度(MPa)	≥700
6	沿面耐压(kVrms/mm)	>5
7	径向击穿电压(kVrms/mm)	≥12
8	轴向击穿电压(kVrms/mm)	≥12
9	热变形温度(℃)	≥160
10	耐热性	加热220 ℃,保持24 h,重量变化≤2%

绝缘杆的技术要求见表3.141。

表3.141 绝缘杆的技术要求

序号	项目	技术要求
1	比重(g/cm^3)	≥1.8
2	吸水率	≤0.15%
3	介电常数	4.2～6.2
4	介质损耗角正切(50～100 MHz)(%)	<2
5	抗压强度(MPa)	≥300
6	抗弯强度(MPa)	≥700
7	拉伸强度(MPa)	≥500
8	沿面耐压(kVrms/mm)	>5
9	径向击穿电压(kVrms/mm)	≥12
10	轴向击穿电压(kVrms/mm)	≥12
11	热变形温度(℃)	≥160
12	耐热性	加热220 ℃,保持24 h,重量变化≤2%

隔弧筒和绝缘杆的监造要点见表3.142。

表 3.142 隔弧筒、绝缘杆的监造要点

监造项目	见证内容	见证方式	见证依据	监造要点
隔弧筒、绝缘杆	审查进厂资料	R	技术协议 GB 11032 供应商设计图纸	要求：电气和机械性能试验，其中例行工频耐压试验、局部放电试验为必做项目；如为自制件，监造人员应进行抽检；如为外购件，应有详细的试验报告
	外观检查	R、W		要求：查验外观质量有无破损
	检查复检	R		要求：进厂复检项目符合供应商工艺及相关标准要求
	供应商	R		要求：供应商与技术协议一致

3.5.4.4 密封件

避雷器使用的密封件主要用于防止气体（或流体）介质从被密封装置中泄漏，并防止外界灰尘、泥沙及空气进入被密封装置内部的橡胶部件。所使用的材质有丁基橡胶、三元乙丙橡胶、丁腈橡胶和硅橡胶等。按截面，可分为O型密封件、矩形密封件、椭圆形密封件及其他结构形式。

用规定橡胶种类制成的密封件，其工作条件是恒定压缩于金属与瓷件、金属之间或其他绝缘件之间，压缩状态下的使用期限应不低于避雷器设计的使用寿命。其内表介质可以是空气、氮气、六氟化硫气或其他混合气体，外表介质可以是空气、水等。正常使用环境温度为 −40～40 ℃。

（橡胶）密封件的物理性能见表3.143。

表 3.143 （橡胶）密封件的物理性能

序号	试验项目	胶料			
		三元乙丙橡胶等	丁基橡胶	丁腈橡胶	硅橡胶
		技术指标			
1	邵氏A型硬度(HA)	65±5	60±5	60±5	50±5
2	拉伸强度(MPa) ≥	12	8	10	4
3	扯断伸长率 ≥	250%	300%	200%	200%
4	恒定压缩永久变形(%)（空气70 ℃×24 h，压缩率30%） ≤	30	35	40	40
5	耐臭氧老化（试温40 ℃，拉伸20%，试验时间8 h），臭氧体积分数 2×10^{-4}%	不龟裂	不龟裂	不龟裂	不龟裂
6	耐热空气老化(100 ℃×48 h)	邵氏硬度变化+10 HA以内，伸长变化率−25%以内		邵氏硬度变化+10 HA以内，伸长变化率−30%以内	
7	脆性温度(℃) ≤	−50	−30	−40	−60

密封件的监造要点见表 3.144。

表 3.144 密封件的监造要点

监造项目	见证内容	见证方式	见证依据	监造要点
密封件	审查进厂资料	R	技术协议 GB 11032 供应商设计图纸	要求：材质证明、尺寸检查、公差测量等试验报告
	外观检查	R、W		要求：查验密封件外观质量，有无破损、划伤
	检查复检	W		要求：进厂复检项目符合供应商工艺及相关标准要求
	供应商	R		要求：套管供应商与技术协议一致

3.5.4.5 防爆膜

防爆膜用于释放避雷器内部的压力，防止外套（套管）由于避雷器长时间流过故障电流或避雷器内部闪络而发生爆炸。避雷器防爆膜（图 3.185）采用层压玻璃布板或环氧玻璃布单面（或双面）覆铜箔板加工而成，当避雷器内部发生短路等故障时，内部压力使防爆膜破裂，从而释放掉内部产生的电弧，防止避雷器套管炸裂，损失周围电器设备。

图 3.185 防爆膜的实物图

防爆膜的技术要求见表 3.145。

表 3.145 防爆膜技术要求

序号	项目		规格参数
1	总厚度		(0.8～1.6)mm±0.12 mm
2	铜箔厚度		0.035～0.04 mm
3	翘曲	≤	38 mm
4	扭曲	≤	25 mm
5	弯曲强度	≤	300 MPa
6	抗剥强度	≤	1.4 MPa
7	耐热性		140 ℃/h
8	吸水率		0.28%

防爆膜的监造要求见表3.146。

表3.146 防爆膜的监造要求

监造项目	见证内容	见证方式	见证依据	监造要点
防爆膜	审查进厂资料	R	技术协议 GB/T 567 爆破片与爆破装置	要求:试验报告齐全,尺寸测量符合图纸要求
	外观检查	R、W		要求:检查压力释放装置外观是否完好,表面有无破损、污渍,表面是否光洁,尺寸公差是否合格等
	检查复检	W		要求:进厂复检项目符合供应商工艺及相关标准要求
	供应商	R		要求:压力释放装置的供应商与技术协议一致

3.5.4.6 监测器

监测器(图3.186)是用来显示避雷器的持续电流,并记录避雷器动作(放电)次数的一种装置。交流系统使用的监测器电流显示用有效值标定,直流系统使用的监测器电流显示用平均值标定。按标称动作电流分类,监测器可分为5 kV、10 kV、20 kV三个等级。

图3.186 避雷器监测器实物图

监测器的技术要求如下:

(1) 监测器在其表盘或铭牌上应显示以下资料:检测装置名称、型号;标称动作电流;方波冲击电流;制造单位或商标;产品编号;制造年、月。

(2) 外观、表盘、铭牌及其附件应无缺损,外露金属件应有防腐蚀措施,表盘内的数据应清晰可读。

(3) 动作特性:监测装置在规定的上、下限动作电流范围内任意值作用下,均应准确地做出动作指示,见表3.147。

表 3.147 监测器的特性参数

<table>
<tr><th rowspan="2">标称动作电流(kV)(峰值)</th><th rowspan="2">上限动作电流 8/20(kA)(峰值)</th><th rowspan="2">下限动作电流 8/20(A)(峰值)</th><th rowspan="2">方波冲击电流 2000 μs(A)(峰值)</th><th rowspan="2">大电流冲击 4/10(kA)(峰值)</th><th rowspan="2">工频电流耐受能力(mA)(有效值)</th><th colspan="2">电流测量特性</th></tr>
<tr><th>量程(mA)(有效值)</th><th>等级指数</th></tr>
<tr><td rowspan="2">5</td><td rowspan="2">5</td><td rowspan="9">50</td><td>200</td><td rowspan="2">65</td><td rowspan="5">20</td><td rowspan="5">0～3</td><td rowspan="9">5</td></tr>
<tr><td>400</td></tr>
<tr><td rowspan="4">10</td><td rowspan="4">10</td><td>400</td><td rowspan="7">100</td></tr>
<tr><td>600</td></tr>
<tr><td>1000</td></tr>
<tr><td>1500</td><td rowspan="4">50</td><td rowspan="4">0～3</td></tr>
<tr><td rowspan="3">20</td><td rowspan="3">20</td><td>1500</td></tr>
<tr><td>1800</td></tr>
<tr><td>2500</td></tr>
</table>

注：对于使用在直流系统中的监测装置，其量程用平均值标定；如有其他要求，由供需双方协商。

(4) 应耐受表 3.147 规定的大电流冲击 2 次和方波冲击电流 18 次而不损坏，每次冲击时均应准确地做出动作指示。

(5) 监测器的电流测量性能应符合 GB/T 7676.1 和 GB/T 7676.2 的规定，其量程及等级指数应满足表 3.147 的要求。

(6) 监测装置的残压应小于所配置避雷器残压的 3%，最大不应超过 3.0 kV。

(7) 例行试验项目包含外观检查、密封试验、动作性能试验、电流测量性能试验。

(8) 抽样试验项目包含残压试验、大电流冲击耐受试验、方波冲击电流耐受试验。

(9) 型式试验项目包含外观检查、外绝缘耐受试验、残压试验、密封试验、动作性能试验、大电流冲击耐受试验、方波冲击电流耐受试验、温度循环性能试验、振动和冲击性能试验、电流测量性能试验、工频电流耐受能力试验。

(10) 定期试验项目包含残压试验、密封试验、动作性能试验、大电流冲击耐受试验、方波冲击电流耐受试验、电流测量性能试验、工频电流耐受能力试验。

监测器的监造要点见表 3.148。

表 3.148 监测器的监造要点

<table>
<tr><th>监造项目</th><th>见证内容</th><th>见证方式</th><th>见证依据</th><th>监造要点</th></tr>
<tr><td rowspan="3">监测器</td><td>资料审查</td><td>R</td><td rowspan="3">《交流无间隙金属氧化物避雷器用监测器》(JB/T10942—2004)</td><td>要求：如为外购件，应有详细的试验报告(包括型式试验报告和出厂检验报告)；如为自行生产，应有型式试验报告</td></tr>
<tr><td>例行试验</td><td>W</td><td>要求：试验项目符合供应商工艺及相关标准要求</td></tr>
<tr><td>供应商</td><td>R</td><td>要求：监测器的供应商与技术协议一致</td></tr>
</table>

3.5.4.7 压板、端盖与垫块

(金属)压板、端盖和垫块(图3.187),即避雷器的内部支撑件,在避雷器内部起支撑、固定、紧固作用,属于避雷器的机械元件;把电阻片固定在同心圆内,防止轴向位移,使避雷器整体结构更加牢固;在安装和运输过程中,保证避雷器内部元件仍然保持良好的接触。

(a) 压板

(b) 端盖

(c) 垫块

图3.187 避雷器内部支撑件的实物图

避雷器内部支撑件的技术要求如下:

(1) 压板、端盖和垫块的材质应符合供应商设计图纸和工艺要求。

(2) 压板、端盖和垫块的尺寸应符合供应商设计图纸和工艺要求。

(3) 压板、端盖和垫块的形位公差和表面粗糙度应符合供应商工艺要求及相关标准要求。

避雷器内部支撑件的监造要点见表3.149。

表3.149 避雷器内部支撑件的监造要点

监造项目	见证内容	见证方式	见证依据	监造要点
压板、端盖、垫块	资料进厂审查	R	技术协议 GB 11032 供应商设计图纸	要求:应有材质证明、尺寸检查等试验报告
	外观检查	W		要求:查验连接片、端盖、垫块的外观质量
	进厂复检	W		要求:进厂复检项目符合供应商工艺及相关标准要求
	供应商	R		要求:连接片、端盖、垫块的供应商与技术协议一致

3.5.5 主要生产工艺及监造要点

3.5.5.1 生产工艺概述

1. 避雷器的主要生产工艺流程

避雷器的主要生产工艺流程如图3.188所示。

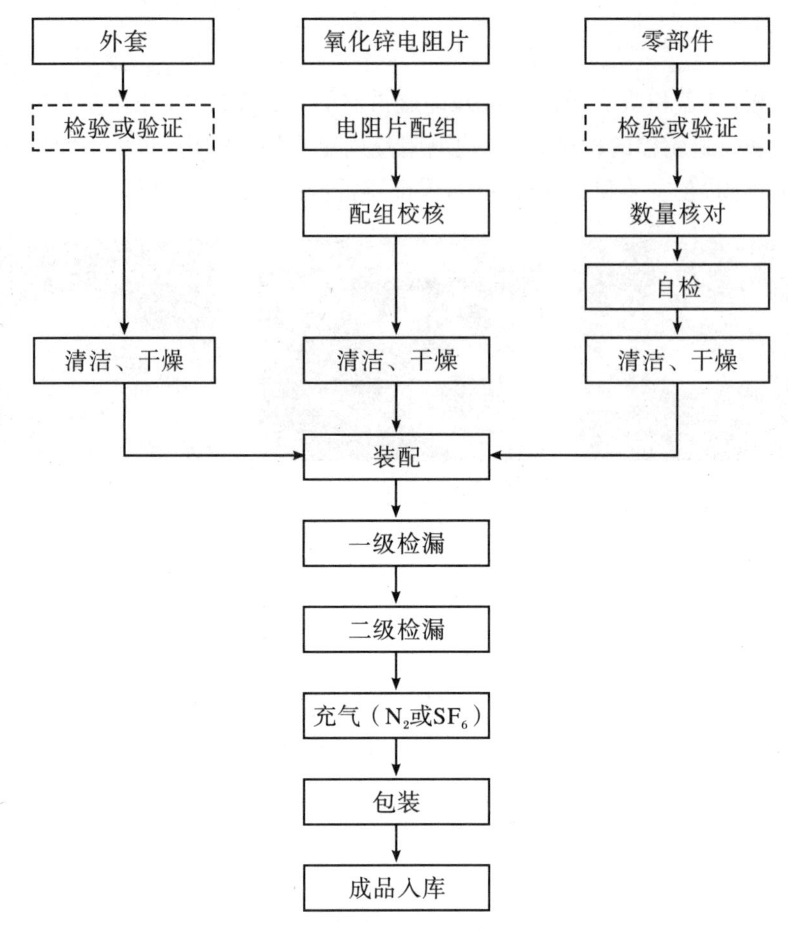

图 3.188　避雷器的主要生产工艺流程图

2. 避雷器的生产流程

用抽查试验合格的电阻片按照用户要求参数进行配组，同时对外套、绝缘件、金属附件进行检查处理，合格后按照工艺要求进行烘干处理，然后按照图纸进行装配，装配后进行检漏、充气，最后按照要求进行出厂试验，合格后入库包装发货。

3.5.5.2　总装配过程及监造要点

1. 总装配过程

(1) 下端盖板的组装：将相应的支撑工装放置到位，调整好定位螺杆，按照压板、防爆板、防爆板密封圈、下盖板的顺序，依次放置到支撑工装上，对正孔位，然后在相应的位置放置主密封圈和防水密封圈。

(2) 芯体组装：电阻片的安装顺序应符合图纸要求，用垫片调整芯体高度，直至符合图纸要求后，将电阻片对正校直后用绝缘螺母紧固。

(3) 隔弧筒组装：芯体组装完成后将隔弧筒穿过芯体与定位套相配合。

(4) 外套组装：① 用软吊索缓缓吊起外套，将外套对正已组装好的芯体，缓缓降下外套；② 用图纸规定的螺栓将下端盖板和外套下法兰紧固；③ 将已与芯体下端法兰固定的外套吊离工作台，装下端引弧板。

(5) 上端盖板组装：① 将上端盖板的主密封面向上放在工作台上，酒精擦拭零件表面，在上盖板主密封槽内涂抹密封胶，防水密封槽内涂抹密封胶，涂抹均匀，不应有多余的密封胶外溢，放置相应的密封圈。② 上盖板端面放密封圈、防爆板，压上压板，方法如下盖板所述，然后用螺栓周边均匀紧固。

(6) 自封阀的安装：应先在自封阀的螺纹处涂抹均匀的密封胶，然后用扳手紧固在盖板上。紧固时，自封阀阀体的螺纹与盖板螺孔应对正，紧固过程中应无滑丝、阻丝等现象。

2. 监造要点

避雷器总装配的监造要点见表3.150。

表3.150 避雷器总装配的监造要点

监造项目	见证内容	见证方式	见证依据	监造要点
总装配	检查避雷器装配的操作过程	W	技术协议 GB 11032 供应商设计图纸	要求： (1) 工作环境：需在保持温湿度的防尘室进行 (2) 套管内表面光滑、法兰面平整，检查法兰密封槽尺寸 (3) 检查绝缘件、密封件、隔弧筒、绝缘杆、防爆膜、压板、端盖、垫块及相应的紧固件，按组装作业指导书进行操作；查看铭牌标示是否符合图纸要求，装配是否正确无误，检查上述部件组装过程中的清洁情况 (4) 检查电阻片有无缺陷，是否符合供应商工艺文件要求 (5) 检查各部件间的配合尺寸，是否符合供应商工艺文件要求 (6) 检查装配确认表、装配记录表，按工艺要求均匀拧紧，紧固螺栓 (7) 带间隙装配(线路)：符合工艺要求

3.5.6 出厂试验及监造要点

3.5.6.1 氧化锌避雷器的主要电气参数术语和定义

(1) 持续运行电压(U_c)：允许持久地施加在避雷器端子间的工频电压有效值。

(2) 额定电压(U_r)：施加到避雷器端子间的最大工频电压有效值，按照此电压所设计的避雷器，能在规定的动作负载试验中确定暂时过电压下正确动作。它是表明避雷器运行特性的一个重要参数，但它不等于系统标称电压。

(3) 工频参考电压($U_{ref.ac}$)：在避雷器通过工频参考电流时测出的避雷器的工频电压最大值除以$\sqrt{2}$。

(4) 工频参考电流($I_{ref.ac}$):用于确定避雷器工频参考电压的工频电流阻性分量的峰值。工频参考电流应足够大,使杂散电容对所测避雷器参考电压的影响可以忽略,该值由制造厂规定。典型范围为电阻片面积每平方厘米 0.05~ 1.0 mA。

(5) 直流参考电压($U_{ref.dc}$):在避雷器流过直流参考电流时测出的避雷器的直流电压平均值。

(6) 直流参考电流($I_{ref.dc}$):用于确定避雷器直流参考电压的直流电流平均值。通常取 1~ 5 mA。

(7) 0.75 倍直流参考电压下的漏电流:0.75 $U_{1\,mA}$下漏电流一般不超过 50 μA。多柱并联和额定电压 216 kV 以上的避雷器漏电流由制造厂和用户协商规定。

(8) 标称放电电流(I_n):用来划分避雷器等级的、具有 8/20 波形的雷电冲击电流峰值,一般为 1~20 kA。

(9) 残压(U_{res}):放电电流流过避雷器时其端子间的最大电压峰值。相关参数有雷电冲击电流(8/20 μS)残压、陡波冲击电流(1/5 μS)残压和操作冲击电流(30/80 μS)残压。

(10) 雷电冲击保护水平:陡波电流冲击下最大残压除以 1.15 和雷电冲击最大残压两值中较大者为避雷器的雷电冲击保护水平。

(11) 操作冲击保护水平:避雷器的操作冲击保护水平是在规定操作电流冲击下的最大残压。

(12) 荷电率:表征单位电阻片上的电压负荷,是氧化锌避雷器的持续运行电压峰值与参考电压的比值。荷电率的高低对避雷器老化的影响很大。荷电率一般采用 45%~ 75%,甚至更高。计算公式为

$$\eta = \frac{\sqrt{2}U_c}{U_{ref.dc}(1\ \mathrm{mA})}$$

(13) 压比:避雷器雷电冲击残压与参考电压之比。例如,10 kA 压比为 $U_{10\,kA}/U_{1\,mA}$。压比越小,保护性能越好,目前产品的压比一般为 1.6~2.0。

3.5.6.2 避雷器的技术参数

550 kV 电站用避雷器的技术参数见表 3.151。

表 3.151 550 kV 电站用避雷器的技术参数

序号	参数名称		单位	标准参数值	
1	型号	对瓷外套避雷器适用		Y20W-444/1106	Y20W-420/1046
2		对复合外套避雷器适用		YH20W-444/1106	YH20W-420/1046
3	额定电压		kV	444	420
4	持续运行电压		kV	324	318
5	标称放电电流		kA	20	20
6	直流 1 mA 参考电压		kV	≥597	≥565
7	0.75 倍直流 1 mA 参考电压下的漏电流		μA	≤50	≤50
8	工频参考电压		kV	≥444	≥420

续表

序号	参数名称	单位	标准参数值	
9	2 kA 操作冲击电流下的最大残压(峰值)	kV	≤907	≤858
10	20 kA 雷电冲击电流下的最大残压(峰值)	kV	≤1106	≤1046
11	20 kA 陡坡冲击电流下的最大残压(峰值)	kV	≤1238	≤1170
12	大电流冲击耐受能力,4/10 μs,2 次	kA	100	100

3.5.6.3 试验项目概述

避雷器的试验可分为型式试验(设计试验)和例行试验(出厂试验)两种。

1. 例行试验

出厂的每台避雷器都要进行的试验叫例行试验。例行试验项目包括直流参考电压试验、0.75 倍直流参考电压下的漏电流试验、持续电流(全电流和阻性电流)试验、工频参考电压试验、局部放电试验和密封试验。

2. 型式试验

新设计的产品投产前进行的试验叫型式试验。型式试验项目包括外套绝缘耐受试验、残压试验、长期稳定性试验、重复转移电荷耐受试验、散热特性试验、动作负载试验、工频电压耐受时间特性试验、脱离器/故障指示器试验、短路试验、弯曲负荷试验、环境试验、密封试验、无线电干扰电压试验、内部零部件绝缘耐受试验、内部均压部件试验、污秽试验、持续电流试验、工频参考电压试验、直流参考电压试验、0.75 倍直流参考电压下的漏电流试验、局部放电试验和统一爬电比距检查。

3.5.6.4 出厂试验及监造要点

1. 直流参考电压试验

试验目的:为了检查 ZnO 阀片是否受潮或者是否劣化,确定其动作性能是否符合产品性能要求。

试验方法和要求如下:

(1) 采用高压直流发生器进行试验,高压试验连线如图 3.189 所示。

(2) 对避雷器(或避雷器元件)施加直流电压,当通过试品的电流等于直流参考电流时,测出试品上的直流电压值;如果参考电压与极性有关,取低值。

(3) 直流电压脉冲部分应不超过±1.5%。

(4) 试验环境温度为 20 ℃±15 K。测量时应记录环境温度,阀片的温度系数一般为 0.05%~0.17%,即温度升高 10 ℃,直流 1 mA 电压约降低 1%,所以必要的时候应该进行换算,以免出现误判断。

(5) 对整只避雷器(或避雷器元件)测量直流参考电流下的直流参考电压值,其值应不小于 GB 11032 中的规定数值。

(6) 避雷器直流 1 mA 电压的数值不应该低于 GB 11032 中的规定数值,且直流 1 mA

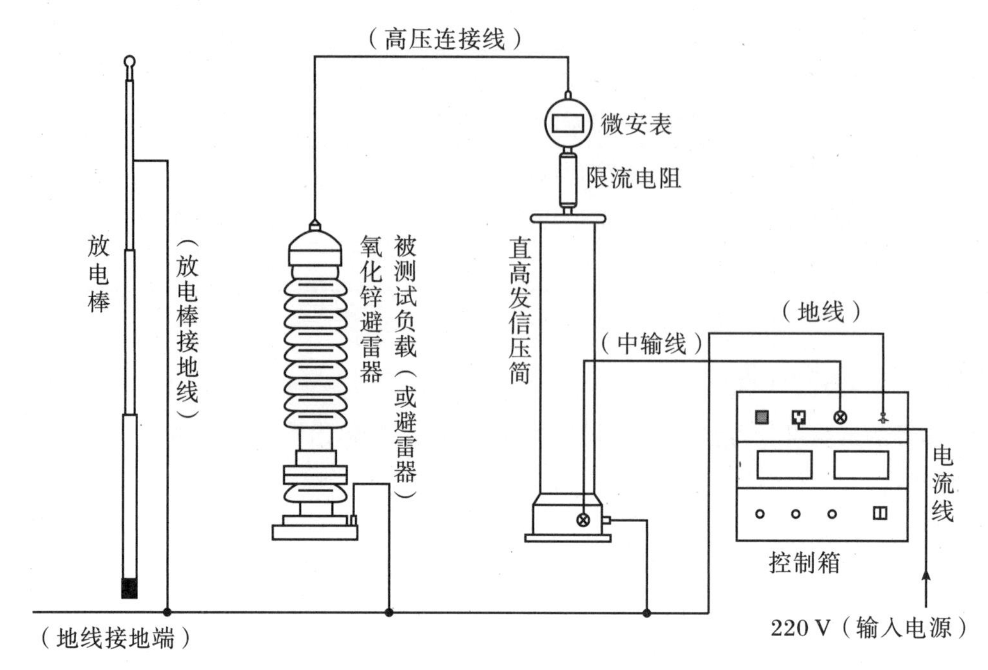

图 3.189　直流参考电压试验接线图

电压的实测值与初始值或制造厂规定值比较，变化不应超过 ± 5%，如试验数据虽未超过标准要求，但是与初始数据出现比较明显的变化时应加强分析，并且在确认数据无误的情况下加强监视，如增加带电测试的次数等。

(7) 由于无间隙氧化锌避雷器优异的非线性特性，在直流泄漏电流超过 200 μA 时，此时电压升高一点，电流将会急剧增大，所以此时应该放慢升压速度，在电流达到 1 mA 时，读取电压值。

(8) 由于无间隙氧化锌避雷器表面的泄漏原因，在试验时应尽可能地将避雷器瓷套表面擦拭干净。如果直流 1 mA 电压试验值仍然不合格，应在避雷器瓷套表面装一个屏蔽环，让表面泄漏电流不通过测量仪器，而直接流入大地。

(9) 直流 1 mA 电压试验值与产品出厂值相比较，变化不应该大于 ± 5%。

2. 工频参考电压试验

试验目的：判断避雷器的老化、劣化程度。

试验方法和要求如下：

(1) 对避雷器(或避雷器元件)施加工频电压，当通过试品的阻性电流等于工频参考电流时，测出试品上的工频电压峰值。

(2) 参考电压等于该工频电压峰值除以$\sqrt{2}$；如果参考电压与极性有关，取低值。

(3) 试验中的环境温度宜为(20 ± 15) ℃。

(4) 当为多节避雷器时应该对每节单独进行试验，如果一相中有一节不合格，应更换该节避雷器。

(5) 试验中尤其应该注意：由于试验电压对避雷器而言相对较高(超过额定电压)，所以在到达工频参考电流时应该缩短试验时间，施加工频参考电压的时间应严格控制在 10 s

以内。

(6) 每只避雷器(或避雷器元件)的工频参考电压应在制造厂选定的工频参考电流下测量。在例行试验中,应为规定选用工频参考电流下的避雷器最小工频参考电压值。

3. 倍直流参考电压下漏电流试验

试验目的:测量 0.75 倍直流参考电压下流过避雷器的漏电流,判断避雷器的老化、劣化程度。

试验方法和要求如下:

(1) 采用高压直流发生器进行试验,对避雷器施加 0.75 倍直流参考电压,测量通过避雷器的漏电流,如果漏电流与极性有关,取高值。

(2) 0.75 倍直流参考电压下漏电流必须小于 50 μA。

(3) 避雷器在测试时可能会由于瓷套表面的污秽程度较高而影响测试结果,必要时,需对瓷套表面进行清理或屏蔽。

(4) 测试 0.75 倍直流参考电压下的泄漏电流时,应尽量避免在早上和傍晚湿度较大的时段进行。

4. 持续电流试验

试验目的:判断避雷器的老化、劣化程度。

试验方法和要求如下:

(1) 对试品施加持续运行电压,测量通过试品的全电流和阻性电流。

(2) 如果在避雷器的元件上进行时,所施加的持续运行电压按整只避雷器的额定电压与元件额定电压的比例计算。

(3) 试验环境温度为 20 ℃ ±15 K。

(4) 持续电流数据应与同一设备测量的历史数据进行综合分析。

(5) 例行试验可在整只避雷器或避雷器元件上进行;型式试验应在整只避雷器上进行。

5. 局部放电试验

试验目的:判断避雷器的老化、劣化程度。

试验方法和要求如下:

(1) 试验时,施加在试品上的工频电压应升至额定电压,保持 2～10 s,然后降到试品的 1.05 倍持续运行电压,在该电压下,按照 GB/T 7354 的规定测量局部放电和内部局部放电值。

(2) 在 1.05 倍持续运行电压下测得的内部局部放电值不应超过 10 pC。

(3) 试验时,试品可以采用屏蔽措施以防止外部的局部放电,屏蔽措施不应影响避雷器的电压分布。

(4) 例行试验时,生产商可在额定电压或者更高电压下进行局部放电测量,而不用降低试验电压,以提高试验效率。

(5) 例行试验时,内部局部放电试验可以在整只避雷器或避雷器元件上进行,也可采用其他灵敏的方法检验每只避雷器或避雷器元件的局部放电。

(6) 型式试验应在整只避雷器上进行。经供需双方同意,型式试验可以在避雷器元件上进行,此时应对避雷器最长的元件进行试验,如果其不代表单位长度最高的电压应力,应该对具有最高电压应力的元件进行附加试验。

6. 密封性能试验

试验目的:验证避雷器整个系统的气密性和水密性。

试验方法和要求如下:

(1) 试验要在一个完整的避雷器上进行,内部元件可以省略。如果避雷器包含有密封系统方面的差异元件,将要对每个代表不同密封系统的元件进行试验。

(2) 生产商可以采用任何灵敏方法测量避雷器整个密封系统的密封泄漏率。试验时,建议采用氦质谱检漏仪检漏法,漏气率要求小于 6.65×10^{-5} Pa·L·s^{-1}。

(3) 采用抽气浸泡法、热水浸泡法进行试验,试验具体方法可按 JB/T 7618 进行。

(4) 避雷器应有可靠的密封。在避雷器寿命期间内,不应因密封不良而影响避雷器的运行性能。

3.5.6.5 出厂试验的监造要点

避雷器出厂试验的监造要点见表 3.152。

表 3.152 避雷器出厂试验的监造要点

<table>
<tr><th>序号</th><th>监造项目</th><th>见证内容</th><th>见证方式</th><th>见证依据</th><th>监造要点</th></tr>
<tr><td rowspan="5">1</td><td rowspan="5">试验前检查</td><td>出厂试验方案</td><td rowspan="5">W</td><td rowspan="5">技术协议
GB 11032
供应商标准</td><td rowspan="5">要求:
(1) 按技术协议书审核出厂试验项目、试验方法和判据是否符合国标、技术协议规定
(2) 查看仪器、仪表,要求完好,且在检定周期内
(3) 查验试验人员的资质证明
(4) 检查产品铭牌参数一致性
(5) 检查产品外观结构是否符合图纸要求,记录温度、湿度</td></tr>
<tr><td>仪器、仪表</td></tr>
<tr><td>试验人员的资质</td></tr>
<tr><td>检查产品铭牌</td></tr>
<tr><td>试验环境检查</td></tr>
<tr><td rowspan="7">2</td><td rowspan="7">出厂试验</td><td>产品外观检查</td><td>H</td><td rowspan="7">技术协议
GB 11032
供应商标准</td><td>要求:检查产品外观</td></tr>
<tr><td>直流参考电压试验</td><td>H</td><td rowspan="3">要求:注意仪器仪表的读数,记录测试结果;判别是否符合技术协议、供应商标准的要求</td></tr>
<tr><td>0.75 倍直流参考电压下的漏电流</td><td>H</td></tr>
<tr><td>持续电流(全电流和阻性电流)试验</td><td>H</td></tr>
<tr><td>工频参考电压试验</td><td>H</td><td>要求:注意仪器仪表的读数,记录参考电流值;判别是否符合技术协议、供应商标准的要求</td></tr>
<tr><td>局部放电试验</td><td>H</td><td rowspan="2">要求:注意仪器仪表的读数,记录测试结果;判别是否符合技术协议、供应商标准的要求</td></tr>
<tr><td>密封试验</td><td>H</td></tr>
</table>

3.5.7 包装、存放和发运的监造要点

1. 避雷器的存放

避雷器的存放要求如下：

(1) 应储存在环境温度0～30 ℃、相对湿度不超过85%、通风、无腐蚀气体的室内。存储时应紧靠地面和墙壁。

(2) 在气候潮湿的地区或潮湿的季节，避雷器如长期不用，要求每月开机通电一次(约2 h)，散发潮气，保护元器件。

2. 避雷器的发运

产品运输时必须进行包装，包装箱可用纸箱或木箱，包装箱内应垫有泡沫防震层。包装好的产品应能经公路、铁路、航空运输。运输过程中不得置于露天车厢。仓库应注意防雨、防尘、防机械损伤。

3. 避雷器发运的监造要点

避雷器发运的监造要点见表3.153。

表3.153 避雷器发运的监造要点

监造项目	见证内容	见证方式	见证依据	监造要点
发运前检查	货物(包括备品)和随货发运的资料	R、W	订货技术协议 供应商标准	要求： (1) 按装箱单核对货物(包括备品)和随货物发运的资料是否齐全 (2) 查看货物包装是否符合供应商标准的要求

3.5.8 典型案例

1. 案例1

问题描述：2012年7月30日，主变侧26B开关B相避雷器泄漏电流表进水，观察窗内有水雾，避雷器型号为YH10W－200/496W，Ⅲ级防污，于2008年5月生产。

原因分析：避雷器放电计数器因密封不严进水。

处理情况：对问题产品进行了更换。

防范措施：督促供应商加强对产品的密封性检测，加强对现场户外型表计的密封检查。

2. 案例2

问题描述：2012年7月30日，检测发现1台避雷器的瓷套管爬电距离为7650 mm，小于技术协议要求的7812 mm，设备型号为Y10W5－216/562，于2012年7月生产。

原因分析：供应商未认真核对技术协议的要求，工作人员疏忽，生产过程控制不严。

处理情况：供应商更换了瓷套管，更换后检测爬电距离为8161 mm(大于7812 mm)，符

合技术协议要求，并承诺加强内控管理，避免此类问题发生。

防范措施：部分供应商以生产任务繁重导致工作人员疏忽为借口，致使产品性能达不到要求，愿意为供应商重新获取订单；忽视自身生产能力，不重视质量管理，应加大对此类供应商的质量管控。

3. 案例 3

问题描述：2012 年 7 月 15 日，在对氧化锌避雷器进行试验时，发现该批产品存在泄漏电流偏大的问题，经检查，这批 656 只避雷器共有 79 只试验不合格，产品不合格率较高。

原因分析：供应商质量意识薄弱，对产品生产制造及出厂试验环节控制不严，导致部分产品不合格仍出厂。

处理情况：全部进行更换。

防范措施：应督促供应商提高质量意识，加强工艺控制，严把出厂试验关，严禁不合格产品出厂。

4. 案例 4

问题描述：2012 年 11 月 26 日，在安装阶段，发现该批避雷器缺少合格证。设备型号为交流避雷器，AC10 kV，17 kV，硅橡胶，50 kV，不带间隙，于 2012 年 6 月生产。

原因分析：供应商包装运输环节控制不严，包装中缺少合格证，但未进行认真检查。

处理情况：对避雷器重新进行试验，并补充合格证。

防范措施：督促供应商重视包装运输，细化包装检查；发运前，应认真检查相关附件及文件资料是否齐全。

第4章　开关类设备及监造要点

4.1　组 合 电 器

4.1.1　概述

高压组合电器的设备自20世纪60年代实用化以来，已广泛运行于世界各地；不仅在高压、超高压领域被广泛应用，而且在特高压领域也被使用。

1. 定义

六氟化硫(SF_6)封闭式组合电器(图4.1)，国际上称为“气体绝缘开关设备”(Gas Insulated Switchgear)，简称GIS，它将一座变电站中除变压器以外的一次设备，包括断路器、隔离开关、接地开关、电压互感器、电流互感器、避雷器、母线、电缆终端、进出线套管等，经优化设计有机地组合成一个整体。变电站中除变压器、母线外所有一次电气元件的组合，包括断路器、隔离开关、接地开关、电流互感器(有时还包括电压互感器、避雷器)、进出线套管集成在一起的单相气体绝缘金属封闭开关设备，称为HGIS。从产品结构方面定义，HGIS就是没有三相母线的GIS，根据变电站一次主接线图和布置图的要求，HGIS可由GIS简化构成，也可由罐式断路器(TGCB)扩装并集成其他电器元件构成。

图4.1　变电站的六氟化硫(SF_6)封闭式组合电器

在电力系统的采购和使用中，将 GIS 和 HGIS 统称为高压组合电器，而在高压开关行业的产品产量统计中，也将 HGIS 归类于 GIS 设备进行统计，故本书以下统称为 GIS。

2. 特点

与常规敞开式变电站相比，GIS 的优点在于结构紧凑、占地面积小、可靠性高、配置灵活、安装方便、安全性强、环境适应性强，维护工作量小。

(1) 小型化：因采用绝缘性能卓越的 SF_6 气体做绝缘和灭弧介质，所以能大幅度缩小变电站的体积，实现小型化。

(2) 可靠性高：由于带电部分全部密封于惰性 SF_6 气体中，大大提高了可靠性。此外具有优良的抗地震性能。

(3) 安全性好：带电部分密封于接地的金属壳体内，因而没有触点危险。SF_6 为不燃烧气体，所以无火灾危险。

(4) 杜绝对外部的不利影响：因带电部分以金属壳体封闭，对电磁和静电实现屏蔽，噪声小，抗无线电干扰能力强。

(5) 安装周期短：由于实现小型化，可在工厂内进行整机装配和试验合格后，以单元或间隔的形式运达现场，因此可缩短现场安装工期，提高可靠性。

(6) 维护方便，检修周期长：因其结构布局合理，灭弧系统先进，大大提高了产品的使用寿命，因此检修周期长，维修工作量小，而且由于小型化，离地面低，日常维护方便。

4.1.2 分类及表示方法

4.1.2.1 分类

高压组合电器一般按安装场所、结构形式、绝缘介质和主接线方式进行分类。

1. 按安装场所分类

高压组合器可分为户内型和户外型。户内型不受日照、雨水、温差等影响，金属外壳结构简单，安装、维护、检修条件较好。户外型对外壳法兰要加强密封或防腐措施，螺栓和支承件要有防锈措施。

2. 按结构形式分类

高压组合电器可分为以下几类(图 4.2)：

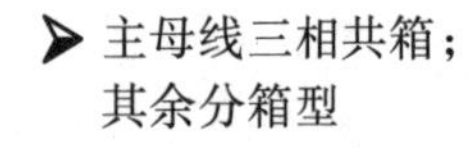

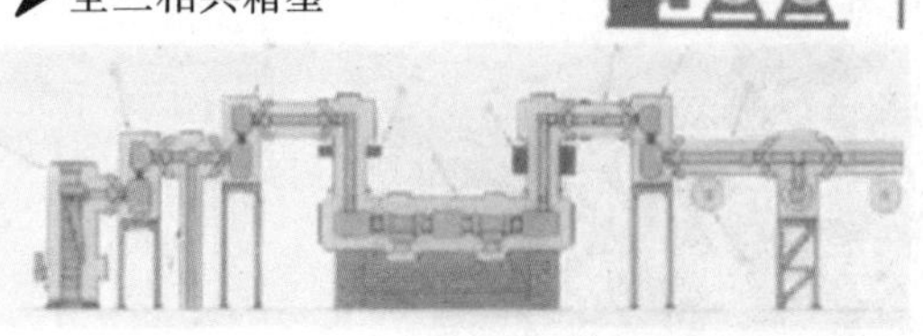

图 4.2 高压组合电器的结构分类图

(1) 三相封闭型(三相共筒式或共箱式)，即 GIS 每个元件的三相集中安装于一个金属圆筒形外壳内，用环氧树脂浇注件支撑和隔离，外壳数量少，三相整体外形尺寸小，密封环节少。但相间相互影响较大，有发生相间绝缘故障的可能，目前只在 126 kV 实现了三相共筒式结构。

(2) 主母线三相共箱，其余元件分箱，仅三相母线共用了一个外壳，利用绝缘子将三相母线支撑在金属圆筒外壳内，其他元件均为分箱式结构，可以缩小 GIS 占地面积，结构相对简单。目前，252 kV GIS 大多采用此种形式。

(3) 单相封闭型(全三相分箱型)，即 GIS 的主回路分相装在独立的金属圆筒形外壳内，由环氧树脂浇注的绝缘子支撑，内充 SF_6 气体。分相式组合电器制造相对简单，不会发生相间故障。目前，550 kV 及以上电压等级的组合电器都为分箱式结构。

(4) 功能和/或结构复合型式，这类型式的 GIS 多体现在隔离开关和接地开关元件上，如在 252 kV 及以下电压等级的 GIS，设计有三工位隔离/接地组合开关，可实现隔离开关合位置——隔离/接地开关分位置——接地开关合位置的转换和闭锁。在 550 kV 及以上电压等级 GIS 中，隔离开关与接地开关采用共体结构设计，即将隔离开关和接地开关元件安装在一个金属圆筒外壳内，隔离开关和接地开关共用一个静触头，分别有各自的电动机操动机构驱动分合闸操作。

(5) 复合绝缘型式，即复合式高压组合电器(HGIS)，按间隔驻接线方式，将所组成的元件如断路器、隔离开关、接地开关、电流互感器等集成一体，组成单相的 SF_6 气体绝缘金属封闭式高压组合电器，进出线套管分别与架空母线或线路相连接，相间为空气绝缘。

4.1.2.2　高压组合电器产品型号的表示方法

高压组合电器产品型号的表示方法如图 4.3 所示。

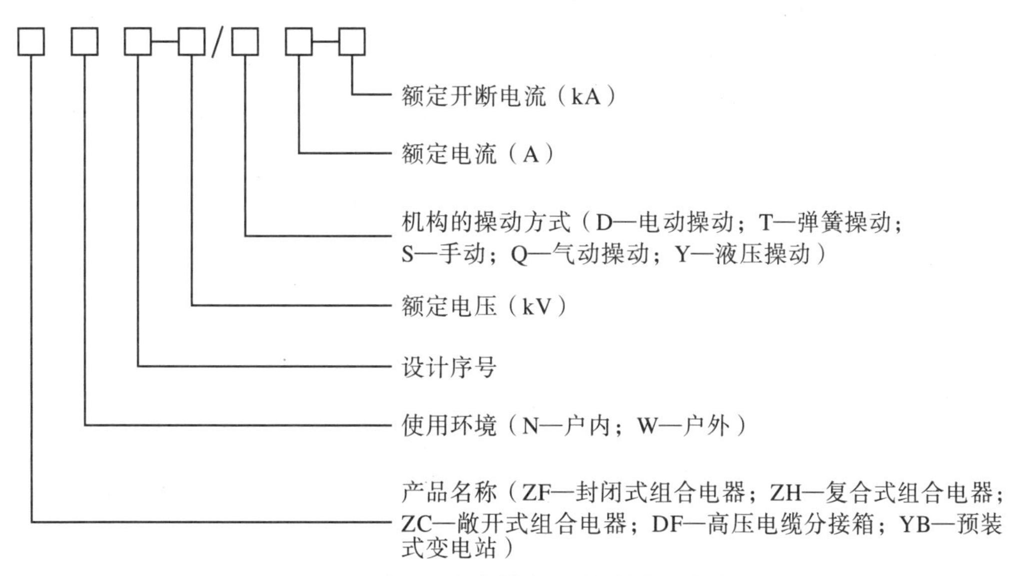

图 4.3　高压组合电器产品型号的表示方法

4.1.3　工作原理

GIS 的所有带电部分均被包围在金属外壳里，并充以高压 SF_6 气体作为对接地外壳的绝缘。环氧树脂浇注的盆式绝缘子用于支持带电导体，并用作与相邻气室的隔离。万一发生故障，可以抽出故障气室里的 SF_6 气体，解体维修，而不影响其他气室的正常运行。此外在 GIS 的每个气室里，都装有进行 SF_6 气体充放的接头、检测气室内 SF_6 气体的压力表和密度继电器，以及防止气体压力过高的防爆膜。因断路器气室中的水分及燃弧而产生的 SF_6 气体的分解物，由吸附剂所吸收。

4.1.4 设备结构

4.1.4.1 高压组合电器的结构

GIS 按各组成元件有断路器(CB)、隔离开关(DS)、检修/故障关合接地开关(ES/FES)、母线(BUS)、电流互感器(CT)、电压互感器(VT)、避雷器(LA)、汇控柜(LCP)、出线装置(电缆终端(CSE)、出线套管)。高压组合电器的标准间隔示意图如图 4.4 所示。

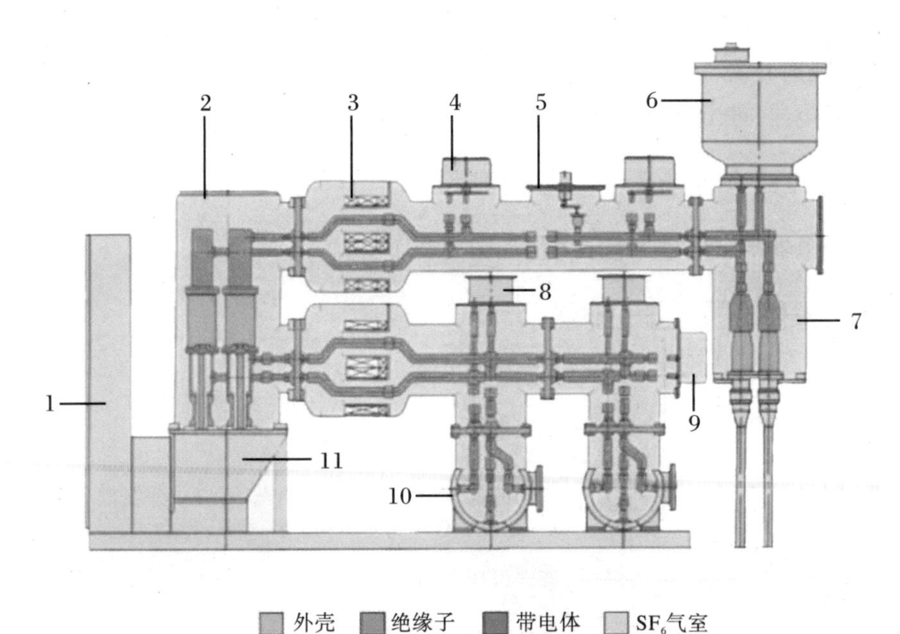

图 4.4 高压组合电器标准间隔示意图

1—汇控柜；2—断路器；3—电流互感器；4—接地开关；5—出线隔离开关；
6—电压互感器；7—电缆终端；8—母线隔离开关；9—接地开关；10—母线；11—操动机构。

4.1.4.2 各单元件的作用

高压组合电器各单元件的作用及结构示意图见表 4.1。

表4.1　高压组合电器各单元件的作用及结构示意图

序号	元件名称	作用	结构示意图
1	断路器	断路器作为GIS的最主要元件与核心元件，可以开合线路中的负荷电流，也能够开合线路故障状态时的短路电流，以实现对输电线路的控制和保护	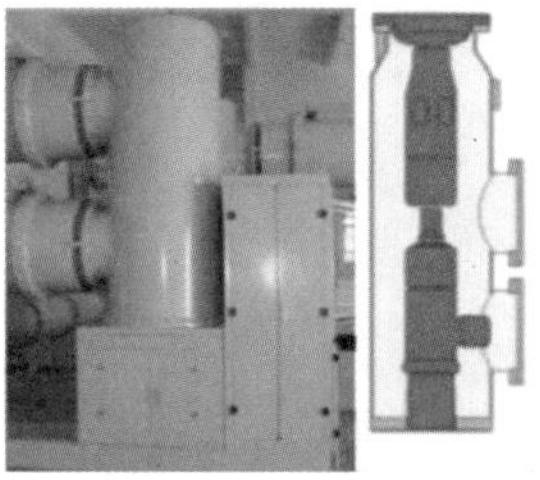
2	隔离开关和接地开关	一种没有专门灭弧装置的开关设备，在分闸状态有明显可见的断口，合闸状态能可靠承载正常工作电流和短路故障电流，但不能用其开断正常的工作电流和短路故障电流。在GIS中，隔离开关和接地开关的本体部件封装在金属壳体内。隔离和接地开关分别采用不同的控制单元 (1) 隔离开关：应能可靠开断母线转移电流(环流)和小电容电流 (2) 接地开关：能在合闸位置承受规定的动热稳定电流，将主回路直接接地 (3) 快速接地开关：能快速可靠地关合规定的短路电流。当母线筒里的导体对外壳短路时，要迅速将此短路引起的电弧熄灭，否则会引起GIS外壳发生爆炸，为此，可用快速接地隔离开关迅速直接接地，通过继电保护装置使断路器跳闸，切断故障电流，使电弧熄灭，保护设备不致损伤过大。通常安装在进线侧	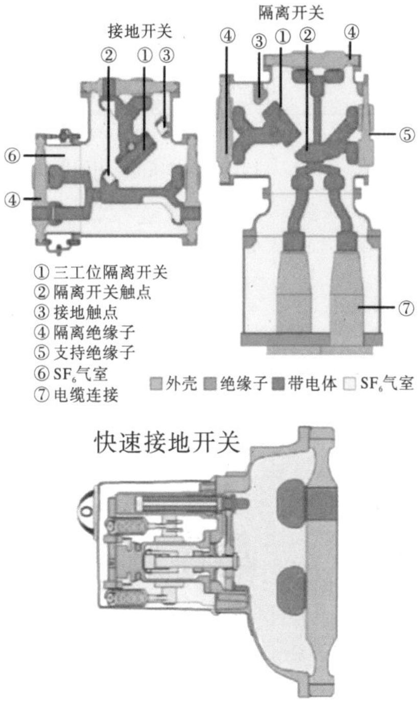
3	电压互感器	在GIS中的作用是降低电压，用于给测量仪表和继电器装置供电，保护高压电网。一般布置在间隔线路侧或母线上。二次端子通过密封的绝缘板引到端子盒，并引至汇控柜内	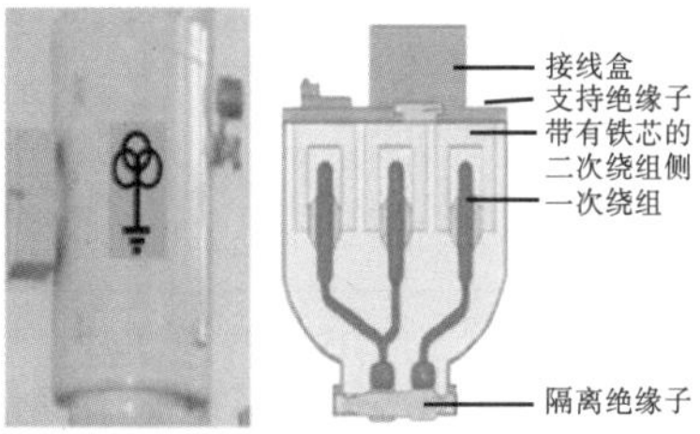
4	电流互感器	在GIS中的作用是降低电压和电流，便于对主回路电流进行测量，起计量和继电保护作用。一般布置在断路器两侧，二次绕组绕在环形铁芯上用环氧树脂浇注在一起。二次端子通过密封的绝缘板引到端子盒，并引至汇控柜内	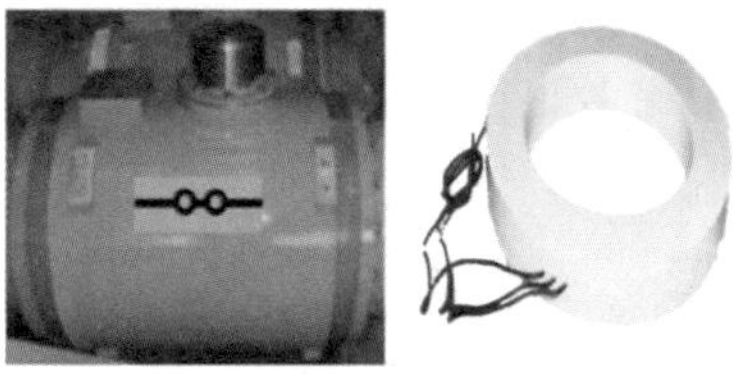

续表

序号	元件名称	作用	结构示意图
5	避雷器	避雷器在 GIS 中是用于预防大气过电压(雷电压)对组合电器的伤害。GIS 配置的避雷器为罐式无间隙金属氧化物避雷器,每相密封在一个充 0.5 MPa SF_6 气体的接地金属罐中,并配有放电计数器及泄漏电流测试仪。避雷器类似一个压敏电阻。当电压低时(正常工作电压),它的电阻值非常大;当电压上升到一定高度时(如雷电压),它的电阻就突然变得非常小,因此将过电压放入大地,也就保护了 GIS 不被高电压伤害,避免了 GIS 供电事故的发生	 
6	母线	GIS 与变压器、出线装置以及间隔之间、元件之间电气连接的主要设备,即 GIS 的带电导体	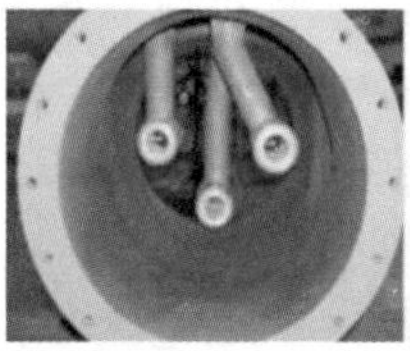 
7	出线装置	根据变电站主接线、布置图以及变电站设计的要求,GIS 间隔出线方式多采用套管出线、电缆终端出线和 GIS 与变压器直接出线	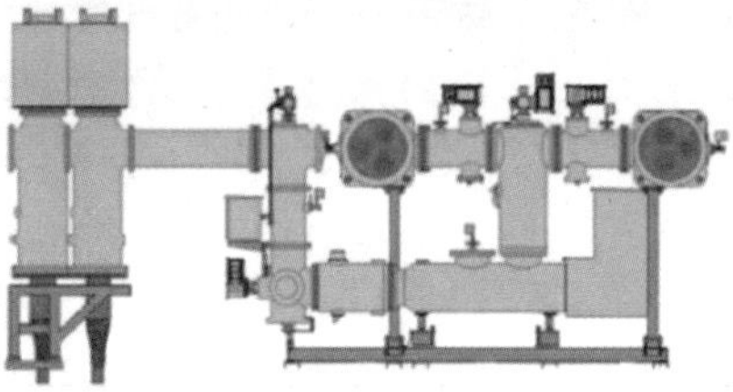 电缆进出线间隔 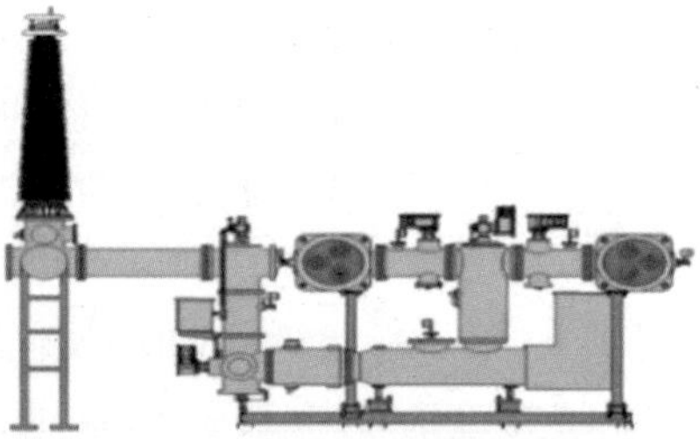 套管进出线间隔
8	汇控柜	对 GIS 进行现场监视与控制的集中控制屏,具有就地操作、信号传输、保护、中继和对 SF_6 系统进行监控等功能 每个汇控柜对本间隔各种开关的合分操作和本间隔的气体压力进行监控。对于电量的计量,电压电流的测量和各种保护功能,汇控柜内留有电压互感器和电流互感器二次的接线端子,起保护作用	

4.1.4.3 各系统的作用

1. 内部导电系统

GIS中断路器、隔离开关、电流互感器、母线、电缆终端(或出线套管)等元件中的带电导体,构成了GIS的内部导电系统。各元件的高压带电部分彼此连通,采用固定连接结构,被封闭在接地的金属壳体中。GIS中各部位的电接触形式实物图如图4.5所示。

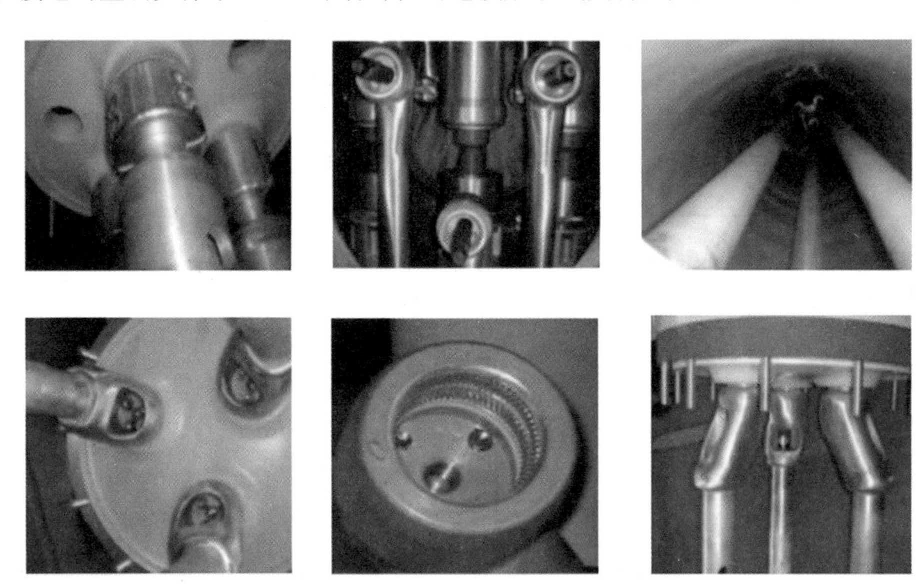

图4.5 GIS中各部位的电接触形式实物图

2. SF_6 气体系统

GIS根据各个元件的不同作用,分成若干个气室,其原则如下:

(1) GIS按SF_6气体压力的不同要求,分为若干个独立气室。断路器在开断电流时,要求电弧迅速熄灭,因此要求SF_6气体压力要高;而隔离开关切断的仅是电容电流,所以压力要低些。

(2) 因绝缘介质不同,分为若干个气室。组合电器必须与架空线、电缆、主变压器相连接,而不同的元件所用的绝缘介质不同,如与变压器的连接,因为油与SF_6两种绝缘介质而采用油气套管。

(3) 因GIS设备检修的需要,分成若干气室。由于元件和母线要连接起来,当某一元件发生故障时,要将该元件的SF_6气体抽出来,分成若干气室能减少故障范围,尽量不影响非故障单元件的正常运行。

(4) GIS最大气室的气体处理时间不超过8 h。对于252 kV及以下设备,单个气室长度不超过15 m,且单个主母线气室对应间隔不超过3个。

(5) 对于双母线结构的GIS,同一间隔的不同母线隔离开关应各自设置独立隔室。对于252 kV及以上GIS,母线隔离开关禁止采用与母线共隔室的设计结构。

(6) 三相分箱的GIS母线及断路器气室禁止采用管路连接。独立气室应安装单独的密度继电器,密度继电器表计应朝向巡视通道。

3. 接地系统

为保证人身和设备安全,GIS 配电装置的主回路、辅助回路、设备构架与所有金属部分均应接地。GIS 配电装置接地点较多,一般设置接地母线,将 GIS 的接地线与接地母线连接,接地母线与接地网多点连接。接地母线一般采用铜排,截面应满足动、热稳定的要求。GIS 有两种接地方式,即全连式外壳多点接地和非全连式外壳一点接地。

采用全连式外壳多点接地时,设备之间的连接部位的外壳应设短接线,并在短接线上引出接地线且接地,为防止构架的金属横梁成为接地线,在支架处应设置外壳短接线。全连式外壳多点接地使三相外壳在电气上形成闭合回路,当导体通过电流时,在外壳上感应出与导体电流大小相当、方向相反的环流,可使外部磁场几乎为零,大大提高了可靠性和安全性。因而,GIS 配电装置的外壳接地广泛采用全连式外壳多点接地。

非全连式外壳一点接地,在 GIS 外壳的每个分段中采用一端绝缘、另一端用一点接地的方式。在结构上,串联的壳体之间一般是在法兰盘处绝缘,对地之间是在壳体支座处绝缘。这种接地方式的优点是,因为长时间没有外壳电流通过,所以即使电流额定值大,外壳的温升也较低,损耗也较小。但缺点也很突出,当发生事故时不接地端外壳感应电压较高,外界的磁场也较强,当导体中流过的电流较大时,往往会使外壳钢筋发热,由于只有一根接地线,可靠性较差。目前,国内 GIS 设计一般不采用此种外壳接地方式。

4. 电气控制系统

为将 GIS 中断路器、隔离开关、接地开关的二次控制回路、电流互感器、电压互感器,以及其他测量保护的指示信号集成在一个装置上,每个间隔设置了汇控柜,构成 GIS 的电气控制系统。汇控柜是 GIS 就地控制,以及变电站主控室与 GIS 二次系统连接的电气装置。GIS 的电气控制系统直接反应各元件的工作状态、电力系统运行状态和变电站的运行方式;可实现就地及远方操作;与主控制屏连接后,可实现自动跳闸和重合闸;控制部分实现组合电器元件的闭锁和元件之间的联锁,保证一次设备安全运行。

4.1.5 分装过程及监造要点

4.1.5.1 生产工艺流程

GIS 产品涉及多学科、多专业的制造工艺,其中工艺重点在各单元分装、产品总装和出厂试验上。其生产工艺流程如图 4.6 所示。

4.1.5.2 各单元分装的基本通用要求

1. 装配环境的基本通用要求

装配环境的基本通用要求如下:

(1) 全封闭洁净车间内,温度在 10~30 ℃;湿度不大于 70%。

(2) 灭弧室装配一般在净化的防尘室内,防尘室内保持正压;温度在 18~28 ℃;湿度不大于 70%;日降尘量小于 20 mg/m²。

(3) 人流、物流分开,人员进出通过风淋门;物料进出经过双门通道,双门设置连锁。

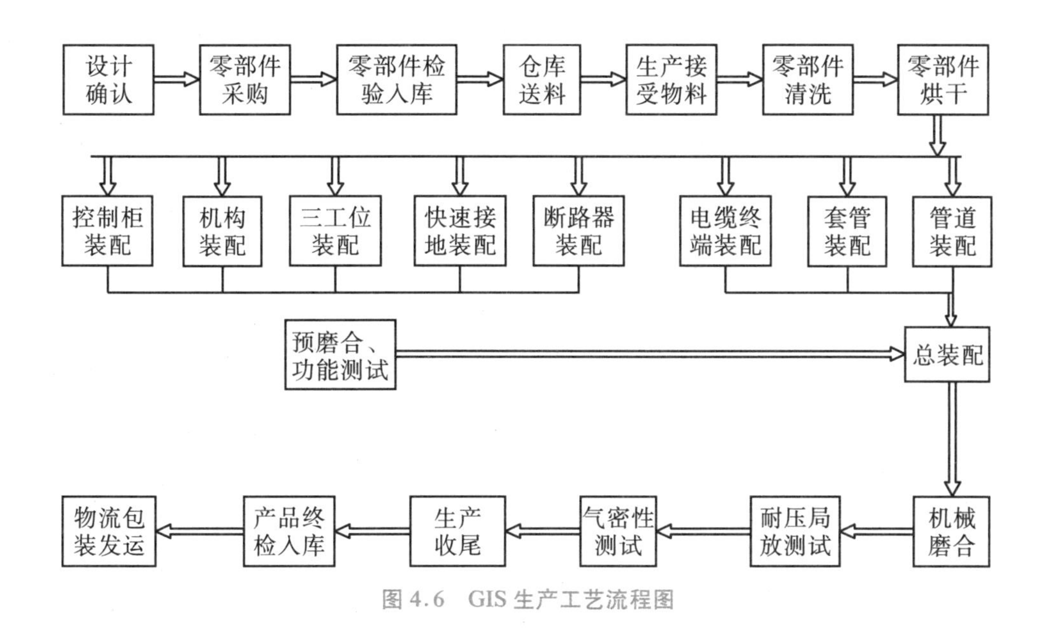

图 4.6 GIS 生产工艺流程图

(4) 车间布局应合理，应分别设置灭弧室装配区、快速接地开关装配区、三工位隔离开关装配区、断路器装配区、母线装配区、模块装配区、GIS 总装配作业区、接线测试区、高压测试区、气密测试区和普通洁净区(壳体存放处，清洗烘干处)，并配备专业的生产工装和试验检测设备。

2. GIS 各单元分装的基本通用要求

GIS 各单元分装的基本通用要求如下：

(1) 所有零部件必须符合图样、工艺及技术要求，并检验合格。

(2) 所有零部件必须按图样装配。

(3) 修磨密封槽尖角，密封槽和密封面不得有划痕；密封圈的尺寸、外观应符合国家标准的规定。

(4) 制造厂应建立断路器装配工艺控制管理文件制度，应严格按照工艺实施装配，每道工序应有相应的检查点，应由专人进行自检和专检，并存有检验记录。

(5) 装配前，要将各种金属、零部件及所用的装配工具清洗干净，去除表面油污、杂质、金属颗粒粉及机加工飞边；GIS 内绝缘件应逐只进行 X 射线探伤试验、工频耐压试验和局部放电试验，局部放电量不大于 3 pC。

(6) 密封圈安装时不应有拉扯、扭曲，并在其上均匀涂上符合要求的高真空硅脂。密封槽两侧外端面均匀涂上密封胶。

(7) 在灭弧室内的所有螺纹装配时都必须点防止螺纹松动的厌氧胶。

(8) GIS 使用的断路器、隔离开关、接地开关和罐式 SF_6 断路器，出厂试验时应进行不少于 200 次的机械操作试验(其中，断路器每 100 次操作试验的最后 20 次应为重合闸操作试验)，以保证触头充分磨合。200 次操作完成后，应彻底清洁壳体内部，再进行其他出厂试验。

(9) 各装配单元的电阻测量值应在产品技术要求规定的范围内。

(10) 断路器、隔离开关的分、合闸操作动作应正确，指示正常，便于观察。

(11) 隔离开关的二次回路严禁具有“记忆”功能。

4.1.5.3 各单元件及分装过程

1. 断路器的主要部件及装配监造要点

断路器(图 4.7 和图 4.8)是 GIS 的核心部件，也是电力系统中最重要的控制和保护设备。其基本结构有三相共箱式和三相分箱式，按布置方式有立式和卧式。由静触头装配、动触头装配、灭弧喷管、压气装置、绝缘拉杆装配和绝缘支座组成的灭弧室总成封装在金属壳体内，组成 GIS 断路器本体，操动机构通过传动机构与灭弧室的绝缘拉杆装配相连，带动断路器进行分、合闸操作。

图 4.7 GIS 断路器的外部结构示意图

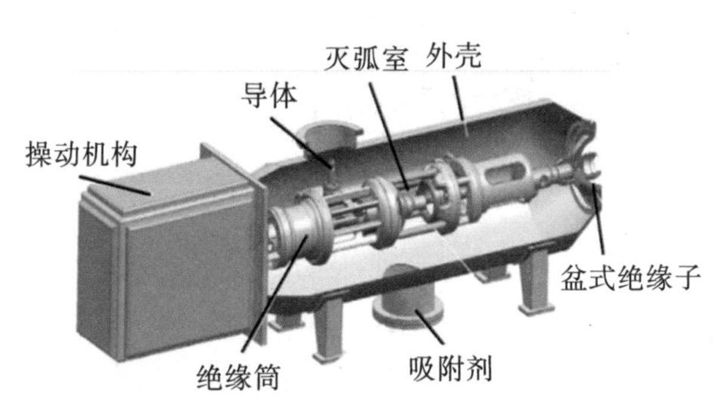

图 4.8 GIS 断路器的内部结构示意图

1) 绝缘拉杆及监造要点

断路器的绝缘拉杆(图 4.9)是用来传递断路器操动机构到其动触头的操作力，它必须能够承受规定的“分—合—分”的操作循环、极对地的正常运行电压，还能够承受故障情况下极对地的过电压。一般绝缘拉杆采用环氧玻璃布板真空引拔管，也有采用环氧玻璃布板等材料制作的。

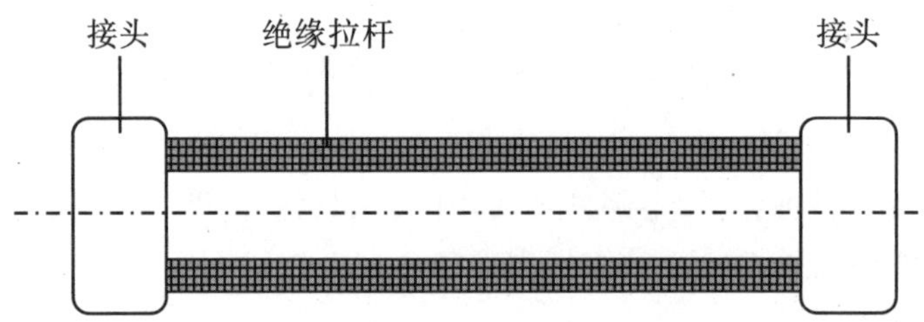

图 4.9 断路器绝缘拉杆的结构图

对于绝缘拉杆的要求具体有以下几点：

一般要求包括外观要求、结构要求和标志包装与贮存要求三种。

外观要求：外观应光滑，无气泡、皱纹或开裂；玻纤布与树脂粘接应完好，杆段间连接应牢固。

结构要求：绝缘拉杆的金属配件与空心管、填充管(以下简称绝缘管)、绝缘板的连接应牢固，使用时灵活方便。绝缘拉杆的最短有效绝缘长度和固定部分长度应符合表 4.2 的规定。

表 4.2 绝缘拉杆的技术要求

额定电压(kV)	最短有效绝缘长度(m)	固定部分长度(m)
110	1.00	0.20
220	1.80	0.20
330	2.80	0.20
500	3.70	0.20

标志、包装与贮存要求：

(1) 每根出厂的绝缘杆应有永久性的明显标志，标注绝缘杆的名称、规格、制造厂名、颜色标记、型号(包括主要性能)、制造日期。

(2) 绝缘杆应用防潮的塑料袋或其他防潮材料包装，产品与产品之间应垫纸，整个包装应牢固，包装表面应有明显的“防潮”“防雨”“严防碰撞”等字样。包装袋上应有制造厂名、绝缘杆的数量和质量、出厂试验合格证、出厂日期。

(3) 绝缘杆应贮存在干燥、清洁、通风良好的室内工具架上。

电气性能包括以下几点：

(1) 局部放电量小于 3 pC。

(2) 110～220 kV 电压等级绝缘拉杆的电气性能应符合表 4.3 的规定。

表 4.3 110～220 kV 电压等级绝缘拉杆的电气性能

额定电压(kV)	试验电极间的距离(m)	工频闪络击穿电压不小于(kV)	1 min 工频耐受电(kV)
110	1.00	300	230
220	1.80	510	430

(3) 330～500 kV 电压等级绝缘拉杆的电气性能应符合表 4.4 的规定。

表 4.4 330～500 kV 电压等级绝缘拉杆的电气性能

额定电压(kV)	试验电极间的距离(m)	1 min 工频耐受电压(kV)	操作冲击耐受电压(kV)
330	2.80	420	900
500	3.70	640	1175

机械性能：拉杆按其允许拉力荷载分为 10 kN、30 kN 和 50 kN 三个等级，其机械性能应符合表 4.5 的规定。

表 4.5 绝缘拉杆的机械性能

拉杆分类级别	允许荷载(kN)	破坏荷载不小于(kN)	拉伸试验荷载(kN)
10 kN	10.0	30.0	25.0
30 kN	30.0	90.0	75.0
50 kN	50.0	150.0	125.0

绝缘拉杆的监造要点见表 4.6。

表 4.6 绝缘拉杆的监造要点

监造项目	见证内容	见证方式	见证方法	监造要点
绝缘拉杆	机械特性 电气性能	R、W	检测试验报告，必要时抽检	提示：该项见证内容包括拉力强度、例行工频耐压；检查环氧浇注工艺、绝缘拉杆的连接结构；拉杆拆封前的检查，以及暴露时间的控制、断路器的生产厂家 要求： (1) 应满足断路器最大操作拉力的要求，满足断路器灭弧室对地耐压的要求 (2) 应为整体浇注，表面应光滑，无气泡、杂质、裂纹等缺陷 (3) 局部放电量小于 3 pC (4) 应按《国家电网公司十八项电网重大反事故措施》的要求，具有预防绝缘拉杆脱落的有效措施

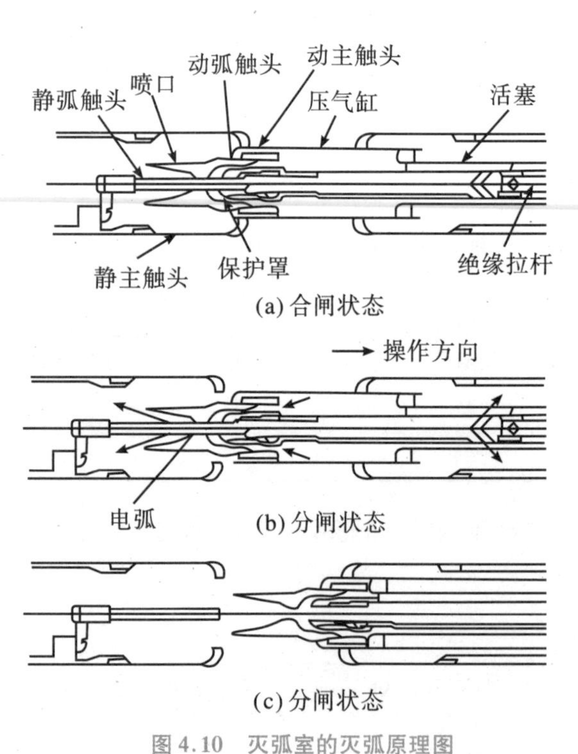

图 4.10 灭弧室的灭弧原理图

2）灭弧室的主要部件及装配监造要点

灭弧室整体安装在灭弧罐体内，是断路器的核心部件。正常情况下能够长期载流，在开断电流的过程中，电弧回路由装在静触头座上的静弧触头和装在气缸上的动弧触头流过，在开断过程中起引导电弧的作用。

灭弧室是断路器的核心单元，可实现回路的导通与分断。如图 4.10 所示，断路器分闸时，主触头先分离，弧触头后分离，电弧在动、静弧触头间产生，并在喷管内燃烧。压气缸内的 SF_6 气体被压缩后压力升高，经喷管与动触头之间的环形截面吹入燃弧区域，然后向上、下两个方向吹拂电弧，在双向气吹的作用下，电弧被熄灭。电弧熄灭后，SF_6 气体的负电性使它还能够迅速地吸附断口间的游离电子，以恢复断口间的绝缘强度。

灭弧室的核心部件有电触头（图 4.11 和图 4.12）、喷口（图 4.13）等。

图 4.11　灭弧室铜钨触头

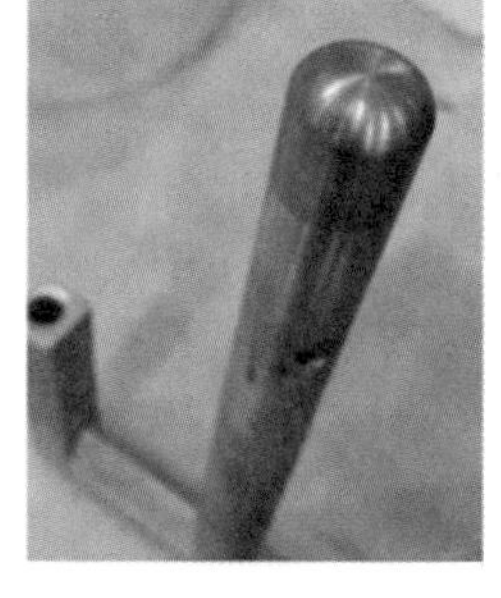

图 4.12　铜钨触头

(a)

(b)

图 4.13　聚四氟乙烯喷口

灭弧室的触头系统是断路器的执行元件，一般由动主触头、静主触头、动弧触头、静弧触头、辅助触头和连接导线等组成，主要用来接通和分断电路。主触头长期通过负荷电流，合闸时后接通，分闸时后断开；弧触头的主要作用是灭弧，合闸时先接通，分闸时后断开；辅助触头与主触头同时动作，应用于二次回路，指示断路器的分合状态，以及主回路电器的联锁动作和安全保护等，容量比主触头小。电触头的材质有铜、铜镀银、铜钨合金、银和银钨合金等，其中银钨合金性能最好，但价格昂贵，铜钨合金使用最为广泛。

我国断路器多采用熔渗法烧结整体铜钨触头，铜钨与触头本体熔为一体，使结合面的抗拉强度超过触头本体，从根本上解决了铜钨掉头（脱落）现象，大大提高了触头的可靠性。

对于电触头的要求，一般有以下几个方面：

(1) 外观要求：铜钨触头产品表面应无裂纹，以及肉眼可见的凹陷、鼓泡、缺边、掉角、毛刺、腐蚀锈斑等缺陷；工作面应光滑、平整，表面粗糙度 *Ra* 由供需双方商定。

(2) 性能要求：铜钨触头的代表符号、化学成分和力学物理性能见表 4.7。

(3) 其他要求：铜钨电触头渗透检验不应有裂纹、疏松等缺陷；金相组织各相应分布均匀，金相组织图例按 GB/T 26872 的规定。在试样磨片的整个观察面上，不应有裂纹、夹层，不应有长度大于或等于 200 μm 的聚集物，或 50 μm 长的气孔及夹杂物。在任一观察视场内（100×），最多允许有 3 处大于或等于 100 μm 而小于 200 μm 的聚集物。

喷口位于灭弧室的内部，在开关开断过程中控制气流流动，是辅助电弧熄灭的关键绝缘部件，分为压气式灭弧室喷口和自能式灭弧室喷口两种。在聚四氟乙烯树脂(PTFE)中填充氮化硼(BN)、二硫化钼(MoS_2)或三氧化二铝(Al_2O_3)填料，使其均匀混合后经过预压、保压、烧结等制成的复合材料，简称为喷口复合材料。

表 4.7 铜钨触头的性能

产品名称	代表符号	化学成分(质量分数)			力学物理性能				
		铜	杂质总和 ≤	钨	密度 (g/cm^3) ≥	硬度(HB) ≥	电阻率 (μΩ·cm) ≤	导电率 (IACS) ≥	抗弯强度 (Mpa) ≥
铜钨(50)	CuW(50)	50%±2.0%	0.5%	余量	11.85	115	3.2	54%	—
铜钨(55)	CuW(55)	45%±2.0%	0.5%	余量	12.30	125	3.5	49%	—
铜钨(60)	CuW(60)	40%±2.0%	0.5%	余量	12.75	140	3.7	47%	—
铜钨(65)	CuW(65)	35%±2.0%	0.5%	余量	13.30	155	3.9	44%	—
铜钨(70)	CuW(70)	30%±2.0%	0.5%	余量	13.80	175	4.1	42%	790
铜钨(75)	CuW(75)	25%±2.0%	0.5%	余量	14.50	195	4.5	38%	885
铜钨(80)	CuW(80)	20%±2.0%	0.5%	余量	15.15	220	5.0	34%	980
铜钨(85)	CuW(85)	15%±2.0%	0.5%	余量	15.90	240	5.7	30%	1080
铜钨(90)	CuW(90)	10%±2.0%	0.5%	余量	16.75	260	6.5	27%	1160

注:导电率(%IACS)是以国际标准软铜(即退火铜)的电阻率 1.7241 μΩ·cm 为 100%导电率。

其中,压气式灭弧室喷口通过提高压气室内的气体压力,实现吹弧;喷口复合材料采用聚四氟乙烯填充氮化硼填料或三氧化二铝填料。自能式灭弧室喷口依靠电弧的能量来提高气体压力,实现吹弧;喷口复合材料采用聚四氟乙烯填充二硫化钼填料。

对于喷口原材料的性能要求,见表 4.8~表 4.11。

表 4.8 聚四氟乙烯的主要技术指标

指标	要求
拉伸强度(Mpa)	≥27.4
断裂伸长率	≥300%
粒度(60 μm 筛上保留度)	≤15%
密度(g/cm^3)	2.1~2.2
含水率	≤0.04%
电气强度(kV/mm)	≥100

表 4.9 氮化硼的主要技术指标

指标	要求
氮化硼含量	≥99%
含水率	≤0.5%
平均粒度(μm)	8~14

表 4.10 二硫化钼的主要技术指标

指标	要求
外观	黑色或稍带银灰色,无肉眼可见结团
二硫化钼含量	≥98%
含水率	≤0.5%
平均粒度(μm)	≤2.5

表 4.11 三氧化二铝的主要技术指标

指标	要求
外观	无明显黑点
三氧化二铝含量	≥99%
a-三氧化二铝含量	≥90%
平均粒度(μm)	20～28

喷口复合材料应进行内部缺陷的检查,不得有金属异物、裂纹、气孔等缺陷。

根据不同喷口形式要求,压气式灭弧室喷口及自能式灭弧室的喷口复合材料的性能应满足表 4.12 的要求。

表 4.12 喷口复合材料的性能要求

指标		成形方向	性能要求	
			压气式灭弧室喷口	自能式灭弧室喷口
密度(g/cm^3)		—	2.10～2.30	2.10～2.20
拉伸强度(MPa)		MD	≥13	≥15
		CD	≥18	≥19
断裂伸长率		MD	≥200%	≥300%
		CD	≥200%	≥250%
线膨胀系数 (×10^{-5}℃$^{-1}$)	25～100 ℃	MD	11～17	13～20
		CD	7～13	8～16
	-40～25 ℃	MD	13～23	15～24
		CD	8～18	10～20
邵氏硬度(A)		—	55～65	55～60
PTFE 熔点(℃)		—	327±10	327±10
热导率(W/(m·K))		—	≥0.27	≥0.24
相对介电常数(50 Hz)		—	≤2.5	≤2.4

续表

指标	成形方向	性能要求	
		压气式灭弧室喷口	自能式灭弧室喷口
介电损耗(50 Hz)	—	$\leqslant 1\times10^{-4}$	$\leqslant 1\times10^{-4}$
电气强度(kV/mm)	—	≥30	≥30
耐电弧性(s)	—	≥360	≥300

注:MD为压缩成形的压缩方向,CD为与MD方向成直角的方向。

对于喷口复合材料制品的性能要求,具体有以下几点:

(1) 喷口复合材料制品应光滑、清洁,不得有气孔、裂痕、金属杂质,制品表面非金属杂质应满足表4.13的要求。

表4.13 喷口复合材料制品的性能要求

制品部位	非金属杂质要求			
	杂质尺寸(mm)	允许杂质数量(个)	杂质间距不小于(mm)	任意Φ20范围杂质允许个数(个)
喉径部	不允许存在			
外圆部	Φ0.8~Φ1.6(允许有Φ0.8存在)	5	5	3
安装部	Φ1.6~Φ2.4(允许有Φ1.6存在)	20	5	2
内圆部	Φ0.8~Φ1.6(允许有Φ0.8存在)	2	5	2

(2) 喷口复合材料应具备良好的机加工性能,制品加工后表面粗糙度 Ra 应不大于6.3 μm。

(3) 喷口复合材料制品应采用X射线探伤检查,将喷口制品垂直放置在X射线探伤仪的工装架上,探伤时,应对着喷口的径向,垂直自上而下进行拍摄照片。喷口内部不得有金属异物、裂纹、气孔和气隙缺陷。

灭弧室核心部件及组装的监造要点见表4.14。

表4.14 灭弧室核心部件及组装的监造要点

监造项目	见证内容	见证方式	见证方法	监造要点
电触头	触头外观及性能	R、W	检测材料试验报告验收报告及实地查看	提示:铜钨触头质量进厂验收、铜钨合金化学成分及物理性能(密度、硬度、电阻率、抗弯强度、金相组织)等符合标准《铜钨及银钨触头技术条件》(GB 8320),物理试验等均符合GB/T 2040

续表

监造项目	见证内容	见证方式	见证方法	监造要点
喷口	喷口原材料及制品的外观和性能	R、W	检测材料试验报告验收报告及实地查看	提示： (1) 喷口材料进厂验收 (2) 聚四氟乙烯加 10%三氧化二铝(PTFE + 10% Al_2O_3) (3) 依据 GB/T 1033.1 对该部件密度，依据 GB/T 1040 对该部件的拉伸强度、断裂伸长率，依据 GB/T 1408.1 对该部件的介电强度进行文件见证
灭弧室	灭弧室组装工艺	R、W	核对设计文件 供应商工艺质量文件	满足工厂装配工艺文件的要求： (1) 防尘室作业条件(满足企业要求) (2) 组装前特别要注意绝缘件表面状态，不应有异物及损伤；不可徒手触摸绝缘件，组装时佩戴干净的防尘手套 (3) 触指表面、导体表面不能有伤痕、残缺，镀银层不能起皮或剥落 (4) 活塞内聚四氟乙烯环必须可靠固定，用专用工装安装 (5) 静触头及屏蔽罩的 R 弧确认合格后再安装 (6) 所有的弹簧/卡簧/板簧在组装前要求干净、无毛刺

3) 传动件及监造要点

断路器的操动机构通过传动机构(拐臂与传动连杆通过轴销连接，图 4.14)带动动触头完成分闸与合闸操作，通过绝缘拉杆实现高、低压侧的电气隔离。传动系统的好坏直接决定断路器的机械寿命。

图 4.14 拐臂盒内部图

断路器的传动件主要材质为铝合金，各制造商根据板材、管材和棒材等自行设计成各种形状的传动零部件(表 4.15)。传动零部件的机械强度应符合相应的规定。

表 4.15　铝合金的牌号系列

组别	牌号系列
纯铝(铝含量不小于 99.00%)	1××××
以铜为主要合金元素的铝合金	2××××
以锰为主要合金元素的铝合金	3××××
以硅为主要合金元素的铝合金	4××××
以镁为主要合金元素的铝合金	5××××
以镁和硅为主要合金元素并以 Mg_2SI 相为强化相的铝合金	6××××
以锌为主要合金元素的铝合金	7××××
以其他合金元素为主要合金元素的铝合金	8××××
备用合金组	9××××

断路器传动件的监造要点见表 4.16。

表 4.16　断路器传动件的监造要点

监造项目	见证内容	见证方式	见证方法	监造要点
传动件	外观及机械特性	R、W	检查试验报告,必要时抽检	提示: (1) 零部件机械强度检查 (2) 形位公差测量,外观检查

4) 操动机构及监造要点

断路器通过触头的分、合动作达到开断与关合电路的目的,但必须依靠一定的机械操动系统才能完成。操动机构是高压断路器的重要组成部分,它由储能单元、控制单元和力传递单元组成。高压 SF_6 断路器的操动机构有多种形式,根据灭弧室承受的电压等级和开断电流的差异,可选用弹簧操动机构、气动操动机构、液压操动机构等,如图 4.15 所示。它们各自的特点比较见表 4.17。

(a)　　(b)

图 4.15　断路器操动机构外形图

表 4.17 弹簧操动机构、气动操动机构、液压操动机构的特点比较

比较项目＼机构类型	弹簧操动机构	气动操动机构	液压操动机构
储能与传动介质	螺旋压缩弹簧机械	压缩空气/弹簧压缩性流体机械	氮气/液压油压缩性流体/非压缩性流体
适用的电压等级(kV)	40.5～252	126～550	126～550
出力特性	硬特性，反应快，自调整能力差	软特性，反应慢，有一定自调整能力	硬特性，反应快，自调整能力强
对反力、阻力特性	反应敏感，速度特性受影响大	反应较敏感，速度特性在一定程度上受影响	反应不敏感，速度特性基本不受影响
环境适用性	强，操作噪声小	较差，操作噪声大	强，操作噪声小
人工维护量	最小	较小	小
相对优缺点	无漏油、漏气可能；体积小，重量轻	稀有泄漏，不影响环境；空气中水分难以滤除，易造成锈蚀	制造过程稍有疏忽容易造成渗漏，尤其是外渗漏，存在漏油、漏液可能

操动机构产品型号的表示方法如图 4.16 和表 4.18 所示。

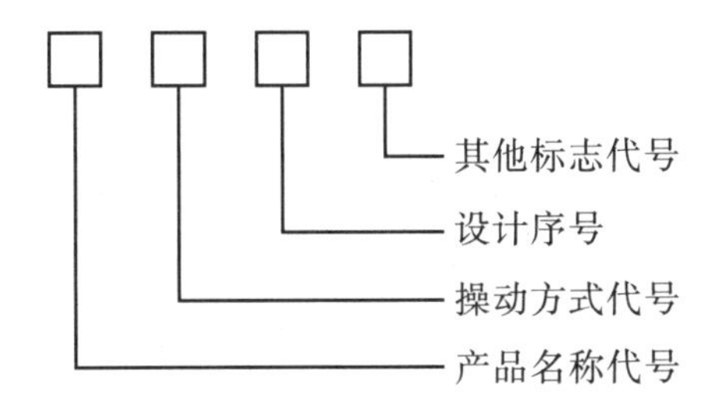

图 4.16 操动机构产品型号的表示

表 4.18 操动机构产品型号的表示

项目	型号组成格式					
产品名称代号	C	操动机构				
操动方式代号	S	手力(手动)式	T	弹簧储能式	Q	气动式
	D	电磁式	Y	液压式		
其他标志代号	X	箱式(操动机构带箱子)	T	带有脱扣器	G	改进型

操动机构的结构及相应工作原理如下：

(1) 弹簧操动机构是一种以弹簧作为储能元件的机械式操动机构，主要由箱体、二次控制部分和机构芯架组成。弹簧的储能借助电动机减速装置来完成，并经过锁扣系统保持在储能状态。开断时，锁扣借助磁力脱扣，弹簧释放能量，经过机械传递单元使触头运动。它结构简单，可靠性高，分、合闸操作采用两个螺旋压缩弹簧实现，如图 4.17 和图 4.18 所示。

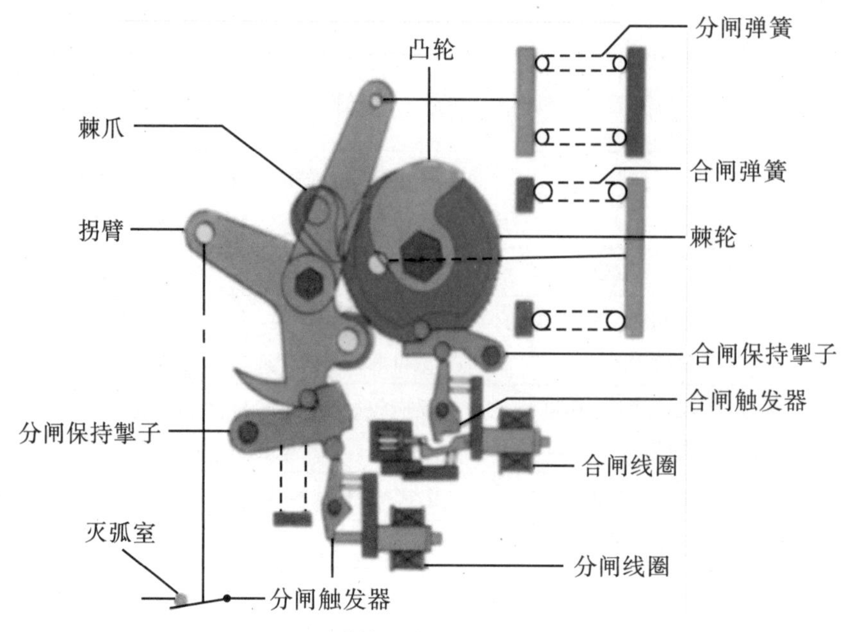

图 4.17　弹簧操动机构的合闸位置图

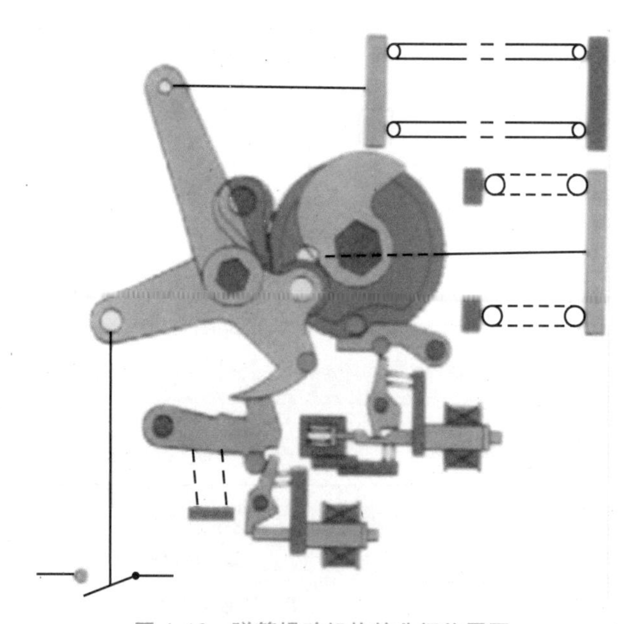

图 4.18　弹簧操动机构的分闸位置图

(2) 气动操动机构是一种以压缩空气为动力进行分闸操作，辅以合闸弹簧作为合闸储能元件的操动机构。压缩空气靠产品自备的压缩机进行储能，分闸过程中通过气缸活塞给合闸弹簧机械储能，同时经过机械传递单元使触头完成分闸操作，并经过锁扣系统使合闸弹簧保持在储能状态。合闸时，锁扣借助磁力脱扣，弹簧释放能量，经过机械传递单元使触头完成合闸操作。所以该机构确切地说应为气动-弹簧操动机构。它结构简单，可靠性高，分、合闸各有一独立的系统，如图 4.19 和图 4.20 所示。

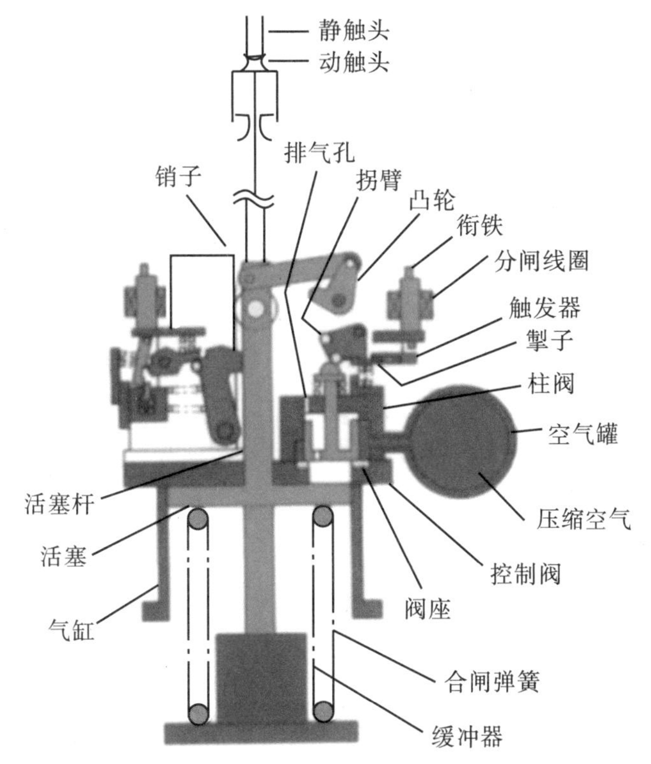

图 4.19 气动操动机构的合闸位置图

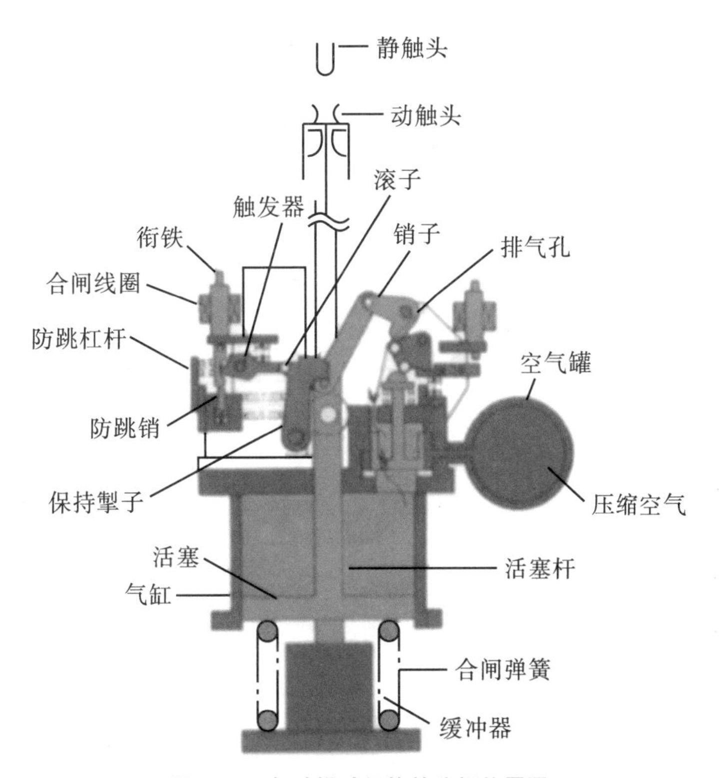

图 4.20 气动操动机构的分闸位置图

(3) 液压操动机构也称液压弹簧机构，由弹簧作为储能部件，液压油作为传动载体。机构由储能部件（电机、油泵、蝶形弹簧、储能活塞及储能提升杆等）、储能控制部件（行程开关等）、控制回路（辅助开关、合分闸阀、切换阀等）、合分闸速度调节阀等组成，如图 4.21 所示。优点是结构紧凑，体积小；可靠性高，维护工作少，噪声小；安装方便，操作灵活。从 20 世纪 80 年代开始，经过 20 年的发展，已形成了完整的系列产品。

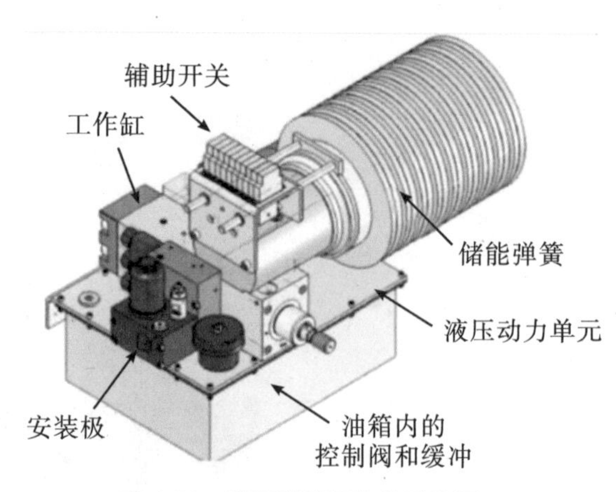

图 4.21 液压弹簧机构的示意图

液压操动机构的动作原理如下：

(1) 储能：当机构失压时，行程开关的接点导通控制，电机通电，电机转动带动油泵将油从低压区泵向高压区，随着高压油量的增加，高压油推动储能活塞向上运动，储能活塞带动提升杆向上运动，提升杆带动拖盘压缩弹簧，达到预定位置时，行程开关的接点断开，电机停转。由于密封系统的作用，弹簧被保持在压缩状态。

(2) 合闸：当蝶形弹簧被压缩时，传动杆的密封部位上部始终处于系统的高压之下，在分闸状态下，传动杆密封部位下部处于低油压状态。这样传动杆被牢牢地控制在分闸状态。当合闸阀接到合闸信号动作，切换阀切换到合闸状态，传动杆和底部与高压油相连时，传动杆的上部与下部都充以高压油，由于压差的作用，传动杆向上运动，从而完成合闸操作，如图 4.22 所示。

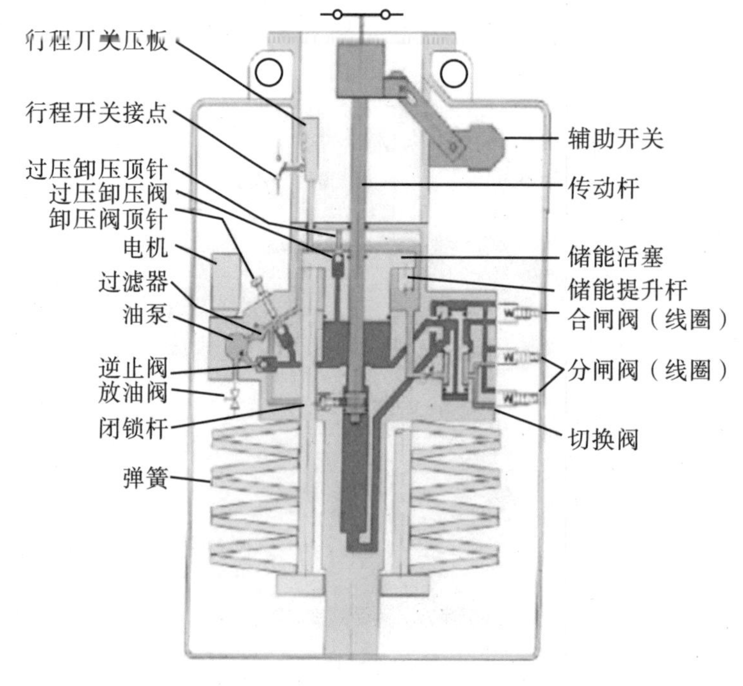

图 4.22 液压操动机构的合闸位置图

(3) 分闸：当分闸阀接到分闸信号动作，切换阀切换到分闸状态，传动杆底部失压时，传动杆上部的高压油推动传动杆向下运动，完成分闸操作，如图4.23所示。

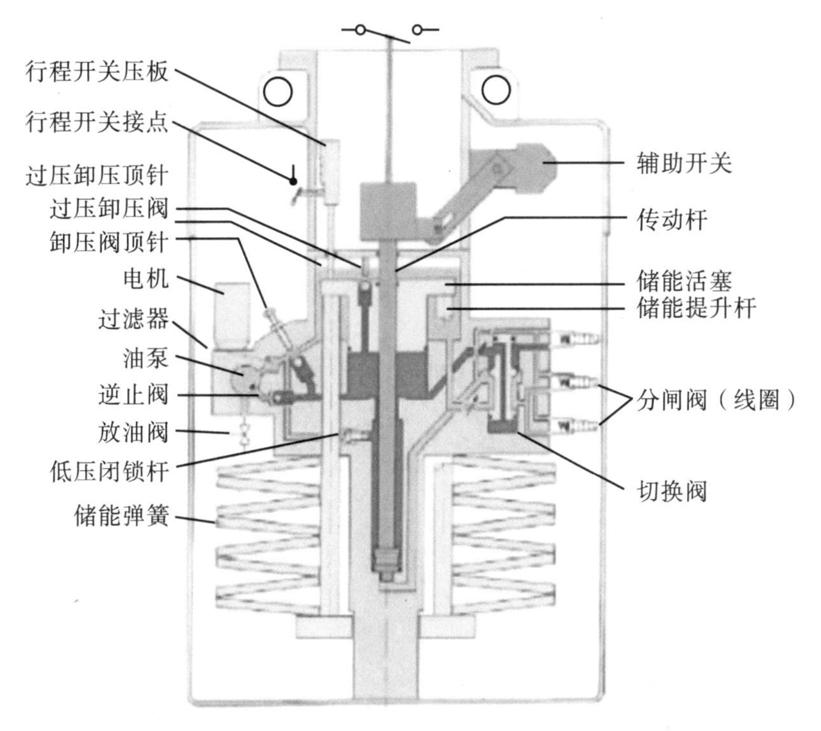

图4.23　液压机构的分闸位置

(4) 机械闭锁：在合闸状态下，当系统压力降低到一定程度时，闭锁杆上的弹簧推动其向里运动，顶住传动杆上的沟槽，使传动杆不能运动。

(5) 电气报警和闭锁：行程开关上的接点分别控制电机的启动、报警和闭锁。当弹簧储能或卸压时，行程开关的夹板随弹簧的运动而上下移动，到达一定位置时，夹板上的凸起触动开关上的小轮顶，起到接点或断开作用。

断路器操动机构的监造要点见表4.19。

表4.19　断路器操动机构的监造要点

监造项目	见证内容	见证方式	见证方法	监造要点
操动机构	机械特性	R、W	检查试验报告，必要时抽检	提示：该项见证内容包括弹簧操动机构、液压操动机构、气动操动机构的检查，应根据不同机构特点进行

5) 断路器的分装

断路器在分装时需注意以下内容：

(1) 装配前，按要求清洁所有零部件和各密封面。

(2) 断路器本体内部的绝缘件必须经过局部放电试验方可装配，要求在试验电压下单个绝缘件的局部放电量不大于3 pC。

（3）灭弧室抽真空，装灭弧室保护盖。

（4）断路器壳体从上而下套在灭弧室外面安装，吊装时注意不要磕碰灭弧室，壳体与断路器底架对正。

（5）用断路器对中工装，对断路器静触头进行对中，然后紧固电连接与灭弧室相关螺钉。

（6）装配上、下出口盆式绝缘子，封盖板前认真检查断路器内部，保证无任何异物遗留。

（7）操动机构与本体连接应可靠、灵活，不应出现卡涩现象。

（8）检查液压机构管路无泄露，同时应充分验证高压油区在高温下不会因气泡造成频繁打压。

（9）测回路电阻，抽真空，充额定气压 SF_6 气体，断路器检漏。

（10）断路器装配完成后，按要求进行机械特性磨合试验，试验设备计数器不应带复归机构。磨合后应对断路器进行解体清擦，去除磨合试验时留下的金属屑。

2. 隔离开关、接地开关及监造要点

1）隔离开关

与 GIS 的整体结构一致，隔离开关也可分为三相共箱式和三相分箱式结构。随着 GIS 设计和制造的进步，为了缩小元件产品的体积以及实现两种元件的组合功能，252 kV 及以下电压等级的 GIS 创造了三工位的隔离/接地组合开关；而 550 kV 以上电压等级的 GIS 通常采用隔离开关与接地开关共体结构。

（1）三相共箱式隔离开关：目前，126 kV GIS 普遍采用三相共箱式结构，当隔离开关与其电气连接的元件呈垂直布置时，采用角形隔离开关；当隔离开关与其电气连接的元件呈水平布置时，采用线形隔离开关。共箱式结构将三相隔离开关元件封装在一个金属壳体内，配一台电动机操动机构或电动弹簧机构（用于快速隔离开关）实现三相联动操作，其三相同期性靠自身结构保证。配电动机操动机构的隔离开关，其分、合闸操作由电动机的正、反转完成；快速隔离开关配电动弹簧机构，由电动机带动蜗轮对弹簧储能，其分、合闸动作靠弹簧能量的释放来完成。对相间连杆采用转动、链条传动方式设计的三相机械联动隔离开关，应在从动相同时安装分/合闸指示器。ZF-126 三相共箱（线形）的隔离开关结构如图 4.24 所示。

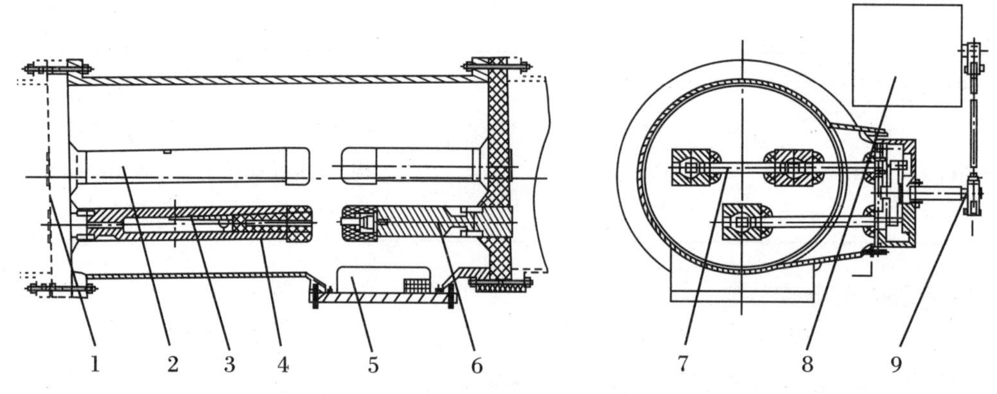

图 4.24　ZF-126 三相共箱（线形）的隔离开关结构示意图

1—绝缘子；2—动触头座；3—齿条；4—动触头；5—分子筛；6—静触头座；7—绝缘拉杆；8—电动机构；9—传动拐臂。

(2) 三相分箱式隔离开关:252 kV 及以上电压等级的 GIS 隔离开关,基本采用分箱式结构。当隔离开关与其电气连接的元件呈垂直布置时,采用角形隔离开关;当隔离开关与其电气连接的元件呈水平布置时,采用线形隔离开关。分箱式隔离开关的每相隔离开关本体的结构相同,极间靠连接轴实现三相联动,电动机操动机构装在边相,操动机构除电动操作外,还能手动操作、电动与手动互相联锁。

(3) 三工位隔离/接地组合开关:将隔离开关、接地开关组合在一个金属壳体内,共用一个动触头,配置一台电动机操动机构,具有"0"位置(隔离/接地触头均分开)、隔离触头合位置(接地触头分开状态)、接地触头合位置(隔离触头分开状态)三个工作位置。三工位隔离/接地组合开关体积小,结构紧凑,复合化程度高,配置方式灵活多样。ZF-126 三相共箱式三工位隔离/接地组合开关结构如图 4.25 所示。

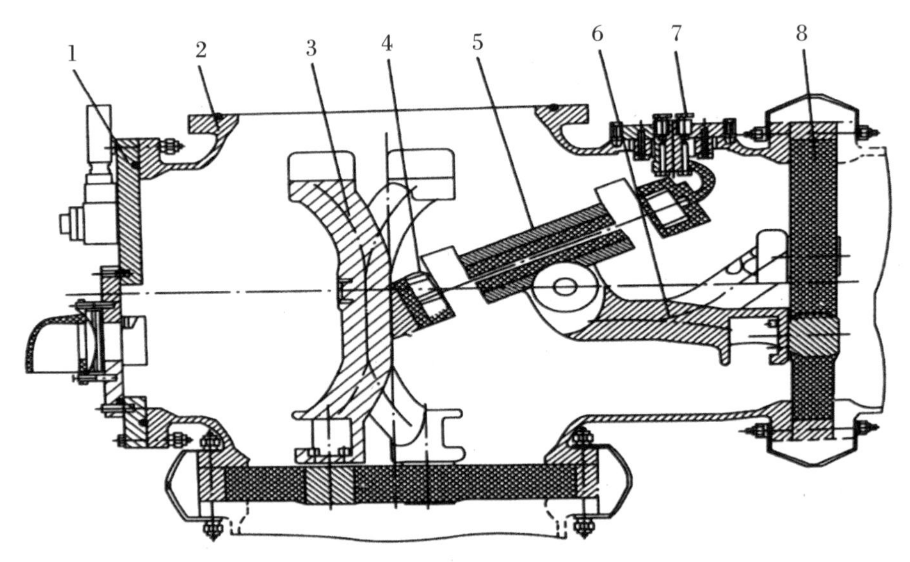

图 4.25 ZF-126 三相共箱式三工位隔离/接地组合开关结构示意图

1—端盖板;2—壳体;3—主导体;4—隔离静触头;5—动触头;6—母线;7—接地静触头;8—盘式绝缘子。

(4) 隔离开关与接地开关共体结构:将隔离开关和接地开关元件封装在一个金属壳体内,分别由各自的操动机构进行操作,形成隔离开关与接地开关的共体结构。550 kV 及以上电压等级的 GIS,因额定电压高(绝缘水平高)、额定电流和开断电流大(通电导体大)而体积较大,因此大多采用隔离开关与接地开关共体结构。共体结构的隔离开关与接地开关的动作原理与单体相同,在共体结构中,隔离开关与接地开关共用一个静触头,也使整体体积有所减小。ZF-550 隔开开关与接地开关共体结构如图 4.26 所示。

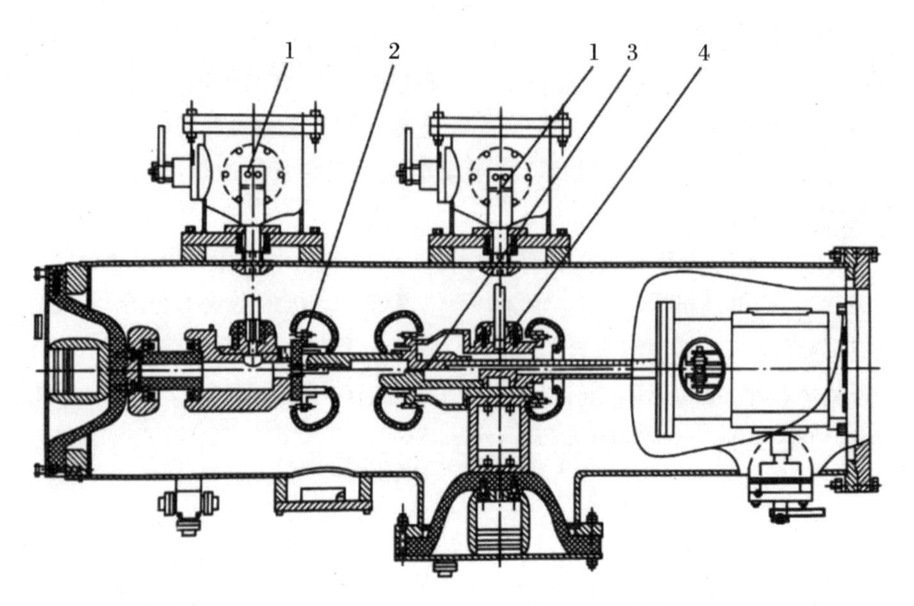

图 4.26　ZF-550 隔开开关与接地开关共体结构示意图

1—接地动触头;2—隔离静触头;3—隔离动触头;4—接地静触头。

隔离开关的技术参数见表 4.20。

表 4.20　各电压等级隔离开关的技术参数

项目			单位	基本参数			
额定电压			kV	126	252	363	550
额定电流			A	2000/3150	3150/4000	4000/5000	4000(5000)/6300
额定短路持续时间			s	3	3	3	2
额定短时耐受电流			kA	40	50	50	63
额定峰值耐受电流			kA	100	125	125	160
额定绝缘水平	1 min 工频耐压	相对地	kV	230	460	510	740
		断口间	kV	230 + 70	460 + 145	510 + 210	740 + 315
	雷电冲击耐压	相对地	kV	550	1050	1175	1675
		断口间	kV	550 + 100	1050 + 200	1175 + 295	1675 + 450
	操作冲击耐压	相对地	kV	—	—	950	1300
		断口间	kV	—	—	850 + 295	1175 + 450
机械耐久性			次	≥3000	≥3000	≥3000	≥3000

2) 接地开关

GIS 的接地开关可分为两种类型:一种为普通接地开关(慢动开关),配电动机操动机构,用作正常情况下的工作接地;另一种为快速接地开关(快动开关),配电动弹簧操动机构,除具有工作接地的功能外,还具有切合静电、电磁感应电流和关合峰值电流的能力。接地开关又分为角形接地开关和线形接地开关,角形接地开关主要用于主回路的直角拐弯接地处,线形接地开关主要用于主回路的直线接地处。

GIS接地开关的结构与隔离开关相似，可分为三相共箱式、分箱式、隔离/接地共体式和三工位隔离/接地组合式。三相共箱式接地开关和分箱式接地开关的结构如图4.27和图4.28所示。

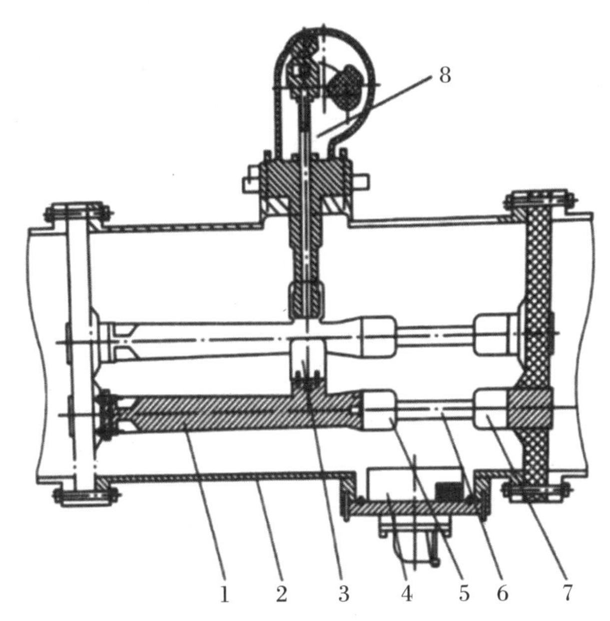

图4.27 三相共箱式接地开关结构示意图

1—触头座；2—筒体；3、5、7—静触头；4—爆破片；6—导体；8—接地开关及动触头。

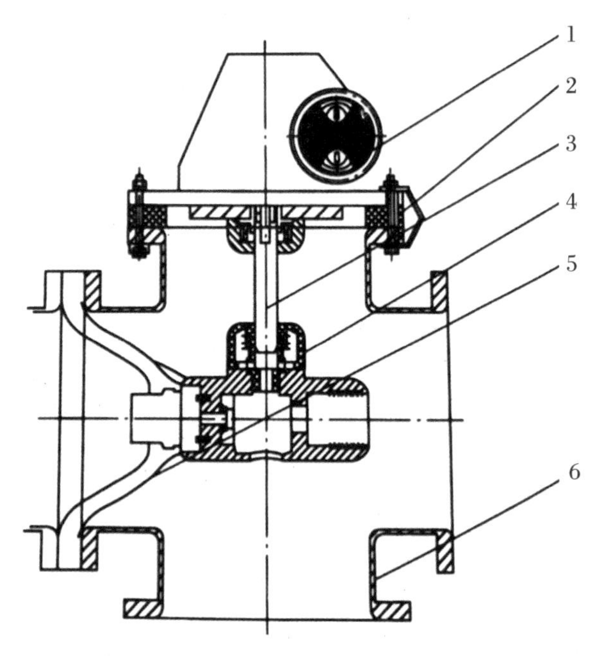

图4.28 分箱式接地开关结构示意图

1—接地开关传动；2—绝缘盘；3—动触头；4—静触头；5—盆式绝缘子；6—筒体。

接地开关的技术参数见表 4.21。

表 4.21　接地开关的技术参数

项目	单位	基本参数			
电压等级	kV	126	252	363	550
系统标称电压	kV	110	220	330	500
额定短路持续时间	s	3	3	3	2
额定短时耐受电流	kA	40	50	50	63
额定峰值耐受电流	kA	100	125	125	160
额定短路关合电流	kA	100	125	125	160
快速接地开关额定电磁感应电流	A	80(2 kV)	160(15 kV)	200(22 kV)	200(25 kV)
快速接地开关额定静电感应电流	A	2(6 kV)	10(15 kV)	18(22 kV)	50(50 kV)
机械耐久性	次	≥3000	≥3000	≥3000	≥3000

3）操动机构

隔离开关操动机构的形式多以电动操动机构(CJ 系列)、手动操动机构(CS 系列)为主。

CJ 系列型电动机操作机构(图 4.29(a))是由交流电动机驱动，通过齿轮及蜗轮蜗杆减速的操作机构，用于操作高压隔离开关和接地开关，可进行远方控制，也可就地电动控制或利用手柄进行手动操作。箱内装设手动与电动联锁装置，以实现手动操作与电动操作之间的电气联锁。箱体由钢板或不锈钢制成，起支撑及保护作用，为便于安装和检修，在正面和侧面各开一门。

CS 系列手动操动机构(图 4.29(b))是指靠手动直接合闸的操动机构，它主要用来操作 220 kV 以下户外和户内隔离开关的分、合闸。其结构简单，为杠杆式机构，主要由底座、杠杆、转轴及辅助开关等部分组成，不要求配备复杂的辅助设备及操动电源；缺点是不能自动重合闸，只能就地操作，不够安全。

(a) 电动操动机构

(b) 手动操动机构

图 4.29　电动操动机构和手动操动机构实物图

隔离开关、接地开关及操动机构的监造要点见表 4.22。

表 4.22 隔离开关、接地开关及操动机构的监造要点

监造项目	见证内容	见证方式	见证方法	监造要点
隔离开关、接地开关及操动机构	部件装配及参数、性能检查	R、W	查验原厂质量证明书及检验报告、进厂验收记录，并与订货技术协议及标准对照 查验供应商工艺质量文件	要求： (1) 接地开关与快速接地开关的接地端子应与外壳绝缘后再接地，以便测量回路电阻，校验电流互感器变比，检测电缆故障；装配后运动部位要灵活无卡滞；进行隔离开关、接地开关机械试验，并进行隔离开关操作试验 (2) 对于采用快速电动弹簧机构的隔离开关及接地开关，应测量隔离开关合上及分开的时间与电动机电流

3. 母线及监造要点

母线是 GIS 与变压器、出线装置及间隔之间、元件之间电气连接的主要设备，是 GIS 的基本元件之一，通过导电连接件和 GIS 其他元件连通，满足不同的主接线方式，来汇集、分配和传送电能。GIS 母线的导体材质为电解铜或铝合金，母线两端插入触头座里，由环氧树脂浇注的盆式绝缘子或母线绝缘支撑。

母线按截面形状分为矩形、管型、D 型及槽型等。母线的结构有三相共箱式和分箱式。

三相共箱式母线：252 kV 及以下的 GIS 的主母线大多采用三相共箱式，即将三相导体封装在一个金属壳体内，壳体内充以额定压力的 SF_6气体，作为三相导体之间和三相导体对地的绝缘，三相导体各用固定在筒体上的支柱绝缘子支撑。三相共箱式母线按使用位置分为端头母线、中间母线和过渡母线。

分箱式母线：500 kV 及以上电压等级的 GIS 的母线采用分箱式单相母线型式，导电杆用带有电连接的盆式绝缘子或支柱绝缘子支撑，封装在金属筒体内的中心处，筒体内充以额定压力的 SF_6气体。

母线的技术要求如下：

(1) 铝合金母线的导电接触部位表面应镀银，镀层应满足技术文件要求。

(2) 必要时，检查导体电导率。

(3) 应对导体插接处进行标记。

母线的基本参数见表 4.23。

表 4.23 母线的基本参数

项目	单位	基本参数		
额定电压	kV	126	252	550
材质	kV	铝	铝合金	铝合金、铜合金或铜
额定电流	A	2000/3150	3150/4000	4000(5000)/6300
额定短路持续时间	s	3	3	2

续表

项目	单位	基本参数		
额定短时耐受电流	kA	40	50	63
额定峰值耐受电流	kA	100	125	160

母线的监造要点见表4.24。

表4.24　母线的监造要点

监造项目	见证内容	见证方式	见证方法	监造要点
母线	母线导体及其连接	W	查验原厂质量证明书、检验报告与进厂验收记录，并与订货技术协议及标准对照	要求： (1) 装配前，清点所有零部件，检查是否有合格证 (2) 装配时，要用专用工装和专用工具，确保各部位机械尺寸与导体对中；工装也要清理干净；母线纵轴中心与支持绝缘子中心应对中，母线紧固件不应存在由偏差所产生的安装应力 (3) 壳体内部、绝缘件、导体表面清洁干净，密封面平整光滑，无划伤、磕碰 (4) 导体镀银层厚度、硬度、均匀度合格；表面无划痕、磕碰 (5) 静触头屏蔽罩螺钉不得高于图纸要求尺寸 (6) 螺栓紧固要按标准使用力矩扳手，并做紧固标记 (7) 回路电阻应满足技术文件要求 (8) 母线连接应接触良好，结合深度满足设计要求，限位良好 提示：注意测量导体端面与罐体法兰端面的尺寸，应符合图纸要求，装后注意防尘 说明：母线材质为电解铜或铝合金，铝合金母线的导电接触部位表面应镀银

4. 电流互感器及监造要点

GIS电流互感器的作用是降低组合电器的电压和电流，便于对主回路电流进行测量、计量和机电保护。GIS用电流互感器通常布置在断路器的两侧，线圈为环形结构，安装在充满SF_6气体的壳体中，一次线圈为高压导体，二次绕组的数量、变比、精度等级、容量可按用户要求来设计和配置，二次端子通过密封的绝缘板引到端子盒，并引至汇控柜内，为继电保护装置和测量仪表提供电流信号。

图4.30　环氧树脂浇注式GIS专用电流互感器外形图

GIS电流互感器的线圈多采用高导磁的冷轧硅钢片或微晶合金材料，二次绕组采用高强度、高耐温等级及漆膜加厚的聚酰亚胺漆包线。绕组外包耐高温的聚四氟乙烯带，并采用饱和环氧树脂浇注于金属罩壳之中，固化后，线圈与金属罩壳形成一个坚固的整体，保证二次线圈在运输过程中不会因振动摩擦、错位而导致绝缘破损，如图4.30所示。

GIS 电流互感器的主要技术参数见表 4.25。

表 4.25　GIS 电流互感器的主要技术参数

<table>
<tr><td>参数名称</td><td>单位</td><td colspan="4">基本参数</td></tr>
<tr><td>电压等级</td><td>kV</td><td>126</td><td>252</td><td>363</td><td>550</td></tr>
<tr><td>型式或型号</td><td></td><td colspan="4">电磁式</td></tr>
<tr><td>布置型式</td><td></td><td colspan="4">内置/外置</td></tr>
<tr><td>额定电流比</td><td>A</td><td colspan="4">根据实际工程选择,0.2S 次级要求带中间抽头</td></tr>
<tr><td>准确级组合</td><td></td><td colspan="2">330 kV 变电站：
(1) 主变压器:TPY/TPY/5P/0.2/0.2S
(2) 出线、分段、母联:数字量采样时,5P/0.2S
(3) 模拟量采样时(出线、母联),5P/0.2-断口-0.2S/5P/5P;
(4) 模拟量采样时(分段),5P/5P/0.2-断口-5P/5P/5P
220 kV 及以下变电站：
(1) 单母线接线
主变压器:5P/5P/0.2S/0.2S
出线、分段、母联:5P/0.2S
(2) 桥形接线、线变组
主变压器、出线、分段、母联：5P/5P/0.2S/0.2S</td><td>主变进线、线路：TPY/TPY/0.2-断口-0.2S/5P/5P
分段、母联：5P/5P/5P/0. 2-断口-5P/5P/5P</td><td>边断路器：TPY/TPY/5P/0. 2-断口-0.2S/TPY/TPY
中断路器：TPY/TPY/5P/0.2/0. 2S-断口-0. 2S/0. 2/TPY/TPY</td></tr>
<tr><td>额定容量</td><td>VA</td><td colspan="2">330 kV 变电站：
(1) 主变压器:15/15/15/15/5
(2) 出线、分段、母联:数字量采样时,15/15
(3) 模拟量采样时(出线、母联),15/15-断口-5/15/15
(4) 模拟量采样时(分段),15/15/15-断口-15/15/15
220 kV 及以下变电站：
(1) 单母线接线
主变压器:15/15/15/5 出线、分段、母联:15/5
(2) 桥形接线、线变组
主变压器、出线、分段、母联：15/15/15/15</td><td>主变进线、线路:15/15/15-断口-15/15/15
分段、母联：15/15/15/15-断口-15/15/15</td><td>边断路器：15/15/15/15-断 口-5/15/15
中断路器：15/15/15/15-断口-5/15/15</td></tr>
</table>

GIS 电流互感器的分装需注意以下内容：

(1) 装配前，所有零部件应去毛刺，净化处理，注意保护密封面、镀银面。

(2) 将电流互感器线圈、衬垫、绝缘垫圈放入烘干间烘干待用，时间不少于 4 h，温度在 50～55 ℃。

(3) 线圈装入电流互感器壳体前，按规定力矩紧固螺杆，紧固完毕去除紧固螺栓时产生的细小金属微粒。

(4) 安装应牢固、可靠。二次侧严禁开路，备用的二次绕组也应短路接地。

(5) 二次线排列应整齐，均匀美观；固定良好，无松动。

(6) 分装完毕进行试验，包括极性、变比、二次端子耐压、回路电阻测量等。

GIS 电流互感器的监造要点见表 4.26。

表 4.26　GIS 电流互感器的监造要点

监造项目	见证内容	见证方式	见证方法	监造要点
电流互感器	各项特性参数与外观	R、W	查验原厂质量证明书、检验报告和进厂验收记录，并与订货技术协议及标准对照	该项见证内容重点包括精度、绕组伏安特性、变比、直流电阻、外形尺寸及外观检查和生产厂家
	装配工艺		查验供应商工艺质量文件	要求： (1) 装配过程应避免磕碰划伤 (2) 各参数对应线圈装配顺序 (3) 线圈与支持外壳间/各绕组间的隔板及紧固 (4) 标记装后各线圈并清理外壳体内部 (5) 绝缘电阻及绝缘耐受电压 (6) TA 装配后极性正确性 (7) 检查绕组数量、容量、准确级、变比等应符合订货技术协议要求

5. 电压互感器及监造要点

GIS 用电压互感器(图 4.31)在组合电器中的作用是降低电压，用于给测量仪表和继电器装置供电，保护高压电网；可以布置在间隔线路侧或母线上，由铁芯、一次绕组、二次绕组、剩余绕组组成，绕组额定变比及容量等可按用户要求来设计和配置，二次回路的引出线通过密封的绝缘板引到端子盒，并引至汇控柜内，为继电保护装置和测量仪表提供电压信号。GIS 用电压互感器大多采用电磁式电压互感器，根据变电站一次主接线及布置图，通常将电压互感器与避雷器一起装置在出线间隔；或与 DS、ES、避雷器一起组成测量保护间隔，连接在主母线上。

GIS 用电压互感器为封闭式，金属外壳为钢板焊接件或铝合金焊接件，内充 SF_6 气体作主绝缘，内装铁芯，由条形硅钢片叠装成口字形，一次绕组、二次绕组及剩余绕组均成圆筒，线圈装在同一芯柱上，铁芯用螺栓固定在外壳底座上。金属壳体一端以带有导电连接的盆式绝缘子封闭，另一端以带有密封垫圈的盖板封闭。外壳上装有二次出线盒，用于连接测量仪表，进行测量和控制，并设置有吸附剂，用于吸附内部 SF_6 水分，还装有充放气接头等。GIS 用电压互感器的外形示意图如图 4.32 所示。

图 4.31 GIS 电压互感器实物图

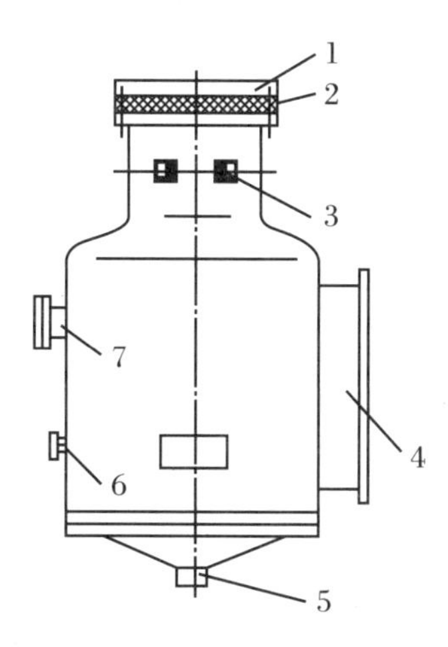

图 4.32 GIS 电压互感器的外形示意图

1—连接法兰；2—盆式绝缘子；3—接地端子；4—二次接线盒；5—压力释放器；6—充气阀门；7—吸附剂。

GIS 电压互感器的主要技术参数见表 4.27。

表 4.27 GIS 电压互感器的主要技术参数

参数名称	单位	基本参数			
电压等级	kV	126	252	363	550
额定电压比		$\frac{110}{\sqrt{3}}\Big/\frac{0.1}{\sqrt{3}}$； $\frac{110}{\sqrt{3}}\Big/\frac{0.1}{\sqrt{3}}\Big/\frac{0.1}{\sqrt{3}}\Big/\frac{0.1}{\sqrt{3}}\Big/0.1$	$\frac{220}{\sqrt{3}}\Big/\frac{0.1}{\sqrt{3}}\Big/\frac{0.1}{\sqrt{3}}$； $\frac{220}{\sqrt{3}}\Big/\frac{0.1}{\sqrt{3}}\Big/\frac{0.1}{\sqrt{3}}\Big/\frac{0.1}{\sqrt{3}}\Big/0.1$	$\frac{330}{\sqrt{3}}\Big/\frac{0.1}{\sqrt{3}}\Big/\frac{0.1}{\sqrt{3}}\Big/\frac{0.1}{\sqrt{3}}$	$\frac{500}{\sqrt{3}}\Big/\frac{0.1}{\sqrt{3}}\Big/\frac{0.1}{\sqrt{3}}\Big/\frac{0.1}{\sqrt{3}}$
准确级		0.5(3P)； 0.2/0.5(3P)/0.5(3P)/6P	0.5(3P)/0.5(3P)； 0.2/0.5(3P)/0.5(3P)/6P； 0.2/0.5(3P)/0.5(3P)	0.2/0.5(3P)/0.5(3P)	0.2/0.5(3P)/0.5(3P)

续表

参数名称	单位	基本参数			
容量	VA	10； 10/10/10/10	10、10； 10/10/10/10； 10/10/10	—	—
接线组别		–； Y/Y/Y/Δ	–/–； Y/Y/Y/Δ； Y/Y/Y	Y/Y/Y	Y/Y/Y
三相不平衡度	V	1	1	1	1
低压绕组 1 min 工频耐压	kV	3	3	3	3

GIS 电压互感器的监造要点见表 4.28。

表 4.28　GIS 电压互感器的监造要点

监造项目	见证内容	见证方式	见证方法	监造要点
电压互感器	各项特性参数与外观	R、W	查验原厂质量证明书、检验报告和进厂验收记录，并与订货技术协议及标准对照	提示：该项见证内容重点包括实物外观无异常、包装完好；密封性能试验、工频耐压试验符合国家标准；局部放电测量；SF_6 残压；其他试验均符合订货技术协议规定；生产厂家
	装配工艺		查验供应商工艺质量文件	要求： (1) 按技术图纸和装配工艺要求进行装配 (2) 法兰对接面、金属密封面等应清洁、光滑 (3) 螺栓紧固应使用力矩扳手按标准力矩和工艺要求进行紧固作业 (4) 检查绕组数量、容量、准确级、变比等应符合订货技术协议要求 (5) 励磁特性试验结果应符合产品订货技术协议

6. 避雷器及监造要点

GIS 配置的避雷器为罐式无间隙金属氧化物避雷器，《六氟化硫罐式无间隙金属氧化物避雷器》(JB/T 76117—1994)对其的定义是：金属氧化物非线性电阻片(通过串并联)封闭在金属罐体内，并充以 SF_6 气体作为绝缘介质所组成的避雷器。GIS 用罐式无间隙金属氧化物避雷器是 GIS 的保护元件，用于保护 GIS 的电气设备绝缘免受雷电和部分操作过电压的损害。GIS 用罐式无间隙金属氧化物避雷器在正常运行电压下，基本处于绝缘状态，当作用在避雷器上的电压超过被保护设备的耐压值时，达到保护线路和设备的目的。过电压消除后，避雷器又恢复到正常运行电压下的工作状态。

每个氧化锌电阻片在其制定时，都有其启动电压值。根据避雷器的额定电压及其标称放电电流下的残压值，将多个氧化锌电阻片串联叠加呈柱状，然后封装在金属罐体内，其中一端经带有导电连接的盆式绝缘子与被保护的母线或电气设备相连接，另一端通过密封盖板引出接地。根据额定电压和所设计的避雷器尺寸(直径、高度),串联叠加的电阻片柱可能为一柱或多柱。组装后的GIS用避雷器外形如图4.33(a)所示。在双母线、单母线或桥形接线中,GIS母线避雷器和电压互感器应设置独立的隔离开关。在3/2断路器接线中,GIS母线避雷器和电压互感器不应装设隔离开关,宜设置可拆卸导体作为隔离装置,并且可拆卸导体应设置于独立的气室内。架空进线的GIS线路间隔的避雷器和线路电压互感器宜采用外置结构。

(a) GIS罐式无间隙金属氧化物避雷器

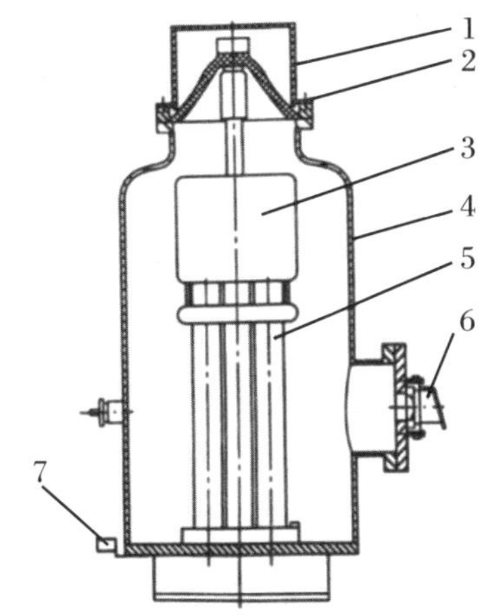

(b) GIS罐式无间隙金属氧化物避雷器示意图

图4.33 GIS用避雷器

1—保护罩;2—盆式绝缘子;3—均压罩;4—筒体;5—ZnO电阻片;6—爆破片;7—避雷器用监测器。

GIS避雷器的主要技术参数见表4.29。

表4.29 GIS避雷器的主要技术参数

参数名称	单位	基本参数			
电压等级	kV	126	252	363	550
避雷器额定电压(有效值)	kV	102/108	192/200/204/216	288/300/312/324	420/444/468
标称放电电流(8/20 μs)	kV	10	10	10	20
雷电冲击电流下残压(8/20 μs)	kV	266/281	500/520/532/562	698/727/742/760/789	1046/1106/1166
直流 1 mA 参考电压 ≥	kV	148/157	280/290/296/314	408/425/433/442/459	565/597/630
长持续时间冲击耐受电流(方波电流冲击)	A	400/600	600/1000	1000/1500	1500/1800
4/10 μs 大冲击耐受电流	kA	100	100	100	100
压力释放能力	kA/s	40/0.2	50/0.2	50/0.2	63/0.2

GIS 避雷器的监造要点见表 4.30。

表 4.30　GIS 避雷器的监造要点

监造项目	见证内容	见证方式	见证方法	监造要点
GIS 用避雷器	各项特性参数与外观	R、W	查验原厂质量证明书、检验报告和进厂验收记录，并与国家标准《交流无间隙金属氧化锌避雷器》(GB 11032－2010)和订货技术协议对照	提示：该项见证内容重点包括标称放电电流残压(峰值)；直流 1 mA 参考电压；0.75 倍直流参考电压下的泄漏电流；工频 3 mA 参考电压(峰值/$\sqrt{2}$)；持续运行电压 U_c 下的全电流(峰值)；持续运行电压下的阻性电流(峰值)；局部放电测量(不大于 10 pC)；SF_6 气体含水量(允许值为 250×10^{-6})进行文件见证；生产厂家
	装配工艺		查验供应商工艺质量文件	要求： (1) 装配用的阀片特性和参数应符合设计与产品技术条件要求 (2) 按技术图纸和装配工艺要求进行装配 (3) 法兰对接面、金属密封面等应清洁、光滑 (4) 螺栓紧固应使用力矩扳手，按标准力矩和工艺要求进行紧固作业 (5) 检查结构尺寸，应符合设计图纸要求，动作计数器等附件应无缺少或损坏

7. 外壳及其监造要点

GIS 中所有通电部位均在外壳内，内部充有规定压力值的 SF_6 气体，并在适当位置用接地铜排进行接地。为保证 GIS 和电网的安全可靠运行，外壳必须具有强度高、气密性好、耐腐蚀和导电性好的特性。

(1) 概述：制造 GIS 壳体的主要材质有钢、铸铝和铝合金等，其中铝合金壳体在 GIS 产品中占有重要位置，尤其在高电压等级的 GIS 产品中。由于各个高压开关生产企业设计的 GIS 各不相同，罐体的结构和外形也是种类繁多，造型各异。目前，国内采用的罐体成型方法主要有铸造(图 4.34(a))和焊接(图 4.34(b))两种工艺。

(a) 铸造壳体

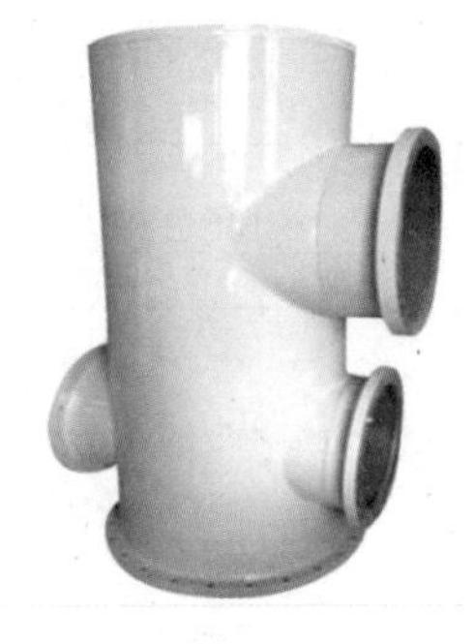

(b) 焊接壳体

图 4.34　GIS 用壳体

(2) 壳体制造工艺：我国焊接壳体经验丰富，质量稳定，气密性好，支筒冷翻边工艺成熟，生产点较多。外形简单的筒形壳体都可采用焊接工艺。外形较复杂、曲线变化较多的壳体宜选用铸造工艺。选用铸造工艺时应考虑两点：第一，要注意铸造壳体气密性较难控制；第二，铸造壳体破坏试验压力为焊接壳体的1.43倍，铸造壳体的附加壁厚取值比焊接壳体稍高，因此同功能的铸造壳体通常要比焊接壳体重50%左右，成本会有所增加。

(3) 焊接方法：目前，用于壳体焊接的方法主要有TIG焊(手工钨极氩弧焊)和MIG焊(熔化极惰性气体保护焊)。在壳体制造中，对纵焊缝和环焊缝要进行X射线探伤，对角焊缝要进行着色探伤，以保证气密性要求。生产厂家应对GIS及罐式断路器罐体焊缝进行无损探伤检测，保证罐体焊缝100%合格。

GIS壳体的技术参数见表4.31。

表4.31 GIS壳体的技术参数

参数名称		单位	基本参数			
电压等级		kV	126	252	363	550
材质			钢、铸铝、铝合金			
外壳破坏压力			铸铝和铝合金：5倍的设计压力 焊接铝外壳和钢外壳：3倍的设计压力			
温升	试验电流	A	$1.1I_N$			
	可以接触部位	K	≤30	≤30	≤30	≤30
	可能接触部位	K	≤40	≤40	≤40	≤40
	不可接触部位	K	≤65	≤65	≤65	≤65
外壳耐烧穿的能力	电流	kA	40	50	50	63
	时间	s	0.1	0.1	0.1	0.1
感应电压			正常运行条件≤24 V，故障条件≤100 V			

GIS壳体的监造要点见表4.32。

表4.32 GIS壳体的监造要点

监造项目	见证内容	见证方式	见证方法	监造要点
外壳	材质检查与试验报告	R	查验原厂资料保证书和检验报告 对照图纸和订货技术协议，记录牌号 厚度与设计要求相符	提示： (1) 材料板(管)材质及厚度，除壳体主筒的材料外，还要注意特殊部位所用的特殊材料 (2) 材料的牌号和规格、设计图纸要求、见证文件和实物统一
	外观尺寸检查	W	现场观察实物 对照设计图纸和工艺质量文件要求，查看质检员的检验记录(必要时可以复核)	要求： (1) 外壳整体尺寸符合图纸要求 (2) 外壳上各类出口法兰位置方向正确 (3) 外壳各密封面平整、光滑、公差符合图纸要求

续表

监造项目	见证内容	见证方式	见证方法	监造要点
外壳	焊接质量检查和探伤试验	R、W	现场观察实物 对照工艺质量文件，查看焊接设备，探伤试验设备状况是否良好 审查施工人员资质 查验探伤试验报告	要求： (1) 焊缝饱满、无焊瘤、夹渣 (2) 喷砂处理前，应彻底磨平和清理各部位尖角、毛刺、焊瘤和飞溅物，不留死角 (3) 承重部位的焊缝高度符合工艺质量文件要求 (4) 探伤结果符合技术要求 提示：注意防止 X 射线辐射 说明： (1) 对焊接的外壳，供应商应规定焊缝质量要求及焊缝无损探伤的方法和范围 (2) 对于有改动和修正的部位，要补焊充分、饱满并打平 (3) 根据实际情况选用 R、W 见证方式
	压力试验	W	现场观察试验过程，对照设计和工艺质量文件要求，检查设备和压力表是否完好在检定周期内，人员要有上岗证 记录表压和保压时间	要求： (1) 试验压力和保压时间必须符合设计要求 (2) 检查试品无渗漏，无可见变形，试验过程中无异常声响 提示：按照操作规程，注意现场安全 说明：所有外壳制造完毕后应进行压力试验，试验压力应为设计压力的 k 倍(对于焊接外壳，$k=1.3$；对于铸造外壳，$k=2.0$)

8. 出线套管及监造要点

GIS 出线套管为 SF_6充气式套管，主要功能是作为 GIS 的引出，用于 GIS 与变压器、高压母线及线路的连接，如图 4.35 所示。当设计要求 GIS 与变压器直连出线时，应采用油气套管，其一端完全浸入变压器油中，另一端浸入 SF_6气体中。本节主要介绍 SF_6充气式套管(图 4.36)。

图 4.35　GIS 套管出线间隔

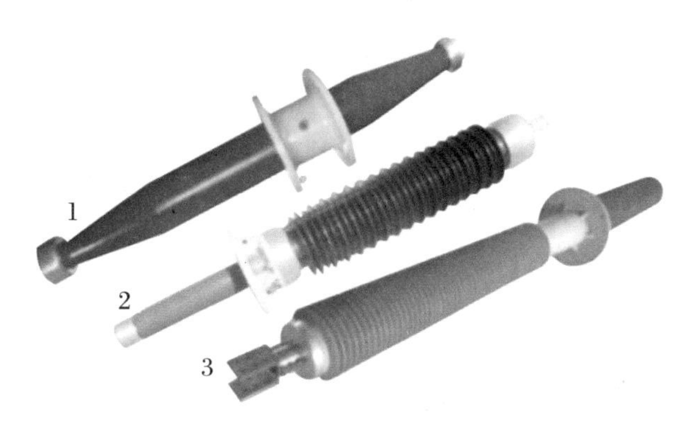

图 4.36 GIS 出线套管的外形图

1—油-SF_6套管;2—SF_6瓷套管;3—SF_6绝缘复合套管。

1）瓷套管

GIS 的瓷套以其长期及稳定的绝缘性能而得到广泛使用。SF_6充气套管由瓷套、导体、内部屏蔽、支撑筒、盆式绝缘子、均压环等零部件装配组成,装在套管内的长导体其沿面的电场不同,为均匀导体的沿面场强,故设置了屏蔽结构。上部的均压环起到均匀出线处电场强度的作用。图 4.37 和图 4.38 是两种 GIS 出线套管的结构示意图。

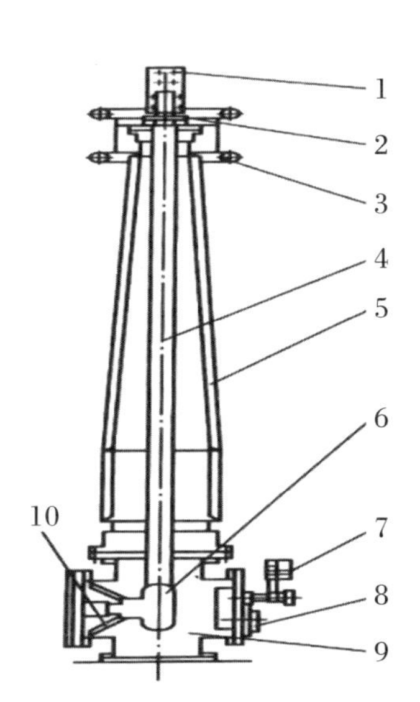

图 4.37 ZF-252 GIS 出线套管(瓷套管)的结构示意图

1—接线板;2—卡板;3—屏蔽环;4—导电杆;
5—瓷套管;6—L 型点连接;7—带充气接头密度继电器;
8—爆破片;9—四通筒体;10—盆式绝缘子。

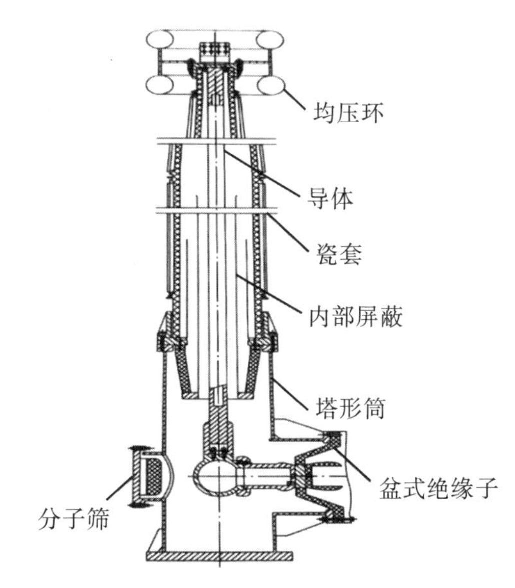

图 4.38 ZF-550 GIS 出线套管(瓷套管)的结构示意图

2）复合绝缘套管

复合绝缘套管采用机械强度高、耐电性能好的环氧玻璃丝筒(棒)做绝缘子的芯体,芯体是内绝缘的,在承受高电压的同时还承受机械负荷(内压、拉伸、弯矩、扭矩),以保证绝缘子的接线稳定性。但环氧树脂玻璃丝不能忍受大气水分和阳光中紫外线的侵蚀,因此必须给它一层耐水分、耐紫外线和抗各种污秽能力强的外绝缘——硅橡胶和套。

复合绝缘子的主要特点:

(1) 硅橡胶的疏水性使绝缘子在潮湿污秽、蒙蒙细雨或倾盆大雨时都具有可靠的电气绝缘性能,不易发生污闪或湿闪。因湿闪性能好,绝缘高度有可能比瓷套小 20%左右。

(2) 优良的抗紫外线、抗老化能力保证复合绝缘子长期运行的可靠性。

(3) 套管有可靠的防爆性能,即使内部过压引起筒体破裂泄压,也无碎片飞逸伤害人身和设备。

(4) 承受拉、扭、弯力的复合绝缘子具有稳定可靠的力学性能。

(5) 在地震多发区运行安全可靠,无需加装减震装置。

(6) 重量轻,一般为同功能瓷绝缘子的 25%左右,增强了产品的稳定性,减少运输、安装中出现绝缘子破损的危险。

(7) 随着批量生产的出现,500 kV 及以上的复合绝缘子成本低于瓷绝缘子,330 kV 以下复合绝缘子成本高于或接近瓷绝缘子,因成品率高,超高压和特高压大型复合绝缘子的成本会低于合格率低的瓷绝缘子。

由于上述原因,近年来国内外复合绝缘子在 GIS 套管进出线中得到了广泛应用。

GIS 出线套管的技术参数见表 4.33。

表 4.33　GIS 出线套管的技术参数

参数名称	单位	基本参数			
电压等级	kV	126	252	363	550
伞裙形式		大小伞			
材质		瓷/复合绝缘			
额定电流	A	2000/3150	3150/4000	3150/4000	4000/5000
额定短时耐受电流及持续时间	kA/s	40/3	50/3	50/3	63/2
额定峰值耐受电流	kA	100	125	125	160
额定工频 1 min 耐受电压(相对地)	kV	230	460	510	740
额定雷电冲击耐受电压峰值(1.2/50 μs)(相对地)	kV	550	1050	1175	1675
爬电距离	mm	3906	7812	11253	17050
干弧距离	mm	≥900	≥1800	≥2900	≥3800
S/P		≥0.9	≥0.9	≥0.9	≥0.9

GIS 出线套管的监造要点见表 4.34。

表 4.34 GIS 出线套管的监造要点

监造项目	见证内容	见证方式	见证方法	监造要点
出线套管（绝缘复合套管、瓷套管）	各项参数与外观	W	查验原厂试验报告和质量保证书；现场核对实物（必要时查看供应商的采购合同）、供应商工艺质量文件	要求： (1) 实物表面光洁，无损伤和裂痕 (2) 确认套管生产厂和型号、编号，要求实物与订货技术协议要求、设计文件标示、见证文件四同一 提示：注意套管实际爬距，要满足订货技术协议要求 (1) 外观及尺寸检查：外观清洁、光亮、平整、无缺陷；结构高度、筒内径、爬电距离、法兰端面平行度、法兰与内孔同轴度、法兰安装孔位置度 (2) 例行内压试验：无泄漏、损伤 (3) 弯曲负荷试验：卸除负荷后无偏移 (4) 工频干耐受试验：无闪络，无击穿 (5) 局放放电量 <3 pC (6) SF_6 气体密封试验：对无泄漏等内容进行检查
	装配工艺			要求： (1) 套管与导电杆装配行位公差、同心度应符合设计图纸和装配工艺要求 (2) 回路电阻检查：回路电阻应符合产品技术条件要求，应采用不低于 100 A 直流压降法进行测量

9. 伸缩节及监造要点

伸缩节也称为波纹补偿器或波纹管。GIS 设备由各个元件组合而成，由于各个元件的材料不同，其膨胀系数不一样，当温度变化时，若各个元件不能自由伸缩，由于温度应力的原因，元件将受到破坏，引起 GIS 设备漏气，导致绝缘强度降低。因此，GIS 设备连接时母线管的一部分要采用软连接，以补偿温度的变化。另外，在 GIS 设备安装过程中，必然会有误差，以及基础不均匀沉降等，也都需要用母线膨胀补偿器来调节。

《高压组合电器用金属波纹管补偿器》(GB/T 30092—2013)对补偿器的定义如下：

(1) 补偿器由一个或几个波纹管及结构件组成，用来补偿由于安装或热胀冷缩等原因引起的管道或设备尺寸变化的装置。

(2) 波纹管安装补偿器用于安装调整、补偿基础间的相对位移。

(3) 波纹管温度补偿器用于补偿热胀冷缩的伸缩量等引起的位移。

(4) 翻边式波纹管补偿器的法兰松套在波纹管直壁上，波纹管直边段管口外翻，覆盖法兰密封面，当与配套法兰连接时，借助 O 型密封圈实现密封。

伸缩节(图 4.39)由不同直径的波纹管和一节可拆卸部分组成。波纹管由多层铝合金片压叠而成。

图 4.39　GIS 用伸缩节实物图

GIS 伸缩节(补偿器)的种类及结构形式见表 4.35。

表 4.35　GIS 伸缩节(补偿器)的种类及结构形式

种类	结构形式	压力平衡装置
波纹管安装补偿器	波纹管与法兰焊接	—
	波纹管与接管、接管与法兰焊接	—
	法兰与波纹管松套(翻边式波纹管补偿器)	—
波纹管温度补偿器	波纹管与法兰焊接	碟簧组件/无压力平衡装置
	波纹管与接管、接管与法兰焊接	碟簧组件/无压力平衡装置
	法兰与波纹管松套(翻边式波纹管补偿器)	碟簧组件/无压力平衡装置
	压力平衡型波纹补偿器	结构自身力平衡

几种 GIS 伸缩节(补偿器)的典型结构如图 4.40 所示。

GIS 伸缩节的技术要求如下:

(1) 材质为不锈钢或铝合金。

(2) 设计压力小于或等于 0.75 MPa。

(3) 温度范围在 -50～150 ℃。

(4) 介质为 SF_6 气体或其他灭弧、绝缘气体。

(5) 循环寿命大于或等于 40 年或 10000 次伸缩。

(6) 安装补偿量(轴向):波距最大变形不均匀性应不大于 15%。

(7) 补偿器在试验压力(为设计压力的 1.5 倍)下,不允许有渗漏、损坏、失稳等异常现象出现。

(8) 真空气密性:极限真空度应小于或等于 76 Pa。

(9) 气密性泄漏率应不大于 1%/年。

(10) 爆破压力应能承受 3 倍的设计压力,并保证密封、不泄漏。

(11) 伸缩节的类型、数量、位置及“伸缩节(状态)伸缩量-环境温度”对应明细表等调整参数;伸缩节配置应满足跨不均匀沉降部位(室外不同基础、室内伸缩缝等)的要求,用于轴向补偿的伸缩节应配备伸缩量计量尺。

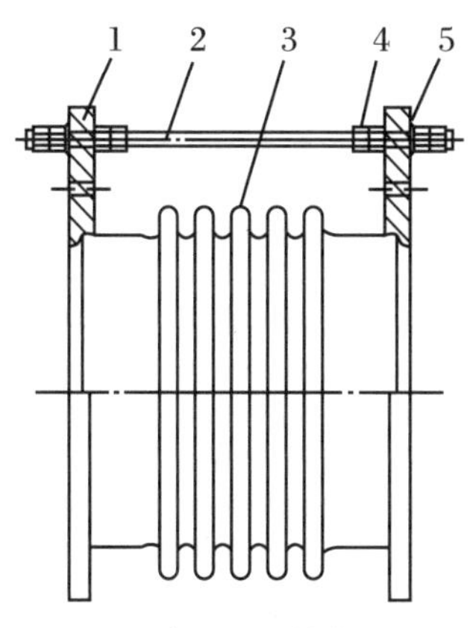

(a) 波纹法兰结构

1—法兰;2—拉杆;3—波纹管;
4—螺母;5—加强肋板。

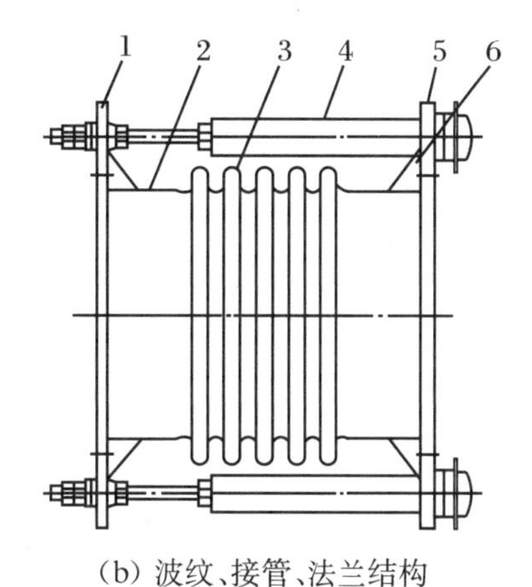

(b) 波纹、接管、法兰结构

1—法兰;2—接管;3—波纹管;4—碟簧
组件;5—法兰;6—加强肋板。

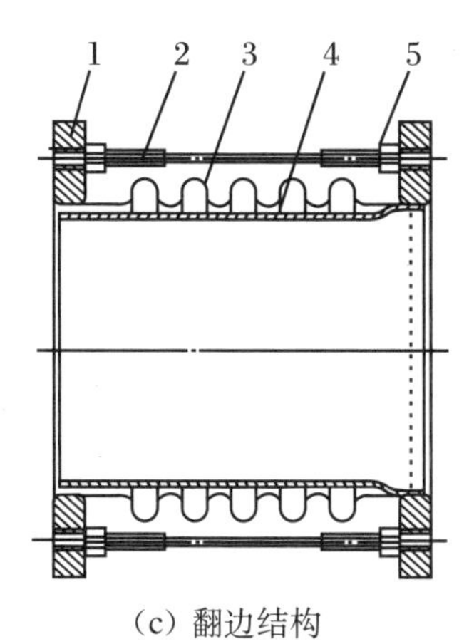

(c) 翻边结构

1—法兰;2—拉杆;3—波纹管;4—内保护套;5—螺母。

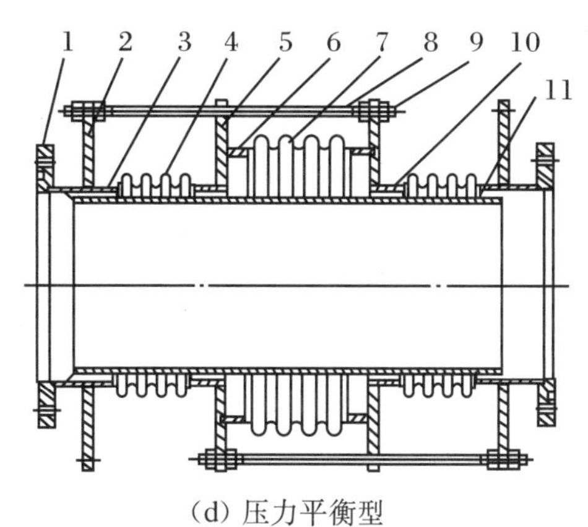

(d) 压力平衡型

1—法兰;2、5—端板;3—端接管;4—工作波纹管;
6、10—接管;7—平衡波纹管;8—平衡拉杆;
9—螺母;11—内保护套(可选件)。

图 4.40 几种典型的 GIS 波纹补偿器结构示意图

GIS 伸缩节的监造要点见表 4.36。

表 4.36 GIS 伸缩节的监造要点

监造项目	见证内容	见证方式	见证方法	监造要点
伸缩节	各项特性参数与外观	R、W	查验原厂质量证明书、检验报告和进厂验收记录 现场核对实物(必要时查看供应商的采购合同)	提示: (1) 确认伸缩节生产厂和伸缩节的型号,要求实物与订货技术协议要求、设计文件、见证文件四同一 (2) 外观检测特别是密封面应无损伤、划痕、腐蚀,注意伸缩节材质,螺杆、螺母的防锈处理方式 (3) 伸缩节波数、尺寸 (4) 依据 JB/T 10617—2006 及订货技术协议,核对设计温度、设计压力、外形尺寸、安装补偿量(轴向、径向);SF_6 气密、水压试验无泄漏和永久变形

10. 盆式、支撑绝缘子及监造要点

在GIS中，盆式绝缘子是一个很重要的绝缘部件。目前，盆式绝缘子采用环氧树脂及其他添加剂，并在高真空下浇注而成。其作用为：① 固定母线及母线的插接式触头，使母线穿越盆式绝缘子才能由一个气室引到另一个气室，因此要有足够的机械强度。② 只有母线对地或相间(共箱式结构)的绝缘作用，因此要有足够的绝缘水平。③ 只有密封作用，因此要求有足够的密封性和承受压力的能力。

盆式绝缘子分为支持盆式绝缘子和隔离盆式绝缘子两种，一般支持(连通)盆式绝缘子和隔离盆式绝缘子用不同颜色来区分，如图4.41所示。盆式绝缘子应尽量避免水平布置。

图4.41　GIS气室分隔颜色示意图

红色标示—隔气型盆式绝缘子；黄色标示—连通型盆式绝缘子。

支持盆式绝缘子(图4.42(a)和(c))主要用在连接过渡区，从而减小连接部件的长度设置，防止导体与外壳距离不均匀而造成放电或电场力不均匀产生的母线颤动，一般做成直通式，SF_6气体可流通。

隔离盆式绝缘子(图4.42(b)和(d))主要对不同功能气室进行隔离；便于检修从而使不同气室分离开来。

盆式绝缘子的外观要求：盆式绝缘子表面质量涉及气孔和缩孔、脱模剂、浇注模痕杂质和金具表面状况等。密封面上出现气孔将影响气密性；若气孔出现在承受高压的沿面，由于气孔容易藏污纳垢，将影响电气绝缘性能；脱模剂及其容易黏附污物的特性都会破坏表面绝缘性能；浇注模痕砂磨后，树脂内部的填料微粒将暴露在外面，在砂磨过程中也易夹入异物，这些都会对绝缘带来不利影响。因此，合模处的浇注模痕不允许在承受高压的表面出现；杂质尤其是金属微粒应该严格控制，因为它们会破坏绝缘子的电气性能和气密性。金具表面不允许出现碰划痕和腐蚀，表面粗糙度明显下降或出现尖角都会对金具表面电场造成不利影响。

盆式绝缘子的技术参数要求如下：

(1) 强度要求：当额定SF_6气压为0.4 MPa/0.5 MPa/0.6 MPa，设计压力为0.52 MPa/0.64 MPa/0.76 MPa时，破坏水压试验压力为1.56 MPa/1.92 MPa/2.28 MPa，例行水压

试验值为0.78 MPa/0.96 MPa/1.14 MPa。例行水压试验时不允许产生影响气密性和与相关零部件装配的塑性变形。

(a) 支持盆式绝缘子结构实物图

(b) 隔离盆式绝缘子结构实物图

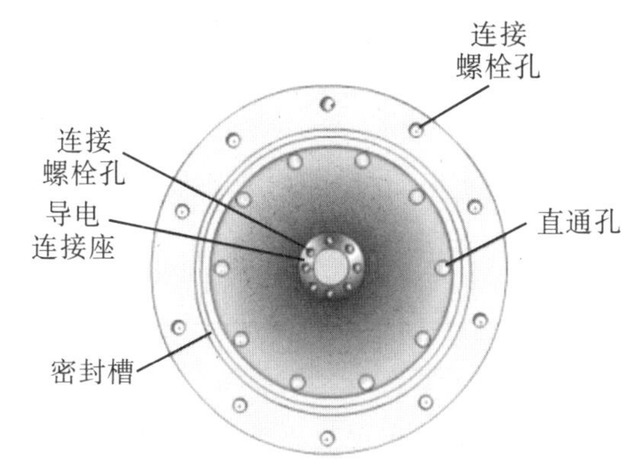

(c) 支持盆式绝缘子结构示意图

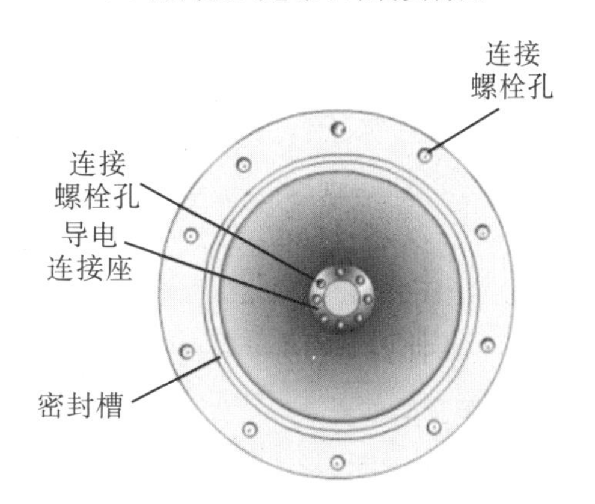

(d) 隔离盆式绝缘子结构示意图

图4.42 GIS用盆式绝缘子实物图和结构示意图

(2) 安全系数:大于3倍设计压力。

(3) 2倍额定相电压下泄漏电流为50 μA。

(4) 1.1倍额定相电压下最大场强小于或等于1.5 kV/mm。

GIS盆式绝缘子的监造要点见表4.37。

表4.37 GIS盆式绝缘子的监造要点

监造项目	见证内容	见证方式	见证方法	监造要点
盆式、支持绝缘子	材质检查	R、W	查验原厂质量证明书和检验报告(必要时查看供应商的采购合同)	要求:产品名称和生产厂、检验项目和检测结构符合技术标准和订货技术协议要求
	外观及尺寸检查	R、W	现场观察实物对照图纸、查验实物	要求: (1) 表面光滑、颜色均匀、无划痕、无裂纹 (2) 各部尺寸符合图纸和公差要求 (3) 密封面平整光滑 (4) 嵌件导电部位镀银面无氧化、起泡、划痕 (5) 螺孔内无残留物

续表

监造项目	见证内容	见证方式	见证方法	监造要点
盆式、支持绝缘子	机械性能试验（水压、检漏）	R、W	现场观察试验操作过程 对照图纸和工艺质量文件 记录试验压力和保压时间	要求：按设计要求压力和保压时间打水压和检漏，无渗漏、裂纹等异常 提示： (1) 确认压力表有效、准确 (2) 操作人员有上岗证 说明：根据实际情况选用 R、W 见证方式
	电气性能试验（工频耐压、局部放电）	R、W	现场观察试验过程 记录 SF_6 气体压力值、电压值和时间 记录局部放电值	要求： (1) 按设计技术要求的气压、电压和时间，无破坏性放电 (2) 局部放电值小于技术要求 提示： (1) 确认工频试验变压器和局部放电测量仪完好、准确 (2) 操作人员有上岗证

11. 汇控柜及监造要点

为将 GIS 中断路器、隔离开关、接地开关的二次控制回路、电流互感器、电压互器，以及其他测量保护的指示信号集成在一个装置上，GIS 按每个间隔设置了汇控柜(图 4.43)。

(a) 外部布置图

(b) 内部布置图

图 4.43　GIS 汇控柜

汇控柜是 GIS 就地控制及变电站主控室与 GIS 二次系统连接的电气装置，其功能是：

(1) 就地控制组合电器中断路器、隔离开关和接地开关的分、合闸操作。

(2) 将来自变电站主控室的控制、保护信息传递给组合电器，控制其断路器、隔离开关和接地开关的分、合动作。

(3) 将二次回路所需的低压交流、直流电源通过汇控柜的转接端子提供给组合电器的各元件。

(4) 组合电器中的开关分/合指示信号、互感器的测量/保护信号、避雷器监视器信号，以及组合电器的状态监测信号都在汇控柜集成，并通过相应的端子与变电站主控室连接。

(5) 在智能化开关设备设计中，通常将智能控制器集成在汇控柜中，实现高压开关设备一次与二次的融合与集成。

汇控柜是汇集组合电器二次系统的主要元件，根据变电站主接线方案及二次系统方案，以基本定型的汇控柜为基础，每个变电站的组合电器都要进行具体的汇控柜设计。

汇控柜按照产品名称，分为铠装式金属封闭开关柜、间隔式金属封闭开关柜和箱式金属封闭开关柜；按结构形式，分为焊接式和组装式；按使用场所，分为户内式和户外式；按断路器的不同安装方式，分为固定式和手车式。

铠装式金属封闭开关柜有金属外壳，将主要电器元件分别装在接地的、用金属隔板隔开的隔室中，且金属外壳及各隔室至少要有 IP2X 防护等级。

间隔式金属封闭开关柜有金属外壳，将主要电器元件分设在单独隔室内，各隔室间具有一个或多个非金属隔板，且金属外壳及各隔室至少要有 IP2X 防护等级。

箱式金属封闭开关柜的主要功能元件在金属外壳内，不分或少分功能隔室，即使分隔室，也不要求达到 IP2X 防护等级。

汇控柜的产品型号表示方法如图 4.44 所示。

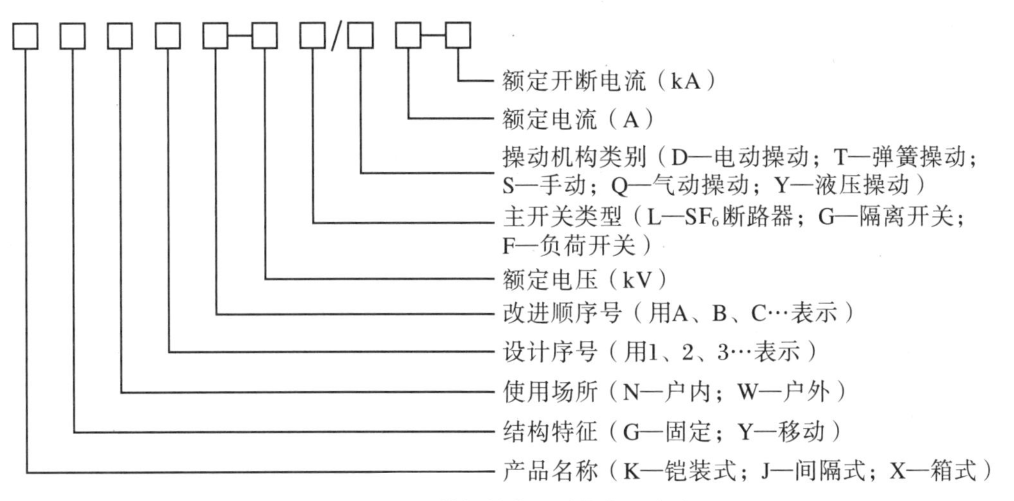

图 4.44　汇控柜的产品型号表示方法

汇控柜内一次元件代码见表 4.38。

表 4.38　汇控柜内一次元件代码表

元件代码	名称	图形画法	备注
QF(CB)	断路器		—
QSF(FDS)	快速隔离开关		—

续表

元件代码	名称	图形画法	备注
QS(DS)	隔离开关		—
QE(ES)	接地开关		—
QFE(FES)	快速接地开关		—
TV(PT)	电压互感器		n 个变比画 $n+1$ 个圆圈
TA(CT)	电流互感器		画成单个即可
DV	带电显示	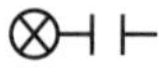	单相带电显示要表示出是哪一相安装的,如A相:DVA
F(LA)	避雷器		—
B	套管		—
WC	电缆头	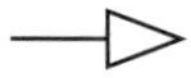	—

汇控柜内二次元件代码见表4.39。

表4.39 汇控柜内二次元件代码表

元件代码	元件名称	元件代码	元件名称	元件代码	元件名称
—DK	隔离开关	—KC	保持继电器	—SC1	门控开关
—DV	带电显示	—KF	防跳继电器	—SK	选择开关
—EL	荧光灯	—KT	时间继电器	—SM	控制开关(分/合)
—EV	通风过滤装置	—KVU	欠电压继电器	—SP	压力传感器
—F	小型断路器	—KW	温湿度控制器	—SV	压力表转换开关
—FL	小型断路器	—KZ	端子继电器	—UD	整流器
—FP	小型断路器 TV 用	—L	电抗器	—X	端子板
—FZ	小型断路器	—LD	压板(断路器防跳)	—X	一般接线端子
—HG	分闸指示灯	—PA	电流表	—XO	环网接线端子
—HL	组合信号灯	—PC	加法计数器	—XP	插头
—HR	合闸指示灯	—PV	电压表	—XS	单相插座
—JB	击穿保险	—RH	驱潮加热电阻	—XT	端子(断路器)
—K	中间继电器	—SB	按钮开关	—ZF	滤波器

汇控柜的外壳防护等级见表 4.40。

表 4.40 汇控柜的外壳防护等级表

防护等级	防止固体异物进入	防止接近危险部件
XP1XB	直径为 50 mm 及以上的物体	防止手指接近(直径为 12 mm、长为 80 mm 的试棒)
IP2X	直径为 12.5 mm 及以上的物体	防止手指接近(直径为 12 mm、长为 80 mm 的试棒)
IP2XC	直径为 12.5 mm 及以上的物体	防止工具接近(直径为 2.5 mm、长为 100 mm 的试棒)
IP2XD	直径为 12.5 mm 及以上的物体	防止导线接近(直径为 1.0 mm、长为 100 mm 的试验导线)
IP3X	直径为 2.5 mm 及以上的物体	防止工具接近(直径为 2.5 mm、长为 100 mm 的试棒)
IP3XD	直径为 2.5 mm 及以上的物体	防止导线接近(直径为 1.0 mm、长为 100 mm 的试验导线)
IP4X	直径为 1.0 mm 及以上的物体	防止导线接近(直径为 1.0 mm、长为 100 mm 的试验导线)
IP5X	不能完全防止尘埃进入,但尘埃的进入量和位置不得影响设备的正常运行或危及安全	防止导线接近(直径为 1.0 mm、长为 100 mm 的试验导线)

汇控柜除在额定电压下能够正常工作,同时还要满足额定绝缘水平的要求,见表 4.41。

表 4.41 汇控柜的额定绝缘水平要求

额定电压 U_r(kV)(有效值)	额定工频短时耐受电压 U_d(kV)(有效值)		额定雷电冲击耐受电压 U_p(kV)(峰值)	
	通用值	隔离断口	通用值	隔离断口
3.6	25	27	40	46
7.2	30	34	60	70
12	42	48	75	85
24	50*	60*	95*	110*
	65	79	125	145
40.5	95	118	185	215

注:1. 带 * 为接地系统中使用的数据。

2. 隔离断口是指隔离开关、负荷-隔离开关的断口,以及起联络作用或作为热备用的负荷开关和断路器的断口。

以空气为主绝缘的汇控柜要满足不同电压等级下最小带电间隙的要求,带电体之间、带电体与地之间的最小空气距离见表 4.42。

表 4.42　汇控柜的最小空气净距

项目	额定电压(kV)				
	3.6	7.2	12	24	40.5
导体至接地间的净距(mm)	75	100	125	200	300
不同相的导体之间的净距(mm)	75	100	125	200	300
导体至无孔遮拦间的净距(mm)	100	130	155	210	330
导体至网状遮拦间的净距(mm)	175	200	225	280	400
无遮拦裸导体至地板间的净距(mm)	2375	2400	2425	2480	2600
需要不同时通电检修无遮拦裸导体之间的水平净距(mm)	1875	1900	1925	1980	2100
出线套管至屋外通道地面间的净距(mm)	4000	4000	4000	4000	4000

为了缩小体积,空气绝缘开关柜中大量使用了绝缘材料作为屏障,来满足绝缘水平和空气净距的要求。不同电压等级的导电体和绝缘隔板间允许的最小空气间隙见表 4.43。

表 4.43　导电体与绝缘板间的空气间隙的要求

距离(mm)	电压等级(kV)		
	12	24	40.5
导电体与绝缘板间的空气间隙	30	45	60

汇控柜还应设置可靠的联锁和闭锁装置,以保证操作程序的正确性,以及防止以下五种误操作,即所谓的"五防":① 防止带负荷分、合隔离开关;② 防止误分、误合断路器,防止误分、误合负荷开关和接触器;③ 防止接地开关处在合闸位置时(或带接地线),关合隔离开关;④ 防止带电时挂接地线或误合接地开关;⑤ 防止误入带电间隔。

常用的联锁装置可分为两大类:第一类为机械类,包括机械联锁装置、程序锁和钥匙盒联锁装置等;第二类为电气类,包括电气联锁、电磁锁和高压带电显示装置等。

此外,汇控柜的温升不应超过规定的温升极限。

汇控柜的监造要点见表 4.44。

表 4.44　汇控柜的监造要点

监造项目	见证内容	见证方式	见证方法	监造要点
汇控柜	尺寸及特性	W	核查试验报告,必要时抽检	提示:该项见证内容包括形位公差及控制元器件、操动电源核对,二次走线应与组合电器的接地线保持一定距离,要防止内部故障短路电流发生时在二次线上可能产生的分流现象 要求:接线正确,无松动,电气试验合格;汇控柜装配应满足防水、防潮、防锈、防小动物的要求;外壳防护等级应符合订货技术协议要求

12. 电缆终端、变压器连接装置及监造要点

电缆终端是把高压电缆连接到 GIS 中的部件，安装在 GIS 内部，以 SF_6 为外绝缘的气体绝缘部分的电缆终端，如图 4.45 和图 4.46 所示。

图 4.45 GIS 电缆终端外形图

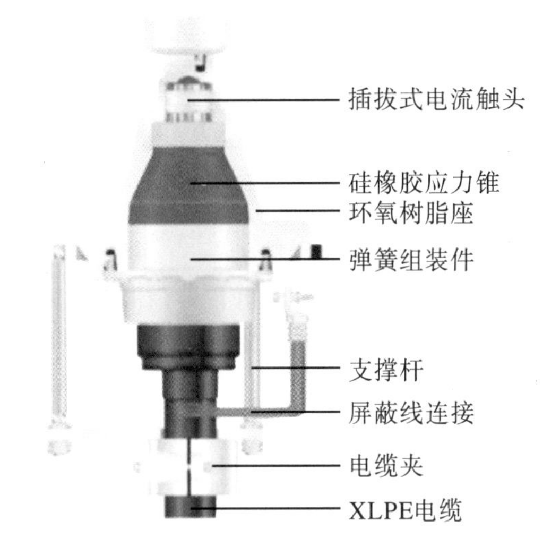

图 4.46 GIS 电缆终端结构示意图

变压器连接装置是指 GIS 与变压器直接相连的元件，常简称为油气套管，其一端与变压器相连（在油中），另一端与 GIS 相连（在 SF_6 中）。

GIS 与电缆终端、变压器联结装置的结构示意图如图 4.47 和图 4.48 所示。

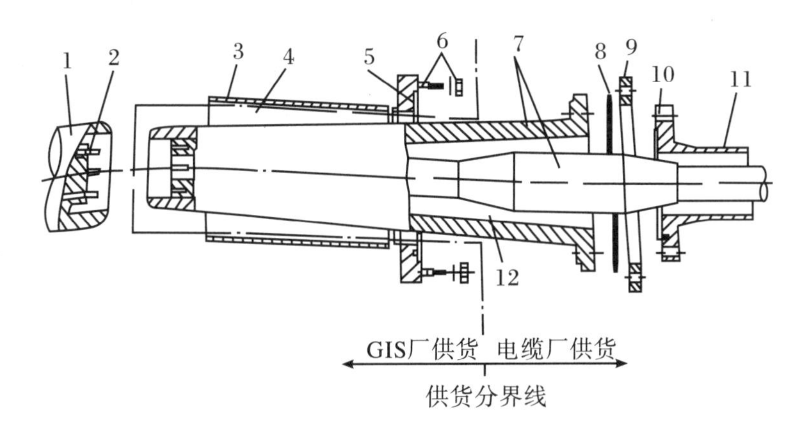

图 4.47 GIS 与电缆接口（电缆终端）示意图

1—主母线端子及屏蔽；2—连接紧固件；3—与 GIS 联结的外壳；4—SF_6 气体；5—密封圈；6—连接紧固件；7—环氧树脂套管及电缆芯；8—密封垫；9—法兰；10—密封圈；11—电缆密封套；12—绝缘油。

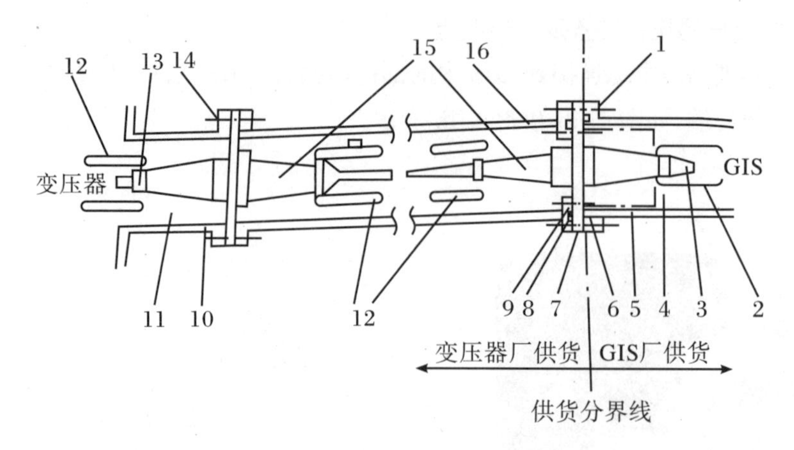

图 4.48 GIS 与变压器接口(油气套管)

1—连接螺栓;2—屏蔽;3—联结端子;4—SF_6气体;5—与 GIS 相连的壳体;6—密封圈;7—法兰;8—密封垫;9—法兰;10—变压器壳体;11—变压器油;12—屏蔽;13—联结端子;14—连接紧固件;15—油气套管;16—中间油室外壳。

电缆终端、变压器连接装置产品型号的表示方法如图 4.49 所示。

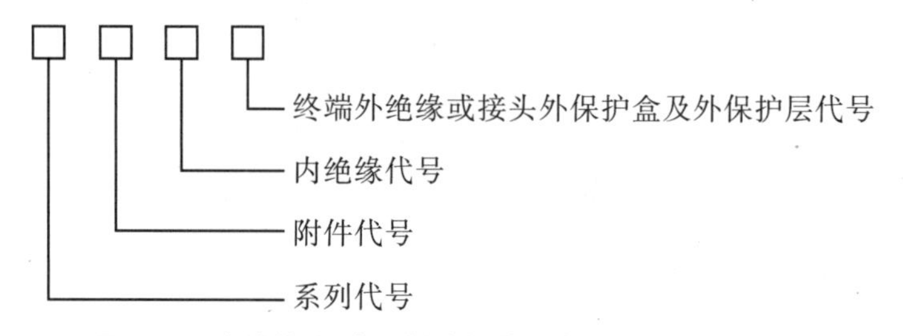

图 4.49 电缆终端、变压器连接装置产品型号的表示方法

系列代号:YJ——交联聚乙烯绝缘电缆。

附件代号:ZW——瓷套管(户外)终端;ZWF——复合套管(户外)终端;ZG——GIS 终端;ZY——油浸(变压器)终端;JY——直通接头;JJ——绝缘接头。

内绝缘代号:终端内绝缘特征依次是 Y——液体填充绝缘;G——干式绝缘;Q——六氟化硫(SF_6)充气绝缘。接头内绝缘特征依次是 Z——组合预制绝缘件;I——整体预制绝缘件。

接头保护盒及外保护层:0——无保护盒;1——玻璃钢保护盒(含铜壳和防水浇注剂);2——绝缘铜壳(含防水浇注剂)。

电缆终端、变压器连接装置的技术要求如下:

(1) 导体连接金具的表面光滑、洁净,不允许有损伤、毛刺和凹凸斑痕,以及其他影响电气接触和机械强度的缺陷。铸造成型的接线端子其接触面及连接孔不得有气孔、砂眼和夹渣等缺陷。

(2) 附件结构金具(如金属壳体、法兰、瓷套、包围支架等)应采用非磁性金属材料;弹簧压紧装置的配合面应光滑无突起,应与橡胶应力锥紧密配合,能在设计寿命内提供规定的设计压力。

(3) 电气试验时,GIS终端连接的外壳内应充气至最小功能压力。经协商可采用其他气体介质代替SF_6气体,但充气压力应提供相同的介电强度。变压器终端连接的外壳内应充以允许的最小工作压力(由变压器制造商提出)的变压器油。

(4) 压力泄漏试验:在环境温度下对试品施加表压为(250±10)kPa的气压,保持1 h无渗漏现象。

(5) 终端上的支柱绝缘子两端施加25 kV直流电压,持续1 min无闪络或击穿;施加37.5 kV冲击电压,正、负极各10次,无闪络或击穿。

(6) 包含附件的电缆系统的试验应符合GB/T 11017.1和GB/T 11017.2中的要求。

电缆终端、变压器连接装置的监造要点见表4.45。

表4.45 电缆终端、变压器连接装置的监造要点

监造项目	见证内容	见证方式	见证方法	监造要点
电缆终端、变压器连接装置	结构性能、接口尺寸配合	W	现场观察实际装配过程、对照图纸、工艺质量文件、相关标准是否符合要求	要求: (1) 壳体内部、绝缘件、导体表面清洁干净,密封面平整光滑 (2) 导体端面与壳体法兰端面尺寸符合图纸要求 (3) 导体应接触良好 提示: (1) 组合电器应设计成能安全地进行下述各项工作:正常运行、检查和维修,引出电缆的接地,电缆故障的定位,引出电缆或其他设备的绝缘试验,消除危险的静电电荷,安装或扩建后的相序校核和操作联锁等 (2) 组合电器中和电缆保持连接的部分应能耐受电缆技术规范对同一额定电压的电缆规定的试验电压 (3) 如果不允许对组合电器的其余部分施加电缆的直流试验电压,则对电缆试验采取特殊的措施(例如,可动或可拆卸的连接和/或增加电缆连接外壳中绝缘气体的密度)

13. SF_6密度继电器及监造要点

SF_6密度继电器(图4.50)用于监视高压电力设备内保护气体SF_6的密度。它广泛应用在高压断路器、中压开关、气体绝缘设备(GIS)、高压电缆、变压器和互感器上,也能适应户外恶劣的环境。针对电器设备中出现的SF_6气体的泄漏情况,及时发出报警信号、闭锁信号或是超压信号,确保电气设备的安全运行。

图4.50 SF_6密度继电器实物图

SF_6密度继电器按结构形式分为带指针和刻度或数字的密度表,以及带电触点或具有控制功能的密度继电器;按结

构原理分为弹簧管式、波纹管式和数字式;按安装方式分为径向安装、轴向安装和其他安装方式。

SF_6密度继电器产品型号的表示方法如图4.51所示。

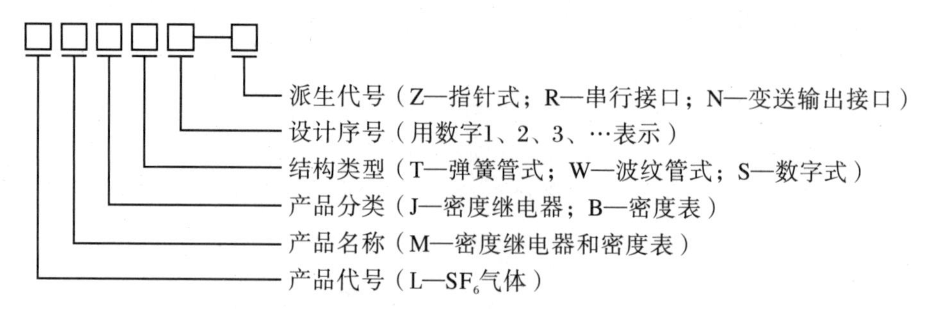

图4.51 SF_6密度继电器产品型号的表示方法

SF_6 密度继电器的产品技术要求如下:

(1) 所有零件焊接处质量良好,无虚焊、假焊现象。

(2) 各部件应装配牢固,不得有锈蚀、裂纹、孔洞,以及其他影响测量或控制性能的缺陷。

(3) 产品表面应光泽明亮、颜色均匀一致,无明显的色差和眩光,无砂粒、起皱、流痕、划痕等缺陷。

(4) 铭牌标志应正确、清晰、齐全、牢固,符合有关标准规定的要求。

SF_6 密度继电器的技术参数要求如下:

(1) 测量范围为－0.1～＋0.9 MPa。

(2) 准确度:在(20±1)℃的条件下,产品处于工作位置,在升压或破空时,升压检定前和降压检定后,其指针误差应符合下列要求:

① 指针须在零值标度线宽度范围内,零值标度线宽度不得超过最大允许基本误差绝对值的2倍。

② 产品应符合一般测量仪表的准确度等级和最大允许基本误差。产品的准确度等级和最大允许基本误差及其关系见表4.46。

表4.46 准确度等级和最大允许基本误差及其关系表

准确度	最大允许基本误差(测量范围的百分量)	
	测量范围90%以上部分	测量范围其余部分
1.0	±1.6%	±1.0%
1.6	±2.5%	±1.6%
2.5	±4.0%	±2.5%
4.0	±4.0%	±4.0%

③ 产品的回程误差应不大于允许的基本误差的绝对值。

④ 轻敲密封表表壳后,其指示值变动量应不大于允许的基本误差绝对值的1/2。

⑤ 密度表指针的位移在全标度范围内应平稳，不得有卡住现象。

(3) 密封要求：产品漏气率不大于 1×10^{-9} Pa·m^3·s^{-1}。

(4) 绝缘性能的要求如下：

① 在正常工作条件下，产品的各回路端子与外壳之间的绝缘电阻不应小于 20 MΩ。

② 在正常工作条件下，产品各回路端子之间、电阻与外壳之间应能承受 1 min 的工频耐压试验，产品各部位不应出现绝缘击穿和闪络现象。

(5) 耐湿热性能：产品在最高温度为 40 ℃，试验周期为 2 周期(48 h)条件下，经交变湿热试验，且在试验结束前 2 h 内，各部位绝缘电阻应不小于 4 MΩ，各部位介质强度测试不应出现击穿和闪络现象。

(6) 外壳防护：室内使用型防护等级为 IP44，室外使用型防护等级为 IP65。

SF_6 密度继电器的监造要点见表 4.47。

表 4.47 SF_6 密度继电器的监造要点

监造项目	见证内容	见证方式	见证方法	监造要点
SF_6密度继电器	外部特征	R、W	查验原厂质量证明书、试验报告和进厂验收记录，并与订货技术协议及标准对照，必要时抽检	要求： (1) 应分别符合订货技术协议及相关技术要求 (2) 应有自封接头，方便现场拆卸 (3) 依据 JB/T 10549—2006 及订货技术协议重点核实“0”位误差、超压报警压力、额定压力、补气压力、闭锁压力、基本误差、回差、轻敲位移、渗漏率、唯独补偿、绝缘耐压(AC2 kV)、绝缘电阻、油密封性 提示：该项见证内容包括出厂校验、接点检查和接口检查 说明：每个封闭压力系统(隔室)应设置密度监视装置，供应商应给出补气报警密度值，断路器室还应给出闭锁断路器分、合闸的密度值；低气(或液)压和高气(或液)压闭锁装置应整定在供应商指明的合适的压力极限上(或内)动作

14. 压力释放装置及监造要点

GIS 的压力释放装置也称为爆破片装置，因 GIS 元件多、气室多、内绝缘部位多等种种原因，而使 GIS 内部存在接地故障的可能性。GIS 内部故障电弧持续时间较长(以秒为单位计算)，因此电弧能使 GIS 故障间隔 SF_6升温增压，从而有可能使 GIS 某些强度薄弱环节爆破。为了防止 GIS 损坏，常在 GIS 内部故障相对多发处设置爆破片，以保护 GIS 壳体安全。爆破片材料根据保护承压设备的工作条件及结构特点，可选用铝、镍、奥氏体不锈钢、因康镍、蒙乃尔、石墨等。奥氏体不锈钢爆破片，材质稳定、厚度均匀且易控制，具有较稳定可靠的爆破特性，因此在 GIS 行业得到广泛的使用。

爆破片安全装置是由爆破片(或爆破片组件)和夹持器(或支承圈)等零部件组成的非重

闭式压力泄放装置。在设定的爆破温度下，爆破片两侧压力差达到预定值时，爆破片即刻动作(破裂或脱落)，并泄放出流体介质，从而保证设备和人身安全。爆破片按形状可分为正拱形、反拱形和平板形，如图4.52所示。

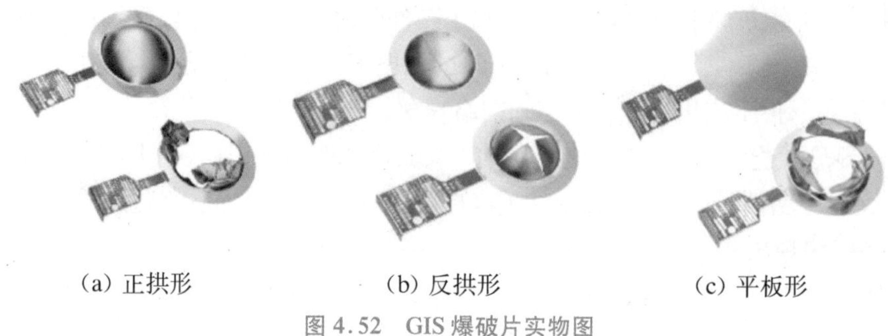

(a) 正拱形　(b) 反拱形　(c) 平板形

图4.52　GIS爆破片实物图

GIS充气前要抽真空，因此常用反拱形爆破片(图4.53)，爆破片被两块夹持件焊牢紧固而无泄漏，不锈钢爆破片上刻有十字形槽，过压爆破时，十字槽撕裂破口排气；安装时，爆破片凹面朝向大气侧。夹持件与爆破片座之间装有O形密封圈。

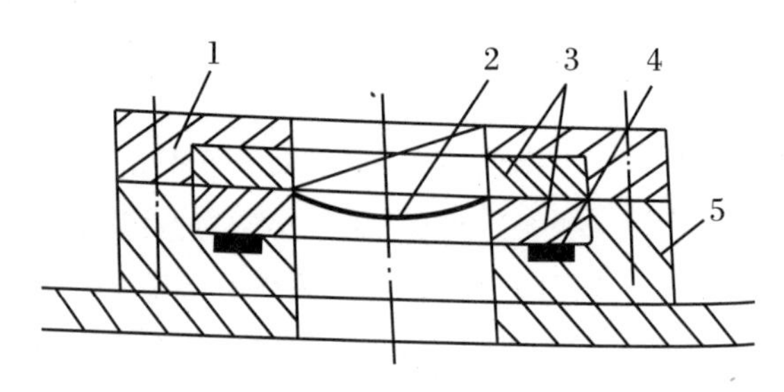

图4.53　反拱形爆破片装置结构示意图

1—盖板；2—爆破片；3—夹持件；4—O形密封圈；5—爆破片座。

爆破片产品型号的表示方法如图4.54所示。

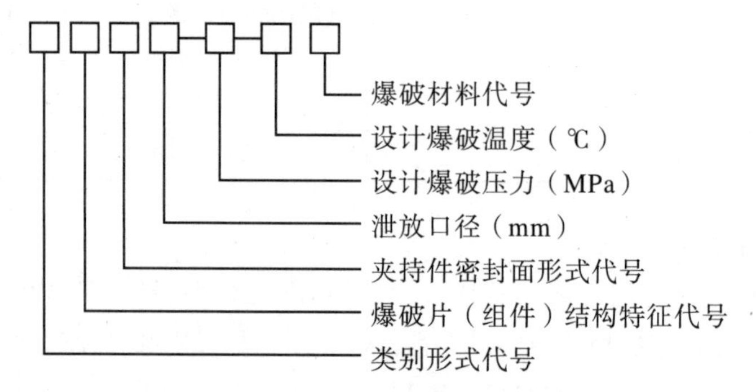

图4.54　爆破片产品型号的表示方法

类别形式代号：L——正拱形；Y——反拱形；P——平板形；PM——石墨爆破片。

结构特征代号：LP——正拱普通形；LF——正拱开缝形；LC——正拱带槽形；YD——反拱带刀形；YE——反拱鳄齿形；YC——反拱带槽形；YF——反拱开缝形；YT——反拱脱落形；PP——平板普通形；PC——平板带槽形；PMT——单片可更换型石墨爆破片；

PMZ——整体不可更换型石墨爆破片。

夹持件密封面型式代号：A——平面；B——锥面；C——榫槽面。

爆破片装置的外观要求如下：

(1) 爆破片内外表面应无裂纹、锈蚀、微孔、气泡、夹渣和凹坑等缺陷，不应存在可能影响爆破性能的划伤等缺陷。

(2) 开缝形或带槽形爆破片的缝(孔)或槽的周边应无毛刺，缝(孔)或槽的几何形状及尺寸应满足设计图的要求。

爆破压力允差参照表4.48的规定。有特殊要求时，也可由制造单位和使用单位或被保护承压设备的设计单位协商确定。

表4.48 爆破压力允差

爆破片类型	标定爆破压力(MPa)	相对标定爆破压力的允差(≤)
平板形、正拱形、反拱形	≥0.001～<0.01	±50%
	≥0.01～<0.1	±25%
	≥0.1～<0.3	±0.015 MPa
	≥0.3～<100	±5%
	≥100～500	±4%
石墨	<0.05	±25%
	≥0.05～<0.3	±15%
	≥0.3	±10%

压力释放装置的监造要点见表4.49。

表4.49 压力释放装置的监造要点

监造项目	见证内容	见证方式	见证方法	监造要点
压力释放装置	参数特征	R、W	查验原厂质量证明书、试验报告和进厂验收记录，并与设计对照	要求： (1) 压力释放装置的动作压力应与外壳设计压力配合 (2) 实物外观无异常 (3) 压力释放装置的布置位置的合理性 提示：依据GB 567—1999及订货技术协议对爆破材料、标准爆破压力、爆破压力允差等进行文件见证

15. SF_6 气体和管路及监造要点

SF_6气体是世界上目前最优良的绝缘介质和灭弧介质。它无色、无味、无嗅、无毒、不燃烧；在常温常压下，化学性能稳定；与传统绝缘油相比，其绝缘性能和灭弧性能都要好得多。

GIS每个气室单元都有一套元件：SF_6密度仪、自封接头和SF_6配管。它们直接安装在气室单元合适的位置。抽真空、充放气、测水分、对气体进行分析都可就地通过自封接头进行。

图 4.55 是工业用 SF_6 气体。

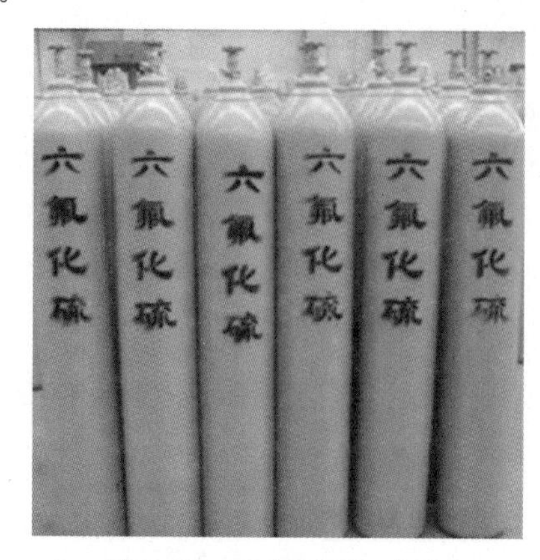

图 4.55 工业用 SF_6 气体

SF_6中 F 是卤族元素中负电性最强的元素，因此 SF_6分子具有很强的负电性，容易吸附电子成为负离子，阻碍放电的形成和发展。SF_6分子直径比氧、氮分子大，使得电子在 SF_6气体中的平均自由行程缩短，不易积累能量；而 SF_6的电离电位又比氧、氮分子大，因而减少了电子碰撞电离的可能性。电子与 SF_6分子相遇时，还会因极化等过程增加能量损失，减弱其碰撞电离的能力，故 SF_6气体具有高电气强度。

SF_6气体管路(图 4.56 和图 4.57)的工艺处理要求如下：

(1) 气体管路内部应清洁无异物、无氧化皮等，入厂时可用强光手电筒通过法兰口检修检查。

(2) 需对管路用硬木棒进行适度敲击，查看是否有异物掉落，如无则视为合格。

(3) 应按要求对管路进行清洗、烘干，烘干后对管路法兰端口进行防护，方可进入装配车间。

(4) 装配前应用高纯氮对管路内部进行吹拂，时间不少于 30 s，确认无异物后方可进行装配。

(5) GIS 充气口保护封盖的材质应与充气口材质相同，防止电化学腐蚀。

图 4.56 GIS 气体管路位置图

图 4.57 SF_6气体管路实物图

工业 SF_6 气体的技术要求应符合表 4.50 的规定。

表 4.50 工业 SF_6 气体的技术要求

项目名称		指标
六氟化硫(SF_6)纯度(质量分数)/10^{-2}	≥	99.9
空气含量(质量分数)/10^{-6}	≤	300
四氟化碳(CF_4)含量(质量分数)/10^{-6}	≤	100
六氟乙烷(C_2F_4)含量(质量分数)/10^{-6}	≤	200
八氟丙烷(C_3F_8)含量(质量分数)/10^{-6}	≤	50
水(H_2O)含量(质量分数)/10^{-6}	≤	5
酸度(以 HF 计)(质量分数)/10^{-6}	≤	0.2
可水解氟化物(以 HF 计)含量(质量分数)/10^{-6}	≤	1
矿物油含量(质量分数)/10^{-6}	≤	4
毒性		生物实验无毒

SF_6 气体管路的技术要求如下:

(1) 在各种使用条件下,整个气路系统的密封必须良好,气路系统不应给 SF_6 气体带入油、空气、金属粉尘等杂质。

(2) 气体管路应排列整齐、清晰、美观,横平竖直。

(3) 气体管路接头必须牢固可靠,与外部设备相连的接头结构应与 SF_6 气体绝缘设备充气口配套,连接方便、可靠,并提供相应的专用扳手。

(4) 应配备工作压力不小于 1 MPa 的软管,并具有自封接头。

SF_6 气体及管路的监造要点见表 4.51。

表 4.51 SF_6 气体及管路的监造要点

监造项目	见证内容	见证方式	见证方法	监造要点
SF_6 气体及管路	各项参数	R	查验原厂质量证明书、试验报告和进厂验收记录,并与订货技术协议对照	要求:SF_6 气体符合 GB/T 12022—2006 的要求,SF_6 气体管路符合订货技术协议、供应商工艺质量文件要求

16. 吸附剂、安装吸附剂的防护罩及监造要点

运行中的 GIS 开断间隔会产生电弧,SF_6 被电弧分解的低氟化物有一部分不可复合还原成 SF_6,而悬浮于气体断路器(GCB)灭弧室或 DS 壳体内。这些低氟化物受潮后其绝缘性能下降,且影响 SF_6 纯度。需在这些间隔设置吸附剂加以吸收,使 SF_6 净化,同时 GIS 在运行中还可能有大气中的水分侵入,会给绝缘带来不利影响,也需要通过吸附剂来吸收 SF_6 中的水分,使其保持干燥。

GIS 设备中 SF_6 气体电弧分解物的主要成分是 SOF_2,其次是 SO_2 和 HF 等气体。目前,

GIS 设备用的吸附剂材料有活性氧化铝和分子筛等，它们能有效吸附这些气体。

活性氧化铝及其各项参数如下：

(1) 活性氧化铝(Al_2O_3，图 4.58)外观为白色球状多孔性颗粒，粒度均匀，表面光滑，机械强度大，吸湿性强，属于化学品氧化铝范畴。能吸收 SOF_2、SO_2F_2、$S_2F_{10}O$、SO_2、SOF_4 等分解物，但对 $S_2F_{10}O$、SO_2 等不能定量吸附。活性氧化铝具有较好的选择性，是 GIS 设备中较理想的吸附剂。

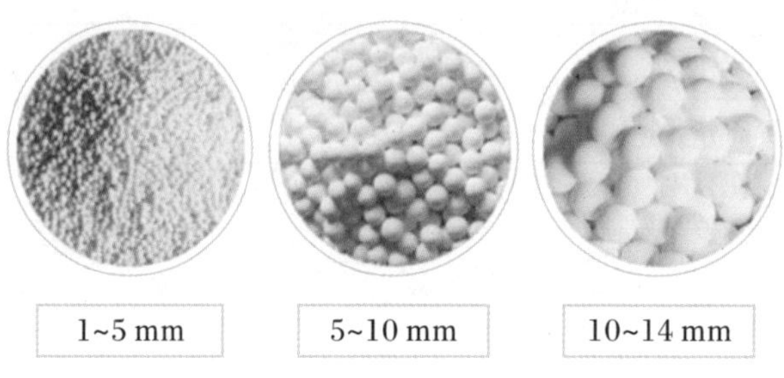

图 4.58　活性氧化铝颗粒实物图

(2) 活性氧化铝的技术要求应符合表 4.52 的要求。

表 4.52　活性氧化铝(吸附剂)的技术要求

项目名称		粒径(mm)							
		0.5～2	1.5～2.5	2～4	3～5	4～6	5～7	6～8	8～10
抗压强度(N/颗)	≥	10	35	50	100	130	150	200	250
三氧化二铝质量分数	≥	90%							
灼烧矢量	≤	8%							
振实密度(g/cm^3)	≥	0.65							
比表面积(m^2/g)	≥	280							
孔容(cm^3/g)	≥	0.35							
静态吸附量(60%湿度)	≥	12%							
磨耗率	≤	0.5%							
粒度合格率	≥	90%							

分子筛及其技术要求如下：

(1) 分子筛是一种人工合成的具有筛选分子作用的水合硅铝酸盐(泡沸石)或天然沸石，有许多孔径均匀的孔道和排列整齐的孔穴，这些孔穴能把比其直径小的分子吸附到孔腔的内部，并对极性分子和不饱和分子具有优先吸附能力。因而能把极性程度不同，饱和程度不同，分子大小不同，以及沸点不同的分子分离，即具有“筛分”分子的作用，故称为分子筛。GIS 设备使用的分子筛型号通常包括 5A 分子筛(孔径为 0.5 nm)、13X 分子筛(孔径为0.8～0.9 nm)和 SF_6 电气设备专用分子筛等。吸附剂应选用不易粉化的材料并装于专用袋中，绑扎牢固。

图4.59列出了几种不同大小的分子筛颗粒。

图4.59　不同大小的分子筛颗粒

(2) GIS电气设备使用的分子筛吸附剂的技术要求见表4.53。

表4.53　SF_6电气设备使用的分子筛吸附剂的技术要求

项目名称			粒径		
			1.5～2.5 mm	3.0～5.0 mm	4.0～6.0 mm
外观			球形颗粒，无机械杂质		
抗压碎力	点接触抗压碎力均值(N)	≥	30.0	65.0	100.0
	抗压碎力相对标准偏差	≤	0.3	0.3	0.5
静态水吸附量(标准)((35±1)℃，饱和食盐水，24 h)		≥	22.0%		
静态水吸附量(直测)((35±1)℃，饱和食盐水，24 h)		≥	20.0%		
滚筒磨耗率		≤	0.10%		
粒度		≥	95%		
松装堆积密度(g/mL)		≥	0.62		
包装品含水量((550±10)℃，1 h)*		≤	1.5%		
含水速率		≤	0.4%		

* 包装品含水量以出厂检验为准。

吸附剂防护罩(或分子筛框，图4.60)是用来盛装吸附剂(或分子筛)的器具。吸附剂罩的材质有高密度聚乙烯(塑料)、304不锈钢等。304不锈钢制作的吸附剂罩比塑料吸附剂罩的强度高，不易破损。故大多数厂家采用304不锈钢吸附剂罩。

图4.60　分子筛框(吸附剂罩)实物图

吸附剂罩的技术要求如下：

(1) 表面应清洁光滑，无锈蚀，无异物；通孔布置均匀，孔径大小一致；尺寸应符合厂家图样要求；材质的化学成分、拉伸强度和硬度应符合相关要求。

(2) 吸附剂罩的材质应选用不锈钢或其他高强度

材料,结构应设计合理。

吸附剂及安全吸附剂的防护罩的监造要点见表 4.54。

表 4.54 吸附剂及完全吸附剂的防护罩的监造要点

监造项目	见证内容	见证方式	见证方法	监造要点
吸附剂及安装吸附剂的防护罩	各项参数	R	查验原厂质量证明书、试验报告和进厂验收记录,并与订货技术协议及标准对照	要求:满足订货技术协议、供应商工艺质量文件要求 提示:查看吸附剂的生产厂家,重量、防护罩外观、材质检查

17. 密封圈及监造要点

密封性能的优劣对 GIS 的运行性能具有极重要的影响。SF_6气体通过密封环节渗到产品壳体外部的现象称为泄漏。目前,国内的 GIS 设备密封材质以耐 SF_6气体腐蚀的三元乙丙橡胶居多。

GIS 设备属于较低气压(0.4～0.6 MPa),对泄漏率控制很严(年泄漏率为 0.5%～1%),要求橡胶硬度适中(70 左右)。硬度不宜太高,否则密封圈与密封面之间很难获得良好的弥合性。硬度太低也不好,虽有良好的弥合性但容易变形。

密封圈材质及技术要求如下:

(1) 三元乙丙是乙烯、丙烯和非共轭二烯烃的三元共聚物。三元乙丙的主要聚合物链是完全饱和的。这个特性使得三元乙丙可以抵抗热、光、氧气尤其是臭氧。三元乙丙本质上是无极性的,对极性溶液和化学物质具有抗性,吸水率低,且具有良好的绝缘特性。

(2) 技术要求:密封圈表面粗糙度为 $Ra=3.2\sim6.3\ \mu m$;GIS 密封圈(O 型圈)的压缩率应符合表 4.55 的要求。

表 4.55 O 型圈的压缩率

密封项目	密封面材质	压缩率
静密封	金属-金属法兰	25%
	瓷件-金属法兰	30%
动密封和侧面密封	金属轴-金属套	12%

GIS 密封圈的监造要点见表 4.56。

表 4.56 GIS 密封圈的监造要点

监造项目	见证内容	见证方式	见证方法	监造要点
密封圈	外观质量	R、W	查验原厂质量证明书、试验报告和进厂验收记录,并与订货技术协议及标准对照	提示:注意材质生产厂 要求:与技术协议要求一致,表面光滑、尺寸符合图纸要求

18. 支架和底座及监造要点

GIS用支架和底座是气体绝缘金属封闭开关的一个组成部件(以下称为底架),其主要作用是支撑和固定GIS本体。GIS用底架通常有多根槽钢、角钢以及工字钢相互连接而成。由于GIS本体会连接大量的电缆,还会利用底架结构(图4.61)开设穿线孔来敷设电缆。

图4.61 GIS用底架结构图

GIS用底架的技术要求如下:

(1) 尺寸应符合设计图样要求。

(2) 外观应无锈蚀、掉漆等现象,漆膜和镀锌厚度应符合使用环境的要求。

(3) 底架使用材料应符合标准要求。

GIS用底架的监造要点见表4.57。

表4.57 GIS用底架的监造要点

监造项目	见证内容	见证方式	见证方法	监造要点
支架和底座	外观质量	R、W	查验供应商工艺质量文件、订货技术协议、设计图纸要求	要求:符合供应商工艺质量文件、订货技术协议、设计图纸要求

4.1.6 总装配过程及监造要点

4.1.6.1 运输单元(间隔)的元部件组合

GIS设备所有运输单元均应在制造厂按布置图对间隔进行全部组装,也就是上述所有各分装完毕的合格单元进行总体装配。为了保证良好的密封效果,提高检漏质量,避免许多已检漏合格的密封面拆拆装装,减少许多意外的损伤,通常252 kV以下的GIS产品装配全部采用整体运输结构,使产品质量得到保证。

对于总体装配的要求,详见下文所述。

清洁的要求如下:

(1) 各功能单元(断路器、隔离开关和接地开关等)在分装完成后应进行不少于200次的机械操作,操作完成后应彻底清洁壳体内部机械磨合后产生的金属粉尘和其他异物。

(2) 各待装合格零部件保持清洁干燥,分类放置不得直接落地。

密封的要求如下:

(1) 各单元筒体对装的密封面应清洁无异物。

(2) 与密封槽对接的密封圈表面涂抹硅脂,除密封槽外,其他部位不得有硅脂残留,防止降低绝缘水平。

(3) 装配O型圈时,注意不得出现扭转和挤出槽外。

(4) 密封槽外侧的法兰涂抹一层密封脂(图4.62),内侧不能涂抹密封脂。

图4.62 密封槽外侧的法兰面涂抹密封脂

(5) 户外GIS法兰对接面宜采用双密封,并在法兰接缝、安装螺孔、跨接片接触面周边、法兰对接面注胶孔、盆式绝缘子浇注孔等部位涂防水胶。

螺纹联结的要求如下:

(1) 法兰对接应按力矩要求均匀对称地拧紧法兰上的全部螺钉(螺栓),并按表4.58要求的力矩紧固。

表4.58 法兰螺栓紧固力矩值表(单位:N·m)

规格	内、外螺纹均为钢铁件		外螺纹为钢铁件,内螺纹为有色金属	
	标准	最大	标准	最大
M10	30.5	45	24	30
M12	54	78	43	53
M16	137	190	110	136
M18	187	265	149.5	185
M20	269	375	215	266
M22	371	510	297	368
M24	464	650	371.5	461

(2) 所有 Φ240 mm 及以上有密封要求的法兰盘在螺纹联结件时，紧固时必须双人对角依次紧固，禁止一人操作；对于 Φ240 mm 以下的密封面，一人操作时采用对角紧固。所有螺纹联结件都应按如下顺序进行紧固(图 4.63)：

① 将螺栓按序号 1～8 的顺序带上。

② 用工具预紧，将弹垫按序号 9～16 的顺序压平。

③ 两人同时采用力矩扳手加到规定的力矩值紧固，紧固顺序为 17～20。

④ 紧固完毕后在上面用记号笔画上标记线。

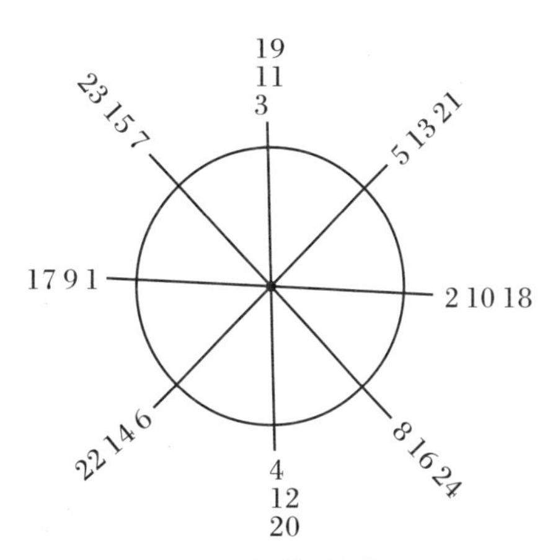

图 4.63 GIS 法兰螺纹紧固顺序

吸附剂的安装要求如下：

吸附剂在安装前应进行活化处理，应尽量缩短吸附剂从干燥容器或密封容器内取出直到安装完毕之间的时间，一般不超过 15 min。吸附剂安装完毕后，一般不超过 30 min 应立即抽真空，以排除气室内空气含有的水分，更好地发挥吸附剂的作用。

密度继电器的安装要求如下：

(1) 一个独立气室应装设密度继电器，严禁出现串联连接或通过阀门连接。

(2) 密度继电器应当与本体安装在同一运行环境温度下，不得安装在机构箱内。

(3) 各密封管路阀门位置正确，阀门有明显的关合、开启位置指示，户外密度继电器必须有防雨罩。

(4) 应采用防震型密度继电器。

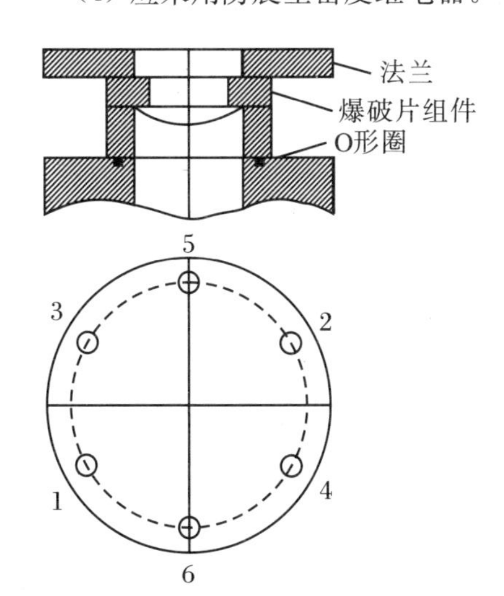

图 4.64 爆破片安装夹紧顺序

爆破片的安装要求如下：

(1) GIS 用爆破片的正确安装和使用是非常重要的，首先应做到均匀对称夹紧爆破片，应按表 4.59 所示拧紧力矩均匀夹紧，其次应做到在安装运输过程中不损伤爆破片，特别要注意保护爆破片的拱面，绝对不允许爆破片有任何损伤。

(2) 反拱形爆破片对夹持条件要求非常严格，如果局部受力不均，将直接影响爆破片的爆破性能，爆破片的安装加紧过程和各螺栓拧紧力矩的均匀程度直接影响爆破片的爆破性能，其安装夹紧过程应按“1—2—3—4—5—6”的顺序均匀对称夹紧(图 4.64)，拧紧力矩符合设计要求。

(3) 在装防爆膜时，安装位置距地面 1.5 m 及以下时，防爆膜开口朝下；安装位置距地面 1.5 m 以上时，防爆膜开口朝斜上方 60°。

(4) 装配前，应检查并确认防爆膜是否受外力损伤，装配时应保证防爆膜泄压方向正确、定位准确,防爆膜泄压挡板的结构和方向应避免在运行中积水、结冰、误碰。防爆膜喷口不应朝向巡视通道。

表 4.59　GIS 用爆破片螺栓夹持力矩表

项目 \ 序号	1	2
20 ℃时,SF_6气体的额定工作压力(MPa)	0.4	0.6
所保护的设备	其余元件和连接件气室	断路器气室
夹持螺栓力矩(N·m)	120	120

铭牌的要求如下:

(1) 组合电器壳体、断路器、隔离开关、电流互感器、电压互感器、避雷器等功能单元应有各自的铭牌表示,其出厂编号为唯一并可追溯。

(2) 应确保操动机构、盆式绝缘子、绝缘拉杆、支撑绝缘子等重要核心组部件具有唯一识别编号,以便查找和追溯。

4.1.6.2　GIS 接地

GIS 设备的母线和外壳是一对同轴的两个电极,构成稍不均匀电场。当电流通过母线时,在外壳感应电压,使外壳产生涡流而发热,GIS 设备容量减少。当运行人员接触时,会触电而危及人身安全。为了使 GIS 设备不降低输送容量,又不危及人身安全,要使 GIS 配电装置的主回路、辅助回路、设备构架,以及所有的金属部分接地。GIS 配电装置的外壳接地广泛采用全链式外壳多点接地方式。

GIS 接地的要求如下:

(1) 主回路的所有部位均应接地,以保证维修工作的安全。

(2) 外壳、框架等部件的相互电气连接应采用紧固连接,以保证电气上连通。

(3) 接地连线的截面积应能安全通过 40 kV/4 s 的故障接地电缆。紧固接地螺栓的直径不得小于 12 mm。

(4) 接地点应标以接地符号。

(5) GIS 采用带金属法兰的盆式绝缘子时,应预留窗口用于特高频局部放电检测。采用此结构的盆式绝缘子可取消罐体对接处的跨接片,但生产厂家应提供型式试验依据。如需采用跨接片,户外 GIS 罐体上应有专用跨接部位,禁止通过法兰螺栓直连。

GIS 有关接地见证的监造要点见表 4.60。

表 4.60　GIS 有关接地见证的监造要点

序号	见证项目	见证内容	见证方式	见证方法	说明/提示/要求
1	平面布置图或基础图	接地标注	R	对照、确认	提示:供应商在提供的组合电器平面布置图或基础图上,应标明与接地网连接的具体位置及连接的结构

续表

序号	见证项目	见证内容	见证方式	见证方法	说明/提示/要求
2	接地连线	材质	R、W	查看、确认	提示：组合电器的接地连线材质应为电解铜，并标明与地网连接处接地线的截面积要求（符合设计联络会及订货技术协议）
3	外壳	接地方式	R、W	对照、查验、确认	提示：当采用单相-壳式钢外壳结构时，应采用多点接地方式，并确保外壳中感应电流的流通，以降低外壳中的涡流损耗
4	间隔底架	接地及紧固	R、W	对照、查验、确认	提示：组合电器设备的每个间隔底架上均应设置可靠且适合于规定故障条件的接地端子，该端子应有一紧固螺钉或螺栓用来连接接地导体，紧固螺钉或螺栓的直径应不小于 12 mm，接地连接点应标以 GB/T 5465.2 规定的“保护接地”符号，和接地系统连接的设备的金属外壳部分可以看作接地导体
5	主回路	接地	R、W	对照、查验、确认	提示：为保证维修工作的安全，主回路应能接地；另外，在外壳打开后的维修期间，应能将主回路连接到接地极；凡不属于主回路或辅助回路的且需要接地的所有金属部分都应接地

4.1.7 出厂试验及监造要点

4.1.7.1 术语与定义

(1) 额定电流：在规定的正常使用和性能条件下，高压开关设备主回路能够连续承重的电流数值。

(2) 额定电压：在规定的使用和性能条件下能连续运行的最高电压，并以它确定高压开关设备的有关试验条件。

(3) 额定短路关合电流：在额定电压及规定使用和性能条件下，开关能保证正常关合的最大短路峰值电流。

(4) 额定短路开断电流：在规定条件下，断路器能保证正常开断的最大短路电流。

(5) 额定短时耐受电流（额定热稳定电流）：在规定的正常使用和性能条件下，确定的短时间内，开关在闭合位置所能承载的规定电流有效值。

(6) 额定峰值耐受电流（额定动稳定电流）：在规定的正常使用和性能条件下，开关在闭合位置耐受的额定短时耐受电流第一个大半波的峰值电流。

(7) 额定短路的持续时间(额定热稳定时间):开关在闭合位置所能承载其额定短时耐受电流的时间间隔。

(8) 合闸时间:从接到合(闸)指令瞬间起到所有极的触头都接触瞬间的时间间隔。

(9) 分闸时间:从开关分闸操作起始瞬间(即接到分闸指令瞬间)起到所有极的触头的分离瞬间的时间间隔。

(10) 合-分时间:也叫金属短接时间,在合操作中,从首合极各触头都接触瞬间起到随后的分操作时所有极中弧触头都分离的瞬间时间间隔。

(11) 合闸同期性:开关合时,各极间及(或)同一极各断口间的触头接触瞬间的最大时间差异。

(12) 分闸同期性:开关分时,各极间及(或)同一极各断口间的触头分离瞬间的最大时间差异。

(13) (开关设备的)极:仅与电气上分离的主回路导电路径之一相连的各开关部件,而不包括用来一起安装和操作所有极的那些部件。

(14) (开关设备的)主回路包含在传送电能的开关回路中的所有导电部分。

(15) (开关设备的)控制回路包含在控制开关合、分操作回路中的所有导电部分。

(16) (开关设备的)辅助回路包含在开关主回路和控制回路以外的导电路径中的所有导电部分。

(注:有些辅助回路用于附加要求,如信号、联锁等。因此,这些回路也可以是其他开关的控制回路的一部分。)

(17) 脱扣器:与开关机械连接的一种装置,用它来释放保持装置,以使开关分或合。

(18) 分闸速度:开关分闸过程中触头的相对运动速度。

(19) 合闸速度:开关合闸过程中触头的相对运动速度。

(20) "合分"操作:开关合后,无任何有意延时就立即机械分的操作。

(21) (开关装置的)储能操作:利用储存在操动机构本身的能量的一种操作,这些能量应在操作前储存并完成预定条件下的操作。

4.1.7.2 试验项目概述

1. 出厂试验

出厂试验是为了发现材料和结构中的缺陷,它们不会损坏试品的性能和可靠性。出厂试验应在制造厂任一合适可行的地方对每台制成的设备进行,以确保产品与已通过的型式试验的设备相一致。根据协议,任一出厂试验都可以在现场进行。根据试验的性质,某些试验可以在元件、运输单元上进行。试验项目包括主回路绝缘试验、辅助回路绝缘试验、主回路电阻测量、密封试验和气体状态检查、设计和外观检查、机械操作试验及机械特性试验。

可能需要进行一些附加的出厂试验,应在有关的产品标准中予以规定。如果开关设备和控制设备在运输中不完成总装,那么应该对所有的运输单元单独进行试验。在这种情况下,制造厂应该证明这些试验的有效性(例如泄漏率、试验电压、部分主回路的电阻),并附在出厂试验里。

2. 型式试验

型式试验是在一台有代表性的产品上所进行的试验，以证明被代表的产品也符合规定的要求(但例行试验除外)。型式试验项目包括机械试验、温升试验(单相母线筒应有加装钢质固定架的温升试验)、绝缘试验、绝缘件局部放电试验、短时耐受电流和峰值耐受电流的试验、短路关合和开断能力试验、开合小电感电流试验、连续开断能力试验、断路器充电电流的开断与关合试验、端部短路条件下的开断和关合试验、失步条件下的开断和关合试验、近区故障试验、并联开断试验、地震耐受能力试验、噪声试验、防护等级试验和密封试验。

4.1.7.3 出厂试验及监造要点

1. 主回路绝缘试验(交流耐压)及监造要求

耐压试验的目的是检查总体安装后的绝缘性能是否完好，验证是否存在各种隐患(如装配错误、内部存在异物等)导致内部故障。

试验要求如下：

(1) 应在新的、清洁的和干燥完整的GIS设备、单极或运输单元上进行，绝缘件的外表面应处于清洁状态。

(2) 试验电压一般应是频率为45～55 Hz的交流电压，通常称为工频试验电压。试验电压的波形应为近似正弦波，且正半波峰值与负半波峰值的幅值差应小于2%。若正弦波的峰值与有效值之比在$\sqrt{2}\pm5\%$以内，则认为高压试验结果不受波形畸变的影响。

(3) 试验电压一般用升压试验变压器产生，也可用串联谐振或并联谐振回路产生。要求试验电源系统(变压器、调压器等，或发电机)的短路阻抗小于20%。

(4) 对试品施加电压时，应当从足够低的数值开始，以防止操作瞬变过程引起的过电压影响；然后应缓慢地升高电压，以便能在仪表上准确读数。试验电压应保持规定的时间，然后迅速降压，但不得突然切断，以免可能出现瞬变过程而导致故障或造成不正确的试验结果。如无特殊要求，耐受试验的持续时间为60 s。

(5) 标准雷电冲击电压是指波前时间T_1为1.2 μs，半波峰值时间T_2为50 μs的光滑的雷电冲击全波，表示为1.2/50 μs冲击。

(6) 操作冲击电压是波前时间(按雷电冲击的计算)大于或等于20 μs的冲击电压。

(7) 不同电压等级的GIS设备额定绝缘水平见表4.61和表4.62。

表4.61 $U_r\leqslant252$ kV的GIS设备额定耐受电压

设备的额定电压 U_r(kV)(有效值)	额定短时工频耐受电压 U_d(kV)(有效值)		额定雷电冲击耐受电压 U_p(kV)(峰值)	
	通用值	隔离断口间	通用值	隔离断口间
(1)	(2)	(3)	(4)	(5)
126	185	185(+73)	450	450(+103)
	230	230(+73)	550	550(+103)
252	395	395(+146)	950	950(+206)
	460	460(+145)	1050	1050(+206)

注：出厂试验的相对地、相间及开关断口间采用上表的通用值。

表 4.62 U_r>252 kV 的 GIS 设备额定耐受电压

设备的额定电压 U_r(kV)(有效值)	额定短时工频耐受电压 U_d(kV)(有效值)		额定操作冲击耐受电压 U_P(kV)(峰值)			额定雷电冲击耐受电压 U_p(kV)(峰值)	
	极对地和极间	开关断口和/或隔离断口	相对地和开关断口	相间	隔离断口间	相对地和相间	开关断口和/或隔离断口
(1)	(2)	(3)	(4)	(5)	(6)	(7)	(8)
363	460	460(+210)	850	1275	800(+295)	1050	1050(+205)
	510	510(+210)	950	1425	850(+295)	1175	1175(+205)
550	680	680(+218)	1175	1760	1050(+450)	1550	1550(+315)
	740	740(+318)	1300	1950	1175(+450)	1675	1675(+315)
800	900	900(+462)	1425	2420	1300(+650)	1950	1950(+455)
	960	960(+462)	1550	2635	1425(+650)	2100	2100(+455)

注:1.栏(3)中括号中的数值为 $U_r/\sqrt{3}$。

2.栏(6)中括号中的数值为施加于对侧端子上的工频电压峰值$\sqrt{2}U_r/\sqrt{3}$(联合电压)。

3.栏(8)中括号中的数值为施加于对侧端子上的工频电压峰值 $0.75U_r\sqrt{2}/\sqrt{3}$(联合电压)。

GIS 主回路绝缘实验的监造要点见表 4.63。

表 4.63 GIS 主回路绝缘试验的监造要点

监造项目	见证内容	见证方式	见证方法	监造要点
主回路绝缘试验(交流耐压)	试验设备	H	订货技术协议 出厂试验方案 GB 7674 DL/T 593	要求:记录试验变压器型号
	试品状态			要求:气压值、分合闸位置、接线符合试验方案规定
	试验过程		订货技术协议 出厂试验方案	要求: (1) 根据供应商试验计划时间,及时通知委托人来人一同参加见证 (2) 试验电压按 DL/T 593 规定数值选取,并符合技术协议要求;对地、相间和开关断口间均采用通用值;施加工频电压至规定值 1 min,无破坏性放电,确认合格 (3) 加压方式为对地、相间和断口(如果每相独立地封闭在金属外壳内,仅需进行对地试验),三相共箱组合电器还须做相间交流耐压

续表

监造项目	见证内容	见证方式	见证方法	监造要点
雷电冲击试验	试验设备	W	订货技术协议 出厂试验方案 GB 7674 DL/T 593	要求:记录设备仪表型号
	试品状态			要求: (1) 在试验前应充 SF_6 气体,并处于最低功能压力下 (2) 在不影响产品性能前提下,可在单个元部件、单个间隔、两个间隔或多个间隔上进行,视需要确定
	试验过程			(1) 试验电压按 DL/T 593 或 GB 7674 表 102、表 103 中规定的数值选取,并符合技术协议 (2) 加压方式为对地、相间(如果每相独立封闭在金属外壳内,仅需进行对地试验)及分开的开关装置断口间进行 (3) SF_6 气体压力应为最低功能压力,可在功能单元或单个间隔上进行;在正、负两种极性的电压下各进行 3 次雷电冲击全波 (4) 此项目试验仅对 252 kV 及以上组合电器适用

2. 局部放电测量及其监造要求

GIS 的内部空间极为有限,工作场强很高,且绝缘裕度相对较小,内部一旦出线绝缘缺陷,极易造成设备故障,引起的停电时间较长,检修费用也很高。而 GIS 的绝缘缺陷大多数会引起局部放电,因此,局部放电测量是保障 GIS 安全运行的有效手段,应在绝缘试验后进行。

试验要求如下:GIS 设备在规定的试验电压下最大允许局部放电量不应超过 5 pC。

局部放电测量的监造要点见表 4.64。

3. 主回路电阻的测量及其监造要求

测量主回路导电电阻的主要目的是检查主回路中的连接和触头接触情况。出厂试验的主回路每极电压降或电阻的测量,应尽可能与相应的型式试验在相似条件下进行。

试验要求如下:

(1) 测量时,通常通以较大的直流电流(≥100 A),采用电流-电压法进行测量,其方法是利用接地隔离开关测量回路的电阻值,解开接地铜带测量回路的直流电阻。

(2) 避免接线带来的误差。若电压表接在 PV1 的位置会带来误差,则此时被测的电阻包含两个粗接电阻,显然测量结果偏大,因此电压表应接在 PV 的位置。

(3) 在母线较长且有多路出线的情况下,应尽可能分段测量,这样能有效地找到缺陷部位。

主回路电阻测量的监造要求见表 4.65。

表 4.64　GIS 局部放电测量的监造要点

监造项目	见证内容	见证方式	见证方法	监造要点
局部放电试验	试验设备、仪表	H	(1) 订货技术协议 出厂试验方案 GB 7674 GB 7354 (2) 其他有关规定:整间隔局部放电量不应大于 5 pC	要求:记录设备仪表型号
	试品状态			要求:气压值、分合闸位置、接线符合试验方案
	试验过程			要求: (1) 根据供应商试验计划时间,及时通知委托人来人一同参加见证 (2) 按 GB/T 7354、GB 7674 测量方法进行,局部放电试验只在全部导体对地时和三级外壳相间进行,不进行断口间局部放电试验 (3) 试验程序及试验电压:按 GB 7674 表 106 中规定加压程序及测量电压值进行局部放电测量。在耐压试验后紧接着进行,也可与耐压试验同时进行;外施工频电压升到预加值,该预加值等于工频耐受电压并保持 1 min,在这期间出现局部放电应不予考虑;然后,电压降到规定值进行测量,这些规定值取决于进行局部放电量的设备结构和系统的中性点接地方式 (4) 测量结果要求:一个间隔的局部放电量不应大于 5 pC,单个绝缘件的局部放电量不应大于 3 pC

表 4.65　主回路电阻测量的监造要点

监造项目	见证内容	见证方式	见证方法	监造要点
主回路电阻测量	仪器仪表	W	订货技术协议 出厂试验方案 GB 7674	要求:其精度不应低于 0.2 级
	试品状态			提示:环境温度、湿度
	电阻值			要求: (1) 各元件(断路器、隔离开关、接地开关、母线等)的主回路电阻可在元件装配时进行测量 (2) 运输单元(间隔)的主回路电阻可在装配完成后对总回路电阻值及有关回路电阻值分别进行测量,并应有测量回路布点示意图 (3) 总装后的主回路电阻可在总装配完成后进行测量,总回路电阻值及各个回路电阻值分别测量,并应有测量回路布点示意图 (4) 高压开关处于合闸位置时测得电阻不超过 $1.2R_a$(R_a是型式试验时测得的相应电阻)

4. 机械操作和机械特性试验及监造要点

进行操作试验是为了保证开关装置满足规定的操作条件且机械联锁工作正常。

GIS的开关装置(断路器、隔离开关和接地开关)应该按照相关的标准进行机械出厂试验。机械出厂试验可在运输单元完成总装前或总装后进行。此外,装有机械联锁的所有开关装置应进行50次操作循环,以检查相应联锁的动作。每次操作前,联锁应设定在防止开关装置动作的位置,然后对每台开关装置进行一次试验操作。这些试验期间,仅允许使用正常的操作力且不应对开关装置和联锁进行调整。

机械操作和机械特性实验的监造要点见表4.66。

表4.66 机械操作和机械特性试验的监造要点

监造项目		见证内容	见证方式	见证方法	监造要点
机械操作和机械特性试验	断路器	主要机械尺寸测量:行程、超程、开距 机械参数测量:分闸时间、合闸时间、合闸不同期、分闸不同期、合-分时间、分合闸速度,以及行程-时间特性曲线 性能检查: (1) 弹簧机构,检查储能时间 (2) 液压机构,检查油泵打压时间、储压器预充压力、油泵启动和停止压力、额定油压、合闸闭锁和报警油压、分闸闭锁和报警油压 机械操作: (1) 最高(或最低)操作电压和最高(或最低)操作液(或气)压力下,连续分合各5次 (2) 额定操作电压和额定操作液(或气)压力下,连续分合各5次;具有自动重合闸操作功能断路器进行5次"分—0.3 s—合分"操作;不具有自动重合闸操作功能断路器进行5次"合分"操作 (3) 在30%额定操作电压下,配额定操作液(或气)压力,连续操作3次,不得分闸 (4) 具有防跳跃装置的断路器,进行3次正常的防跳跃试验 试验结果符合技术条件要求	W	订货技术协议 出厂试验方案 GB 7674 GB 1984 GB 1985 GB 3309 断路器同期要求: (1) 相间合闸不同期不大于5 ms (2) 相间分闸不同期不大于3 ms (3) 同相各断口间合闸不同期不大于3 ms(R点见证) (4) 同相各断口间分闸不同期不大于2 ms(R点见证)	要求: (1) 试验前对照技术协议书审核出厂试验方案,要求试验项目齐全,试验方案和判据符合国家标准规定 (2) 查看仪器、仪表,要求完好,并在检定周期内 (3) 查验试验人员的资质证明 (4) 查看试品状态:试品名称、气压、油压、接线、分合闸状态等,并记录 (5) 观察试验过程,注意仪器仪表的读数,测试结果必须符合技术协议,确认合格,及时记录 (6) 试验过程中发现问题,要跟踪处理过程,直到全部项目合格 提示:注意安全

续表

监造项目		见证内容	见证方式	见证方法	监造要点
机械操作和机械特性试验	隔离开关、接地开关	主要机械尺寸测量:行程、超程、开距 动作特性测量:分闸和合闸时间、分闸和合闸同期(适用隔离开关)、分闸和合闸速度,以及行程-时间特性曲线(适用快速接地开关)	W	订货技术协议 出厂试验方案 GB 7674 GB 1984 GB 1985 GB 3309	要求: (1) 试验前对照技术协议书审核出厂试验方案,要求试验项目齐全,试验方案和判据符合国家标准规定 (2) 查看仪器、仪表,要求完好,并在检定周期内 (3) 查验试验人员的资质证明 (4) 查看试品状态:试品名称、气压、油压、接线、分合闸状态等,并记录 (5) 观察试验过程,注意仪器仪表的读数,测试结果必须符合技术协议,确认合格,及时记录 (6) 试验过程中发现问题,要跟踪处理过程,直到全部项目合格 提示:注意安全
		机械操作试验:按以下各种方式进行,至少应达到以下规定次数:手动、最低或额定操作电压下分、合各 5 次			
		联锁试验	W	订货技术协议 出厂试验方案 GB 7674 GB 1984 GB 1985 GB 3309	隔离开关、接地开关与有关断路器之间联锁,各操作 5 次;隔离开关与接地开关之间联锁,各操作 5 次;动作应正确、可靠

5. 气体密封试验及监造要点

密封试验的目的是证明绝对漏气率不超过允许漏气率的规定值。通常在机械操作试验前、后进行,且应该在开关的合闸位置和分闸位置上进行,除非漏气率与主触头的位置无关。该试验应按制造厂的试验习惯在正常的周围空气温度下,充以制造厂规定压力(或密度)装配上进行。对于充气的系统,可以用探头来试漏。试验可以在制造过程或现场装配的不同阶段对部件、元件和分装进行。

上述气体密封试验分定性检漏和定量检漏两种。定性检漏仅作为检测试验漏气与否的一种手段，是定量检漏前的预检。通常采用抽真空检漏和检漏仪两种方法。检漏装置的灵敏度至少应为 10^{-8} Pa • m^3 • s^{-1}。

试验要求如下：

(1) 抽真空检漏，当试品抽真空到真空度已大于或小于 133 Pa 时，再继续抽真空 30 min 后停泵，静止 30 min 后读取真空度 A，再间隔 5 h 后读取真空度 B，若 $B-A\leqslant133$ Pa，则认为试品密封性良好。

(2) 检漏仪检漏，用灵敏度不低于 1 μL/L 的气体检漏仪沿着外壳焊接，用不大于 2.5 mm/s的速度在接头结合面、法兰密封、转动密封、滑动密封面、表计接口等部位，缓慢移动，检漏仪若无反应，则认为试品密封性能良好。

(3) 定量检漏，可以在整台设备或每个隔室进行，应在充到额定气压 24 h 后进行，通常采用局部包扎法。局部包扎法是指试品的密封封面用塑料薄膜包扎，经过一定时间后，测定包扎腔内 SF_6 气体的浓度，并通过计算确定年漏气率。

除此之外，现场普遍使用的 SF_6 气体密封试验方法还有密度继电器监测法和光学成像法。密度继电器监测法通过检查记录密度表压力指示值，来判断是否存在漏气。光学成像法包括红外成像法和激光成像法两种，优点是可以以图像的形式直接对漏气点进行定位，缺点是无法进行定量分析。

GIS 气密性试验的监造要点见表 4.67。

表 4.67 GIS 气密性试验的监造要点

监造项目	见证内容	见证方式	见证方法	监造要点
气密性试验	仪器仪表	W	订货技术协议 出厂试验方案 GB 7674 GB/T 11023	要求：其灵敏度不低于 0.01 μL/L
	试品状态			要求： (1) 组合电器充入 SF_6气体至额定压力 (2) 断路器、隔离开关及接地开关均已完成出厂试验的机械操作试验后才进行组合电器密封试验 (3) 包扎后，静置 24 h 进行检测
	漏气率			要求：记录测试结果，确认合格(每个隔室应不大于 0.5%/年)

6. SF_6气体水分含量测定及监造要点

GIS 内 SF_6 中微水含量达到一定程度时，对 GIS 设备的机械性能和电气性能都会造成严重影响，因此必须对微水含量进行控制，控制方法就是进行 SF_6 气体湿度检测。

通常测量 SF_6 气体湿度的方法有重量法、电解法、露点法、阻容法等。各种方法所用的仪器必须每年定期送检。

SF_6 气体水分含量测定的监造要求见表 4.68。

表 4.68　SF_6 气体水分含量测定的监造要点

监造项目	见证内容	见证方式	见证方法	监造要点
SF_6气体水分含量测定	仪器仪表	W	订货技术协议 出厂试验方案 GB 7674	要求：记录仪器型号和精度
	试品状态			要求： (1) 组合电器充入 SF_6气体至额定压力 (2) 充气后 24 h 检测，注意环境温度
	湿度值			要求：记录测定结果(20 ℃)，有电弧分解物气室≤150 μL/L，无电弧分解物气室≤250 μL/L，确认合格

7. 辅助回路绝缘试验及监造要点

GIS 的辅助回路仅进行并应能承受短时工频电压耐受试验。

试验电压为 2 kV，持续时间为 1 min，每个试验应按下述要求进行：

(1) 连接在一起的辅助回路和控制回路与开关装置在底架之间；

(2) 如果可行，正常使用中可以和其他部分绝缘的辅助和控制回路的每一个部分，与连接在一起并和底架相连的其他部分之间。

如果试验期间没有出现破坏性放电，则认为开关设备和控制设备的辅助回路和控制回路通过了试验。

辅助回路绝缘试验的监造要点见表 4.69。

表 4.69　辅助回路绝缘试验的监造要点

监造项目	见证内容	见证方式	见证方法	监造要求
辅助回路绝缘试验	试验装置	W	订货技术协议 出厂试验方案 GB 7674	要求：记录交流耐压装置型号
	试验过程			要求：施加工频电压 2 kV/1 min，加压后无闪络和破坏性放电，确认合格

4.1.8　包装、存栈和发运及监造要点

1. 储存管理

储存管理的要求如下：

(1) GIS 成品在制造厂内或安装现场存放时，内部应充微正压(0.01～0.03 MPa)、高纯度(99.999%)、干燥的 N_2，整体包装完好。放置于干燥、通风、防雨的环境中，若存放周期超过 3 个月，应检查压力值，若压力值异常，应分析原因，并采取相应措施。

(2) 制造厂应以书面形式明确在安装现场的存放条件，建设单位应严格执行。

(3) 零部件应保存在湿度小于 75%、温度为(20±5) ℃的环境中；导体应保存在清洁、干燥的室内，表面应按相关规定进行防腐保护；绝缘拉杆应采用密封包装并且放置干燥剂；对于包装失效的拉杆，必须进行重新烘干处理且经过绝缘试验后方可使用。

(4) SF_6 气体储存场所须满足防晒、防潮和通风良好的要求；SF_6 新气应按制造厂不同

批号分类集中保管,SF_6 气瓶不得与其他气瓶混放。

2. 发运

发运的要求如下:

(1) 产品包装发运前,应检查包装是否完好,确认内部按要求充入微正压(0.01~0.03 MPa)的 N_2 或 SF_6。

(2) 为减少现场拆装工作量,对于 363 kV 及以下电压等级的 GIS,其制造厂应整间隔运输。对于 550 kV 及以上电压等级的 GIS,可将相关元件组合成若干个运输单元再运输。

(3) 在公路、铁路或水路运输前,制造厂应认真审查运输公司的路况勘察报告及运输方案。运输方案中应对各种路况下的路段、运输里程及相应的行车速度进行明确要求,特别要关注夜晚、雨、雾、雪、冰等环境下的特殊应对措施。对于 550 kV 及以上电压等级的 GIS,应提前进行路况勘察,并向随车押运人员进行技术交底。

(4) 应在断路器、隔离开关和电压互感器等运输单元上加装三维冲击记录仪,记录仪必须经检验合格,确保有足够的记录纸;其他运输单元加装振动指示器。对于 363 kV 及以下电压等级的 GIS 运输,应加装振动指示器。在装设前,制造厂应在监造人员见证下检查其检定证书,记录初始值。

(5) 合理设计冲撞记录仪安装位置,确保记录仪在运输过程中可靠、牢固,不易遭受外力破坏,防止随意拆卸,可采取装设防护罩等措施,同时要便于运输过程中人员的读测。

(6) GIS 出厂运输时,应在断路器、隔离开关、电压互感器、避雷器和 363 kV 及以上套管运输单元上加装三维冲击记录仪,其他运输单元加装振动指示器。运输中如出现冲击加速度大于 $3g$ 或不满足产品技术文件要求的情况,产品运至现场后应打开相应隔室检查各部件是否完好,必要时可增加试验项目或返厂处理。

3. 监造要点

包装、发运的监造要点见表 4.70。

表 4.70　包装、发运的监造要点

监造项目	见证内容	见证方式	见证方法	监造要点
包装	外观检查 有良好可靠的防碰、防振措施	W	现场观察、对照订货技术协议和包装规范	要求: (1) 产品做完出厂试验解体后,要及时封装包装盖板,充微正压高纯氮或充微正压的 SF_6,注防水胶不能有流挂 (2) 产品铭牌参数、内容与技术协议相符 (3) 各种附件装配齐全,易磕碰和丢失的部件要全包装 (4) 备品配件及专用工具与包装清单相符 提示:断路器、隔离开关、接地开关应在合闸位置;机构处于未储能状态,按运输拼装单元设置独立的支撑底架,并设置和标明起吊部位和运输中需要拆除的部位,必要时应增设运输临时支撑 说明:铭牌应包含制造厂名称或商标、型号或系列号、采用标准的编号等

续表

监造项目	见证内容	见证方式	见证方法	监造要点
发运	检查设备的外包装是否完好，以及气室的压力情况	W	现场观察、对照订货技术协议和包装规范	要求： (1) 户外时，按户外包装要求进行包装保存 (2) 产品存放时间较长时，要定期巡视，对各气室的压力值进行检查和记录；存放期间有防雨和防碰措施 (3) 包装箱不能损坏

4.1.9 典型案例

4.1.9.1 原材料/组部件问题

1．案例 1

问题描述：型号为 ZF9-252 的组合电器，在发运阶段，220 kV 厂渤Ⅰ线 254 电缆终端Ⅱ气室发出低压报警信号。经现场用肥皂法检漏，发现 A 相安装分子筛的封板有 5 处漏气点，并呈环形均匀分布。

原因分析：封板在分供厂内加工时，误将分子筛的安装孔打穿。但对于这种密封要求极严格的 GIS 设备关键部件，生产厂家并没有将缺陷封板更换，只进行了补修，由于封堵工艺控制不严，造成设备运行一段时间后漏气(图 4.65)。这反映了供应商对外购封板进场质量把关不严，未按照规定程序进行检验。

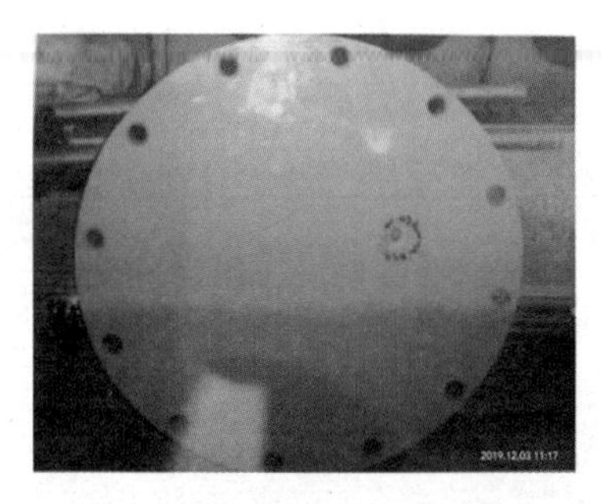

图 4.65 封板漏气

处理情况：更换全部封板，恢复运行。

防范措施：供应商加强对外购材料进场质量进行检验，驻场监造应在监造过程中加强对原材料、组部件的督查，特别要加强对外购件材料进场的检查监督见证。

2．案例 2

问题描述：HGIS 设备自带的本体电缆线芯有 5 处接头，经解剖电缆检查，发现均为搭接线缆。进一步核查该控制电缆生产厂家为安徽滨江电缆有限公司，与设备购置技术规范要求不符。

原因分析:供应商擅自更改使用不合格的控制电缆。供应商为了降低成本,以次充好,未按合同要求使用正规厂商的组部件,导致不合格电缆混入,严重影响电网安全稳定运行,属不诚信行为。

处理情况:更换全部二次控制电缆。

防范措施:供应商对外购件进场质量把关不严,未按照规定程序进行检验;监造人员在监造过程中应加强对原材料、组部件的监督,核实设备购置技术规范中的相应要求,特别应加强对外购材料的质量检查。

3. 案例 3

问题描述:110 kV 间隔进行新投设备带电检测(红外热成像、紫外放电、局部放电)时,发现已投运的 7 个间隔 GIS 套管均出现不同程度的放电、发热现象;且经过多次分析和复测后,放电缺陷仍然存在,并未有改善趋势。设备型号为 ZF7A-126,套管由西安西电高压电瓷有限责任公司于 2012 年 1 月生产,9 月以来相继投运。

原因分析:厂家委托第三方检测机构(泰兴市金属容器厂)对更换下来的套管进行了 X 光探伤试验,通过图像初步判断为套管下法兰存在气泡和夹渣,运行时气泡击穿造成发热、放电现象。

处理情况:对该批次套管进行更换。

防范措施:认真开展同类型设备的排查和新投运设备的验收及新投试验,加强新投设备的带电检测,及时发现设备问题,确保电网设备安全运行。

4. 案例 4

问题描述:ZF6A-252 型 SF_6 全封闭组合电器,2011 年 3 月出厂,2011 年 9 月投运,运行至 2012 年 8 月仅 1 年时间,发现 220 kV 8 个间隔断路器机构箱箱门腐蚀严重,部分箱门存在穿孔现象,如图 4.66 所示。

原因分析:供应商为了降低成本,GIS 操作箱未完全采用敷铝锌板,操作箱箱门板材劣质,防锈处理不到位,使得机构箱箱门在潮湿的空气中生锈。

处理情况:机构箱箱门全部更换。

图 4.66 机构箱箱门锈蚀

防范措施:组合电器设备监造及时验收时,应对操作箱等组部件的材质单、合格证等进行核实,确保供应商按照技术协议提供原材料。

4.1.9.2 设计/结构问题

1. 案例 1

问题描述:型号为 SDA524 的 220 kV 组合电器,接地开关的接地端端子从运行以来已发生 4 次严重漏气现象,漏气部位相同,均为接地绝缘端子引出结合部位(图 4.67),且发现环氧浇注件存在贯穿性裂纹(图 4.68)。

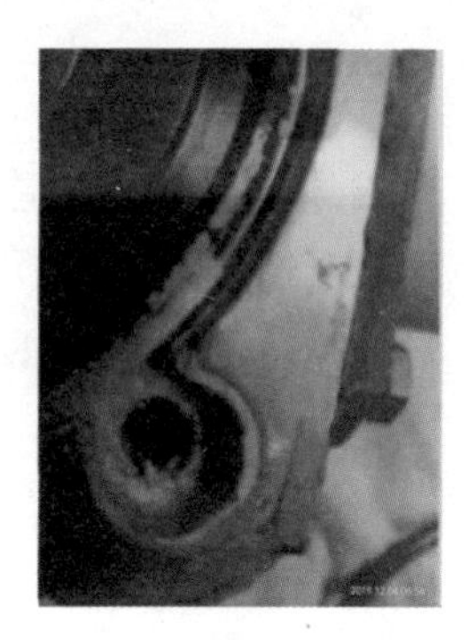

图 4.67 漏气点位置

图 4.68 环氧浇注件贯穿性裂纹

原因分析:接地开关的接地端端子环氧浇注件设计存在缺陷,导致接地端子运行不久便破裂。

处理情况:对接地端端子和连板进行全数更换,将该设备列入家族性缺陷设备。

防范措施:运行人员应加强对各气室 SF_6 气体压力的监测,如有异常,一方面要掌握漏气缺陷的补气时间间隔,另一方面要掌握漏气点位置,提前制定消缺方案,并做好处缺备件的储备工作,要做到随时具备处缺条件。同时在采购时应加强设计选型控制。

4.1.9.3 工艺控制问题

1. 案例 1

问题描述:问题设备型号为 ZF6A-252,于 2011 年 10 月生产,2012 年 10 月投运。2012 年 8 月 13 日,在运行阶段发现 21A-7 刀闸气室 SF_6 气体压力下降。

原因分析:ZF6A-252 型 GIS 设备的壳体为钢制材料,对界面的主密封采用 O 型密封圈设计,辅助密封采用"防腐硅脂 + 凹槽"设计,解体发现绝缘子的注胶孔处有水滴流出,分析是密封面注胶工艺控制不合格,水分胶孔进入密封面,密封面遭到侵蚀,从而导致漏气。

处理情况:供应商重新处理密封。

防范措施:组合电器设备密封技术和工艺十分关键,设备监造时对密封工艺要尤其重视,供应商对密封面注胶工艺操作人员进行培训,掌握密封关键点,提高设备质量。

2. 案例 2

问题描述:2012 年 4 月 23 日,在对 11 个间隔的组合电器的第 10 间隔(CB101)的断路器机械操作试验进行旁站见证时,发现机械操作试验实测分闸速度为 4.05 m/s,而技术协议中的要求为 4.1～4.8 m/s,分闸速度低于技术协议中要求的速度;分合时间为:A 相 301.9 ms;B 相 302 ms;C 相 301.4 ms,技术协议中的要求为 280～300 ms。

原因分析:该问题是由分闸机构不合格造成的。

处理情况:已整改完毕。

防范措施:监理公司应对供应商的操作机构组装工艺进行监督,进行机构组部件的机械特性把关,确保产品技术条件符合技术协议要求。

4.2 断 路 器

4.2.1 概述

断路器(图 4.69)是电力系统中非常重要的一次设备,《高压交流断路器》(GB 1984—2014)对断路器的定义是:能够关合、承载和开断正常回路条件下的电流,并能关合、在规定的时间内承载和开断异常回路条件(如短路条件)下的电流的机械开关装置。

断路器的作用有以下几点:

(1) 控制作用。根据电力系统运行的需要,将部分或全部电气设备,以及部分或全部线路投入或退出运行。

(2) 保护作用。当电力系统某一部分发生故障时,它和保护装置、自动装置相配合,将该故障部分从系统中迅速切除,减少停电范围,防止事故扩大,保护系统中各类电气设备不受损坏,保证系统无故障部分安全运行。

(3) 灭弧作用。断路器不仅能可靠地开断空载电流和负荷电流,还能可靠地开断短路电流。

图 4.69 变电站的 SF_6 断路器

4.2.2 分类及表示方法

高压断路器按灭弧介质可分为油断路器、真空断路器、SF_6 断路器，如图 4.70 所示。本书重点介绍瓷柱式 SF_6 断路器和罐式 SF_6 断路器。

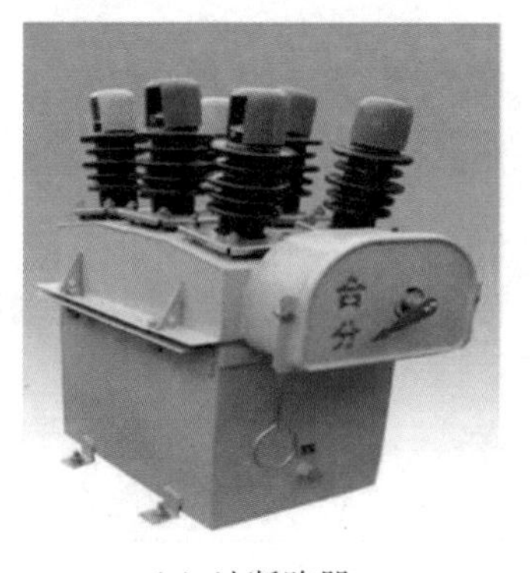

(a) 油断路器

(b) 真空断路器

(c) 瓷柱式 SF_6 断路器

(d) 罐式 SF_6 断路器

图 4.70 不同灭弧介质的断路器实物图

断路器产品型号的表示方法如图 4.71 所示。

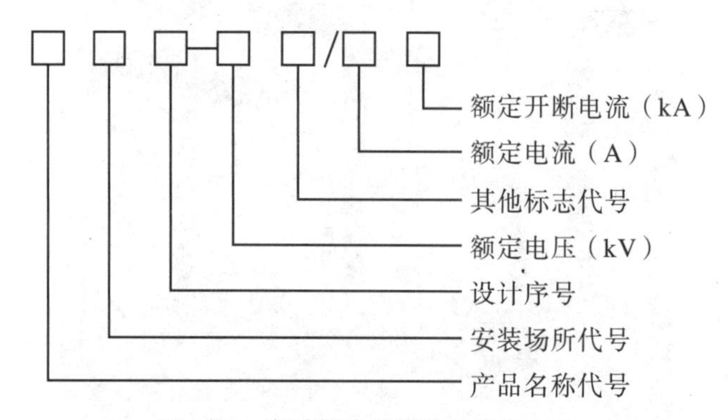

图 4.71 断路器产品型号的表示方法

断路器产品型号中的字母含义见表 4.7.1。

表 4.71 断路器产品型号中的字母含义

项目	型号组成格式			
产品名称代号	S	少油断路器	Z	真空断路器
	D	多油断路器	L	SF_6 断路器
安装场所代号	N	室内型(户内型)	W	室外型(户外型)
其他标志代号	G	改进型	Ⅰ、Ⅱ、Ⅲ	断流能力代号

4.2.3 工作原理

SF_6 气体中的电弧熄灭原理与空气中的电弧和油中的电弧是不同的，它并不仅是依靠气流等的压力梯度所形成的等熵冷却作用，而主要是利用 SF_6 气体特异的热化学性质和强电负性，使得 SF_6 气体具有很强的灭弧能力。对灭弧来说，供给大量新鲜的 SF_6 中性分子并使之与电弧接触是有效的方法。SF_6 断路器利用 SF_6 气体为绝缘介质和灭弧介质的开关设备，可以提高断口的额定电压和开断电流；切小电感电流时较少发生截流现象；切空载架空线时不会发生多次重击穿；能承受快速上升的瞬态恢复电压，尤其适用于开断近区故障；满容量开断次数多，检修周期长；可集合成 GIS。

SF_6 断路器主要利用压气缸之内的高压热膨胀气流与喷口电弧的堵塞效应，将高压气缸中的气体压力在断路器分闸处提高。SF_6 断路器的操作分为两种：一种是分闸操作；一种是合闸操作。

4.2.4 设备结构

SF_6 断路器主要由六大部分组成，其中包括导电部分、灭弧单元、绝缘部分、附属连接装置和电气操动结构。按照 SF_6 断路器的结构组成，SF_6 断路器可以分为两种：一种是罐式高压 SF_6 断路器；另外一种是瓷柱式 SF_6 断路器。两种 SF_6 断路器具有各自的特点和操作方式，其中罐式高压 SF_6 断路器可以将隔离开关断路器等组合在一起，形成敞开式组合电器，这样能够减少占地面积，同时还能减少检修时间，这样的 SF_6 断路器非常适合新疆地区使用，因为罐式高压 SF_6 断路器对于环境的适应能力特别强，新疆地区的自然环境比较恶劣，一般的 SF_6 断路器在实际使用中非常容易出现故障，而罐式高压 SF_6 断路器在新疆地区使用时很少发生故障，保障了新疆电力系统的安全。瓷柱式 SF_6 断路器也有一定的优点，其安装过程比较简单，也能够在一定程度上节约成本，但是抗震性能不是很强，重心也比较低，这就会导致瓷柱式 SF_6 断路器只能在部分地区使用，所以新疆地区不会使用这种类型的 SF_6 断路器。

1. 瓷柱式 SF_6 断路器

开断元件放在绝缘支柱上，使处于高电位的触头、导电部分及灭弧室与地电位绝缘，绝缘支柱则安装在接地的基座上，这种断路器称为外壳带电断路器，也称为绝缘支柱式断路器。图 4.72 和图 4.73 是两种瓷柱式 SF_6 断路器的结构示意图。

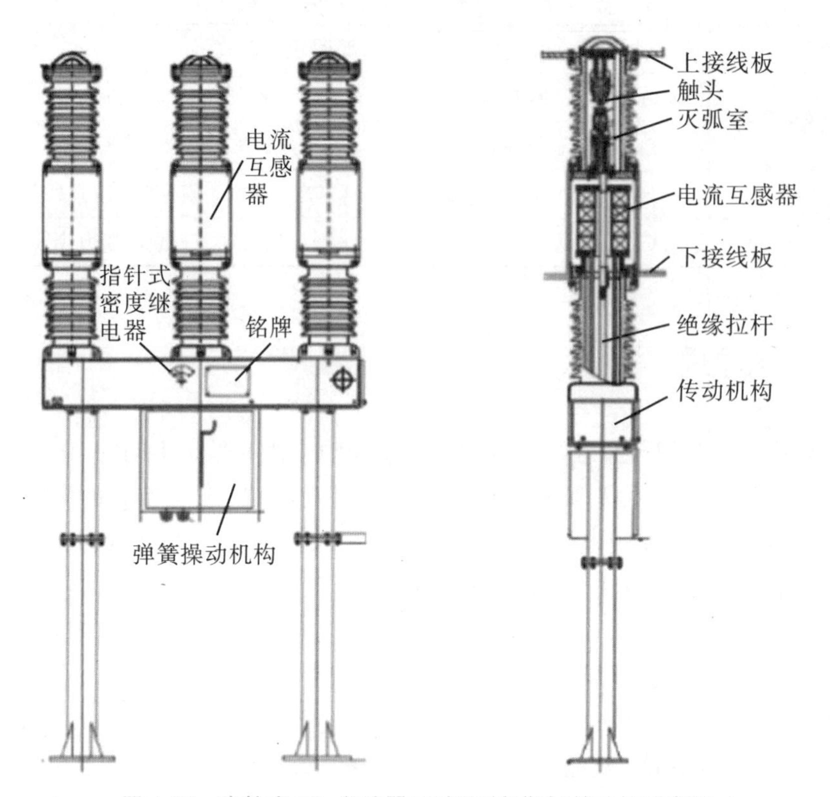

图 4.72 瓷柱式 SF_6 断路器(三相机械联动)的结构示意图

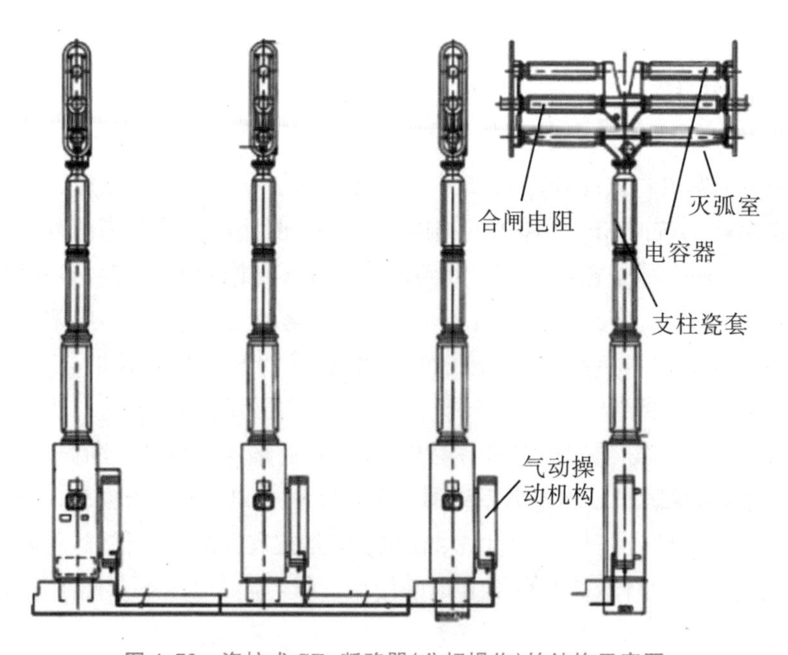

图 4.73 瓷柱式 SF_6 断路器(分相操作)的结构示意图

2. 罐式 SF_6 断路器

开断元件放在接地的箱壳中，其间的绝缘依靠气体来承担，导电部分经套管引出，结构比较稳定，常在额定电压高的高压和超高压断路器中使用，抗地震性能好，这种断路器称为外壳接地断路器，又称为落地罐式断路器。图 4.74 是罐式 SF_6 断路器单相结构示意图。

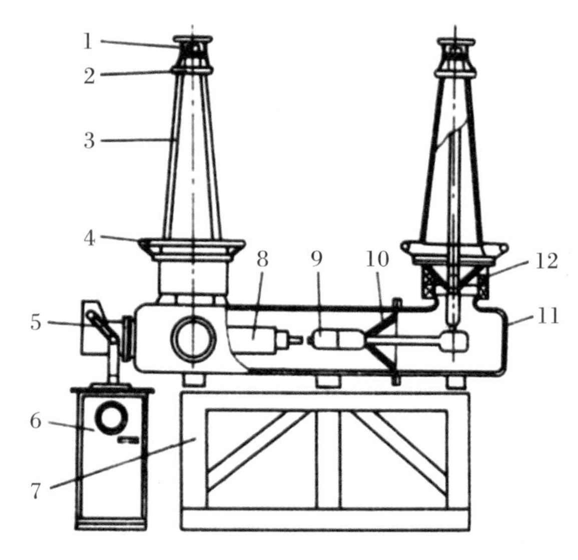

图 4.74 罐式 SF_6 断路器单相结构示意图

1—接线端子；2—上均压环；3—出线瓷套管；4—下均压环；5—拐臂箱；6—机构箱；7—基座；8—灭弧室；9—静触头；10—盆式绝缘子；11—外壳；12—电流互感器。

3. 分闸操作

SF_6 断路器的分闸操作是通过弹簧操动机构控制支座的内拐臂拉动绝缘拉杆使喷口向下，再通过主触头与静触头的分离产生一定的电弧，这些电弧通过燃烧会产生比较高的温度，随后就会产生高压气体，当高压气体流入压气缸之后会提升压气缸内的压力，压气缸之内的高压气体可以从动弧触头喉部喷出，从而熄灭电弧，达到短路的目的。

4. 合闸操作

SF_6 断路器的合闸操作是通过弹簧操动机构控制支座的内拐臂拉动绝缘喷口向上运动，从而达到合闸的状态，然后 SF_6 气体进入压气缸之内，等待下一次的 SF_6 断路分闸操作。

4.2.5 组部件和主要原材料及监造要点

断路器主要原材料与组部件有触头、喷口、套管、绝缘拉杆、操动机构、传动件、罐体、并联电容、合闸电阻、吸附剂与防护罩、SF_6 新气、SF_6 密度继电器、盆式绝缘子(罐式)、电流互感器(罐式)。由于断路器使用的原材料和组部件很多与 GIS 相同，相同部分可参见 4.1 节“组合电器”相关内容。本节重点介绍断路器的灭弧室、瓷套、传动件、并联电容、合闸电阻和基座。

4.2.5.1 关键原材料/组部件

1. 灭弧装置

按所利用能源的不同，可将 SF_6 灭弧装置分为以下三类：

(1) 外能式灭弧装置，即利用运行贮存的高压力 SF_6 气体或开断过程中依靠操作力产生 SF_6 的压力差，在开断时将 SF_6 气体吹响电弧而使之熄灭的装置。

(2) 自能式灭弧装置，即利用电弧本身的能量使 SF_6 气体受热膨胀而产生压力差，在开断时将 SF_6 气体吹响电弧而使之熄灭；或者利用开断电流本身依靠线圈形成垂直于电弧的磁场，使电弧在 SF_6 气体中旋转运动而使之熄灭的装置。

(3) 混合式灭弧装置，即利用电弧(或开断电流)自身的能量，也利用部分外界能量的综合式灭弧的装置。

按开断过程中灭弧装置工作特点的不同，可将 SF_6 灭弧装置分为气吹式、热膨胀式(自能式)、磁吹旋转电弧式(旋弧式)和混合式。

气吹式 SF_6 断路器的灭弧装置有双压力式和单压力式两种。

(1) 双压力式是最早的 SF_6 断路器，根据压缩空气断路器的气吹灭弧原理而设计。设计通常采用全密封结构，0.3 MPa(表压力)的低压气体作为断路器内部的绝缘介质，1.5 MPa(表压力)的高压气体用作灭弧。由于这种断路器颞部有两种不同的压力，故称为双压力式 SF_6 断路器，又称为第一代 SF_6 断路器，其结构示意图如图 4.75 所示。在 20 世纪 60 年代，它被誉为开断电流最大、工作性能最好的断路器，大有取代当时压缩空气断路器的趋势。

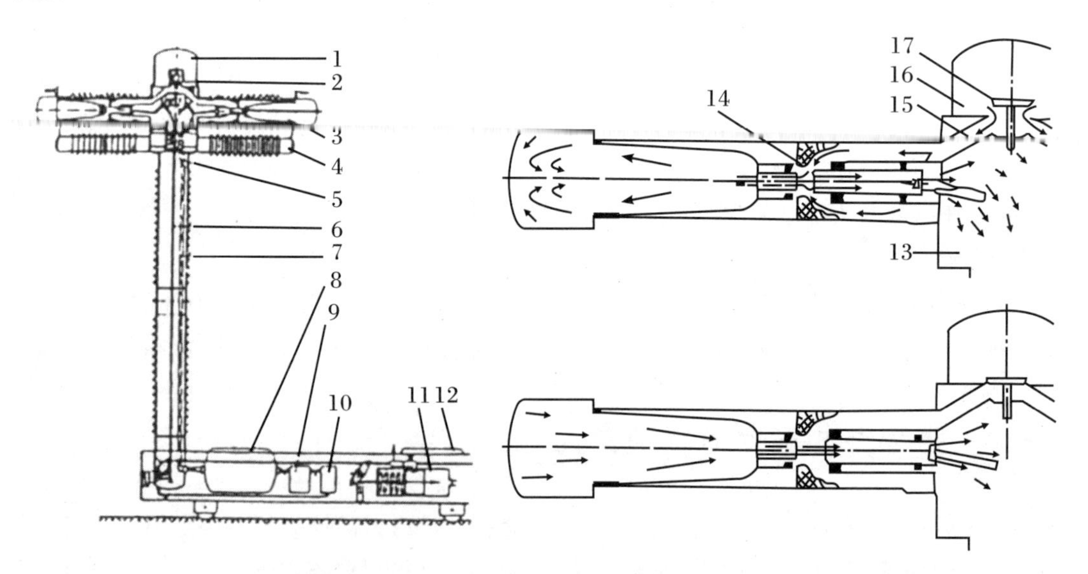

图 4.75 双压力式 SF_6 断路器及其灭弧室的结构示意图

1—高压中间贮气罐；2—吹气阀；3—动触头；4—灭弧室；5—脱扣弹簧；6—绝缘拉杆；7—高压力连接管；8—高压贮气罐；9—压缩机；10—Al_2O_3 吸附剂；11—气动机构；12—气动机构气罐；13—低压气体区；14—喷嘴；15—管道；16—吹气阀。

(2) 单压力(压气)式 SF_6 断路器,外形上与双压力式无多大差别。双压力式 SF_6 断路器工作性能虽然良好,但必须配置一台在密封循环中工作的气体压缩机,结构复杂、价格昂贵。另外,1.5 MPa(表压力)高压 SF_6 气体的液化温度高,工作温度必须保持在8 ℃以上,低温环境下需要加热才能工作,这也是一个致命的弱点。因此很快被第二代 SF_6 断路器,即单压力(压气)式 SF_6 断路器所取代。其断路器内部只有一种压力,一般为0.6 MPa(表压力),它是依靠压气作用实现气吹来灭弧的。

压气式灭弧室的开断过程分为以下两个阶段:

(1) 预压缩阶段。为使触头分离产生电弧时就能实行有效的气吹,压气式灭弧室应先进行一段预压缩过程,使压气室的气体压力提高后再打开喷口产生吹弧作用。压气式灭弧室要求有较大的预压缩行程(超行程),即达到全行程的40%。压气式 SF_6 断路器的分闸时间比其他断路器要长些。

(2) 气吹阶段。要保证电弧可靠熄灭,在气吹阶段,压气室中的气体压力仍要保持较高的比值。这就要求压气室体积的压缩率要足够高,以补偿喷口流出气体所引起的压力下降。压气式灭弧室气吹阶段的灭弧方式有变熄弧距和定熄弧距两种。变熄弧距灭弧方式中,触头开距在整个分闸过程中是不断改变的。此方式的优点是开距大,断口电压可以做得较高,熄弧后介质强度恢复速度较快,喷口形状不受限制,可以设计得比较合理,有利于改善吹弧效果。定熄弧距灭弧方式中,两个静触头始终保持固定的开距,在气流项静触头喷口处对电弧进行双向对称纵吹。此方式的优点是触头开距小、行程短、电弧能量小、熄弧能力强、燃弧时间短。

图4.76为压气式 SF_6 断路器开断过程示意图。

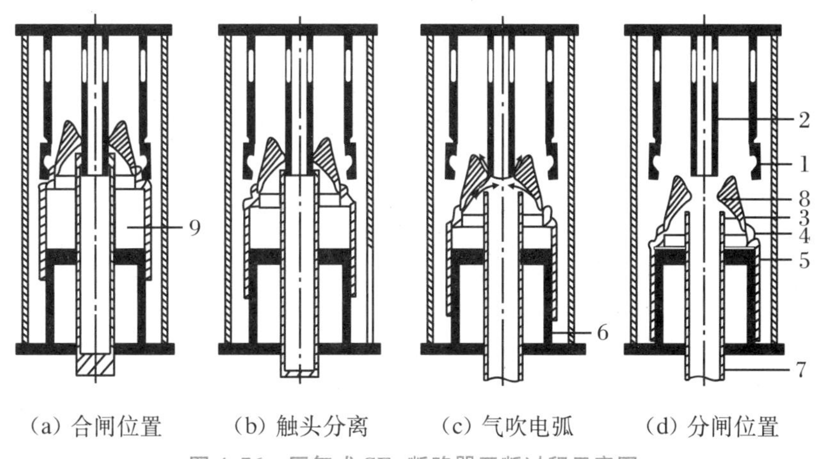

图4.76 压气式 SF_6 断路器开断过程示意图

1—静主触头;2—静弧触头;3—动弧触头;4—动主触头;5—压气缸;6—活塞;7—操作杆;8—喷嘴;9—压气室。

自能式灭弧室是在压气式基础上发展起来的,又称为第三代 SF_6 断路器。它利用电弧本身的能量加热 SF_6 气体建立高压力,从而形成压差,并通过高压 SF_6 气体膨胀而达到熄灭电弧的目的。自能式灭弧室不用操动机构提供压缩功,故大大减轻了机构的负担,可采用低操作功弹簧机构;简化了灭弧室的结构,缩小了尺寸。其灭弧室的工作示意图如图4.77

所示。

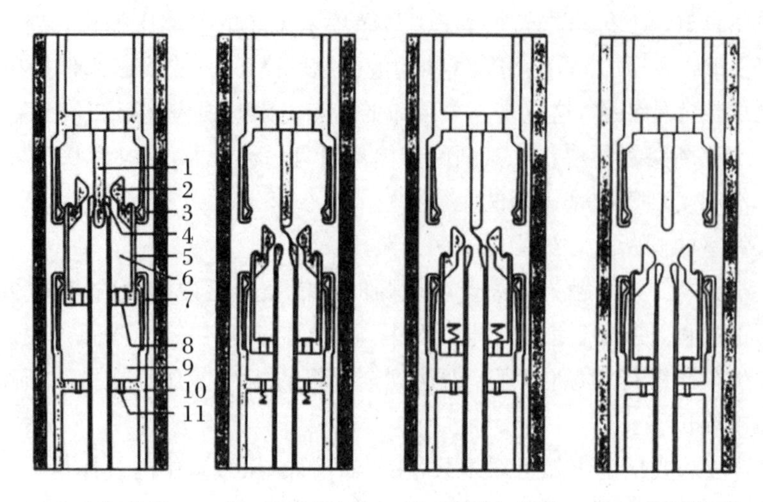

(a) 合闸位置　(b) 开断大电流　(c) 开断小电流　(d) 分闸位置

图 4.77　自能式 SF_6 断路器灭弧室的工作示意图

1—静弧触头；2—绝缘喷口；3—静主触头；4—动弧触头；5—动主触头；6—贮气室；7—滑动触头；8—阀门；9—辅助贮气室；10—固定活塞；11—阀门。

旋弧式 SF_6 断路器是一种利用 SF_6 气体中电弧在磁场作用下快速转动而使电弧熄灭的断路器，其灭弧室的工作示意图如图 4.78 所示。

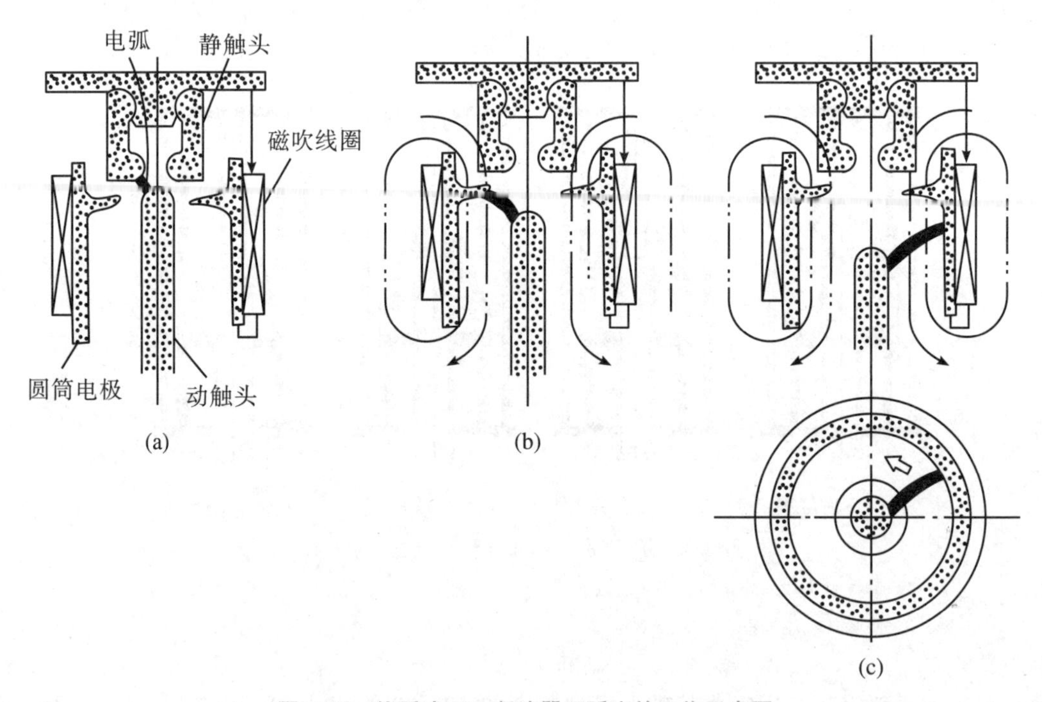

图 4.78　旋弧式 SF_6 断路器灭弧室的工作示意图

2. 瓷套

断路器瓷套分为支柱瓷套和灭弧室瓷套，是断路器的外绝缘。灭弧室整体安装在灭弧室瓷套内，是断路器的核心部件；支柱瓷套起支撑灭弧室和对地绝缘的作用，瓷套内装有绝缘拉杆，具有对地绝缘和机械传动的作用。灭弧室瓷套和支柱瓷套均由优质、高强度瓷制成，因此具有很高的强度和很好的气密性。图 4.79 和图 4.80 是两种断路器瓷套位置示意图。

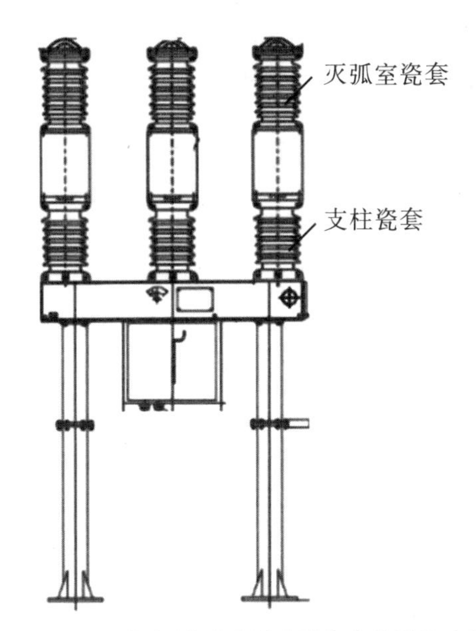

图 4.79　三相机械联动断路器瓷套位置示意图

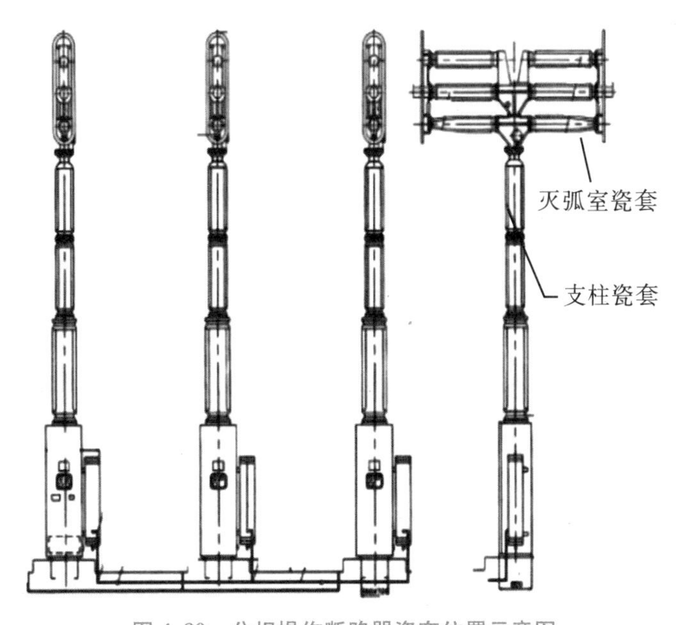

图 4.80　分相操作断路器瓷套位置示意图

断路器瓷套(图 4.81)由上、下法兰和空心瓷套组成。其技术要求如下:

图 4.81 断路器瓷套实物图

(1) 外观:瓷套内外表面应光洁、无污垢、无裂纹、平滑、无伤痕。

(2) 爬电距离和干弧距离:伞间最小距离一般应大于 30 mm,伞间距与伞伸出之比一般不小于 0.8,对于无棱光伞,一般不小于 0.65;局部爬电距离与间距之比应小于 5,大小伞伸出之差应小于 15 mm,伞倾角最小应大于 5°;对于Ⅰ、Ⅱ级污秽,爬电系数不大于 3.50;对于Ⅲ、Ⅳ级污秽,爬电系数小于 4。

(3) 工频耐压试验:依据 DL/T 593 的规定值,不出现闪络或击穿。

(4) 抗弯抗扭试验:依据 GB/T 4109 的规定值,无损坏(变形、破裂或泄漏),能重复耐受全部试验项目,并且与先前的结果相比没有明显变化。

(5) 压力试验:依据 GB/T 4109 的规定值,未出现破裂的迹象。

(6) 孔隙性试验:依据 Q/GDW 407 的规定,瓷件剖面应均质致密,经孔隙性试验后不应有任何渗漏现象。

(7) 超声波探伤试验:依据 Q/GDW 407 的规定,检测结果应无异常。

(8) 管材料试验(复合外套):依据 GB/T 21429 的规定,电压试验期间不应出现击穿或表面闪络(整个试验期间的电流有效值不应超过 1 mA)。

3. 传动机构

传动机构也称拐臂盒(箱),作用是将操动机构的输出动作传递到绝缘拉杆,并最终传递到灭弧室运动部件单元,完成断路器的分闸和合闸动作。

拐臂箱上装有自封阀,用于连接基座内的充气管道。在充气管未接时,整个极柱处于密封状态。拐臂箱壳体由高强度气密性的铝合金铸造而成,在其上面设有定位孔,可以方便地将极柱固定在分闸位置。拐臂箱内装配有拐臂和操作连杆,两者通过轴销连接。

拐臂箱示意图如图 4.82 所示。

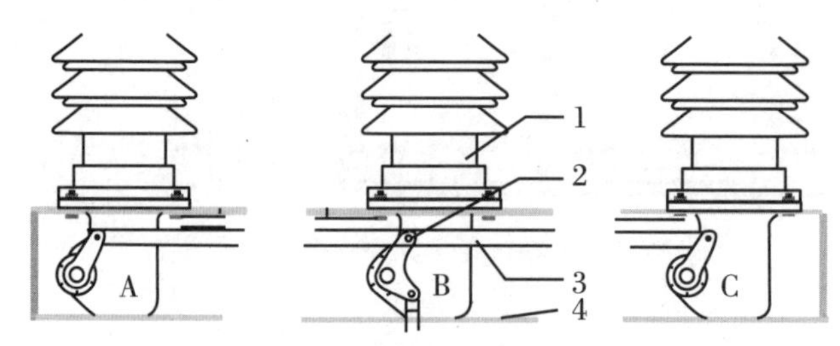

图 4.82 拐臂箱(传动件)示意图

1—极柱;2—传动销;3—相间操作连杆;4—拐臂盒。

拐臂箱的技术要求如下：

(1) 传动件(连扳、杆)、拐臂、轴销和拐臂盒的外观、材质、尺寸均应符合制造设计图纸、工艺文件和相关标准的要求。

(2) 传动件等零部件的拉力强度使用拉力检测仪检测，应符合制造厂产品的技术条件。

(3) 传动件等零部件的硬度使用专用检测仪检测，应符合断路器操动机构操作应力要求。

4. 并联电容

由于各断口间金属部件(如中间箱)对地电容的影响，导致各个断口上电压分布不匀，从而加重了某些断口的负担，影响了断路器的开断能力。在断口处并接适当的电容可改善电压分布，提高整个开关的开断能力。介损全称为介质损耗因数，是反应断口并联电容绝缘性能的一个重要指标。通过测量介损的大小，可以发现断路器绝缘整体受潮、劣化变质的局部缺陷。

电容器主要由芯体(芯子)、壳体(外瓷套)和电极引出线三部分组成。电容器芯体通常由若干数量的元件和绝缘件经压装后以紧固件捆扎组成。元件由不同层数和厚度的绝缘介质及两极板(通常为铝箔)卷制压扁而成。

并联电容的技术要求如下：

(1) 20 ℃时额定电压下，实测电容与其额定值之差不超过额定值的±5%。

(2) 20 ℃时额定电压和额定频率下，油浸纸的介损($\tan\delta$)$\leqslant$0.005；膜纸复合的介损$\leqslant$0.025。

(3) 放电性能电容器能承受峰值电压下的短路放电。

(4) 在1.1倍额定相电压下应小于10 pC。

(5) 其绝缘水平应与断路器断口间的耐压水平相同。

(6) 应能承受断路器操作时的振动和规定的地震试验考核，或抗弯及抗扭试验考核。

5. 合闸电阻

在电力系统中，存在种类繁多、特性各异的操作过电压，断路器操作是大部分操作过电压的起因。在超高压电网中，随着断路器灭弧能力的提高和避雷器的装设，合空线过电压成为主要的操作过电压。特别是长距离的超高压输电线路的空载线路合闸，过电压更加严重。在电力系统中，线路合闸是常见的操作。为了限制合空线过电压，在长距离的超高压输电线路中，将断路器装设并联电阻作为限制合空线过电压的主要措施。这种为限制合空线过电压而并联的电阻(即合闸电阻)，其阻值约为几百欧。

一般的500 kV断路器，合闸电阻在主断口(灭弧室)合闸前的几毫秒投入，在主断口合上若干毫秒后自动切除。如图4.83所示，其工作原理是在断路器合闸过程中，K_f 先合上，把 R_f 接入系统中，约10 ms后，K_z 再合上，再约几十毫秒后，K_f 断开，把 R_f 退出系统，这样就完成了一次合闸的全部操作。分闸操作与此相反。

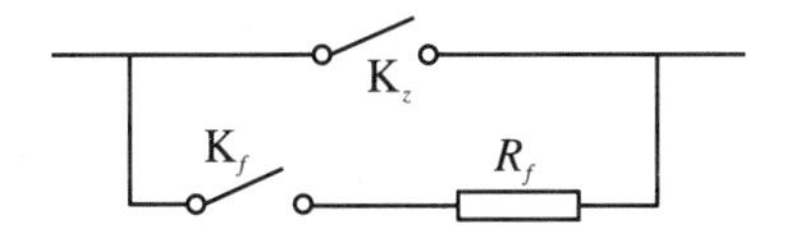

图4.83 带并联电阻的断路器断口工作原理图

K_z—断路器主断口；K_f—断路器辅助断口；R_f—并联电阻(即合闸电阻)。

合闸电阻的技术要求如下：

（1）电阻片应无裂痕、破损。

（2）电阻值符合制造厂规定，合闸电阻阻值的偏差范围为标称值的±5%。

（3）辅助触头应继续不少于200次的机械操作试验，以保证充分磨合。

（4）热容量试验前、后，常温状态的电阻值变化应不大于±5%。

6. 基座

基座起支撑瓷柱并连接控制柜的作用，是由厚钢板整体弯制而成的，再盖上相应的盖板后，能满足《高压开关设备和控制设备标准的共用技术要求》（GB/T 11022—2020）的IP2X防护等级。基座正面有分、合指示牌，基座内有三相SF_6气体充气管和指针式密度继电器，背面有密度继电器观察孔，可观察到SF_6气体的压力值。在未接极柱充气阀时，充气管内的气体为密封状态，压力表显示值为管路内的压力。另外，基座内还装有多通体及截止阀，通过多通体可对本体内充放气，同时截止阀可将密度继电器内的气体与本体内的气体隔离，便于密度继电器的校验与检修。

基座的技术要求如下：

（1）基座材质、尺寸应符合制造厂的设计图纸和工艺文件要求。

（2）镀锌层、防锈措施等符合产品技术要求和制造厂工艺文件的质量要求。

4.2.5.2 原材料/组部件的监造要点

SF_6断路器原材料/组部件的监造要点见表4.72。

表4.72 SF_6断路器原材料/组部件的监造要点

序号	监造项目	见证内容	监造要点
1	灭弧室	触头质量检验；喷嘴材料检验	质保书（合格证）、试验报告
2	瓷套、复合套管	瓷套密封面表面粗糙度；形位公差测量、外观检查；内水压试验；弯曲试验；孔隙性试验；超声纵波探伤；温度循环试验	
3	绝缘拉杆	材质检验	
4	盆式绝缘子（罐式）	材质检验；压力试验；X射线探伤试验	
5	传动件（连杆、板）	检查材质杆棒拉力强度；检查零件硬度测试值	
6	罐体	焊缝探伤检查；水压试验；气密性试验	
7	并联电容器	工频耐压试验；局部放电测量；电容值、介质损耗	
8	合闸电阻	阻值测量	
9	电流互感器（罐式）	精度测试；伏安特性测试	
10	操动机构	出厂试验报告	
11	型式试验报告		报告复印件
12	备品备件清单		清单复印件

4.2.6 主要生产工艺及监造要点

4.2.6.1 生产工艺概述

1. 瓷柱式断路器的主要生产工艺流程

瓷柱式断路器的主要生产工艺流程为：本体组装→控制箱和机构箱组装→基座组装→总装配→机械磨合→试验前检查→出厂试验→终检→包装入库→发运。

本体组装包括静触头与动触头组装、灭弧室组装、合闸电阻(如有)安装、转向机构组装和极柱组装。

控制箱和机构箱组装包括各部件组装、控制箱总装、机构箱组装、电器连接和功能回路试验。

基座组装分为两种：

(1) 对于三相机械联动断路器，包括基架横梁部件组装、横梁与控制箱组装、储能筒与 SF_6 管道安装、基架总装和电气连接。

(2) 对于分相操作断路器，包括机构箱与横梁连接、储能筒与 SF_6 管道安装、基架总装和电气连接。

总装配也分为两种：

(1) 对于三相机械联动断路器，包括连杆组装、在基架上安装极柱、操动机构与极柱连接和 SF_6 管道连接。

(2) 对于分相操作断路器，包括极柱安装与相间连杆组装、操动机构与极柱连接、电气连接和 SF_6 管道连接。

2. 罐式断路器的主要生产工艺流程

罐式断路器的主要生产工艺流程为：本体组装→基座组装→控制箱和机构箱组装→总装配→机械磨合→试验前检查→出厂试验→终检→包装入库→发运。

本体组装包括静触头与动触头组装、灭弧室组装、合闸电阻(如有)安装、并联电容(如有)安装和灭弧罐体组装。

基座组装分为两种：

(1) 对于三相机械联动断路器，包括基架横梁部件组装、横梁与控制箱组装、储能筒与 SF_6 管道安装、基架总装和电气连接。

(2) 对于分相操作断路器，包括机构箱与横梁连接、储能筒与 SF_6 管道安装、基架总装和电气连接。

控制箱和机构箱组装包括各部件组装、控制箱总装、机构箱组装、电器连接和功能回路试验。

总装配也分为两种：

(1) 对于三相机械联动断路器，包括连杆组装、操动机构与罐体的连接、SF_6 管道连接和电流互感器组装。

(2) 对于分相操作断路器，包括操动机构与罐体连接、电气连接、SF_6 管道连接、电流互感器组装和套管吊装。

3. 生产环境

对于断路器的生产环境，具体要求如下：

(1) 制造厂应设有断路器装配的专用净化车间，车间内相对湿度不高于70%。

(2) 灭弧室装配要求在净化等级为10万级以上的灭弧室装配专区内进行，相对湿度不高于60%。

(3) 要求车间内的温度、湿度可以调控，每月进行一次洁净度检测，以保证断路器装配的要求。

4.2.6.2 断路器装配的要求

断路器装配的要求如下：

(1) 制造厂应建立断路器装配工艺控制管理文件制度，应严格按照工艺实施装配，每道工序应有相应的检查点，应由专人进行自检和专检，并存有检验记录。

(2) 所有零部件必须符合图样、工艺及技术要求，并经检验合格。

(3) 所有零部件必须按图样装配。

(4) 导体在转运和装配过程中，制造厂应使用专用物流器具，以避免磕碰划伤，采取必要防护措施保护导体镀银层；在加工制造过程中，导体表面不允许存在磕碰划伤，装配前须用无毛纸蘸酒精擦拭污物，清理表面和内部。

(5) 修磨密封槽尖角，检测密封槽和密封面不得有划痕；密封圈的尺寸、外观应符合国家标准规定。

(6) 装配前，要将各种金属、零部件及所用的装配工具清洗干净，去除表面油污、杂质、金属颗粒粉及机加工飞边。

(7) 在灭弧室内的所有螺纹装配时，都必须点防止螺纹松动的厌氧胶。

(8) 罐式断路器盆式绝缘子应逐只进行X射线探伤试验、工频耐压试验和局部放电试验，局部放电量不大于3 pC。

(9) 罐式断路器装配时，制造厂应对断路器内部的螺丝进行反复拧卸(不少于5次)，并彻底清洁螺孔内的金属物，避免其落入罐内发生放电。

(10) 罐式断路器出厂试验时，应进行不少于200次的机械操作试验(每100次操作试验的最后20次应为重合闸操作试验)，以保证触头充分磨合。200次操作完成后，应彻底清洁壳体内部，之后再进行其他出厂试验。

(11) 转向机构装配时，按图纸选择相应机箱，根据装配工艺规范要求，在机箱内部装配油缓冲器，并用螺钉紧固(此时严禁打螺纹胶)；然后将主轴组件按照从左到右的顺序依次装入传动小拐臂、合闸保持、套管、辅助开关小拐臂、拐臂传动销、轴承与轴承套、端部套管与轴用挡卡；手动转动花键轴时转动灵活，无卡滞，配合无明显间隙。

(12) 操动机构装配时，机构箱体应无磕碰变形、锈蚀、划伤；机构门无磕碰变形，门锁开关顺畅；分合指示到位，储能指示牌应紧固、无松动。

(13) 相柱装配时，应将相柱固定在工作台上。用螺栓将软连接预紧在下出线端子上，再旋入灭弧室下端，力矩应符合制造工艺要求，拧紧螺栓。此工序操作时需注意检查端子端面，严禁有磕碰及树脂，防止导电回路接触不畅。操作绝缘子连接孔内插入工装销，销子到安装基准面的距离必须符合制造工艺要求。

(14) 二次回路装配时，装配的二次元件及数量应符合图纸要求，每个回路使用的线正确标识；安装后的线束，根据走线方向用绑扎带在工艺孔位置绑扎牢固；二次布线应整洁、美观，无磕碰损坏，表示紧固、无脱落。

(15) 底盘装配时，该工序目前国内多数制造厂都是利用机械臂进行底盘装配的。底盘装配完毕后应确认底盘联锁正常，合闸联锁机构动作正常，进出顺利，无卡滞。

(16) 触臂装配后，确认三相相距和上、下触臂之间的距离是否在设计要求之内。梅花触头应对准触臂的端头推入，应无明显卡滞，并在梅花触头内侧涂抹润滑脂。

(17) 合闸电阻装配：① 电阻片应烘干，在洁净等级为8级、湿度为60%以下的防尘室内迅速进行装配，装配到气室内封盖，避免装配中断造成长时间暴露在空气中影响电阻值；② 应在塑料垫板或装配平台上进行，并加垫一层不掉纤维的布，所有零件严禁落地，装配时不得用手直接接触电阻片，要戴不掉纤维的白手套或医用橡胶手套；③ 电阻片装配到绝缘杆上，两端用垫片调节好长度，压块压紧固定，外部用聚四氟乙烯套进行保护，将电阻片按标记顺序依次平稳地装配到绝缘杆上，防止电阻片内孔与绝缘杆剐蹭；④ 操作试验前、后重点检查电阻片外观，装配阶段应检查电阻片端部有无缺口和裂痕，操作试验后重点检查第一片电阻片有无裂痕。

(18) 断路器本体结构应符合图纸要求；分、合线圈电阻应为设计值的 ± 10%；主回路电阻值应符合协议要求。

4.2.6.3 组装的监造要点

1. 瓷柱式断路器

本体组装的监造要点见表4.73。

表4.73 本体组装的监造要点

<table>
<tr><th>监造项目</th><th>见证内容</th><th>见证方式</th><th>见证方法</th><th>监造要点</th></tr>
<tr><td>静、动触头</td><td>组装工艺</td><td>W</td><td rowspan="5">对照技术协议、供应商设计图纸、工厂标准，观察（记录）操作工艺实施情况</td><td>提示：
(1) 触头清洁度
(2) 静、动触头组装工艺及质量</td></tr>
<tr><td>灭弧室</td><td>组装工艺</td><td>W</td><td>提示：
(1) 各组件（逆向活塞、导向管、吹气缸）组装工艺质量
(2) 灭弧室组装工艺质量</td></tr>
<tr><td>合闸电阻（如有）</td><td>安装工艺</td><td>W</td><td>提示：注意合闸电阻安装工艺质量</td></tr>
<tr><td>转向机构</td><td>组装工艺</td><td>W</td><td>提示：注意转向机构组装工艺质量</td></tr>
<tr><td>极柱</td><td>组装工艺</td><td>W</td><td>提示：注意极柱组装工艺质量</td></tr>
</table>

控制箱和机构箱组装的监造要点见表 4.74。

表 4.74 控制箱和机构箱组装的监造要点

监造项目	见证内容	见证方式	见证方法	监造要点
各组部件组装	组装工艺	W	对照技术协议、供应商设计图纸、工厂标准，观察（记录）操作工艺实施情况	提示：按供应商设计图纸，查验各部件组装、安装工艺质量
控制箱总装	组装工艺	W		提示：按供货商设计图纸和工厂标准，查验控制箱总装工艺质量
机构箱组装	组装工艺	W		要求：各部件组装、操动机构安装符合供货商设计图纸、工厂标准
电气连接及功能回路试验	电气连接及所有功能回路检查	W		提示： (1) 按供货商的接线图纸，查验接线工艺质量 (2) 核对断路器线路图编号，所有功能正确

基架组装的监造要点见表 4.75。

表 4.75 基架组装的监造要点

监造项目	见证内容	见证方式	见证方法	监造要点	备注
机构箱与横梁连接	组装工艺	W	对照技术协议、供货商设计图纸、工厂标准，观察（记录）操作工艺实施情况	要求：机构箱连接符合供货商设计图纸、工厂标准	分相操动机构
基架横梁部件组装	组装工艺	W		要求：基架横梁部件组装符合供货商设计图纸、工厂标准 提示：保证其两槽钢之间的孔距与极柱底部的安装扣一致	三相机械联动
横梁与控制箱组装	组装工艺	W		要求：横梁与控制箱组装符合供货商设计图纸、工厂标准	三相机械联动
储能筒和 SF_6 管道安装	各部件及管道安装工艺	W		要求：各部件及 SF_6 管道安装符合供货商设计图纸、工厂标准	
基架总装	基架总装	W		要求：基架总装符合供货商设计图纸、工厂标准	
电气连接	电气连接及功能回路检查	W		要求：电气连接工艺质量、功能回路符合供货商设计图纸、工厂标准	

总装配的监造要点见表4.76。

表4.76　总装配的监造要点

监造项目	见证内容	见证方式	见证方法	监造要点	备注
断路器总装配情况	极柱安装、相间连杆组装 操动机构与极柱的连接 电气连接 SF_6 管道连接	W	对照技术协议、供货商设计图纸、工厂标准，观察（记录）操作工艺实施情况	要求：断路器的总装工艺和质量符合供货商的设计图纸、工厂标准	分相操动机构
	连杆组装 在基架上安装极柱 操动机构与极柱的连接 SF_6 管道连接				三相机械联动

2. 罐式断路器

本体组装的监造要点见表4.77。

表4.77　本体组装的监造要点

监造项目	见证内容	见证方式	见证方法	监造要点
静触头、动触头	组装工艺	W	对照技术协议、供货商设计图纸、工厂标准，观察（记录）操作工艺实施情况	提示： （1）触头清洁度 （2）静触头、动触头的组装工艺及质量
灭弧室组装	组装工艺	W		提示： （1）各组件（逆向活塞、导向管、吹气缸）组装工艺质量 （2）灭弧室组装工艺质量
合闸电阻（如有）	安装工艺	W		提示：注意合闸电阻安装工艺质量
并联电容（如有）	安装工艺	W		提示：注意并联电容安装工艺质量
灭弧罐体组装	灭弧罐体组装工艺	W		要求：灭弧罐体组装工艺及质量符合供货商的设计图纸、工厂标准

基架组装的监造要点见表4.78。

表4.78 基架组装的监造要点

监造项目	见证内容	见证方式	见证方法	监造要点	备注
机构箱与横梁连接	组装工艺	W	对照技术协议、供货商设计图纸、工厂标准，观察(记录)操作工艺实施情况	要求：机构箱连接符合供货商设计图纸、工厂标准	分相操动机构
基架横梁部件组装	组装工艺	W		要求：基架横梁部件组装符合供货商设计图纸、工厂标准 提示：保证其两槽钢之间的孔距与极柱底部的安装扣一致	三相机械联动
横梁与控制箱组装	组装工艺	W		要求：横梁与控制箱组装符合供货商设计图纸、工厂标准	三相机械联动
储能筒和SF_6管道安装	各部件及管道安装工艺	W		要求：各部件及SF_6管道安装符合供货商设计图纸、工厂标准	
基架总装	基架总装	W		要求：基架总装符合供货商设计图纸、工厂标准	
电气连接	电气连接及功能回路检查	W		要求：电气连接工艺质量、功能回路符合供货商设计图纸、工厂标准	

控制箱和机构箱组装的监造要点见表4.79。

表4.79 控制箱及机构箱组装的监造要点

监造项目	见证内容	见证方式	见证方法	监造要点
各组部件组装	组装工艺	W	对照技术协议、供应商设计图纸、工厂标准，观察(记录)操作工艺实施情况	提示：按供应商设计图纸，查验各部件组装、安装工艺质量
控制箱总装	组装工艺	W		提示：按供货商设计图纸和工厂标准，查验控制箱总装工艺质量
机构箱组装	组装工艺	W		要求：各部件组装、操动机构安装符合供货商设计图纸、工厂标准
电气连接及功能回路试验	电气连接及所有功能回路检查	W		提示： (1) 按供货商的接线图纸，查验接线工艺质量 (2) 核对断路器线路图编号，所有功能是否正确

总装配的监造要点见表4.80。

表4.80 总装配的监造要点

监造项目	见证内容	见证方式	见证方法	监造要点	备注
断路器总装情况	操动机构与罐体的连接 电气连接 SF_6管道连接 TA组装 套管吊装	W	对照技术协议、供货商设计图纸、工厂标准，观察(记录)操作工艺实施情况	要求：断路器的总装工艺和质量符合供货商的设计图纸、工厂标准	分相操动机构
	连杆组装 操动机构与罐体的连接 SF_6管道连接 TA组装 套管吊装				三相机械联动

4.2.6.4 断路器总装后检查的监造要点

断路器总装后检查的监造要点见表4.81。

表4.81 断路器总装后检查的监造要点

序号	监造项目	见证内容	见证方式	见证方法	监造要点	备注
1	支架	外观检查	W	观察	要求：油漆完整，无损伤	三相机械联动
		支架高度	W	核对、确认	要求：符合设计要求	
2	机构箱	外观检查	W	核对、确认	要求：完整，无损伤	
		机构箱固定	W	查看	要求：牢固	
		机构箱及控制箱密封	W	查看	要求：密封良好	
3	瓷套	外观检查	W	查看	要求：完好，无变形、破损	
		相间中心距离误差	W	核对、确认	要求：符合设计要求	
		法兰连接	W	查看	要求：紧固，密封完好	
4	合闸电阻	外观检查	W	查看	要求：清洁，无损伤	
		电阻值	W	核对、确认	要求：按制造厂规定	
5	操动机构	动作检查	W	核对、确认	要求：无卡阻、跳动	
		微动开关动作检查	W	查看	要求：准确可靠，接触良好	
		电机检查	W	查看	要求：转向正确，无异常现象	

续表

序号	监造项目	见证内容	见证方式	见证方法	监造要点	备注
5	操动机构	弹簧检查	W	查看	要求:合闸弹簧储能后,蜗扣可靠,无金属疲劳	
		分、合闸线圈铁芯动作检查	W	查看	要求:可靠,无卡阻	
		辅助开关检查	W	查看	要求:接点无烧损,接触良好	
		加热装置	W	核对、确认	要求:无损伤,绝缘良好	
		分、合闸指示	W	核对、确认	要求:与断路器分、合位置对应	
		操作计数器指示	W	查看	要求:正确,不可复归	
6	SF_6管路检查	连接部分情况	W	查看	要求:连接良好	
7	接地	连接面检查	W	核对、确认	要求:接触面积符合国家电网公司反措要求	
		接地连接	W	查看	要求:完好,无变形、破损	

4.2.7 出厂试验及监造要点

4.2.7.1 断路器技术参数的术语与定义

断路器技术参数的术语与定义有以下内容:

(1) 开断电流:表征断路器开断能力的一个参数,指断路器在给定电压下正常开断的最大短路电流,在额定电压下能开断的电流称为额定开断电流。在低于额定电压的条件下,断路器的开断电流可以提高,但由于灭弧装置机械强度的限制,开断电流仍有一定的极限值,此极限值称为极限开断电流。

(2) 额定断流容量:在额定电压确定之后,额定断流容量和额定开断电流的含义是一样的。断路器的额定开断电流不变,因此如果断路器的使用电压降低,其断路容量也要相应地降低。

(3) 热稳定电流:在选择断路器时通常要根据热稳定电流来校验断路器的发热条件,所谓热稳定电流是断路器所承受短路电流热效应的能力。按国家标准规定,断路器通过热稳定电流 4 s 内,温度不超过允许发热温度,且无触头熔解和妨碍其正常工作的现象发生。通常热稳定电流等于其额定开断电流。

(4) 额定动稳定电流:在关合状态下,断路器能通过不妨碍其正常工作的最大短路电流瞬时值,因此又称为极限电流。在该电流作用下断路器的机械机构不致遭到电动力的破坏,在选择断路器时,如果通过断路器的最大短路电流小于额定动稳定电流,则认为断路器是动稳定的。其值一般为热稳定电流的 2.5 倍。

(5) 燃弧时间:在断路器分闸过程中,从电弧产生到电弧最终熄灭的时间。行程分为总行程和超行程,前者指断路器的动触头由分闸位置开始运动至合闸静态位置停止所走的距离。超行程又称为插入行程,该行程是指静触头刚接触到动触头运动到静态位置所走的距离。

(6) 合闸不同期性:可以从两方面而言,对相同相来说,是指最先和最迟的两对触头之间的时间差值;对不同相来说,是指最先接通和最迟接通相的时间差。分闸的不同期性只是将上述的接触改为分离。

(7) 分、合闸速度:刚分速度通常认为是动、静触头分离后 10 μs 内的速度,刚合速度是动触头闭合前 10 μs 内的速度。分、合闸最大速度是指在触头整个行程上某一区的最大速度。

(8) 峰值电流:电流出现后瞬态过程中第一个大半波的峰值。

(9) 开断能力:在规定的使用和性能条件以及规定电压下,开关装置或熔断器能够开断的预期开断电流值。

(10) 电弧电压峰值:在规定条件下,燃弧期间在开关装置一极两端子间出现的最大电压瞬时值。

(11) 开断时间:机械开关装置时间起始时刻到燃弧时间终了时刻的时间间隔。

(12) 合闸时间:处于分闸位置的断路器,从合闸回路带点时刻到所有极的触头都接触时刻的时间间隔。

(13) 合闸指令最短持续时间:为保证完成断路器的合闸,辅助电源施加到合闸装置上的最短时间。

(14) 额定电流:在规定的使用和性能条件下,断路器主回路能够连续承载的电流。

(15) 工频耐压电压:在规定的条件和时间下进行试验时,断路器所能耐受的正弦工频电压有效值。

(16) 冲击耐压电压:在规定的试验条件下,断路器的绝缘所能耐受的标准冲击电压波的峰值。注意,取决于电压波的形状,该术语可以称为操作冲击耐受电压和雷电冲击耐受电压。

4.2.7.2 见证出厂试验的一般性程序和要求

见证出厂试验的一般性程序和要求如下:

(1) 审核出厂试验方案,按技术协议书审核出厂试验项目、试验方法和判据是否符合国家标准规定。

(2) 试验前的见证,主要包括查看仪器、仪表及其精度,要求完好,且在检定周期内;查验试验人员的资质证明。提示:试验前,抽真空,充 SF_6 气体并进行检漏。

(3) 试验过程的见证。

4.2.7.3 试验项目概述

1. 出厂试验

出厂试验是为了发现材料和制造中的缺陷，它不会损伤试品的性能和可靠性。出厂试验应在制造厂任一合适的场所对每台成品进行，以确保产品与已经通过的型式试验的设备相一致。根据协议，任一项出厂试验均可在现场进行。出厂试验项目有主回路的绝缘试验、辅助和控制回路的试验、主回路电阻测量、密封试验、SF_6 气体的含水量测量、机械操作和机械特性试验、电流互感器、设计和外观检查。

2. 型式试验

型式试验是在一台有代表性的产品上所进行的试验，以证明被代表的产品也符合规定要求（但例行试验除外）。型式试验项目包括绝缘试验、无线电干扰试验、回路电阻测量、温升试验、短时耐受电流和峰值耐受电流试验、密封试验、电磁兼容性试验、辅助和控制回路的附加试验、防护等级检验等。

4.2.7.4 断路器出厂试验及监造要点

1. 主回路绝缘试验

高压电气设备在运行中必须保持良好的绝缘性，为此从设备制造阶段开始，要进行一系列绝缘测试，它是保证设备安全运行的重要措施。绝缘试验应在出厂机械试验之后进行。

试验方法和要求如下：

（1）试验应按 GB/T 16927.1 中 6.2 的要求，在新的、清洁的和干燥的完整断路器设备、单极或运输单元上进行。试验时应使用制造厂规定的最低功能压力（密度）。

（2）试验电压用升压试验变压器产生，也可用串联谐振或并联谐振回路产生。

（3）试验回路电压应足够稳定，不致受泄漏电流变化的影响。

（4）试验电压应按表 4.82 中的规定值，频率要求不超过 300 Hz，持续时间为 1 min，应不发生击穿放电现象。

表 4.82 额定电压范围的额定绝缘水平表（单位：kV）

额定电压（有效值）	额定工频短时耐受电压（有效值）		额定操作冲击耐受电压（峰值）			额定雷电冲击耐受电压（峰值）	
	相对地及相间	断口	相对地	相间	断口	相对地及相间	断口
126	230	230（+70）	—	—	—	550	550（+100）
252	460	460（+145）	—	—	—	1050	1050（+200）
363	510	510（+210）	950	1425	850（+295）	1175	1175（+295）
550	740	740（+315）	1300	1950	1175（+450）	1675	1675（450）
800	960	960（+460）	1550	2480	1425（+650）	2100	2100（+650）
1100	1100	1100（+635）	1800	2700	1675（+900）	2400	2400（+900）

主回路绝缘试验的监造要点见表4.83。

表4.83 断路器主回路绝缘试验的监造要点

监造项目	见证内容	见证方式	见证依据	监造要点
主回路绝缘试验	工频耐压试验 局部放电测量 雷电冲击试验(如有)	H	技术协议 国家及电力行业标准 供货商工厂标准	要求:对于工频耐压试验,施加工频电压至规定值,持续时间为1 min,记录测试结果,确认合格与否 提示:注意安全

2. 辅助和控制回路的绝缘试验

试验目的:验证断路器辅助和控制回路的绝缘耐受情况。

试验方法和要求如下:

(1) 辅助和控制回路的绝缘试验只进行工频耐压试验,试验电压为2 kV,持续时间为1 min,无闪络击穿现象。

(2) 控制柜内的所有端子在分闸或合闸的状态下进行。

(3) 试验应连接在一起的辅助和控制回路与开关装置的底架之间进行。

(4) 如果可行,出厂试验可以和其他部分绝缘的辅助和控制回路的每一个部分,与连接在一起并和底架相连的其他部分之间进行。

(5) 工频电压为2 kV/s,持续时间为1 min。

(6) 如果试验时没有出现破坏性放电,则认为断路器的辅助和控制回路通过了试验。

辅助和控制回路的绝缘试验的监造要点见表4.84。

表4.84 辅助和控制回路的绝缘试验的监造要点

监造项目	见证内容	见证方式	见证依据	监造要点
辅助和控制回路绝缘试验	控制柜内的所有端子在分闸或合闸的状态下所进行的工频耐压试验情况	W	技术协议 国家及电力行业标准 供货商工厂标准	要求:工频电压为2000 V/min,记录测试结果,确认合格与否

3. 主回路电阻测量

高压断路器导电回路的电阻主要取决于断路器的动、静触头间的接触电阻。接触电阻的存在增加了导体在通电时的损耗,使接触处的温度升高,其值的大小直接影响正常工作时的载流能力,在一定程度上影响了短路电流的切断能力。因此,断路器每相导电回路的电阻值是断路器安装、检修、质量验收的一项重要数据。

试验方法和要求如下:

(1) 主回路每极电压降或电阻的测量应该尽可能在与型式试验相似的条件下进行。

(2) 选用不小于直流(DC)100 A 的回路电阻测试仪(图4.84)进行测试。

(3) 断开断路器的外侧电源开关,并验证确无电压。

(4) 试验电流应该取 100 A 至额定电流之间的任一电流值。

(5) 分别测量 A 对地、A 断口,B 对地、B 断口,C 对地、C 断口的电阻值,并记录。

(6) 分别测量 A 对 B、B 对 C、C 对 A 的电阻值,并记录。

(7) 各部分电阻值应不大于 1.2 倍型式试验报告中的试验值。

主回路电阻测量的监造要点见表 4.85。

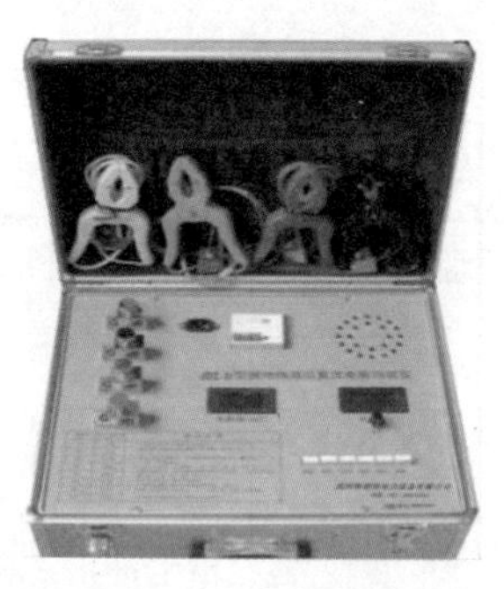

图 4.84 回路电阻测试仪

表 4.85 主回路电阻测量的监造要点

监造项目	见证内容	见证方式	见证依据	监造要点
主回路电阻测量	测量 A、B、C 三相主回路的电阻	W	技术协议 国家及电力行业标准 供货商工厂标准	要求:电流不小于直流 100 A,记录测试结果,电阻值不大于 1.2 倍型式试验值,确认合格与否

4. 密封试验

密封试验的目的是证明断路器的绝对漏气率不超过允许漏气率的规定值。出厂试验应在正常周围空气温度下,按制造厂的习惯在充以规定压力(或密度)的装配上进行。对于充气系统,可以用探头试漏。

试验方法和要求如下:

(1) 如果可能的话,应在完整的断路器上进行。

(2) 装有机械开关装置的断路器设备的密封试验,应该既在合闸位置又在分闸位置上进行,除非泄漏率与主触头的位置无关。

(3) 断路器充以额定压力的 SF_6 气体,静置时间不少于 12 h,用检漏仪(图 4.85)检漏,检漏仪的灵敏度不低于 0.01 $Pa \cdot cm^3 \cdot s^{-1}$。

(4) 断路器年漏气率≤0.5%。

断路器密封试验的监造要点见表 4.86。

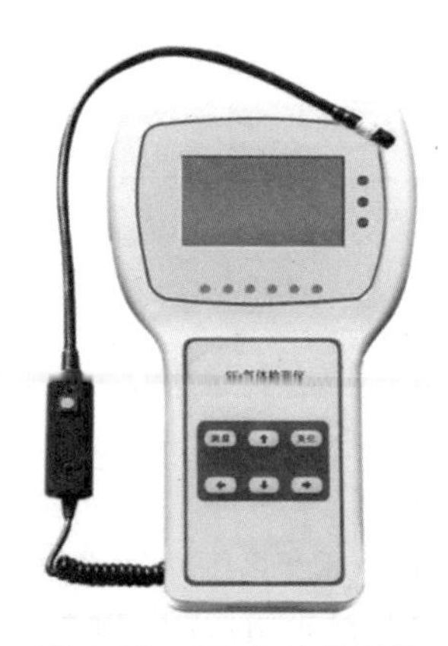

图 4.85 SF_6 气体检漏仪

表 4.86 断路器密封试验的监造要点

监造项目	见证内容	见证方式	见证依据	监造要点
密封试验	各密封面密封性检查	W	技术协议 国家及电力行业标准 供货商工厂标准	要求:记录检查结果,年泄漏率小于 0.5%,确认合格与否

5. SF_6 气体的含水量测量

断路器 SF_6 气体水分超标会造成设备安全隐患,甚至会因发现不及时而使电力系统发生故障,故对 SF_6 水分含量有严格规定,因此制造厂出厂试验时对断路器 SF_6 水分含量的测量是必不可少的。

试验方法和要求如下：

(1) 断路器充以额定压力 SF_6 气体，24 h 后进行水分测量。

(2) 使用 SF_6 微水测量仪(图 4.86)对气体进行测量，连接方式如图 4.87 所示。

(3) 断路器气室 SF_6 气体微水含量≤150 ppm。

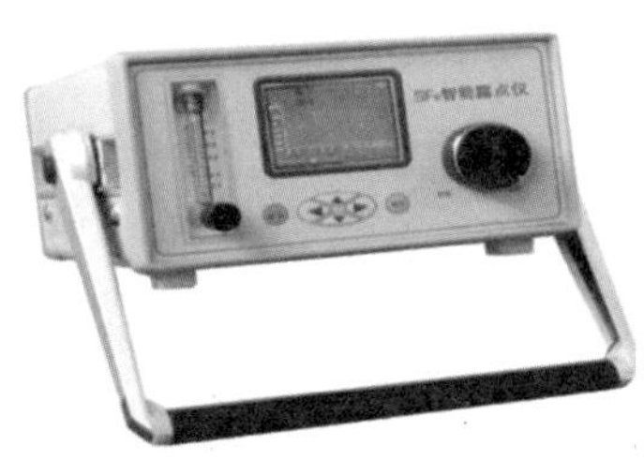

图 4.86　SF_6 微水测试仪

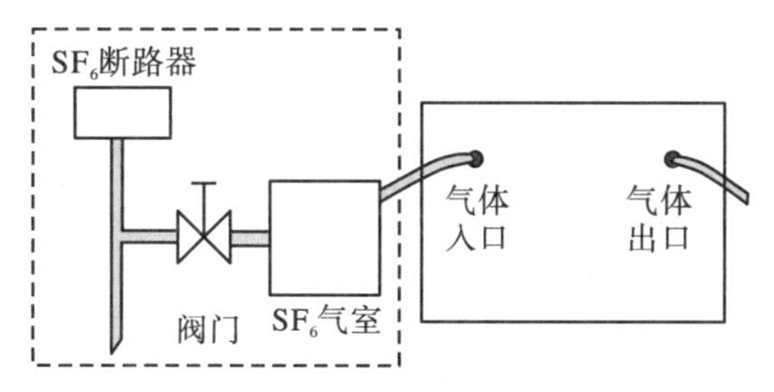

图 4.87　SF_6 气体微水检测连接图

SF_6 气体含水量测量的监造要点见表 4.87。

表 4.87　SF_6 气体含水量测量的监造要点

监造项目	见证内容	见证方式	见证依据	监造要点
SF_6 气体的含水量测量	充入 SF_6 气体至额定压力，静止 24 h 后，进行测试	W	技术协议 国家及电力行业标准 供货商工厂标准	要求：有电弧分解的隔室，其含水量≤150 μL/L

6. 机械操作和机械特性试验

断路器在工厂完全装配后，应进行机械操作和机械特性试验，试验应按相关产品标准的要求进行，所测得的特性曲线、参数和操作条件应明确记录在出厂试验报告中，并随产品一起出厂。

对于机械操作试验，试验方法和要求如下：

(1) 试验仪器用可调直流电源，试验接线原理图如图 4.88 所示。

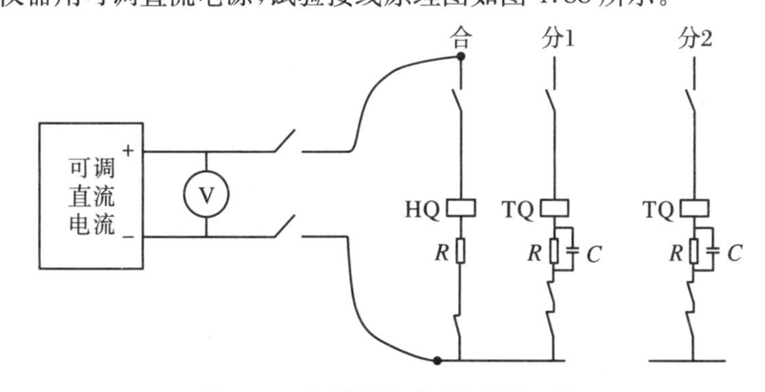

图 4.88　机械操作试验接线原理图

(2) 额定电压：100%电压下分闸、合闸 200 次(每 100 次的后 20 次操作为重合闸)；合-分-合 5 次。

(3) 最高电压：120%电压下分闸 5 次；合-分-合 5 次；110%电压下合闸 5 次。

(4) 最低电压:85%电压下合闸 5 次;65%电压下分闸 5 次;30%电压下分闸、合闸各 3 次。

(5) 并联合闸脱扣器应能在额定电压 80%～110%范围内可靠动作。

(6) 并联分闸脱扣器应能在额定电压 65%～120%范围内可靠动作。

(7) 当电压低至额定电压的 30%或更低时不应脱扣动作。

对于机械特性试验,试验方法如要求如下:

(1) 使用断路器特性测试仪(图 4.89)进行测试,试验接线方法如图 4.90 所示。

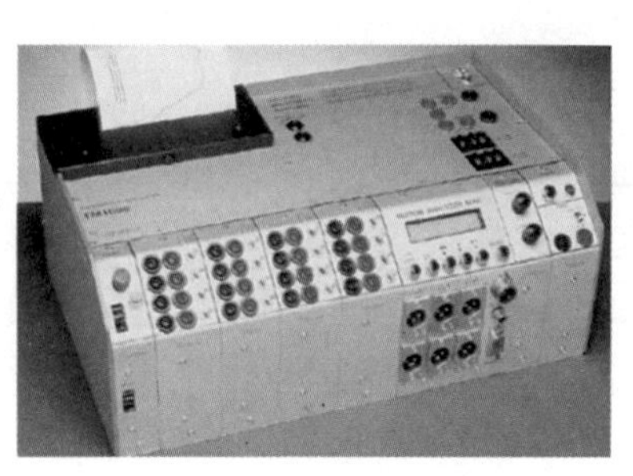

图 4.89　断路器特性测试仪

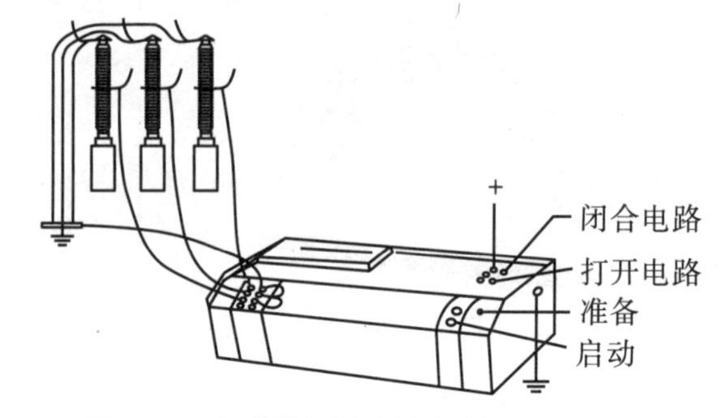

图 4.90　断路器机械特性试验接线图

(2) 分闸和合闸时间、合分时间应符合技术协议的要求。

(3) 分、合闸同期性应符合:相间合闸不同期≤5 ms,相间分闸不同期≤3 ms,同相各断口分闸不同期≤2 ms。速度测量方法与结果应符合技术协议要求。

机械操作和机械特性实验的监造要点见表 4.88。

表 4.88　机械操作和机械特性试验的监造要点

监造项目	见证内容	见证方式	见证依据	监造要点
机械操作和机械特性试验	分闸、合闸时间 合分时间 同期性 分闸、合闸速度 机械操作次数 最高/低控制电压下操作试验	W	技术协议 国家及电力行业标准 供货商工厂标准	要求: (1) 查看试品状态,包括试品名称、气压、油压、接线、分合闸状态等,并记录 (2) 观察试验过程,注意仪器仪表的读数,记录测试结果,判别是否符合技术协议、工厂标准的要求 (3) 试验过程中发现问题,要跟踪处理过程,直到全部项目合格

7. 电流互感器(罐式断路器)

电流互感器(罐式断路器)试验应为装配完成的成品试验。用变比电桥分别测量各组出线端子之间的电流比、误差和极性。验证测量所得数据应与技术协议和供应商提供的试验报告及产品铭牌数据相符。

试验方法和要求如下:

(1) 变比是指额定一次电流与额定二次电流之比。

(2) 极性是指标有 P1、S1 和 C1 的所有端子在同一瞬间具有同一极性。

(3) 伏安特性用伏安特性测试表测试。伏安特性就是 CT 绕组有电流通过时电压与电流二者之间的关系。伏安特性的好坏主要是通过电压与电流之间的关系所绘制的曲线是否满足CT保护等级规定曲线的要求来判断的。

(4) 使用2.5 kV绝缘电阻测量仪(又称绝缘兆欧表,包含绝缘摇表)测一次绕组、各二次绕组和末屏。测量时,非被试绕组(或末屏)、外壳应接地。可把一次短接接摇表的L端,二次短接接地接摇表E端,这就是测量互感器"一次对二次及地"绝缘(类似测量变压器的高对低对地绝缘),还可以测量"二次对一次及地"。一般一次对地绝缘电阻不小于1000 MΩ。

电流互感器(罐式断路器)试验的监造要求见表4.89。

表4.89 电流互感器(罐式断路器)试验的监造要点

监造项目	见证内容	见证方式	见证依据	监造要点
电流互感器	极性 绝缘电阻 伏安特性 变比	W	技术协议 国家及电力行业标准 供货商工厂标准	要求:与技术协议一致

8. 设计和外观检查

断路器应经过设计和外观的出厂检查,以证明它们符合买方的技术要求。

试验方法和技术要求如下:

(1) 开关设备和控制设备接地。每台断路器底架上均应设置可靠的、适用于规定故障条件的接地端子,该端子应有一紧固螺钉或螺栓用来连接接地导体。紧固螺钉或螺栓的直径应不小于12 mm。接地连接点应标以规定的保护接地符号。与接地系统连接的金属外壳部分可看作接地导体。

(2) 辅助和控制设备应考虑模拟或数字类型的部件。数字式部件应符合GB/T 28810的要求,电子元件的电磁兼容性应符合IEC 61000-5的要求。

(3) 可触及性是指合闸和分闸执行器以及紧急关闭系统的执行器应位于工作面以上0.4~2 m。其他执行器应置于易被操作的高度,指示装置应置于易被读取的位置。

(4) 安装在外壳内的元件的标识是制造厂的责任,且应该和接线图与电路图的指示一致。如果元件是插入式的,则元件和固定部分(元件插入的位置)上应有确认标记。在元件或电压混杂可能引起混乱的场合时,应考虑更明晰的标记。

(5) 应装设明显可见和清晰的铭牌,铭牌应标有在有关产品标准中规定的必要信息,如制造厂名称或商标、制造年月、产品型号、出厂编号和额定参数等。

(6) 其他要求参见《高压开关设备和控制设备标准的共用技术要求》(DL/T 593—2006)、技术协议和制造厂企业标准。

设计和外观检查的监造要点见表4.90。

表4.90 设计和外观检查的监造要点

监造项目	见证内容	见证方式	见证依据	监造要点
设计和外观检查	设备与外观检查用于证明产品符合买方的技术要求	W	技术协议 国家及电力行业标准 供货商工厂标准	要求:与技术协议一致

4.2.8 包装、存栈和发运及监造要点

1. 包装、存栈和发运

包装、存栈和发运的要求如下：

(1) 断路器在制造厂内或安装现场存放时，内部应充微正压(0.01～0.03 MPa)、高纯度(99.999%)、干燥的 N_2 或 SF_6 气体，整体包装完好，放置于干燥、通风、防雨的环境中。应定期检查压力，压力异常时应分析原因，采取相应措施。制造厂应以书面形式明确成品在安装现场的存放条件，建设单位应严格执行。

(2) 制造厂应当提供断路器的运输、储存、安装、运行和维修的说明书。运输和储存的说明书应当在交货前提供，而安装、运行和维修的说明书最迟应当在交货时提供，操作手册最好是有别于安装和维护手册的独立文件。

(3) 合理设计冲撞记录仪的安装位置，确保记录仪在运输过程中可靠、稳固，不易遭受外力破坏，防止随意拆卸，可采取装设防护罩等措施，同时要便于运输过程中人员的读测。

(4) 550 kV 及以上电压等级的罐式断路器本体及套管运输时，应加装三维冲击记录仪，记录仪应经检验合格，确保有足够的记录纸。其他电压等级产品应加装振动指示器。在装设前，制造厂应在监造人员见证下检查其检定证书是否合格。

(5) 运输中随车押运人员需定期监视并记录冲撞记录仪指示值和断路器位移量，如出现冲击加速度大于 $3g$ 或不满足产品技术文件要求的情况，产品运至现场后应打开相应隔室检查各部件是否完好，必要时可增加试验项目或返厂处理。

(6) 如果断路器不是完全组装完成后发运的，所有的运输单元应当清晰地加以标记，并应随同断路器一起提供将它们总装起来的图样。

2. 包装、存栈的监造要点

包装、存栈的监造要点见表 4.91。

表 4.91 断路器包装、存栈的监造要点

工序	监造项目	见证内容	判据标准	见证方法
包装、存栈	附件包装	铭牌、装箱附件的型号、数量	依据：供应商工艺质量文件 要求：标志清晰，铭牌符合要求，装箱附件的型号、数量与图纸清单一致、清晰	目测
	断路器压力巡检	充气后 24 h 监测一次，到现场后再监测一次	依据：供应商工艺质量文件、供应商产品技术条件 要求：两次压力变化范围符合供应商工艺质量文件与产品技术条件要求	压力表
	存储	防雨雪、凝露措施	依据：供应商工艺质量文件 要求：符合供应商工艺质量文件要求	目测

4.2.9 典型案例

4.2.9.1 设计/结构问题

1. 案例1

问题描述:2012年12月14日,35 kV滑集变电站3423老滑线开关下瓷套周围冒白烟。经检查为开关下接线板对瓷套绝缘叶片有放电现象,开关下瓷套第二层绝缘叶片有明显放电痕迹。该断路器型号为ZW24-40.5,于2008年4月生产,2008年5月投运。

原因分析:此类开关瓷套设计不合理,瓷套局部电场密集,开始投入运行后,瓷套表面附着灰尘时,开关下接线板在阴雨天气对下瓷套产生明显放电。

处理情况:与厂家进行沟通,采取加装雨裙的措施。

防范措施:应加强设备型式试验报告审核,对没有通过型式试验的设备不予采纳;对于户外开关设备,选型时注意设备外绝缘与运行区污秽等级匹配。

2. 案例2

问题描述:2012年10月30日,35 kV真空瓷柱式断路器在现场试验阶段烧坏两个合闸线圈。

原因分析:合闸线圈线径偏小,其设计通流与实际不相符。

处理情况:11月14日供应商现场更换处理。

防范措施:供应商应提高产品设计水平,注意分闸、合闸线圈的通流容量;出厂试验时,应进行分闸、合闸线圈电阻的测试,应加强设备选型要求,加强供应商出厂试验的把关。

3. 案例3

问题描述:水泉变电站220 kV断路器型号为LW6B-252W(1999年12月29日出厂)。断路器不具备非全相保护功能,一旦发生单项或者两相断路器跳闸,则不能通过保护将线路全部停电,严重影响系统的安全稳定运行,必须加装非全相运行保护装置来实现对非全相跳闸的保护功能。

原因分析:断路器设计功能不全,本体不具备实现对非全相跳闸的保护功能。

处理情况:对于系统LW6B-252W断路器,进行逐步加装非全相运行保护装置的整改。

防范措施:加强设备的选型审核,加强设备验收管理。

4.2.9.2 原材料/组部件问题

1. 案例1

问题描述:2012年4月10日,在设备安装验收时,断路器C相SF_6压力表存在漏气现象。断路器型号为LW24-253。

原因分析:压力表密封工艺不合格,断路器厂家对压力表入厂检验把关不严。

处理情况:更换合格的SF_6压力表。

防范措施:厂家对于外购件质量把关不严,应督促厂家提高外购重要组部件的抽检比例。设备监造、验收时,应检查组部件的出厂试验报告、出厂合格证及入厂检验报告。

2. 案例 2

问题描述:2011 年 5 月 23 日,××变电站 35 kV ××线 432 断路器 C 相接地跳闸,432 断路器投运日期为 2005 年 3 月 2 日。

原因分析:432 开关 C 相接地跳闸后,经检查发现压力表指示正常,A、B、C 相导电回路电阻合格,C 相线路侧及母线侧一次接线板对地绝缘电阻为零,内附 CT 绝缘良好。初步分析,跳闸是由于 C 相线路侧一次对地绝缘击穿,导致接地故障,经检查为绝缘拉杆本身材料质量不良,工艺较差,长时间运行后,绝缘水平降低,拉杆击穿导致接地故障。

处理情况:对 423 断路器进行了更换。

防范措施:设计选型时应选用质量可靠的厂家,断路器的绝缘拉杆绝缘水平十分重要,重视断路器交接验收中的耐压试验。供应商应提高关键组部件的质量和工艺水平。

4.2.9.3 工艺控制问题

1. 案例 1

问题描述:2011 年 6 月 1 日,2712 开关 C 相液压机构渗油,该开关型号为 LW10B-252W,于 2005 年 12 月 1 日生产,2006 年 9 月投运。

原因分析:经检查发现开关液压机构胶垫受损,分析原因为密封胶垫质量不过关,密封胶垫过早老化,导致渗漏油。

处理情况:更换胶垫后,设备重新投入运行。

防范措施:对于有密封要求的设备,应重视密封材料的性能和生产厂家,选择口碑良好的供应商的产品,密封件的寿命应与设备运行寿命匹配。

2. 案例 2

问题描述:2011 年 4 月 14 日,拉开风安线 3551 断路器,主母线电压仍有指示。35 kV 断路器本体位置为“开位”,操作机构显示断路器为断开位置。断路器机构正常动作后,断路器本体却没有正确动作,出现拒分故障。开关型号为 LW30-252,于 2009 年 10 月 24 日出厂,2011 年 4 月 14 日投运。

原因分析:通过解析气体,本次故障的原因是该厂灭弧室部门搬迁时期,灭弧室装配人员在装配固定主动触头、气缸、拉杆部分的螺栓时,涂抹螺纹胶不到位,没有达到该厂的工艺要求,造成该断路器在长途运输振动及现场多次动作后出现螺栓脱落,导致断路器拒分故障。

处理情况:2011 年 5 月更换完毕。

防范措施:对于还在运行的该型断路器,建议在正常断路器回路电阻测试的基础上,增加操作次数及测量次数,例如测量 5 次。如果断路器回路电阻值有明显增加趋势,应引起注意。继续增加操作次数及测量次数,如果测量的回路电阻最大值超过标准要求,应处理合格后,方可投运。供应商针对厂址搬迁等特殊时期,应对关键部件的组装采取特殊时期管理措施,确保管理不松散,产品质量不下降。

3. 案例 3

问题描述:2012 年 6 月 12 日,在对 110 kV 断路器的出厂试验进行关键点见证中,机械特性试验开合循环操作时,操作机构发生异常声响。停电检查 BLK222 型操作机构内部情况，发现分闸缓冲器(阻尼筒)与主轴联结的滑道里导轮一侧脱落，掉在箱底，联结两导轮的销子一端拔出，另一端被切掉部分端头，机构已不能正常动作，如图4.91所示。该台断路器型号为LTB145D1/B。

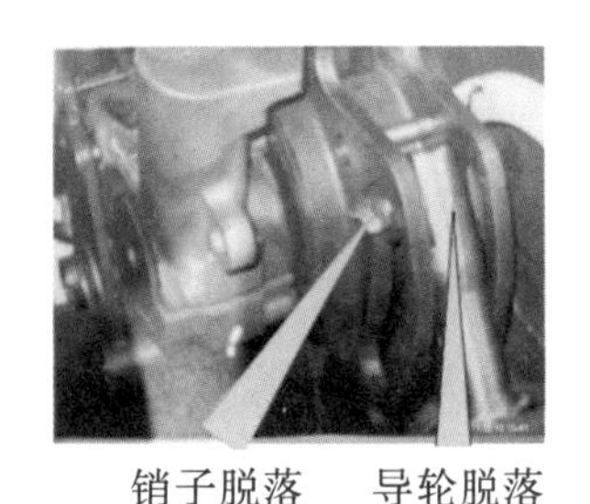

图4.91 操作机构内部故障点

原因分析：固定销子的O型卡簧在机构组装时漏装，致使导轮在操作运动时脱离滑道，造成机构故障。

处理情况：厂方加强了操作机构安装过程的检查，在卡簧检查安装良好后，点上白漆作为点检记号，避免再发生漏装。

防范措施：监造人员应注意细节监造、深入监造，对成熟的厂商、产品也不要掉以轻心；在监造出厂试验时，既要关注试验数据的合格性，又要注意观察设备本身的状况，注意是否发生变化和异常现象。

4.3 隔离开关

4.3.1 概述

隔离开关(图4.92)是一种没有灭弧装置的开关设备，在分闸状态有明显可见的断口，在合闸状态可靠地承载正常工作电流和短路故障电流，但不能用其开断正常的工作电流和短路故障电流。《电工术语 高压开关设备》(GB/T 2900.20—1994)给出隔离开关的定义：在分位时，触头间有符合要求的绝缘距离和明显的断开标志；在合位置时，能承载正常回路条件

图4.92 变电站的隔离开关

下的电流及规定时间内异常条件(例如短路)下的电流的开关设备。当回路电流“很小”时，或者当隔离开关每级的两接线端间的电压在关合和开断前、后无显著变化时，隔离开关具有关合和开断回路的作用。

4.3.2 分类及表示方法

1. 分类

按机械寿命，隔离可分为 M0 级、M1 级、M2 级。

M0 级隔离开关，具有 1000 次操作循环的机械寿命，适合在输、配电系统中使用，且满足一般要求的隔离开关。

M1 级隔离开关，具有 3000～5000 次操作循环的延长机械寿命，主要用于隔离开关和同等级的断路器关联操作的场合。

M2 级隔离开关，具有 10000 次操作循环的机械寿命，主要用于隔离开关和同等级的断路器关联操作的场合。

按绝缘支柱数目，隔离开关有单柱式、双柱式和三柱式。

按装设地点，隔离开关分为户内式和户外式。其中，户内式隔离开关通常是指 35 kV 及以下电压等级，三相一体装，采用上下(垂直)回转，以 GN 系列为主要代表，如图 4.93 所示。户外式隔离开关是指 35 kV 及以上电压等级，三相可实现单极独立安装，单相或三相同步操作型式。按绝缘支柱，户外式隔离开关又可分为单柱式、双柱式和三柱式，如图 4.94 所示。

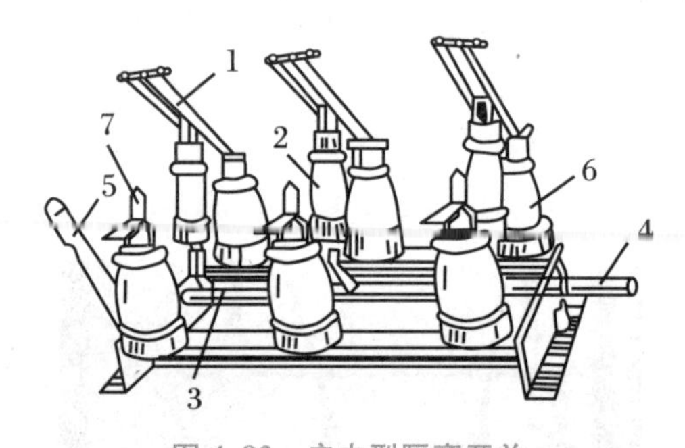

图 4.93 户内型隔离开关

1—动触头；2—拉杆绝缘子；3—拉杆；4—转动轴；5—转动杠杆；6—支持绝缘子；7—静触头。

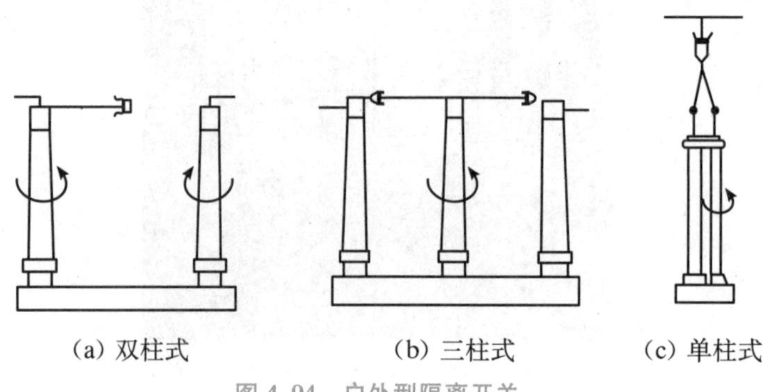

(a) 双柱式　(b) 三柱式　(c) 单柱式

图 4.94 户外型隔离开关

按运动方式，隔离开关可分为水平旋转式、垂直伸缩式、摆动式和插入式。

按极数，隔离开关可分为单级和三极。

按有无接地装置及附装接地开关的数量，隔离开关可分为不接地、单接地和双接地。

按所配操动结构，隔离开关可分为手动式、电动式、气动式和液压式。

按使用性质，隔离开关可分为一般输配电用、快速分闸用、变压器中性点接地用。

图4.95～图4.97是三种户外交流隔离开关的结构示意图。

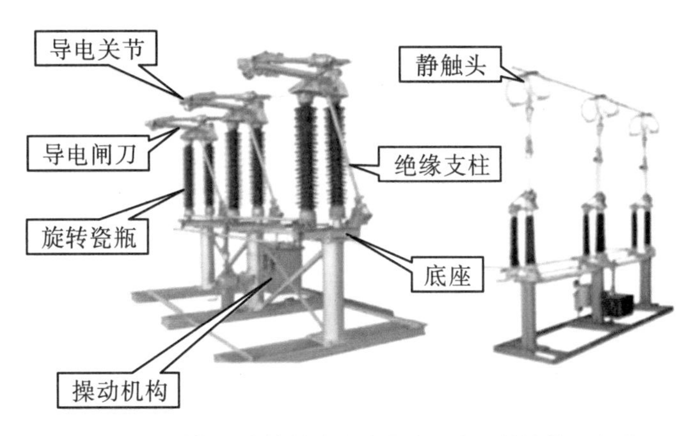

图4.95　单柱垂直伸缩式户外交流隔离开关结构示意图

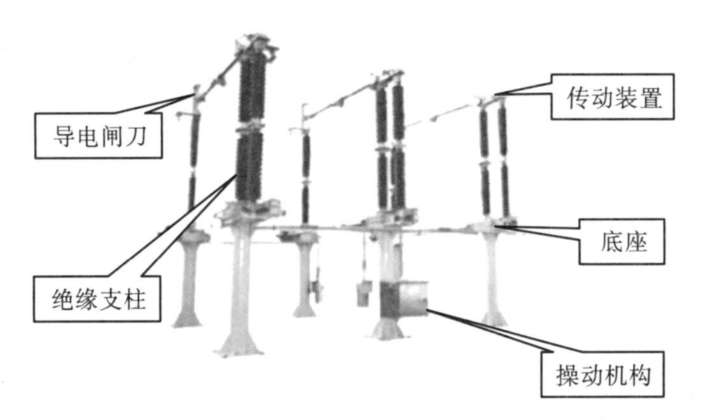

图4.96　双柱水平伸缩式户外交流隔离开关结构示意图

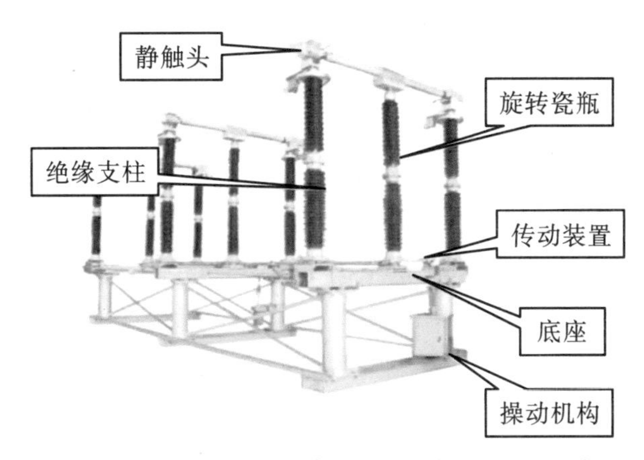

图4.97　三柱水平旋转式户外交流隔离开关结构示意图

2. 隔离开关产品型号的表示方法

隔离开关产品型号的表示方法如图 4.98 所示。

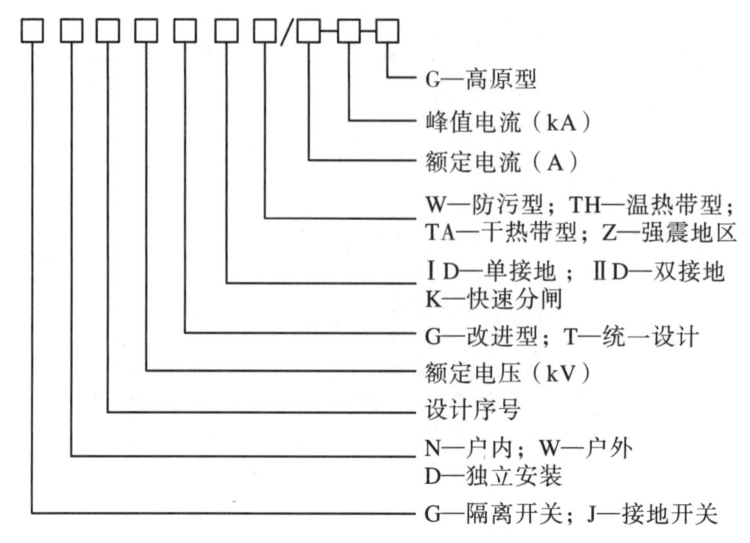

图 4.98 隔离开关产品型号的表示方法

GW 系列隔离开关型号：双柱式隔离开关的主要型号为 GW4、GW5、GW9、GW11、GW12、GW14、GW17、GW20、GW25、GW27；三柱式隔离开关的主要型号为 GW7；双柱式、三柱式隔离开关用于母线水平之间的开断连接；单柱式隔离开关的主要型号为 GW6、GW10、GW16、GW22，用于母线上、下层交叉之间的开断连接；GW8、GW13 是双柱式单相隔离开关，一般多用于变压器中性点接地。

4.3.3 工作原理

1. 隔离开关的工作原理

通过手动操作机构或者其他电动(气动)等操作机构，将隔离开关两个触头打开或者合上，为回路供电提供回路条件。隔离开关没有灭弧能力，因此只能作为回路的隔离元件装在回路首端，或者需要检修的开断元件前面，当回路需要停电检修时，先用开断元件断开回路电源，然后打开隔离开关，确保回路有一个明显断开点，保证人身安全。

隔离开关的动作原理一般是：通过机构箱内的电机转动——→带动固定在转子上的蜗杆、蜗轮运动——→带动垂直连杆转动——→带动旋转瓷瓶转动——→带动主导连杆运动——→实现隔离开关分、合过程。

接地开关的动作原理一般是：先通过手动操作机构手柄的转动，再通过一套四连杆转换后带动接地闸刀底座上的主动拐臂转动，从而完成接地开关刀闸的分合，能够保证主分—地合、地分—主合的顺序动作。图 4.99 是 GW16 型隔离开关的分闸和合闸状态。

2. 隔离开关的主要作用

隔离开关的主要作用如下：

(1) 在设备检修时，用隔离开关来隔离有电和无电部分，造成明显的断开点，维修的设

(a) 分闸

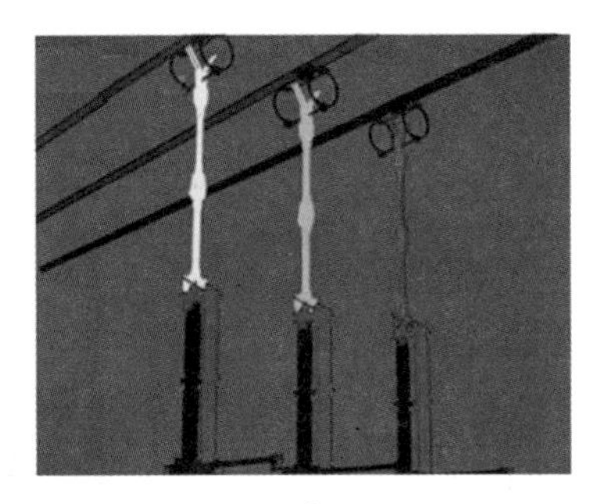

(b) 合闸

图 4.99 GW16 型隔离开关的分闸、合闸状态

备与电力系统隔离，以保证工作人员的安全。

(2) 隔离开关和断路器相配合，进行倒闸操作，以改变运行方式。

(3) 用来开断小电流电路和旁(环)路电流。

(4) 用隔离开关进行 500 kV 小电流电路和旁(环)路电流的操作。但须经计算符合隔离开关技术条件和有关调度规程后，方可进行。

4.3.4 设备结构

隔离开关一般由底座、支柱绝缘子、导电刀闸、动触头、静触头、传动机构等组成。

隔离开关各零部件的功能见表 4.92。

表 4.92 隔离开关各零部件的功能表

名称	主要零部件	功能
开断元件	主触头系统、主导电回路、接地系统触头	开断及关合电力线路、安全隔离电源
支撑绝缘件	支持绝缘子、操作绝缘子	将带电部分和接地部分绝缘，保证开断元件有可靠的对地绝缘，承受开断元件的操作力及各种外力
传动元件	各种连杆、齿轮、拐臂等元件	接受操动机构的力矩，并通过拐臂、连杆、轴齿或是操作绝缘子，将运动传递给触头，以完成隔离开关的分闸、合闸操作
基座	开关本体的支架、底座等	整台产品的基础，起支持和固定的作用，将导电部分、绝缘子、传动机构等固定为一体，并使其固定在基础上
操动机构	电动、气动及手动机构的本体及其配件	为开断元件分闸和合闸操作提供能量，并实现各种规定的操作

表 4.93 列出了变电站常用的几种户外交流隔离开关。

表 4.93　变电站常用的几种户外交流隔离开关

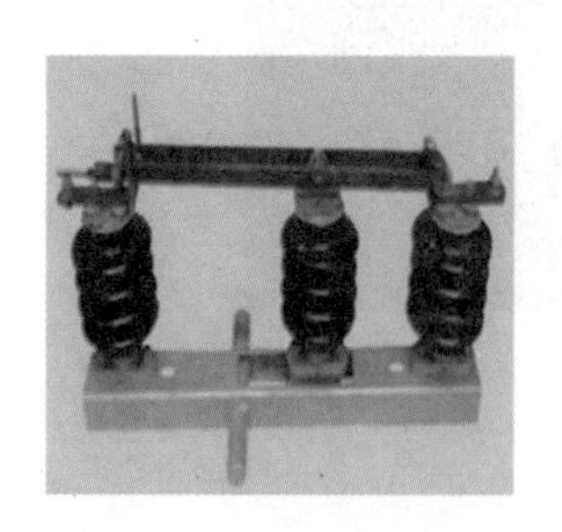 GW1 双柱垂直开启式	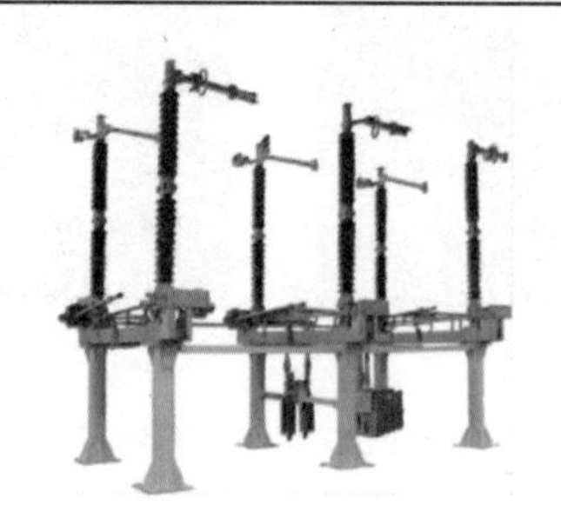 GW4 双柱水平开启式	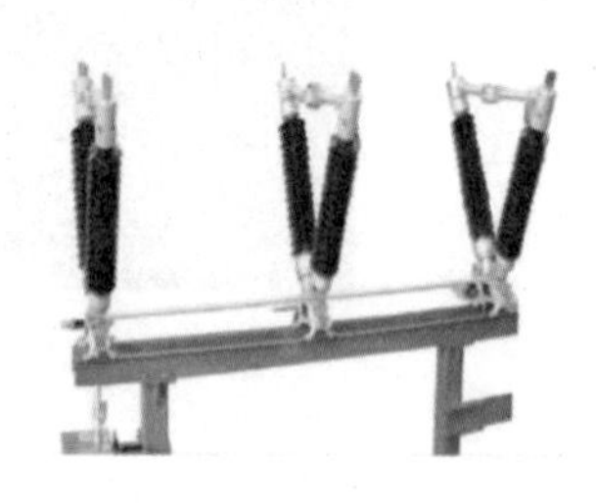 GW5 双柱水平断口中间开启式
 GW6 单柱上下交叉型	 GW7 三柱水平旋转型	 GW8 单柱拍合型
 GW13 双柱中开转入型	 GW16 单柱单臂垂直伸缩型	 GW17 单柱水平伸缩型
 GW22 单柱单臂垂直伸缩型	 GW23 双柱水平伸缩型	 GW46 单柱上下交叉型

4.3.5 关键原材料、组部件及监造要点

4.3.5.1 隔离开关的关键原材料、组部件

隔离开关制造的关键原材料、组部件主要有瓷绝缘子、触头、触指、导电管(杆)、弹簧、齿轮(条)、轴类零件与传动部件、操动机构、支架与底座、均压环、软导电连接带、(非)标准件和润滑脂等。

1. 瓷绝缘子

瓷绝缘子(图4.100)是隔离开关的对地绝缘部分,一般由支持绝缘子和操作绝缘子构成,实现带电部分和接地部分的绝缘。由电工陶瓷制成的绝缘子呈空心结构,其中电工陶瓷由石英、长石和黏土做原料烘焙而成。瓷绝缘子(图4.101)的瓷件表面通常用瓷釉覆盖,以提高其机械强度,防水浸润,增加表面光滑度。

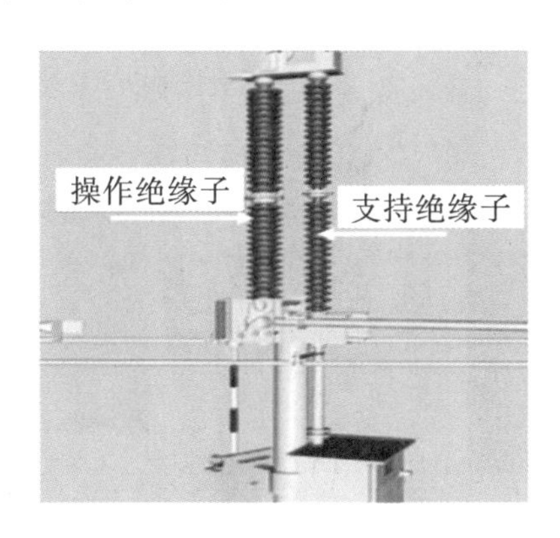

图4.100 隔离开关绝缘子示意图

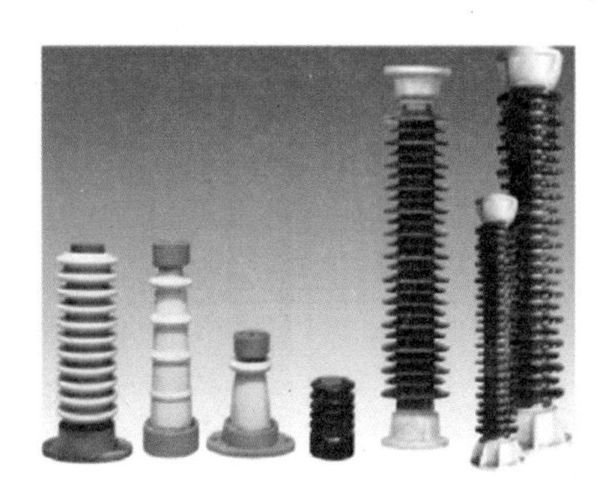

图4.101 瓷绝缘子实物图

瓷绝缘子的技术要求如下:

(1) 瓷件上应按图样规定,各部位清楚而牢固地标出制造厂商标和制造年份与月份。

(2) 瓷件外观及尺寸、伞间距、S/P、爬电距离、干弧距离应满足相关文件要求。

(3) 瓷件釉面应均匀光滑、发亮,并具有坚硬的釉,釉面应无裂纹和影响其良好运行性能的其他缺陷。釉不应有显著的色调不均现象,但因釉较薄而颜色较浅是允许的,例如在半径较小边缘部位的釉面。

(4) 允许在距离主体(包括电极)部位10 mm以外的伞棱表面有裂纹。裂纹宽度不应超过0.5 mm,单个长度不应超过10 mm,裂纹总长不应超过外表面缺陷总面积的1/5。当缺陷超过标准规定时,缺陷的修补由供需双方协议。

(5) 瓷件剖面应均质致密,孔隙性试验后不应有任何渗透现象。孔隙性试验的压力不低于20×10^6 Pa,压力与时间的乘积不低于180×10^6。

(6) 机械弯曲破坏负荷试验公称高度为770 mm以上的支柱绝缘子,应进行逐个弯曲试验。试验负荷应等于其规定破坏负荷的50%,每个方向持续3 s不损伤。

(7) 按规定,经受温度循环试验而不损伤。热水与冷水的温差为50 K,循环3次。

(8) 绝缘子金属附件的热镀锌层应连续、均匀、光滑，并牢固地附着在附件上。镀层应不低于 35 μm。

(9) 应经超声波探伤仪进行无损探伤。

2. 触头、触指

触头、触指是隔离开关的开断元件，根据产品型号不同，触头、触指形状也各不相同，见表 4.94。材质由硬态紫铜表面镀银而成。

表 4.94　隔离开关的各类触头、触指

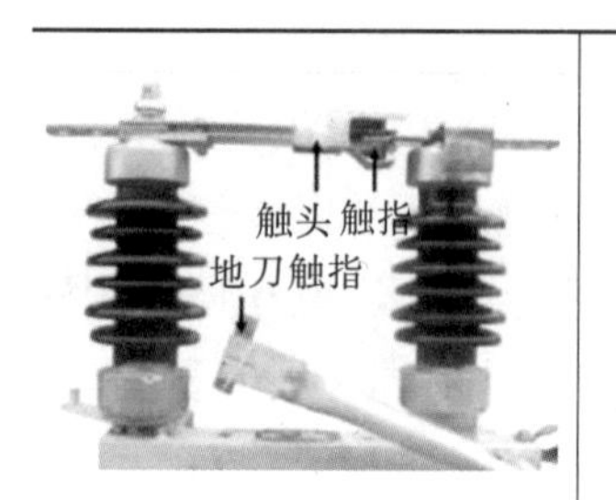 直接插入式触头	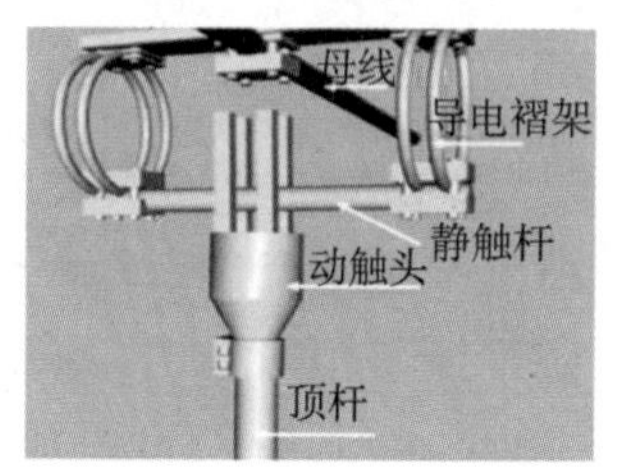 钳式触头(GW16 型隔离开关动静触头)	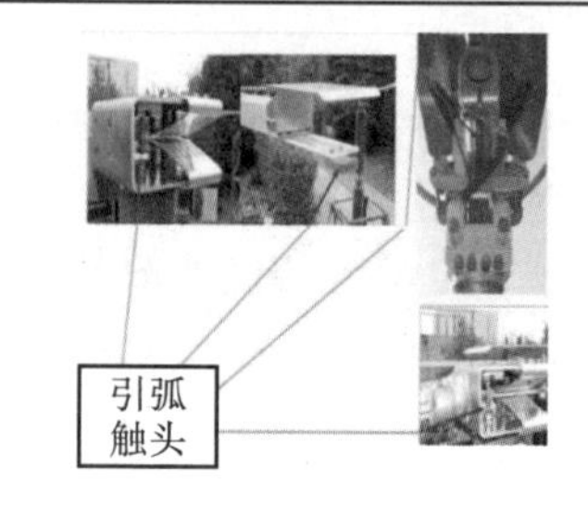 引弧触头
 地刀触指	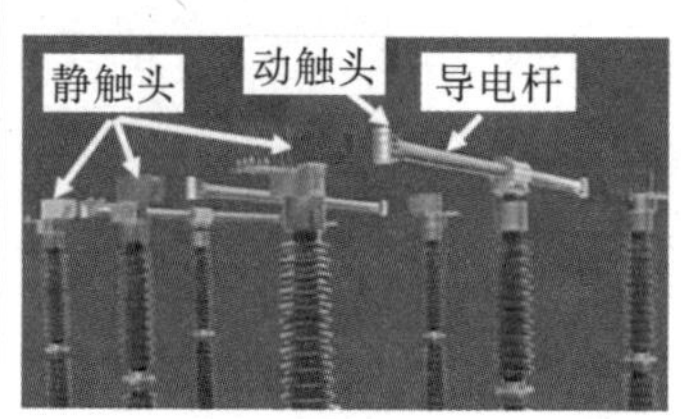 GW7 型隔离开关触头	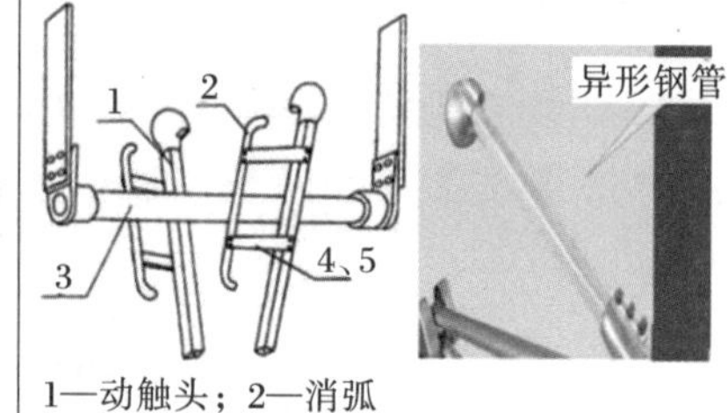 1—动触头；2—消弧触头；3—静触头；4、5—弹簧板及导电片 GW6 型隔离开关触头

触头、触指的技术要求如下：

(1) 触头表面应光滑、无毛刺，尺寸符合设计图纸要求。

(2) 触头材质的化学成分应符合表 4.95 的要求。

表 4.95　触头材质的化学成分

材料种类	化学成分	
	铜加银不小于	其中含银
TM	99.90%	—
TH11M	99.90%	0.08%～0.15%
TH12M	99.90%	0.15%～0.25%(不包含 0.15%)

(3) 触头材质的布氏硬度不小于 45 HB。

(4) 材质导电率不小于 97%IACS；20 ℃直流电阻率不大于 0.01777 Ω · mm · m^{-1}。

(5) 主触头镀银层厚度应不小于 20 μm，镀银层维式硬度应不小于 120 HV。

3. 导电管

主刀导电管构成了隔离开关的主导电回路，接地刀导电管构成接地回路。导电管材质均为防锈铝合金。

导电管的技术要求如下：

(1) 导电管材质的化学成分和机械强度应符合 GB/T 1173 的技术要求。

(2) 导电管的尺寸应符合制造厂设计图纸和工艺文件要求。

(3) 导电管表面镀层应完好，镀层厚度符合相关标准要求。

4. 弹簧

隔离开关的弹簧安装在上、下导电管内，上导电管内有夹紧弹簧和复归弹簧，下导电管内装有平衡弹簧。夹紧弹簧在合闸过程中提供触头的夹紧力，使触头长期处于夹紧状态。复归弹簧在刀闸分闸时使触指还原成分闸状态。主刀导电管内的平衡弹簧用来平衡主刀的重力矩，使分闸、合闸动作十分轻便平稳。

弹簧的技术要求如下：

(1) 弹簧材质、内外径、自由高度、圈数、垂直度、节距均匀度、压缩高度和旋转方向等应符合供应商的设计图纸、说明书和 GB/T 1239.2 的规定。

(2) 弹簧表面不得有肉眼可见的有害缺陷。

(3) 采用弹簧专用测试仪对弹簧机械试验载荷验证，应满足设计图纸的要求。

(4) 弹簧的永久变形不得大于自由高低的 0.3%。

(5) 弹簧应进行中性盐雾试验，试验的防腐性能应符合 GB/T 1239.2 的规定。

5. 齿轮(条)

齿轮(条)与轴类零件、传动部件构成了隔离开关的传动系统。以 GW16 型隔离开关为例，连接上导电管和下导电管的齿轮箱、齿轮条(图 4.102)构成主刀闸的中节部分，使上导电管相于下导电管做伸直(合闸)或折叠(分闸)运动。另外，还有连接下导电管和底座的锥齿轮等。

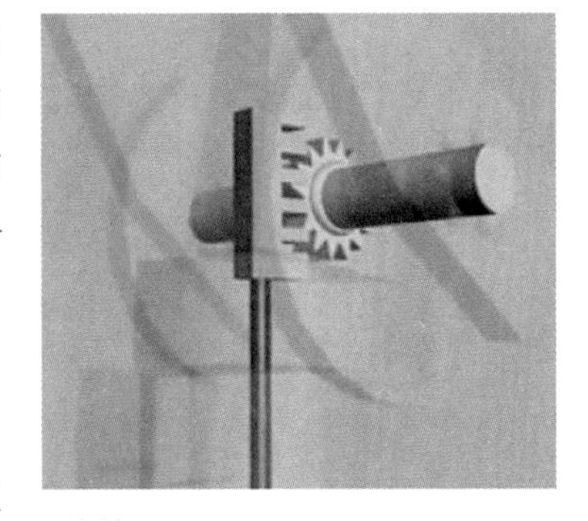

图 4.102　GW16 型隔离开关的齿轮、齿条示意图

齿轮的技术要求如下：

(1) 齿轮材质的化学成分应符合 GB/T 8539 的规定。

(2) 齿轮、齿条的尺寸应符合制造厂设计图纸和工艺文件的要求。

(3) 齿轮、齿条的表面不允许有裂纹，可用专用检测仪进行检测。

(4) 齿轮、齿条的机械强度和疲劳强度应符合 GB/T 8539 和 GB/T 14229 的规定。

6. 轴类零件、传动部件

隔离开关的轴类零件、传动部件由拐臂、连杆装置、轴承和轴承座等构成，如图 4.103 所示。它们与齿轮(条)一起构成了隔离开关的传动系统，接受操动机构提供的力矩，并通过拐臂、连杆、轴齿或操作绝缘子将运动传递给触头，以完成隔离开关的分闸、合闸动作。

轴类零件、传动部件的技术要求如下：

(1) 轴类零件、传动部件的外形和尺寸应符合制造设计图纸和工艺要求。

(a) 拐臂

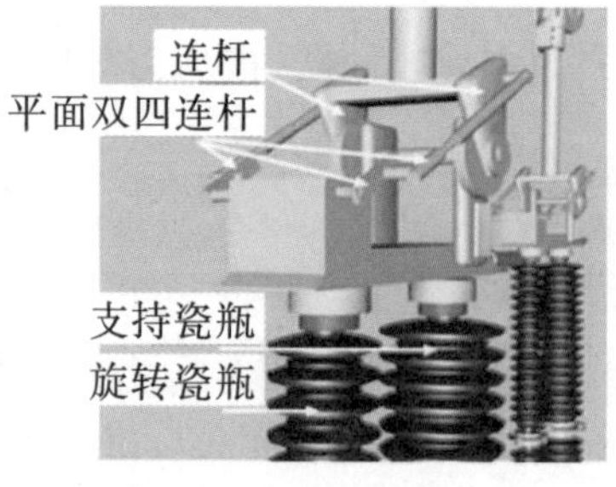

(b) 连杆机构

(c) 轴承和轴承座

图 4.103　隔离开关轴类零件、传动部件构成部分实物图

(2) 轴类零件、传动部件的材质应符合制造厂设计图纸和其材质的相关标准要求。

(3) 机械性能强度和防腐性能应符合相关标准要求。

7. 操动机构

隔离开关的电动操动机构(图 4.104)由电动机、轴齿、转轴及电动机控制元件等部分组成,给主刀闸的分闸、合闸提供源动力。隔离开关的手动操动机构(CSA 或 CSB,图 4.105)输出轴旋转运动带动地刀连杆,使接地刀闸做分闸、合闸运动。

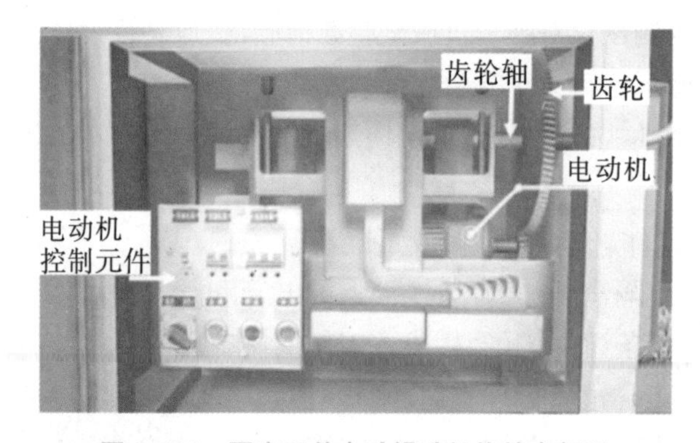

图 4.104　隔离开关电动操动机构箱内部图

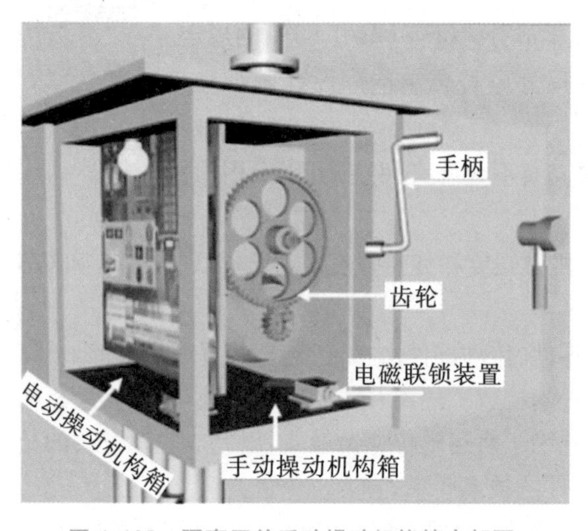

图 4.105　隔离开关手动操动机构箱内部图

操动机构的技术要求如下：

(1) 电动操动机构的电机性能应符合制造厂设计文件和说明书要求。

(2) 机构箱外壳材质应符合制造厂设计图纸和 GB/T 20878 的要求。

(3) 电动机构箱二次元件(如电机、变速箱、输出轴、二次元器件等)应符合技术协议的要求。

(4) 操作机构各转动面应润滑良好、转动灵活;分闸和合闸操作时间应符合型号要求。

(5) 手动操动机构的机械联锁间隙应符合产品技术条件。

(6) 二次布线工艺应符合相关反措要求。

(7) 操动机构中辅助回路和控制回路的工频耐压应能承受 2.5 kV,历时 1 s,不应出现击穿和闪络现象。

(8) 电动机绕组与绕组、绕组与地之间为 1500 V,历时 1 s,不应出现击穿和闪络现象。

(9) 操动机构箱应密封不渗漏。

(10) 动力操动机构应提供人力操作装置。人力操作装置(例如手柄)接到动力操动机构上时,应能保证动力操动机构的控制电源可以可靠断开。

(11) 操动机构在重力、风压、振动、合理的撞击作用,或其操作系统连杆受到意外碰撞的情况下,均不会脱离其分闸或合闸位置。

8. 支架、底座

隔离开关的支架、底座起支持和固定作用,将导电部分、绝缘子、传动机构和操作机构等固定为一体,并使其固定在地面的基础上。底座等钢质构件均采用热镀锌工艺处理,使隔离开关具有更优良的防腐、防锈性能。

支架、底座的技术要求如下：

(1) 支架、底座材质应符合制造厂设计图纸和其相应材质的标准要求。

(2) 支架、底座的外形、尺寸应符合制造厂设计图纸和工艺文件要求。

(3) 支架、底座焊接应牢固,焊工应具备相应资质。

(4) 支架、底座应热镀锌防腐,镀锌厚度和附着力应符合 GB/T 13912 的要求。

9. 均压环

隔离开关的均压环能更好地对电流进行散流,改善高压隔离开关上的电位分布和电场分布情况,能有效避免变电事故。均压环按材质不同,可分为铝制均压环、不锈钢均压环和铁制均压环等。我国高压电器和电力系统(变电站、高压线路等)中使用的均压环主要是用铝合金加工而成的(图 4.106),一般要对均压环表面进行抛光处理,达到表面光滑、无毛刺。

图 4.106　铝合金均压环

均压环的技术要求如下：

(1) 材质应符合制造厂设计图纸要求。

(2) 外表面应平整、光滑、无毛刺。

(3) 尺寸应符合制造厂设计图纸和工艺文件要求。

(4) 应具备足够的机械强度。

(5) 材质的化学成分应符合 GB/T 3190 的要求。

10. 软导电连接带

软导电连接带(图 4.107)是上导电管和下导电管之间、下导电管和旋转瓷瓶中导线杆之间的电气连接,构成隔离开关的电气回路。软导电连接带通常由紫铜皮多层叠制而成,表面镀锡。

图 4.107 软导电连接带

软导电连接带的技术要求如下:

(1) 软导电连接带材质的化学成分应符合 GB/T 2059 的要求。

(2) 软导电连接带的尺寸应符合制造设计图纸和工艺文件的要求。

(3) 软导电连接带的抗拉强度、延伸率、硬度和导体电阻率应符合 GB/T 2059 的要求。

(4) 镀锡表面应无裸露、划伤、斑点现象;与基底结合力应无起皮和脱落现象;镀锡厚度应大于 2 μm。

4.3.5.2 隔离开关原材料/组部件的监造要点

隔离开关原材料/组部件的监造要点见表 4.96。

表 4.96 隔离开关原材料/组部件的监造要点

序号	监造项目	见证内容	见证方式	备注
1	瓷绝缘子	供应商 型号规格 性能参数 出厂质量证书、合格证、试验报告 进厂验收/检验/见证记录、报告 实物与文件对证	R、W	
2	触头、触指		R、W	
3	导电管		R、W	
4	弹簧		R、W	
5	齿轮(条)		R、W	
6	轴类零件		R、W	
7	传动部件		R、W	
8	底座		R、W	
9	支撑构架		R、W	
10	均压环		R、W	
11	软导电连接带		R、W	
12	(非)标准件		R、W	
13	润滑脂		R、W	

注:1. R——文件见证,W——现场见证,H——停工待检。

2. 外协件为文件见证,自制件可增加现场见证。

4.3.6 主要生产工艺及监造要点

4.3.6.1 生产工艺概述

1. 隔离开关的主要生产工艺流程

隔离开关的主要生产工艺流程为：导电回路装配⟶接地导电回路装配⟶支架、底座装配⟶操动结构装配⟶总装配⟶出厂试验⟶包装运输。

导电回路装配包括动、静触头装配、导电杆装配、中间传动连杆与平衡装置装配、中间关节装配和传动装置装配。

接地回路装配包括导电杆装配、中间传动连杆与平衡装置装配、中间关节装配和传动装置装配。

支架底座装配包括支架装配和底座装配。

操动机构装配包括外观、结构、性能的检查、箱内元件装配和二次布线。

总装配包括底座安装、瓷绝缘子吊装、导电回路吊装、操动结构安装、连杆装配、闭锁装置装配和开关调试。

2. 装配过程及技术要求

GW4 型隔离开关产品工艺流程如图 4.108 所示。

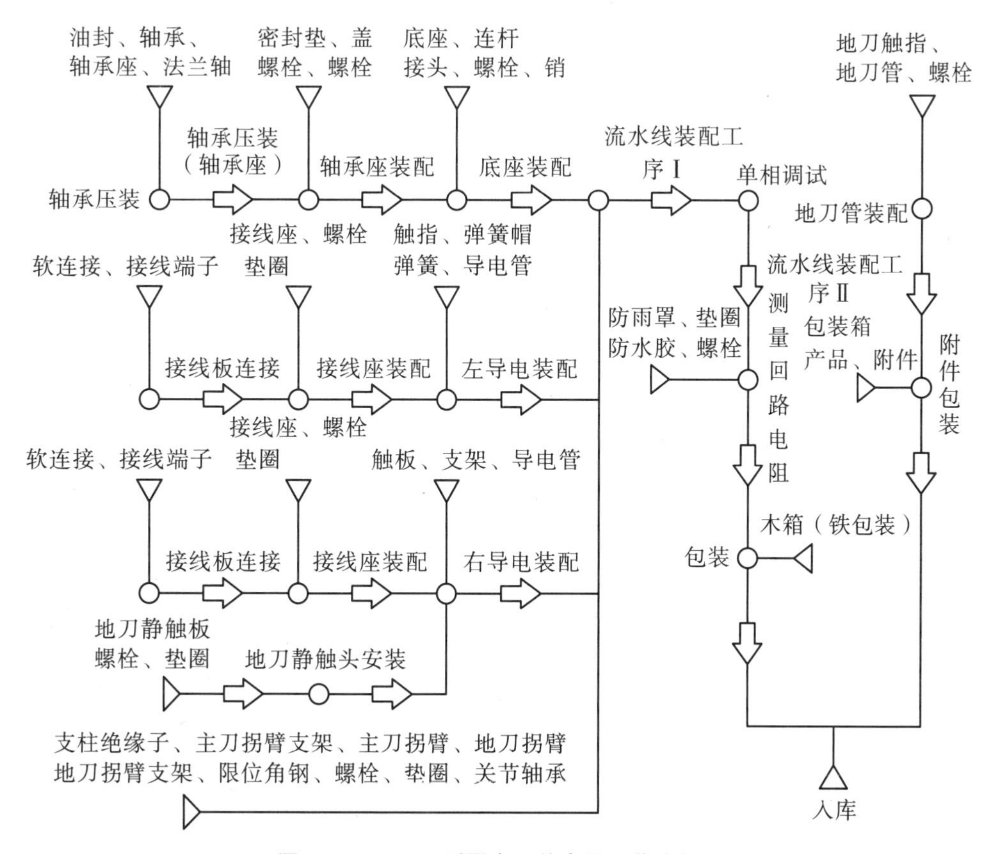

图 4.108 GW4 型隔离开关产品工艺流程图

GW5 型隔离开关产品工艺流程如图 4.109 所示。

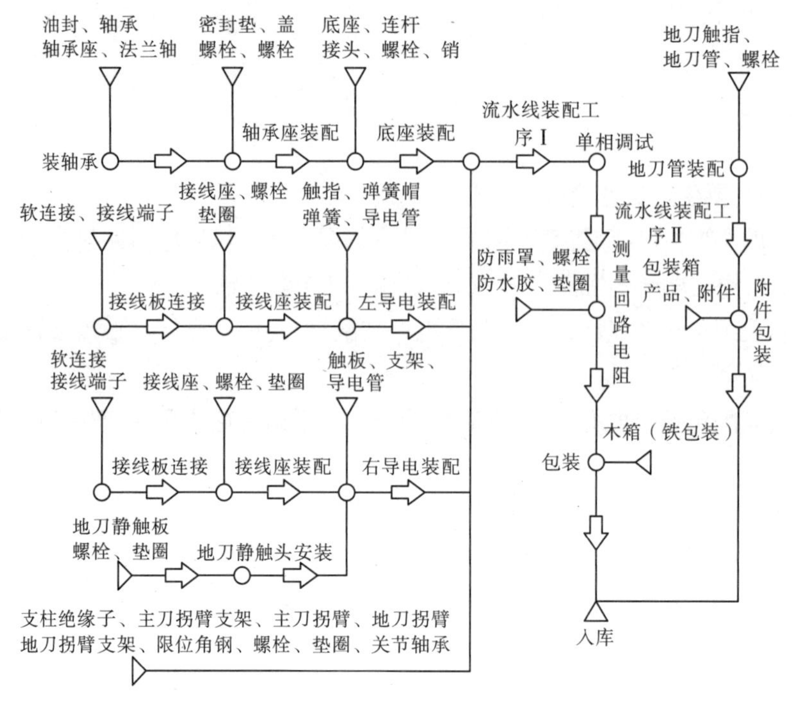

图 4.109　GW5 型隔离开关产品工艺流程图

GW6 型隔离开关产品工艺流程如图 4.110 所示。

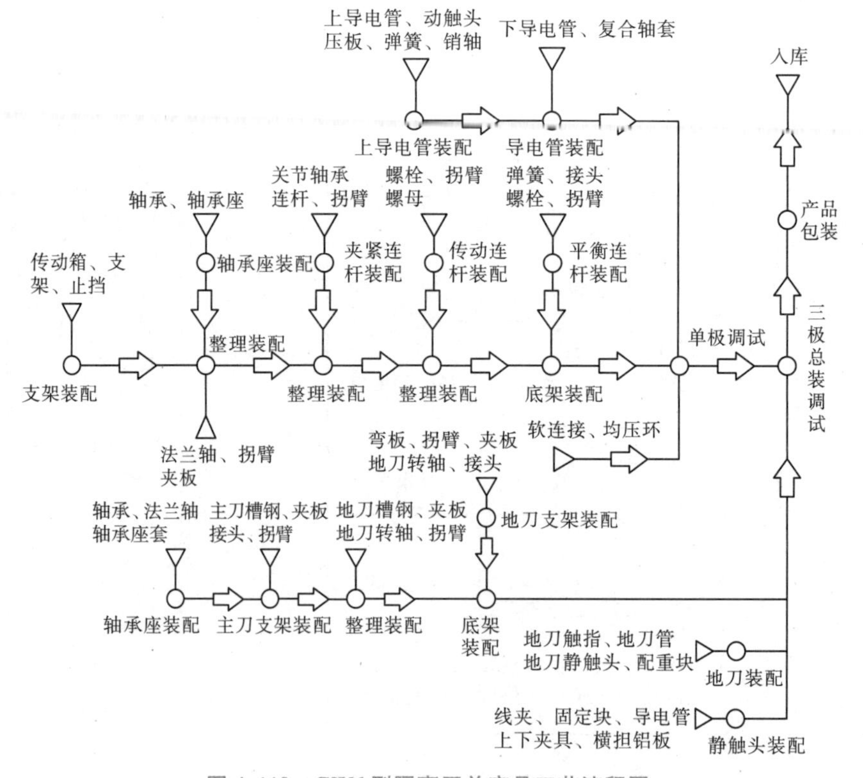

图 4.110　GW6 型隔离开关产品工艺流程图

GW7 型隔离开关产品工艺流程如图 4.111 所示。

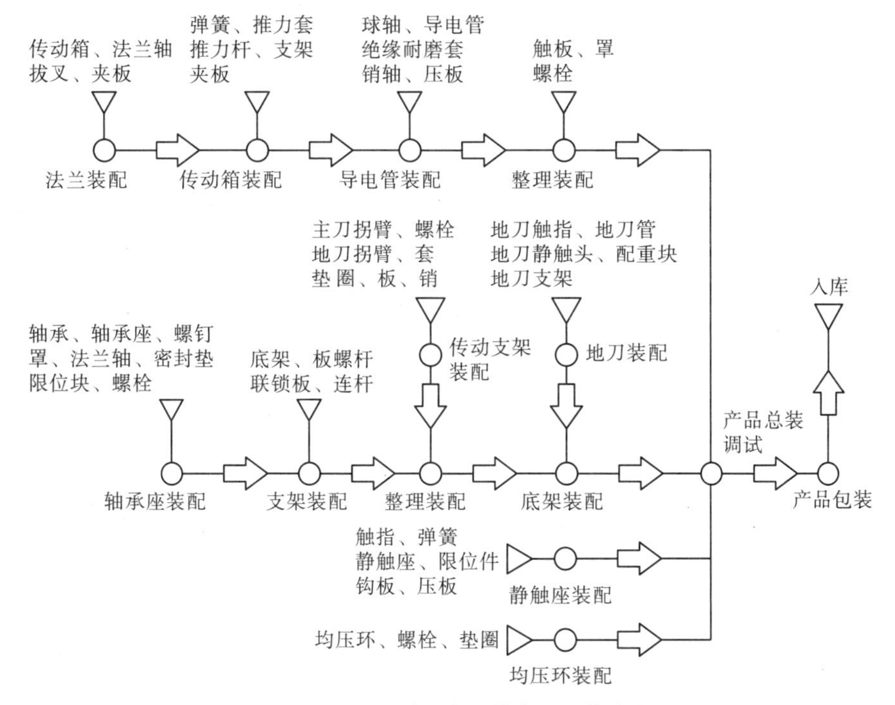

图 4.111 GW7 型隔离开关产品工艺流程图

GW22(23)型隔离开关产品工艺流程如图 4.112 所示。

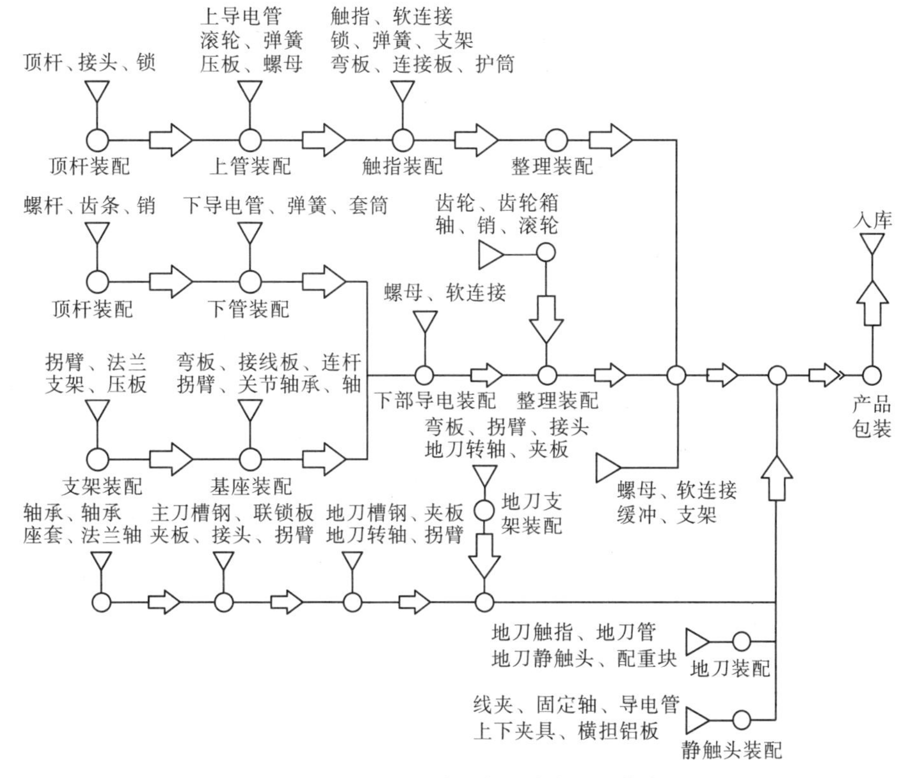

图 4.112 GW22(23)型隔离开关产品工艺流程图

隔离开关操动机构装配流程如图 4.113 所示。

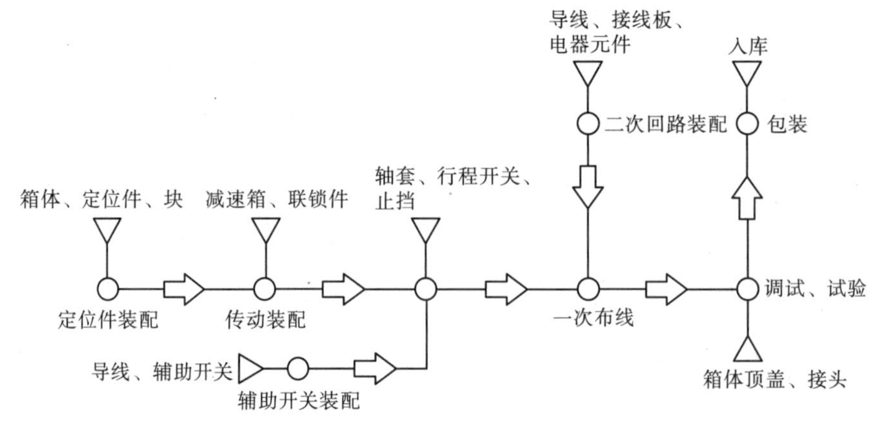

图 4.113　隔离开关操动机构装配流程图

装配的技术要求如下：

(1) 生产环境应清洁、明亮、布局合理。

(2) 操作人员应经过专门培训，经考核合格后持证上岗，特殊工种操作人员应取得相应的资格证书。

(3) 自制关键零部件加工工序，应严格按照工艺卡执行，特别要严格控制采用特殊工序的零部件的加工，并记录其制作过程。

(4) 外协件零部件中的关键零部件，需编制外协件零部件验收技术条件。使用前应严格验收，确保零部件性能。

(5) 制造厂应严格按照图纸、工艺守则、装配指导书、装配检查卡等要求进行产品装配作业。装配过程中有力矩要求的装配部位，应严格按照螺栓紧固力矩值要求进行紧固，力矩值合格后进行标识确认。

(6) 传动杆与操动轴应配合密切，连接可靠，不得晃动。

(7) 隔离开关两瓷柱应直立，并相互平行，误差不得超过 2°，底座应水平，不平者用垫片垫平，垫片不宜超过 3 片。

(8) 隔离开关的触头接触面应平整、光洁、无损伤，并涂以导电介质。合闸时，触头接触紧密、接触压力均匀，无回弹现象。用塞尺检查触头接触面时，对于线接触者应塞不进去，对于面接触者的塞入深度，当接触表面宽度为 50 mm 及以下时，不应超过 4 mm；当接触表面宽度为 60 mm 及以上时，不应超过 6 mm。

(9) 隔离开关的分闸角度及合闸状态应符合产品的技术要求。GW4 型隔离开关合闸时，刀闸呈水平状态，两刀闸中心线相吻合；分闸时刀闸角度为 90°，允许误差为 +1°；止钉间隙为 1～3 mm。

(10) 引线无松散、断股、扭转现象，不得有接头。引线及连接线应连接牢固，接触良好，无破损和烧伤。引线距接地体的距离应不小于 300 mm。引线的长度应保证当接触悬挂温度变化时有一定的活动余量，但还应使之不侵入限界，引线摆动到极限位置时对接地体的距离应符合规定。

(11) 电动操作的隔离开关电动机应转向正确，机械系统润滑良好，分合闸指示器与开关的实际位置相符。

(12) 双极隔离开关触头接触的不同期值应符合产品的技术条件，无明确规定者应不超过5 mm。

(13) 手动操动机构安装高度以距地面1.0～1.1 m为宜，操作场地地面不平者应整平。

(14) 隔离开关操作机构应完好无损并加锁，转动部分注润滑油，操作时平稳正确，无卡阻和冲击。带接地刀闸的隔离开关，其主刀闸和接地刀闸之间应有闭锁装置，保证主刀闸断开后才能合接地刀闸，接地刀闸断开后才能合主刀闸。

(15) 隔离开关支持绝缘子应清洁、无破损和放电痕迹，瓷釉剥落面积不超过300 mm^2。

4.3.6.2 隔离开关主要制造工艺的监造要点

1. 导电回路装配的监造要点

导电回路装配的监造要点见表4.97。

表4.97 导电回路装配的监造要点

监造项目	见证内容	见证方法	见证方式	监造要点
零部件	零部件确认	查验零部件图纸 查看实物，记录规格、型号	R、W	要求： (1) 所有零部件是全新的、检验合格的 (2) 规格型号与图纸一致 (3) 镀银件包装、保护完好，不得有损坏、发黑 (4) 零部件清洁度检查 说明：特别注意触指、镀银件的质量
	零部件清理		W	
装配	静触头装配	对照装配工艺文件 观察实际装配操作	W	说明：动、静触头包括隔离开关和接地开关的动、静触头，它们的结构可能有很大差异 要求： (1) 镀银面、导电接触面按工艺要求进行处理 (2) 各转动部位灵活 (3) 螺栓紧固按标准使用力矩扳手，并做紧固标记
	动触头装配			
	导电杆装配			说明：主导电回路的结构可能有很大差异，见证内容根据实际结构进行 要求： (1) 镀银面、导电接触面按工艺要求进行处理 (2) 轴承(套)装配、配钻、攻丝等装配工艺符合工艺文件要求 (3) 各转动部位灵活，平衡装置调整到位，轴承(轴套)润滑良好、密封工艺符合要求 (4) 螺栓紧固按标准使用力矩扳手，并做紧固标记 (5) 检查工艺卡：过程检查、工艺控制符合要求
	中间传动、平衡装置装配			

续表

监造项目	见证内容	见证方法	见证方式	监造要点
装配	中间关节装配	对照装配工艺文件 观察实际装配操作	W	提示:主导电回路装配质量在很大程度上决定产品质量
	传动装置装配			要求: (1) 各尺寸、性能参数符合工艺文件要求 (2) 润滑良好,转动/传动灵活、无卡滞 (3) 螺栓紧固按标准使用力矩扳手,并做紧固标记
检查	主导电回路装配质量	对照装配工艺文件,观察(记录)	W	要求:各尺寸、性能参数符合工艺文件、技术协议要求

2. 接地导电回路装配的监造要点

接地导电回路装配的监造要点见表 4.98。

表 4.98 接地导电回路装配的监造要点

监造项目	见证内容	见证方法	见证方式	监造要点
零部件	零部件确认	查验设计图纸 查看实物,记录规格、型号	R、W	说明:特别注意触指、镀银件的质量
	零部件清理		W	要求: (1) 所有零部件是全新的、检验合格的 (2) 规格型号与图纸一致 (3) 镀银件不得有损坏、发黑,包装、保护完好 (4) 零部件清洁度检查
装配	导电杆(或上、下导电管)装配	对照装配工艺文件 观察实际装配操作	W	说明:接地导电回路可以是隔离开关附属的接地开关的导电回路,也可以是单独的;接地开关的接地导电回路相关结构可能有一些差异 要求: (1) 镀银面、导电接触面按工艺要求进行处理 (2) 轴承(套)装配、配钻、攻丝等装配工艺符合工艺文件要求 (3) 各转动部位灵活,平衡装置调整到位,润滑良好、密封工艺符合要求 (4) 螺栓紧固按标准使用力矩扳手,并做紧固标记 (5) 检查工艺卡:过程检查、工艺控制符合要求
	中间传动连杆、平衡装置装配			
	中间关节装配			
	传动装置装配			
检查	接地导电回路装配质量	对照装配工艺文件,观察(记录)	W	要求:各尺寸、性能参数符合工艺文件、技术协议要求

3. 底座/构架装配的监造要点

底座/构架装配的监造要点见表4.99。

表4.99 底座/构架装配的监造要点

监造项目	见证内容	见证方法	见证方式	监造要点
零部件	零部件确认	查验设计图纸 查看实物，记录规格、型号	R、W	要求： (1) 零部件是全新的、检验合格的 (2) 规格型号与图纸一致 (3) 各接触面、配合面完好
	零部件清理		W	
装配	底座装配	对照装配工艺文件 观察实际装配操作	W	说明：底座/构架包括固定的和可转动的底座 要求： (1) 装配尺寸、性能参数符合工艺文件要求 (2) 轴承座、轴销等传动部位转动灵活，润滑良好，密封工艺符合要求 (3) 螺栓紧固按标准使用力矩扳手，并做紧固标记
检查	底座装配质量	对照装配工艺文件，观察（记录）	W	要求：各尺寸、性能参数符合工艺文件、技术协议要求

4. 操动机构装配的监造要点

操动机构装配的监造要点见表4.100。

表4.100 操动机构装配的监造要点

监造项目	见证内容	见证方法	见证方式	监造要点(说明/要求/提示)
零部件	零部件确认	查验设计图纸 查看实物，记录规格、型号	R、W	要求： (1) 所有零部件是全新并检验合格的 (2) 规格型号与图纸和技术协议一致 (3) 零部件清洁度检查
	零部件清理		W	
装配	外观检查	对照装配工艺文件、技术协议，现场检查实物	W	要求： (1) 标识、指示符合工艺文件要求 (2) 铭牌符合标准要求
	结构检查			要求： (1) 外壳采用优质不锈钢板，厚度大于2 mm (2) 其他结构符合工艺文件、订货技术协议要求

续表

监造项目	见证内容	见证方法	见证方式	监造要点(说明/要求/提示)
装配	性能检查(传动性能、密封性能)	对照装配工艺文件、技术协议,现场检查实物	W	要求: (1) 箱门密封条应连续、完整,输出轴密封结构完好 (2) 淋雨试验验证,外壳防护等级达 IP54 要求;通风口设置合理,满足空气对流及防护等级的要求 (3) 传动部位润滑良好、传动平稳 (4) 其他结构符合工艺文件、订货技术协议要求
	辅助与控制回路检查	对照装配工艺文件、技术协议,现场检查实物	W	要求: (1) 元件规格型号与技术协议一致 (2) 二次布线工艺符合相关反措要求 (3) 其他结构符合工艺文件、订货技术协议要求
检查	机构整体性能检查	对照装配工艺文件,操作(记录)	W	要求: (1) 手动、电动操作无异常,手动操作闭锁电动操作 (2) 电气回路及装置检查

5. 总装配的监造要点

总装配的监造要点见表 4.101。

表 4.101　隔离开关总装配的监造要点

监造项目	见证内容	见证方法	见证方式	监造要点
零部件	零件确认	查验设计图纸 查看实物,记录规格、型号	R、W	要求: (1) 所有零部件是全新的、检验合格的 (2) 规格型号与图纸和技术协议一致 提示:应重点检查各分装质量(装配工艺卡)
	部装确认	查看装配工艺卡,各部装完整、合格		
底座装配	底座安装	对照设计图纸和工艺文件现场查看	W	要求: (1) 装配尺寸、性能参数符合工艺文件要求 (2) 螺栓紧固按标准使用力矩扳手,并做紧固标记 (3) 据工艺要求,重点检查安装面(瓷绝缘子、地刀底座)的水平度和垂直度

续表

监造项目	见证内容	见证方法	见证方式	监造要点
瓷绝缘子安装	瓷绝缘子外观检查 瓷绝缘子吊装 瓷绝缘子装配调整	查验设计图纸 查看实物,记录规格、型号 对照设计图纸和工艺文件现场查看	R、W	要求: (1) 每只瓷绝缘子装配后的端面水平度、垂直度等符合要求 (2) 调整支柱(旋转)绝缘子的安装面、中心线位置至要求值,然后紧固螺栓并进行标记 (3) 各转动部位灵活 (4) 螺栓紧固按标准使用力矩扳手,并做紧固标记 提示: (1) 瓷绝缘子应是全新的、检验合格的(釉面应均匀、光滑,颜色均匀;瓷件不应有生烧、过火和氧化起泡现象;表面不允许有裂纹;瓷件与法兰结合部位涂抹聚硫防水胶等) (2) 瓷件的爬电距离、干弧距离应满足相关文件要求 (3) 高空作业注意安全 说明:瓷绝缘子为关键件,易损,吊装要符合工艺要求
导电回路装配	吊装、调整	对照设计图纸和工艺文件现场查看	W	要求: (1) 吊装时动触头应处于分闸位置 (2) 隔离开关附带的接地开关、单独的接地开关装配符合各自的工艺要求 (3) 高空作业注意安全 (4) 螺栓紧固按标准使用力矩扳手,并做紧固标记
操作及传动部件装配	机构装配 连杆装配 闭锁装置装配(隔离开关与其附装的接地开关)	对照设计图纸和工艺文件现场查看、记录	W	要求: (1) 各附件装配尺寸、位置符合图纸及工艺文件要求 (2) 各转动面润滑良好、转动灵活 (3) 机械联锁间隙符合产品技术条件 (4) 检查连杆定位销是否装配 (5) 装配完毕后,所有连接部位做明显标记,以便检查是否发生相对旋转、移动现象 (6) 螺栓紧固按标准使用力矩扳手,并做紧固标记 提示: (1) 动触头应处于分闸位置 (2) 带接地的隔离开关、单独的接地开关装配符合各自的工艺要求 (3) 高空作业注意安全

续表

监造项目	见证内容	见证方法	见证方式	监造要点
调整	开关调试	对照设计图纸和工艺文件现场查看	W	提示： (1) 调整的对象为各连杆、支撑螺杆、零部件相对位置等 (2) 调整的目的是达到工艺文件要求的参数和性能 要求： (1) 分闸、合闸操作力矩符合要求且相差在规定范围内 (2) 合闸时动、静触头插入时的位置、插入深度符合工艺文件要求 (3) 动、静触头夹紧力符合工艺文件要求 (4) 机械闭锁装置装配和调整满足工艺文件要求 (5) 操动机构辅助触点信号与隔离开关、接地开关断口位置、行程开关切换满足要求 (6) 各部分机械尺寸符合工艺文件要求

4.3.7 出厂试验及监造要点

4.3.7.1 隔离开关技术参数的术语与定义

隔离开关技术参数的术语与定义主要有以下内容：

(1) 开断电流是表征隔离开关开断能力的一个参数，指隔离开关在给定电压下正常开断的最大短路电流，在额定电压下能开断的电流称为额定开断电流。在低于额定电压的条件下，隔离开关的开断电流可以提高，但由于灭弧装置机械强度的限制，开断电流仍有一定的极限值，此极限值称为极限开断电流。

(2) (接地开关的)峰值关合电流是指关、合操作期间电流出现后的瞬态过程中，接地开关一极中(任一相中的最大值)电流的第一个大半波的峰值。

(3) 短时耐受电流是指在规定的使用和性能条件下，规定的短时间内回路和处于合闸位置的开关装置能够承载的电流。

(4) 1 min 工频耐受电压是指在规定的试验条件下，隔离开关或接地开关的绝缘耐受的工频正弦交流电压的有效值。

(5) 冲击耐受电压是指在规定的试验条件下，隔离开关或接地开关的绝缘耐受的标准冲击电压波的峰值。

(6) 电气间隙是指两个导电部件间的、沿这些导电部件间的最短路径的直线距离。

(7) 极间电气间隙是指相邻极的任何导电部件的电气间隙。

(8) 对地电气间隙是指任何导电部件和任何接地或打算接地的部件间的电气间隙。

(9) (机械开关装置一极的)隔离断口是指符合对隔离开关所规定的安全要求的断开触头间的电气间隙。

(10) 端子静态机械负荷是指每个端子上的静态机械负荷等于隔离开关或接地开关由软导线或硬导线与该端子连接时,该端子所承受的机械力。

(11) 额定短路持续时间是指接地开关短时耐受电流的额定持续时间至少为2 s。

(12) 动稳定电流是指隔离开关承受冲击短路电流所产生电动力的能力,是生产厂家在设计制造时确定的,一般用额定电流幅值的倍数表示。

(13) 热稳定电流是指隔离开关承受短路电流热效应的能力,是由制造厂家给定的某规定时间(1 s或4 s)内,使隔离开关各部件的温度不超过短时最高允许温度的最大短路电流。

4.3.7.2 试验前检查

试验前检查主要包括以下内容:

(1) 审核出厂试验方案,即试验项目、试验方法和判据符合技术协议要求。

(2) 试验前的见证,即查看仪器、仪表及其精度,要求完好,且在检定周期内;查验试验人员的资质证明。

试验前检查的监造要点见表4.102。

表4.102 试验前检查的监造要点

<table>
<tr><th>见证项目</th><th>见证内容</th><th>见证方式</th><th>见证依据</th><th>监造要点</th></tr>
<tr><td>试验前检查</td><td>出厂试验方案
仪器、仪表
试验人员的资质证明</td><td>W</td><td rowspan="5">技术协议
《高压交流隔离开关和接地开关》(GB 1985—2014)
工厂质量标准
出厂试验方案</td><td>要求:
(1) 试验项目、试验方案和判据符合技术协议要求
(2) 查看仪器、仪表及其精度,要求完好,且在检定周期内
(3) 查验试验人员的资质证明
提示:产品按要求完整安装完毕</td></tr>
<tr><td rowspan="4">其他检查</td><td>隔离开关分闸
断口有效开距</td><td rowspan="4">W</td><td rowspan="4">要求:记录测试结果,确认合格与否
提示:比较每相开关测量结果,可发现装配的分散性</td></tr>
<tr><td>接地开关:最小及分、合闸过程中最不利位置的空气绝缘距离</td></tr>
<tr><td>触指接触压力测量</td></tr>
<tr><td>操动机构分闸、合闸操作力矩</td></tr>
</table>

4.3.7.3 试验项目概述

1. 出厂试验

出厂试验是为了发现材料和结构中的缺陷。它们不会损坏试品的性能和可靠性。出厂试验应该在制造厂任一合适可行的地方对每台制成的设备进行，以确保产品与已通过型式试验的设备一致。根据协议，任一出厂试验都可以在现场进行。出厂试验包括主回路绝缘试验、辅助和控制回路绝缘试验、主回路电阻测量、机械操作试验及设计和结构检查。

2. 型式试验

型式试验是为了验证隔离开关和接地开关，以及其操动机构、辅助设备的额定值和性能。型式试验项目包括主回路及辅助和控制回路的绝缘试验、无线电干扰电压试验、主回路电阻测量、温升试验、短时耐受电流和峰值耐受电流试验、关合和开断试验、外壳防护等级验证、密封试验、机械试验、环境试验、抗震试验、操作和机械寿命试验、接地开关断路关合能力试验、严重冰冻条件件的操作、极限温度下的操作、位置指示装置正确功能试验、隔离开关母线转换电流开合能力试验、接地开关感应电流开合能力试验、隔离开关小容性电流开合能力试验，以及隔离开关小感性电流开合能力试验。

4.3.7.4 隔离开关出厂试验及监造要点

1. 回路电阻测量

回路电阻用回路电阻测试仪测试，试验电流为 100 A 到额定电流之间的任一方便的值，用压降法测量。测得结果不应该超过 1.2 倍温升试验前测得的电阻。其测量的监造要点见表 4.103。

表 4.103 隔离开关回路电阻测量的监造要点

监造项目	见证内容	见证方式	见证依据	监造要点
回路电阻的测量	主回路电阻的测量 接地回路电阻的测量	H	技术协议 《高压交流隔离开关和接地开关》(GB 1985—2014) 工厂质量标准 出厂试验方案	要求： (1) 记录测试结果，确认合格与否 (2) 检查质量跟踪卡，各段回路电阻是否合格 (3) 操作试验前、后测试电阻，比较变化值 提示：比较每相开关测量结果，可发现装配的分散性

2. 机械操作试验

机械操作试验要求如下：

(1) 操作试验是为了保证隔离开关或接地开关在其操动机构规定的电源电压和气(液)压力限值范围内，具有规定的操作性能所进行的试验。

(2) 试验在主回路上无电压和无电流流过的情况下进行，应验证当其操动机构通电时隔离开关或接地开关能正确地分闸和合闸。

(3) 在规定的电源电压和/或操作用压力源最低压力下，进行5次合、分操作循环；在规定的操作用压力源最高压力下，进行5次合、分操作循环(仅对气动或液压操作的隔离开关或接地开关)；用人力进行5次合、分操作循环(仅对人力操作的隔离开关或接地开关)。

(4) 在这些操作循环期间，应记录或计算其操作特性，如动作时间、最大能量消耗。仅配人力操动机构的隔离开关和/或接地开关，记录最大操作力。应验证辅助触头和位置指示装置(如有)能满足动作。

(5) 这些试验期间不应进行调整且操作无误。在每次操作循环中，均应达到合闸位置和分闸位置，并且有规定的指示和信号。试验后，隔离开关或接地开关的部件不应损坏。

(6) 对于额定电压为72.5 kV及以上的隔离开关和接地开关，出厂机械操作试验可以在分装上进行。

机械操作试验的监造要点见表4.104。

表4.104 隔离开关机械操作试验的监造要点

监造项目	见证内容	见证方式	见证依据	监造要点
机械操作试验	机械特性试验 机械操作试验	H	技术协议 GB 1985 工厂质量标准 出厂试验方案	要求： (1) 查看试品状态 (2) 观察试验过程，注意仪器仪表的读数，记录测试结果，判别是否符合技术协议、工厂标准的要求 (3) 试验过程中发现问题，要跟踪处理过程，直到全部项目合格 提示：试验测试内容符合技术协议和标准要求
	联锁及闭锁功能检查(隔离开关与其附装的接地开关)	W		要求：按要求进行现场操作，查看试品状态是否有异常 说明：隔离开关合闸，接地开关不能合闸，隔离开关分闸接地开关可分可合；接地开关合闸，隔离开关不能合闸 提示：注意安全

3. 辅助和控制回路的绝缘试验

辅助和控制回路绝缘试验仅进行工频耐压试验，试验电压应为2 kV，持续时间为1 min；或试验电压为2.5 kV，持续时间为1 s。

辅助和控制回路的绝缘试验的监造要点见表4.105。

表 4.105　辅助和控制回路的绝缘试验的监造要点

监造项目	见证内容	见证方式	见证依据	监造要点(说明/要求/提示)
辅助和控制回路的绝缘试验	机构中辅助回路和控制回路的绝缘耐压	W	技术协议 GB 1985 工厂质量标准 出厂试验方案	要求:记录测试结果,确认合格与否 提示:注意安全

4. 主回路绝缘试验

主回路绝缘试验应在新的、清洁的和干燥的完整隔离开关上进行。试验电压按表 4.106 的要求,或是按有关的产品标准,或是这些标准的适用部分。

表 4.106　额定电压范围的额定绝缘水平表(单位:kV)

额定电压(有效值)	额定工频短时耐受电压(有效值)		额定操作冲击耐受电压(峰值)			额定雷电冲击耐受电压(峰值)	
	相对地及相间	断口	相对地	相间	断口	相对地及相间	断口
126	230	230(+70)	—	—	—	550	550(+100)
252	460	460(+145)	—	—	—	1050	1050(+200)
363	510	510(+210)	950	1425	850(+295)	1175	1175(+295)
550	740	740(+315)	1300	1950	1175(+450)	1675	1675(450)
800	960	960(+460)	1550	2480	1425(+650)	2100	2100(+650)
1100	1100	1100(+635)	1800	2700	1675(+900)	2400	2400(+900)

如果隔离开关的绝缘仅由实心绝缘子和处在大气压力下的空气提供,只要检查导电部分之间(相间、断口间以及导电部分和接地底架间)的尺寸,工频电压耐受试验可以省略。尺寸检查的基础是尺寸(外形)图,这些图样是特定的隔离开关的型式试验报告的一部分(或是在型式试验报告中被引用)。因此,在这些图样中应该给出尺寸检查所需的全部数据,包括运行的偏差。

主回路绝缘试验的监造要点见表 4.107。

表 4.107　主回路绝缘试验的监造要点

监造项目	见证内容	见证方式	见证依据	监造要点(说明/要求/提示)
主回路绝缘试验	主回路工频耐压试验情况	H	技术协议 GB 1985 工厂质量标准 出厂试验方案	要求:施加工频电压至规定值 1 min,记录测试结果,确认合格与否 提示:注意安全

5. 设计和结构检查

隔离开关和接地开关设备应该经过检查,以证明它们符合买方的技术条件。

设计和结构检查的监造要点见表4.108。

表4.108 设计和结构检查的监造要点

监造项目	见证内容	见证方式	见证依据	监造要点(说明/要求/提示)
设计和结构检查	设计结构、完善化检查	W	技术协议 GB 1985 工厂质量标准 出厂试验方案	要求: (1) 检查结构、外观、铭牌、标识等符合技术协议要求 (2) 产品结构、工艺满足国家电网公司技术标准要求 (3) 底座、接地螺栓和接地线等接地装置符合订货技术协议要求 (4) 外表防腐、传动润滑等结构检查

6. B类接地开关辅助灭弧装置的监造要点

B类接地开关辅助灭弧装置的监造要点见表4.109。

表4.109 B类接地开关辅助灭弧装置的监造要点

监造项目	见证内容	见证方式	见证依据	监造要点(说明/要求/提示)
B类接地开关辅助灭弧装置	根据技术协议要求	W	相关标准 产品技术协议	要求: (1) 检查结构、外观、铭牌、标识等符合技术协议要求 (2) 满足相关产品的技术标准和监造见证要求

4.3.8 包装、存栈和发运及监造要点

1. 存储管理

存储管理的要求如下:

(1) 隔离开关组部件的结构及布置位置应不妨碍吊装、运输及运输中的紧固定位。吊装点应有明显标识。

(2) 应选择与运输方式相适应的包装材料,以保证在运输过程中隔离开关本体、拆卸零部件及随箱资料不受损伤、雨淋、腐蚀等。

(3) 每极柱预充0.03～0.09 MPa的SF_6气体。

(4) 极柱应处于分闸状态,并插入定位销。

(5) 分闸弹簧与合闸弹簧均处于释放状态。

(6) 产品在装车时应严格参照产品堆码要求,不得超高运输。装车、运输、卸车过程中应防止剧烈的震动及撞击。

2. 包装运输的监造要点

包装运输的监造要点见表4.110。

表 4.110　隔离开关包装运输的监造要点

监造项目	见证内容	见证方式	见证依据	监造要点
包装文件	检查、审查包装规范文件	R	GB/T 13384 GB 1984 包装规范 供货合同	要求:包装规范符合技术协议书和相关标准要求 提示:文件齐全;装箱清单应一箱一单
包装过程	导电部件包装	W		要求: (1) 包装紧固、完好、无碰伤,紧固有标识 (2) 实物及其数量和装箱单相符
	瓷绝缘子包装			要求:如无特殊要求,仍用产品原包装;包装要求完好、抗震、抗冲击
	操动机构包装			要求:防水、防潮 注意:长时间储存时注意机构箱防潮
	底座及传动零件包装			要求: (1) 包装紧固、完好、无碰伤,紧固有标识 (2) 实物及其数量和装箱单相符 注意:特别注意导电件的包装
	均压环包装			要求:单独包装、紧固完好、无碰伤
	备品备件			要求:与合同对照,单独装箱、清点数量
产品储存	储存环境	W	GB/T 13384 GB 1984 包装规范 供货合同	要求:查阅制造单位的工艺文件,查验环境 提示: (1) 一般宜置于空气干燥的室内储存,每 6 个月检查 1 次 (2) 置于室外,应进行适当遮盖
产品运输	承运合同和发运	R、W		要求: (1) 承运人满足合格供方要求 (2) 按装箱单核对货物(包括备品)和随货物发运的资料是否齐全

4.3.9　典型案例

4.3.9.1　设计/结构问题

1. 案例 1

问题描述:2012 年 6 月 21 日,220 kV 七繁Ⅱ线 286-西隔离开关 A、B、C 三相触头过热,实测温度分别为 88 ℃、68 ℃、130 ℃,实测电流值为 920 A。该隔离开关设备型号为

GW4-220D,于2005年9月生产,2005年11月投运,额定电流为1600 A。

原因分析:该型号隔离开关设计载流能力不足,再加上运行年限较长,触头氧化,触指氧化,触指弹簧疲劳,导致在经受相对较大电流情况下即出现过热。同时,近几年电网负荷急剧增加,达到或超过稳定法载流能力50%的情况较多,该型号隔离开关在该站内多组都发生过热情况。

处理情况:对该型号隔离开关运行情况进行摸底,加强监视,利用技改机会对其进行更换。

防范措施:加强隔离开关载流能力选型设计审核,根据实际需求选择合适载流能力的隔离开关。

2. 案例2

问题描述:2011年9月28日,在进行主变停电的操作过程中,操作拉开东1#主变高压侧东041刀闸时,东041刀闸C相拉不开,动触头不能脱离静触头,此时A、B相静触头对隔离开关动触头引弧片有放电现象(此电流为对地电容电流)。东041隔离开关型号为GW16-220IDW,于1998年9月生产,1999年8月投运。

原因分析:隔离开关触头盒设计不合理,触头盒外罩无泄水孔,由于隔离开关长期无操作,运行中通过触头钳进入的雨水、潮气不能及时排除,引起触头夹紧弹簧和复归弹簧锈蚀卡涩,阻力增大,拉闸操作中复位弹簧的固定轴销断裂,机构输出连杆脱焊,齿轮盒内齿轮与传动销轴销断裂,造成C相触头复归弹簧失去制动,动触头不能张开。

处理情况:更换隔离开关。

防范措施:应加强隔离开关选型设计审核,隔离开关无排水孔等设备运行产生不利影响的设计应提前审查,结合设备运行需求进行质量监督和到货验收。

3. 案例3

问题描述:2012年12月2日抽检发现有4台66 kV三相隔离开关上带电杆未加装防雨帽(图4.114),型号为GW5-72.5W,生产日期为2012年4月。

图4.114 隔离开关未安装防雨帽

原因分析:供应商对该型号隔离开关设计时,未设计防雨帽。

处理情况:与供应商沟通后,供应商及时派出技术人员来站补装防雨帽。

防范措施:在设计中考虑不周全,供应商应加强设备设计理念,重视设备运行的实际观景因素。

4.3.9.2 原材料/组部件问题

1. 案例1

问题描述:2012年4月8日,315接地开关操作,发现该接地刀操作不到位。该接地开关型号为JN12-35,于2004年1月生产,2006年8月投运。

原因分析:由于接地开关联动轴材质刚度不够,导致在操作过程中地刀轴发生变形,纵轴已经操作到位而地刀横轴却不能正常分离，需借助外力分离。

处理情况：经处理，正常运行。

防范措施：针对存在材质问题的接地开关，在今后的验收过程中，要加强设备材质的检测，核查联动轴材料的材质成分、合格证等证明原材料质量管控的措施执行情况，同时对存在问题的接地开关进行专项修理。

2. 案例 2

问题描述：2012 年 2 月 17 日，20132 隔离开关出现 A 相操动机构动作至分位，本体仍处于合位的拒分情况。2 月 18 日，500 kV Ⅱ母转检修，现场检查发现 50132 隔离开关 A 相和 C 相小连杆万向节断裂。50132 隔离开关型号为 GW35/36-550，于 2008 年 7 月出厂，2009 年 5 月投运。

原因分析：该万向节设计材质为 0Cr18Ni9。万向节损坏的主要原因为实际使用材质为铸造 ZG0Cr18Ni9，实际材质与设计材质不符，力学性能低于设计材质要求。

处理情况：供应商对产品进行了更换。

防范措施：供应商应采用与设计要求相符的材质型号，满足万向节力学性能要求，杜绝部件材料材质不良情况。设备监造及验收过程中，应检查材质单及检验报告。

4.3.9.3 工艺控制问题

1. 案例 1

问题描述：2011 年 11 月 20 日，在竣工验收时发现该站 2－7 中性点接地隔离开关机构卡涩，与动静触头配合不好。该隔离开关型号为 GW1.3-72.5，出厂日期为 2011 年 10 月。

原因分析：厂家未认真执行设备技术条件要求，动、静触头装配工艺不良。

处理情况：11 月 28 日联系设备厂家调试机构，处理完毕。

防范措施：供应商应认真进行隔离开关出厂操作试验，对动、静触头的组装工艺应制定装配工艺控制措施，对现场安装人员进行培训，提高设备质量。

2. 案例 2

问题描述：2012 年 11 月 27 日，在安装调试阶段，发现 220 kV 隔离开关三相合闸不同期，隔离开关瓷瓶上、下节孔距不对应。问题设备型号为 220 kV 三相隔离开关，3150 A，50 kA，电动双柱水平伸缩，双接地。

原因分析：出厂试验前期合闸调整不够精确，生产工艺不良。

处理情况：将有问题的瓷瓶进行返厂更换，派技术人员到现场进行调试，调试后三相合闸同期达到要求。

防范措施：对于新安装的设备，安装单位应加强安装过程中对细节的把握，尤其是对部分配件质量不过关现场无法安装问题，应及时与厂家取得联系，保证产品的顺利运行。

第 5 章　线路材料类监造要点

5.1　电力电缆

5.1.1　概述

用于电力传输和分配的电缆，称为电力电缆。电力电缆作为电线电缆行业中的重要分支，广泛应用于城市电网、发电站引出线路、企业内部供电及过江海水下输电线路，传输并分配电能。自 1879 年美国人爱迪生制成沥青绝缘电力电缆，并首次敷设于纽约地下以来，电力电缆的使用已有百年历史。电力电缆与架空线路相比，优点是占地面积小，受外界气候影响小、安全、可靠、隐蔽、耐用；但因为电缆结构和生产工艺都比较复杂，所以成本较高，敷设后不易更动，故障测寻困难，检修费时、费工、费用大，其应用不如架空线路那样广泛。

为了保证电的运行及寿命，不仅要求电缆具有优良的绝缘性能，而且要考虑电缆的热性能及敷设方式等，这样对电缆的导电线芯、绝缘及保护层等都提出了相应的要求。图 5.1 是电力电缆的敷设实物图，图 5.2 是电力电缆的实物截面图。

图 5.1　电力电缆的敷设实物图

图 5.2　电力电缆的实物截面图

5.1.2 分类及表示方法

5.1.2.1 电力电缆的分类

1. 按电压等级分类

按电压等级，电力电缆可分为中低压电力电缆(35 kV 及以下)、高压电缆(110 kV 以上)、超高压电缆(275～800 kV)及特高压电缆(1000 kV 及以上)。此外，还可按电流制分为交流电缆和直流电缆。

(1) 低压电缆适用于固定敷设在交流频率为 50 Hz、额定电压为 3 kV 及以下的输配电线路上做输送电能用。

(2) 中低压电缆(一般指 35 kV 及以下)有聚氯乙烯绝缘电缆、聚乙烯绝缘电缆、交联聚乙烯绝缘电缆等。

(3) 高压电缆(一般为 110 kV 及以上)有聚乙烯电缆和交联聚乙烯绝缘电缆等。

(4) 超高压电缆的电压等级为 275～800 kV。

(5) 特高压电缆的电压等级为 1000 kV 及以上。

2. 按绝缘材料分类

按绝缘材料，电力电缆可分为以下几种：

(1) 油浸纸绝缘型是以油浸纸作绝缘的电力电缆，其应用历史最长。它安全可靠，使用寿命长，价格低廉；主要缺点是敷设受落差限制。自从开发出不滴流浸纸绝缘后，解决了落差限制问题，使油浸纸绝缘电缆得以继续广泛应用。目前主要应用在实心电缆(可分钢带铠装、分相铅包和屏蔽电缆)、低压充气电缆、充油电缆和钢管电缆(可分高压充油电缆和高压充气电缆)。

(2) 塑料绝缘型，其绝缘层为挤压塑料的电力电缆。常用的塑料有乙烯、聚乙烯、交联聚乙烯和聚氯乙烯。塑料电缆结构简单，制造加工方便，重量轻，敷设安装方便，不受敷设落差限制。因此广泛用作中低压电缆，并有取代粘性浸渍油纸电缆的趋势。其最大缺点是存在树枝化击穿现象，这限制了它在更高电压中的使用。

(3) 橡胶绝缘型，其绝缘层为橡胶加上各种配合剂，经过充分混炼后挤包在导电线芯上，经过加温硫化而成。它柔软，富有弹性，适合于移动频繁、敷设弯曲半径小的场合。常用作绝缘的胶料有天然橡胶、丁基橡胶、乙烯和丙烯橡胶等。

电力电缆常用绝缘材料的特性见表 5.1。

表 5.1 电力电缆常用绝缘材料的特性

性能	交联聚乙烯	聚乙烯	聚氯乙烯	乙丙橡胶	油纸
20 ℃体积电阻率(Ω·m)	10^{14}	10^{14}	10^{11}	10^{13}	10^{12}
20 ℃，50 Hz 介电常数	2.3	2.3	5.0	3.0	3.5
20 ℃，50 Hz 损耗角正切值($\tan\delta$)	0.0005	0.0005	0.07	0.003	0.003

续表

性能	交联聚乙烯	聚乙烯	聚氯乙烯	乙丙橡胶	油纸
导体最大工作温度(℃)	90	75	70	85	65
抗张强度(N/mm^2)	18	14	18	9.5	—
120 ℃下耐老化性能	优	熔	差	良	可
-10 ℃下的柔软性	良	差	差	优	—

不同绝缘材料的电力电缆见表5.2。

表5.2 不同绝缘材料的电力电缆

塑料电缆	从内到外依次为导电线芯、半导体层、塑料绝缘层、半导体层、金属护层、铠甲、橡胶护套;常用交联聚乙烯材料(XLPC)是发展趋势	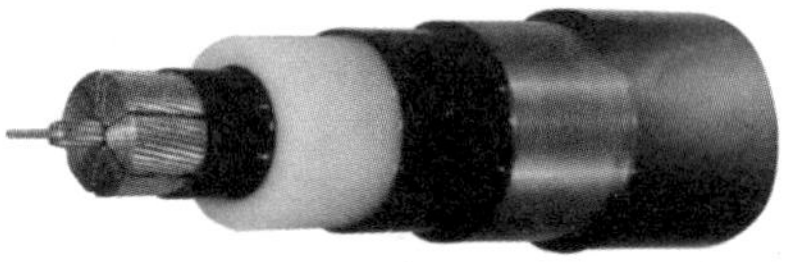
油纸电缆	利用油浸纸做绝缘介质,油填充纸的孔隙;仅用于35 kV及以下	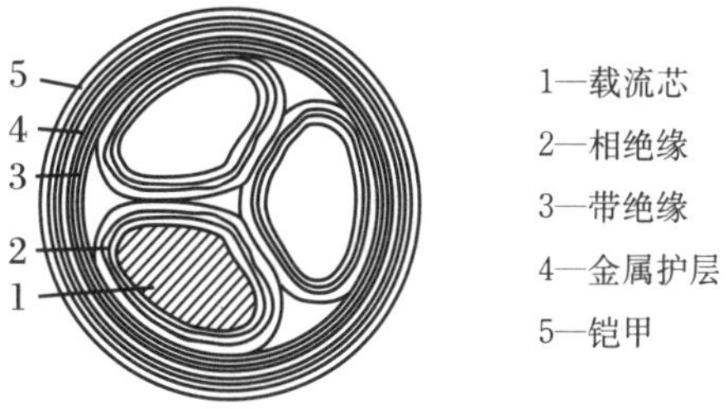 1—载流芯 2—相绝缘 3—带绝缘 4—金属护层 5—铠甲
自容式充油电缆	利用油浸纸做绝缘介质,选用黏性小的浸渍剂,并施加油压;电压等级可达500 kV	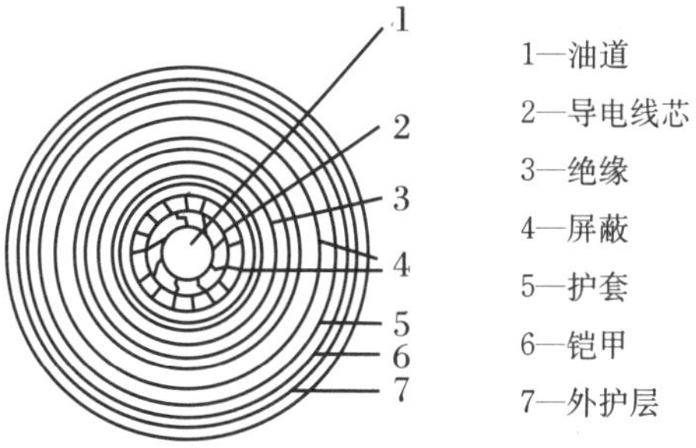 1—油道 2—导电线芯 3—绝缘 4—屏蔽 5—护套 6—铠甲 7—外护层

3. 按结构特征分类

按结构特征,电力电缆可分为以下6类:

(1) 统包型,在各缆芯包有统包绝缘,并置于同一护套内。

(2) 分相型,分相屏蔽,用于10～35 kV电缆。

(3) 钢管型,电缆绝缘外用钢、铝管护套。

(4) 扁平型,三芯电缆的外形是扁平状,一般用于大长度海缆。

(5) 自容型,护套内部有一定压力(高压充油、高压充气)。

(6) 低温有阻电缆,超导电缆。

4. 按敷设环境条件分类

按敷设环境条件,电力电缆可分为地下直埋、地下管道、空气中、水底过河、矿井、高海拔、盐雾、大高差、多移动、潮热区等。一般环境因素对护层的结构影响较大。

5. 按芯数分类

按芯数，电力电缆可分为单芯、两芯、三芯、3+1芯、3+2芯等；电缆线芯按结构有圆形、扇形、椭圆形、中空圆形等，如图5.3所示。

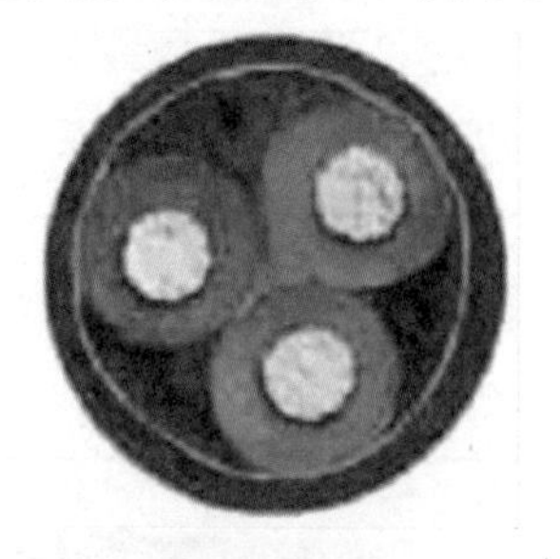
(a) 圆形电缆导体

(b) 扇形电缆导体

(c) 腰圆形(椭圆形)电缆导体

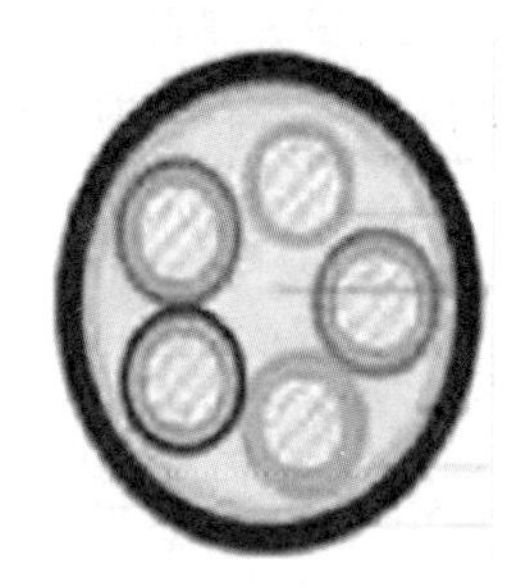
(d) 中空圆形电缆导体

图5.3　不同芯数和不同结构线芯的电力电缆

5.1.2.2　电力电缆型号的字母含义

电力电缆型号的字母含义如下：

(1) 第一组有一到二个字母组，表示导线的类别、用途。如：A——安装，B——布电线，C——船用电缆，K——控制电缆，N——农用电缆，R——软线，U——矿用电缆，Y——移动电缆，JK——绝缘架空电缆，M——煤矿用电缆，ZR——阻燃型，NH——耐火型，ZA——A级阻燃，ZB——B级阻燃，ZC——C级阻燃，WD——低烟无卤型。

(2) 第二组是一个字母，表示导体材料的材质。如：T——铜芯导线(大多数时候省略)，L——铝芯导线。

(3) 第三组是一个字母，表示绝缘层。如：V——PVC塑料，YJ——XLPE绝缘，X——橡皮，Y——聚乙烯，F——聚四氟乙烯。

(4) 第四组是一个字母，表示护套。如：V——PVC护套，Y——聚乙烯料，N——尼龙护套，P——铜丝编织屏蔽，P2——铜带屏蔽，L——棉纱编织涂蜡克，Q——铅包。

(5) 第五组是一个字母，表示特征。如：B——扁平型，R——柔软，C——重型，Q——轻型，G——高压，H——电焊机用，S——双绞型。

(6) 第六组是一个数字，表示铠装层。如：(下小脚标) 2——双钢带，3——细圆钢丝，4——粗圆钢丝。

(7) 第七组是一个数字,表示外护套。如:(下小脚标)0——无护套,1——纤维层,2——PVC 套。

5.1.3 电力电缆的结构

电力电缆不管是单芯、三芯还是多芯,也不管电缆的型号、规格有多少不同,其基本结构都是由导体(线芯)、绝缘层、屏蔽层和保护层四部分组成的。导线线芯根数的排列圆形按 1+6+12+18+24+30,扇形按 6+12、9+16、9+15、2+7+15+21。不同类型的电力电缆截面示意图如图 5.4 所示。

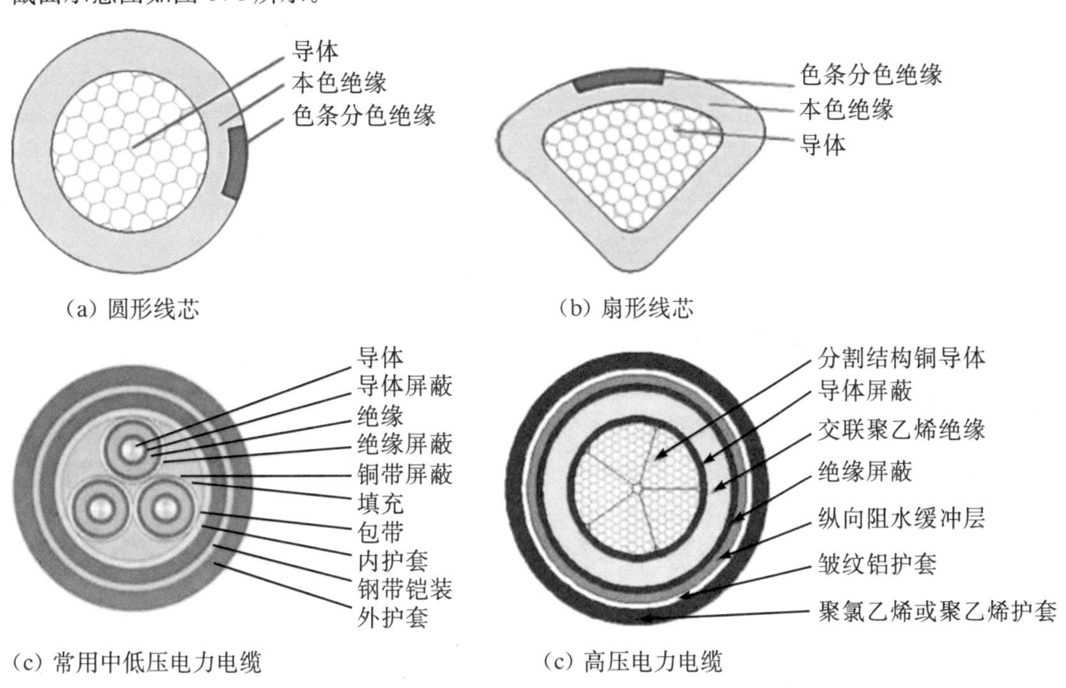

图 5.4 不同类型的电力电缆截面示意图

5.1.3.1 导体(线芯)

导体(线芯)是用来输送电能的。其材料要求是导电性能好、机械性能高、资源丰富的金属材料,目前主要是用铜或铝。铜易焊接,导电性能和机械强度也都比铝好些。但铝的资源更丰富,价格低,而且质量小,铜线和铝线长度相同且电阻也相等时,铝线的质量仅是铜线的一半左右,加工方便,如用于油浸电力电缆中,铝对油老化的催化作用也比较小。

电压在 380 V～35 kV 之间的电力电缆,其截面有 2.5、4、6、10、16、25、35、50、70、95、120、150、185、240、300、400、500、630、800 共 19 种规格,目前 16～400 之间的 12 种是常用的。电压为 110 kV 及以上的电力电缆的截面有 240、400、630、700、800、1000、1200、1400、1600、2000、2500 共 11 种规格,常用的截面规格是 400、630、800、1000。

按缆芯数,电缆一般有单芯、二芯、三芯、四芯、五芯 5 种形式。

按导体形状,分为圆形、椭圆形、中空圆形和扇形线芯 4 种。10 kV 以上电缆一般采用圆形线芯,绝缘内部电场均匀分布。10 kV 及以下的油纸电缆中采用扇形线芯,但只能用于中低压电缆,曲率半径较小处电场集中。中空圆形是充油电缆的线芯所特有的一种形状,中空处是油道。椭圆形导体用于充气钢管电缆,椭圆形导体较圆形导体能更好地经铅护套向绝缘传送压力。在每种形状中,按导体的填充系数大小还可分为紧压形与非紧压形两种。紧压的目的是减小线芯部分因采用多股绞合线形式而引起的外径变大,减少绝缘层和外护层的使用量,减少造价和减轻整体质量,且有利于施工和电缆线芯的阻水及降低集肤效应的影响。

1. 芯线结构的特点

单根实心线芯的缺点是,柔软性差而不能随意弯曲,截面越大弯曲越困难,给生产制造和电缆敷设施工带来无法克服的困难。

多股导线单丝绞合线的柔软性大大增加,弯曲时的曲度不集中在一处,而分布在每根单丝上,每根单丝的直径越小,弯曲时产生的弯曲应力越小,在允许弯曲半径内弯曲不会发生塑性变形,电缆的绝缘层也不会损坏。弯曲时,每根单丝间能够滑移,各层方向相反绞合(相邻层中一层右相绞合,一层左相绞合),使得整个导体内外受到的拉力和压力分解。

绞合单线丝越细,单丝越多,绞合节距越小,电缆的耐弯性越好。35 mm^2 及以下电缆的线芯可做成单股的实心导体,其余规格均采用多根单丝绞合形式的线芯。

简单规则圆形绞合的线芯绞合规律为中心层 1 根,其他各层以 6 为单位随层数递增。

2. 分裂导体结构的特点

线芯输送电能时,由于集肤效应的存在,单位面积线芯输送电流的能力会随着截面积的增加而有所降低。为了降低集肤效应的影响,提高单位面积线芯输送电流的能力和导体的利用率,将线芯做成分裂导体结构,即将整个线芯做成由几个用绝缘纸带相互绝缘单元组成的结构,每个单元呈扇形形状,外面绕包 1～2 层绝缘纸带,然后绞合为圆形芯线。

分裂单元的数目可分为四分裂、五分裂和六分裂,一般认为五分裂结构最为稳定,不易产生移滑变形。

5.1.3.2 绝缘层

1. 绝缘层的作用

将线芯与大地以及不同的线芯放在电气上彼此隔离,从而保证在输送电能时不发生相对地或相间击穿短路。绝缘层是用来保证导体之间、导体与外界的绝缘,使电流沿导体传输。绝缘层包括分相绝缘和统包绝缘,统包绝缘在分相绝缘之外。绝缘层所用材料有油浸纸、橡皮、聚氯乙烯、聚乙烯和交联聚乙烯等。

2. 材料要求

材料的要求具体如下:

(1) 耐压强度高。由于电缆导电部分的相间距离及其对地距离都较小,绝缘层承受着很高的电场强度,一般在 1～5 kV/mm,110 kV 的电缆在 8～10 kV/mm,500 kV 的电缆在 14～16.5 kV/mm,电压等级越高的电缆,对绝缘材料的耐压强度的要求越高。

(2) 介质损耗角正切值低。运行于交流电场中的绝缘介质,绝缘层中由于有电流通过,使绝缘层(介质)发热,这部分损耗称为介质损耗。电压等级越高,介质损耗越大,发热就越大,老化会加速。

(3) 耐电晕性能好。绝缘层中的气泡或内外表面的凸起，在很高电场下易被电离，而放电时产生的臭氧对绝缘层具有破坏作用。

(4) 化学性能稳定。化学性能不稳定的材料，在外来因素的作用下，其性能易改变。

(5) 耐低温。电缆线路的施工经常需在气温很低的情况下进行安装，一旦变脆，很易损坏，就无法安装。

(6) 热性能好。电缆的最高允许运行温度取决于绝缘材料的耐热性能，即在绝缘材料的物理性能和化学性能不发生变化时的最高允许温度越高越好。

(7) 机械加工性能好。具有一定的柔性和机械强度，才有利于生产制造和施工安装。

(8) 使用寿命长。绝缘材料经过一定长的时期，均会发生老化现象，性能下降直至无法运行，要求经久耐用。目前电缆的使用寿命一般不少于 30 年。

5.1.3.3　屏蔽层

金属化纸的屏蔽层是指厚度为 0.12 mm 的电缆的一面贴有厚度为 0.014 mm 的铝箔。

半导电纸的屏蔽层是指在一般电缆纸浆中掺入胶体碳粒，电阻率为 1×10^7～1×10^9 mm。

半导电塑料、半导电橡皮的屏蔽层，其电阻率在 1×10^8 mm 以下。

5.1.3.4　护层

护层分为内护套和外护套。

1. 内护套

内护套的作用是密封和防腐，可分为以下几种：

(1) 铅护套(铅包)，优点是易焊接，耐腐蚀，易加工，弯曲性能较好；缺点是电阻率较高，质量大，易造成土壤和水资源污染，使用较长时间后容易龟裂。

(2) 铝护套(铝包)，易腐蚀，密封连接困难；但质量轻，资源丰富，机械强度比铅护套大；需要外护套保护；分为氩弧焊式、卧式连铸连轧和立式连铸连轧三种铝护套。

(3) 铜护套，主要用于短路容量要求大的大截面电缆中，为了增加弯曲性能，可加工成波纹状铜护套。

(4) 聚氯乙烯护套，主要用于聚氯乙烯和交联聚乙烯绝缘电缆。缺点是耐热性和耐寒性都差，但阻燃性能好，燃烧过程中生成的浓烟有毒。

(5) 聚乙烯护套，绝缘强度比聚氯烯高，耐热性能和耐寒性能比聚氯乙烯护套好，抗渗水性也比聚氯乙烯护套强，但阻燃性能差。

2. 外护套

外护套可分成以下三层：

(1) 内衬层，在内护套和铠装层之间，其作用是防止内护套受腐蚀，防止电缆在弯曲时被铠装损坏。它主要是由麻布或塑料带等软性织物涂敷沥青后包绕在内护套上。

(2) 外被层或外护套，在铠装层外，是电缆的最外层，其作用是防止铠装层受外界环境的腐蚀。它的材料有聚氯乙烯或聚乙烯等。

(3) 加强层。这层结构是充油电缆所特有的，直接包绕在内扩套外，以增强内护套承受电缆油压的机械强度；具有足够的机械强度、柔韧性和不易腐蚀性，一般用铜带或不锈钢带作为材料。

5.1.4 主要生产工艺及监造要点

5.1.4.1 基本工艺流程

电力电缆的制造包括许多工序，基本可分为导体制造⟶绝缘线芯制造⟶电缆护层制造⟶质量控制四个方面。

1. 导体制造及监造要点

电缆导体共分为 4 种：实心导体、绞合导体、软导体和更柔软导体。导体制造包括拉丝、绞合、组合。拉丝、绞合制造的导体电缆必须遵循基本但重要的工艺，以确保导体获得合适的物理性能和电气性能。

拉丝是各电缆公司的首道工序，在常温下，用铜杆或铝杆利用拉丝机通过一道或数道拉伸模具的模孔，使其截面减小，长度增加，强度提高，将单线拉到所需的直径。拉丝工艺使金属产生加工硬化，因此拉丝后的线材通常必须加热，以获得适当的物理性能，这个工艺叫退火。退火可以通过感应加热过程实现。在这个过程中，通过感应到绞线上的电流来产生热量，并提高导体的温度到正确的退火温度。此外也可以把绞线放置到炉箱中实现退火。退火能同时影响绞线的物理性能和电气性能，因此在退火过程中必须谨慎操作和监控。必须进行定期的测试来确保绞线的特性符合规范要求。拉丝的主要工艺参数是配模技术，其工艺流程如图 5.5 所示。

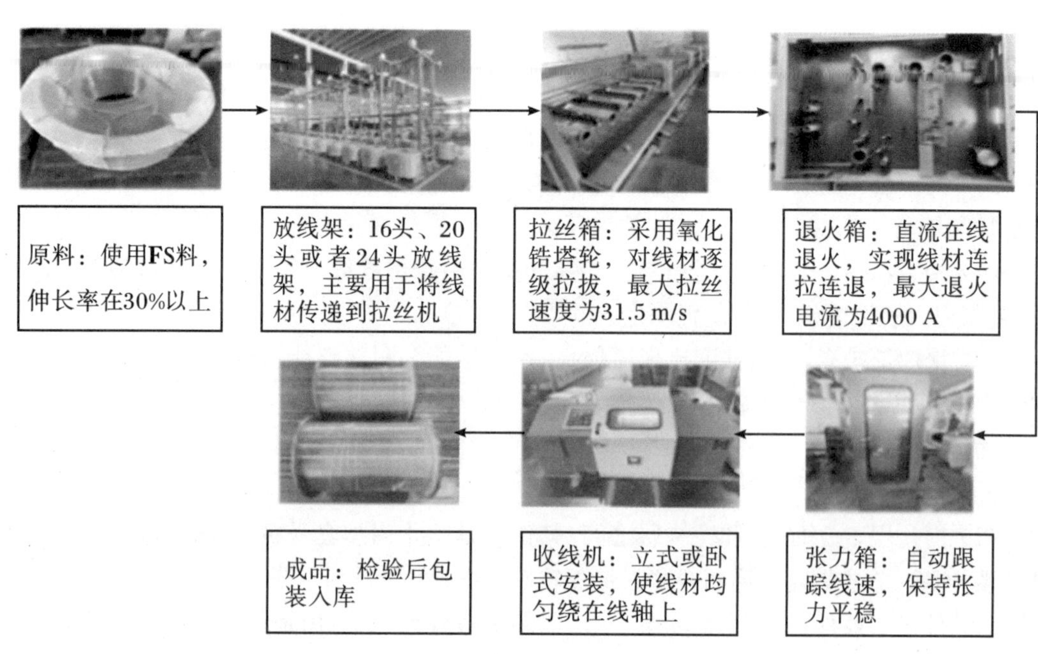

图 5.5 电缆线芯拉丝工艺流程图

绞合是把多根单线扭绞到一起，有时需要再包带。绞合导体是通过扭绞多根单线完成的，有多种类型的扭绞(或绞合)形式，如规则绞合和非规则绞合。非规则绞合又分为束绞、同心复绞、特殊绞合等。为了减少导线的占用面积、缩小电缆的几何尺寸，在绞合导体的同时采用紧压形式，使普通圆形变异为半圆、扇形、瓦形和紧压的圆形。尽管绞合工艺相对容易完成，但必须仔细操作，以确保在绞合的过程中单线没有损伤，以及绞合系数(单位长度上绞绕的次数)正确。其工艺流程如图5.6所示。

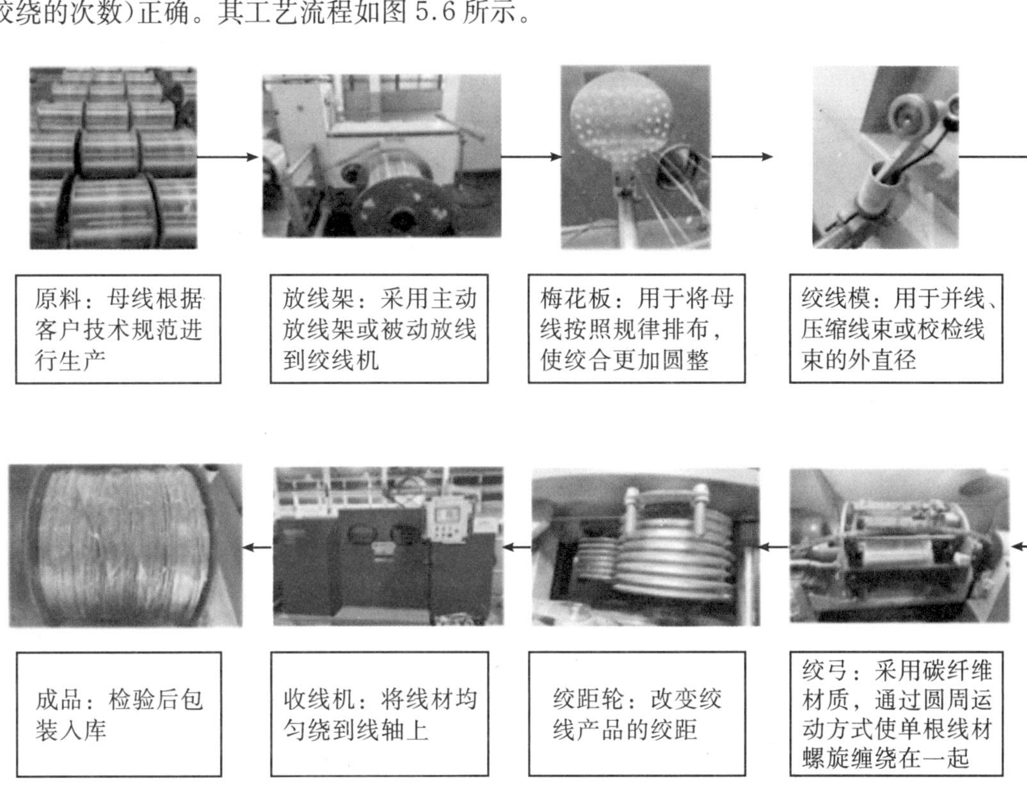

图5.6 电缆线芯绞合工艺流程图

绞线工序的质量控制要点：

(1) 上线前进行单线直径检查，单线直径偏差必须在工艺规定范围之内。

(2) 检查单线外观质量，应光洁、无油污、无严重机械损伤，铜线无严重氧化。

(3) 检查所选压轮、木模、钢模，应符合工艺规定。

(4) 检查绞合单线根数、排列方式、绞合节距、绞合方向，应符合工艺规定。

(5) 检查绞合紧压线芯的几何尺寸，应符合工艺规定。

(6) 检查线芯外观质量，绞合线芯应紧密、圆整、平直、无严重弯曲、无跳股、无擦伤、无压扁，铜线表面无氧化、发黑、镀锡线脱落或锡粒；节距均匀，接头平整牢固；排线整齐，线径符合公差规定，长度符合规定要求。

(7) 检查单线接头，要求必须焊接，两个接头之间的距离应不小于300 mm。

(8) 检查排线质量，要求平整，无交叉、无压摞。

电缆导体制造的监造要点见表5.3。

表 5.3 电缆导体制造的监造要点

序号	监造项目	见证内容	见证方法	见证方式	监造要点
1	原材料	铜杆牌号及生产厂家	查验原厂质量保证书 查看供应商的入厂检验记录 查看实物 记录规格及牌号	R、W	要求：规格、电阻率与设计相符，表观质量合格；材料的牌号、规格，要求与入厂检验记录、见证文件和实物相一致；检测铜杆的电阻率和含氧量是否符合相关标准
2	拉丝	单丝	查看工序工艺文件 查验拉丝工序记录 拉丝现场见证 查看拉丝中间检验卡片	R、W	要求：单线应采用 TR 型软铜线，铜单丝直径和截面应符合工艺尺寸要求，表观光亮圆整，无污、无损伤屏蔽的毛刺、锐边；存盘率应符合工艺要求，线盘的流转不应造成单丝表面磕碰伤
3	成型	导体	查看工序工艺文件 查验绞线工序记录 绞线现场见证 查看绞线中间检验卡片 测量电阻率	R、W	要求：表面光滑、不得有毛刺、锐边及缺股、断线、跳股等现象，单线相邻焊点距离不能小于 300 mm；绞合成导体应表观光滑、无油污、无损伤屏蔽的毛刺、锐边，尺寸符合工艺要求，电阻率应符合技术协议规定；分割导体股绞合节距和扇形高度符合工艺要求，预扭、退扭、紧压均良好；绕包半导电包带厚度应符合技术协议要求；绕包平整紧实，半导电包带外应有保护层

2. 绝缘制造工艺及监造要点

绝缘制造包括挤出、交联和绝缘去气。

1）挤出

挤出电缆的绝缘线芯就是在这个过程中形成的，包括内半导电屏蔽层、绝缘层和外半导电屏蔽层；挤出绝缘电缆的生产线是一种高度精密的制造过程，运转时必须严格控制，以确保最终的产品能够可靠地运行多年。挤出包括许多前后密切衔接的工艺。如果生产线上的任一部分有故障，就会导致生产出质量差的电缆，并可能产生出很多的废电缆。

绝缘线芯制造工艺起始于绝缘和半导电材料的颗粒在挤出机内熔融的时候。熔融是在加压的情况下进行的，压力把电缆料向十字机头输送，并在十字机头内形成电缆的各个层。在螺杆末端和十字机头的顶部，应放置用于过滤的滤网或过滤板。在挤出型电缆制造的早期，放置这些滤网或筛子是为了除去材料中的小颗粒，或者是熔融进程中产生的杂质。虽然如今仍在应用滤网，但由于现今材料具有较好的净化特性，减小了材料对该类型滤网的需求。实际上，如果滤网太细，其本身就能以焦烧或预交联的方式而产生杂质。然而，适当尺寸（100～200 μm 孔径）的过滤网可以用来帮助稳定挤出机内熔融的均匀度，以及防止在材料处理过程中从外界混入大尺寸杂质。

现在，有两种制造工艺可以用来在一道工序中完成所有三层的挤出。第一种方法是

“1+2”三层挤出工艺，它是先挤出导体屏蔽，经过较短的距离(通常是2～5 m)后，再在导体屏蔽上同时挤出绝缘和绝缘屏蔽。第二种方法是三层共挤工艺，它是将导体屏蔽、绝缘和绝缘屏蔽同时挤出。在这两种方法中，绝缘屏蔽都是交联的，因此电缆的高温性能有很大改善。“1+2”三层挤出在其首次被推行时是一个重要的发展，因为它能产生一个较为洁净、均匀的绝缘和绝缘屏蔽界面。但是在这个工艺中，导体屏蔽从导体屏蔽挤出机到绝缘和绝缘屏蔽挤出机时是暴露在空气中的。如果不采取严格的措施保护导体屏蔽，那么导体屏蔽可能产生缺陷，降低电缆的寿命。正是基于这个原因，目前三层共挤工艺被认为是更好的工艺，因为在这个工艺中导体屏蔽在绝缘挤出前不会暴露在空气中。三层共挤工艺能产生十分洁净、均匀的导体屏蔽和绝缘界面。在所有挤出工艺中，经常采用X射线或超声波技术来检查电缆同心度和进行缺陷定位，如内导电(导体屏蔽)缺陷。在其他层后续加工前找出重大缺陷很重要。

绝缘挤出工艺的主要技术要求如下：

(1) 偏心度。挤出的绝缘厚度的偏差值是体现挤出工艺水平的重要标志，大多数的产品结构尺寸及其偏差值在标准中均有明确的规定。

(2) 光滑度。挤出的绝缘层表面要求光滑，不得出现表面粗糙、烧焦、杂质等不良质量问题。

(3) 致密度。挤出绝缘层的横断面要致密结实，不准有肉眼可见的针孔，还要杜绝有气泡的存在。

图5.7是挤出前的绝缘线芯，图5.8是挤出后的绝缘线芯。

图5.7　挤出前的绝缘线芯

图5.8　挤出后的绝缘线芯

绝缘工序的质量控制要点如下：

(1) 检查所选模具是否符合工艺规定。

(2) 检查绝缘层厚度，六点平均值及最薄点应符合工艺规定。

(3) 检查绝缘线芯识别标志，要求着色标志色泽分明；数字标志清晰、耐磨；成品电缆标识字迹清晰、连续，内容符合工艺及计划要求。

(4) 检查绝缘层质量，要求塑化良好，外观光滑，无目力可见的气泡、杂质、裂纹。

(5) 检查挤包质量，要求绝缘层紧密挤包在导体上，不允许有压扁、碰伤、鼓包、松套、起褶现象。

(6) 检查火花试验执行情况，要求所有绝缘线芯必须经过火花试验，所加试验电压应符合工艺规定。

(7) 经火花试验击穿的绝缘线芯必须要复绕、修复，并重新进行火花试验，否则一律不准下流。

(8) 检查排线质量,要求平整,无交叉、压擦。

2) 交联

交联可在挤出后直接进行(过氧化物交联),或者在挤出后采用单独设备进行(湿法交联);在导体屏蔽料、绝缘料和绝缘屏蔽料挤出到电缆导体上后,必须进行交联。交联(也称为硫化)是一个化学反应,它能提高这些标准的热性能和机械性能,尤其是提高高温下的强度和稳定性。

应用“1+2”或者三层共挤工艺生产出三层绝缘电缆后,没有交联的绝缘线芯直接进入硫化管。这里有完全不同的硫化工艺。在过氧化物硫化过程中,电缆进入一个高温、高压的管道,这个管道很长,以便有足够的时间来完成交联过程。尽管氮气是较好的媒质,因为热蒸汽硫化会在绝缘中产生水分和大量的微孔,但管道内可以采用蒸汽或者热氮气加压。另一个重要的但易被忽略的步骤是应充分冷却交联好的绝缘线芯,确保外部绝缘和导体的温度降低到可以离开硫化管的温度。当电缆线芯引出硫化管时,绝缘线芯应是按照正确的制造规范和标准已进行了充分的交联和冷却。

采用湿法交联工艺时,挤出机后面的管道的长度需要保证热塑性绝缘线芯充分冷却,以免导体上的绝缘偏芯(下垂)。实际的交联或硫化过程是在挤出后离线进行的。

(1) 过氧化物硫化

在过氧化物硫化工艺中,通过在钢质的硫化管内施加循环的高温、高压,通常是干燥的氮气来产生热和压力。氮气的温度量级为300~450 ℃,压力是10 kg/cm^2。高温导致过氧化物反应形成交联网状结构。在60 m之后,表面温度迅速降低到接近室温,但是导体温度的下降十分缓慢。高压促使交联过程中释放的气体保留在熔融态聚合物中,从而避免产生微孔。这些微孔能产生局部放电,以及使电缆绝缘性能快速下降。在绝缘完全固化离开CV硫化管前,都必须保持压力。过氧化物硫化电缆绝缘线芯的3种基本挤出和硫化过程是:CCV——悬链式连续硫化;VCV——立式连续硫化;MDCV——Mitsubishi Dainichi 连续硫化,也叫长承模连续硫化。

在CCV技术中,硫化布置成悬链状,当它悬吊在两点之间时,像一根弦线。导体的馈送方式与VCV相同,都是从放线架进入到储线器。这样可以保证在连续挤出工艺不停止的情况下,当旧的线盘用完能够换一个新的导体线盘到放线架上。储线器也为两个导体的焊接提供了时间。通过严格控制电缆张力来保持电缆处在硫化管的中心位置,使用先进的自动控制系统做到这点已经变得较为容易。还要注意确保不让已经融化但未交联的塑料聚合物在重力的作用下从导体上滴落或垂落,这个效应一般叫作下垂。下垂效应随着绝缘厚度与导体尺寸的比率增加而趋于增强。

一些工艺包括使用特殊的低融流指数聚合物、旋转电缆、绝缘表面急冷等,可以有效地减少绝缘的下垂效应。对于大截面电缆(重电缆),还存在另一个问题,就是施加一个很大的拉力(必须保证电缆在管中心)和张力的控制变得困难。这实际上限制了导体截面要小于1400~1600 mm^2。CCV线上可以生产绝缘厚度最大为25 mm的电缆。悬链线的管子长度是可变的,但总长度均在160 m。管内的硫化媒质是加压蒸汽或高温高压的氮气,冷却可由水或者冷却的氮气来完成。CCV线主要用来生产MV电缆和HV电缆。

在VCV技术中,硫化管是垂直导向的。通过控制电缆的张力维持电缆在管的中心位置。导体的馈送方式与CCV相似。将导体牵引到机塔顶端，该塔高度可达100 m，位于一个巨大的牵引轮的正上方，然后导体经由预热器进入三层挤出机头。通过高温氮气加热电缆来完成硫化。气体加压是保证过氧化物的分解物不产生充气的微孔。VCV技术中交联管道是垂直布置的，从而确保了导体和绝缘线芯的同心度。在生产大截面（>1600 mm^2）导体电缆时，VCV技术非常有效，因为在保持张力方面不会面临CCV技术那样的困难。VCV线可以用来生产绝缘厚度最大约35 mm的电缆。

与CCV技术相比，VCV技术不会遭受由于重力的影响而使聚合物产生低垂或从导体滴落的结果。然而，由于昂贵的立式建设成本，VCV线要短于CCV线。VCV线一般为80～100 m，而CCV线一般为140～200 m。

由于同样的电缆需要相同的硫化时间，CCV线生产速度较快。VCV线通常只用于HV电缆和EHV电缆。同CCV生产线一样，VCV线的硫化媒质也使用高温、高压的氮气。但是生产HV电缆时，因为蒸汽硫化会导致绝缘中产生水分和大量的微孔，所以氮气是首选的媒质。

在MDCV工艺中，硫化管是在挤出机后水平布置的。与CCV和VCV线不同的是，硫化管中不需要使用氮气来加热和硫化电缆。MDCV工艺要求模具的外径等于电缆外径，因此电缆可以充满管道和模具。把聚合物加热到熔融态进行交联时，热膨胀造成的压力阻止了微孔的生成。

与CCV工艺相比，由于电缆被模具全部封套，MDCV工艺没有下垂的问题。但是在聚合物熔融而没有交联时，保证导体中心位置非常重要。中心位置的保持，可以通过对一短段电缆施加很大的张力，使电缆处于真正的水平位置而达到。这也降低了对长冷却管的需求，也可以使用特殊的高黏度聚合物。这些特殊的方法通常用于1000 mm^2以上的导体。MDCV仅用于生产HV电缆和EHV电缆。

（2）湿法交联工艺

在湿法交联工艺中，采用同CCV生产线上把经过硫化的过氧化物混合物挤出到导体上的相似方法，使绝缘线芯的混合物挤出到导体上，但随后不用通过高温、高压的硫化物。与之相反，挤出后立即用水冷却电缆。把电缆卷绕到线盘上后，放入较高温度（约70～75 ℃）的房间或者水浴中来完成交联。湿法交联只有在不存在以及有合适的催化剂时才能发生，因此它完全没有过氧化物交联工艺的热激发的预硫化等情况出现。在过氧化物交联工艺中，挤出停车和过于精细的滤网都会导致焦烧，特别是用硅烷作为交联剂的聚合物。在电力电缆制造中，湿法交联的挤出机更适合使用滤网（100～200 μm孔径），而且停车时没有过氧化物那种材料焦烧的危险。

湿法交联和过氧化物交联工艺各有利弊。过氧化物交联需要高且长的厂房来安置交联线，还需要配备气体加热和压力设备。使用湿法交联生产电缆，制造成本相对较低，因为厂房成本和能耗较低。对生产多种不同规格短段电缆厂来说，湿法交联工艺生产线相对较短的长度是一个特别的优点，因为从一种规格到另一种规格的转变过程中，所产生的废料最少。湿法交联完成之后，电缆绝缘层通常会存在非常少量的水分（10～120 ppm）。

过氧化物交联工艺使用的半导电材料不能用于湿法交联工艺，因为存在过氧化物交联剂。用于湿法交联的半导电料必须小心制造，导电碳黑须仔细选择，以确保良好的加工和交联。对于湿法交联的电缆，可剥离和黏结型绝缘屏蔽都是可行的。

湿法交联工艺与过氧化物交联工艺相比，另一个可能的缺点是瞬时生产量低。因为在高温房间内，所需停留的时间将导致工艺中增加很多工作，降低整个制造过程的速度。但是，它能够避免焦烧，以及在生产中快速改变电缆规格等诸多优点会弥补上述不足。电缆绝缘厚度的增加会大大增加交联时间。在给定条件下的交联时间是绝缘厚度平方的函数。

交联工序的质量控制要点如下：

(1) 检查所选模具是否符合工艺规定。

(2) 检查内、外半导体的厚度，其最薄点应符合工艺规定。

(3) 检查绝缘厚度，要求每轴电缆都要检查，其平均值和最薄点应符合工艺规定。

(4) 每轴电缆都要进行交联度试验，试验结果应符合工艺规定。

(5) 检查绝缘层外观质量，要求表面平整，无竹节，无气泡和杂质。

(6) 检查外半导体表面质量，要求光滑、平整，无杂质、皱纹、擦伤痕迹。

(7) 检查排线质量，要求平整，无交叉、压摞。

3) 冷却

在过氧化物交联系统中，电缆在离开压力氮气或蒸汽交联管之后还须进一步冷却。最常见的是在电缆上线盘之前，在压力条件下用流动冷水进行冷却。冷却程度由出口处导体和绝缘层的温度共同决定。一般情况下，线芯装盘之前二者的温度都要低于 70 ℃。在某些情况下，输电用的电缆用气体冷却，而不是用水冷却。这需要降低线速，使水分进入绝缘层的概率减到最小。

电缆冷却必须逐渐由交联温度降到略高于室温。如果电缆降温太快，绝缘聚合物内会“锁定”机械应力，这将导致电缆安装后产生绝缘收缩的问题。

与电缆设计有关，无论是交联工艺(不充足的交联时间)还是冷却时间(不充足的冷却时间)都会限制线速，认识到这一点非常重要。解决交联和冷却限制点普遍且切实的一种方法是，使用具有极高交联速率的绝缘材料和半导电屏蔽材料。对于 CV 生产线，通过将交联和冷却限制点从 5.5 mm 增至 9 mm，这可极大提高生产力。

4) 绝缘去气

绝缘去气是通过离线加热把过氧化物的副产物去除，这通常是 HV 电缆或 EHV 电缆的基本工序，但也经常用于中压海底电缆。所有过氧化物交联的电缆都会有一些分解副产物残留在其结构中。这些副产物会影响电缆的性能。副产物有关的问题可能包括以下几种：

(1) 气压会导致电缆预制附件移位变形，如弹性体终端(EPR 或硅橡胶)和接头等。

(2) 电介质损耗增加，除气工艺可使高压电应力电缆的介质损耗减小到 3 个量级。

(3) 气压会使金属箔护层变形，金属箔断裂或者电气接触间断。

电缆绝缘芯在使用一段时间后会将气体释出，但这种积极的效果在短期会消散，所以最好提前处理电缆副产物和除气问题。要求所有的中压电缆生产之后在厂内放置 7 天来自然去除气体，然后再进行例行试验。输电级电缆增加的绝缘厚度，意味着自然去除气体必须增添高温除气工序。在室温下，即使很长时间的去除气体也是无效的。在金属护层生产前，应采取上述措施进行除气。升高处理温度可以减少除气时间，温度范围一般在 50～80 ℃，最常用的是 60～70 ℃。在电缆的除气工序中，要极度小心确保不损伤电缆线芯，这一点非常重要。实践已经表明，伴随着的绝缘热膨胀、软化会导致“扁平电缆”，或破坏外半导电屏蔽层，从而损伤绝缘线芯。这些损伤会直接导致例行电气试验的失败，抵消除气工艺的益处。因此，随着电缆重量的增加，除气温度通常需要适当降低。采用副产物含量小的绝缘材料是解决副产物/除气问题的一个非常好的方法。最初浓度的减少使得除气的负担降低。实际上，利用以下两个等效方法可以降低这种负担：① 降低温度，以减少绝缘线芯损伤的风险，并降低能耗；② 根据不同的电缆尺寸，除气时间可以减少25%～35%。

绝缘制造的监造要点见表5.4。

表5.4　绝缘制造的监造要点

序号	监造项目	见证内容	见证方法	见证方式	监造要点
1	原材料	超光滑屏蔽料 超净交联聚乙烯绝缘料	查验报关单及质量保证书 查看实物 查看记录规格及牌号是否符合技术协议要求	R、W	要求：原材料、规格、牌号与技术协议相符；材料的牌号、规格要求与入厂检验记录、见证文件和实物相一致；屏蔽料和绝缘料的存放环境应洁净；原材料从生产之日到使用不应超过半年
2	导体屏蔽	半导电导体屏蔽层	查看工序工艺文件 查验绝缘工序记录 头尾抽样检查 查看绝缘中间检验卡片	R、W	要求：必须采用屏蔽层和绝缘层三层同时挤包成型的工艺；三层之间界面结合必须光滑，厚度符合设计要求；导体屏蔽由半导电包带和挤包的半导电层组成，挤包半导电层在与绝缘层的交界面上应光滑，无明显绞线凸纹、尖角、颗粒、烧焦或擦伤痕迹；厚度应符合技术协议参数要求
3	绝缘	绝缘层	查验绝缘工序记录 头尾抽样检查 查看绝缘中间检验卡片	R、W	要求：绝缘层的标称厚度、最小测量厚度和偏心度应符合技术协议相应参数，主机应装有测偏仪
4	绝缘屏蔽	半导电绝缘屏蔽层	查验绝缘工序记录 头尾抽样检查 查看绝缘中间检验卡片	R、W	要求：绝缘屏蔽为挤包的半导电屏蔽层，挤包半导电层在与绝缘层的交界面上应光滑，无尖角、颗粒、烧焦或擦伤痕迹；厚度应符合技术协议参数要求；线芯表面无划痕凹坑、竹节状，尺寸符合技术协议要求，表观光滑、圆整
5	绝缘去气	去气烘房	查看工序工艺文件 查验去气工序记录 去气现场见证	R、W	要求：烘房内温度应恒定均匀，去气温度、时间应符合工艺规定要求；冷却时间应保证内应力消除；线芯冷却环境应保证不受潮气侵蚀或灰尘污染

续表

序号	监造项目	见证内容	见证方法	见证方式	监造要点
6	缓冲层绕包	绕包工艺	查看工序工艺文件 查验绝缘工序记录 查看绝缘中间检验卡片 查看绕包带出厂质量证明书和入厂检验记录	R、W	要求：绕包符合工艺要求；绕包用半导电弹性材料或具有阻水功能的半导电阻水膨胀带绕包而成；绕包应平整、紧实、无皱褶；绕包带规格、搭盖率应符合技术协议要求，应加强金属布带材料和工艺的检查，注意金属编织铜丝的良好接触

3. 电缆护层制造及监造要点

电缆护层制造包括绝缘线芯包带、中性线绞包、金属护层、装铠和外护套。

1) 绝缘线芯包带

在绝缘线芯包带的过程中，把缓冲层、保护层和阻水层绕包到挤包的绝缘线芯上。

2) 中性线绞包

中性线绞包把铜线、铜带或扁铜带包绕在电缆上。其质量控制要点如下：

(1) 检查铜带绕包层数、方向、重叠率，应符合工艺规定。

(2) 检查绕包质量，要求平整、紧实，不得有褶皱、卷边、漏包、碰伤等缺陷。

(3) 检查铜带焊接质量，要求铜带接头必须焊接。

(4) 检查排线质量，要求平整，无交叉、压擦。

3) 金属护层

金属护层是指施加金属的防潮层和保护层。电缆的金属外护套和绝缘外护套一般都是在电缆芯成型后再加上去的。这道工序总量和挤出、交联、冷却的过程相分离。有多种金属屏蔽的类型可应用于 MV 电缆或 HV 电缆设计中，其中同心包覆圆线、扁带状金属外护套、铜带金属屏蔽等是常见的应用。

在使用同心屏蔽时，有两个重要因素需要考虑：① 同心屏蔽要紧密地包在绝缘线芯周围，但是不能过紧。若是过紧，可能就会陷到绝缘线芯中而破坏电缆。虽然屏蔽必须要能够适应绝缘线芯受热后的膨胀，但若是包得过松，屏蔽线会扭结或皱起而穿透外护套。在挤出外护套时，若屏蔽太松散，外护套会流到屏蔽下面。所有这些总量都是人们不希望发生的，必须避免。② 在使用同心屏蔽时，要选择合适的绞合系数(单位长度上的螺旋圈数)。若单位长度的电缆转数过多，就会造成材料的浪费，以及金属屏蔽不必要的高阻抗。若电缆的转数过少，金属屏蔽就会使电缆在卷绕到线盘或安装使用时不能适当弯曲。某些用户会指定使用纵包皱纹铜带屏蔽。纵包皱纹铜带屏蔽有一定的重叠部分，有时会在其间涂敷胶粘剂以防止水汽侵入。合适的重叠对这些屏蔽带是非常重要的。皱纹与皱纹之间在重叠处应对齐。所有阻水带和复合材料都不能起皱或扭转，否则会降低其使用效果。

输电级电缆几乎都有一层实体金属护套，例如焊接的皱纹铜套、挤出的皱纹铝套、输出的铅套，或者胶合的铜箔或铝箔护层。金属箔复合层有时会和圆铜线或扁铜带一起使用。当使用各种制造工艺生产这些屏蔽时，最重要的因素有以下几点：① 当电缆弯曲时，屏蔽不能开裂；② 屏蔽要完全地密封，焊接处不能出现针孔；③ 金属屏蔽(金属箔、金属套、金属线等)和电缆绝缘屏蔽之间必须保持良好的电气接触。

4) 装铠

装铠是指敷设地下电缆时,工作中可能承受一定的正压力作用,这时可选择内钢带铠装结构。电缆敷设在既有正压力作用又有拉力作用的场合时(如水中、垂直竖井或落差较大的土壤中),应选用具有内钢丝铠装的结构型。海底电缆采用高强度金属构件(钢)来保护电缆。

装铠工序的质量控制要点如下:

(1) 检查钢带规格尺寸、层数、绕包方向、绕包间隙,应符合工艺规定。

(2) 检查钢带焊接质量,要求钢带接头必须焊接,接头处应平整、牢固,不得有毛刺。

(3) 检查绕包质量,要求圆整、紧实,不得有漏包现象。

(4) 检查排线质量,要求平整,无交叉、压擦。

5) 外护套

外护套,采用聚合物护套,起到机械保护(对金属箔的保护特别重要)和防腐蚀作用。有许多不同的混合料用于电缆绝缘外护套,这些材料可以用加压挤出或者较松地"套"到电缆上。在大多数情况下,外护套的加工独立于其他制造工序,经常是作为最后一道工序。

外护套工序的质量控制要点如下:

(1) 外护套必须满足电缆规定的最大厚度和最小厚度要求。

(2) 冷却方法不能造成机械应力。通常都是让电缆通过较长的流动水的冷却槽来实现,水槽的水温要经过仔细选择。如果护套冷却过快,可能容易产生开裂和/或收缩。这对早期的单峰 HDPE 和 MDPE 材料很重要,但对由多模态工艺生产出的材料来说总量少得多。

(3) 带有绝缘外护套的电缆必须要经过火花试验,一般在护套冷却后电缆绕到线盘之前进行该试验,这是为了确定护套上没有针孔或缺漏。在火花试验中,确保电缆的金属屏蔽接地很重要。

(4) 检查护层质量,不得有塑化不良、烧焦、气泡、杂质。

(5) 检查护套外观,要求护层紧密地挤包在缆芯上,表面圆整、光滑,不得有压扁、松套、鼓包、漏包、划伤等现象。

(6) 检查电缆识别标志,要求字迹清晰、连续,内容符合工艺及极化要求。

(7) 检查排线质量,要求平整,无交叉、压擦。

电缆护层制造的监造要点见表 5.5。

表 5.5 电缆护层制造的监造要点

序号	监造项目	见证内容	见证方法	见证方式	监造要点
1	金属套制造	压铝(铅)工艺或纵包氩弧焊工艺	查看工序工艺文件 查验工序记录 查验铝锭(铅块、铝板)出厂质量证明书和入厂检验记录是否符合技术协议要求 气密性试验	R/W/H	要求:金属套平均厚度和最小厚度应符合技术协议要求;金属套轧纹深度、节距、波峰外径应符合工艺文件规定;金属套应通过气密性试验

续表

序号	监造项目	见证内容	见证方法	见证方式	监造要点
2	防腐层涂敷	防腐工艺	查看工序工艺文件 查验沥青或热熔胶出厂质量证明书和入厂检验记录	R、W	要求：涂敷符合工艺要求；涂敷均匀连续完整
3	外护套	挤包外护套	查看工序工艺文件 查验外护套工序记录 查验护套料出厂质量证明书和入厂检验记录	R	要求：原材料供应厂商应符合技术协议要求；外护套挤包工艺能保证外护套质量；挤包外护套应根据使用环境要求选择聚乙烯或聚氯乙烯，外护套任意点最小厚度不小于标称厚度的85%
4		挤包外护套层工序	挤包现场见证	W	要求：挤包符合工艺要求，表观光滑；挤包后外护套牢固包覆在金属套上，外护套其他方面应符合GB/T 2952标准中的相应规定；其表观应光滑圆整，无夹渣、气孔和疤痕
5	外导电层	外导电层涂敷或挤包	外电极涂层干石墨粉质量证明书 挤包外电极电阻率	R、W	要求：表观光滑牢固；电阻率符合试验要求；导电层应均匀、光滑、牢固不脱落，在电缆敷设和长期运行条件下应牢固包覆在外护套上，外电极最大电阻率应小于1000 Ω·m

5.1.5 出厂试验及监造要点

制造厂电力电缆试验可以分为例行试验、抽样试验和型式试验。

例行试验也称为出厂试验，主要目的是检验每个产品是否存在偶然因素造成的缺陷。全部产品均必须做，为非破坏性试验。

抽样试验的主要目的是验证生产过程中产品的关键性能是否符合设计要求，一般是定期、定量（一般比例为10%），多为破坏性的。

型式试验主要是为了确定产品的设计是否满足预期的使用要求，多为破坏性的。它是全性能的，包括电气性能、机械物理性能及各种特定要求的性能等。如果电缆材料、制造工艺、结构或设计发生改变，需重新进行型式试验，并出具报告。

5.1.5.1 例行试验

1. 例行试验

电力电缆的例行试验包括局部放电试验、工频电压试验、外护套负极性直流电压试验、电缆标志及长度。

1）局部放电试验

试验目的：确定试品是否存在放电及放电是否超标，确定局部放电起始电压和熄灭电压。发现其他绝缘试验不能检查出来的绝缘局部隐形缺陷及故障。

试验方法和要求：到目前为止，电缆行业中局部放电测量都是采用脉冲法。试验回路包括高压电源、高压电压表、测量回路、放电量校准器、双脉冲发生器等。试验设备所有部件的噪声水平应足够低，以得到所要求的灵敏度。

短电缆试验（包括型式试验）方法：① 选择试验回路；② 检查校准器的灵敏度；③ 只需在试样的一端进行测量，用测得的偏转值计算出放电量。

不接终端阻抗的长电缆试验方法：① 选择试验回路；② 检查校准器的灵敏度；③ 将耦合电容器的高压端轮流接到电缆每一端，测出两个偏转值，用测得的较高数值来计算放电量。

接终端阻抗的长电缆试验方法：① 选择试验回路；② 检查校准器的灵敏度；③ 为尽量精确得出局部放电量，耦合电容器的高压端应轮流连接到电缆两端进行测量，用测得的两个偏转值来计算放电量；在放电量不超过规定值且得到充分满足的情况下，可把耦合电容器高压端仅与电缆一端连接做试验，此时标准脉冲仅在接终端阻抗的电缆远端，若已知标定系数，可计算放电量。

采用反射抑制器的长电缆试验方法：① 选择试验回路；② 检查校准器的灵敏度；③ 将耦合电容器的高压端轮流接到电缆每一端，测出两个偏转值，用测得的较高数值来计算放电量。

试验要求如下：无论是型式试验还是例行试验，试验电压应加在导电线芯和金属屏蔽之间，电缆的试验电压由产品标准规定。进行局部放电测量时，电压应平稳地升高到1.2倍试验电压，但时间应不超过1 min，此后，缓慢地下降到规定的试验电压，此时即可测量局部放电量值，其合格指标应在产品标准中规定，或测量（判断）试样在给定试验回路灵敏度下无可检出的放电。

2）工频耐压试验

试验目的：电缆工频耐压试验是鉴定电力设备绝缘强度最有效和最直接的方法，是预防性试验的一项重要内容。此外，由于交流耐压试验电压一般比运行电压高，通过试验后，设备有较大的安全裕度，因此交流耐压试验是保证电力设备安全运行的一种重要手段。

试验方法和要求：电缆工频耐压试验采用串联谐振耐压试验，是最新一代、特别适用于大容量容性试品（如发电机、电缆等）的交流耐压试验。

试验方法：① 试样耐压试验的试验电压值和耐受电压时间按产品标准规定；② 试样的逐级击穿试验可由供需双方商定每级升压的数值和耐受时间，推荐每级耐受时间至少为5 min。

试样接线：① 按规定接线方式接线，也可采用其他接线方式，但必须保证试样每一线芯与其相邻线芯之间至少经受一次按产品标准规定的工频电压试验。② 五芯及以上多芯电缆通常需进行二次试验。第一次在每层芯中的奇数芯(并联)对偶数芯(并联)之间施加电压,第二次在所有奇数层的线芯(并联)对偶数层的线芯(并联)之间施加电压。如果电缆中同一层含有的线芯数为奇数,则应对未经受电压试验的相邻线芯间再进行一次规定的电压试验。③ 在试样的金属套(屏蔽)和铠装之间的内衬层试验时,所有线芯都应与金属套(屏蔽)相连接,并接至试验电源的高压端。

电力电缆工频耐压试验的接线方式见表5.6。

表5.6 电力电缆工频耐压试验的接线方式

试样	试样结构简图	试样接线方式(高压端→接地端)	
		无金属套、金属屏蔽、铠装且无附加特殊电极	有金属套、金属屏蔽、铠装或有附加特殊电极
单芯		—	1→0
二芯	①②	1→2	(1) 1→2+0 (2) 2→1+0
三芯	①②③	(1) 1→2+3 (2) 2→3+1	(1) 1→2+3+0 (2) 2→1+3+0 (3) 3→1+2+0
四芯	④①②③	(1) 1→2+3+4 (2) 2→3+4+1 (3) 3→4+1+2	(1) 1→2+3+4+0 (2) 2→1+3+4+0 (3) 3→1+2+4+0 (4) 4→1+2+3+0

注:1. 表中"1、2、3、4"代表线芯导体编号。

2. 表中"0"代表金属护套、金属屏蔽、铠装或附加特殊电极(如水槽、金属珠链、石墨涂层、绕包金属箔等)。

3. 表中"+"代表相互电气连接。

试验要求如下:

(1) 除非产品标准另有规定,试验应在(20±15) ℃温度下进行;试验时,试样的温度与周围环境温度之差应不超过±3 ℃。

(2) 对试样施加电压时,应当从足够低的数值(不应超过产品标准所规定试验电压值的40%)开始,以防止操作瞬变过程而引起的过电压影响。然后应缓慢升高电压,以便能在仪表上准确读数,但也不能升得太慢,以免造成在接近试验电压时耐压时间过长。当施加电压超过75%试验电压后,只要以每秒2%的速率升压,一般可满足上述要求。保持试验电压至规定时间后,降低电压,直至低于所规定的试验电压值的40%,然后再切断电源,避免过程中可能导致的故障或导致不正确的试验结果。

试验结果及评定如下：

(1) 试样在施加所规定的试验电压和持续时间内无任何击穿现象，则可认为该试样通过耐受工频电压试验。

(2) 试验中如发生异常现象，应判断是否属于“假击穿”。假击穿现象应予排除，并重新试验。只有当试样不可能再次耐受相同电压值的试验时，才能认为试样已被击穿。

(3) 如果在试验过程中，试样的试验终端发生沿其表面闪络放电或内部击穿现象，允许另做试验终端，并重复进行试验。

(4) 试验过程中因故停电后继续试验，除产品标准另有规定外，应重新计时。

3) 外护套负极性直流电压试验

试验目的：主要检测外护套绝缘强度是否满足运行要求。

试验方法：① 试样耐压试验的试验电压值、极性、电流值和承受电压时间应符合产品标准规定。② 试样的逐级击穿试验可由供需双方商定每级升压的数值和耐受时间，推荐每级耐受时间至少为5 min。

试验接线：① 除产品标准另有规定外，应按规定接线方式接线，但必须保证试样每一线芯与其相邻线芯之间至少经受一次按产品标准规定的直流电压试验。② 五芯及以上多芯电缆，通常需进行二次试验。第一次在每层线芯中的奇数线芯（并联）对偶数线芯（并联）之间施加电压；第二次在所有奇数层的线芯（并联）对偶数层的线芯（并联）之间施加电压。如果电缆中同一层中含有的线芯数为奇数，则应对未经受电压试验的相邻线芯间再进行一次规定的电压试验。③ 分相铅套（或铝套）电缆应依次将每一线芯接高压端，其他线芯相互连接，并与金属套、屏蔽或他装（若有）一起接地，或按单芯电缆并联接线。④ 在绝缘型护套试验时，试样的所有导体都应与金属套（屏蔽）和铠装（若有）相连接，而附加特殊电极（如水槽或石盈涂层）接至接地端。⑤ 试样的金属套（屏蔽）与铠装之间的内衬层进行试验时，所有线芯都应与金属套（屏蔽）相连接，并接至试验电源的高压端，而铠装接至接地端。

外护套负极性直流电压试验的接线方式见表5.7。

表5.7 外护套负极性直流电压试验的接线方式

试样	试样结构简图	试样接线方式（高压端→接地端）	
		无金属套、金属屏蔽、铠装且无附加特殊电极	有金属套、金属屏蔽、铠装或有附加特殊电极
单芯		—	1→0
二芯	①②	1→2	(1) 1→2+0 (2) 2→1+0

续表

试样	试样结构简图	试样接线方式(高压端→接地端)	
		无金属套、金属屏蔽、铠装且无附加特殊电极	有金属套、金属屏蔽、铠装或有附加特殊电极
三芯	①②③	(1) 1→2+3 (2) 2→3+1	(1) 1→2+3+0 (2) 2→1+3+0 (3) 3→1+2+0
四芯	④①②③	(1) 1→2+3+4 (2) 2→3+4+1 (3) 3→4+1+2	(1) 1→2+3+4+0 (2) 2→1+3+4+0 (3) 3→1+2+4+0 (4) 4→1+2+3+0

注:1. 表中“1、2、3、4”代表线芯导体编号。

2. 表中“0”代表金属护套、金属屏蔽、铠装或附加特殊电极(如水槽、金属珠链、石墨涂层、绕包金属箔等)。

3. 表中“+”代表相互电气连接。

试验要求如下:

(1) 除非产品标准另有规定,试验应在(20±15) ℃的环境温度下进行;试验时,试样的温度与周围环境温度之差应不超过±3 ℃。

(2) 对试样施加电压时,应从足够低的数值(不应超过相应产品标准所规定试验电压值40%)开始,以防止操作瞬变过程引起的过电压影响。然后应慢慢地升高电压,以便能在仪表上准确读数,但也不应太慢以免造成在接近试验电压时耐压时间过长。若试验电压值达到75%以上,以每秒2%的试验电压速率升压,通常能满足上述要求。将试验电压保持规定时间后,然后切断充电电源,通过适当的电阻使回路电容包括试样电容放电来消除电压。

试验结果及评定如下:

(1) 试样在施加相应规定的试验电压和持续时间内,无任何闪络放电,或者试验回路电流不随时间而增大,则应认为试样通过直流电压试验。如果在试验期间内出现电流急剧增加,甚至直流高电压发生器线路的开关跳闸,且试样不可能再次耐受同样的试验电压,则应认为试样已被击穿。

(2) 在对试样施加规定的试验电压下,其泄漏电流不超过相应标准规定值,则应认为试样的泄漏电流试验合格。

(3) 如果在试验过程中,试样的试验终端发生沿其表面闪络放电或内部击穿现象,允许另做试验终端,并重复进行试验。

(4) 试验过程中因故停电后继续试验,除产品标准另有规定外,应重新计时。

4) 电缆标志及长度试验

检验目的:标准要求电缆包装上应附有表示产品型号、规格、标准号、厂名和产地的标签或标志，规格包括额定电压、芯数和导体标称截面等；电缆表面应印有制造厂名、产品型号和额定电压的连续标志，标志间距要求小于或等于 200 mm(绝缘表面)或小于或等于 500 mm(护套表面)，标志内容应齐全、清晰、耐擦，这个要求是方便使用者了解电缆的型号规格和电压等级，以防敷设错误。

电缆标志的要求如下：

(1) 电缆识别标志：用文字、字母、符号、颜色等标记标出电线电缆的制造厂、产品商标、型号、规格，性能等。

(2) 绝缘线芯识别标志：用阿拉伯数字、颜色(单一颜色或组合颜色)区分多芯电缆的不同绝缘线芯或标明绝缘线芯的功能。

(3) 标准颜色：多芯电缆(二芯以上)绝缘线芯采用颜色识别时规定优先采用的颜色(包括组合颜色)及其顺序排列规则。

(4) 颜色识别和数字识别的要求是：① 标志颜色应能确认符合或接近规定的某一种颜色，用颜色识别绝缘线芯时，可全部采用着色绝缘料，或在绝缘最外层挤包一薄层着色绝缘料，或纵向挤包一条合适宽度的色条等合适的方法。② 标志颜色应易于识别或易于辨认。③ 载体应是同一种颜色，所有识别数字的颜色应具有相同颜色。载体颜色与标志颜色应明显不同，且应能确认符合或接近规定的某一种颜色。④ 数字标志应清晰，字迹清楚。⑤ 标志应耐擦，擦拭后的颜色应基本保持不变。

(5) 印刷标志：① 油墨印刷标志应清晰，字迹清楚，应耐擦，擦拭后的标志应基本保持不变。② 压印标志应采用凸印或凹印直接压印在载体上，压印标志的字迹应清晰且易于辨认。③ 用激光将文字、数字、字母、符号和图形雕刻在载体表面，应清晰或易于辨认。

(6) 标志线或标志带：① 用于识别电线电缆的标志线，其颜色可为单一颜色，也可为组合颜色。② 标志带是在带子上印上文字、字母、符号等标记，标出电线电缆的制造厂、产品电压等级、型号、规格、商标等。③ 整个标志线上的颜色应保持一致，组合颜色中两种颜色的分界线应保证清晰，标志线的颜色和标志带上的标记应清楚可辨。用汽油或其他合适溶剂清洗时，标志颜色应保持不变。

2. 例行试验的监造要点

例行试验的监造要点见表 5.8。

表 5.8 电力电缆例行试验的监造要点

序号	监造项目	见证内容与方法	见证依据	见证方式	监造要点
1	局部放电试验	试验设备是否在周检期内 试验方法是否正确 试验结果是否符合技术协议或标准的要求	GB/T 3048.12 Q/GDW 371	H	要求：试验方法正确，逐渐升压至 $1.75U_0$ 停留 10 s 后慢慢降至 $1.5U_0$ 后，观察被试样品，应无可检测出的放电(检测灵敏度不得大于 5 pC)

续表

序号	监造项目	见证内容与方法	见证依据	见证方式	监造要点
2	工频耐压试验	试验设备是否在周检期内 试验电压和时间应符合技术要求	GB/T 3048.8 Q/GDW 371	H	要求：试验电压和试验时间符合技术要求；电压施加在电缆导体与金属屏蔽和(或)金属套之间；220 kV 的电缆，其试验电压逐渐上升至 $2.5U_0$，保持 30 min 电缆不发生击穿；330 kV 和 500 kV 的电缆，其试验电压逐渐上升至 $2.0U_0$，保持 60 min 电缆不发生击穿
3	外护套负极性直流电压试验	试验设备是否在周检期内 施加试验电压的电极和极性 试验电压和时间应符合技术要求	GB/T 3048.14 Q/GDW 371	H	要求：试验电压和试验时间应符合技术要求；在金属套和电缆外导电层之间以金属套为负极，施加直流电压 25 kV，历时 1 min，外护套不发生击穿
4	电缆标志及长度	查验电缆标志及长度	商务合同 GB 6995	W	要求：标志米计、型号规格、供应商名称、制造年份；标志间距不大于 500 mm

5.1.5.2 抽检试验

抽检试验的监造要点见表 5.9。

表 5.9 电力电缆抽检试验的监造要点

序号	监造项目	见证内容与方法	见证依据	见证方式	监造要点
1	导体检验	测量用量具是否在周检期内 导体尺寸、结构	技术协议 GB/T 3956	W	要求：符合 GB/T 3956 和商务合同/技术协议要求
2	导体直流电阻测量	试验装置是否在周检期内 测量环境温度 检测过程和检测结果	技术协议 GB/T 3956 Q/GDW 371	H	要求：20 ℃下直流电阻应符合 GB/T 3956 和 Q/GDW 371 规定；试样应在试验前置于温度比较稳定的试验室内至少 12 h；如果怀疑导体与试验室温度不同，应把试样置于试验室至少 24 h；根据 GB/T 3956 中的公式和系数，将导体直流电阻修正至温度为 20 ℃、长度为 1 km 的电阻值

续表

序号	监造项目	见证内容与方法	见证依据	见证方式	监造要点
3	绝缘和外护套厚度测量	绝缘和外护套的最小厚度 绝缘偏心度	GB/T 2951.11 Q/GDW 371	H	要求:测量值满足技术协议要求;绝缘最小测量厚度应不小于标称厚度的95%;外护套绝缘最小测量厚度应不小于标称厚度的85%;绝缘偏心度符合技术协议要求
4	金属套厚度测量	铝(铅)护套测量厚度	技术协议 Q/GDW 371	W	要求:测量值能满足技术协议和Q/GDW 371要求;铅套可分别采用窄条法或圆环法进行测量;皱纹铝套最小厚度应符合Q/GDW 371要求
5	XLPE绝缘热延伸试验	热延伸性能检查	GB/T 2951.12 Q/GDW 371	W	要求:应在电缆绝缘的内、中、外侧分别取样;试验结果在规定温度下负重15 min后,伸长率的中间值应不大于125%;冷却后永久伸长率应不大于10%
6	电容测量	电缆导体与金属套间的电容值	技术协议 供应商设计工艺	W	要求:测量电容值不超过技术参数值或供应商声明标称值的8%
7	雷电冲击试验及随后的工频电压试验	雷电冲击试验及随后的工频电压试验	技术协议 GB/T 3048.13	H	要求:试样应耐受标准固定的正、负极性各10次雷电电压冲击试验而不击穿;试样长度应在10 m以上,应将导体温度于95～100 ℃下施加试验电压;雷电冲击电压试验后电缆试样应经受$2.0U_0$/15 min的工频耐受试验不击穿
8	纵向透水试验	电缆阻水性能	技术协议 Q/GDW 371	W	要求:符合Q/GDW 371的规定

5.1.6 包装、保管和运输的监造要点

在确认电缆标志及长度无误后,应监督供应商按照商务合同和技术协议要求对电缆进行包装,包装要符合JB/T 8137的要求。每盘只能装一根成品电缆,发运时应附上相应的技术资料。成品电缆的护套表面上应有制造厂名、产品型号、额定电压、每米打字和制造年、月的连续标志,标志应字迹清楚,清晰耐磨。

电力电缆的包装、保管和运输的监造要点如下：

(1) 电缆的包装需要使用电缆盘，电缆盘有铁盘、木盘和铁框木盘，盘的外径对运输、保管的成本影响较大，用于 10 kV 及以下电缆，盘径以 3.2 m 以下为宜，盘宽以不超过 2.2 m 为好，对于超过 3.5 m 的要用特殊的运输车。

(2) 每盘电缆的重量与电缆的规格型号和长度有关，一般中低压电缆单盘长度在 500 m 左右，重量在 3～10 t。

(3) 在电缆盘上应有下列文字和符号标志：合同号、电缆盘号；收货单位；目的口岸或到站；产品名称和型号规格；电缆的额定电压；电缆长度；表示搬运电缆盘正确滚动方向的箭头和起吊点的符号；必要的警告文字和符号；供方名称和制造日期；外形尺寸、毛重和净重。

(4) 在运输装卸过程中，不应使电缆及电缆盘受到损伤。严禁将电缆盘直接由车上推下。电缆盘不应平放运输、平放贮存。

(5) 运输或滚动电缆盘前，必须保证电缆盘牢固，电缆绕紧。滚动时，必须顺着电缆盘上的箭头指示或电缆的缠紧方向。

(6) 电缆在运输、保管中封头应进行保护，可靠密封，防止受潮进水。当外观检查有疑问时，应进行受潮判断或试验。保管期间封头有损坏应立即处理。

(7) 电缆保管应集中分类存放，并应标明型号、电压、规格、长度。电缆盘之间应有通道。地基应坚实，当受条件限制时，盘下应加垫，存放处不得积水。当电缆盘有损坏时，应及时更换。

5.1.7　典型案例

图 5.9 列出了几种常见的有质量缺陷的电力电缆。

1. 案例 1

问题描述：2012 年 9 月 7 日，项目单位在抽检中发现电缆附件：24 套 10 kV 电缆终端，3×240 绝缘外套有不同程度破损。设备型号为 10 kV 电缆终端，3* 240 户外终端，冷缩，铜。与厂家沟通后来现场进行分析，结论是厂家原材料有问题，该批次全部退货并进行更换处理，2012 年 9 月 23 日处理完成。

原因分析：供应商承认在生产过程中使用不合格原材料导致产品质量出现问题。

处理情况：将不合格产品做退货处理。

防范措施：加强入库检查力度，督促生产单位严格控制生产工艺，加强对供应商提供合格产品的约束力，同时加大入网产品质量抽检力度，确保产品的安全性。

2. 案例 2

问题描述：2012 年 11 月 26 日，项目单位在对供应商制造电力电缆现场查看时，发现存在劣质铜杆代替合格铜杆的现象，铜杆分为两部分，一部分是××集团生产的，颜色纯正，做工精细，包装完好；另外一部分无生产厂家、包装和标识，而且表面色泽发暗，有氧化现象，加工粗糙，存在明显的质量问题。经项目单位专家审核后，已暂停该厂的生产进度，要求其全部使用正品铜材料，供应商已全部替换。

原因分析：供应商为了降低成本，以假充真，未按合同要求生产，属不诚信行为。

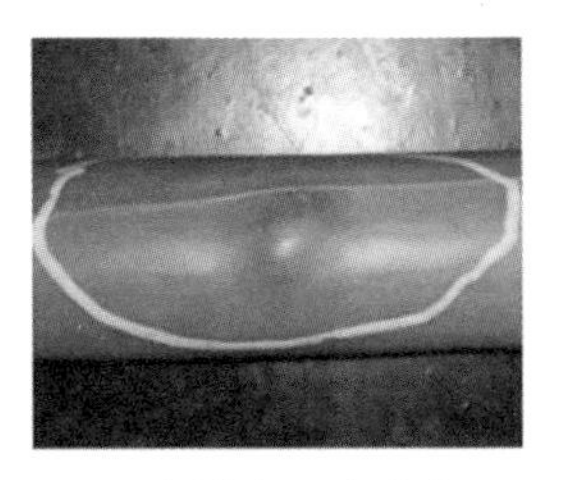

(a) 电缆表面有突起

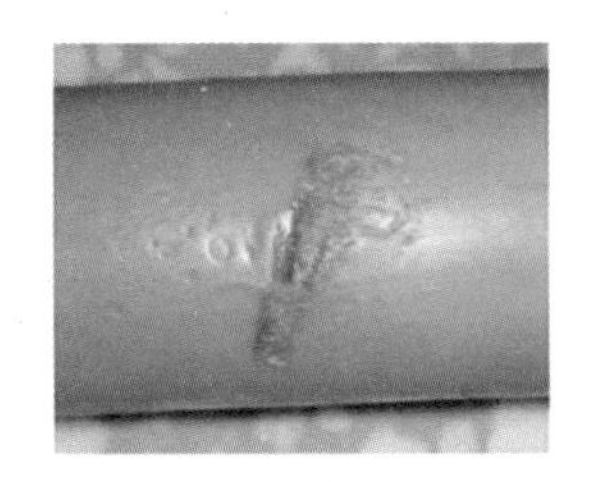

(b) 电缆绝缘表面有烧灼痕迹

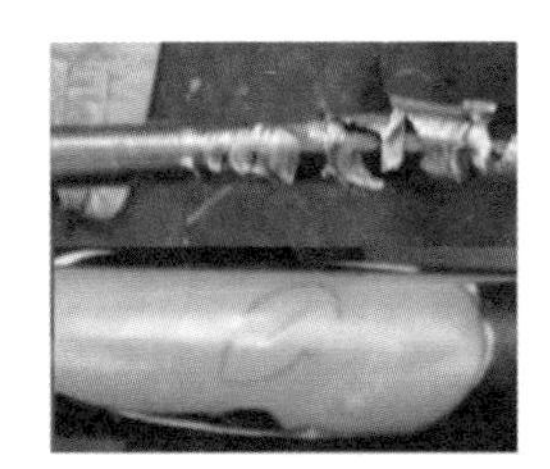

(c) 电缆金属屏蔽不连续

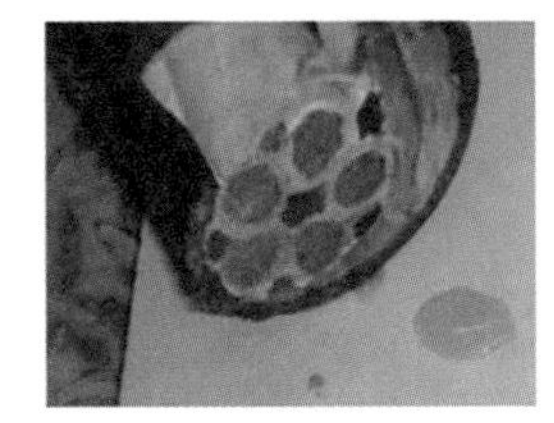

(d) 电缆进水

(e) 钢铠氧化

(f) 线芯氧化(绿相)

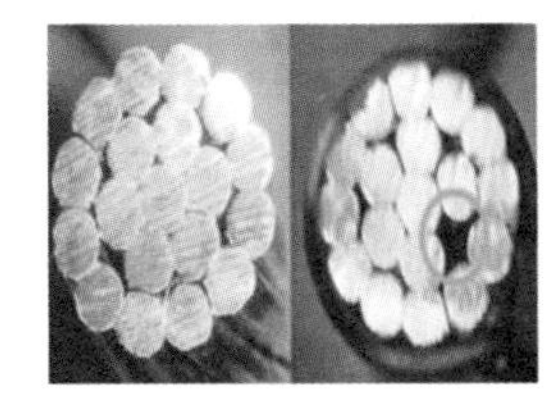

(g) 右侧电缆(1+6+12)缺少一根单丝

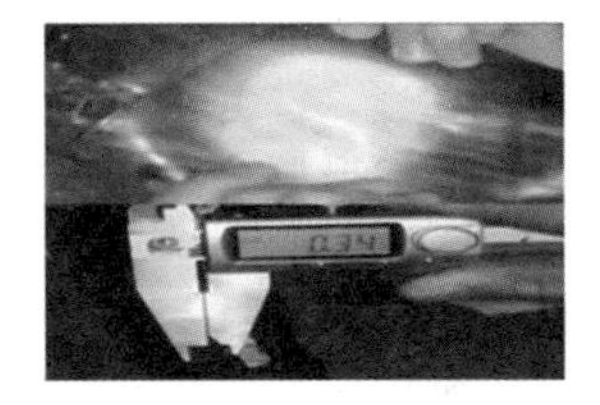

(h) 内护套厚度不符合标准要求(近乎透明,该电缆内护套厚度标准为不小于 1.7 mm)

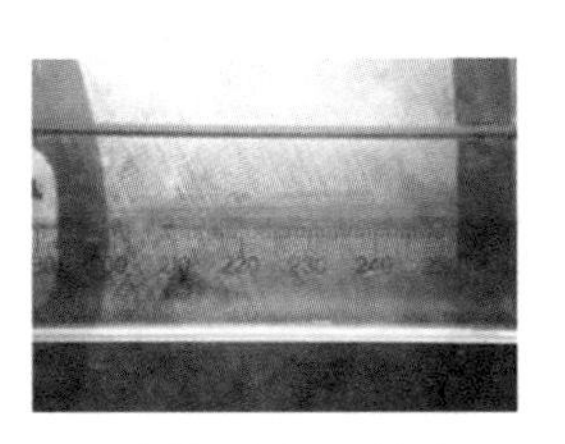

(i) 绝缘厚度不符合要求(太薄或太厚都不行,10 kV 交联电缆的标准为 4.2～4.8 mm,此图为 10 倍投影仪的照片)

图 5.9　各种质量缺陷的电力电缆

处理情况:将不合格产品做退货处理。

防范措施:完善产品入库制度,加强合格供应商管控度,督促供应商严格控制工艺要求。同时加大产品质量的抽检力度,确保产品的高合格率。

3. 案例 3

问题描述:2007 年 10 月,项目单位发现 220 kV 工程项目中一电力电缆在基建施工过程中情况良好,并通过交接试验,但在 2012 年例行试验过程中发现电缆外护套进水,由于电缆采用沟槽及排管敷设,能够对电缆起到有效保护,电缆通过区域不是污源区域,电缆外护套破损可能性极小,因此分析出现渗水的主要原因是电缆在接头完成后未能很好地密封。该中间接头为组合预制式,于 2007 年 7 月生产,2007 年 10 月投运。

原因分析:电缆头接头完成后未能很好地密封,导致后期发生渗水现象。

处理情况:对问题产品进行更换。

防范措施:加强合格供应商管控,督促供应商严格控制生产工艺,提高电缆接头密封要求,同时加大入网产品质量的抽检力度,确保产品的安全性。

5.2 导(地)线

5.2.1 概述

通常所称的输电线路就是指架空输电线路。与地下输电线路相比较,架空线路建设成本低,施工周期短,易于检修维护。因此,架空线路输电是电力工业发展以来所采用的主要输电方式。架空线路由导线、架空地线、绝缘子串、杆塔、接地装置等部分组成。本节重点介绍的就是架空线路中的导线和架空地线(图 5.10)。

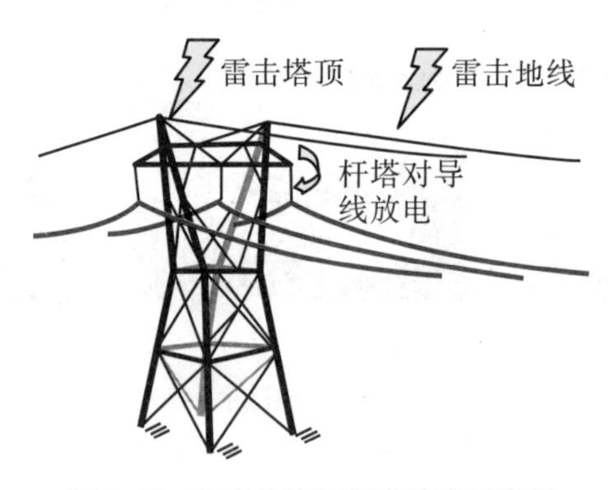

图 5.10 架空导线和架空地线示意图

导线起传导电流的作用,必须具有足够的截面以保持合理的通流密度。导线都是处在高电位。为了减小电晕放电引起的电能损耗和电磁干扰,导线还应具有较大的曲率半径。

架空地线简称地线,又称为避雷线,是高压输电线路的重要组成部分,能有效防止雷电直击输电导线。当雷击输电线路杆塔时,架空地线能起到分流作用,减小杆塔塔顶电位,防止雷电反击;当雷击输电线路附近大地时,架空地线能起到屏蔽作用,降低输电导线上感应雷过电压。架空地线由于不负担输送电流的任务,所以不要求具有与导线相同的电导率和导线截面,通常多采用钢绞线。线路正常送电时,架空地线中会受到三相电流的电磁感应作用而出现电流,因而会增加线路功率损耗并且影响输电性能。有些输电线路还使用良导体地线,即用铝合金或铝包钢导线制成的架空地线。这种地线导电性能较好,可以改善线路输电性能,减轻对邻近通信线的干扰。

5.2.2 分类及表示方法

1. 导(地)线分类

导(地)线名称型号见表 5.10。

表5.10 导(地)线名称型号

名称	型号
铝绞线	JL
铝合金绞线	JLHA1、JLHA2、JLHA3、JLHA4
钢芯铝绞线	JL/G1A、JL/G2A、JL/G3A JL1/G1A、JL1/G2A、JL1/G3A JL2/G1A、JL2/G2A、JL2/G3A JL3/G1A、JL3/G2A、JL3/G3A
防腐型钢芯铝绞线	JL/G1AF、JL/G2AF、JL/G3AF JL1/G1AF、JL1/G2AF、JL1/G3AF JL2/G1AF、JL2/G2AF、JL2/G3AF JL3/G1AF、JL3/G2AF、JL3/G3AF
钢芯铝合金绞线	JLHA1/G1A、JLHA1/G2A、JLHA1/G3A JLHA2/G1A、JLHA2/G2A、JLHA2/G3A JLHA3/G1A、JLHA3/G2A、JLHA3/G3A JLHA4/G1A、JLHA4/G2A、JLHA4/G3A
防腐型钢芯铝合金绞线	JLHA1/G1AF、JLHA1/G2AF、JLHA1/G3AF JLHA2/G1AF、JLHA2/G2AF、JLHA2/G3AF JLHA3/G1AF、JLHA3/G2AF、JLHA3/G3AF JLHA4/G1AF、JLHA4/G2AF、JLHA4/G3AF
铝合金芯铝绞线	JL/LHA1、JL1/LHA1、JL2/LHA1、JL3/LHA1 JL/LHA2、JL1/LHA2、JL2/LHA2、JL3/LHA2
铝包钢芯铝绞线	JL/LB14、JL1/LB14、JL2/LB14、JL3/LB14 JL/LB20A、JL1/LB20A、JL2/LB20A、JL3/LB20A
铝包钢芯铝合金绞线	JLHA1/LB14、JLHA2/LB14 JLHA1/LB20AF、JLHA2/LB20AF
防腐型铝包钢芯铝合金绞线	JLHA1/LB14F、JLHA2/LB14F JLHA1/LB20AF、JLHA2/LB20AF
钢绞线	JG1A、JG2A、JG3A、JG4A、JG5A
铝包钢绞线	JLB14、JLB20A、JLB27、JLB35、JLB40

字母含义如下：

(1) 导(地)线型号第一个字母均用J，表示同心绞合。

(2) 单一导线在J后面，组成导线的单线代号。

(3) 组合导线在J后面为外层线(或外包线)和内层线(或线芯)的代号，二者用"/"分开。

(4) 在型号尾部加防腐代号F，则表示导线采用涂防腐油结构。

2. 导线产品型号的表示方法

导线产品型号的表示方法如图 5.11 所示。

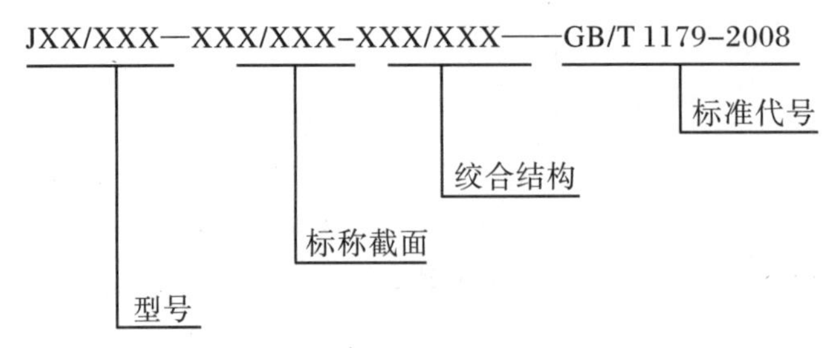

图 5.11 导线产品型号的表示方法

例如：

(1) JL-500-37 表示由 37 根硬铝线绞制成的铝绞线，其标称截面为 500 mm^2。

(2) JLHA1-400-37 表示由 37 根 LHA1 型铝合金线绞制成的铝合金绞线，其标称截面为 400 mm^2。

(3) JL/G1A-630/45-45/7 表示由 45 根 L 型硬铝线和 7 根 A 级镀层 1 级强度的镀锌钢线绞制成的钢芯铝绞线，硬铝线标称截面为 630 mm^2，钢线标称截面为 45 mm^2。

(4) JL3/LB20A-630/55-48/7 表示由 48 根 L3 型硬铝线和 7 根 20.3%IACS 导电率 A 型铝包钢线绞制成的铝包钢芯铝绞线，硬铝线的标称截面为 630 mm^2，铝包钢线的标称截面为 55 mm^2。

5.2.3 架空导(地)线的结构

图 5.12 圆线和型线同心绞架空导线产品

架空导线由导体和承力件组成。导体可以是铝或铝合金，承力件可以是镀锌钢线、铝包钢线、殷钢线、碳纤维或铝基陶瓷复合纤维等材料。导体部分的铝和铝合金可以是圆线，也可以是型线(T 型、S 型、Z 型、TO 型、SO 型等)，如图 5.12 所示。铝线的状态可以是硬线，也可以是软线。

型线同心绞的钢芯铝型线绞线，比圆线同心绞钢芯铝绞线的导体截面利用率约高 15%。若截面积相等，钢芯铝型线绞线的直径约减小 9%，其他性能几乎相同；若两者直径相等，则钢芯铝型线绞线的导体截面积、单位质量和抗拉力较大，同时直流电阻减小而载流量增大。钢芯铝型线绞线的安装可采用常规金具，具有一定的缓覆冰性能和较好的弧垂特性，将是输电线路使用的一种重要线种。由于生产厂家设备投入以及产能限制等因素，型线的生产成本要高于圆线，故目前广泛使用的还是圆线同心绞架空导线。图 5.13 和图 5.14 分别是钢芯铝绞线和铝包钢芯铝绞线的结构示意图。

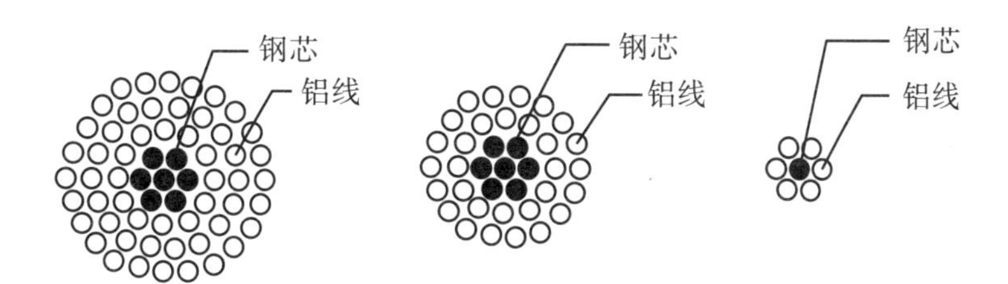

图 5.13 钢芯铝绞线结构示意图

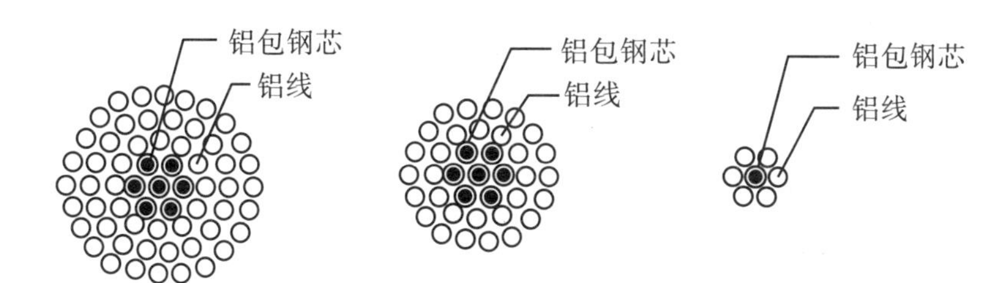

图 5.14 铝包钢芯铝绞线结构示意图

5.2.4 主要原材料及监造要点

1. 铝锭

铝是一种银白色金属，在地壳中含量仅次于氧和硅，排在第三位。铝的密度较小，仅为铁的 34.61%，铜的 30.33%，因此又被称作轻金属。铝是世界上产量和用量仅次于钢铁的有色金属。

铝锭应为银白色，表面应整洁，无较为严重的飞边和气孔，允许有轻微的夹渣。重熔用铝锭的化学成分有 7 个牌号，分别为 Al 99.90、Al 99.85、Al 99.70、Al 99.70、Al 99.60、Al 99.50、Al 99.00。铝锭的化学成分见表 5.11。

表 5.11 铝锭的化学成分表

牌号	化学成分（质量分数）								
	Al(⩾)	杂质(≪)							
Al 99.90		Fe	Si	Cu	Ga	Mg	Zn'	其他每种	总和
Al 99.85	99.90%	0.07%	0.05%	0.005%	0.02%	0.01%	0.025%	0.010%	0.10%
Al 99.70A	99.85%	0.12%	0.08%	0.005%	0.03%	0.02%	0.03%	0.015%	0.15%
Al 99.70	99.70%	0.20%	0.10%	0.01%	0.03%	0.02%	0.03%	0.03%	0.30%
Al 99.60	99.70%	0.20%	0.12%	0.01%	0.03%	0.03%	0.03%	0.03%	0.30%
Al 99.50	99.60%	0.25%	0.16%	0.01%	0.03%	0.03%	0.03%	0.03%	0.40%

续表

牌号	化学成分(质量分数)								
	Al(≥)	杂质(≤)							
Al 99.90		Fe	Si	Cu	Ga	Mg	Zn'	其他每种	总和
Al 99.00	99.50%	0.30%	0.22%	0.02%	0.03%	0.05%	0.03%	0.03%	0.50%
Al 99.90	99.00%	0.50%	0.42%	0.02%	0.05%	0.05%	0.05%	0.05%	1.00%

注:1. 铝质量分数为100%与质量分数等于或大于0.010%的所有杂质总和的差值。

2. 表中未规定的其他杂志元素,如Mn、Ti、V,供方可不做常规分析,但应定期分析,每年至少两次。

3. 用于食品、卫生工业的重熔用铝锭,其杂质Pb、As、Cd的质量分数不大于0.01%。

4. 对于表中未规定的其他杂质元素含量,如需方有特殊要求,可由供需双方另行协议。

5. 分析数值的判定采用修约比较法,数值修约规则按GB/T 8170的有关规定进行,修约数位与表中所列极限值数位一致。

':若铝锭中杂质Zn的质量分数不小于0.010%,供方可将其作为常规分析元素,并纳入杂质综合;若铝锭中杂质Zn的质量分数小于0.010%,供方可不做常规分析,但应每季度分析一次,监控其含量。

铝锭的监造要点见表5.12。

表5.12 铝锭的监造要点

监造项目	见证内容	见证方法	见证方式	监造要点
铝锭	外观与表面质量	查验原厂质量保证书 查看供应商的入厂检验记录 查看实物,记录规格、牌号	W/R	(1) 铝锭的外观应光滑,不能有严重粗糙、夹杂;化学成分应含99.5%以上铝,其他成分符合GB/T 1196规定
	化学性能			(2) 铝液中Si、Fe元素和Ti、V、Mn、Cr等微量元素的含量对铝线的电阻率影响很大,故须严格控制铝液成分,其中一般要求:Fe在0.12%~0.2%;Si≤0.08%;Cu≤0.005%;∑(Ti+V+Mn+Cr)≤0.01%。连铸连轧工艺对Fe∶Si比值的控制比较宽松,要求Fe>Si就可以了,生产中若Si含量为0.10%~0.16%,则需要稀土优化处理,减少Si的有害作用,所以应根据铝厂的质保书情况购买铝锭,铝锭含Si量应在0.10%以下,Ti、V、Mn、Cr等微量元素的含量应小于0.01%,有时Ti、V、Mn、Cr含量较高的铝锭价格较低,这种情况有时可以加硼铝合金进行处理;另外也可以与Ti、V、Mn、Cr含量低的铝锭搭配使用,以降低铝中Ti、V、Mn、Cr的含量

2. 镀锌钢线

镀锌钢线(图5.15)是一种在钢线材的表面覆盖镀锌层的导线。单线标称直径(包括镀层)在1.25～5.50 mm,强度等级有1级、2级、3级、4级和5级。镀锌层有A级和B级两个级别。其20 ℃时的密度为7.78 kg/dm³。镀锌用锌锭的最小含锌量为99.85%,可采用热镀法或电镀法对钢线进行镀锌。

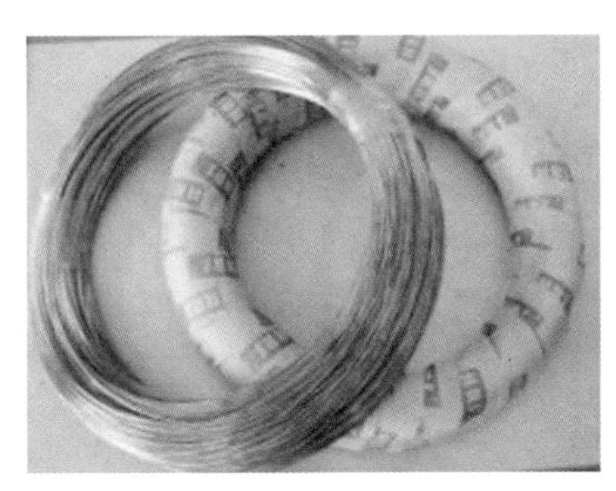

图5.15 镀锌钢线实物图

镀锌钢线的技术要求如下:

(1) 镀锌前的钢线应光洁,不应有与良好商品不相称的所有缺陷。镀锌钢线应较光洁,不应有与良好商品不相称的所有缺陷。

(2) 直径和直径偏差应符合《架空绞线用镀锌钢线》(GB/T 3428—2012)中表1～表5规定的数值范围。

(3) 成品的镀锌钢线不应有任何类型的接头。

(4) 机械性能试验,即1%伸长时的应力试验、拉力试验、伸长率试验、扭转试验和卷绕试验均应在成品镀锌钢线上进行,其结果应符合《架空绞线用镀锌钢线》(GB/T 3428—2012)的相应规定。

(5) 镀锌层试验,即质量测定、附着性试验、连续性试验应符合《架空绞线用镀锌钢线》(GB/T 3428—2012)的相应规定。

镀锌钢线的技术标准见表5.13。

表5.13 镀锌钢线的技术标准

外观及表面质量	镀锌钢线应较光洁,并且不应有与良好商品不相称的所有缺陷。
卷绕试验	以不超过15 r/min的速度在圆形芯轴上紧密卷绕8圈,镀锌钢线应不断裂。
镀锌层附着性	以不超过15 r/min的速度在圆形芯轴上紧密卷绕8圈,镀锌钢线标称直径为3.5 mm及以下时,芯轴直径为镀锌钢线标称直径的4倍;镀锌钢线标称直径为3.5 mm以上时,芯轴直径为镀锌钢线标称直径的5倍。镀锌层应牢固地附着在钢线上而不开裂,或用手指摩擦锌层不会产生脱落的起皮。
镀锌层连续性	用肉眼观察镀锌层应没有孔隙,镀锌层应较光洁、厚度均匀,并与良好商品实践相一致。

镀锌钢线的监造要点见表5.14。

表5.14 镀锌钢线的监造要点

<table>
<tr><th>监造项目</th><th>见证内容</th><th>见证方法</th><th>见证方式</th><th>监造要点</th></tr>
<tr><td rowspan="3">镀锌钢线</td><td>外观</td><td rowspan="3">查验原厂质量保证书
查看供应商的入厂检验记录
查看实物,记录规格、牌号</td><td>W/R</td><td rowspan="3">(1) 导线生产厂家若采购镀锌钢绞线,应按要求加强对镀锌钢线生产厂家的质量监督
(2) 对采购的钢绞线按入厂材料进行检验,取绞线的中心钢线代表绞前试样进行检测,其他单线的抗拉强度应不低于绞前数值的95%;若是自制钢绞线的厂家,也应据此检查本厂生产的钢绞线
(3) 镀锌钢芯的结构尺寸参数及绞前和绞后单线性能要满足相关技术条件要求</td></tr>
<tr><td>力学性能</td><td>W/R</td></tr>
<tr><td>化学性能</td><td>W/R</td></tr>
</table>

3. 钢盘条

用来制造镀锌钢丝、镀锌绞线用碳素钢盘条,公称直径为5～60 mm。冶炼方法有氧气转炉或电炉冶炼,经供需双方协商也可采用其他方法冶炼。

钢盘条的技术要求如下:

(1) 盘条表面应光滑,不应有裂纹、折叠、耳子、结疤、分层级夹杂,允许有压痕及局部的凸块、划痕、麻面。

(2) 盘条不应有影响使用的淬火组织存在。

(3) 脱碳层,即60(60Mn)钢或60(60Mn)钢以上的盘条应进行脱碳层深度检验,盘条一边总脱碳层(铁素体+过渡层)深度应符合表5.15的规定。脱碳层深度级别应在合同中注明,未注明时按表中Ⅱ组要求供货。根据需方要求,30～55钢级(30Mn～55Mn)的钢盘条可进行脱碳层深度检验,指标由供需双方协议规定。

表5.15 钢盘条脱碳层的深度表

<table>
<tr><th rowspan="2">组别</th><th colspan="3">盘条公称直径 D(mm)</th></tr>
<tr><th>$D<10$</th><th>$10\leqslant D<25$</th><th>$D\geqslant 25$</th></tr>
<tr><td>Ⅰ组</td><td>$\leqslant 2.0\% D$</td><td>$\leqslant 1.5\% D$</td><td rowspan="2">$\leqslant 1.0\% D$</td></tr>
<tr><td>Ⅱ组</td><td>$\leqslant 2.5\% D$</td><td>$\leqslant 2.0\% D$</td></tr>
</table>

(4) 经供需双方协议,可进行拉伸试验、弯曲试验、顶锻试验、扭转试验,以及晶粒度、非金属夹杂物、金相组织等检验,各项检验的指标由供需双方协议规定,并在合同中表明。

钢盘条的试验方法见表5.16。

表 5.16　钢盘条的试验方法

序号	检验项目	取样数量	取样方法及部位	试验方法
1	拉伸试验	2个/批	不同根盘条 GB/T 2975	GB/T 228
2	弯曲试验	1个/批	GB/T 2975	GB/T 232
3	顶锻试验	4个/批	GB/T 2975	YB/T 5239
4	扭转试验	4个/批	不同根盘条、两端	GB/T 239
5	脱碳层	2个/批	不同根盘条	GB/T 224
6	晶粒度	2个/批	不同根盘条	GB/T 6394
7	非金属夹杂	2个/批	不同根盘条	GB/T 10561
8	金相组织	2个/批	不同根盘条	GB/T 13298
9	化学成分	1个/炉	GB/T 20066	GB/T 223、GB/T 4336、GB/T 20123

钢盘条的监造要点见表5.17。

表 5.17　钢盘条的监造要点

监造项目	见证内容	见证方法	见证方式	监造要点
钢盘条	外观 力学性能 化学性能	查验原厂质量保证书 查看供应商的入厂检验记录 查看实物，记录规格、牌号	W/R	钢盘条的外观应光滑，不能有严重粗糙、夹杂；力学性能、化学成分符合 GB/T 4354 要求

4. 其他原材料

其他原材料还有稀土材料和拉线润滑液。

1）稀土材料

近年来国内外钢铁生产实践表明，钢经过稀土处理，稀土可对钢的性能产生一系列的作用，使钢的性能得以提高，表现在深冲性能、抗腐蚀性能、耐磨性、拉拔性等。稀土材料是指元素周期表中原子序数位57～71的镧系元素，以及钇和钪，共17个元素。

稀土材料具有以下特点：

(1) 净化作用。稀土与钢液中的氧、硫等杂质的化学亲和力大，在炼钢温度(约1873 K)下稀土能同钢液中的氧、硫等杂质反应生成稀土氧化物、硫化物或氧硫化物。这些反应的脱氧平衡常数或脱硫平衡常数低于或接近常用的脱氧剂和脱硫剂。因此，稀土钢添加剂可作为钢液的强脱氧剂和脱硫剂而起净化作用。常用的稀土钢添加剂主要为混合稀土金属或高品位(Re>27%)稀土硅铁合金，有时也使用混合还原剂的稀土氧化物。

(2) 变质作用。稀土与钢液中的氧、硫反应生成的氧化物、硫化物或氧硫化物可部分残留在钢液中，成为钢中的夹杂物。由于这些夹杂物的熔点高，可作为钢液凝固时的非匀质成核中心，起细化钢的凝固组织作用；又由于这些夹杂物在轧钢温度下不易变形，仍保持细小的球形或纺锤形，使钢中的夹杂物形态得到控制，避免或克服钢材在热压力加工时由其他种类夹杂物（如 MnS）延伸变形所导致的钢材性能的各向异性，而使钢材的纵向、横向与厚度方向的性能趋于一致。稀土处理钢材的这种变质作用是目前稀土钢添加剂最主要的应用内容。

（3）合金化作用。钢中可能固溶微量稀土，特别是高碳钢和合金含量较高的某些合金钢固溶稀土量较高（万分之几），可能产生某些合金化作用。这种合金化作用表现为稀土影响钢的相变过程，改变相变产物的组成与结构，从而使钢的疲劳性能和耐腐蚀性能变好，以及提高钢的显微硬度。目前，以（微）合金化为目的而使用的稀土钢添加剂量所占的比例较少。为实现稀土对钢的（微）合金化作用，必须较严格地控制冶金条件。使用的稀土钢添加剂主要是单一稀土金属及其铁合金，如 Fe-Ce、Fe-Y 等，有时也使用混合稀土金属。

2）拉线润滑液

拉线润滑液一般有以下两种：

（1）钢丝拉拔润滑。钢丝拉拔时，由于存在易黏模的危险，常常采用干膜润滑作为初始防护层。低、中碳钢丝拉拔采用干拉法，润滑剂用石灰或翻砂，也可使用一般拉拔油；对于重负荷，要求价格最低时，可选用石灰或翻砂。翻砂在高湿度情况下会恢复结晶状态，但在中等湿度时，具有良好的防腐蚀性能。如果拉丝后不需清除，最好用硬脂酸钙作润滑剂。硬脂酸钙也常与硬脂酸钠、石灰一起用于低碳钢和中碳钢的拉拔。需经退火处理的，必须在退火前将残渣清除，否则在热处理时残渣将转变成炭化沉积物，部分沉积在金属表面，影响拉制品质量。

为了减少拉拔车间的空间粉尘，在润滑处理的“上灰”池中，加入一定的成膜组分，帮助石灰均匀黏附在坯料金属表面，从而抑制工艺过程粉尘的飞扬。

对于高速、中等变形程度的拉拔工艺，常用皂乳化液。其典型成分（质量分数）是硬脂酸钾（35%）、动物油（25%）、矿油（8%）、硬脂酸（2%）和水（30%）。拉拔硬质合金钢、不锈钢时，需进行预处理，如用草酸盐法处理。本方法是由草酸铁及化学促进剂组成溶液的温浴浸泡法使其成膜，处理前必须充分脱脂酸洗，否则拉拔后退火时会发生渗碳而影响质量。拉拔时，还要根据制品的要求及工艺条件使用不同的润滑剂。

不锈钢，特别是奥氏体不锈钢与模具容易产生黏结，这可能与很薄的固有的氧化膜容易破裂以及硬化速度高等因素有关。所以拉拔时，必须使用能形成较厚膜的润滑剂，以达到有效隔离的目的。

（2）铝和铝合金的拉拔润滑。铝和不锈钢相似，表面有一层易碎的氧化膜，但比不锈钢好拉得多。铝和铝合金带材及棒材拉拔，常用钙基润滑脂和质量分数为 10%～20%的动植物油及皂组成的润滑剂。近年来也较多地使用合成酯油代替动植物油。铝线拉拔，一般由直径 10 mm 的铝棒拉成铝线，此时用 40 ℃黏度为 13～14 mm^2/s 的润滑油喷在拉模和铝棒上。所用润滑油黏度的大小，视拉拔铝线的尺寸、拉拔速度、拉拔直径减小比和表面粗糙度的要求而定。如拉拔直径为 5～10 mm 的铝线时，一般用 50 ℃黏度为 100～250 mm^2/s 的混合脂肪润滑油在 50～65 ℃下循环使用；拉拔直径为 2～5 mm 的铝线时，用 50 ℃黏度为 30～50 mm^2/s 的混合脂肪润滑油；拉拔直径为 2 mm 以下的细铝线时，用 50 ℃黏度为 10 mm^2/s左右的混合脂肪润滑油。另外，也有使用乳化液和乳化油膏润滑，不过它们的使用范围不大，使用时需防止白色锈斑的产生。

稀土材料和拉线润滑液的监造要点见表5.18。

表5.18 稀土材料和拉线润滑液的监造要点

监造项目	见证内容	见证方法	见证方式	监造要点
其他	稀土材料	查验原厂质量保证书 查看供应商的入厂检验记录 查看实物，记录规格、牌号	W/R	各项检查均需有完整的检验记录，并出具检测报告；经检验不合格的原材料应隔离放置并做显著标记，确保不与合格的原材料混淆
	拉线润滑液		W/R	

5.2.5 主要生产工艺及监造要点

5.2.5.1 供应商考察

电力电缆供应商的主要考察点见表5.19。

表5.19 电力电缆供应商的主要考察点

序号	项目	内容
1	企业概况	企业性质；隶属关系；内部结构
2	企业资质	专项认证；上级颁证；生产许可证；产品鉴定书（注意）
3	员工构成	(1) 各关键作业岗位技术工人的等级、学历、岗前培训方式及时间、岗位工龄、人数 (2) 生产技术管理和研发岗位的专业管理人员配置概况
4	厂房布局及车间状况	厂房布局；各车间的长、宽、高；生产环境要求（温度、湿度、洁净度或降尘量）、车间的名称及其控制指标
5	生产装备（名称、型号、规格、生产厂家、出厂时间、数量）	(1) 连铸连轧机 (2) 高速拉丝机（配有良好的预扭装置和单线张力调整装置） (3) 框式绞线机 (4) 包覆机（生产铝包钢线时） (5) 时效炉（生产铝合金线时） (6) 冷焊机 (7) 双金属同步拉丝机（生产铝包钢线时） (8) 笼绞/管绞机（生产铝包钢线时） (9) 起重和转运设备（吊车等）

续表

序号	项目	内容
6	试验设备及仪器仪表	(1) 试验设备的主要考察:拉力试验机、扭转试验机、卷绕试验机及各自的数量 (2) 检测仪器、仪表的主要考察:碳硫联测分析仪、分光光度计、投影仪、引伸仪、直流电桥、电子天秤、游标卡尺、千分尺等适用范围和精度及各自的数量 (3) 关键原材料/组部件的入厂检测设备 (4) 其他专用仪器
7	质量保证体系的运作	(1) 外购组部件及原材料的质量控制 (2) 关键工序与质量控制点 (3) 废品、次品的管理
8	设计能力与技术水平	设计技术的来源、能力、水平
9	工艺保障能力与实施情况	(1) 工艺流程图的确定性和详尽程度 (2) 工艺文件的适应性、完整性 (3) 工艺文件的实施情况 (4) 工艺纪律
10	试验验证	(1) 半成品检验点及内控标准 (2) 出厂试验方案的完整性、准确性和可操作性 (3) 出厂试验的一次通过率 (4) 试验报告的完整性、严谨性 (5) 试验结果的分析和反馈
11	材料和外协件的采购渠道和供应状况	—
12	供货业绩	—

5.2.5.2 主要生产工序、工艺及监造要点

图 5.16 钢芯铝绞线绞向实物图

架空导(地)线由多股细绞线绞合而成,多层绞线相邻层的绞向相反,防止放线时打卷扭花,其优点是机械强度较高,柔韧,适于弯曲;且由于股线表面氧化电阻率增加,使电流沿股线流动,集肤效应较小,电阻较相同截面单股导线略有减小。复合材料多股绞线是指两种材料的多股绞线,常见的是钢芯铝绞线(图 5.16),其线芯部位由镀锌钢丝绞合而成,外部再绞合铝线,综合了钢的机械性能和铝的电气性能,成为目前广泛使用的架空导线。

钢芯铝绞线的生产工艺流程如图 5.17 所示。

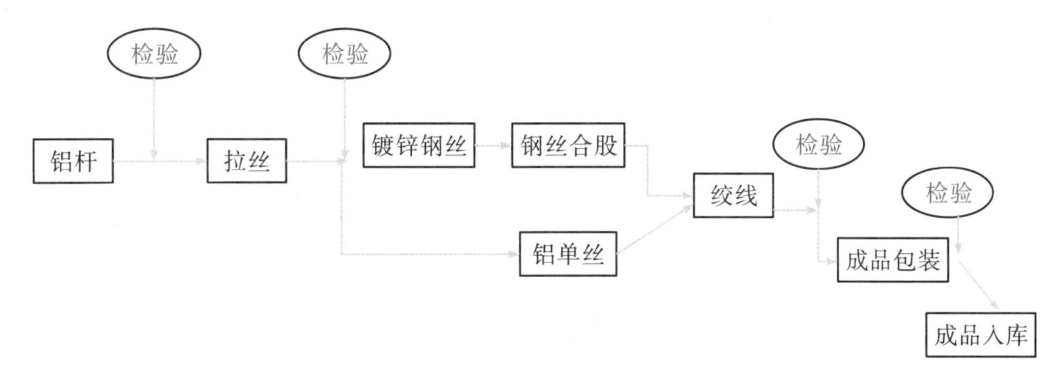

图5.17 钢芯铝绞线的生产工艺流程图

导(地)线的生产工序、工艺包含铝(合金)杆生产工序、铝(合金)单线生产工序、钢(铝包钢)单线生产工序、钢(铝包钢)单线生产工序、导(地)线绞制工艺、成品导(地)线抽查检验。

1. 铝(合金)杆生产工序的监造要点

铝(合金)杆生产工序的监造要点如下:

(1) 铝杆表面应严禁出现如耳子、起皮和错圆等表面缺陷,从而消除下道拉丝工序引起表面缺陷的隐患。铝线的斑疤、起皮、麻点很大程度与轧机孔径的调整有关,故生产前认真检查和调整轧机各道的孔径很重要,且生产过程中随时检查铝杆的表面质量,保证铝线拉丝质量。

(2) 铝包钢绞线用铝杆表面应清洁,不应有油污和润滑油烧残痕迹,严禁出现折边、错圆、裂纹、有夹杂物、扭结等缺陷,以消除包覆工序可能出现的露钢、毛线等现象,避免因铝杆表面质量问题造成铝包钢线导电率不合要求,故生产过程中应随时检查铝杆的表面质量。

(3) 铝单线强度的均匀性与铝杆强度的均匀性直接相关,通过控制铸锭进轧温度恒定来控制铝杆强度的均匀性。

(4) 圆铝杆应符合《电工圆铝杆》(GB/T 3954—2014)的要求。

2. 铝(合金)单线生产工序的监造要点

铝(合金)单线生产工序的监造要点如下:

(1) 铝单线的强度和均匀性与铝杆的强度、均匀性、拉丝的速度、配模工艺、润滑效果、拉丝油温度等因素有关。

(2) 刚拉制的铝线应存放适当时间,确保铝线与钢线处于相同温度。

(3) 在装盘、穿模、牵引等工序操作中,要防止擦伤单线表面。

(4) 监造人员监造供应商圆铝线绞前和绞后按照10%比例进行尺寸和力学性能检测。

(5) 铝线应符合《架空绞线用硬铝线》(GB/T 17048—2017)的要求。

(6) 合金线应符合《架空绞线用率-镁-硅系合金圆线》(GB/T 23308—2009)的要求。

3. 钢(铝包钢)单线生产工序的监造要点

钢(铝包钢)单线生产工序的监造要点如下:

(1) 钢丝清洗需经过两道工序,即首先用钢丝清洗液清洗,然后用工业用水清洗。

(2) 确保钢丝校直轮的松紧适中,确保钢丝不被氧化,氮气管供气正常、包覆杆的包覆层不被擦伤。

(3) 镀锌钢线、铝包钢线不允许有任何形式的接头。

(4) 监造人员见证供应商钢(铝包钢)单线绞前和绞后按照10%比例进行尺寸和化学性能检测。

(5) 铝包钢丝符合 YB/T 123 的要求。

4. 镀锌工艺的监造要点

镀锌工艺的监造要点是钢丝一般采用电加热法镀锌,注意锌层均匀,强度偏差不应过大。

5. 镀锌钢线、导地线绞制工艺的监造要点

镀锌钢线、导地线绞制工艺的监造要点如下:

(1) 一根导线必须在绞线机上一次性绞合完成。绞线绞合节径比的选择应在规定范围内,并根据厂家自身设备情况进行优化配置,以保证成品导线的绞合系数一致,导线绞合紧密、结构稳定。参数一旦确定,就不再调整,确保同批导线具有相同的绞合参数。在牵引上盘和收绕过程中,要采取切实有效措施防止擦伤和压伤绞线表面。

(2) 导线绞制长度应有正确的计量方法。

(3) 在绞制过程中,若由于意外因素造成断线,只要不是铝线材质缺陷的原因,则允许采用冷压焊接,但最外层铝线不允许接头,其他层铝线的接头必须满足相关标准的要求,接头处有明显标记并记录在案。

(4) 待上机的每盘铝包钢线长度必须符合成品绞线的要求,不允许接头。

(5) 同一批导线应使用同一厂家提供的同批镀锌钢线。

6. 成品导(地)线的抽查检验

成品导(地)线的抽查检验要求如下:

(1) 成品导(地)线绞线绞制工艺按照10%比例进行随机抽样检测。

(2) 检验数据参数应符合技术协议要求参数。

(3) 型线同心绞架空绞线应符合 GB/T 20141 的要求。

5.2.6 检验的监造要点

5.2.6.1 导线检验的要点构造

导线检验包括铝(合金)线、镀锌钢线、铝包钢线和绞线的检验。各导线的检验项目如下所述。

1. 铝(合金)线检验的监造要点

铝(合金)线检验应现场见证检验程序、检验员操作、文件见证检验记录数据。其检验项目有外观与表面质量、单线直径、抗拉强度、卷绕性能、伸长率(铝合金)和电阻率。铝(合金)线检验的监造要点见表5.20。

表 5.20　铝(合金)线检验的监造要点

见证内容	检验方法	监造要点
外观与表面质量	目测	表面光洁,不得有与良好工业产品不相称的任何缺陷。
单线直径	测量设备:千分尺、游标卡尺、钢皮卡尺、投影仪或放大器、特制样板、塞尺、精密天平	在垂直于试样轴线的同一截面上,且相互垂直的方向上测量;至少在试样的两端和中部共测量 3 处,各测量点之间的距离应不小于 200 mm。
抗拉强度	试验设备:拉力试验机,示值误差应不超过±1%;引伸仪,示值误差应不超过±1%	取样,校直试件,夹持试件,启动拉力机,控制拉伸速度,记录抗拉强度值,评定结果;试验结果取 3 个试件计算数据的算术平均值。 抗拉强度按下式计算: $$\sigma_b = \frac{F_m}{S}$$ 式中,σ_b表示抗拉强度,单位为牛顿每平方毫米(N/mm^2);F_m 表示最大力,单位为牛顿(N);S 表示面积,单位为平方毫米(mm^2)。
卷绕性能	按照 GB/T 4909.7 执行	试验装置: 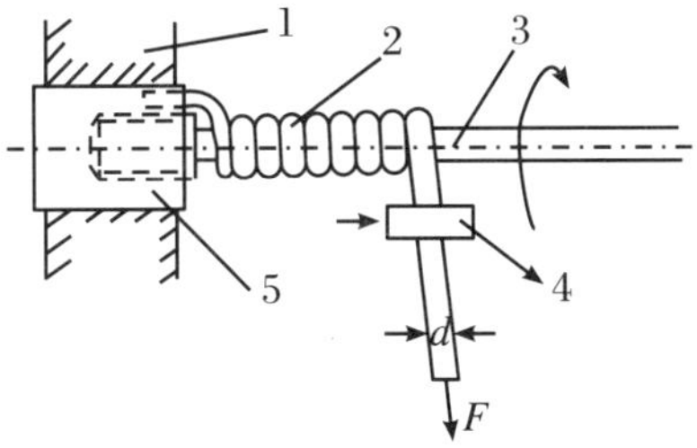 1—夹具;2—试件;3—试棒;4—导块;5—试棒座;d—试件直径;F—张力。 方法 A:重复卷绕,即试件在规定直径的试棒上紧密卷绕 8 圈,退绕 6 圈,退绕时试件呈螺旋状的部分展开呈直线形状,然后重新紧密卷绕在试棒上。 方法 B:一次卷绕,即试件在规定直径的试棒上紧密卷绕 8 圈。 观察其表面的变化,表面应无起皮、爆裂现象。
		当试棒直径等于标称试件直径时,也容许手工卷绕,即先将试件弯曲成 U 形,并夹紧成 R 扣,然后用手工将试件一端绕着另一端紧密卷绕。试验结果评判:用正常视力检查试件试验部分的表面,并记录。 自身卷绕: 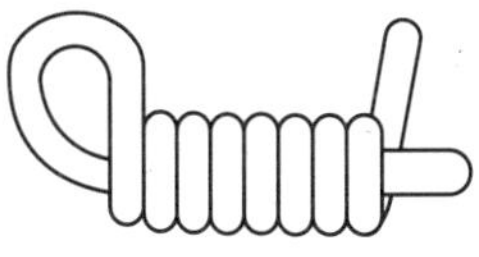

续表

见证内容	检验方法	监造要点
伸长率（铝合金）	按照 GB 3428、GB 4909.3 执行	从每个试样上截取一个试件，测量其无负荷条件下的伸长率。试件按 1%伸长时的应力试验的规定标出标距，并按拉力试验的规定施加负荷。拉断后，将试件断口小心对齐，测量最终的标距。 断裂时伸长率按下面公式计算： $$\delta_s = \frac{L_s - L_0}{L_0} \times 100\%$$ 式中，δ_s表示断时伸长率，单位为百分数（%）；L_s表示断时标距长度，单位为毫米（mm）；L_0表示原始标距长度，单位为毫米（mm）。
电阻率	按照 GB/T 3048.2 执行	测量时的温度应不小于 10 ℃，但也不大于 30 ℃，测量的电阻值用下述公式校正至 20 ℃时的值： $$R_{20} = \frac{R(t)}{1 + \alpha_{20}(t - 20)}$$ 式中，R_{20}表示 20 ℃时试样的标长两端间的电阻（Ω）；$R(t)$表示试验温度为 t 时试样的标长两端间的电阻（Ω）；α_{20}表示 20 ℃时的试样电阻的温度系数（$℃^{-1}$）。 20 ℃时的电阻率应按 20 ℃时的电阻，并根据钢线、铝包钢线直径测量值计算的钢线、铝包钢线的总截面积，以及测量电阻用的钢线、铝包钢线的长度计算。检测结果满足合同及技术协议要求。

2. 镀锌钢线检验的监造要点

镀锌钢线检验应现场见证检验程序、检验员操作、文件见证检验记录数据。其检验项目有外观与表面质量、单线直径、抗拉强度、1%伸长应力、扭转试验、伸长率、Id 卷绕、镀层重量、4d 卷绕和镀锌层附着性。镀锌钢线检验的监造要点见表 5.21。

表 5.21　镀锌钢线检验的监造要点

见证内容	检验方法	监造要点
外观与表面质量	目测	表面光洁，不得有与良好工业产品不相称的任何缺陷。
单线直径	按照 GB 4909.2 执行	在垂直于试样轴线的同一截面上，且相互垂直的方向上测量；至少在试样的两端和中部共测量 3 处，各测量点之间的距离应不小于 200 mm。
抗拉强度	按照 GB 4909.3 执行	取样，校直试件，夹持试件，启动拉力机，控制拉伸速度，记录抗拉强度值，评定结果；试验结果取 3 个试件计算数据的算术平均值。
1% 伸长应力	按照 GB/T 3428 执行	从每个试样上截取一个试件，施加负荷，并按 250 mm 标距安装引伸仪，然后调节到起始值，并均匀地施加负荷，直到引伸仪指示出伸长了原始标距的 1%为止。在该点记下负荷读数，并应将该负荷除以镀锌钢线的截面积（由实测直径计算），得到 1%伸长时的应力值。读数值不小于 GB/T 3428 中表 3～表 5 相应栏的数值。

续表

见证内容	检验方法	监造要点
扭转试验	按照 GB/T 3428 执行	此试验不适合 B 级镀锌钢线,可作为伸长率试验的替代试验。试验时,试件夹在两个钳口中,在试件上施加一个很低的张力,数值不超过钢线拉断力的 2%,然后使用其中一个钳口旋转,直至试件轴向扭断为止,同时用计数器或其他合适的装置指示扭转次数。扭转速度应不超过 60 r/min,长度为镀锌钢线直径 100 倍的试件,扭转次数应不小于 GB/T 3428 中表 3～表 5 相应栏的规定值。
伸长率	按照 GB/T 3428 执行	从每个试样上截取一个试件,测量其无负荷条件下的伸长率。试件按 1%伸长时的应力试验的规定标出标距,并按拉力试验的规定施加负荷。拉断后,将试件断口小心对齐,测量最终的标距。
Id 卷绕	按照 GB/T 3428、GB 4909.7 执行	根据产品标准规定的卷绕直径选定试棒,固定试棒时轴线和夹具的中心线应很好地重合,在试件的自由端施加不超过试件拉断力 5%的应力,稳定、均匀、缓慢地卷绕试样(一般应不超过 10 次/分),按产品标准规定的方法进行卷绕试验: (1) 重复卷绕,即试件在规定直径的试棒上紧密卷绕 8 圈,退绕 6 圈,退绕时试件呈螺旋状的部分展开呈直线状,然后重新紧密卷绕在试棒上。 (2) 一次卷绕,即试件在规定直径的试棒上紧密卷绕 8 圈。
镀层重量	按照 GB/T 3428 执行	在镀锌钢线上截取一个试样,试样质量(g)应不小其直径(mm)的 4 倍,校直,在合适的除油溶剂中清洗干净,称重(读数精确到 0.01 mg);将试样放入锌层溶解液中除去镀锌层(溶解液温度应不超过 40 ℃),用流动的水清洗干净,在互相垂直的方向上测量 2 次,取其平均值作为钢丝直径(精确到 0.01 mm),最后称重。 除去镀锌层的钢线单位表面积的镀锌层的质量为 $1950dr$(g/m^2)。 其中,d 为除去镀锌层的钢线直径(mm);r 为原始质量减去除去锌层的质量与除去锌层的质量之比。 镀层质量参照 GB/T 3428 中表 2 镀锌层质量要求。
4d 卷绕	按照 GB/T 3428、GB 4909.7 执行	根据产品标准规定的卷绕直径选定试棒,固定试棒时轴线和夹具的中心线应很好地重合,在试件的自由端施加不超过试件拉断力 5%的应力,稳定、均匀、缓慢地卷绕试样(一般应不超过 10 次/分),按产品标准规定的方法进行卷绕试验: (1) 重复卷绕,即试件在规定直径的试棒上紧密卷绕 8 圈,退绕 6 圈,退绕时试件呈螺旋状的部分展开呈直线形状,然后重新紧密卷绕在试棒上。 (2) 一次卷绕,即试件在规定直径的试棒上紧密卷绕 8 圈。
镀锌层附着性	按照 GB/T 3428 执行	截取试件,以不超过 15 r/min 的速度在圆形芯轴上紧密卷绕 8 圈,镀锌层应牢固地附着在钢线上而不开裂,或用手指摩擦锌层不会产生脱落、起皮。

3. 铝包钢线检验的监造要点

铝包钢线检验应现场见证检验程序、检验员操作、文件见证检验记录数据。其检验项目有外观与表面质量、单线直径、抗拉强度、扭转试验、伸长率、铝层厚度和电阻率。铝包钢线检验的监造要点见表5.22。

表5.22 铝包钢线检验的监造要点

见证内容	检验方法	监造要点
外观与表面质量	目测	表面光洁，不得有与良好工业产品不相称的任何缺陷。
单线直径	按照GB/T 4909.2执行	在垂直于试样轴线的同一截面上，且相互垂直的方向上测量；至少在试样的两端和中部共测量3处，各测量点之间的距离应不小于200 mm。
抗拉强度	按照GB/T 4909.3执行	取样，校直试件，标出标距长度，夹持试件，启动拉力机，控制拉伸速度，加载，取下试件将断口小心对齐，挤紧，测量并记录最终标距长度，记录抗拉强度值，评定结果；试验结果取3个试件计算数据的算术平均值。
扭转试验	按照GB/T 3428执行	此试验不适合B级镀锌钢线，可作为伸长率试验的替代试验。 试验时，试件夹在两个钳口中，在试件上施加一个很低的张力，数值不超过钢线拉断力的2%，然后使用其中一个钳口旋转，直至试件轴向扭断为止，同时用计数器或其他合适的装置指示扭转次数。扭转速度应不超过60 r/min，长度为镀锌钢线直径100倍的试件，扭转次数应不小于GB/T 3428中表3～表5相应栏的规定值。
伸长率	按照GB/T 17937执行	试件应夹在拉力试验机的夹头内，施加GB/T 17937中表5规定的初应力对应的负荷，置引伸仪于标距为250 mm，并按照表5规定调整至相应的起始值。然后均匀增加负荷直到引伸仪在250 mm标距内指示出2.50 mm的伸长。读取此点的负荷，并根据该值和受力前成品线的直径计算1%伸长时的应力。所得的数值应不小于GB/T 17937中表4和表5规定的相应数值。试件可接着用于规定的拉力试验。伸长率以标距的增量与原始标距之比的百分数表示。
铝层厚度	按照GB/T 17937执行	用切割机、抛光机制作试样，然后在显微镜下读出铝层厚度值。铝层厚度测量应读取小数点后三位，然后修约至小数点后二位作为厚度测量值。数值符合GB/T 17937中附录表A4的铝层厚度。
电阻率	按照GB/T 3048.2执行	测量时的温度应不小于10 ℃，但也不大于30 ℃，测量的电阻值用下述公式校正至20 ℃时的值： $$R_{20}=\frac{R(t)}{1+\alpha_{20}(t-20)}$$ 式中，R_{20}表示20 ℃时试样的标长两端间的电阻(Ω)；$R(t)$表示试验温度为t时试样的标长两端间的电阻(Ω)；α_{20}表示20 ℃时的试样电阻的温度系数(℃$^{-1}$)。

4. 绞线检验的监造要点

绞线检验应现场见证检验程序、检验员操作、文件见证检验记录数据。其检验项目有外观与表面质量、节径比、结构、外径和直流电阻。绞线检验的监造要点见表5.23。

表5.23 绞线检验的监造要点

见证内容	检验方法	监造要点
外观与表面质量	目测	表面光洁,不得有与良好工业产品不相称的任何缺陷。
节径比	按照GB 4909.2执行	常用方法为纸带法:在平放并拉直的试样上,用薄纸带沿试样轴向紧贴在试样表面,用铅笔或其他适当的方法复制出该层股线的绞合条纹,然后用钢皮尺测量 $n+1$ 股的距离,作为节距;节距值除以该层外径为节径比。
结构	按照GB/T 1179执行	(1) 所有单线同心绞合;相邻层绞向相反,最外层为右绞向; (2) 每层单线应均匀紧密地绞合在下层中心线芯或内绞层上; (3) 绞线的接头应符合要求; (4) 绞线绞制结构应符合GB/T 1179中表4和表5的要求。
外径	按照GB 4909.2执行	直径应取同一圆周中互成直角的位置上的两个读数的平均值,修约至小数点后两位(mm)。导线直径的偏差为:直径10 mm及以上,为±1%d;直径10 mm及以下,为±0.1 mm。
直流电阻	用电桥测量	(1) 铝与钢丝的组合导线的直流电阻计算,忽略钢线的电导率,但铝包钢加强芯中铝包层的电导仍计算在内; (2) 铝包钢绞线的直流电阻按GB/T 17937有关的电阻率计算; (3) 镀锌钢绞线的直流电阻按平均电导率9% IACS计算。

5.2.6.2 地线检验的监造要点

1. 单线检验的监造要点

单线检验应现场见证检验程序、检验员操作、文件见证检验记录数据。其检验项目有外观与表面质量、单线直径、抗拉强度、伸长率、扭转试验、铝层厚度、1%伸长率、电阻率、卷绕、镀层重量、镀锌层连续性和镀层附着性。单线检验的监造要点见表5.24。

表5.24 单线检验的监造要点

见证内容	见证方式	监造要点
外观质量检查	目测	表面光洁,不得有与良好工业产品不相称的任何缺陷。
单线直径	按照GB/T 4909.2执行	在垂直于试样轴线的同一截面上,且相互垂直的方向上测量;至少在试样的两端和中部共测量3处,各测量点之间的距离应不小于200 mm。

续表

见证内容	见证方式	监造要点
抗拉强度	按照 GB/T 4909.3 执行	取样，校直试件，标出标距长度，夹持试件，启动拉力机，控制拉伸速度，加载，取下试件将断口小心对齐，挤紧，测量并记录最终标距长度，记录抗拉强度值，评定结果；试验结果取 3 个试件计算数据的算术平均值。
伸长率	按照 GB/T 17937 执行	从每个试样上截取一个试件，测量其无负荷条件下的伸长率。试件按 1%伸长时的应力试验的规定标出标距，并按拉力试验的规定施加负荷。拉断后，将试件断口小心对齐，测量最终的标距。
扭转试验	按照 GB/T 3428 执行	此试验不适合 B 级镀锌钢线，可作为伸长率试验的替代试验。 试验时，试件夹在两个钳口中，在试件上施加一个很低的张力，数值不超过钢线拉断力的 2%，然后使用其中一个钳口旋转，直至试件轴向扭断为止，同时用计数器或其他合适的装置指示扭转次数。扭转速度应不超过 60 r/min，长度为镀锌钢线直径 100 倍的试件，扭转次数应不小于 GB/T 3428 中表 3～表 5 相应栏的规定值。
铝层厚度	按照 GB/T 17937 执行	用切割机、抛光机制作试样，然后在显微镜下读出铝层厚度值。数值符合 GB/T 17937 中表 A4 的铝层厚度。
1% 伸长应力	按照 GB/T 3428 执行	读数值不小于 GB/T 3428 中表 3～表 5 相应栏的数值。
电阻率	按照 GB/T3048.2 执行	测量时的温度应不小于 10 ℃，但也不大于 30 ℃，测量的电阻值用下述公式校正至 20 ℃时的值： $$R_{20}=\frac{R(t)}{1+\alpha_{20}(t-20)}$$ 式中，R_{20}表示 20 ℃时试样的标长两端间的电阻(Ω)；$R(t)$表示试验温度为 t 时试样的标长两端间的电阻(Ω)；α_{20}表示 20 ℃时试样电阻的温度系数(℃$^{-1}$)。 20 ℃时的电阻率应按 20 ℃时的电阻，并根据钢线、铝包钢线直径测量值计算的钢线、铝包钢线的总截面积，以及测量电阻用的钢线、铝包钢线的长度计算。检测结果满足合同及技术协议要求。
卷绕	按照 GB/T 3428、GB 4909.7 执行	根据产品标准规定的卷绕直径选定试棒，固定试棒时轴线和夹具的中心线应很好地重合，在试件的自由端施加不超过试件拉断力 5%的应力，稳定、均匀、缓慢地卷绕试样(一般应不超过 10 次/分)，按产品标准规定的方法进行卷绕试验： (1) 重复卷绕，即试件在规定直径的试棒上紧密卷绕 8 圈，退绕 6 圈，退绕时试件呈螺旋状的部分展开呈直线形状，然后重新紧密卷绕在试棒上。 (2) 一次卷绕，即试件在规定直径的试棒上紧密卷绕 8 圈。

续表

见证内容	见证方式	监造要点
镀层重量	按照 GB/T 3428 执行	在镀锌钢线上截取一个试样，试样质量(g)应不小其直径(mm)的4倍，校直，在合适的除油溶剂中清洗干净，称重(读数精确到0.01 mg)；将试样放入锌层溶解液中除去镀锌层(溶解液温度应不超过40 ℃)，用流动的水清洗干净，在互相垂直的方向上测量两次，取其平均值作为钢丝直径(精确到0.01 mm)，最后称重。 除去镀锌层的钢线单位表面积的镀锌层的质量为1950dr(g/m^2)。 其中，d 为除去镀锌层的钢线直径(mm)；r 为原始质量减去除去锌层的质量/减去除去锌层的质量。 镀层质量参照 GB/T 3428 中表2镀锌层质量要求。
镀锌层连续性	按照 GB/T 4909.9 执行	取样(样品应由8个产品包装单位(圈或盘)组成，从每个包装单位上截取一个长度约为300 mm的试样)，预处理，盐酸溶液、多硫化钠溶液制备，试验。 结果：试样浸渍部分镀层表面应不发黑，但在试样切割端12 mm内发黑，不作考核。
镀层附着性	按照 GB/T 4909.11 执行	取样(样品应由8个产品包装单位(圈或盘)组成，从每个包装单位上截取一个长度约为300 mm的试样)，预处理，多硫化钠溶液制备，卷绕试样，浸渍试样，清洗，检测。试验结果为试样螺旋卷绕部分的外周表面应不发黑，镀层应无裂纹。

2. 绞线检验的监造要点

绞线检验应现场见证检验程序、检验员操作、文件见证检验记录数据。其检验项目有外观与表面质量、拉断力、直径、单位长度重量、直流电阻、绞向及节径比和紧密度。绞线检验的监造要点见表5.25。

表5.25 绞线检验的监造要点

见证内容	见证方式	监造要点
外观质量检查	目测	表面光洁，不得有与良好工业产品不相称的任何缺陷。
拉断力	按照 GB 4909.3 执行	任何单线的拉断力为其标称截面积与单线标准的相应的最小抗拉强度的乘积。 (1) 单一绞线(铝绞线、铝合金绞线、镀锌钢绞线和铝包钢绞线)的额定抗拉力应为所有单线最小拉断力的总和； (2) 钢或铝包钢芯铝(铝合金)绞线的额定拉断力，应为铝(铝合金)部分的拉断力与对应铝(铝合金)部分在断裂负荷下钢或铝包钢部分伸长时的拉力的总和；为规范及实用起见，钢或铝包钢部分的拉断力偏安全地规定为按250 mm标距、1%伸长时的应力； (3) 铝合金芯铝绞线的额定拉断力为硬铝线部分的拉断力与铝合金线部分的95%拉断力的总和。

续表

见证内容	见证方式	监造要点
直径	按照 GB 4909.2 执行	在同一截面且互相垂直的方向上测量两次，取平均值。
单位长度质量	使用电子秤实际称重	理论计算方法： $$M_c = A_{st} \times \rho_{st} \times (1+K_{st}) + A_a \times \rho_a \times (1+K_a)$$ 式中，A_{st}、A_a 表示钢或铝包钢线、铝或铝合金线的截面积（mm^2）；ρ_{st}、ρ_a 表示钢或铝包钢线、铝或铝合金线在 20 ℃时的密度（g/cm^3）；K_{st}、K_a 表示钢或铝包钢线、铝或铝合金线的绞合增量；M_c 保留一位小数。
直流电阻	按照 GB/T 17937 执行	铝与钢丝的组合导线的直流电阻计算，忽略钢线的电导率，但铝包钢加强芯中铝包层的电导仍计算在内。 铝包钢绞线的直流电阻按 GB/T 17937 有关的电阻率来计算。 镀锌钢绞线的直流电阻按平均电导率 9%IACS 计算。
绞向及节径比	按照 GB/T 4909.2 执行	常用方法为纸带法：在平放并拉直的试样上，用薄纸带沿试样轴向紧贴在试样表面，用铅笔或其他适当的方法复制出该层股线的绞合条纹，然后用钢皮尺测量 $n+1$ 股的距离，作为节距；节距值除以该层外径为节径比。
紧密度	拉力试验机	试样根数为 3 根，试样有效长度为 12 m，试样端头处理为环氧树脂浇铸。 在试样无张力情况下标记 3 点，测试 3 点位置的周长，然后将导线加载 61.0 kN(30%RTS)张力，再测试 3 点位置的周长，计算周长变化率。 紧密度测试中，导线在承受 30% 额定抗拉力时与不受张力时，其周长的允许减小值不超过 2%。

5.2.7 包装、保管和发运的监造要点

1. 一般要求

包装、保管和发运的一般要求如下：

(1) 监督检查制造单位对货物的标识、包装和运输到合同交货地，是否满足“导线供货合同技术部分”的规定。

(2) 监督检查制造单位对导线的包装是否符合最新的国家标准或行业推荐标准要求，是否使用有加固钢骨架的铁木结构交货盘，或可拆卸式全钢瓦楞结构架空导线交货盘，是否采取有良好的防振、防锈等效果的保护措施，木制品是否有植物检疫证，以及其他相关证明，交货盘是否能使导线在正常的运输、储存、装卸和现场放线操作中免于损伤。

(3) 监督检查制造单位包装盘具的类型、结构尺寸和包装形式是否符合相关工程的合同规定和招标文件要求。

(4) 监督检查制造单位交货数量及提交的资料是否符合交货计划和合同规定的质保资

料的要求。

2. 导线交货盘质量见证

导线交货盘质量见证的要求如下：

(1) 驻厂监造工程师检查制造单位交货盘的一般结构是否满足卷绕导线标准长度(具体见相应技术参数表)，允许偏差为正0.5%的导线。

(2) 驻厂监造工程师检查制造单位导线的交货盘尺寸是否满足如下要求，即卷绕导线的交货盘的具体尺寸由制造单位在供货前向施工方提请确认，交货盘尺寸应满足如下基本条件：① 每个交货盘的外侧宽度不应超过1900 mm(导线交货盘)；② 每个交货盘的外径不应超过2600 mm(导线交货盘)；③ 每个交货盘的交货盘筒径不应小于导线直径的40倍；④ 轴孔应为100～110 mm(导线交货盘)(在生产前应与施工单位协商)。

(3) 可拆卸式全钢瓦楞结构架空导线交货盘应执行Q/GDW 386的规定。导线施工完成后，交货盘由厂家回收。

(4) 有加固钢骨架的铁木结构交货盘应符合JB/T 8137.4的规定。

(5) 绞线交货盘外层包装应有能防止绞线磨损、碰撞等措施。使用的包装材料应具有化学稳定性，在任何时候均不应伤害导线。

3. 标识质量见证

标识质量见证的要求如下：

(1) 检查以下标志是否在线盘外侧显示：工程名称；产品型号规格号(包含标准号)；产品长度；运输时线盘不能平放的标记；皮重、毛重和净重，编号或批号、制号；表示放线方向的箭头；其他必要的说明。

(2) 制造单位是否以油漆喷涂注明工程名称、制造单位名称、装运，以及旋转方向或放线标志、运输时线盘不能平放的标记。

(3) 制造单位是否以不易脱落的标牌注明导线型号规格号、长度、毛重、净重、制造日期、出厂编号、收货人、到站名称等。

4. 包装质量见证

包装质量见证的要求如下：

(1) 在每个交货盘上只绕一根导线。外保护层的内面和外层绞线之间的间隔应不小于70 mm，应避免导线自重及摩擦等原因造成的导线表面损伤，应在绞制过程中垫纸或采用其他方式保护。

(2) 每盘导线的端头必须牢固固定，不能因张力放线而拉脱。

(3) 交货盘的轮轴应表面光滑，能满足施工放线要求。

(4) 绞线交货盘外层包装应有能防止绞线磨损、碰撞等措施。使用的包装材料应具有化学稳定性，在任何时候均不应伤害导线。

(5) 包装应能满足交货盘的装卸与长途陆运或水运的要求，以及施工放线的要求。

5. 储存条件见证

储存条件的见证要求如下：

(1) 检查制造单位贮存现场的防潮、防雨、防灾的防护条件，保证在贮存期间货物不变质、锈蚀。

(2) 包装盘是否处于平放方位,并按要求堆放。在每个交货盘的外侧轮缘上是否均有标记,以标明在装运期间交货盘滚动方向,同时防止交货盘上的线松散。

(3) 应注意装车过程中,产品不得受冲撞、挤压和其他任何机械损伤,不能损坏包装或使产品变形、损坏。

6. 导(地)线的监造要点

导(地)线的监造要点见表 5.26。

表 5.26 导(地)线包装、发运及存储的监造要点

见证项目	见证内容	见证方法	见证方式	监造要点(说明/要求/提示)
包装见证	包装标识 包装方案、形式、外观质量检查	现场见证包装	W	(1) 全部包装标识应标记清楚和正确 (2) 外包装标记应标明制造方名称和买方名称、项目名称、合同号、商品的品种和数量、净重及毛重、到达的目的地,以及其他必需的资料 (3) 不论采用何种包装材料或包装方法,在其正常运输条件下,应保证产品不受损坏,并能防盐雾侵蚀 (4) 按合同要求,使用的基本条件应符合《电线电缆交货盘》的规定,且需特别加固设计专用电缆盘;导线应妥善包装,最外层与电缆盘侧板边缘的距离应不小于 70 mm
发货确认检查	发货时间、方式	确认发货时间、发货方式	W	(1) 运输中应注意装、卸不能损坏包装或使产品变形、损坏 (2) 监造人员应在产品出厂发运前由制造方通知,对已包装的成品进行抽查,合格即可填写《出厂见证单》并装运;如有不合格,则通知制造方停止发货,进行整改,整改后再抽查,符合要求后方可发运
生产进度、发货情况现场见证	生产进度、发货情况 现场监督见证	检查发货进度、发货情况	W	监造人员应查看现场发货情况,发货情况应与发货进度符合
储存情况现场见证	储存情况	检查储存场地情况	W	因施工单位推迟要货,制造厂需要将货物储存在厂内时,监造人员应检查制造厂的贮存现场防潮、防雨、防灾的防护条件,保证在储存期间货物不变质、锈蚀;在储存期后发货的货物应经过监造人员核查质量,确认符合技术条件要求才能放行

5.2.8 典型案例

5.2.8.1 原材料/组部件问题

1. 案例1

供应商:某电线电缆有限责任公司。

工程名称:某110 kV线路工程。

问题描述:2007年11月,项目单位在巡视过程中发现110 kV线路中25~40地线断股,经对该地线进行拉力测试,发现破断应力减小至原来的40%,该段导线于2006年9月投运。

原因分析:该厂进货原材料质量有问题。

处理情况:2007年11月,对此段地线进行了更换。

防范措施:加强对运行设备的巡视,运行单位要经常性地开展隐患排查工作,供应厂家要对原材料进货渠道进行质量把关,要从正规大厂及有质量保证的供货商采购原材料,防止断线事故的发生。

2. 案例2

供应商:某电力电缆有限公司。

工程名称:某220 kV线改造工程。

问题描述:2012年7月15日,项目单位220 kV线路改造工程现场抽检时,发现导地线LG-185的抗拉强度存在质量问题,初性不够,应力均衡条件下造成单股断线。

原因分析:供应商采购原材料存在问题,选择了不合格或劣质材料。同时供应商为节省成本,偷工减料,长度或单位长度重量不足。

处理情况:对于有质量问题的物资都已经要求供应商更换。

防范措施:今后对此类物资供应商所供物资的重量或长度重点排查。

3. 案例3

供应商:某电线电缆厂。

工程名称:某10 kV配电线路改造工程。

问题描述:2012年5月17日,项目单位对10 kV配电线路改造工程用钢花铝纹线进行抽检,经检测钢线直径和铝单线电阻不合格,该工程送检的钢芯铝绞线规格型号及物料描述为钢芯铝绞线,JL/G1A,120/25,于2012年3月生产。

原因分析:厂家为降低成本,使用了不合格的原材料进行生产,造成产品不合格。

处理情况:联系厂家要求其重新生产换货,2012年6月5日,将换货后的钢花铝线再次送质量监督局进行复检,经检测合格。

防范措施:加大对入网产品的检验。

4. 案例4

供应商:某导线科技有限公司。

工程名称:某城网改造工程。

问题描述:2011年9月13日,项目单位城网改造工程在安装阶段发现钢花铝线单拉强度不合格。问题导线型号为LGC-120/20，于2011年6月生产，2011年9月安装。

原因分析：供应商为降低成本，缩小了单丝截面积，未按合同要求生产，属于偷工减料行为。

处理情况：厂家认错态度良好，更换产品，并承诺以后100%合格。

防范措施：应对导线加大抽检力度，防止各种劣质产品进入电网。

5.2.8.2 工艺控制问题

1. 案例1

供应商：某复合技术有限公司。

工程名称：某线路工程。

问题描述：2009年7月18日23:41分，项目单位发现线路掉闸，选相C相重合不良。经故障巡查发现，为20号耐张塔大号侧中线下子导线在耐张线夹管口处断线。2009年9月26日6:18分，该线路再次掉闸，选相B、C相（相间故障）断线。经输电人员查线为20号塔中线（C相）大号侧上子导线距耐张管4 m处断线造成，该线路导线型号为2* LINNET-431kcmil218.40 mm²，2008年1月10日投运。

原因分析：碳纤维导线在施工挂线前碳纤维受损，导致导线拉断。导线在耐张线夹管口处断裂，因此耐张线夹的压接工艺可能存在问题，碳纤维导线承受纵向拉力性能优良，但弯曲角度很小，对施工人员的技术要求非常高。虽然全部过程都要厂家技术督导，但没有受过严格训练的人员在施工过程中仍然可能造成导线弯折受损，所以碳纤维导线应由专业人员施工，碳纤维导线的压接工艺要求也非常高，如压接不到位，会导致碳纤维导线从耐张线夹中脱出或在张线夹内部和出口处断裂。

处理情况：更换断线。

防范措施：加强对现场施工人员的培训，加大现场施工的监督力度。

2. 案例2

供应商：某电力电缆有限责任公司。

工程名称：某增容工程。

问题描述：2011年11月10日，项目单位在抽检时发现绞制质量及捻距/直径不符合相关技术要求（距标准值≤14，实测值为15.3），导地线型号为镀锌钢绞线1* 7-9.0-1270-B，50。

原因分析：问题原因为工艺质量控制不严格，最终导致产品质量问题。

处理情况：2011年12月7日复检合格。

防范措施：使用单位应加大产品的抽检力度，促进供应商加强工艺控制和产品质量管控措施，确保出厂产品质量无问题。

3. 案例3

供应商：某电线有限公司。

工程名称：某线路工程。

问题描述：2011年9月15日，项目单位对导线抽检，发现钢芯铝绞线内层节径比为19，超过标准规定值（10～16），且大于加强芯合节径比（16），芯线截面积最大偏差为+9.2%，超出标准±2%的要求，导线型号为JL/G1AG150/20。

原因分析：铝纹线节径比、芯线截面积偏差不符合要求，说明厂家对产品制造过程中的工艺及质量把控不严。

处理情况：对问题产品进行更换。

防范措施：对进入电网的导地线产品加大抽检力度。

4. 案例4

供应商：某电力电线电缆有限责任公司。

工程名称：某110 kV线路工程。

问题描述：2011年9月16日，项目单位110 kV线路工程在施工放线阶段发现有两基导线(2 t)存在破段现象，问题导线型号为钢芯铝绞线JL/G1A-300/40，于2011年9月10日生产，2011年9月13日送到施工现场，2011年9月16日放线。

原因分析：问题原因为厂家生产过程质量控制不严，出厂未进行严格检验，项目单位未到生产厂家现场验货，导致不合格产品送到施工现场。

处理情况：经项目单位同厂家进行协商，将此两基不合格钢芯铝绞线(2 t)退回厂家进行调换，同时厂家承担所有运输、装卸费用。

防范措施：需方应要求生产厂家加强全面质量管控，尤其在产能紧张、货物供不应求的情况下更需加强质量管控；需方应到生产厂家进行全过程的质量监造；需方应参与设备和材料出厂前的验改；施工单位应科学施工，杜绝野蛮施工，防止损坏设备和材料。

5. 案例5

供应商：某电线有限公司。

工程名称：某110 kV线路工程。

问题描述：2012年8月13日，项目单位发现线路中A、B相小号侧10 m处导线松股用铁线绑扎，存在歪扭、松股、磨伤现象。该批产品型号为JL/G1A-50/10。

原因分析：该导线产品存在散段等质量问题，生产工艺不过关，而后用铁线扎进行简单处理后直接供货，以次充好，属不诚信行为。

处理情况：对问题产品进行更换。

防范措施：加大导线施工前的抽检力度，确保架设的导线质量过关。

6. 案例6

供应商：某通讯器材有限公司。

工程名称：某220 kV二回架空地线更换及防雷大修项目。

问题描述：2012年9月30日，项目单位220 kV架空地线更换及防雷大修项目，所用钢绞线为1*7-9.0-1270-b.50.镀锌型。在施工过程中，发现该产品存在下列重大质量隐患：① 碰焊点未打磨；② 镀锌层不均匀；③ 焊碰点未采取防锈措施；④ 钢绞线绞制不紧密等。另外，每盘钢绞线最少有3处碰焊点，最多的是编号为121669的一盘，在张力车滚筒内约60 m间有3处碰焊点，整盘碰焊点达7处，展放过滑车后，多处位置出现断股现象。

原因分析：生产厂家的生产工艺不过关，质量控制水平不足。

处理情况：对问题导线进行换货处理。

防范措施：应加强导地线抽检工作，杜绝生产工艺达不到要求的导地线进入电网。

5.3 铁　　塔

5.3.1 概述

铁塔(图5.18)是用来支持导线、地线及其他附件,使导线、地线、铁塔彼此保持一定的安全距离,并使导线对地面、交叉跨越物或其他建筑物等设施保持允许的安全距离。导线、地线在铁塔上有多种布置方式,铁塔头部尺寸应满足绝缘配合和带电作业等要求。铁塔不仅承担着导线、地线、其他部件及本身的重量(承力铁塔还要承受导线、地线的张力),还要承受侧面风的压力,因此,铁塔应具有足够的高度和机械强度,以保证线路在发生故障和自然因素变化(如大风、暴雨或冰冻等)的情况下不致折断、倾斜或倒塌。它是架空线路极为重要的部件,其投资约占线路本体的1/3~1/2。由于电压等级、地理条件、导线型号、加工及运输等因素的影响,铁塔的种类繁多。本节着重介绍角钢塔和钢管塔。

钢管塔和角钢塔相比较,其优点:一是可以减小塔身风压(构件体形系数,圆管比角钢几乎小一半);二是在截面面积相等的情况下,圆管的回转半径比角钢大20%左右;三是提高了结构承载能力,一般来讲,钢管塔比角钢塔用量降低10%~20%;四是还可以减少杆件数量,缩短建塔周期,易于结构多样化。但钢管塔加工工艺高且价格高,节点构造复杂,加工生产效率低,国内多使用在500 kV双回路铁塔和同塔四回路铁塔中。目前,角钢塔是铁塔中的绝对主流。

在构造连接方面,钢管塔的主材采用法兰连接或相贯连接,斜材与主材之间采用插板连接或相贯连接;角钢塔的主材采用内、外包连接,其他杆件之间主要通过连接板和螺栓连接。钢管塔的法兰和插板连接构造相对较为简洁,虽然增加了焊接工作量,但减少了角钢构件的偏心等对结构承载性能的不利影响,同时增强了连接节点的刚度与致密性,有助于提高结构的整体刚度和稳定性,以及抵抗风振动力荷载的能力。

图5.18　输电线路铁塔

5.3.2 分类及表示方法

5.3.2.1 分类

1. 按铁塔在输电线路中的位置和作用分类

按作用,铁塔可分为直线塔(Z)、跨越塔(K)、耐张塔(N)、转角塔(J)、终端塔(D)、换位塔(H)、分歧塔(F)等。

直线塔(图5.19)是指仅承受垂直荷载及水平风荷载(即横向水平荷载),而不承受顺线路方向的张力的杆塔。直线塔位于线路直线段的中间部分,由于绝缘子串是悬垂式,故也称为悬垂式铁塔。在一条输电线路中,直线塔占具很大比重,一般占全线路铁塔总数的80%左右。其特点是,仅承受垂直荷载和水平风荷载;采用悬垂绝缘子串;事故断线时产生不平衡张力,允许铁塔在不平衡张力作用下发生倾斜。

跨越塔(图5.20)是直线塔的一种特殊形式,这种塔一般都是成对地设立在江、河的两岸,或用来跨越较大的沟谷或铁路、公路及其他级别的中小型电力线路。通常用于线路出现较大档距或要求跨越段具有较高的安全度,它比一般直线塔要高得多,一般塔高在50～250 m,构造也比较复杂。塔的重量为50～200 t。跨越塔的挂线方式和荷载情况与一般直线塔类似,只是荷载量大了很多。一般的跨越形式为耐-直-直-耐、耐-直-直-直-耐。

耐张塔(图5.21)是承力塔的一种,该塔在线路中把整个较长的直线段分成若干个小的直线段,起着锚固直线段中塔上导、地线的作用,可以限制线路在本塔前后区段安装和检修紧线的不平衡张力,以及线路事故断线的影响范围。耐张塔的塔身坡度较大,整体高度较矮,部件材料规格较大,节点螺栓用量较多,单塔比直线塔重,绝缘子串呈下斜式,接近水平而不是水平,在线路中用量较少。其特点是,除具有直线型铁塔承受荷载能力外,还要承受纵向水平荷载;采用耐张绝缘子串;在发生事故断线时,导线悬挂点不产生位移,以限制事故断线影响范围。

图5.19 直线塔

图5.20 跨越塔

图5.21 耐张塔

转角塔(图 5.22)也是承力塔的一种,设在线路的转角处。典型设计中按转角的大小分 0～20°、20°～40°、40°～60°、60°～90°系列。这种塔除具有与耐张塔相同的特点和作用外,还比耐张塔多了一个侧向永久性张力。导、地线不开断为悬垂转角塔,导、地线开断为耐张转角塔。其特点是支承导、地线的张力,改变线路走向。图 5.23 为特高压直流直线转角塔,用在转角度数不大的线路拐点,转角外侧伸出一块。

图 5.22　转角塔

图 5.23　特高压直流直线转角塔

终端塔用 D 表示,终端兼转角塔用 DJ 表示。终端塔(图 5.24)也是承力塔的一种,设立在线路起、止端点处。它除了具有与耐张塔、转角塔相同的特点和作用外,还比耐张塔、转角塔多了一个顺线路方向,向线路侧的单向永久性张力。其特点是,线路一侧的导、地线耐张连接在终端杆塔上,另一侧不架线或以小张力与门型构架相连。

(a)

(b)

图 5.24　终端塔

如果线路较长,转角角度较大而点位较多,为了限制电力系统中的不对称电流和电压,需要变换导线的相序(相位)。处于导线相序变换位置处的铁塔称为换位塔,换位塔用 H 表示,这种塔在 110 kV 以下的中小线路中一般不设立;只有在 220 kV 及其以上的大线路中才设立,但基数并不多。换位方式有单塔换位和双塔换位,500 kV 线路一般是用一个主塔和两个副塔配合实现换位的。其特点是,导线不开断称为直线换位铁塔,导线开断称为耐张或转角换位铁塔。图 5.25 为几种常用的换位塔。

(a) 同塔双回路

(b) 单回路分体式

(c) 特高压双回路分体式

图 5.25　换位塔

图 5.26　分歧塔

分歧塔(图 5.26)用 F 表示,如果一条线路同时向两个地区供电,就需要设立分歧塔,分歧塔兼有终端塔和转角塔的受力特点,塔的坡度一般较大,材料也比较大,总体不算高,但比较重。

2. 按组立方式分类

按组立方式,铁塔可分为以下两类:

(1) 自立式铁塔,是指不用拉线,本身具有稳定性的铁塔。一般有 4 个基础塔腿,前面所述绝大部分都是自立式铁塔。

(2) 拉线式铁塔(L),由塔头、立柱和拉线组成。塔头和立柱一般由角铁组成的空间衍架构成,有较好的整体稳定性,能承受较大的轴向压力,其拉线一般采用高强度钢绞线,能承受很大拉力,因此拉线塔能充分利用材料的强度特性,减少材料的耗用量。但拉线占地面积大,不利于农田机耕,所以也很少使用。

3. 按输电线路电压等级分类

按输电线路电压等级,铁塔可分为:

(1) 交流输电电压等级(kV):35 kV、66 kV、110 kV、220 kV、330 kV、500 kV、750 kV 和 1000 kV。

(2) 直流输电电压等级(kV):±800 kV、±1100 kV。

4. 按导线回路数分类

按导线回路数,铁塔可分为:

(1) 单回路铁塔,是指交流为三相导线,直流为两相导线。

(2) 双回路铁塔,是指交流为 $2\times3=6$ 相导线,直流为 $2\times2=4$ 相导线。

(3) 多回路铁塔,是指交流为 $n\times3=3n$ 相导线,直流为 $n\times2=2n$ 相导线。

5. 按地线架分类

按地线架,铁塔可分为:

(1) 无地线架铁塔,塔头既没有地线架,也没有避雷线。

(2) 单地线架铁塔,塔头只设单地线架和一根避雷线,这类铁塔一般只能适用于 66 kV 及以下电压的中小型输电线路。

(3) 双地线架铁塔,塔顶设有两个地线支架和两根避雷线,这类铁塔一般适用于 110 kV 及以上电压等级的输电线路。

(4) 低地线架铁塔,其地线架的高度取决于地线对导线的保护角,只要保护角能满足规程的要求,地线架尽量不要过高。

(5) 高地线架铁塔,由于某些地区的雷电日多,地质导电率差,在改善接地装置外还要适当地提高地线架的高度,以配合防雷的要求。

6. 按单相导线的分裂数分类

按单相导线的分裂数,铁塔可分为:

(1) 单相一线制铁塔,每相导线只有一根。

(2) 双分裂导线铁塔,每相导线由两根并列组成。

(3) 三分裂导线铁塔,每相导线由3根排列组成。

(4) 四分裂导线铁塔,每相导线由4根排列组成。

(5) 分裂导线铁塔,每相导线由 n 根排列组成。

图5.27列出了国内外常见的一些铁塔形式。

(a) 酒杯形塔　(b) 猫头形塔　(c) F形塔　(d) 干字形塔

(e) 门字形塔　(f) T形塔　(g) 甘道夫塔　(h) 日字形塔

(i) 井字形塔　(j) 鼓形塔　(k) 船帽形塔　(l) 小丑形塔

图5.27　国内外常见的铁塔型式

5.3.2.2 铁塔产品型号的表示方法

铁塔产品型号的表示方法如图5.28所示。

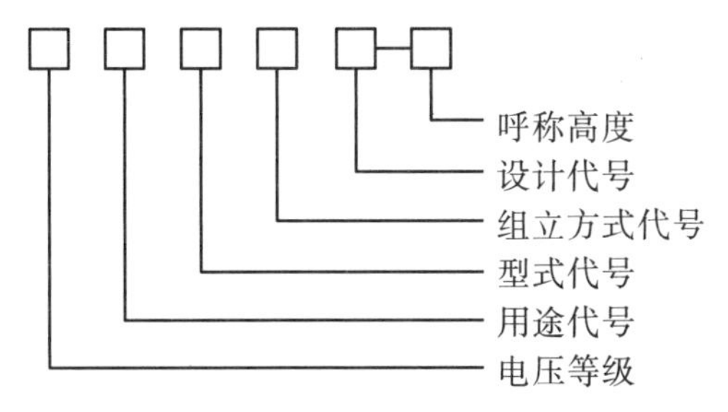

图5.28 铁塔产品型号的表示方法

(1) 电压等级(kV):35 kV、60 kV、110 kV、220 kV、500 kV等。

(2) 用途代号:Z——直线铁塔,ZJ——直线转角铁塔,N——耐张铁塔,J——转角铁塔,D——终端铁塔,F——分支铁塔,K——跨越铁塔,H——换位铁塔。

(3) 形式代号:S——上字形铁塔,C——叉骨形铁塔,M——猫头形铁塔,Yu——鱼叉形铁塔,V——V字形铁塔,J——三角形铁塔,G——干字形铁塔,Y——羊角形铁塔,Q——桥形铁塔,B——酒杯形铁塔,Me——门形铁塔,Gu——鼓形铁塔,Sz——正伞形铁塔,SD——倒伞形铁塔,T————田字形铁塔,W——王字形铁塔。

(4) 组立方式:L——拉线式,自立式(不标)。

5.3.3 铁塔结构

铁塔通常由塔头、塔身和塔腿三部分组成,其结构示意图如图5.29所示。分段原则是自上而下,先标准高后其他高,先主体段后附属段;零部件标号原则是先角钢,后钢板;先主材,后斜材和辅助材;先正面,后侧面;自下而上,从右到左,最后为断面。

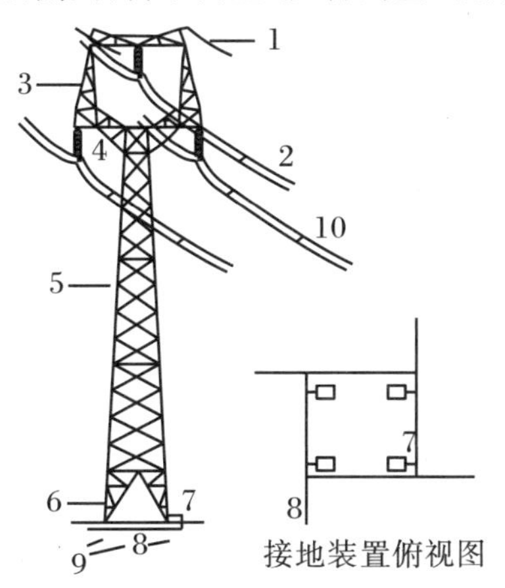

图5.29 铁塔结构示意图

1—避雷线;2—双分裂导线;3—塔头;4—绝缘子;5—塔身;6—塔腿;
7—接地引下线;8—接地装置;9—基础;10—间隔棒。

5.3.4 主要原材料及监造要求

角钢塔的主要原材料包含钢材、锌锭、焊接材料。

钢管塔的主要原材料包含钢材、外购(自制)直缝管、锌锭、焊接材料、带劲(平面)法兰。

5.3.4.1 钢材及监造要点

钢材是铁塔的主要原材料。为了提高塔身的抗风能力,提高铁塔的稳定性,需要具有良好动力学性能和抗弯能力的材料来保证铁塔结构的成功,如角钢、钢板、圆钢、槽钢等。在应用时,要综合钢材材质、规格,还要考虑截面特性,以此来保证铁塔结构的稳定性。输电铁塔主材一般采用Q355钢,斜材和辅助材一般采用Q235钢,但随着特高压输电线路项目的实施,Q390、Q420、Q460等高强度钢材逐渐被普遍采用。

输电铁塔的常用材料要具有较高的强度,即抗拉强度和屈服点比较高;要有足够的变形能力,即塑形和韧性性能好;要有良好的加工性能,即适合冷、热加工,同时要具有良好的可焊性。

钢管塔是主材为钢管构件,斜材为钢管或圆钢、型钢构件组成的格构式铁塔。

1. 钢材型号与表示方法

1) 钢的牌号表示

(1) 碳素结构钢:钢的牌号由代表屈服强度的字母、屈服强度数值(MPa)、质量等级符号、脱氧方法符号等4个部分按顺序组成。例如Q235AF,其中Q表示钢材屈服强度,为“屈”字汉语拼音首字母;A、B、C、D分别为质量等级;F表示沸腾钢,为“沸”字汉语拼音首字母;Z表示镇静钢,为“镇”字汉语拼音首字母;TZ表示特殊镇静钢,为“特、镇”两字汉语拼音首字母。在牌号组成表示方法中,“Z”和“TZ”符号可以省略。

(2) 低合金高强度结构钢:钢的牌号由代表屈服强度的字母、规定的最小上屈服强度数值(MPa)、交货状态代号、质量等级符号等4个部分按顺序组成。例如Q355ND,其中AR、WAR表示交货状态为热轧,可省略;N表示交货状态为正火或正火轧制;B、C、D、E、F表示质量等级符号。当需方要求钢板具有厚度方向性能时,要在上述规定的牌号后加上代表厚度方向(Z向)的符号,例如Q355NDZ25。

2) 型钢规格表示

(1) 等边角钢(L$b \times d$):b、d 分别代表角钢的截面边宽度和厚度。

(2) 钢管(Φ$d \times t$):d、t 分别代表钢管外径和壁厚。

(3) 钢板(-t):t 代表钢板壁厚。

(4) 花纹钢板(-t):t 代表钢板壁厚。

(5) 槽钢([h):h 代表槽钢截面的高度。

(6) 圆钢(Φd):d 代表钢管直径。

(7) 扁钢($-b \times t$):b、t 分别代表扁钢的截面宽度和厚度。

(8) 工字钢(Ⅰh):h 代表工字钢的截面高度。

(9) 热轧带肋钢筋(Φd):d 代表钢管直径。

图5.30列出了各类型的钢。

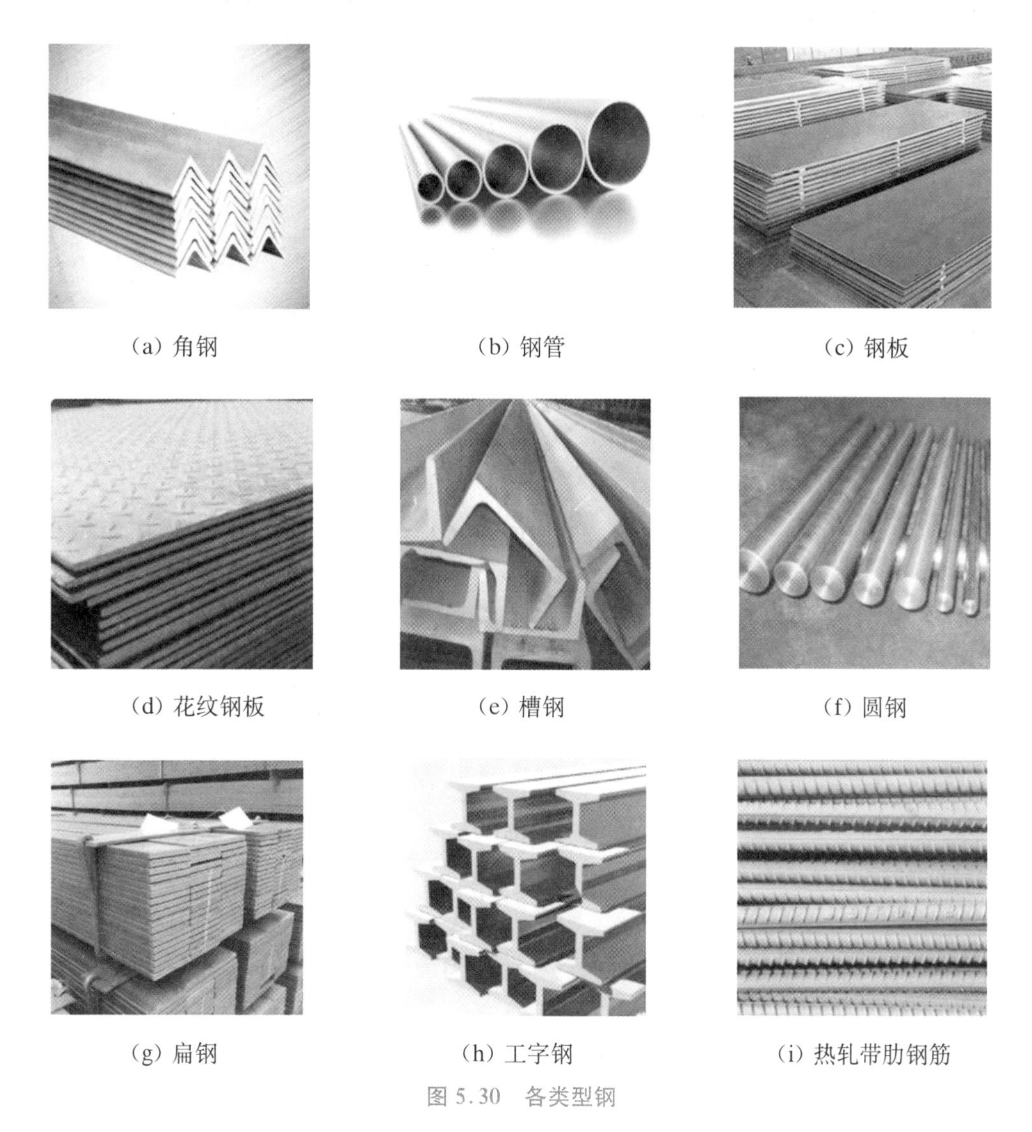

(a) 角钢　(b) 钢管　(c) 钢板

(d) 花纹钢板　(e) 槽钢　(f) 圆钢

(g) 扁钢　(h) 工字钢　(i) 热轧带肋钢筋

图5.30　各类型钢

2. 技术要求

钢材的表面质量应符合钢板、型钢、钢棒和钢管等有关产品标准的要求。钢材外观及规格尺寸应符合GB/T 2694、GB/T 706、GB/T 709的要求，钢材表面不应有裂缝、折叠、结疤、夹杂和重皮；表面有锈蚀、麻点、划痕时，其深度不应大于该钢材厚度负允许偏差值的1/2，且累计误差应在负允许偏差范围内(特高压工程铁塔用钢材不允许出现负偏差)。型钢不应有大于5 mm的毛刺。角钢表面明显的凹坑、麻面面积不得大于该面总面积的8%。型钢的表面缺陷允许清除，但不应进行横向清除，清除处应圆滑无棱角，清除宽度不应小于清除深度的5倍，清除后的型钢尺寸不应超出钢材尺寸的负允许偏差。

钢的化学成分要求如下：

(1) 钢牌号Q235、Q275的化学成分应符合GB/T 700的要求。

(2) 钢牌号Q355、Q390、Q420、Q460的化学成分，以及碳当量和焊接裂纹敏感性指数应符合 GB/T 1591 的要求。

(3) 钢材检验项目包括碳、硅、锰、硫、磷的含量;质量符合 GB/T 700、GB/T 1591 等标准要求。Q345(钢板)、Q420(角钢和钢板)中 Mn 的质量含量为 1.0%~1.7%;Q420(角钢和钢板)中 C 的质量含量≤0.18%,钢中至少应含有 V、Nb、Ti 三种元素中的一种。检验方法是根据《钢铁及合金化学分析方法》(GB/T 223)规定,按炉批号、品种、规格取样化验。

钢的力学性能如下:

(1) 钢牌号 Q235、Q275 的屈服强度、抗拉强度、断后伸长率、冲击试验和冷弯试验应符合 GB/T 700 的要求。

(2) 钢牌号 Q355、Q390、Q420、Q460 的上屈服强度、抗拉强度、断后伸长率、冲击试验和弯曲试验应符合 GB/T 1591 的要求。

(3) 钢材机械性能试验时,对于厚度大于 25 m 的角钢弯曲试样可以机加工,减薄至不小于 25 m,并保留一侧轧制面,弯曲试验时试样保留的原表面应位于试验受拉变形一侧。力学性能的冲击试验应按产品的技术规范标准要求的试验温度进行,并应在试验报告中记录一组试验 3 个试样的试验数值。试验方法是根据《钢及钢产品力学性能试验取样位置及试样制备》及《金属材料室温拉伸试验方法》的规定,并按批、品种、规格取样试验,根据 GB/T 228.1、GB/T 229 进行拉伸及冲击试验。

包装、标志、质量证明书的要求是,如无特殊要求,钢材的包装、标志和质量证明书应符合 GB/T 247 或 GB/T 2101 的规定。

外协或自制的直缝钢管的外形尺寸、材质和焊接质量应符合 DL/T 646 和 Q/GDW 384 的要求。角钢质量证明书中应至少明确碳、硅、锰、磷、硫、添加的微合金元素种类,以及含量、碳当量、力学性能和工艺性能。

原材料使用及可追溯性管控的要求如下:

(1) 塔厂应建立健全的原材料进厂检验,使用追溯性制度,包括检验试样管理制度。原材料复检试样保存期不少于产品质量的保证期。

(2) 复检合格的原材料才能入库使用,库存原材料必须按产品规格、质量等级、炉批号进行标识。不同质量等级的原材料应按类别分区存放,不得混放。

(3) 在零件加工下料前,成交供应商应向监造人员报验经检验合格的原材料质量证明文件,包括(但不限于)拟下料加工使用的原材料清单,以及对应每炉批号原材料的合格质量证明书与复检报告。

(4) 在零部件下料过程中,应做好零部件所使用材料的炉批号记录,以便追溯材料使用去向。

(5) 材料标识的移植。对于加工过程的剩余材料,在切除材料标识之前,应在剩余材料上做好标识的移植,内容应包括材料规格、材质牌号、质量等级和对应的炉批号。

3. 钢材的监造要点

钢材的监造要点见表 5.27。

表 5.27　钢材的监造要点

监造项目	见证内容	见证方法	见证方式	监造要点
钢材	外观、规格尺寸	目测钢材外观 抽查测量规格尺寸偏差	W、R	(1) 锈蚀钢材出现麻面不得使用，新轧制的钢材表面麻面不得超过面积的10% (2) 表面不得有裂缝、折叠、结疤、夹杂和重皮 (3) 表面有锈蚀、麻点、划痕时，其深度不应大于该钢材厚度负允许偏差值的1/2，且累计误差在负允许偏差内 (4) 钢材规格尺寸负偏差控制应满足技术协议要求
	钢材材质	检查质量证明书、制造厂的复检报告 现场抽查检验过程	W、R	(1) 万能试验机检验包括屈服强度、抗拉强度、延伸率、冲击试验机检验、冲击功 (2) 化学成分设备检验包括碳、硅、锰、硫、磷等基本成分和合金成分(如钒)的含量 (3) 钢材的机械性能、化学成分应符合GB/T 700、GB/T 1591标准要求 (4) 进厂检验按炉批号进行，每炉批不超过60 t
外购(自制)直缝管	外观、规格尺寸、材质	查验质量证明书、复检报告 现场抽检检测过程	W、R	外观、规格尺寸、材质检验参见钢材检验要求进行
	直焊逢	查验焊缝无损检记录 现场抽查检测过程	W、R	根据焊缝的等级进行相应级别无损检测

5.3.4.2　锌锭及监造要点

1. 锌锭

锌具有优良的抗大气腐蚀性能，所以锌锭(图5.31)被主要用于铁塔钢材和钢结构件的表面镀层，以防止铁塔被大气腐蚀，从而延长铁塔使用寿命。

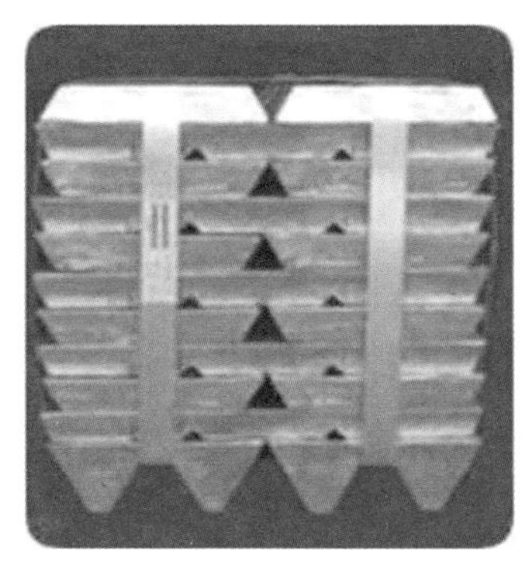

图 5.31　锌锭

锌锭按化学成分可分为5个牌号,依次为Zn 99.995、Zn 99.99、Zn 99.95、Zn 99.5、Zn 98.5,见表5.28。

表5.28 锌锭的化学成分表

牌号	化学成分(质量分数)							
	Zn(≥)	杂质(≤)						
		Pb	Cd	Fe	Cu	Sn	Al	总和
Zn 99.995	99.995%	0.003%	0.002%	0.001%	0.001%	0.001%	0.001%	0.005%
Zn 99.99	99.99%	0.005%	0.003%	0.003%	0.002%	0.001%	0.002%	0.01%
Zn 99.95	99.95%	0.030%	0.01%	0.02%	0.002%	0.001%	0.01%	0.05%
Zn 99.5	99.5%	0.45%	0.01%	0.05%	—	—	—	0.5%
Zn 98.5	98.5%	1.4%	0.01%	0.05%	—	—	—	1.5%

2. 锌锭的技术要求

锌锭的技术要求如下:

(1) 锌锭表面不允许有熔洞、缩孔、夹层、浮渣及外来夹杂物,但允许有自然化氧化膜。

(2) 用于热浸锌行业时,Zn 99.995牌号锌锭中的铝不参与杂质减量。

(3) 锌的含量为100%减去表5.28中所列杂质实测值总和的余量。

(4) 锌锭单重为18~30 kg,锭的底面允许有两条凹沟及铸腿,便于集装和使用。

(5) 需方如对锌锭的形状、重量有特殊要求,由供需双方商定。

(6) 按《锌锭》(GB/T 470—2008)取样和化验验证,每批化验一次,并出具化验验证报告。经检验不合格的原材料应做好明显标记,不能与合格的原材料混入投用。

3. 锌锭的监造要点

锌锭的监造要点见表5.29。

表5.29 锌锭的监造要点

监造项目	见证内容	见证方法	见证方式	监造要点
锌锭	化学成分	查验质量证明书,复检报告	R	按GB/T 470标准取样和化验验证,每批化验一次,并出具复验报告,主要审核其化学成分锌(Zn)、铅(Pb)、铁(Fe)、镉(Cd)、铜(Cu)、锡(Sn)、夹杂物等的含量

5.3.4.3 焊接材料及监造要点

目前,铁塔加工制作焊接的主要材料为非合金钢和细金粒钢药芯焊丝(图5.32)。

药芯焊丝也称粉芯焊丝或管状焊丝,分为加气保护型和不加气保护型两大类。药芯焊丝表面与实心焊丝一样,是由塑性较好的低碳钢或低合金钢等材料制成的。其制造方法是先把钢带轧制成U形断面形状,再把按剂量配好的焊粉添加到U形钢带中,用压轧机轧紧,最后经拉拔制成不同规格的药芯焊丝。我们通常所用的是加气保护型。

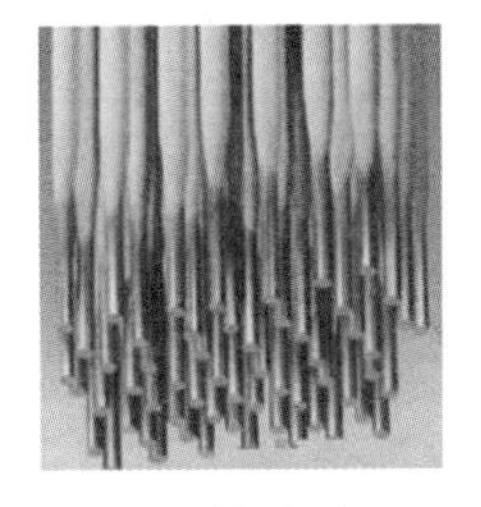

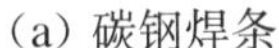
(a) 碳钢焊条

(b) 低合金钢焊丝

(c) 药芯焊丝

图 5.32　铁塔常用的焊接材料

常见的气体保护药芯焊丝有 AWS A5.29/5.28 E71T1-C(M)、E81T1-K2、E81T1-NI1、E91T1-K2、E101-K3、E111T1-K3、E80C-G、E90C-G、E110C-G 等，一般直径为 1.2～1.6 mm。

常见的自保护药芯焊丝的直径一般为 1.6～3.2 mm。其焊接参数见表 5.30。

表 5.30　自保护药芯焊丝的焊接参数

保护气体	M21(CO_2 + 氩气)	14～20 L/min	
电流种类	DC +		
电流电压	线径	电流(A)	电压(V)
	1.6	60～420	16～38
	2.0	100～450	17～40
	2.4	150～500	18～42
突出线长	15～25 mm		

焊条产品型号的表示方法如图 5.33 和图 5.34 所示。

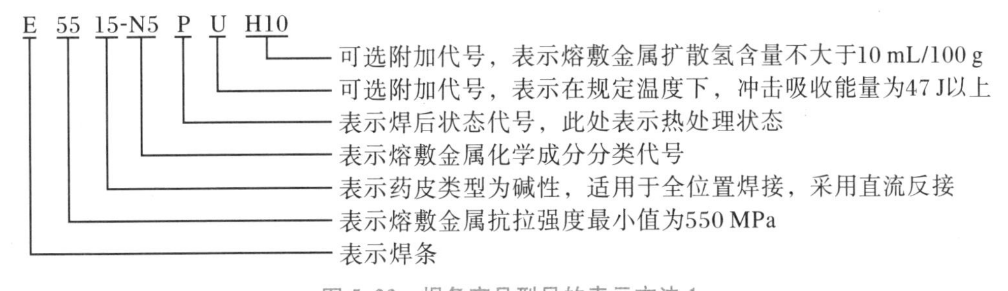

图 5.33　焊条产品型号的表示方法 1

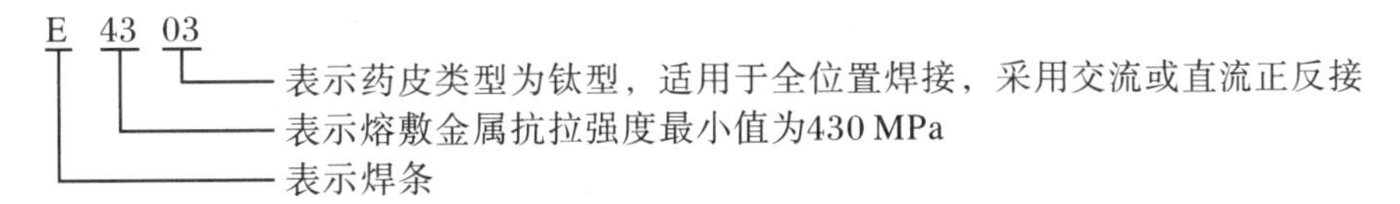

图 5.34　焊条产品型号的表示方法 2

熔敷金属的抗拉强度见表 5.31，主要化学成分含量见表 5.32。

表 5.31　熔敷金属的抗拉强度

抗拉强度代号	最小抗拉强度值(MPa)
43	430
50	490
55	550
57	570

表 5.32　熔敷金属的化学成分含量

分类代号	主要化学成分的名义含量(质量分数)				
	Mn	Ni	Cr	Mo	Cu
无标记、-1、-P1、-P2	1.0%	—	—	—	—
-1M3	—	—	—	0.5%	—
-3M2	1.5%	—	—	0.4%	—
-3M3	1.5%	—	—	0.5%	—
-N1	—	0.5%	—	—	—
-N2	—	1.0%	—	—	—
-N3	—	1.5%	—	—	—
-3N3	1.5%	1.5%	—	—	—
-N5	—	2.5%	—	—	—
-N7	—	3.5%	—	—	—
-N13	—	6.5%	—	—	—
-N2M3	—	1.0%	—	0.5%	—
-NC	—	0.5%	—	—	0.4%
-CC	—	—	0.5%	—	0.4%
-NCC	—	0.2%	0.6%	—	0.5%
-NCC1	—	0.6%	0.6%	—	0.5%
-NCC2	—	0.3%	0.2%	—	0.5%
-G	其他成分				

焊接材料的监造要点见表5.33。

表5.33 焊接材料的监造要点

监造项目	见证内容	见证方法	见证方式	监造要点
焊接材料	化学成分及机械性能	查验质量证明书 复检报告 现场查看外观	W、R	(1) 焊接材料按GB/T 5117、GB/T 5118、GB/T 5293、GB/T 8110、GB/T 10045标准要求进行复检，复检内容包括化学成分分析试验、拉伸试验、冷弯、冲击试验等 (2) 复检取焊接试样进行 (3) 外观要求为焊条表面药皮不应有脱落、受潮现象；焊丝表面应光滑平整，不应有毛刺、划痕、锈蚀和氧化皮，以及其他对焊接性能或焊接设备操作性能有不良影响的杂质存在

5.3.4.4 紧固件及监造要点

1. 工艺要求

铁塔厂采购螺栓和螺母时，应将DL/T 284标准及其他相关资料提交给螺栓及螺母制造单位，并重点落实以下工艺要求：

(1) 螺栓螺纹应采用滚压螺纹工艺，螺母螺纹在热浸镀锌后进行攻丝，不允许重复攻丝。

(2) 对于8.8级螺栓，螺栓制造厂应依据NB 47013的要求，按材料和炉号抽取同一生产批次中20%的螺栓数量进行无损检验，若有抽检不合格品，则应对该批次螺栓进行100%无损检验，并提供相应的检验报告。

(3) 对于8.8级及以上的高强度镀锌螺栓，在热镀锌前处理工序中，不得采用酸洗工艺除锈。

(4) 8.8级及以上高强螺栓零件不允许重复热浸镀锌。

2. 紧固件的包装要求

紧固件的标志和包装应符合GB/T 90.2、DL/T 284及附件C的规定要求。采用袋装方式单基包装，确保在正确储存和保管的前提下，不出现锈蚀。

3. 紧固件的检验要求

紧固件的检验要求如下：

(1) 铁塔厂应按标准要求检查、核对螺栓供应商提供的螺栓与螺母等紧固件合格质量证明文件内容、出厂检验项目及检验结果。

(2) 铁塔厂应按采购批次对所提供的6.8级、8.8级螺栓、螺母、脚钉等产品，根据相关标准的要求进行进厂抽样、复检。检测后提交抽样复检报告。

(3) 对8.8级及以上的高强度螺栓(含螺母)应至少抽检3个批次，由铁塔厂委托具有国家认可相应资质的检测单位，按照DL/T 284要求进行成分分析、拉力试验(抗拉强度、屈服强度、断后伸长率、断面收缩率)、冲击试验、硬度试验和脱碳层检测，以及镀锌层质量检测，并提供第三方检测报告，结果应满足规定要求。

4．紧固件的监造要点

铁塔所使用的紧固件规格、等级及防腐形式按设计文件要求选用，紧固件附的质量证明书及检验报告，紧固件的规格、强度等级、外形尺寸、机械强度等应满足 GB/T 3098.1、GB/T 3098.2、GB/T 41、GB/T 5780、GB/T 95、GB/T 805 和 DL/T 764.4 的规定。8.8 级及以上的高强度螺栓应有强度和塑性试验的合格证明。紧固件的镀锌层厚度应满足 GB/T 13912 的规定。紧固件的监造要点见表 5.34。

表 5.34　紧固件的监造要点

监造项目	见证内容	见证方法	见证方式	监造要点
紧固件	螺栓（螺母）外形尺寸、硬度、拉力载荷、镀锌层厚度	查看质量证明文件 检测实物	W、R	(1) 按抽样方案（20/0）抽样检测螺栓（螺母）硬度 (2) 按抽样方案（8/0）抽样检测螺栓（螺母）拉力载荷 (3) 按抽样方案（8/0）抽样检测螺栓（螺母）锌层厚度 (4) 按抽样方案（8/0）抽样检测 8．8 级螺栓塑性（延伸率） (5) 按抽样方案（80/3）抽样检测螺栓（螺母）外形尺寸

5.3.4.5　设计图纸及放样

生产加工前，监造人员应见证核查图纸、放样、材料代用、设计变更等资料。

1．检查加工图纸

制造厂应指定专人负责施工图纸与相关资料的清点交接工作。监造人员督促塔厂检查核对加工使用的图纸是否为设计确认的有效版本。

2．检查放样、设计变更

检查放样、设计变更的要求如下：

(1) 监造人员督促塔厂检查核对放样图与设计图，要求保证协调一致性。

(2) 设计变更、放样修改应与加工图一致。塔厂提出的设计变更，应按设计变更联系单与设计院联系，修改后按工程设计修改报验单向监造单位报验；如由设计院出具设计变更文件，则制造厂应按该设计变更文件做相应修改，塔厂在修改实施后按工程设计修改报验单向监造单位报验。

3．检查零件图、样板、卡板的一致性

放样后应及时标注放样尺寸，并提供一套标有放样尺寸的铁塔图纸供监造工程师查阅；对照放样图，核对标有放样尺寸的铁塔图纸，应与零件图、样板、卡板一致；检查督促制造厂核对，确认放样、号料是否根据工艺要求预留焊接收缩量及加工余量。

4．材料代用

若有材料代用，必须经设计审批，并向监造人员提出报验见证。

5．设计图纸及放样的监造要点

设计图纸及放样的监造要点见表 5.35。

表 5.35 设计图纸及放样的监造要点

监造项目	见证内容	见证方法	见证方式	监造要点
放样	查看放样图纸、零部件图、样板	对照铁塔放样结构图纸，核对零件图、样板尺寸	W、R	(1) 核查加工使用的图纸是否为设计确认的有效版本 (2) 铁塔放样结构图纸、零件图、样板尺寸三者必须一致 (3) 核查放样过程是否考虑焊接变形对构件尺寸的影响
材料代用	材料代用清单	查看材料代用清单	R	(1) 见证材料代用清单，核查材料代用是否经设计审批 (2) 若有材料代用，供应商应按工程代料清单填写统计材料代用情况
设计变更	设计变更单的落实情况	查看设计变更单、放样图、零部件实物	W、R	设计院若出具设计变更文件，供应商应按设计变更文件做相应修改，并通过设计联系单同设计院联系，修改后报验监造单位复查

5.3.5 铁塔(角钢塔、钢管塔)制造工艺及监造要求

5.3.5.1 铁塔常用的术语

铁塔常用的术语如下：

(1) 下料是指根据铁塔生产加工清单、加工用零件加工图，或者样板的要求将型材切割成所需的形状及尺寸的工艺。

(2) 压号也叫打钢印，是指根据生产指令将产品部件的编号用钢字码压制到产品相应部位的工艺。

(3) 号料是指在铁塔部件上根据样杆、样板或图纸划出孔位、孔径符号、火曲线、切角线、切肢线等加工工艺标记的工艺。

(4) 制孔是指用机械设备在铁塔构件上制出符合标准的孔的工艺，可分为冲孔、钻孔和割孔。

(5) 切角是指为防止角钢碰撞，将角钢端头一肢切去一角的工艺。切角边距为螺栓孔中心与切角边之间的距离。切角工艺如图 5.35 所示。

(6) 切肢是指在角钢端头处，两肢同时被一平面切割形成的缺口或一肢被整个切去的工艺。

(7) 铲背和清根：铲背是将角钢背按要求刨成圆弧形；清根是将角钢内圆弧刨成直角。

(8) 制弯是指将角钢、钢板等构件进行弯曲变形达到安装要求的工序，分为热曲和冷

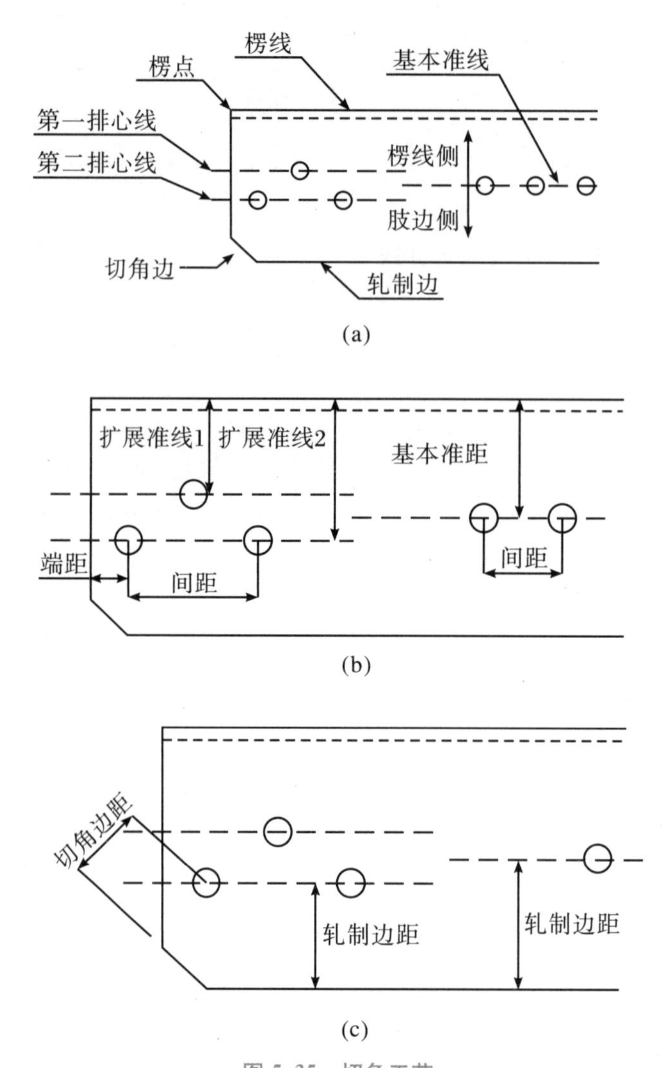

(a)

(b)

(c)

图 5.35　切角工艺

曲。其中,热曲也叫火曲,是指将构件加热到一定温度后的弯曲加工工艺;冷曲是指将构件在环境温度下的弯曲加工工艺。

(9) 打扁是指将角钢的一肢边合到另一肢边的变形加工,也叫压扁。

(10) 火曲线是指产品部件上弯曲部位的弯曲基准线。

(11) 曲筋是指角钢棱沿两肢角分线向某方向的弯曲。

(12) 正曲是对钢板弯曲时面向样板的有字面向上弯曲。

(13) 反曲是对钢板弯曲时面向样板的有字面向下弯曲。

(14) 火曲角度测量板是指用于检验铁塔构件的弯曲角度的专用工具。

(15) 开合角包括开角和合角。其中,开角是将角钢的某一局部根据结构需要加工成大于 90°的变形加工;合角是将角钢的某一局部根据结构需要加工成小于 90°的变形加工。

图 5.36 列出了铁塔常用的各类工艺示意图。

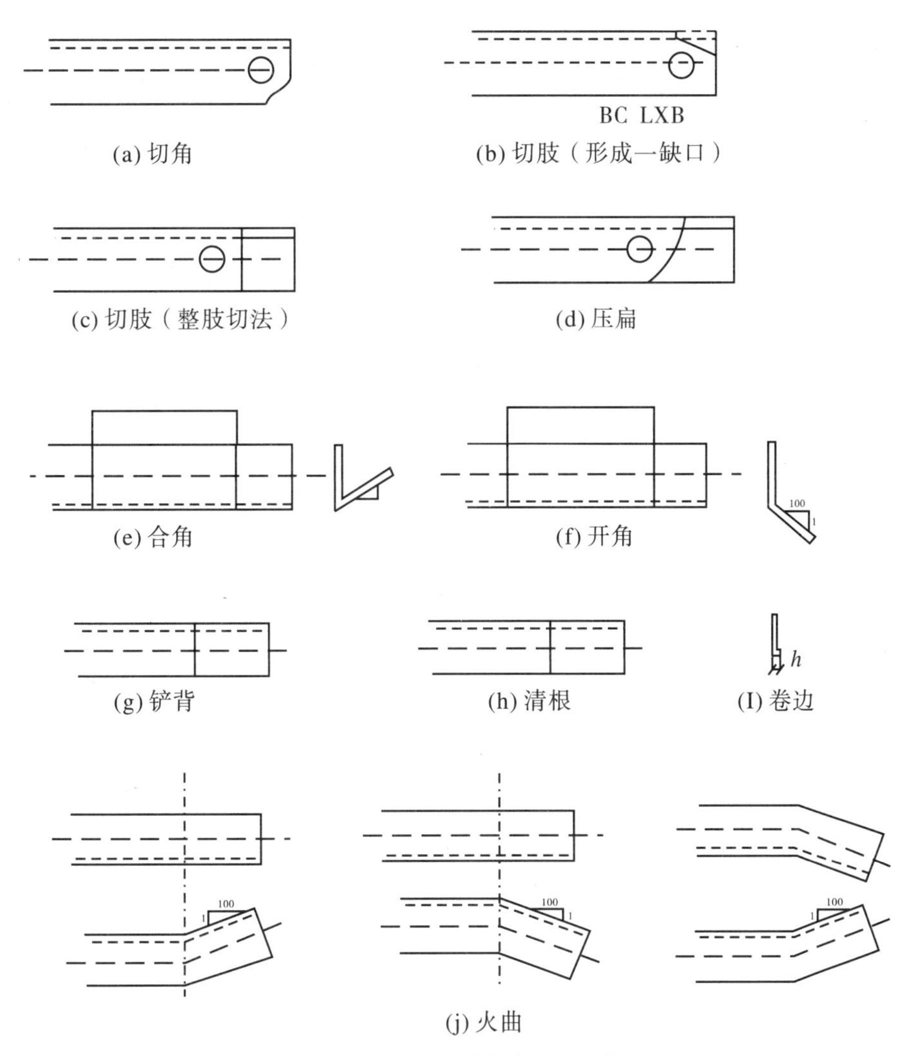

图 5.36 铁塔常用的各类工艺示意图

(16) 拼焊是指将焊接结构的零部件，依据组焊图按预先划好的组焊线进行组装，并用点焊工艺将零部件组合在一起的方法，即组装。

(17) 校正是指对因原材料问题和经镀锌而变形的铁塔部件，用手工或机械的方法，使其恢复原状的过程。

(18) 试组装是指将加工完成的螺栓结构零部件，依据放样修改后的图纸，按其结构形式进行装配，对设计图纸、放样结果和加工工艺进行验证的过程。

(19) 包装是指根据施工和运输的要求，将零散的铁塔构件用捆扎材料(如铁丝、角钢卡子、打包带等)紧固为若干个单元的工作。

5.3.5.2 铁塔生产的工艺过程

铁塔生产的工艺过程如图 5.37 所示。

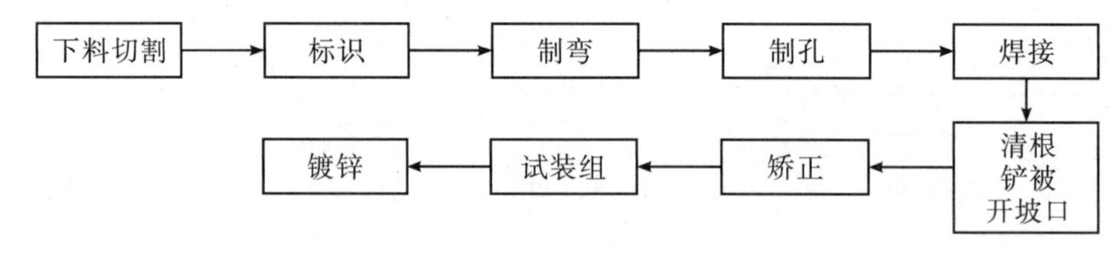

图 5.37 铁塔生产的工艺过程流程图

铁塔生产的工艺过程包括下料切割、标识、制弯、制孔、焊接、清根、铲被、开坡口、矫正、试组装(见第 4 章)、镀锌等。

1. 下料切割及监造要点

下料切割的工艺要求总则为:

(1) 角钢切断必须用有足够工作压力的机床进行剪切,否则将会造成设备安全事故。

(2) 剪切机床必须予以充分的润滑,操作者应进行必要的注油和日常的维护保养。

(3) 操作前,操作者应进行必要的设备检查,试车无问题后方能操作使用。

角钢切断的要求如下:

(1) 目前,一般的断切设备采用曲轴压力机、液压角钢下料设备和数控流水线设备。角钢边宽小于或等于 75 mm 的可采用曲轴压力机、液压角钢下料设备切断;宽在 75 mm 以上的角钢可采用自动化流水线的配套切断设备。厚度大于等于 16 mm、Q420 的钢材采用带锯机床切断。

(2) 下料前,领料时应注意材料的外观质量,对有重皮、锈蚀、毛刺、伤痕等缺陷的材料拒绝使用,对于弯曲的、可调直的材料必须在加工前进行校直。

(3) 下料前,根据下料清单先配好料,再划线。划线前,必须检查角钢的规格(宽度和厚度)是否与料单上的规格相符合,经核对后方能划线,划线必须清晰、准确。

一般情况下,剪板工艺分类如下(但实际应根据制造厂机器参数确定):

(1) 钢板厚度为 14 mm 及以下,采用剪板机剪切。

(2) 钢板厚度为 16 mm 及以上、Q420 钢材,在半自动火焰切割机或数控火焰切割机上切断。

(3) 钢板裁剪时,操作人员应以样板形式先剪成长条,然后剪切成单块。

切角工艺的要求如下:

(1) 切角一般应以孔为基准,因为端头可能有切料正负偏差,精密件必须以孔为基准,严格控制剪切尺寸,不得超差。超过机器切剪能力的大角钢在切大角时一般采用气割,气割处要用砂轮打磨平滑。

(2) 切角质量标准按设计要求规定执行。切角时,要按零件加工图上所标的尺寸切角,谨防切角时的随意性。切角后,切角边不得有裂纹和大于 1.0 mm 的毛刺、缺棱。切角后经自检合格,按工艺流程送检。

(3) 应优先采用机械剪切,其次采用自动、半自动和手工火焰切割顺序进行切割。

(4) 切断口上不得有裂纹和大于 1.0 mm 的边缘缺棱,切断处切割面平面度不大于 $0.05t$(t 为厚度,mm),且不超过 2.0 mm,割纹深度不大于 0.3 mm,局部缺口深度允许偏差为 1.0 mm。

(5) 切断偏差的要求是偏差为 ± 2.0 mm；切断面垂直度小于或等于 $t/8$，且不超过 3.0 mm；角钢端部垂直度小于或等于 $3b/100$（b 为角钢肢宽，单位为 mm），且不超过 3.0 mm。

(6) 尺寸要求和角度允许误差分别见表 5.36 和表 5.37。

表 5.36　螺栓间距和边距尺寸(单位:mm)

螺栓规格	螺栓	间距	边距	边距	切角边(Lg)
	单排(Sd)	双排(Ss)	端边(Ld)	轧制边(Lz)	
	Sd Sd	Ss Ss	Ld Lg Lz		
M1Φ17.5	50	80	25	⩾21	⩾23
M2Φ21.5	60	100	30	⩾26	⩾28
M3Φ25.5	80	120	40	⩾31	⩾33

表 5.37　角度允许误差

长度	端点偏差
$l \leqslant 200$ mm	±0.5 mm
200 mm$< l \leqslant$500 mm	±1 mm
500 mm$< l <$1000 mm	±1.5 mm

直缝钢管切割的要求如下：

(1) 直缝钢管开槽应避开钢管纵向焊缝，宜采用专用开槽机或数控切割开槽机。当采用冲裁模具定位冲压开槽时，应采取措施使得开槽根部圆滑过渡，避免产生裂纹，且开槽厚度及开槽最低环境温度应符合设计要求；采用手工火焰或等离子切割机开槽时，应通过靠模定位切割开槽。切割面应平整，要求开槽根部切割面直角处应有过渡圆弧，不应出现根部过切割。

(2) 直缝钢管开槽尺寸应满足设计要求。对于出现的开槽割缝或开槽过宽、过长等问题，不得补焊修补。

切割的要求如下：

(1) 钢板的下料切割包括机械剪切和热切割。钢板的切断下料可采用机械剪切方法或机械自动(或半自动)热切割(激光、等离子、火焰切割)方法，局部特殊形状的加工切割可采用手工加靠模方法进行热切割，以保证切割面平整。采用剪切方法时，剪切的环境温度、剪切的厚度应满足表 5.38 和表 5.39 的要求。

(2) 角钢的下料切断采用机械剪切，大角钢采用锯切。角钢切断后，切断断口应符合相关工艺要求。

表 5.38　工作地点温度

<table>
<tr><th colspan="3">项目</th><th>剪切和冲孔</th><th>冷矫正</th><th>冷弯曲</th></tr>
<tr><td rowspan="4">钢材牌号</td><td>Q235</td><td rowspan="4">工作地点温度不低于(℃)</td><td>-5</td><td>-10</td><td>-10</td></tr>
<tr><td>Q345</td><td>0</td><td>-</td><td>-5</td></tr>
<tr><td>Q420</td><td>5</td><td>0</td><td>0</td></tr>
<tr><td>Q460</td><td>5</td><td>0</td><td>0</td></tr>
</table>

表 5.39　允许剪切、冲孔的最大厚度

材质	剪切最大厚度(≤,mm)	冲孔最大厚度(≤,mm)
Q235	24	16
Q345	20	14
Q420	14	12
Q460	12	10

(3) 钢材切割的切割断口处不得有裂纹和大于 1.0 mm 的缺棱,并应清除毛刺、熔瘤、飞溅等。切割断口的表面粗糙度不得大于 1.0 mm。下料切断面质量应满足下列要求:① 热切割时,切割面平面度应不大于 $0.05t$(t 为切割件的厚度,单位为 mm),且不大于 2.0 mm,割纹深度不大于 0.3 mm,局部缺口深度不大于 1.0 mm;② 钢材切割面应无裂纹、夹杂、分层;剪切边缘缺棱不大于 1.0 mm;型钢端部垂直度偏差不大于 2.0 mm;③ 钢材切割面上深度大于 1.0 mm 的局部缺口、深度大于 0.3 mm 的割纹,以及切割面上的熔瘤、挂渣、飞溅物等应予打磨;剪切边毛刺、撕裂棱及深度大于 1.0 mm 的缺棱应清除或修磨。

(4) 切割断口面应平整,切割缺口根部形成的尖角应进行过渡 R 圆弧角工艺处理,避免应力集中。

铁塔下料切割的监造要点见表 5.40。

表 5.40　铁塔下料切割的监造要点

<table>
<tr><th>监造项目</th><th>见证内容</th><th>见证方法</th><th>见证方式</th><th>监造要点</th></tr>
<tr><td rowspan="2">下料切割</td><td>切断面质量</td><td>目测(检测)实物切断面质量</td><td>W</td><td>(1) 应优先采用机械剪切,其次采用自动、半自动和手工火焰切割顺序进行切割
(2) 切断口上不得有裂纹和大于 1.0 mm 的边缘缺棱,切断处切割面平面度不大于 $0.05t$ (t 为厚度,单位为 mm),且不超过 2.0 mm,割纹深度不大于 0.3 mm,局部缺口深度允许偏差为 1.0 mm</td></tr>
<tr><td>切断偏差</td><td>检测尺寸、切断面垂直度、角钢端部垂直度</td><td>W</td><td>(1) 要求尺寸偏差为 ±2.0 mm
(2) 切断面垂直度不大于 $t/8$,且不超过 3.0 mm
(3) 角钢端部垂直度不大于 $3b/100$(b 为角钢肢宽,单位为 mm),且不超过 3.0 mm</td></tr>
</table>

2. 标识及监造要点

标识方法如下：

(1) 印制时，首先根据流程卡上的部件塔型编号，选择相应的钢字模，装模时要按照从左到右的顺序装模，不能装错，并且每个部件上的工程代号、塔型、零件号、材质代号四部分之间必须留一个字的距离。Q235 钢材材质代号不做标识，Q345 钢材材质代号采用 H 进行标识，Q420 钢材材质代号采用 P 进行标识。

(2) 三个禁区内不得有钢印。所有零部件上的钢印必须保证不得进入三个禁区：一是制孔区，二是制弯区，三是焊接区。目的是保护所制出的钢印完整性不受损坏。

(3) 错制钢印的修改。修改错误的钢印必须要用电焊焊补，磨平后重新压制钢印，不得用其他钢印复压错误钢印。

(4) 零部件用钢字模压印做标识，标识内容包括企业标示、工程代号(必要时)、塔型、零件号、材质代号。其中材质代号为 Q235 不做标识，Q355 代号为 H，Q420 代号为 P，Q460 代号为 T。

(5) 标识的钢印应排列整齐，字形不得有缺陷。字体高度为 8～18 mm，材料厚度不大于 8 mm 时，钢印深度为 0.3～0.6 mm；材料厚度大于 8 mm 时，钢印深度为 0.5～1.0 mm。钢印附近的钢材表面不应产生明显的凹凸面缺陷，且边缘不应有裂纹或缺口。钢印不宜压在孔位或火曲部位，焊接部件的钢印不应被覆盖。

铁塔标识的监造要点见表 5.41。

表 5.41 铁塔标识的监造要点

监造项目	见证内容	见证方法	见证方式	监造要点
标识	标识内容	目测(检查)刚要标识内容、大小、位置	W	(1) 零部件用钢字模压印做标识，标识内容包括企业标示、工程代号(必要时)、塔型、零件号、材质代号；其中材质代号为 Q235 不做标识，Q355 代号为 H，Q420 代号为 P，Q460 代号为 T (2) 标识的钢印应排列整齐，字形不得有缺陷；字体高度为 8～18 mm，材料厚度不大于 8 mm 时，钢印深度为 0.3～1.0 mm；钢印附近的钢材表面不应产生明显的凹凸面缺陷，且边缘不应有裂纹或缺口；钢印不宜压在孔位或火曲部位，焊接部件的钢印不应被覆盖

3. 制弯及监造要点

工件的制弯应根据设计文件和施工图规定采用冷弯或热弯，如图 5.38 所示。制弯允许偏差见表 5.42。

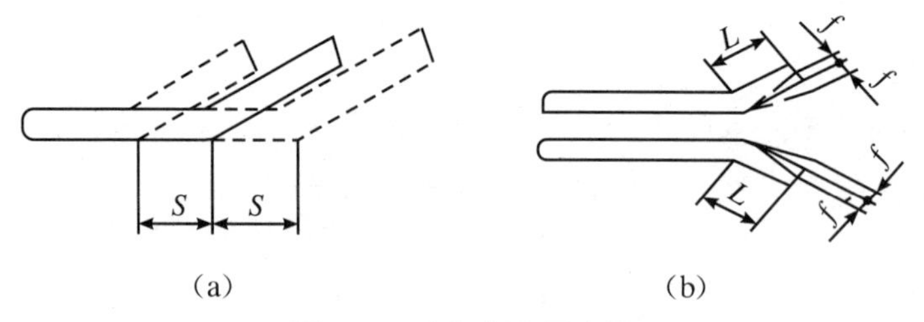

图 5.38　角钢制弯示意图

表 5.42　制弯允许偏差(单位:mm)

项目			允许偏差	示意图
曲点(线)位移 e			2.0	
制弯 f	钢板		$5L/1000$	
	接头角钢,不论 b 大小		$1.5L/1000$	
	非接头角钢	$b \leqslant 50$	$7L/1000$	
		$50 < b \leqslant 100$	$5L/1000$	
		$100 < b \leqslant 200$	$3L/1000$	
		$b > 200$	$2L/1000$	
压扁	两肢间隙		2 ± 0.5	
	长度 l		$^{+10.0}_{0}$	

冷制弯的要求如下:

(1) 对于钢板的冷制弯,Q235 材料的冷曲度数不大于 15°,Q345 板材的冷弯曲度不大于 7°。

(2) 角钢材料可采用冷制弯的范围见表 5.43。

表 5.43　冷制弯的范围

规格(mm)	Q235 材料的冷曲范围	Q345 材料的冷曲范围
40～63	10°	10°
63～80	8°	8°
80～125	8°	6°
125 以上	6°	5°

(3) 零件豁口制弯时,切割处应采用相同材质和厚度的材料补焊,焊缝质量等级不应低于二级焊缝要求,且焊缝处不影响安装。

(4) Q235材料的冷加工开合角，角度不超过15°，Q345材料的冷加工开合角的角度不超过10°，Q420材料不得冷加工开合角。

(5) 角钢、钢板冷弯时加工环境温度应符合表5.38的要求。

热制弯的要求如下：

(1) 超过冷制弯范围的都必须进行热制弯。

(2) 热制弯的加热温度在1000～1100 ℃范围内，始锻温度为925～950 ℃，不得以氧气-乙炔气割工具烘烤制弯。

(3) 热曲应避免过热、过烧现象，终锻温度不可低于725 ℃，以免过冷产生硬化现象。

(4) 制弯前必须熟悉图纸，应清楚是双面火曲还是单面火曲，以及火曲的角度和方向。

(5) 根据零件的规格大小、材质，以及火曲面积和火曲角度选择合理的火源和火曲方式，以及受热范围和温度。

(6) 批量生产或常规火曲件应预先制好火曲模、开合角模，以及检测的火曲角度样板。火曲的检测样板卡必须耐温且不易变形。

(7) 角钢、钢板一般在制孔后制弯，对制弯角度大、孔距火曲部位近且易产生变形的先制弯后制孔。

(8) 火曲后在空气中自然冷却，不得浇水或强制冷却；对需校平的工件加平锤垫，不能直接敲打，以免产生凹凸不平的锤痕，造成应力集中，降低强度。

制弯产品的要求如下：

(1) 零件制弯后，其边缘应圆滑过渡，表面不得有明显的鳞皮、皱折及毛刺等缺陷，划痕深度不应大于0.5mm。

(2) 制弯构件不得出现裂纹。

(3) 火曲零部件的堆放、转序严防敲打与挤压，以免造成变形。

制弯的监造要点见表5.44。

表5.44 制弯的监造要点

监造项目	见证内容	见证方法	见证方式	监造要点
制弯	制弯工艺	查看工艺文件 现场查看工艺操作	W、R	零件的制弯应根据设计文件和施工图的规定选用冷弯(宜在室温下)或均匀热弯(加热温度为900～1000 ℃)；对U形板的弯曲应采用热弯工艺，热弯温度控制在800～950 ℃，热弯后宜自然冷却，必要时采取适当保温措施使其缓冷；Q420高强钢热弯工艺应符合技术协议中对Q420高强钢热弯工艺的要求
	制弯产品	检查弯曲零部件	W	零件制弯后，其边缘应圆滑过渡，表面不得有明显的鳞皮、皱折及毛刺等缺陷，划痕深度不应大于0.5 mm

4. 开合角工艺及监造要求

角钢开、合角的角度、尺寸、位置与放样图要求吻合，从而保证结构间连接紧密、无间隙。由于大规格角钢的规格较大，开合角难度加大，应使用大规格角钢开合角专用模具，以保证大规格角钢的开合角加工精度。

在进行开合角时，操作人员应合理安排开合角的顺序，将开合角度数相同的大规格角钢放一起。根据单件图，在大规格角钢上用石笔画出开合角的部位。

根据单件图要求调节开合角模具的度数，将开合角模具调到要求的度数。用电炉或煤炉将要开合角的部位加热。加热范围要适当大于石笔所画范围。然后仔细观察大规格角钢加热处的颜色变化，判断加热温度，待加热到合适温度后对大规格角钢进行开合角。

开合角时温度不应超过 900 ℃，一般加热温度为 800～900 ℃。加热时，火焰应均匀移动。温度加到要求范围后，将加热部位推到开合角模下进行开合角。

对开合角后的大规格角钢，用专门制定的相同角度样板进行测量，检查角度是否符合要求。开合角后，大规格角钢放在空气中自然冷却。在低温环境(0 ℃以下)进行开合角时，加热部位应采取保温缓冷措施。

由于在大规格角钢同一位置重复加热，容易使大规格角钢过烧，易在加热部位产生裂纹，降低大规格角钢强度，因此大规格角钢在一次开合角后没有达到要求角度时，不允许在原位置重复进行加热开合角。如需批量加工开合角，应首先调整好开合角模具的角度，用一小段大规格角钢模拟开合角，测量开合角的角度，然后适当调整开合角模具的度数，调整无误后才便于批量加工。

大规格角钢开合角后需经质检员检验合格后，依据质检员签字的交接单，才能转到下一工序。开合角后的大规格角钢表面，不应有明显的凹面或损伤，划痕不得大于 0.5 mm，不允许出现表面裂纹缺陷；开合角的位置和没有开合角的连接处不允许有明显的台阶，其允许偏差见表 5.45。

表 5.45　开合角允许偏差(单位：mm)

项目		允许偏差	示意图
开合角	变形 f	$b/100$	(示意图：f、b、L)
	长度 L	$+5.0$ 0	

注：b 为角钢肢宽。

开合角的监造要点见表 5.46。

表 5.46　开合角的监造要点

监造项目	见证内容	见证方法	见证方式	监造要点
开合角	开合角工艺	查看工艺文件 现场查看工艺操作	W、R	角钢开合角的角度、尺寸、位置与放样图的要求吻合，保证结构间连接紧密、无间隙；在进行开合角时，操作人员应合理安排开合角的顺序，将开合角度数相同的规格角钢放一起，根据单件图在角钢上用石笔画出开合角的部位；角钢在一次开合角后没有达到要求角度时，不允许在原位置重复进行加热开合角
	开合角产品	检查开合角零部件	W	开合角后的角钢表面不应有明显的凹面或损伤，划痕不得大于 0.5 mm；不允许出现表面裂纹缺陷；开合角位置和没有开合角的连接处不允许有明显的台阶

5. 制孔及监造要点

制孔技术除设计文件和图纸有特别要求外，孔的制作方法是：钢材材质为 Q235 且厚度大于 16 mm，钢材材质为 Q345 且厚度大于 14 mm，钢材材质为 Q420 且厚度大于 12 mm，钢材材质为 Q460 的所有厚度及挂线孔必须用钻孔工艺冲孔。

传统冲孔工艺的要求如下：

(1) 冲孔前，要根据工件的材质规格选择合格的冲头与冲座，然后根据零件加工图划线，确定孔径定位模具的安装位置。安装调试后进行首件试冲，首件必须经过冲孔负责人自检，合格后才能批量生产。当用户对冲制孔有特殊要求时，冲头、冲座的制造可通过协商确定其可行性尺寸。

(2) 同一个工件上有几种直径大小不同的孔时，应先冲小孔后冲大孔。角钢冲孔时，被加工面必须水平，中间过程必须进行抽检。特殊孔径的样板或零件加工图明确规定不许冲孔时，地线挂线板及导线挂线板孔均采用钻床钻孔(目前建议先冲成小孔(小于特孔直径 4 mm)，再扩成需要的孔)。

(3) 冲孔经自检合格，清点数量。

(4) 制孔的质量要求是，孔壁与零件表面的边界交接处不得有大于 0.5 mm 的缺棱或塌角；冲孔内壁不得出现撕裂状缺陷，冲件表面不得有外观可见的凹面；零件不得有明显变形；大于 0.3 mm 的毛刺必须清除。

(5) 加工时应严格控制制孔(冲孔、钻孔)工艺，不得出现错孔、漏孔，严禁焊接补孔。

自动生产线加工工艺步骤如下：

(1) 接到零件加工图以后，操作人员首先要熟悉各个部位的尺寸，然后根据零件图的规格尺寸编程和套料。这里的编程是指数据的核查，如 DAT 与角钢零件图是否统一，DXF 是否规范。如发现 DXF 有明显错误，应及时与技术部联系；如发现有机器不能识别的孔，则要求按样板自行修改 DXF。

(2) 根据零件图提供的材料规格、尺寸、数量进行领料，领料时要严格检查材料外观质量，如有重皮、锈蚀、毛刺、伤痕等缺陷的材料不能投入使用。弯曲的材料必须在加工前进行校直处理。

制孔的监造要点见表 5.47。

表 5.47 制孔的监造要点

监造项目	见证内容	见证方法	见证方式	监造要点
制孔	制孔工艺	查看工艺文件 现场查看工艺操作 检测制孔实物	W、R	(1) 制孔可采用冲孔和钻孔方式，一般 Q235 且厚度大于 16 mm，Q345 且厚度大于 14 mm，Q420 且厚度大于 12 mm，Q460 的所有厚度的钢材及挂线孔应采用钻孔，技术协议另有规定的除外 (2) 制孔表面不应有明显的凹面，大于 0.3 mm 的毛刺应清除；制孔后，孔壁与零件表面的边界交接处不应有大于 0.5 mm 的缺棱或塌角 (3) 冲孔的检测位置应在其小径面进行 (4) 制孔完成的构件不允许有少孔、多孔 (5) 制孔允许偏差满足 GB/T 2694 的要求

6. 清根、铲背、开坡口及监造要点

刨根是指将角钢内的圆角清根成直角，铲背是指将角钢外棱的直角刨成圆角。

清根、铲背和开坡口的技术要求如下：

(1) 清根、铲背和开坡口一般采用刨削或铣削，加工表面粗糙度 Ra 不应大于 25 μm。

(2) 清根、铲背和开坡口加工的允许偏差参见《输变电铁塔制造技术条件》(GB/T 2694—2015)的要求。

(3) 清根的允许偏差见表 5.48。

表 5.48 清根的允许偏差(单位:mm)

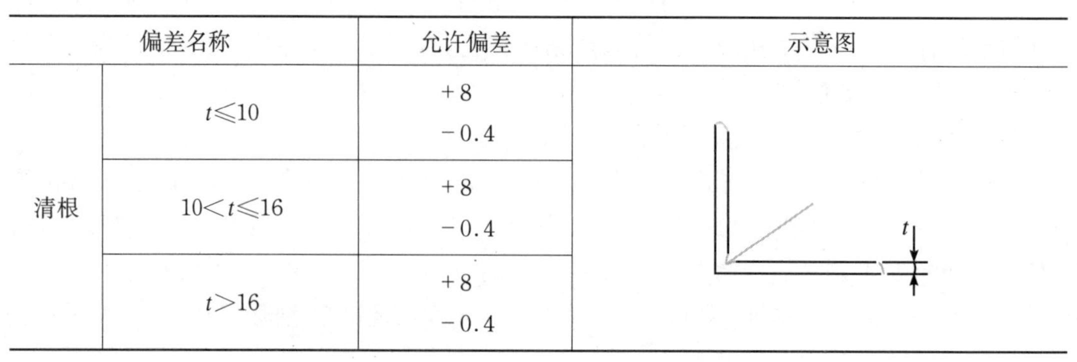

偏差名称		允许偏差	示意图
清根	$t \leqslant 10$	+8 −0.4	t
	$10 < t \leqslant 16$	+8 −0.4	
	$t > 16$	+8 −0.4	

(4) 铲背的允许偏差见表 5.49。

表 5.49 铲背允许偏差(单位:mm)

偏差名称		允许偏差	示意图
铲背	长度	±2.0	
	圆弧半径 $R1$	+2.0	

(5) 钢板开坡口的允许偏差见表 5.50。

表 5.50 开坡口的允许偏差(单位:mm)

偏差名称		允许偏差	示意图
开坡口	开角∝	±3.0	
	圆弧半径 $R1$	±1.0	

清根、铲背和开坡口的监造要点见表 5.51。

表 5.51 请根、铲背和开坡口的监造要点

监造项目	见证内容	见证方法	见证方式	监造要点
清根、铲背和开坡口	工艺方法、实物产品	查看工艺文件 现场查看工艺操作 检测实物产品	W、R	坡口尺寸、方向应符合图纸要求

7. 焊接及监造要点

焊接技术在19世纪80年代后的20年间得到了迅猛发展。焊接结构的独特优势让其广泛应用于国民经济的各个部门。首先,焊接厚度在理论上是没有上限的,这就为焊接大型巨型钢结构提供了条件。其次,焊接结构具有水汽密封性,这有助于长期暴露于恶劣天气下的电力铁塔避免雨雪的侵蚀。最后,焊接结构大多是由轧钢制造而成的,过载能力强,能够承受冲击载荷。

焊接前的工艺评定如下:

(1) 在正式加工前,应评估其已有的焊接评定项目,若不能覆盖本工程铁塔加工要求时,应按照 GB 50661 的规定进行焊接工艺评定,要求评定项目能够覆盖本工程的产品结构焊接项目范围。并应根据焊接工艺评定报告,结合产品质量要求及生产实际资源状况,编制相应焊接工艺指导文件、焊接工艺卡。

(2) 焊工应经专门的培训考核,取得电网钢结构焊工资格证书。焊工从事的焊接作业范围应与考试合格的项目相适应。

(3) 无损检测人员应取得国家或行业的无损检测资格证书，检测项目应与资格证书项目相一致。进行审核的人员应具有Ⅱ级及以上资格。

(4) 应根据焊接工艺评定结果选择焊接材料，焊接材料的使用、管理应符合 JB/T 3223 规定。

(5) 焊接现场环境应符合下列要求：对于焊条电弧焊，其焊接作业区最大风速不宜超过 8 m/s；气体保护电弧焊不宜超过 2 m/s；如果超出上述范围，应采取有效措施保障焊接电弧区域不受影响。

当焊接作业区处于下列情况之一时严禁施焊：相对湿度大于 90%；焊件表面潮湿或暴露于雨、冰、雪中；焊接作业条件不符合 GB/T 9448 的有关规定。

焊接环境温度低于 0 ℃但不低于 −10 ℃时，应采取加热或防护措施，应确保接头焊接处各方向不小于 2 倍板厚且不小于 100 mm 范围内的母材温度，不低于 20 ℃或规定的最低预热温度二者的较高值，且在焊接过程中不应低于这一温度。

焊接环境温度低于 −10 ℃时，应进行相应焊接环境下的工艺评定试验，并应在评定合格后再进行焊接。

(6) 焊缝间隙内不应嵌入金属材料。焊接工艺包括焊接准备、焊接方法和焊接技术要求。

对于焊接准备，首先做好焊接区域的操作平台的搭建，保证平台的尺寸有利于焊工作业且保证安全；其次需要清理焊接区域；最后要对拼装区域的间隙的坡度与尺寸、钝边的尺寸、电焊牢固性、预热的温度和范围等进行检查并做记录。

焊接方法主要有 3 种：手工电弧焊、二氧化碳气体保护焊和埋弧自动焊。

手工电弧焊主要用于电焊处理，使用的主要材料为 J507(Φ3.2、Φ4.0、Φ5.0)焊条。要求是，为防止焊条药皮脱落，应当避免焊条的骤冷骤热。焊条在使用前应当进行如下处理：在低于 100 ℃的烘箱中保存，再将温度升到 350 ℃保存 2 h 后断电，温度降低到 100 ℃后将焊条转移到恒温箱。焊条应当即用即取，并且保温箱中的焊条应保证在 4 h 内用完，超过上限部分的焊条应重复上述步骤。

二氧化碳气体保护焊适用于所有部位的焊接，但需要注意的是下行焊不能用于主结构的角焊接。工艺要求是，施焊工作应在风速为 2 m/s 以下时进行，不允许直接用吹风机吹二氧化碳焊施区域。出现密集气孔时立刻检查二氧化碳的气压，下雨(10 MPa)时更换气瓶。焊施区域温润或是空气湿度较大(大于 80%)时，用氧-乙炔火焰加热以去除工件水汽。

埋弧自动焊适用于生产场内顶、施工处顶板平直焊缝对接，以及底板拼版缝之间的焊接。使用的材料有 H10Mn2(Φ4.0、Φ5.0)及 SJ101 型焊剂。焊接工艺要求与手工电弧焊相同，其他需要注意的是，埋弧自动焊的两端需要出厂为 1 m×1 m 材质相同的引、熄弧板。装上引、熄弧板后，在距离母材 80 mm 处进行引弧和熄弧，使用碳刨将断弧处刨成 1∶5 的斜坡，搭接 50 mm 后引弧施焊，最后将搭接处打磨光顺。焊脚尺寸不足或焊缝咬边超标后可以通过手工补焊来进行弥补，然后打磨。补焊前不允许打磨母材。

焊接工艺的技术要求如下：

(1) 分段焊接：首先要求在分段的中间位置和四周压铁，然后开始左右对称焊接，最后进行中间部位及盖面的焊接。

(2) 腹板和顶板支架的熔透角焊缝:合拢口在中心点的3 m内不焊接,焊接熔透角内部的角焊缝,然后进行外侧清根。为了避免箱体扭曲变形,需要用角钢在腹板上口及其他部位做斜撑以形成临时的加强,临时加强的间距不得超过20 m。

(3) 合拢焊缝焊接要求:首先要焊接承受横向拉应力的施工底板(或是施工顶板)的对接合拢焊缝。对于跨中段合拢接头,需要先焊接底板对接缝,然后焊接顶板对接缝,接着焊接腹部对接缝,最后焊接包括其他纵向加强结构的腹板与顶板、底板的角焊缝。例如支座附近的(重点是1/4跨度之间)合拢焊接的顺序是:首先焊接顶板对接缝,其次焊接底板对接缝,接着焊接腹板对接缝,最后焊接腹板与顶板、底板之间的角焊缝。注意其他纵向加强结构与顶板、底板的角焊缝也要焊接。

焊接后的检查与返修要求如下:

(1) 检查时,焊缝表面的外观要求可参照GB/T 2694、DL/T 646、Q/GDW 384。焊缝感观应达到外形均匀、成型较好,焊道与焊道、焊缝与基体金属间圆滑过渡。应对影响镀锌质量的焊缝缺陷进行修磨或补焊,且补焊的焊缝应与原焊缝间保持圆滑过渡。一级焊缝不能出现咬边、根部收缩和未焊透的缺陷。二级焊缝不能出现夹渣、电弧擦伤、弧坑裂缝和气孔等缺陷。焊缝内部质量检验应在焊接完成24 h后进行,超声波探伤检测标准见GB 11345。当超声波探伤不能对缺陷做出判断时,采用射线探伤方法检测,检测标准见GB/T 3323。

(2) 返修时,焊缝同一位置的返修原则上不允许超过2次,第二次返修要求预热温度高于原焊缝预热温度50 ℃。同一位置返修超过2次时,需要制定专门的返修工艺。返修厚板焊接时,要求预热温度高于原厚板焊接预热温度20 ℃。焊缝表面出现夹渣和气孔时,需要用碳刨清除后进行重焊。焊缝内部缺陷通过超声定位,用碳刨清除后进行打磨,直至出现金属光泽,最后焊接碳刨区域两端向外延伸5 cm的焊缝。

焊接的监造要点见表5.52。

表5.52 焊接的监造要点

监造项目	见证内容	见证方法	见证方式	监造要点
焊缝质量	焊接工艺评定	查看焊接工艺评定文件	R	在焊接施工前,供应商应按照JGJ 81对首次采用的钢材、焊接材料、焊接方法、预热、后处理等进行焊接工艺评定,并编制焊接工艺规程
	焊工资质	查看焊工资质证书,并现场核对	W、R	在焊接施工前,焊工经过专门的基本理论、操作技能培训,并考试合格取得合格证书;焊工焊接的钢材种类、焊接方法和焊接位置等均应与焊工本人考试合格的项目相符

续表

监造项目	见证内容	见证方法	见证方式	监造要点
焊缝质量	焊接操作	查看焊接工艺文件 现场查看工艺执行情况	W、R	(1) 定位焊的质量要求及工艺措施与正式焊缝相同,应由持有效资质证书的焊工施焊 (2) 焊接件的施焊范围不应超出焊接工艺评定的覆盖范围 (3) 施焊现场条件应达到焊接环境要求 (4) 一、二级焊缝焊接完毕应在距焊趾 50 mm 明显位置打上焊工编号钢印,若构件仅由一名焊工独立施焊,则只需在该构件明显位置打上焊工编号钢印,且应在镀锌后清晰可见 (5) 若需返工,则在进行焊接返工前,应根据有关标准和规程制定返工程序和返工工艺,并严格遵照执行;焊接返工的质量控制应和正式焊接作业的质量控制相同;焊逢同一部位的返工次数不宜超过 2 次,如果超过 2 次,返工次数、部位和返工情况应在产品的验收资料中体现
	焊接坡口	查看焊接工艺文件 现场查看工艺执行情况	W、R	(1) 焊接坡口形式和尺寸应符合 GB/T 985.1、GB/T 985.2 的有关规定;对图纸有特殊要求的坡口形式和尺寸,应依据图纸并结合焊接工艺评定来做 (2) 焊接坡口应优先采用机械方法加工,也可采用火焰切割,但应保证焊缝坡口处平整、无毛刺、无裂纹、无气割熔瘤、夹层等缺陷
	焊缝质量	检验焊缝实物	W、R	(1) 焊缝外观质量、焊缝外形尺寸、焊缝内部质量等,应符合 GB/T 2694、DL/T 646、Q/GDW 384 标准要求 (2) 焊缝内部质量检验应在焊接完成 24 h 后进行,设计要求全焊透的一、二级焊缝的内部质量宜采用超声波探伤的方法检测,结果应符合 GB 11345的规定 (3) 当超声波探伤不能对缺陷做出判断时,采用射线探伤方法检测焊缝内部质量,结果应符合 GB/T 3323 的规定

续表

监造项目	见证内容	见证方法	见证方式	监造要点
构件装配及定位焊	构件装配	查看工艺规程现场查看工艺实施情况	W、R	(1) 组焊件(钢管构件)的定位焊应在工作台上进行,工作台和胎板必须有足够的高度 (2) 在装配胎架中组装焊接时,应充分考虑焊接收缩因素,以确保焊接后成品构架尺寸与设计要求符合 (3) 焊接件的点焊组装应在胎架中进行,所有节点应符合设计要求,同一编号组合件应保证安装的互换性,在装配过程中应保证制成构件实际尺寸对设计尺寸的偏差符合标准的有关规定
	定位焊		W、R	定位焊用的焊材型号应与正式焊接要求相同,定位点焊缝高度不宜超过设计焊缝高度的2/3,应由经培训合格的焊工持证施焊

8. 矫正及监造要点

矫正的要求如下:

(1) 超出标准要求的构件变形,可以采用加热方式进行矫正或常温下冷矫正。矫正前应进行验证性试验,对热矫正应制定专项工艺,规定具体的加热方式、加热区域、加热温度等。进行加热矫正时,加热温度不应超过 900 ℃,热矫正后应自然冷却,对 Q420 钢应进行加热工艺试验,确保矫正加热不对材料的性能造成影响。

(2) 由于力学因素产生的变形可在常温下进行矫正,钢管塔主柱、横担主材不得冷矫正,其他构件弯曲度小于 10°时,可以进行冷矫正。

(3) 构件矫正后的变形允许偏差应分别控制在要求范围内,矫正后的构件外观不应有明显的凹凸面和损伤,表面划痕深度不宜大于钢材厚度允许负偏差值的 1/2。在镀锌件矫正过程中,对于锌层破坏面积超过标准允许修补面积时,应重新镀锌。

(4) 对 Q420 钢的矫正应满足 Q/GDW 646、Q/GDW 708 的要求。

(5) 构件热矫正后没有达到规定要求时,不应在同一位置进行重复加热。

(6) 当变形较小且矫正环境温度满足要求时,可对构件进行环境温度下的冷矫正。

矫正的监造要点见表 5.53。

9. 镀锌及监造要点

为了防止铁塔部件和金属构件等腐蚀,目前国内基本采用的是热浸锌工艺(图 5.39),使零部件表面镀锌而达到防腐目的。经过热浸锌的钢铁制件的使用寿命一般至少可达 30 年,降低了腐蚀带来的损失,提升了经济效益。

图 5.39 镀锌池

表 5.53 矫正的监造要点

监造项目	见证内容	见证方法	见证方式	监造要点
矫正	矫正工艺	查看矫正工艺文件	R	(1) 矫正后的零部件不允许出现表面裂纹，不应有明显的凹面和损伤，表面划痕深度不应大于该钢材厚度允许负偏差的 1/2，且不应大于 0.5 mm (2) 构件一次热矫正后仍未达到要求时，不应在原位置进行重复加热，对 Q420 钢材的热矫正应按技术协议中对 Q420 高强钢热矫正的要求操作 (3) 镀锌构件的矫正应采取措施防止锌层受破坏
	实物查看	查看工艺规程操作，现场查看产品	W、R	(1) 现场查看工艺实施过程 (2) 检查矫正后产品表面状况是否满足工艺文件要求

热浸锌工艺的主要流程包括除锈、助镀、热浸锌、冷却和低铬钝化。其中，被镀零部件除锈主要采用酸洗工艺，根据被镀件的锈蚀程度按要求配制酸洗液，并把握好酸洗时间；酸洗后应用清水冲洗干净，之后方可进行下道工序。被镀件经水冲洗后立刻进行助镀工序，助镀液中不允许有不溶物或浑浊物存在，否则需采用助镀液循环过滤法。

热浸锌的要求如下：

(1) 锌池中应加入适量的稀土元素，以增加镀件的光亮度和耐腐蚀能力。

(2) 被镀件浸锌时应平稳、稍慢，挂物位置应能使复杂构件避免"扣灰"和检出锌液。

(3) 对两端串挂的被镀件，无论浸入或从锌池出来都要保持一定的倾斜角和极慢的速度，严禁平行出锌池。

(4) 被镀件出锌池时，要立刻除去镀层上多余的锌，以免产生锌瘤。

(5) 被镀件浸锌时，应适当上下串动和左右摆动，浸锌前和结束后都应保持锌池液表面无锌灰和异物。

(6) 浸锌结束后，应根据镀件的特点，在锌液表面上以适当的高度或锌池旁停留一定时间。

冷却是指钢制件热浸锌后，要及时浸锌冷却处理，主要是为了避免铁与锌继续反应而出现明显的色差。通常采用流动水冷却，水质应清澈，pH 应在 6～8，水温在 60 ℃以下。

低铬钝化主要是为了提高被镀件表面亮度及抗白绣能力。为促进钝化处理，钝化时工件在钝化液中应抖动一次，以防止相互接触钝化不良。钝化膜为亮黄色，用手指擦拭不掉为合格。

镀锌的质量要求如下：

(1) 镀锌层表面应连续完整、光滑。镀锌件上不得残留有锌渣，也不应有多余的锌棱、锌液等残留物；不得有过酸洗、漏镀、结瘤、积锌和锐点等使用上有害的缺陷。镀锌件上的气泡、疙瘩、斑纹等缺陷超过规定的标准时，应重新进行镀锌。

(2) 镀锌层平均附着量即厚度和面密度，通常以金属镀层测厚仪直接测量。发生争议时，以脱层试验方法测试面密度作为仲裁。锌层厚度符合 GB/T 2694 标准规定的要求。

(3) 镀锌层应与金属基体结合牢固，应保证在无外力作用下没有剥落或起皮现象，经落锤试验镀锌层不凸起、不剥离。

(4) 镀锌层应进行钝化处理，其技术要求应符合有关技术规范，避免镀锌层出现白锈。

(5) 修复的总漏镀面积不应超过每个镀件总面积的 0.5%，每个修复漏镀面不应超过 10 cm^2，若漏镀面积较大，应返镀。

(6) 镀锌后构件的弯曲变形不应超过 $l/1500$(l 为构件长度)，且不大于 5 mm。

镀锌工艺的监造要点见表 5.54。

表 5.54 镀锌工艺的监造要点

监造项目	见证内容	见证方法	见证方式	监造要点
镀锌质量	外观质量	查看镀锌件	W	(1) 镀锌层颜色一般呈灰色或暗灰色 (2) 镀锌层表面应连续完整、光滑，不得有酸洗、漏镀、结瘤、积锌和锐点等使用上有害的缺陷
	镀锌厚度	检测镀层厚度	W	用锌层测厚仪在镀锌件不同位置选取 12 个点，取平均值；镀件厚度小于 5 mm 时，锌层厚度应不小于 65 μm，且最小值不小于 55 μm；镀件厚度大于或等于 5 mm 时，锌层厚度应不小于 86 μm，且最小值不小于 70 μm
	附着性试验	进行锤击试验	W	镀锌件进行锤击试验后，锌层应无脱落、无剥离、不凸起，即为合格
	均匀性试验	进行硫酸铜试验	W	镀锌件经硫酸铜试验 4 次不露铁，即为合格

5.3.6 铁塔试组装及监造要点

生产厂家如果要批量生产，就必须把设计院图纸的理论尺寸转化为实际可生产尺寸，这个过程就是通常所说的铁塔放样。为了检验放样的效果和决定铁塔能否成批投产，生产厂家最不能忽视的环节就是铁塔的试组装，它是铁塔的一个关键工序。综合来说，铁塔试组装是一道兼控制、检验、测量和改进作用为一体的过程。

1. 角钢塔的试组装

角钢塔的试组装要求如下：

(1) 试组装用于检验铁塔在设计、加工的整个过程中的误差。角钢塔一般按照图纸进行卧式组装。

(2) 清点试组装零部件，注明编号，分段运入试组装场地，并按零部件号堆放整齐。

(3) 试组装根据场地情况、塔型，选择好装塔的中心线和方向，然后先主材后辅材，先平面后侧面，从塔头到塔脚依次装配。准备好试组装工具及垫铁，试组装时垫铁的高度必须满足塔的坡度要求。

(4) 塔件不可强行组装，试组装塔的场地要达到基本平整，对组装发生困难的地方，要加强审查和分析原因，查明原因后加以正确处理。试组装人员必须做到按孔径大小使用螺栓，同一位置上的孔出现两种及以上孔径时必须记录并返修，严禁用小直径螺栓穿大孔。

(5) 塔头、横担必须全装，塔身装三个面。试组装时，可采取对称结构的半试组装，必须达到有代表性的效果。对于多接腿等多段结构，必须做到各个试接，对新修改部分要进行必要的局部试组装。对于新放样塔型，要按图纸全面审查其各处的孔数、孔径、材料规格，以及单基塔所需的件数。

(6) 试组装 7 天前供应商以传真和电话方式通知采购方、监造单位前往现场见证，以及提交详细的试组装安排。试组装见证通过后，方能进行该塔型的批量生产。

2. 钢管塔的试组装

钢管塔的试组装一般的通用要求如下：

(1) 钢管塔应按塔型进行试组装检验验收。钢管塔试组装方式宜采用立式组装。如果采用卧式组装，须征得采购方同意。分段组装时，应保证塔体试组装的连续性。

(2) 试组装 7 天前以传真和电话方式通知采购方前往现场见证，以及提交详细的试组装安排。试组装见证通过后，方能进行该塔型的批量生产。

(3) 试组装前必须制定试组装方案和作业指导书，包括试组装塔段连接、试装场地规划、爬梯及附件的安装方位、试组装的质量控制措施、安全措施等。爬梯、走道等附属设施应在铁塔试组装时进行试装检验。钢管塔试组装场地数量、面积大小、起重设备等应满足规定要求。

(4) 当分组多段组装时，应保证塔体试组装的连续性，且保证每个构件都得到试组装检验。一次试组装的段数不应少于 3 段。变坡节点处上、下塔段的塔材必须试组装连接。分段组装应保证有承接段，且保证每个部件号都必须经过试组装检验。

(5) 试组装时，各构件应处于自由状态，不得强行组装。

(6) 试组装所用螺栓规格应和实际所用螺栓相同，螺栓数量应能保证构件的定位需要，每组安装的螺栓数不少于该组螺栓总数的 75%，且不少于 3 个。每个节点至少应安装 1 只经放样确认的标准螺栓，并做好标识。应采用适当力矩紧固螺栓以消除安装间隙。当采用比螺栓公称直径大 0.3 mm 的试孔器检查时，每组孔的通孔率应为 100%。螺栓穿向应符合图纸或专项要求。

(7) 试组装中发现构件安装不适宜、相互干涉、螺栓不能正确穿向安装或干涉等缺陷时，不得随意切割、割孔处理，应按相关规范要求制定整改处理措施，当整改措施需要改变设计时应征得同意，并办理相关确认手续。

(8) 爬梯、走道等附属设施应在铁塔试组装时进行试装，相同结构上的附属设施可抽取 1 组进行试组装。

(9) 垫板与相对应的构件全部进行试组装，其局部间隙应不大于2 mm。

(10) 对于有更改的零件、构件，应重新进行组装。

(11) 试组装检验所用检测仪器应经过检定合格，并在有效期内，试组装检验应有检验记录。

(12) 对于已试组装塔型，不同呼高部分的塔段试组装检验应连接已检验正确的公用塔段。

(13) 对于批量生产的塔材，应抽样对加工的关键节点构件(包括(但不限于)开合角件、组合焊接件、接头件(如十字板、U形板、法兰盘等)、变坡弯曲连接件、多层螺栓连接件等)进行试拼装，检验批量加工产品连接孔位的一致性，以及安装间隙的符合性。

(14) 脚钉和爬梯均需进行试组装，保证脚钉及爬梯处在同一直线上。

立式钢管塔试组装的要求如下：

(1) 每组的底法兰应与基础固定牢固，在试组装过程中不应产生水平或垂直位移。

(2) 试装前，应对安装地脚(包括高低腿塔脚)法兰安装基准面的高差进行测量，地脚法兰安装基面的最大相对高差不超过 $l/3000$(l 为根开尺寸，单位为mm)且不大于5 mm。每组试组装结束后，应仔细测量主管顶部的相对高度，并作为后一组每个底法兰的高度基准。

(3) 前一组顶法兰及下面至少一节主管应重新组装，并采取可靠措施保证根开尺寸、高差和倾斜度与拆卸前一致，后一组底法兰与前一组顶法兰的相对高度偏差为±5 mm。

(4) 塔头部位试组装结束后，要将塔身固定牢固，撤掉支撑横担或地线支架的托架，再对塔头部位进行测量。

(5) 立式组装应测量塔身断面的中心线的位置，试组装顶层端面的中心线位置与基准平面(试组装最底层端面)的中心位置的垂直方向偏差应不大于 $0.08\%H$(H 为试组装高度)。

(6) 塔脚不在同一高度平面时，应安装假腿进行试组装检验。

卧式钢管塔试组装的要求如下：

(1) 每组试组装前应布置并固定好各支撑点，支撑点的位置应在节点附近，高度偏差为±5 mm。

(2) 前一组顶法兰及下面至少一节主管应重新组装，并采取可靠措施保证根开尺寸、主管与横管或斜管的夹角与拆卸前一致。

(3) 横担或下曲臂以下至少一段塔身到塔顶部分，以及变坡截面的上、下两段及相邻段必须组装4个面，其他部分在保证部件就位率100%情况下至少装1个面，矩形塔至少装2个面，且4根主柱需要安装。

(4) 整体安装完毕及各种尺寸调节准确后，方可按顺序紧固螺栓，部分螺栓可先行预紧以方便尺寸的调节。

3. 铁塔试组装的监造要点

铁塔试组装的监造要点见表5.55。

表 5.55　铁塔试组装的监造要点

监造项目	见证内容	见证方法	见证方式	监造要点
试组装	工艺文件要求	查看工艺文件 现场查验工艺实施情况	W、R	(1) 角钢塔试组装采用卧式或立式组装；如果采用分段组装，应保证塔体试组装的连续性 (2) 一次组装的段数不应少于两段，分段部位应保证有连接段组装，且保证每个编号的部件都经过试组装，零部件就位率应为100% (3) 试组装时各零部件应处于自由状态，不得强行组装 (4) 试组装所用螺栓规格应和实际所用螺栓相同，数量为孔数的30%，且不少于3个，螺栓紧固力矩适当 (5) 对于有更改的零部件，必须重新进行组装 (6) 损坏的镀锌层应按照GB/T 2694进行修复或返镀
	控制尺寸 就位率 同心孔率 安装间隙	现场检测实物	W、R	(1) 用卷尺测量根开、呼称高、挂线点间距离、横担预拱值等控制尺寸，应符合设计图纸要求 (2) 零部件、螺栓就位情况对照图纸用目测检验，主要控制尺寸按图纸规定的尺寸用钢卷尺检验 (3) 用试孔器检查同心孔通过率(用比螺栓公称直径大0.3 mm的试孔器检查) (4) 法兰连接间隙用塞尺测量(有塞尺检测) (5) 采用立式组装时，塔的垂直度用经纬仪检测

5.3.7　包装、标志、运输和贮存的监造要点

包装、标志、运输和贮存的监造要点见表5.56。

表 5.56　包装、标志、运输和贮存的监造要点

监造项目	见证内容	见证方法	见证方式	监造要点
标志、包装、运输、贮存	包装	现场查看包装实物	W	(1) 角钢(钢管)的包装长度、捆扎道数及重量应便于包装、运输和标识；弯曲角钢、角钢焊接件等不能进入包捆的，可以单独包装；包捆的捆扎用角钢框架、螺栓的连接形式或打包带捆扎形式，包装物应做防腐处理；角钢捆应端部整齐，层次分明，厚薄基本一致 (2) 连接板包装宜采用螺栓穿入的方法 (3) 包装应牢固，保证在运输过程中包捆不松动，避免角钢之间、角钢与包装物之间相互摩擦，损坏镀锌层

续表

监造项目	见证内容	见证方法	见证方式	监造要点
标志、包装、运输、贮存	包装	现场查看包装实物	W	(4) 铁塔应单基包装并保证螺栓(包括防卸螺栓)、垫片等的同步与配套 (5) 根据塔材编号、角钢规格大小包装若干捆,每捆重量一般为2～3 t (6) 按3%对已包装的成品进行开包数量检查,如发现不合格,加倍检验
	标志	现场查看实物标志	W	在包捆的明显位置做标记,标注工程名称、塔型、呼称高、捆号及生产厂家名称,标记内容还应满足运输部门的规定
	运输	查看随货资料 查看装运过程	W、R	(1) 发运前,查验随货同行资料 (2) 钢管塔发运构件的凸出部分在装车、运输和装卸时,应将其妥善固定,应按交通部门的规章办理 (3) 运输中应注意装卸防护,不能损坏包装或使产品变形、损坏 (4) 包装出厂产品随货技术资料(包括出厂清单、合格证、检验记录)应齐全、完整
	贮存	查看贮存产品	W	产品在厂内贮存时,监造工程师应检查供应商的贮存现场防护措施,保证在贮存期间货物不损伤、锈蚀,贮存的产品发货前应符合技术条件要求

5.3.8 典型案例

5.3.8.1 原材料/组部件问题

1. 案例1

供应商:某铁塔制造有限公司。

工程名称:某35 kV线路改造工程。

问题描述:2011年4月25日,现场抽测铁塔钢材规格尺寸时,发现零部件号202角钢规格为140 mm×10 mm,经实测厚度平均值为9.51 mm;零部件号108角钢规格为75 mm×5 mm,经实测厚度平均值为4.8 mm,等等。经统计钢材厚度负偏差比例超过90%,不符合标准要求。

原因分析:原材料采购、验收管理不到位。

处理情况:经供应商整改,5月17日进厂复检,抽测部分原材料厚度负偏差比例降至30%左右,符合要求。

防范措施:电力铁塔材料尺寸严重影响铁塔的强度,可能导致倒塔等严重事故,因此对钢材的质量尤其是尺寸应该严格管控，避免供应商利用合同条款规定不明确的漏洞，使用不符合要求的原材料。应督促供应商加强原材料采购合同评审和原材料入厂检验，严把原材料的质量关。

2. 案例 2

供应商：某铁塔厂。

工程名称：某 35 kV 线路工程。

问题描述：2012 年 3 月 2 日，巡视检查时发现 4# 铁塔出现横梁开裂。铁塔型号为 JGU31，2007 年 7 月 6 日生产，2008 年 3 月 11 日投入运行。问题原因为铁塔钢材质量存在缺陷。

原因分析：供应商选用的铁塔钢材质量存在缺陷，经过长时间的运行产生裂痕。

处理情况：经过检修人员现场焊接后，缺陷消除。

防范措施：由于电力铁塔的运行环境复杂，受自然条件影响较大，对原材料尤其是钢材的质量应该严格管控。避免供应商为降低成本而使用不合格的材料，以致电力系统运行隐患及运维成本增加。供应商应加强原材料采购的管控，监造、抽检单位加强原材料的抽检，严把材料的质量关。

3. 案例 3

供应商：某铁塔厂。

工程名称：某工程。

问题描述：2012 年 3 月，监造代表发现角钢 220×16 Q345B，卡号为 11D/442，长 11 m 95 支，长 9 m 50 支，表面存在裂纹、嵌皮、烂边等缺陷。

原因分析：原材料加工质量不稳定。

处理情况：进行退货处理。

防范措施：加强原材料供应商的质量控制。

4. 案例 4

供应商：某铁塔厂。

工程名称：某工程。

问题描述：2011 年 2 月 20 日，铁塔厂进行原材料入厂复检工作时发现某钢铁公司生产的 Q345B 钢板出现疑似夹层。

原因分析：铁塔厂质检部门检查钢板样块发现夹层，初步认为是轧钢过程中钢坯可能出现夹层造成的。具体情况待某钢铁公司派专项技术人员到厂检测后确定。

处理情况：3 月 6 日，某钢铁公司派技术人员在铁塔厂仓库进行了探伤检测，结论为没有问题。对此，驻厂监造代表已要求铁塔厂与相关方进行沟通，确认是否可以使用。3 月 11 日，工程施工公司致函铁塔厂，确认该钢铁公司报告钢板无夹层现象，并保证钢板质量，如无其他问题可以使用。铁塔厂经检查未发现其他质量问题，遂认定此批钢板可以使用。

防范措施：应加强原材料供应商的质量控制。

5.3.8.2 工艺控制问题

1. 案例1

供应商:某铁塔制造有限公司。

工程名称:某500 kV输变电工程。

问题描述:2012年2月10日铁塔抽检时,发现500 kV-5C1-SZ1-30m的1件焊接件(塔脚)的部分焊脚尺寸偏小2 mm;500kV-5EG-SJC1-27m的2件角钢正偏差超标,2件角钢肢宽负偏差超标,4件组焊件焊角尺寸偏小2～4 mm。同时,塔脚孔为火焰切制,而设计要求为钻孔。

原因分析:一是原材料采购、验收管理不到位;二是工艺控制不严格,未按照《输电线路铁塔制造技术条件》(GB/T 2694—2010)和技术协议的要求进行生产。

处理情况:经整改,2012年2月22日复检合格。

防范措施:供应商对产品生产过程管控不严,生产工艺管控不到位,是造成铁塔加工质量问题的主要原因。应加强对产品质量的抽检,督促供应商加强原材料采购合同的评审和进厂原材料的抽检,加强对焊接技术管理人员和焊工的培训,加强对生产人员执行工艺文件的管控。

2. 案例2

供应商:某铁塔制造公司。

工程名称:某500 kV输变电工程。

问题描述:2012年2月9日,抽检发现多家供应商在铁塔(Q460)制造过程中存在如下问题:焊接工艺评定的覆盖范围不足,未对所有的焊接方法进行评定,评定试验的项目不全面;焊接工艺指导文件缺乏应用性,对焊接质量的检验要求未能全面描述;焊接生产未能严格执行工艺要求,表现为焊接人员资质不全,焊接工艺参数执行不严等。

原因分析:厂家的焊接工艺执行不严,焊接工艺评定的范围未按标准进行。

处理情况:供应商进行了整改。

防范措施:铁塔产品的焊接质量将直接影响输电线路的安全运行,应加强全过程质量管控,督促供应商加强对焊接技术管理人员和焊工的培训和管理,加强对生产人员掌握和执行工艺文件的培训。

3. 案例3

供应商:某铁塔制造有限公司。

工程名称:某500 kV输电线路工程。

问题描述:2014年11月6日,安徽某500 kV输变电工程业主项目部和监理、施工项目部,对某铁塔制造有限公司供应的某500 kV输电线路工程中"铁塔,AC500kV,双回路,角钢,Q420,直线塔"材料进行验收,发现如下问题:包装粗糙,成品损坏;塔材成品保护不到位,塔材损伤严重,锌层破坏;直接用铁丝打包,未采取保护措施;黑件加工质量缺陷未处理就镀锌,质量管理不严,存在严重质量缺陷,难以修复;镀锌质量差,未检查就交付运送现场。

原因分析:厂家的成品保护、黑件加工、镀锌工艺等管控不到位。

处理情况:供应商对上述问题进行了整改,组织召开相关部门会议,分析原因,并制定了预防措施。

防范措施:督促供应商加强对生产人员掌握和执行工艺文件的培训,加强待发运产品的检查与核对,加强镀锌工艺的管控。

4．案例 4

供应商:某铁塔有限公司。

工程名称:某 110 kV 输变电工程。

问题描述:2012 年 5 月 25 日,铁塔现场抽检验收中发现以下质量问题,对施工造成严重影响:① 13#、15#、16# 横担主材未分 A、B 面,无 SZH32-27T 第一平台以下斜材,SJH31-42 塔脚板有两种不同型号,SH31-21 塔脚板螺丝孔角度加工错误;② 19#、13#、6#、20#、27# 铁塔缺料严重,部分无法组装;③ 铁塔螺丝孔锌渣多,螺丝孔无法穿进。

原因分析:放样技术人员未严格执行放样作业指导书;发货部门未认真核对发料的塔型数量;对镀锌后产生的孔壁锌渣未及时处理。

处理情况:供应商进行整改。

防范措施:供应商的放样技术人员未严格执行放样作业指导书;对待发货产品未认真检查与核对,严重的会影响工程施工进度。应加大入网产品的抽检力度,督促供应商加强对放样技术人员的培训及管理,加强待发运产品的检查与核对,加强镀锌工艺的管控。

5．案例 5

供应商:某铁塔有限公司。

工程名称:某 220 kV 输变电线路工程。

问题描述:2012 年 12 月 6 日,安装现场发现部分铁塔产品存在下述问题:① 个别焊缝高度不满足标准要求;② 个别焊缝存在表面气孔,造成镀锌漏铁现象;③ 个别板材锌瘤未处理彻底;④ 个别紧固件与螺帽配合间隙偏大,有松动现象。

原因分析:焊接和锌作业人员未严格执行工艺作业指导书,焊接及复锌工艺管控不到位,紧固件入厂检验不严格。

处理情况:供应商对上述质量问题立即进行了整改,组织召开相关部门会议,分析原因,并制定了预防措施。

防范措施:紧固件产品质量将直接影响输电线路的安全运行。应督促供应商加强原材料/组部件的入厂检验、生产工艺控制与产品出厂检验等环节,加强到货验收相关工作。

6．案例 6

供应商:某制造有限公司。

工程项目:某 220 kV 线路工程。

问题描述:2012 年 3 月 28 日,对进场的 68#、69#、70#、71#、72#、73#、74#、75#、76#、79# 钢管杆进行验收时,发现以下问题:① 铁塔热浸锌防腐层厚薄不均匀;② 杆身焊缝粗;③ 焊接缝未填满。

原因分析:焊接作业人员未严格执行焊接作业指导书,镀锌工序作业人员未严格执行镀锌工艺作业指导书。

处理情况:返工处理。

防范措施:铁塔产品的焊接质量将直接影响输电线路的安全运行。应加强对供应商焊接工艺、镀锌工艺的抽检，加强到货验收；督促供应商加强生产过程质量监控；加强焊接工艺和镀锌工艺的管控，以及产品出厂前的自检自查。

7. 案例7

供应商：某铁塔厂。

工程名称：某110 kV送电线路工程。

问题描述：2011年4月19日，抽检发现如下问题：① 塔材锌层局部锈蚀，大量塔材锌层存在破损，锌层破损地方塔材已生锈；② 塔座基础焊接质量不良，部分塔座焊缝存在未焊透、焊瘤等缺陷；③ 横担未切角，导致横担与连板相连的螺栓无法正常装配。

原因分析：塔材加工、焊接、镀锌工序作业人员未严格执行工艺作业指导书。

处理情况：对质量不合格产品进行退货，供应商修复局部缺陷。

防范措施：在线路铁塔长期运行中，焊缝缺陷和部件锈蚀将对铁塔强度产生严重影响。应加强焊接、镀锌工序抽检，加强现场验收；督促供应商加强焊接、镀锌工艺的管控；加强产品出厂前的自检自查。

5.3.8.3 放样问题

1. 案例1

供应商：某铁塔厂。

工程名称：某工程。

问题描述：2011年4月，监造代表在某铁塔厂进行抽样检查时，在钢六车间发现JC3塔型936#、927#各36块连板材料规格用错，设计厚度为20 mm，实际用的是厚度为18 mm的板材。

原因分析：图纸转换错误。

处理情况：监造代表及时通知制造厂，重新下料加工。

防范措施：提高放样人员的技术水平。

附录A　提　　纲

A.1　监 造 细 则

一、总则

　　1. 目的

　　2. 适用范围

　　3. 监造责任

　　4. 监造工作目标

二、基本信息

三、监造信息

四、监造依据

　　1. 法律法规

　　2. 标准

　　3. 相关其他文件

　　4. 委托监造合同

　　5. 设备供货合同、投标技术协议、设计联络会会议纪要

　　6. 供应商设计图纸、技术文件、工艺文件

五、设备主要技术参数

六、原材料组部件

七、监造工作计划和主要内容

　　1. 监造组织机构

　　2. 设备制造质量监督

　　3. 设备制造进度监督

　　4. 见证方式

　　5. 信息管理

八、监造计划

　　1. 监造开始前准确

　　2. 原材料组部件见证

　　3. 制造过程见证

4. 出厂试验见证
5. 包装发运或存栈见证
6. 监造收尾工作

九、其他事项

十、附表目录

十一、附表

A.2 监造总结

一、设备基本情况
1. 项目总体情况
2. 设备主要技术参数
3. 新技术、新工艺、新材料应用情况

二、监造组织
1. 监造组织机构和人员
2. 监造依据
3. 监造工作时间
4. 监造工作开展情况

三、监造实施
1. 监督见证情况
2. 业主单位参与见证情况
3. 问题处理情况
4. 其他

四、工作小结及其他
对设备制造质量及进度的评价、工作意见及建议等。

五、附件(必备)
1. 监造见证表
2. 监造问题统计表
3. 监造工作联系单
4. 出厂试验报告(复印件)
5. 实物图片
6. 其他

附录 B

表 B.1　监造日志

工程项目名称		设备名称		设备型号	
生产工号		记录人		记录日期	
见证事项：					
协调、处理事项：					
见证发现的问题及处理情况：					

表 B.2　监造见证表

编号：

<table>
<tr><td>工程项目名称</td><td></td><td>设备名称</td><td></td></tr>
<tr><td>项目单位</td><td></td><td>设备型号</td><td></td></tr>
<tr><td>制造厂</td><td></td><td>生产工号</td><td></td></tr>
<tr><td>监造单位、监造组</td><td></td><td>见证时间</td><td></td></tr>
<tr><td>见证依据(标准)</td><td colspan="3"></td></tr>
<tr><td>见证主要内容及结果</td><td colspan="3"></td></tr>
<tr><td rowspan="3">参加见证人员
(签字)</td><td>项目单位</td><td colspan="2"></td></tr>
<tr><td>制造厂</td><td colspan="2"></td></tr>
<tr><td>监造组</td><td colspan="2"></td></tr>
</table>

表 B.3　监造工作联系单

工程名称：　　　　　　　　　　　　　　　　　　　　　　　　　　编号：

致：××××××有限公司： 事由： 内容： 此单需回复(说明：不需回复时请删除) ××公司驻××××××有限公司监造组 监造工程师： 日　　期：

本表一式4份，由驻厂监造组填写，项目管理单位、供应商各存一份，监造组存2份。

表 B.4　监造工作联系回复单

工程名称：　　　　　　　　　　　　　　　　　　　　　　　　　　编号：

致驻××××××有限公司监造组： 我方接到编号为________的监造工程师工作联系单后，已按要求完成了工作，现报上，请予以复查。 详细内容： 附：回复材料 ××××××有限公司(章)： 部门经理： 日　　期：
××公司驻厂监造组复查意见： ××公司驻××××××有限公司监造组 监造工程师： 日　　期：

本表一式4份，由制造单位填报，项目管理单位、制造单位各一份，驻厂监造存2份。

表 B.5 监造即时报

编号：

工程项目名称		项目单位	
设备名称		制造厂	
设备型号		监造单位/监造组	
生产工号		报送人	
合同/变更交货期		报送时间	
具体事项：			

表 B.6 监造周报

<table>
<tr><td>工程项目名称</td><td></td><td>项目单位</td><td></td></tr>
<tr><td>设备名称</td><td></td><td>制造厂</td><td></td></tr>
<tr><td>设备型号</td><td></td><td>监造单位/监造组</td><td></td></tr>
<tr><td>生产工号</td><td></td><td>报送人</td><td></td></tr>
<tr><td>合同/变更交货期</td><td></td><td>时　间</td><td>月　日 —— 月　日</td></tr>
<tr><td colspan="4">一、进度情况
1. 设备制造进度及下周预期计划

2. 进度问题及处理</td></tr>
<tr><td colspan="4">二、质量情况
1. 本周见证/检查内容(含见证结论)

2.质量问题及处理</td></tr>
<tr><td colspan="4">三、其他监造事宜</td></tr>
</table>

附:设备生产进度跟踪表。

表 B.7 生产进度跟踪表

制造厂：××××公司　　　　××××公司驻××××公司监造组

基本信息									生产过程现况											
项目单位	招标批次	包号	工程项目名称	生产工号或台数	规格型号	排产情况	合同交货期及变更情况	变更原因	材料零部件采购	油箱制作	铁芯制造	线圈制造	绝缘装配	器身装配	器身干燥	总装配	出厂试验	出厂前器身检查	发运或存放	备注

图例：□表示准备进行　○表示刚刚开始　◎表示正在进行　●表示已经完成　　　　填表日期：　年　月　日

参考文献

[1] 汪洋,宋亚东,刘凤奎.设备工程监理导论[M].北京:中国人事出版社,2016.

[2] 中国国家标准化管理委员会.设备工程监理规范(GB/T 26429—2010).北京:中国标准出版社,2011.

[3] 王建庭,林逸川,宋亚东.《设备工程监理规范》(GB/T 26429—2010)理解与应用指南[M].北京:中国标准出版社,2011.

[4] 电力设备(交流部分)监造大纲编审委员会.电力设备(交流部分)监造大纲[M].北京:中国电力出版社,2011.

[5] 交流电力变压器监造作业规范编审委员会.交流电力变压器监造作业规范[M].北京:中国电力出版社,2011.

[6] 组合电器监造作业规范编审委员会.组合电器监造作业规范[M].北京:中国电力出版社,2011.

[7] 高压交流断路器监造作业规范编审委员会.高压交流断路器监造作业规范[M].北京:中国电力出版社,2011.

[8] 高压交流断路器监造作业规范编审委员会.高压交流断路器监造作业规范[M].北京:中国电力出版社,2011.

[9] 高压交流隔离开关监造作业规范编审委员会.高压交流隔离开关监造作业规范[M].北京:中国电力出版社,2011.

[10] 交流避雷器监造作业规范编审委员会.交流避雷器监造作业规范[M].北京:中国电力出版社,2011.

[11] 电流互感器监造作业规范编审委员会.电流互感器监造作业规范[M].北京:中国电力出版社,2011.

[12] 电压互感器监造作业规范编审委员会.电压互感器监造作业规范[M].北京:中国电力出版社,2011.

[13] 角钢塔监造作业规范编审委员会.角钢塔监造作业规范[M].北京:中国电力出版社,2011.

[14] 钢管塔监造作业规范编审委员会.钢管塔监造作业规范[M].北京:中国电力出版社,2011.

[15] 输电线路导地线监造作业规范编审委员会.输电线路导、地线监造作业规范[M].北京:中国电力出版社,2011.

[16] 变压器制造技术丛书编审委员会.变压器油箱制造工艺[M].北京:机械工业出版社,1998.

[17] 变压器制造技术丛书编审委员会.变压器铁芯制造工艺[M].北京:机械工业出版社,1998.

[18] 变压器制造技术丛书编审委员会.变压器绕组制造工艺[M].北京:机械工业出版社,1998.

[19] 变压器制造技术丛书编审委员会.变压器装配工艺[M].北京:机械工业出版社,1998.

[20] 变压器制造技术丛书编审委员会.变压器处理工艺[M].北京:机械工业出版社,1998.

[21] 变压器制造技术丛书编审委员会.变压器试验[M].北京:机械工业出版社,1998.

[22] 王晓莺,王建民,等.变压器故障与监测[M].北京:机械工业出版社,2004.

[23] 王树森.变压器绝缘材料[J].变压器,2002,39(11):3.

[24] 张德明.分接开关的选用[J].变压器,2006,43(8):2.

[25] 保定天威保变电气股份有限公司组编.变压器制造工艺[M].北京:中国电力出版社,2009.

［26］ 保定天威保变电气股份有限公司组编. 变压器试验技术[M]. 北京：中国电力出版社，2010.

［27］ 李建明，朱康. 高压电气设备试验方法[M]. 2版. 北京：中国电力出版社，2001.

［28］ 王金行. 新一代智能变电站：设备集成技术及应用[M]. 北京：中国电力出版社，2017.

［29］ 北京京城机电控股有限责任公司工会，赵莹. 高低压电器装配（配线）工岗位手册[M]. 北京：机械工业出版社，2017.

［30］ 张德明，杨建琴. CMB型有载分接开关简介[J]. 变压器，2005，42(2)：32-33.

［31］ 机械电子工业部. 焊工工艺学[M]. 北京：机械工业出版社，1986.

［32］ Moser H P, Dahinden V. 绝缘纸板[M]. 朱英浩，赵育文，译. 沈阳：沈阳变压器研究所，1988.

［33］ 《变压器》杂志编辑部. 变压器技术问答2[J]. 变压器，2007，44(2)：4.

［34］ 《变压器》杂志编辑部. 变压器技术问答9[J]. 变压器，2007，44(9)：4.

［35］ 中国机械工程学会焊接协会. 焊接手册[M]. 北京：机械工业出版社，2005.

［36］ 卢屹东，刘立国. 焊工工艺学[M]. 北京：电子工业出版社，2007.

［37］ 谢毓城. 电力变压器手册[M]. 北京：机械工业出版社，2003.

［38］ 韩洪刚，周志强，王世阁，等. 有关变压器油的两个问题的探讨[J]. 变压器，2005，42(2)：4.

［39］ 严璋，朱德恒. 高电压绝缘技术[M]. 北京：中国电力出版社，2002.

［40］ 小琦正光. 高电压与绝缘技术[M]. 李福寿，金之俭，译. 北京：科学出版社，2001.

［41］ 刘洪正. 高压组合电器[M]. 北京：中国电力出版社，2014.

［42］ 黎斌. SF_6 高压电气设计[M]. 北京：机械工业出版社，2003.

［43］ 肖智宏，罗苏南，宋璇坤，等. 电子式互感器原理与实用技术[M]. 北京：中国电力出版社，2018.

［44］ 肖耀荣，高祖绵. 互感器原理与设计基础[M]. 沈阳：辽宁科学技术出版社. 2003.

［45］ 罗飞，陈伟根，陈新岗. SF_6 气体中微水含量在线监测方法[J]. 高压电器，2004，40(6)：3.

［46］ 国家电网公司人力资源部. 国家电网公司生产技能人员职业能力培训专用教材电气试验[M]. 北京：中国电力出版社，2010.

［47］ 袁季修. 电流互感器和电压互感器[M]. 北京：中国电力出版社，2011.

［48］ 王世阁，张军阳. 互感器故障及典型案例分析[M]. 北京：中国电力出版社，2013.

［49］ 吕宜光，崔玉珏. SF_6 断路器大修装配环境的净化[J]. 自动化技术与应用，2014，33(5)：4.

［50］ 陈雄宾. 断路器合闸电阻投入时间的测量[J]. 电气应用，2007，26(4)：3.

［51］ 孟庆喜. 氧化锌非线性电阻片的性能及制造工艺[J]. 电气制造，2009(4)：4.

［52］ 江建华. 钢芯铝型线绞线与钢芯铝绞线的主要性能对比[J]. 电线电缆，2012(1)：4.

［53］ 陈乔夫，李湘生. 互感器电抗器的理论与计算[M]. 武汉：华中理工大学出版社，1992.

［54］ 宫林平. 油浸式并联电抗器结构分析及设计优化措施[J]. 科技创新导报，2019. 16(9)：2.

［55］ 王平，陈虹，张国军. 浅析并联电抗器铁芯饼制造设备及工艺方法[J]. 变压器. 2012，49(2).

［56］ 路长柏. 电抗器理论与计算[M]. 沈阳：沈阳出版社，2009.

［57］ 阮芹. GIS设备驻厂监造的关键点分析及改进对策[J]. 科技经济导刊，2020，28(29)：34-35.

［58］ 徐成林. 全封闭组合电器GIS设计制造的用户方介入[J]. 冶金动力，2019(09)：29-33.

［59］ 葛志成，董冠良，林琛，等. 500 kV GIS盆式绝缘子故障原因分析与处理[J]. 吉林电力，2019，47(04)：47-49.

［60］ 陈允，张鹏飞，崔博源，等. 特高压GIS断路器用绝缘拉杆应用现状[J]. 高电压技术，2019，45(09)：2699-2706.

［61］ 李波，谢百明，周海，等. X射线技术在GIS设备中的应用综述[J]. 科学技术创新，2019(03)：164-165.

[62] 王炯耿，唐夏焘，罗宏建，等. GIS 壳体焊缝缺陷的安全评定方法[J]. 油气储运，2019，38(06)：617-622，628.
[63] 郑吉安. 探讨 500 kV GIS 设备故障检修[J]. 通信电源技术，2019，36(11)：275-276，278.
[64] 田巍，杨卫校，刘云云，等. 灭弧室真空度下降引发断路器短路[J]. 电世界，2019，60(10)：13.
[65] 韩小燕. 开关电气设备中电弧的形成和灭弧探讨[J]. 矿业装备，2019(03)：148-149.
[66] 何媛媛. 真空灭弧室工频高压老炼工艺的研究[J]. 河南科技，2019(04)：51-53.
[67] 吴佳阔，高阳，高广政，等. 断路器的性能综述[J]. 山东工业技术，2017(19)：167.
[68] 倪江楠，焦欣欣，吕俊霞. 预防断路器常见故障的技术措施[J]. 精密制造与自动化，2017(01)：59-62.
[69] 李敏，历达，王晓琴. 动静触头槽口装配位置对真空灭弧室性能的影响[J]. 高压电器，2017，53(03)：106-111.
[70] 张帆，贾月，侯翊. 硅橡胶复合套管在 550 kV SF_6 断路器的应用研究[J]. 电工技术，2016(09)：60-61.
[71] 柳如见，柳绪祥，邓东印，等. 一种带合闸电阻的 220 kV 组合电器结构分析与设计[J]. 电器工业，2021(03)：68-76.
[72] 王春艳，魏建巍. 高压开关用灭弧喷口材料改进及制造工艺研究[J]. 河南科技，2020(17)：61-63.
[73] 熊雷斌，周明露. 500 kV GIS 地刀内部传动机构轴销断裂分析[J]. 电工技术，2019(24)：32-33.
[74] 赵仁伟. 试论 220 kV GIS 组合电器施工中关键环节控制[J]. 大众标准化，2019(12)：86，88.
[75] 高卫超. 提高户外 GIS 可靠性的措施[J]. 电气时代，2019(07)：48-50.
[76] 李锦辉. GIS 交流耐压试验盆式绝缘子闪络的原因及防范措施[J]. 电气技术，2018，19(09)：119-121，127.
[77] 凌华. 220 kV GIS 与 AIS 对比与分析[J]. 电子技术与软件工程，2016(23)：242，256.
[78] 成勇，张欣，刘宇，等. GIS 设备气密封 O 型圈老化及其使用寿命的试验研究[J]. 高压电器，2016，52(11)：88-94，101.
[79] 梁启鸿. 220 kV 全封闭组合电器(GIS)微水分析及处理探讨[J]. 技术与市场，2016，23(07)：74-75.
[80] 傅守滨，李传东. 高压断路器分合闸电气控制回路原理解析[J]. 电世界，2020，61(08)：14-17.
[81] 王爱娜. 高压断路器工作原理及故障分析[J]. 科技经济导刊，2020，28(07)：70.
[82] 孙涛，李根，朱辉. 高压断路器机械特性试验要点探析[J]. 技术与市场，2019，26(11)：117，119.
[83] 杨倩辉. GIS 装配工艺研究[D]. 郑州：郑州大学，2016.
[84] 侯桂然，侯征然. 反拱带槽爆破片异常爆破事故分析[J]. 中国高新技术企业，2015(03)：85-86.
[85] 侯桂然，侯征然. 反拱带槽爆破片异常爆破事故分析[J]. 中国高新技术企业，2015(03)：85-86.
[86] 李呈斌，郑涛，赵峰，等. 户外交流六氟化硫高压断路器的应用[J]. 电工电气，2011(09)：41-43，57.
[87] 丁道军，戴挈军，邓福亮. 六氟化硫气体在电力设备使用中的危害及对策[J]. 电力设备管理，2020(01)：107-108.
[88] 韩天旗，李鑫. 40.5 kV 户内高压六氟化硫断路器触臂设计与工艺选用[J]. 高压电器，2019，55(10)：237-240，246.
[89] 李彦英. 六氟化硫电气设备特征气体气相色谱探究[J]. 通讯世界，2019，26(06)：194-195.
[90] 李亚莎，黄太焕，谢云龙，等. 氧化锌电阻阀片中 ZnO(002)/(210)界面结构的第一性原理研究[J]. 原子与分子物理学报，2019，36(06)：1003-1009.
[91] 李可荧，王兰义，刘明新，等. 优化配方和工艺提高氧化锌电阻片电位梯度的研究[J]. 电瓷避雷器，2012(06)：86-90.
[92] 佚名. 不同氧化锌避雷器的特点[J]. 浙江电力，2015，34(03)：74.
[93] 陈光明. 关于高性能氧化锌电阻片的研究进展探究[J]. 现代经济信息，2016(10)：378-379.

[94] 苏磊,常建军,王亚彬,等.高梯度氧化锌电阻片的研制与特点[J].电瓷避雷器,2011(01):35-40.
[95] 张军阳,白建伟,陈润晶,等.国网2018版互感器反事故措施解读[J].变压器,2019,56(08):67-74.
[96] 冯媛媛.电流互感器故障案例分析以及防范措施[J].自动化应用,2018(11):91-92.
[97] 梁增杰,林明伟,叶家洪.电流互感器膨胀器提升装置的研制与应用[J].机电信息,2017(36):131,133.
[98] 徐宏武.倒置式电流互感器设计与制造的几个基本要点[J].产业与科技论坛,2016,15(23):72-73.
[99] 钱国超,邹德旭,马仪,等.倒立电流互感器典型缺陷及制造关键工艺分析[J].电力电容器与无功补偿,2015,36(02):73-77.
[100] 阎秀恪,孙阳,于存湛,等.油浸倒立式电流互感器主绝缘电场分析与优化设计[J].电工技术学报,2014,29(01):37-43.
[101] 刘玉凤,宋成伟,吴作元.开磁路电压互感器防铁磁谐振性能分析[J].变压器,2018,55(08):52-55.
[102] 李果繁,李庆丰.电压互感器主绝缘在制造中存在的缺陷[J].电工电气,2016(07):63-64.
[103] 郭海涛,孙玉洲,李付永,等.高压隔离开关用复合绝缘子设计分析及其特性研究[J].高压电器,2020,56(12):141-147.
[104] 周庆,徐磊,李福明.GW16B-550型高压交流隔离开关产品设计[J].科技经济导刊,2020,28(10):56.
[105] 宋超,郭良超,朱苛娄,等.辅助开关传动系统设计与应用[J].电气时代,2018(05):60-62.
[106] 赵洲峰,周华,吴锦华,等.GW4型隔离开关运动学分析与装配方法研究[J].高压电器,2018,54(04):34-42.
[107] 马骎,马龙.高压隔离开关在电力系统的作用以及故障分析[J].科技资讯,2018,16(09):38-39.
[108] 黄倩,高云龙.浅议220 kV户外高压隔离开关静触头的改造与应用[J].中国有色金属,2017(S2):425-426.
[109] 司小伟,康鹏.水平伸缩式高压隔离开关平衡弹簧的设计方法[J].机械设计与制造工程,2017,46(12):59-62.
[110] 张灿.高压隔离开关电机操动机构控制系统[J].山东工业技术,2017(24):4,3.
[111] 耿秉军,张永胜.GW7-252型高压隔离开关存在的问题及改进[J].内蒙古电力技术,2017,35(05):71-74.
[112] 兰子奇.高压开关动触头研究[J].西部皮革,2017,39(12):169.
[113] 张毅,李正良,刘红军,等.特高压输电塔不等边角钢交叉斜材的承载力[J].华南理工大学学报(自然科学版),2019,47(07):19-31.
[114] 文亚奎,王慧杰,崔建新.特高压输电线路铁塔焊缝超声波检测技术[J].金属加工(热加工),2017(S1):92-95.
[115] 田承.浅析高压输电线路杆塔基础质量控制[J].山东工业技术,2017(15):171.
[116] 李锁牢,李明辉.特高压输电铁塔用Q420低合金高强钢焊接性能研究[J].热加工工艺,2017,46(09):228-230,233.
[117] 袁冰.输电线路铁塔的选型设计优化方案研究[J].通讯世界,2015(20):112-113.
[118] 常建伟,王兴安.我国输电铁塔加工、焊接技术进展[J].焊接技术,2019,48(S1):10-15.
[119] 洪洲澈,黄斌,邓洪洲.输电钢管塔主材次应力分析[J].电力与能源,2015,36(04):597-602.
[120] 方春华,叶小源,杨司齐,等.水分对XLPE电缆中间接头电场和击穿电压的影响[J].华北电力大学学报(自然科学版),2021,48(02):64-72.
[121] 陈冰.高压电力电缆试验方法与检测技术探讨[J].电工技术,2020(22):90-91,94.

[122] 赵莉华，杨兰，李巍巍，等.交联聚乙烯热老化与绝缘性能的关联关系[J].中国电力，2020，53(09)：118-124.

[123] 朱运海，高宗胜.氟塑料绝缘高速挤出生产线设备设计和工艺控制[J].光纤与电缆及其应用技术，2020(03)：28-31.

[124] 袁炜，袁盖，张磊，等.XLPE电缆水树劣化的诊断及修复的综述[J].电脑知识与技术，2020，16(17)：195-196，199.

[125] 张洪亮，尹毅，肖晋宇，等.皱纹铝套变形对挤包绝缘直流电缆电场分布的影响[J].中国电力，2020，53(09)：141-149.

[126] 张仲韬，张伟，刘威，等.铜、铝扇形导体拉拔紧压工艺的研究[J].光纤与电缆及其应用技术，2019(06)：38-39.

[127] 高翾宇，王然，闫洪瑞，等.浅谈电力电缆绝缘的分类与发展[J].科技创新导报，2019，16(23)：26，28.

[128] 胡超.浅谈高压XLPE绝缘电力电缆外护套材料的选择[J].中国新技术新产品，2019(14)：40-41.

[129] 叶承晋，黄民翔，惠建峰，等.大电网高压电抗器优化配置研究[J].电力建设，2014，35(11)：65-72.

[130] 杨晓维，李国良，皮天满.500 kV线路并联高抗故障分析及检修策略研究[J].中国高新技术企业，2014(24)：144-145.

[131] 宫林平.油浸式并联电抗器降噪设计及生产控制措施[J].中国新技术新产品，2019(04)：53-54.

[132] 宫林平.油浸式并联电抗器结构分析及设计优化措施[J].科技创新导报，2019，16(09)：96-97.

[133] 丁华平，刘武祯，石宇方.铜钨-铬铜整体电触头制造工艺[J].电工材料，2012(3)：3.